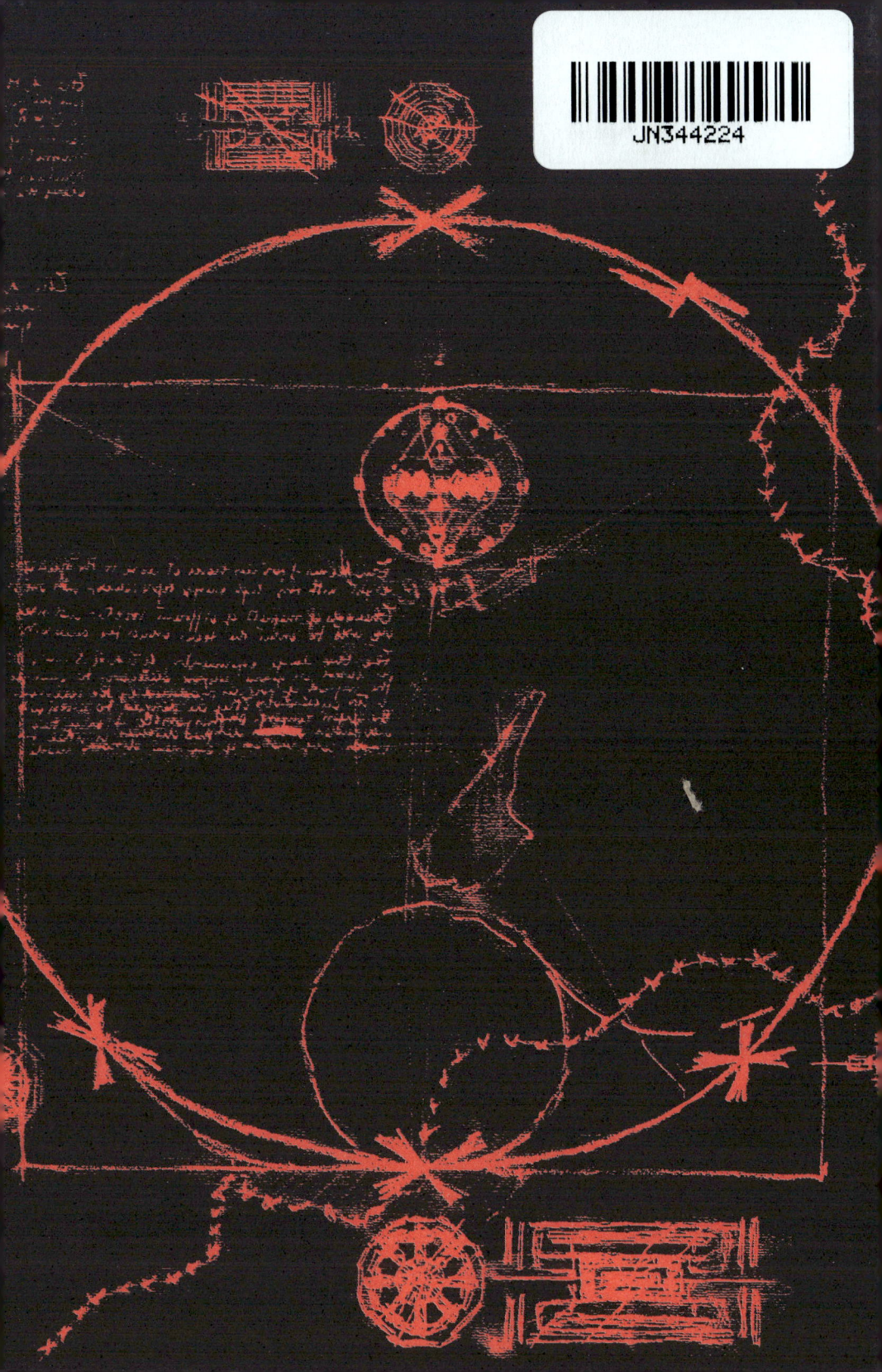

LHC, 현대 물리학의 최전선

증보판

Large Hadron Collider

신의 입자를 찾는 사람들
LHC, 현대 물리학의 최전선

이강영

사이언스
SCIENCE 북스
BOOKS

과학자란 인간의 가장 행복한 상태다.

― 조지 월드

6~7쪽 사진 공중에서 본 CERN과 LHC의 모습. 원으로 표시한 곳 100미터 지하에 LHC가 있다. 작은 원들은 ATLAS, CMS, ALICE, LHCb 등 주요 실험 장치가 있는 지점이다.

책을 시작하며

모래알 하나에서 세계를,
한 송이 들꽃에서 천국을,
너의 손바닥에 무한을,
그리고 순간에 영원을.
— 윌리엄 블레이크
「순수의 징조」에서

역사상 사람들의 관심을 가장 많이 끈 과학 사건은 아마도 1969년 7월 20일 아폴로 11호의 달 착륙일 것이다. 그날 인류는 수백만 년 전 한 호미니드(hominid)가 나무에서 내려와 대지에 발을 디딘 후 처음으로 다른 천체의 표면을 밟았다. 아폴로 11호를 탑재한 새턴 5호가 미국 플로리다 주 케네디 우주 센터에서 발사된 7월 16일부터 닐 올든 암스트롱(Neil Alden Armstrong)과 에드윈 올드린 주니어(Edwin E. Aldrin, Jr.)가 달 표면을 밟은 7월 20일까지 전 세계인은 텔레비전, 라디오, 신문 등 온갖 대중 매체를 통해 이 역사적 과학 사건을 주시했다. 그리고 달 착륙선이 월면에 도달한 이후 6시간 40분의 준비를 마치고 두 우주인이 달 표면을 밟는 순간을 오스트레일리아의 파커스 전파 망원경이 중계한 화면으로 전 세계에서 최소 600만 명이 지켜보았다. 이렇게 수많은 이들이 하나의 과학 사건에 관심을 집중한 적이 이 사건 이전에는 없었다. 우리나라에서도 KBS가 7월 16일부터 25일까지 아폴로 우주선의 달 착륙 특집 방송을 마련했다. 당시만 해도 국내에 텔레비전을 가진 집은 많지 않았으므로, KBS는 남산 야외 음악당 앞에 대형 스크린을 설치해서 특집 방송을 방영했고, 인간이 달에 내리는 순간을 보여 주었다.

그로부터 40여 년이 지난 지금, 전 세계인이 지켜보는 가운데 과학자들은 새로운 미지의 세계 속으로 들어가려 하고 있다. 스위스 제네바 근교 지하 100미터의 터널 속, 암스트롱이 밟았던 달 표면보다 더 희박하고 우주 공간보다도 더 차가운 길이 27킬로미터의 튜브 속에서 우주 탄생의 순간을 재현하고, 우주의 비밀을 해명하려 하는 것이다. 그 무대가, 그리고 그 주인공이 바로 LHC다.

사상 최대의 실험 장치 LHC

LHC는 대형 하드론 충돌기(Large Hadron Collider, '대형 강입자 충돌기'라고도 한다.)의 약자이다. 스위스 제네바 근교 100미터 지하에 있는 터널 속에 설치된 지름 5센티미터, 전체 길이 27킬로미터의 튜브를 중심으로 수만 톤의 전자석과 빌딩 규모의 입자 검출기 등으로 이루어져 있는 LHC는 인류가 지금껏 만든 그 어떤 과학 실험 장비보다 거대한 지상 최대의 실험 장치라고 할 수 있다.

LHC의 원리를 간단하게 말하자면 거대한 튜브 속에 양성자를 넣고 빛의 속도에 가깝게 가속시킨 다음, 양성자끼리 충돌시켜 어떤 일이 일어나는지 살펴보는 실험 장치다.

LHC 속에서 양성자의 다발인 양성자 빔은 빛의 속도에 가까워지면서 무시무시한 에너지를 가지게 된다. 지극히 작고 가벼운 물질로 이루어진 양성자 빔은 빛의 속도에 가깝게 가속되면 달리는 KTX만큼의 에너지를 가지게 된다. 물리학자들은 이렇게 가속한 양성자 빔들을 초전도 전자석으로 정밀하게 조종해 4개의 검출기 안에서 1초에 수천만 번씩 충돌시킨다. 양성자와 양성자가 충돌할 때의 온도는 태양 중심부의 10만 배 이상이 되고, 충돌의 부산물로 수많은 입자들이 생성된다. 그리고 이 입자들을 빌딩보다 큰 검출기들을 통해 관찰하게 된다. 이 검출기들에서 나오는 관측 데이터는 1년에 CD 1000만 장 분량에 이른다. 이 데이터를 전 세계 수천 명의 과학자들이 그리드(Grid)로 연결된 수만 대의 컴퓨터를 통해 연구하게 된다.

왜 이렇게 거대한 실험을 하는 것일까? LHC가 만들어 내는 고에너지 상태는 우주가 만들어진 대폭발(big bang, 빅뱅) 직후 1조분의 1초의 상태를 재현하는 것이다. 과학자들은 이것을 이용해 우주가 생겨나는 순간에 무슨 일이 있었는지, 물질과 시공간의 모습은 어떠했는지, 그리고 이 우주의 궁극적인 원리는 무엇인지 탐구하려는 것이다. 그래서 영국의 국영 방송 BBC는 LHC가 처음 성공적으로 가동된 순간, 첫 번째 양성자 빔이 튜브 속으로 무사히 들어간 2008년 9월 10일을 가리켜 '대폭발의 날(Bing Bang Day)'이라고 명명했던 것이다.

인류가 아직 관찰해 보지 못한 상태를 만들어 물질과 우주를 이해하는 데 있어 가장 근본적인 질문에 대한 대답을 얻고자 한다는 점에서 LHC는 현 시점에서 가장 중요한 과학 실험이며 가장 흥미로운 지성사적 사건이다.

LHC는 2008년 9월 10일 양성자 빔을 주입하고 빛의 속도에 가깝게 가속한 다음 이 양성자 빔을 자기장으로 조종해 27킬로미터의 원주를 돌게 하는 데 성공했다. 그러나 이후 양성자 빔을 가속하는 과정에서 사고가 생겨 10일 만에 가동을 중지하고 가속기를 수리해야 했다. 약 1년 동안 수리와 보강 작업을 마치고 LHC는 2009년 11월 다시 가동을 시작했다. 재가동된 LHC는 순조롭게 빔을 가속시켜서 1조 전자볼트라는 역사상 최고의 에너지를 가지게 하는 데 성공했으며, 두 갈래의 양성자 빔을 검출기 위치에서 정확히 충돌시키는 데 성공했다. 2010년 3월 30일에는, LHC 이전의 가속기에서 얻었던 최대 충돌 에너지의 3배가 넘는 7조 전자볼트에서 양성자를 충돌시켜서 데이터를 얻기 시작했다. LHC에서 물리학 연구가 시작된 것이다. 그리고 이 책을 쓰는 현재, LHC는 약 1년간의 실험을 성공적으로 마치고 지난 11월 4일 양성자 빔을 멈췄다. 실험은 예정대로 순조롭게 진행되었으며 목표했던 일들을 모두 달성했다. 곧바로 LHC는 납 이온을 가속하는 실험에 돌입해서 불과 4일 만인 11월 8일 납 이온을 충돌시키는 데도 성공했다.

LHC는 인류 진보의 척도

인류의 진보를 평가하는 방법은 여러 가지가 있겠지만, 지적인 면에서만 본다면, 인류가 자신이 살고 있는 우주 자체에 대해 얼마나 이해했는가가 분명히 중요한 척도일 것이다. 물리학자들은 LHC를 통해, 그동안 인류가 우주와 물질의 근본 법칙에 대해 이해하는 것이 결정적으로 진전될 것으로 기대하고 있다. LHC는 지금까지 인류가 우주에 대해 이해하고 있는 수준과 방향을 평가하고 검증하는 핵심적인 도구가 될 것이다.

LHC가 세상에 던질 영향력은 역사상 그 어떤 과학 실험보다 강력할 것이다. 우리는 LHC를 딛고 우주 창조 순간의 1조분의 1초까지 다가가 삼라만상을 이루는 가장 기본적인 존재가 무엇인지, 그 존재들을 지배하는 궁극적인 원리가 무엇인지 조금 더 알게 될 것이다. 그리고 우리가 알고 있다고 믿는 것들을 그 근저부터 검증할 것이다. 그 발걸음은 LHC에 목매고 있는 입자 물리학자들만이 아니라, 지식 사회 전체, 더 나아가 사회 전체, 아니 인류의 지성 전체를 뒤흔들어 21세기인의 세계관을 20세기인의 세계관과 전혀 다른 것으로 만들 것으로 기대된다.

그러나 LHC와 LHC가 인류의 역사에서 가지는 의미는 LHC라는 단어가 낯선 만큼 대중에게 알려져 있지 않다. 많은 사람들은 지식으로부터 소외되어 있고 어떤 사람들은 심지어 과학에 대한 괜한 의구심, 또는 두려움, 또는 불안감에 사로잡혀 있다. 예를 들어 CERN의 과학자들이 환호성과 샴페인을 터뜨리고 BBC를 비롯한 주요 언론이 이 과정을 전 세계에 중계하던 LHC 가동 첫날, 지구 반대편 하와이 호놀룰루 법정에서는 LHC에서 만들어진 초소형 블랙홀이 지구를 삼켜 버릴지도 모른다며 실험을 중단시켜야 한다는 고소장이 접수되었다. 또 인도의 어느 종교 사원에는 수천 명이 모여서 구원의 기도를 올렸고, 인도 중부 마디아프라데시 주의 16세 소녀는 블랙홀이 지구를 삼켜서 세상이 멸망한다는 공포에 빠져 자살했다. 이것은 과학이 일상화된 21세기에도 과학과 대중 사이의 거리가 결코 가깝지 않음을, 과학이 사람들로부터 참으로 멀리 떨어져 있음을 분명하게 보여 준다.

과학은 단순한 지식과 정보의 집합체가 아니다. 물질이 원자로 이루어져 있다는 것과, 전자 빔이나 양성자 빔이 자석 근처에서 휘어진다는 것 등을 아느냐 모르느냐는 그렇게 중요한 것이 아니다. 과학은 하나의 과정이며 하나의 관점이다. 과학에서 중요한 것은 무엇을 아는가가 아니라 어떻게 생각하는가 하는 점이다. 과학이라고 하면 확실성, 정확성과 같은 말을 연상하기 쉽지만, 미국의 과학 저술상을 두 차례 수상한 과학 저널리스트 티모시 페리스(Timothy Ferris)의 표현대로 과학은 오히려 우리에게 의심과 모호함을 지니고 살아갈 것을, 자신의 무지가 얼마나 엄청난지를 올바르게 인식할 것을 요구한다. 과학은 옳고 그름을 분명하게 갈라 주는 신탁이 아니라, 왜 옳고, 무엇이 그르며, 어디까지 옳고, 얼마만큼 믿어야 하는지를 탐색해 가는 과정이다. 그러므로 LHC에서 만들어진 소형 블랙홀이 지구를 삼켜 버릴 것이라는 말을 무조건 믿어 버리고 극단적인 행동까지 저지르는 현상은 과학과 가장 거리가 먼 모습이다.

　사람들과 과학과의 거리를 좁히려면 어떻게 해야 하는가? 어떻게 하는 것이 과학적인 사고방식인지, 무엇이 과학적 방법인지를 배워야 하는가? 아니다. 과학적인 사고 방식을 위해서 배워야 할 것은 오히려 과학적 사실 그 자체다. 사실 과학자들은 과학적 사고 방식이라는 것을 따로 배운 적도 없고 과학적 방법이 무엇인지에 관해서도 별로 생각해 보지 않는다. 화가는 물감이 붓에서 캔버스로 어떻게 전해지는지 생각하지 않고 꽃과 하늘과 사람을 그리고, 연주자는 손가락이 어떻게 움직이면 어떤 소리가 나는지를 고민하지 않고 모차르트의 소나타를 연주한다. 화가는 붓을 놀리는 법을 따로 배우는 것이 아니라 그림을 많이 그리며 붓놀림을 체득하고, 음악가는 음악을 연주함으로써 손가락 놀리는 기술을 체득하게 된다. 마찬가지로 과학적 사실을 배우는 것이야말로 과학적 사고 방식을 습득하는 가장 자연스러운 길이자 가장 빠른 길일 것이다.

100여 년 전부터 인간은 예전에는 듣지도 보지도 못했던 현상들을 발견하기 시작했다. 엑스선이나 방사선 같은 것들이 그것이다. 과학자들은 대체 이런 현상들이 무엇이며, 왜 일어나는지, 서로 어떤 관련이 있는지 등을 알고자 고심하며 많은 연구를 거듭했다. 그리고 그 현상들을 이해한 결과, 지금 우리는 옛날부터 사람들이 궁금해 했던 일들을 많이 알게 되었다. 우리는 이제 물질이 무엇으로 이루어져 있는지, 원자가 무엇인지, 어떻게 원자가 안정되게 있을 수 있고 어떤 식으로 상호 작용을 하는지, 원자가 어떻게 우리 주변에 있는 물질을 이루고 왜 물질마다 여러 가지 성질들이 나타나는지, 금속과 반도체에는 왜 전기가 다르게 흐르는지, 태양이 어떻게 타오르고 별이 오래 지나면 어떻게 되는지, 우주가 언제 어떻게 시작되었고 무엇으로 되어 있는지 등을 이해하고 있다. 그만큼 자연과 우주에 관한 인간의 이해가 지난 100년 사이에 엄청나게 깊어진 것이다. 그러한 이해와 지식의 결과로 현대 문명을 상징하는 텔레비전, 인공 위성, 컴퓨터, 아이폰 같은, 예전에는 상상하지 못했던 것들이 세상에 출현했다. 흔히 텔레비전과 컴퓨터를 현대 과학 기술 문명의 증거로 떠올리지만 인간은 텔레비전을 보기 위해 과학을 발전시킨 것이 아니며, 아이폰을 만들고 싶어서 자연을 탐구한 것이 아니다. 그저 자연을 이해하고, 뭔지 모를 현상을 설명하기 위해 관찰하고 연구하고 실험하면서 자연 현상 속에 숨어 있는 원리를 깨닫고 지식을 쌓아 왔던 것이며, 그 결과 상상 속에서만 가능했던, 아니 전혀 상상하지 못했던 일까지 해낼 수 있게 된 것이다. 이런 것이 바로 기초 과학이다.

LHC의 과거, 현재, 미래

 이 책은 LHC와 같은 시대에 살면서 LHC에서 일어나는 현상을 연구하는 입자 물리학자로서 LHC라는 거대한 과학적 사건을 다른 이들과 나누고 싶어서 쓴 것이다. LHC는 최근 몇 년간 미디어를 통해서 여러 차례 보도되었으므로 많은 사람들이 한번쯤은 LHC라는 단어를 들어보았을 것이다. 그러나 신문 기사나 텔레비전 뉴스만으로는 LHC의 전모를 조감하기도 힘들 뿐만 아니라, LHC의 구석구석에서 튀어나오는 흥미진진한 이야깃거리를 접하기도 힘들 것이다. 이 책은 LHC에 관한 뉴스보다 좀 더 많은 것을 알고자 하는 이들을 위한 것이다.
 LHC라는 것이 대체 뭐기에 물리학자들이 이렇게 흥분들을 하는 것인가? 하드론이란 무엇이며 충돌기란 또 무언가? 양성자와 양성자가 충돌하면 대체 어떤 일이 일어나는가? 아니, 그보다 먼저, 양성자란 무언가? LHC라는 낯선 단어를 접했을 때 가질 이런 질문들에 길잡이가 되고자 하는 것이다.
 이 책은 모두 4부로 구성되어 있다. 1부와 2부에서는 입자 물리학이라는 분야에 대해서 이야기한다. LHC라는 장치가 본질적으로 입자 물리학 연구를 위한 것이기 때문이다. 인간이 이성을 도구로 자연 현상을 이해하려고 노력해 온 이래, 첫 번째 질문이자 마지막 질문이 될 것은 물질의 근원이 무언가 하는 것이고, 그 질문에 대답하려는 현대인의 노력이 바로 입자 물리학에 응축되어 있다. 1부에서는 물질의 근원을 탐구해 온 이들의 이야기를 소개하고, 2부에서는 물질의 상호 작용을 이해하려고 노력해 온 이들의 이야기를 들려준다. 이 책은 물리학 교과서가 아니기 때문에, 입자 물리학 이론이나 실험 자체보다는 물리학자들과 그들의 노력을 소개할 것이다. 그래서 이론 체계의 논리적인 맥락이 아니라 역사적인 맥락에 따라서 입자 물리학을 이야기하게 될 것이다. 독자들이 1부와 2부를 통해서 입자 물리학이란 무엇을 연구하는 것이며, 왜 그런 것을 연구하는지, 사람들이 어떤 생각과 시도를 해 왔으며 그 결과로 오늘날 물질과 우주를 어떻게 이해하게 되었는지에 대한 대략의 스케치라도 얻을 수 있다면 더 바랄 것이 없다.

1부와 2부는 LHC를 이야기하기 위한 배경 지식이겠지만 내가 이 책에서 진짜 하고 싶은 이야기들의 많은 부분은 1부와 2부에 있다고 할 수 있다. LHC가 중요한 것은 막대한 돈이 들어가서도, 엄청난 초전도 자석을 사용해서도, 최신의 컴퓨터 기술을 사용해서도 아니다. 인류가 자연을 이해하는 데 필요하기 때문이다. 그러므로 LHC에 관해서 이야기한다는 것은 결국 인류가 우주를 어떻게 이해하는가를 이야기하는 것이다.

3부에서는 LHC를 건설하고 운용하는 유럽 입자 물리학 연구소(CERN)를 소개한다. CERN은 세계 최대의 입자 물리학 연구소이며, LHC 가동 이후 입자 물리학계의 진정한 중심이라고 할 수 있다. CERN은 베스트셀러 소설 『다빈치 코드』의 작가 댄 브라운(Dan Brown)의 또 다른 베스트셀러이자 2009년에 할리우드에서 블록버스터 영화로 만들어진 『천사와 악마』의 도입부에 등장하기도 해 많은 사람들에게 알려졌다. CERN은 제2차 세계 대전 후 잃은 과학 주도권 탈환을 모색하는 유럽 과학계의 요새이자 심장부다. 동시에 유럽의 통합을 미리 보여 준 곳이기도 하다. 3부에서는 그 자체로 현대 입자 물리학 역사의 일부이기도 한 CERN의 설립과 발전 과정을 소개하며 전쟁으로 폐허가 된 유럽에서 과학자들이 통합과 연대를 어떻게 일궈 냈고 이것을 통해 과학이 어떻게 부활하게 되었는지 보여 주고자 한다. CERN은 유럽의 연구소지만, LHC라는 전 지구적인 사업을 계기로 우리나라와도 교류가 차츰 늘어 가고 있다.

4부에서는 LHC와 입자 물리학의 미래를 그린다. LHC가 어떻게 만들어졌고, 어떻게 구성되어 어떻게 작동하며, 어떠한 것을 탐구하려고 하는지에 관해 이야기할 것이다. LHC의 역사를 가능한 한 소상히 소개하려고 했고, 지나치게 기술적인 이야기를 빼고 LHC의 모습을 그려 보고자 했다. LHC가 탐구하고자 하는 세계는 아직 인간이 도달해 보지 않은 영역이다. 그곳에서 인간이 어떤 것을 보려고 하는지, 무엇을 검증하게 될 것인지를 이야기하게 될 것이다. 1부에서 3부까지가 입자 물리학의 어제와 오늘이라면, 4부는 입자 물리학의 내일이 될 것이다.

과학자란 인간의 가장 행복한 상태

현대의 입자 물리학자들은 행운의 시대에 살고 있는지도 모른다. LHC를 통해 입자 물리학은 새로운 지평으로 넘어갈 것이기 때문이다. 입자 물리학자로 산다는 것은, 우주의 시작과 끝, 물질의 근원, 시간과 공간의 본질 같은 가장 근본적인 질문들을 고민하며 산다는 것은 그 무엇과도 비교할 수 없는 특별한 일이다. 그리고 LHC를 통해 그런 중요한 질문들의 대답을 볼 수 있다는 것은 말로 표현할 수 없는 커다란 행운이라고 생각한다. 그런 점에서, 나는 1967년 노벨상 수상자인 조지 월드(George Wald)가 "과학자란 인간의 가장 행복한 상태일 것이다."라고 한 말을 완벽히 이해한다. LHC는 로마의 콜로세움이나 20세기의 원자 폭탄처럼 인류 문명의 최전선을 상징하는 존재가 될 것이다. 짧게는 입자 물리학이라는 분야가 발전해 온 지난 100년, 길게는 인간의 선조인 한 호모 사피엔스가 고개를 들어 하늘의 해와 달과 별들을 바라보며 질문을 던진 이후 시작된 오랜 탐구의 길 끝에 LHC가 있다.

차례

책을 시작하며　　　　　　　　　　　9

1부 ｜ 데모크리토스의 꿈　　　　　23

1장　존재하는 것은 원자와 허공뿐　　29
2장　원자 속으로!　　　　　　　　　39
3장　원자핵 속에도 세계가　　　　　85
4장　무수한 입자들의 왕국　　　　107

2부 ｜ 양자장의 바다에서　　　　149

5장　입자 세계의 상식들　　　　　　155
6장　입자 물리학의 근간, 게이지 이론　171
7장　우주를 지배하는 네 가지 힘　　237
8장　표준 모형　　　　　　　　　　245
9장　가속기와 검출기의 짧은 역사　271

3부 ｜ CERN　　　　　　　　　　301

10장　CERN은 실제로 존재하나요?　307

11장	CERN의 역사	317
12장	웹이 태어난 곳	383
13장	CERN과 노벨상	401

4부 | 지금은 LHC의 시대   411

14장	LHC 연대기	417
15장	지상 최대의 기계	431
16장	양성자 충돌의 순간	455
17장	LHC의 실험실들	473
18장	LHC의 과제들	493
19장	LHC의 시대	541
20장	처음 3년	565

책을 마치며	592
감사의 말	594
증보판에 부쳐	596
용어 해설	598
후주	605
더 읽을 책들	614
연표	618
찾아보기	624
도판 저작권	631

1부

데모크리토스의 꿈

색깔이 있다고들 하지
달콤함이 있다고도,
씁쓸함이 있다고도 하지.
그러나 정말 존재하는 것은 원자와 허공뿐.

— 데모크리토스

24~25쪽 사진 LHC의 ATLAS 검출기.
26~27쪽 사진 ATLAS 검출기를 설치하는 모습.

1장 | 존재하는 것은 원자와 허공뿐

원자 분쇄기

LHC를 외신에서 다룰 때 흔히 부르는 이름 중 하나가 '원자 분쇄기(atom smasher)'다. 이 말이 주는 화려하고 강렬한 이미지가 LHC의 위력을 느끼게 하는 데 호소력이 있는 모양이다.

사실 원자 분쇄기라는 말은 그다지 정확한 용어는 아니다. LHC가 하는 일이 원자를 부수는 게 아니기 때문이다. 원자를 처음으로 부수는 데 성공한 사람은 어니스트 러더퍼드(Ernest Rutherford)다. 그는 90여 년 전인 1917년 알파 입자로 질소를 때려 산소 원자와 수소 원자로 바꾸는 데 성공했다. 러더퍼드의 실험보다 좀 더 실감나는 원자의 분쇄, 즉 우리가 핵분열이라고 부르는 현상을 인간이 처음 일으킨 것은 약 60년 전의 일이고, 이 인공 핵분열을 연쇄적으로 일으키는 장치, 즉 체계적으로 원자를 부수는 일을 하는 장치인 원자로가 처음으로 엔리코 페르미(Enrico Fermi)의 지휘 아래 미국 시카고 대학교의 스쿼시 코트에 만들어진 것은 그 4년 뒤의 일이다. 원자 분쇄기라는 이름에 걸맞은 장치는 이 원자로일 것이다.

LHC, 즉 Large Hadron Collider를 우리말로 바로 옮기면 '대형 하드론 충돌기'가 된다. 여기서 대형(Large)이라는 것은 매우 높은 에너지를 얻기 위해서 가속기의 크기가 매우 크다는 뜻이고, 하드론(Hadron, 강입자)이라는 말은 원자핵 안에 들어 있는 양성자를 가리키며, 충돌기(Collider)란 입자를 가속해서 정면 충돌시키는 실험 장치를 의미한다. 이름에 드러나듯이 LHC는 실제로는 원자가 아니라 하드론의 하나인 양성자를 충돌시켜서 부순다. 그러니 원자 분쇄기가 아니라, '양성자 분쇄기(proton smasher)'가 정확한 말이다.

　하지만 인간이 양성자를 처음 부수는 데 성공한 것도 이미 40년 전 스탠퍼드의 선형 전자 가속기에서 일어난 일이고, LHC와 같은 형태의 양성자 충돌 실험도 1971년 CERN의 ISR 가속기에서 처음 수행되었으니 새삼 LHC를 '양성자 분쇄기'라고 하는 것도 LHC가 앞으로 할 역할을 잘 보여 주지 못하는 듯하다. 게다가 양성자 분쇄기는 지나치게 전문 용어 같아 사람들에게 친숙하지 않다. 역시 원자 분쇄기라는 말이 더 강렬하고 효과적이다. 미디어가 진실을 전하는 방법은 학술지와 다른 법이다.

　원자라는 말이 오늘날의 사람들에게 특별한 울림을 주는 것은 원자 폭탄 개발과 투하라는 특별한 사건의 영향이 클 것이다. 그러나 원자라는 개념의 의미와 영향은 원자 폭탄보다 훨씬 넓고 깊다. 20세기의 물리학은 원자를 이해하기 위해 발전했고 원자를 이해한 결과 오늘날 우리가 누리고 있는 기술 문명이 이루어졌다. LHC도 결국 원자를 이해하기 위한 노력의 연장선 위에 있는 일이다. 원자라는 말은 현대 물리학, 나아가서 현대 문명의 가장 중요한 키워드다. 우리도 원자에서 이야기를 시작하도록 하자.

30　1부 데모크리토스의 꿈

더 보편적이고 더 근본적인 것을 찾아

꽃이 피었다가 지고, 빗방울이 물 위에 떨어져 파문을 그리는 일부터 하늘의 달과 태양과 별들 사이에서 일어나는 일, 먼 옛날에 일어났던 일, 앞으로 일어날 일 등 자연에서 일어나는 모든 일을 '자연 현상'이라고 한다. 그리고 자연 현상 속에서 발견되는 규칙을 '자연 법칙'이라고 하며, 체계적인 방법으로 자연 법칙을 찾아내는 일을 '자연 과학'이라고 한다.

물리학의 역사는, 아니 자연 과학의 역사는 무수한 자연 현상 속에서 보편적인 법칙을 찾아내는 일의 역사다. 만일, 보편적인 자연 법칙이 없다면, 그래서 모든 일이 아무 규칙 없이 제멋대로 일어난다면, 과학이라는 것은 존재하지 않을 테고, 우주가 이런 모습일 리도 없으며, 사실 우리가 살아갈 수도 없을 것이다.

물은 섭씨 100도에서 끓는다. 어제도 그랬고 오늘도 그렇고 내일도 그럴 것이고(시간적인 보편성), 우리 집에서도 옆집에서도 스위스 제네바에서도 나이지리아의 아부자(Abuja)에서도 그렇다(공간적인 보편성). 그러니까 이것은 일종의 자연 법칙이다. 그런데 사실은 꼭 그렇지만은 않아서 한라산 백록담 근처에서는 섭씨 94도쯤에서 물이 끓는다. 이것은 백록담의 특별한 기운 때문에 그런 것이 아니라 높은 곳이라 기압이 낮기 때문이다. 이런 현상을 설명하기 위해서 물이 끓는 것이 무엇인지를 제대로 이해하고 나면, 물이 섭씨 100도에서 끓는다는 경험적인 법칙은, 물 같은 액체는 증발하는 증기압과 주변의 압력이 같아지는 순간 끓는다는, 좀 더 근본적인 법칙으로 바뀌게 된다. 그리고 나면 새로운 법칙은 이제 더 많은 것을 설명할 수 있게 되고, 물뿐만 아니라 모든 종류의 액체에 적용되는 더 보편적인 법칙이 된다. 이럴 때 우리는 "자연을 더 깊이 이해했다.", 또는 "과학이 발전했다."라고 말한다.

이렇게 보이고 느껴지는 현상의 배후에 어떤 보편적인 원리와 법칙이 있고, 단순한 법칙 뒤에 더 보편적이고 심오한 원리가 있다는 생각이 자연 과학의 근저에 깔려 있는 사고 방식이다. 그래서 자연 과학을 단순화해서 정의하자면, 더 많은 자연 현상을 설명할 수 있는, 더 보편적이고 더 근본적인 법칙을 찾고자 하는 노력이라고 할 수 있을 것이다.

더 이상 쪼갤 수 없는 존재

물질의 본질을 더 보편적으로, 더 근본적으로 설명하려는 사람들의 노력은 눈에 보이는 복잡다단한 물질들이 아주 단순한 기본 물질로 구성되어 있을 것이라는 생각으로 이어졌다. 서양 과학의 역사에서 이런 개념을 처음으로 체계적으로 설파한 사람은 에게 해의 북쪽 해안 지방, 지금의 그리스 북동부 크산티 근방인 트라키아의 아브데라 출신으로 기원전 5세기경에 활약한 데모크리토스(Democritos)다. 데모크리토스는 스승인 레우키포스(Leucippos)의 사상을 발전시켜 '가장 작으면서 더 이상 나뉘지 않는' 물질의 근원이 되는 요소가 존재해 이들이 여러 가지 방식으로 결합해 우리 눈에 보이는 물질계를 이루고 있다는 생각을 했고 그런 근본 요소를 '원자(atomos)'라고 불렀다. atomos란 부정을 의미하는 *a-*가 나뉜다는 의미의 *-tomos*에 붙어서 더 이상 나눌 수 없는 존재를 뜻한다. '원자' 개념이 탄생한 것이다.

데모크리토스 이전에도 물질의 근원에 대해 논한 이들은 많다. 기

32   1부 데모크리토스의 꿈

그림 1-1 최초의 원자론자인 데모크리토스와 원자 모형을 그린 그리스의 지폐.

원전 600년경 소아시아의 서쪽 해안, 지금의 터키 아이딘 지방인 고대 그리스 도시 국가 밀레투스에서 활약했던 탈레스(Thales)는 만물의 근원은 물이라고 주장했고, 비슷한 시기에 역시 밀레투스에서 활동한 아낙시메네스(Anaximenes)는 공기가 세상의 근원이라고 주장했다. 그들이 한 주장의 자세한 내용을 따지지 말고, 그들이 자연을 바라보는 방식을 보자. 그들은 초자연적인 존재가 세계를 좌지우지한다는 신화가 아니라, 이성과 우리가 감각하고 이해할 수 있는 물질을 통해 이해하고자 했다. 이것은 새로운 사고 방식의 출발점이었다. 그래서 탈레스를 '자연 철학의 아버지'라고 일컬으며 버트런드 아서 윌리엄 러셀(Bertrand Arthur William Russell)은 "철학은 탈레스에서 시작한다."라고까지 했다.

그들보다 조금 뒤의 사람으로, 우주를 이해하는 근본적인 개념은 변화라고 생각했던 헤라클레이토스(Herakleitos)는 불이 세상의 원리를 함축한 존재라고 설파했다. 이런 생각들이 시칠리아 태생의 엠페도클레스(Empedocles)를 통해 좀 더 체계화되었다. 그는 불, 물, 공기, 흙이

1장 존재하는 것은 원자와 허공뿐 33

라는 네 가지 본질적 원소가 있으며, 모든 물질은 이 원소들의 합성물이라서 이 기본 원소의 비율에 따라 서로 형태를 바꾸기만 할 뿐, 어떤 사물도 새로 탄생하거나 소멸하지 않는다는 4원소설을 주장했다.

엠페도클레스는 의사이면서 정치가로 활약하는 등 여러 가지로 범상치 않은 사람이었던 모양인데 특히 추종자들에게 자신의 신성을 보이기 위해 시칠리아 에트나 화산의 분화구에 몸을 던져 생을 마감했다는 이야기가 유명하다. 독일 시인 요한 크리스티안 프리드리히 휠덜린(Johann Chritian Friedrich Hölderlin)이나 영국 시인 매튜 아널드(Matthew Arnold) 등은 그의 죽음을 소재로 작품을 쓰기도 했다.

4원소설은 플라톤(Platon)과 아리스토텔레스(Aristoteles)를 통해 계승 발전된다. 플라톤은 4원소에 더해서 더 근원적이고 완전한 존재, 제5원소(la quinta essentia)라는 개념을 도입했다. 에테르(Aether)라는 제5원소는 물질의 근원인 4원소를 조작해 우주 전체를 궁극적으로 완성하는 존재다. 제5원소라는 개념은 중세로 내려오면서 연금술에서 다른 4원소를 자유자재로 결합해 물질을 변형시키는 결정적인 존재인 '현자의 돌(Philosopher's stone)' 혹은 엘릭시르(elixir)라는 개념으로 발전해 간다. 이것은 알베르트 아인슈타인(Albert Einstein)의 상대성 이론이 나오기 이전에 물리학자들이 우주 공간을 채우고 있으면서 빛의 매질 역할을 하는 물질로 생각했던 에테르의 원형이기도 하다. 현대에는 정수(精髓)를 뜻하는 영어 단어 quintessence에 그 흔적이 남아 있으며, 브루스 윌리스와 밀라 요요비치가 나왔던 뤽 베송의 영화 「제5원소」는 노골적으로 이 개념을 영화의 모티프로 사용했다. 현자의 돌이라는 개념 역시 오랫동안 서구에서 여러 예술적인 영감의 원천이었는데, 가깝게는 「해리 포터」시리즈의 영국판 1권의 제목으로 쓰이기도 했다. (미국판에서는 제목이 "마술사의 돌(Soccerer's stone)"로 바뀌었다.)

그러나 데모크리토스의 원자 개념은 다른 모든 철학자들의 생각과 크게 달랐고, 오히려 매우 현대적이었다. 데모크리토스는 이 세상에는 빈 공간과 그 사이를 돌아다니는 원자만이 존재한다고 생각했고 우리가 보고 만지는 모든 것들은 원자가 여러 가지 형태로 합쳐져서 만들어 내는 것이라고 주장했다. 원자는 '더 이상 나뉘지 않는' 보편적인 어떤 존재이며 매우 '작다'고도 했다.

데모크리토스는 인간을 고려하지 않고 세상이 어떻게 돌아가는지를 이해하는 데에만 관심을 집중했다는 점에서 현대 과학자와 비슷한 태도를 가지고 있었다. 비록 데모크리토스의 원자론이 지금 우리가 물리학이라고 부르는 것과는 거리가 있지만, 고대에, 그리고 그 후 오랫동안 데모크리토스만큼 현대 과학에 가까운 생각을 한 사람은 없다. 그래서 '원자론의 아버지'라는 명예는 데모크리토스에게 잘 어울린다.

자연의 언어는 수학

원자 개념은 2,000년 넘게 홀대를 받았다. 철학적, 종교적, 이데올로기적 이유에서 사람들은 데모크리토스의 생각을 자연 철학에서 배제했다. 그러나 최초의 자연 철학자들이 나타난 지 2,000년도 더 지났을 때, 자연 철학은 극적으로 변모한다. 그 변화는 니콜라우스 코페르니쿠스(Nicolaus Copernicus)의 프러시아, 요하네스 케플러(Johannes Kepler)의 오스트리아, 갈릴레오 갈릴레이(Galileo Galilei)의 이탈리아에서 200년 사이에 급격하게 일어났다. 그리고 이 변화는 영국 케임브리지의 젊은

그림 1-2 근대 물리학의 출발점이라고 할 수 있는 『프린키피아』를 저술한 아이작 뉴턴.

학자 아이작 뉴턴(Isaac Newton)에게서 완성되었다. 그 변화의 핵심은 뉴턴이 『자연 철학의 수학적 원리(Philosophiæ Naturalis Principia Mathematica)』(이후 『프린키피아』)라는 책의 제목에 명쾌하게 표현한 것처럼 자연에서 수학적 원리를 발견한 것이었다.

『프린키피아』 출판 이래, 인간과 자연의 관계는 더 이상 전과 같을 수 없게 되었다. 인류가 자연의 언어를 알아 버렸기 때문이다. 수학적 체계를 갖추면서 물리학은 막연한 사변이 아니라 '정량 과학'이 되었다. 즉 이론의 옳고 그름을 수학적으로 논증할 뿐만 아니라 숫자로 표현되는 물리량을 통해 정밀하게 검증하는 지식 체계가 된 것이다.

뉴턴이 발견한 역학의 원리와 중력 법칙은 이전 세대가 축적한 방대한 천문 데이터를 기반으로 이루어졌다. 특히 튀코 브라헤(Tycho Brahe)가 남긴 정밀하고도 풍부한 데이터와 그것을 현상적으로 해석한 케플러의 법칙은 뉴턴의 길잡이였다. 뉴턴이 세운 고전 역학의 체계는 자연 현상을 주의 깊게 관찰하고(튀코 브라헤), 현상 속에서 어떠한 패턴을 찾고(케플러), 그 패턴 안에서 일반적인 원리를 끄집어내 수학적으로 표현한 결과물이다. 이렇게 얻어낸 일반적인 원리는 너무나 강력해서, 몇 개 되지 않은 정리와 기본 법칙으로부터 브라헤의 관측 데이터와 케플러의 경험 법칙은 물론이고 우리가 관찰하는 거의 모든 현상을 도출할 수 있다. 해와 달과 별 등이 운행하는 하늘의 법칙과, 사과가 나무에서 떨어지는 땅의 법칙이 같은 원리에서 비롯된 것이 밝혀진 것이다. 뉴턴은 이렇게 자연 현상의 관찰에 근거해 일반적인 원리를 발견해서 그것을 수학적인 체계로 표현하고 다시 실험으로 검증하는 물리학의 기본 틀을 구축했다. 오늘날 물리학자들이 하는 일도 기본적으로는 이것과 다르지 않다.

　뉴턴 이후 뉴턴이 세운 물리학의 방법론은 지식 전 분야로 확산된다. 고대 철학자들의 자연 철학이 뉴턴 이후 비로소 근대 '과학'으로 탈바꿈하기 시작한 것이다. 원자 개념 역시 이 과정에서 잊혀진 이 단적 사변에서 과학적 개념으로 재발굴되기 시작한다. 특히 18세기에 들어서면서 영국의 토머스 뉴커먼(Thomas Newcomen)과 제임스 와트(James Watt)가 증기 기관을 발명하고, 열과 증기에 관한 자연 현상을 과학자들이 더 많이 접하게 되면서 열과 물질의 변화에 대한 연구, 즉 열역학이 급속히 발전한다. 또한 한편으로 앙투안로랑 라부아지에(Antoine-Laurent Lavoisier) 등에 의해 근대 화학이 발전하고 특히 기체에 대한 물리학적, 화학적 연구가 크게 진보한다. 이렇게 물질에 대한 지식과 이해가 크게 발전하면서 데모크리토스의 상상적인 존재였던 '원자'가 과학 개념으로서 새롭게 부활하게 된다. 원자를 부활시킨 주인공은 영국의 화학자 존 돌턴(John Dalton)이다. 이제 우리는 다음 장부터 원자를 둘러싸고 어떤 일이 일어났는지를 보면서 물질의 구조에 대한 인간의 이해가 어떻게 깊어지는지, 그래서 어떻게 궁극적으로 LHC에까지 이르게 되는지를 살펴보도록 하겠다.

물리학이라는 것이 너무 다른 세계의 이야기처럼 들리지 않도록, 뉴턴 당시 바깥 세상에서는 무슨 일이 있었는지 잠시 살펴보자. 뉴턴이 태어난 1643년경(뉴턴이 태어난 날은 율리아누스력으로는 1642년 12월 25일, 그레고리우스력으로는 1643년 1월 4일이다.) 영국에서는 청교도 혁명이 일어나서 왕의 군대와 의회의 군대가 전쟁을 벌이기 시작했다. 다음해인 1644년 동양에서는 명나라가 멸망하고, 청나라가 중원의 패자가 된다. 당시 우리나라는 병자호란의 후유증에 시달리고 있었다. 볼모로 잡혀 갔다 청나라의 명나라 공략전에 참가했던 소현세자가 1645년 음력 2월에 돌아오지만 같은 해 음력 4월에 죽고, 봉림대군이 새로 세자로 책봉된다. 이후 봉림대군은 1649년 인조가 승하한 후 즉위하니, 곧 효종이다.

『프린키피아』가 발간된 1687년, 영국에서는 제임스 2세가 가톨릭을 부활시키려 신앙 자유 선언을 하는 등 의회와의 대립이 격화되고 있었고 이 갈등은 다음해의 명예 혁명으로 이어진다. 우리나라는 숙종 때로 장옥정이라는 여인이 숙종의 사랑을 받고 있을 때다. 이듬해 장옥정은 후일 경종이 되는 숙종의 장남을 낳아 희빈에 봉해지고, 다음해 서인 정권의 몰락과 맞물려 인현왕후 민씨가 폐비되면서 중전에까지 오른다. 그러나 짧은 권세를 누린 후, 1694년 남인의 몰락과 함께 옥정은 다시 희빈으로 강등되고 인현왕후가 복위된다. 1701년 인현왕후가 죽은 뒤, 장희빈은 중전을 저주했다는 것이 드러나서 사약을 받고 죽임을 당한다.

2장 | 원자 속으로!

원자의 부활

존 돌턴은 18세기 말과 19세기 초 사이에 영국 맨체스터에서 활동한 화학자다. 그의 관심 분야는 화학과 물리학의 여러 분야였고 특히 그 자신이 색맹이었던 까닭에 색맹에 대한 최초의 연구 논문인 「색시각에 관한 아주 놀라운 사실들」을 발표하기도 했다. 그래서 적록색맹을 영어로 돌터니즘(Daltonism)이라고 부른다. 돌턴은 맨체스터 대학교에서 일하다가 과중한 업무에 반발해 대학을 그만두고 수학과 자연철학을 개인적으로 가르치면서 맨체스터 문학-철학 협회를 기반으로 주로 활동했다. 그에게 개인 교습을 받은 사람 중 하나가 에너지 보존 법칙이라는, 어쩌면 물리학에서 가장 중요하다고 할 만한 법칙의 발견에 공헌해 에너지의 표준 단위에 자신의 이름을 남긴 제임스 줄(James Joule)이다.

돌턴의 이름을 모든 과학 교과서에 실리는 불멸의 것으로 만든 것은 그의 원자론이다. 그때까지 축적된 물질에 관한 지식과 화학의 지식을 기반으로 돌턴은 모든 물질은 유한한 수의 원자로 만들어져 있다는, 현대적 의미의 원자론을 제창했다. 돌턴의 원자론은 물질이 아주 작은 기본 입자로 이루어져 있어서 그것들 사이에 작용하는 힘에 따라서 기체, 액체, 고체라는 물질의 세 가지 상태가 생기며, 여러 가지 원자들이 결합해 수많은 화합물을 만들어 낸다고 설명한다. 이 기본 입자를 더 이상 나뉘지 않는 물질의 기본 단위라는 의미에서 데모크리토스를 따라 '원자(atom)'라고 불렀다. 데모크리토스의 원자가 2,000여 년 만에 부활한 것이다.

  돌턴의 원자론 역시 많은 자연 현상들을 관찰하고 그 안에서 질서를 찾아내고자 노력한 결과물이다. 화학자였던 돌턴은 18세기에 발전한 많은 화학적 변화와 물성에 관한 지식들 사이에서 원자라는 근본적인 연결 고리를 찾아냈다. 그 지식의 상당수는 현대 화학의 아버지라고 할 프랑스 화학자 라부아지에의 업적이었다. 물이 수소와 산소로 이루어졌다는 것, 공기가 산소와 질소의 혼합물이라는 것도 라부아지에가 발견해 낸 것이며, 물질이 변화할 때에도 질량은 보존된다는 질량 보존의 법칙을 알아내고, 화합물의 이름을 붙이는 법을 체계적으로 정했으며, 물질이 섞여서 새로운 물질을 만들어지는 것이 아무렇게나 이루어지는 것이 아니라 일정한 규칙과 정량적인 법칙에 따른다는 것을 밝혀냄으로써 근대 화학의 기틀을 마련한 사람도 바로 라부아지에다. 또한 조제프 루이 프루스트(Joseph Louis Proust)가 1799년에 실험적으로 밝혀낸, 화합물의 구성 물질의 양은 항상 일정한 비율로 결합한다는 일정 성분비의 법칙 역시 돌턴의 원자론에 중요한 기반을 제공했다.

  원자의 개념은 1808년에 첫 권이 출판된 돌턴의 저서인 『화학 철학의 새로운 체계(New System of Chemical Philosophy)』에서 다뤄지고 있다. 그리고 돌턴이 1800년대 초에 쓴 논문과 에세이 들 곳곳에서도 볼 수 있다. 돌턴은 원자를 물질을 이루는 아주 작은 기본 단위라고 생각했다. 그리고 나뉘지 않을 뿐만 아니라 새로 생겨나거나 사라지지도 않는 불멸의 존재라고 여겼다. 질량 보존의 법칙이나 일정 성분비의 법칙과 같은 경험적이고 현상적인 법칙들은 돌턴의 원자론을 통해 더욱 잘 이해되고 설명되었으며, 한발 더 나아가 역시 돌턴이 발표한 배수 비례의 법칙으로 일반화되었다.

그림 2-1 원자론을 되살려낸 존 돌턴.

원자론의 핵심은 물질의 구조에 기본 단위가 존재한다는 것이므로 여러 자연 법칙에서 원자의 개수에 해당하는 정수가 나타난다는 점이 중요하다. 일정 성분비의 법칙에서 물을 이루는 수소와 산소의 질량의 비가 1:8이라는 사실은 바로 이런 정수성의 좋은 예다. 나아가서 배수 비례의 법칙은 수소와 산소의 다른 화합물의 질량비는 1:16이라는 것을 말한다. (이 물질을 물에 녹인 것이 약국에서 소독용으로 팔고 있는 과산화수소수다.) 바꿔 말하면 수소 1과 결합하는 산소의 양은 8, 16이라는 배수로 표현된다는 것이다. 이것은 수소와 산소가 원자로 이루어져 있어서 수소 원자가 질량 1이며 산소 원자의 질량은 8이라고 하면 간단하고도 자연스럽게 설명된다.*

이탈리아의 아메데오 아보가드로(Amedeo Avogadro)는 돌턴의 원자론을 적극적으로 받아들여 분자(molecule)라는 개념을 세우고 기체 분자는 2개의 원자로 되어 있음을 밝혔으며, 모든 기체는 일정한 온도와 압력 조건에서는 같은 부피에 같은 수의 분자로 되어 있다는 아보가드로의 법칙을 제안하는 등 원자론을 발전시켰다.

돌턴의 원자라는 개념은 화학을 발전시키는 데 큰 공헌을 했으며, 나아가 분자 운동론을 통해 온도와 압력과 같은 거시적인 열역학의 개념들이 정의될 수 있다는 것이 밝혀지면서 통계 역학이라는 분야를 여는 열쇠가 되었다.

데모크리토스의 원자가 사변적이고 추상적인 개념이라면, 돌턴의 원자는 자연에 실제로 존재하는 구체적인 존재다. 그러나 원자가 모든 사람들에게 단순한 개념이 아니라 분명한 실재로 받아들여지기까지는 많은 시간이 필요했다. 그 이유는 무엇보다도 원자와 분자같이 당시로서는 눈으로 볼 수 없고 실험적으로 그 존재를 직접 확인할 수 없는 것을 실재라고 볼 수 있는가 하는 생각을 많은 사람들이 가지고 있었기 때문이다. 심지어 20세기에 접어들 때까지도 그러했다. 원자는 화학에서 잘 알려진 개념이고 유용한 가설이었으나 원자를 실체로 인정하느냐는 또 다른 문제였다. 심지어 어떤 과학자들은 물질의 원자 구조를 명백히 부정했다. 물리학자이자 철학자인 에른스트 마흐(Ernst Mach)는 원자를 대수학에서 쓰는 기호처럼 도구적 개념이라고 여겼으

---

* 돌턴은 처음에 물을 수소 원자 하나와 산소 원자 하나가 결합한 것으로 생각했다고 한다. 지금 우리는 물은 수소 원자 2개와 산소 원자 하나가 결합한 H_2O라는 것을 알고 있으므로 수소의 질량이 1이라면 산소 원자의 질량은 16이 된다. 과산화수소는 H_2O_2이다.

42   1부 데모크리토스의 꿈

며 당대의 저명한 화학자로서 1909년에 노벨 화학상을 수상하게 되는 빌헬름 오스트발트(Wilhelm Ostwald) 같은 이는 에너지로서 모든 것을 설명할 수 있다는 에너지론을 펼치면서 화학 교과서에서 원자 이론을 빼 버렸다. 원자나 분자의 존재를 기반으로 통계 역학을 발전시킨 루트비히 에두아르트 볼츠만(Ludwig Eduard Boltzmann)은 이들을 상대로 원자와 분자의 실재를 주장하며 외로운 투쟁을 벌여야 했다.

원자, 그리고 분자가 분명히 존재하는 실재라는 것이 정말로 모든 이들에게 의심의 여지없이 받아들여지고, 최후의 몇 사람까지도 원자와 분자가 실제로 존재하는 작은 입자라는 것을 인정하게 된 것은 돌턴이 원자론을 제창한 지 100년이나 지난 1909년, 아인슈타인의 브라운 운동에 관한 논문을 실험적으로 입증하기 위해 장 밥티스트 페랭(Jean Baptiste Perrin)이 콜로이드 입자를 정밀하게 관찰한 결과를 발표하고 나서였다. 이때는 이미 원자보다 작은 입자인 전자, 그리고 원자에서 나오는 방사선들이 발견되고, 방사성 붕괴로 인한 원자의 변환이라든가, 방사선 중 알파선이 전자를 떼어낸 헬륨이라는 것까지 밝혀진 후였다. 그러나 원자의 실재에 관한 논쟁에서 오는 학문적인 스트레스와 조울증에 시달리던 볼츠만은 이 연구가 발표되기 전에 자살하고 말았다. 보이지 않을 정도로 작은 입자가 실재한다는 것, 그것이 우리 세계를 이루고 있다는 사실을 받아들이는 것은 쉽지 않은 일이었다.

돌턴은 나폴레옹이 오스트리아와 프로이센을 패배시켜 신성 로마 제국을 해체하고, 유럽 전체를 지배하고 있던 시절, 영국만이 1805년 트라팔가 해전으로 프랑스 해군을 꺾고 유일하게 저항하고 있던 시대에 원자론의 연구를 수행했다. 특히 돌턴의 저서가 출판된 1808년, 스페인에서는 혁명의 전파자이며 해방군이라고 선전하던 나폴레옹의 군대가 스페인 인민을 학살하는 사건이 터졌다. 고야의 유명한 그림 「1808년 5월 3일」은 이 사건을 잘 나타내고 있다. 조선에서는 1800년 정조가 급사한 후 순조가 즉위했다. 정조의 개혁은 무산되고 조정이 세도 정치의 손길에 좌지우지되면서 조선은 기나긴 나락으로 굴러 떨어져 가기 시작했다.

전자의 발견

원자론이 부활했던 19세기, 물리학이 이룩해 낸 가장 위대한 업적은 전기와 자기 현상을 통합적으로, 거의 완전히 이해하게 된 것이다. 마이클 패러데이(Michael Faraday)는 놀라운 직관과 헌신적인 연구로 많은 전자기 현상을 밝혀내고 장(場, field)이라는 개념을 창안했다. 그리고 제임스 클러크 맥스웰(James Clerk Maxwell)은 수학적 재능과 과학적 통찰을 모아 장 개념을 발전시키고 전기장과 자기장을 통합적으로 기술하는 방정식을 완결지음으로써 전자기 이론을 '완성'했다. 맥스웰의 방정식은 1885년 독일의 하인리히 루돌프 헤르츠(Heinrich Rudolf Hertz)가 전자기파를 직접 관찰함으로써 실증되었다. 과학의 역사에서 맥스웰이 자신의 이름으로 불리는 방정식을 완성한 것처럼, 어떤 과학자가 한 분야의 이론을 완성하는 것은 극히 드문 일이다. 그리고 맥스웰의 방정식만큼 우주적인 규모에서 옳은 이론을 내놓는 것은 더욱 드문 일이다.

전자기학의 발전에 따라 더욱 많은 자연 현상들이 인간의 관찰의 대상이 되었다. 그중에서 유리관 속의 희박한 기체에 전기를 가해 주면 빛을 발하는 현상인 기체의 전기 방전은 패러데이가 1833년에 소개한 이래 많은 과학자들이 즐겨 연구한 현상이었다. 1858년 독일의 수학자이며 물리학자인 율리우스 플뤼커(Julius Plücker)는 방전이 일어나는 진공관 근처에 자석을 가까이 가져가서 그 효과를 관찰했다. 1876년 오이겐 골트슈타인(Eugen Goldstein)은 이 방전이 음극에서 일어나기 때문에 음극선(cathode ray)이라는 이름을 붙였다. 음극선의 연구는 크게 번성했다. 얼마 후 빌헬름 콘라트 뢴트겐(Wilhelm Konrad Röntgen)이 엑스선을 발견한 것도 역시 음극선 실험을 준비하는 과정에서였다.

음극선은 많이 연구될수록 차츰 중요한 논쟁의 대상이 되었다. 헤르츠를 필두로 한 골트슈타인 등의 독일 학자들은 음극선을 빛의 일종이라고 보아서 (아마도 맥스웰의) 전자기파라고 여겼으며, 윌리엄 크룩스(William Crookes)나 켈빈 경(Baron Kelvin, 원래 이름은 윌리엄 톰슨(William Thomson)이다.) 등의 영국 물리학자들은 입자라고 주장했다. 특히 아일랜드 출신의 물리학자 조지 존스턴 스토니(George Johnstone Stoney)는 일찍이 전기에 기본적인 단위가 있다는 개념을 생각해 내고 기본 전하를 가지고 전기를 운반하는 입자를 '전자(electron)'라고 이름 붙였다.[1] 음극선에 관한 논란이 쉽사리 해결되지 않았던 것은, 전기를 가진 입자라면 자기장과 전기장 모두의 영향을 받아야 할 텐데, 음극선은 자기장에 의해서는 입자처럼 휘어지지만 전기장에 의해서는 영향을 받지 않는 것 같았기 때문이다. 음극선의 미스터리는 조지프 존 톰슨(Joseph John Thompson)이라는 탁월한 물리학자의 등장을 기다려야 했다.

조지프 존 톰슨은 15세 때 고향의 맨체스터 대학교에서 공학을 공부하다가 1876년 케임브리지의 트리니티 칼리지로 옮겼다. 1880년 수학으로 학위를 받은 톰슨은 졸업 시험에서 2등으로 랭글러(Wrangler)

라고 불리는 케임브리지 졸업 시험 합격자가 되었고 스미스 상을 수상했다.

1870년 케임브리지 대학교는 과학 분야에서 옥스퍼드 대학교나 대륙의 연구소들보다 뒤떨어졌다는 생각에 새로운 과학 교수 자리를 만들기로 했고, 제7대 데본셔(Devonshire) 공작인 윌리엄 캐번디시(William Cavendish)의 기금을 얻어 캐번디시 연구소를 설립했다. 캐번디시는 수소를 발견한 18세기의 뛰어난 화학자였던 헨리 캐번디시(Henry Cavendish)의 후손이다. 2008년 개봉 영화 「공작 부인: 세기의 스캔들(The Duchess)」은 바로 데본셔 공작 가의 이야기를 그린 것인데, 영화의 주인공 조지아나가 결혼한 상대가 제5대 데본셔 공작이고, 조지아나가 낳은 아이가 제6대 데본셔 공작이며, 캐번디시 연구소를 설립한 윌리엄은 그 아들이다. 케임브리지 출신이었던 데본셔 공작 윌리엄은 톰슨과 마찬가지로 2등 랭글러였고 스미스 상을 수상했다.

캐번디시 연구소를 맡게 되는 새로운 교수 자리는 '캐번디시 실험 물리학 교수(Cavendish Professor of Experimental Physics)'라고 불렸으며(현재는 '캐번디시 물리학 교수(Cavendish Professor of Physics)'라고 불린다.), 첫 번째 캐번디시 교수로는 맥스웰이 뽑혔다. 우연히도 맥스웰 역시 톰슨 및 데본셔 공작처럼 1854년의 2등 랭글러였고 스미스 상을 수상했다. 캐번디시 교수 자리는 맥스웰에서 레일리 경(Lord Rayleigh, 본명은 존 윌리엄 스트럿(John William Strutt)이다.)으로 이어졌다가 1884년 레일리 경이 사임하면서 새로운 교수를 공모했다. 당시 28세였던 톰슨은 그다지 심각하게 생각하지 않고, 별 기대도 없이 지원했다가 '덜컥' 세 번째 캐번디시 교수 자리를 맡게 된다.

당시는 뉴턴과 맥스웰이 아름답게 구축해 놓은 물리학의 세계에 새로운 자연 현상의 파도가 밀려오려는 시점이었다. 젊은 톰슨은 새로운 세대의 사람이었고 그와 동세대의 물리학자들은 오늘날 대학생들이 학교에서 현대 물리학이라는 이름으로 배우는 지식 체계를 구축하기 시작했다. 이후 캐번디시 연구소는 현대 물리학의 가장 중요한 현장이 된다. 캐번디시 교수가 된 후 30년이 넘는 시간 동안 톰슨은 새로운 교육 방법을 도입해 어니스트 러더퍼드를 비롯한 많은 제자를 길러내고 연구소를 개방해 새롭게 변화시켜 나갔다.* 연구소의 제자들로부터 흔히 '제이제이(J.J.)'라고 불린 톰슨은 명석한 수리 물리학자이면서 창의적인 실험을 설계하는 뛰어난 실험 물리학자였다. 단 손재주는 없어서 늘 유리관을 깨뜨렸기 때문에 실제로 실험은 다른 사람들이 했다고 한다.[2]

그림 2-2 음극선을 연구해 전자를 발견해 낸 조지프 존 톰슨.

톰슨 역시 음극선에 깊은 관심을 가지고, 음극선의 본질을 알아내기

---

* 톰슨 이후 캐번디시 교수 자리는 1919년에 러더퍼드에게로 이어진다. 그리고 캐번디시 연구소는 과학사에 비슷한 사례가 드물 정도로 당대 최고의 물리학 실험실로서의 역할을 해낸다. 톰슨-러더퍼드로 이어지는 기간 동안 캐번디시가 길러낸 노벨상 수상자만 무려 14명에 달하며 영국 과학계에서 최고의 명예인 왕립 학회 회원도 수십 명을 배출했다. 현재의 캐번디시 교수는 1995년에 취임한 반도체 물리학자 리처드 프렌드(Richard Friend)다.

2장 원자 속으로! 47

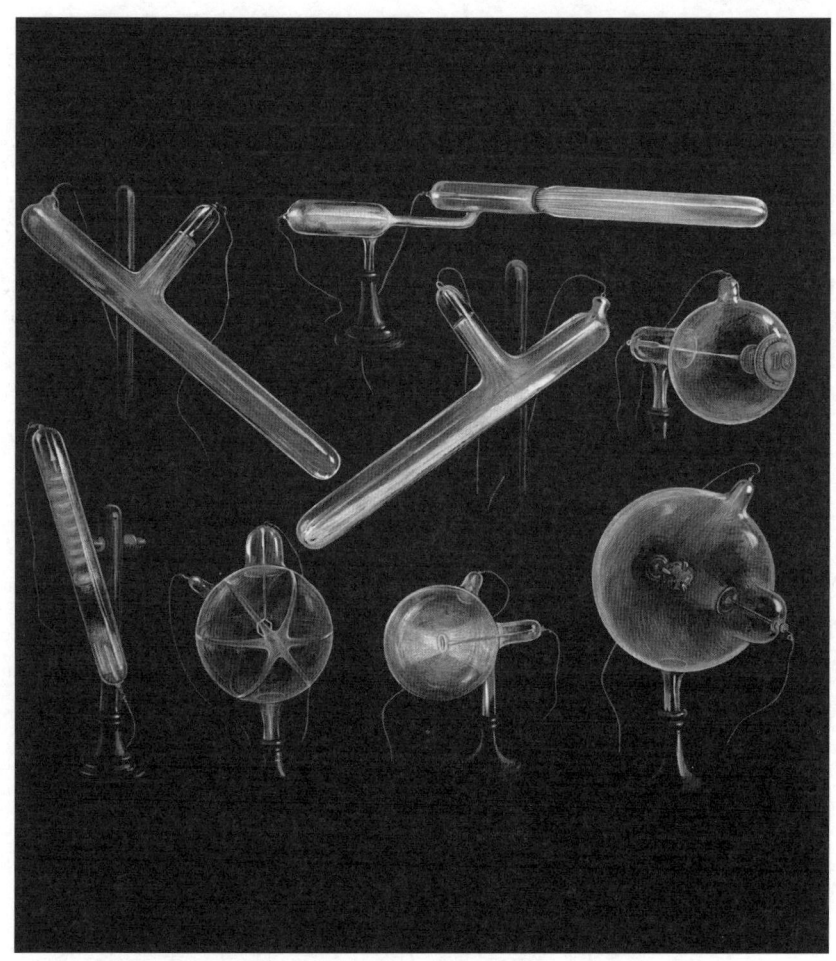

그림 2-3 20세기 과학 혁명의 출발점을 마련해 준 여러 형태의 음극선관들.

위해 연구했다. 1897년 톰슨은 전기장으로 음극선을 휘는 데 성공했다. 자기장으로 음극선을 휠 수 있다는 것은 전부터 알려졌던 일이지만 전기장으로도 휠 수 있다는 것을 발견한 것은 톰슨이 처음이었다.

이것은 음극선이 전자기파가 아니라 전하를 띤 '입자'라는 아주 강력한 증거였다. 톰슨이 성공한 이유는 실험에 쓰인 그의 유리관의 진공도가 매우 좋았기 때문이었다. 이전의 실험에서는 음극선관 안의 진공상태가 좋지 않아서 전기장을 걸면 관 안에 남아 있던 공기 이온들이 전기장을 상쇄시켜 버렸던 것이다.

자기장과 전기장으로 음극선을 자유자재로 조종할 수 있게 된 톰슨은 주의 깊게 조정된 자기장과 전기장으로부터 음극선을 이루는 '입자'의 속도를 얻을 수 있었고, 다시 그 속도를 가지고 입자의 전하와 질량의 비율, 물리학자들은 흔히 e/m이라고 부르는 값을 정밀하게 측정할 수 있었다. 이 실험으로는 전자의 전하 e와 질량 m 각각을 구할 수는 없다. 단지 그들의 비율만을 측정할 수 있다. 그러나 이것으로도 음극선이 입자인 것을 주장하는 데는 충분했다. 음극선에서 측정한 e/m 값은 음극의 재료나 진공관 속의 기체를 바꾸어도 변하지 않고 일정했기 때문이다. 즉 음극선은 특정한 질량값 m을 갖는 전하를 띤 입자(corpuscles)인 것이었다.

톰슨은 음극선을 이루는 입자를 스토니가 부른 그대로 '전자'라고 불렀다. 그리고 그 e/m 값은 그때까지 알고 있던 값 중 가장 작은 입자인 수소 이온의 값보다도 2,000배 정도 컸다. 이것은 전자가 원자들 중 가장 작고 가벼운 수소 원자보다도 2,000분의 1 정도 가볍다는 것을 의미했다. 즉 가장 작은 존재로 믿어졌던 원자보다 더 작은 입자가 자연에 존재했던 것이다.* 1898년에 톰슨은 전자는 원자의 성분이며

---

* 반대로 질량이 같고 전자의 전하 e가 2,000배 크다고 생각할 수도 있었다. 그러나 그렇게 가정하면 이 입자는 전기의 기본 단위가 아닐 것이며 전자라고 부르는 것도 옳지 않을 터였다. 또한 수소 이온과 질량이 같고 전하가 2,000배 더 큰 새로운 입자가 물질에서 튀어나온

음극선은 원자로부터 튀어나온 전자들이라는 결론을 내렸다. 그리고 전자를 포함한 그의 원자 모형을 제시한다.

전자는 인간이 처음으로 알게 된 기본 입자(elementary particle, 소립자)다. 전자의 발견은 과학자들에게 두 가지 깨달음을 안겼다. 하나는 유체의 흐름처럼 보이는 전류가 사실은 작은 알갱이들의 움직임이라는 것이었다. 이 발견은 앞으로 물리학의 발전 방향을 상징하는 것처럼 보인다. 한편 물질의 기본 단위라고 생각해 온 원자보다 명백히 더 작은 전자라는 물질이 존재한다는 사실은 물질의 기본 단위라는 원자가 내부에 구조를 가진 존재라는 것을 암시하고 있었다. 그러나 이러한 깨달음은 더욱 혁명적인 발견의 출발점에 불과했다. 그것은 방사능(radioactivity)이라는 것이었다.

방사선에 매료된 사람들

해마다 10월이면 미디어를 장식하는 노벨상은 1901년 처음으로 수여되었다. 당시 알프레드 베른하르드 노벨(Alfred Bernhard Nobel)이 남긴 기금을 관리하는 위원회는 이 상이 지금처럼 불멸의 명성을 보장하는 권위를 가지리라고 상상했을까? 오늘날 노벨상이 지금과 같은 권위를 가지게 된 것은 상금도, 위원회의 권위 때문도 아니라, 노벨상 수상자의 역사가 곧 20세기 학문의 역사와 일치한다고 해도 과언이 아닐 수상자들의 학문적 업적이 가진 권위 덕분일 것이다. 물리학 분야에서

다는 것은 아무래도 더 이상해 보였다. 질량이 가볍다고 생각하는 것이 과감하기는 했지만 더 자연스러운 추론이었다. 톰슨의 추론은 곧 전자의 전하 e와 질량 m이 측정되면서 확인된다.

첫 번째 노벨상은 엑스선을 발견한 뢴트겐에게 주어졌다.

엑스선이라고 하면 많은 사람들이 뼈가 찍힌 사진과 함께 물리학보다 병원을 먼저 연상할지도 모른다. 실제로 엑스선이 발견된 초기부터 인체 내부를 찍을 수 있는 신비의 광선 엑스선은 물리학자뿐만 아니라 대중의 폭넓은 관심을 끌었으며, 무엇보다 의사들의 전폭적인 지지를 받았다. 뢴트겐이 엑스선을 발견했다는 논문을 기고한 것도 뷔르츠부르크 물리학–의학 협회(Wuerzburger Physikalische-Medicinische Gesellschaft)의 학술지였으며, 뢴트겐의 논문이 발표된 지 불과 몇 달 뒤에 엑스선을 이용해 부러진 뼈를 치료한 의사가 등장했을 정도였다. 이 발견으로 뢴트겐은 뷔르츠부르크 대학교로부터 의학의 명예 학위를 받기도 했다. 엑스선의 발견이 얼마나 엄청난 관심을 끌었는지, 뢴트겐의 논문이 발표된 1896년에만 전 세계적으로 엑스선에 관한 기사가 1,000편, 책이 50여 권이 나왔다고 한다. 과학자의 수가 지금보다 훨씬 적은 시절이었다는 것을 감안하면 세계의 거의 모든 물리학자들이 엑스선을 만지작거렸다고 해도 과언이 아닐 지경이었다.

엑스선의 발견에 자극받은 프랑스의 유명한 물리학자 집안의 앙투안 앙리 베크렐(Antoine Henri Becquerel)은 1897년 우라늄을 가지고 엑스선과 형광에 관해 연구하던 중, 검은 종이를 투과할 수 있는 또 다른 무언가가 우라늄에서 나온다는 것을 발견한다. 비록 엑스선만큼 화려한 주목을 받지는 못했으나 이것은 방사성이라는 분야의 문을 여는 위대한 발견이었다. 무선 전신의 발명자 중 한 사람인 물리학자 올리버 조지프 로지(Oliver Joseph Lodge) 경은 베크렐의 발견에 대해 "과학의 새로운 장을 열었다."라고까지 했다.

앙리 베크렐의 할아버지인 앙투안 세사르 베크렐(Antoine César

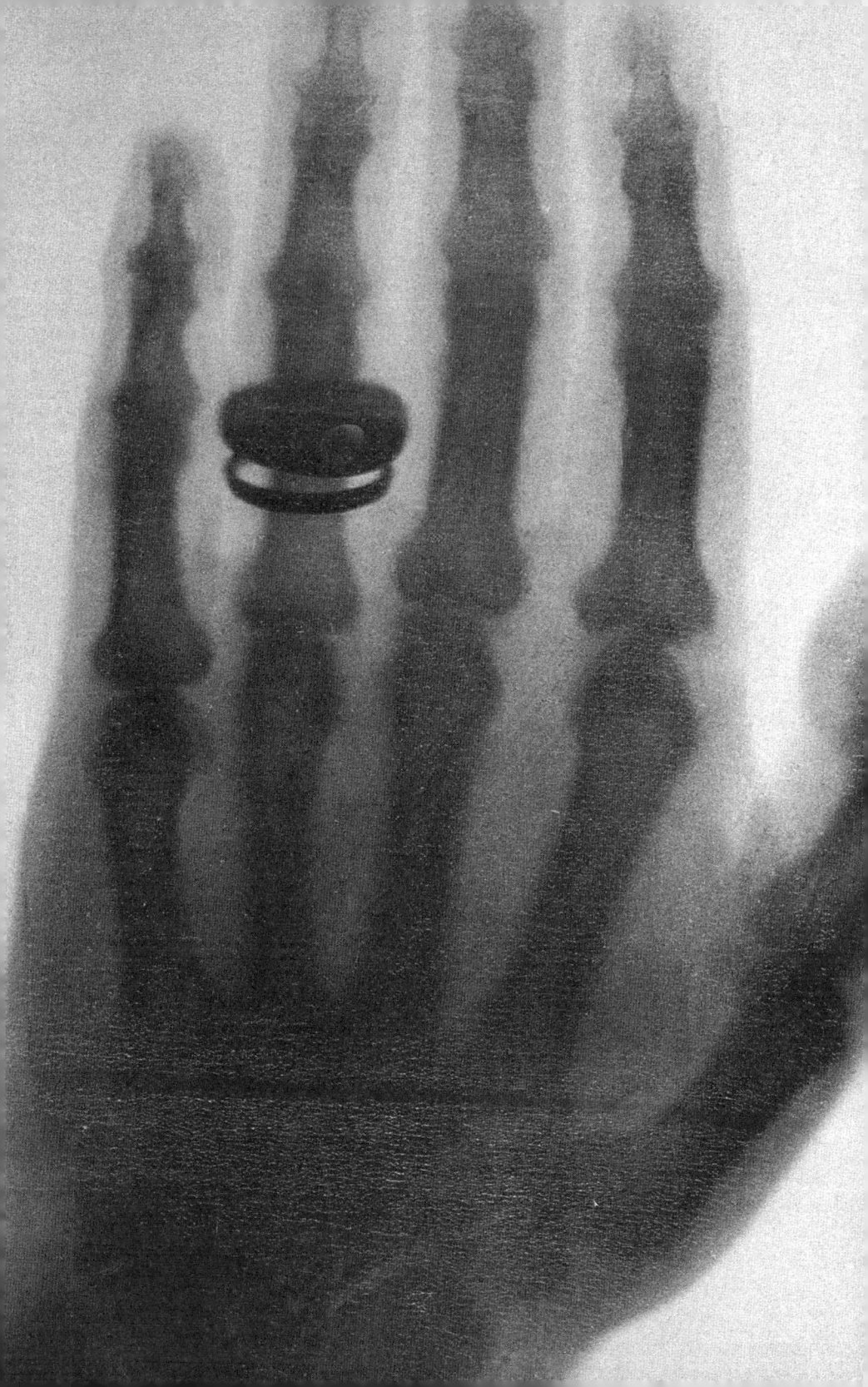

Becquerel)은 에콜 폴리테크닉 출신으로 나폴레옹 밑에서 기술 장교로 복무한 바 있으며 파리 자연사 박물관의 교수를 지낸 저명한 물리학자였다. 그 교수 자리는 앙리 베크렐의 아버지 알렉상드르에드몽 베크렐(Alexandre-Edmond Becquerel)로, 또 앙리 베크렐에게로 이어졌다. 그가 형광 현상과 우라늄을 연구한 것도 그의 할아버지와 아버지가 형광 현상과 전기의 관련을 연구한 전문가였고, 그의 아버지가 우라늄의 전문가였기 때문이다. 그래서 앙리는 방사선의 발견을 자신의 가문이 60년간 이어 온 "운명적인 연구 결과"라고 했다.

방사선 연구의 또 다른 중요한 공헌자는 집안의 학문적 배경과 지위를 타고난 베크렐과는 판이하게 아무런 배경도 재산도 없이 외국에서 혼자 공부한 여자였다.

1891년 24세의 폴란드 처녀가 편도 기차표와 얼마 안 되는 돈만 들고 파리 북역에 도착했다. 그녀의 이름은 마리아 스클로도브스카(Maria Skłodowska)였고 과학자가 되겠다는 꿈을 가지고 있었다. 소르본 대학교의 나이 많은 학생이 된 그녀는 1893년 학부 과정을 마치고 이듬해에는 수학 분야의 석사 학위를 받았다. 마리아는 철의 자성에 관한 연구를 시작으로 과학자의 길에 접어들었다. 이즈음, 안면이 있던 폴란드 물리학자 요제프 코발스키(Joseph Kowalski)가 파리를 방문해 그녀를 만나면서 파리 물리학 및 화학 고급 학교(École Supérieure de Physique et de Chimie Industrielles de la Ville de Paris, ESPCI)의 교수인 피에르 퀴리(Pierre Curie)를 그녀에게 소개했다.

피에르 퀴리는 당시 서서히 업적을 쌓기 시작한 과학자이면서, 아름

그림 2-4 뢴트겐 부인의 손을 찍은 엑스선 사진.

다운 문체로 글을 쓸 줄 아는 까다로우나 품위 있는 사람이었다. 피에르 퀴리의 아버지인 외젠 퀴리(Eugene Curie)는 교양 있는 지식인이자 의사였다. 자연을 사랑하고 과학에 깊은 관심과 애정을 가졌던 외젠 퀴리는 또한 열렬한 공화주의자로서의 단호한 정치적 신념과 시민 의식을 갖춘 사람이었다. 그는 1848년 혁명 때에는 학생 신분으로 부상자 치료에 헌신해 공화국 정부로부터 명예 훈장을 받기도 했으며, 1871년 파리 코뮌 때에는 그가 살고 있던 아파트 안에 간이 병원을 만들어 부상자들을 치료해 주기도 했다. 파리 코뮌 혁명의 처절함 속에서 부상자들을 위해 뛰어다니던 아버지의 활약을 피에르 퀴리는 나중에까지 기억했다고 한다.

어렸을 때 학교에 그다지 잘 적응하지 못했던 피에르는 아버지와 형으로부터 초등 교육을 받았고, 수학과 물리학에서 자신의 재능을 발견한 후로 빠르게 과학 지식을 쌓아 불과 16세에 이과 대학 입학 자격을 얻었다. 1882년에 문을 연 ESPCI에 부임한 피에르 퀴리는 아무 기반이 없는 새 학교에서 힘들지만 꾸준히 연구 업적을 쌓아 가던 중 마리를 만난 것이다.

과학에 대한 관심과 헌신을 공유한 피에르와 마리아는 곧 가까워졌고 몇 달 후 피에르는 마리아와 결혼할 결심을 하게 된다. 보이치아크 비어제프스키(Wojciech A. Wierzewski)에 따르면 "피에르는 천재를 만났다는 것을 곧 깨달았다."라고 한다.[3] 또한 피에르는 나중에 마리에게 자신의 인생에서 주저함이나 망설임 없이 행동했던 것은 그녀를 사랑했던 그때뿐이었다고 고백했다.

파리로 오면서 혼자서 과학 연구의 길을 걷기로 결심했고, 피에르와 결혼하면 당시의 국적법에 따라 고국 폴란드로 돌아가기가 불가능해지는 마리아는 피에르의 결혼 신청에 망설였으나, 피에르의 정성스러운 구애와 무엇보다도 그의 인품에 결국은 구혼을 받아들인다. 피에르와 마리아는 1895년 7월에 결혼하고 자전거를 타고 신혼 여행을 떠났다. 이제 그녀를 익숙한 이름인 '마리 퀴리'로 부르기로 하자.

결혼할 당시 마리는 박사 학위 자격 시험에 합격을 했고, 1897년 첫딸 이렌(Iréne)이 태어난 후 박사 학위 논문을 준비하기 시작했다. 피에르는 아내에게, 베크렐이 발견한 '새로운 현상'을 연구해 볼 것을 권했다. 베크렐이 우라늄만 파고들었던 것과는 달리 마리 퀴리는 다른 원소들을 조사해 나갔다. 토륨에서 우라늄과 비슷한 방사선이 나오는 것을 발견해 우라늄이 유일한 자연 방사선의 근원이 아니라는 것을 확인한 마리는 이 현상을 '방사능(radioactivity)'이라고 이름 붙였다. 더 나아가서 자연광에서 우라늄을 추출해 내고 남은 찌꺼기인 역청 우라늄석(pitchblende)에서 우라늄보다 더욱 강한 방사선이 나옴을 발견하고 방사선을 발산하는 미지의 물질을 찾아 나서기 시작했다. 연구를 시작한 뒤 석 달 정도 지난 1898년 7월 퀴리 부부는 역청 우라늄석에서 새로운 방사성 원소를 확인하는 데 성공했다. 마리는 새로운 원소에 고국의 이름을 따서 폴로늄(Polonium)이라는 이름을 붙였다. 그해가 가기 전에 퀴리 부부는 또 다른 계열의 방사성 물질을 발견해 라듐(radium)이라고 이름 붙였다.

물론 여기서 연구가 끝난 것은 아니었다. 라듐의 원자량을 측정하기 위해 순수한 라듐을 얻는 데만 해도 십수 년의 세월이 더 필요했다. 퀴리 부부는 끈질기게, 때로는 날카로운 지성으로, 때로는 고집스러운 완고함으로 극도의 체력 소모를 요구하는 연구를 묵묵히 해 나갔다. 필요한 광물을 모으고, 그것을 일일이 손으로 깨고, 때로는 여러 가지

용매에 녹이고 끓이기도 하면서. 이 모든 것은 육체적으로 힘들고 많은 인내심을 요구하는 일들이었다. 부부는 그들이 발견한 방사성 원소의 물리학적, 화학적 성질을 규명하기 위해 연구를 계속하면서 방사성 물질은 시간이 지날수록 그 양이 줄어들어 사라진다는 것을 발견하는 등 많은 업적을 남겼다.

출신 배경도, 생각도 달랐지만 뢴트겐에서 퀴리 부부까지 방사능의 발견의 1세대들은 놀라운 열정과 정력으로 물리학사에서도 괄목할 만한 발견을 이뤄 미래의 물리학을 위한 단단한 기초를 닦았다. 그러나 그들의 개인적인 삶이 그렇게 화려한 것만은 아니었다.

뢴트겐은 과학자가 자신의 연구에서 사사로운 이익을 얻는 것은 옳지 못하다고 생각하는 사람이었다. 그는 노벨 물리학상의 상금을 전액 자신이 근무하던 대학에 기부했고, 피에르 퀴리도 그랬듯이, 엑스선에 관한 특허를 내는 것도 거부했다. 그는 엑스선에 자신의 이름을 붙이는 것도 그다지 탐탁지 않아 했다고 한다. 뢴트겐은 제1차 세계 대전 후, 살인적인 인플레이션 때문에 고생하다가 1923년 가난 속에서 사망했다.

뢴트겐이 노벨상을 받은 2년 뒤인 1903년, 앙리 베크렐과 피에르 퀴리, 마리 퀴리 세 사람은 방사능에 관한 연구로 노벨 물리학상을 공동 수상한다. 앙리 베크렐의 교수직은 그의 아들 장 베크렐(Jean Becquerel)에게 이어졌다. 베크렐의 이름은 방사능의 단위로 남아 있으며 달과 화성의 크레이터에도 그의 이름을 딴 것이 있다.

퀴리 부부의 행복은 오래 가지 않았다. 피에르 퀴리는 1906년 4월 19일 파리 시내의 어느 거리에서, 폭주하던 말이 끄는 마차에 치어 사망한다. 인생의 반려이자 동료이자 스승이자 진정한 사랑이었던 사람

그림 2-5 앙리 베크렐(왼쪽)과 퀴리 부부(오른쪽). 퀴리 부부 사이에 있는 여자 아이가 이렌 퀴리다.

을 잃은 마리 퀴리는, 남편의 소르본 대학교 교수직을 이어받아 소르본 대학교 최초의 여성 교수가 되어 남은 인생을 연구에 매진한다. 마리 퀴리는 1911년 다시 노벨 화학상을 수상하고 세계적인 유명인이 되었다. 그러나 그녀의 고생은 끝나지 않았다. 뛰어난 업적에도 불구하고 그녀는 좋은 실험실을 갖지 못했다. 세상사에 무심하다 못해 은둔적인 피에르 퀴리가 생전에 국가 과학 아카데미의 회원이 되거나 레종 되네르 훈장을 받으려 애쓰지 않았고, 연구 환경도 좀처럼 개선하려 하지 않았기 때문이다. 환기구도 제대로 갖춰지지 않은 초라한 실험실에서 마리 퀴리는 악취와 나쁜 공기에 시달렸으며, 방사선 노출로 인한 화상으로 늘 발갛게 부은 손으로 손톱만큼의 라듐을 얻기 위해 1톤에 달하는 광물을 일일이 손으로 깨서 부수고 녹이는 중노동을 수십 년 동안 해야 했다. 그녀에게 제대로 된 실험실이 주어진 것은 현장 연구를 그만둘 무렵이었다. 게다가 연구실 밖에서는 외국인 여성에 대한 차별과 평생 싸워야 했고, 물리학자 폴 랑쥬뱅(Paul Langevin)과의 애정은 스캔들이 되어 그녀를 괴롭혔다.

그래도 마리 퀴리의 마지막은 행복했을 것이다. 1934년, 사망하기 직전에 그녀는 딸 이렌 졸리오퀴리와 사위 장 프레데릭 졸리오퀴리(Jean Frédéric Joliot-Curie)가 인공적으로 방사성 물질을 합성해 내는 데 성공한 것을 보았기 때문이다. 두 사람은 그 업적으로 1935년, 노벨 화학상을 공동으로 수상한다. 마리 퀴리의 유해는 소르본에서 가까운 팡테옹에 묻혔다.

뢴트겐이 엑스선을 발견한 1895년부터, 베크렐과 퀴리 부부가 노벨상을 수상한 1903년까지 모든 일이 불과 10년도 안 되는 사이에 일어났다. 사람들은 전자라는 원자보다 작은 입자에 대해 알게 되었고, 엑스선과 방사선이라는 새로운 자연 현상을 발견했다.

방사선 연구는 원자에 관한 기존의 관념을 새롭게 생각해 보아야 하는 계기가 되었다. 돌턴의 원자가 데모크리토스의 원자라면 더 이상 쪼개지거나 그 안에서 무언가가 분리되어 나온다는 것은 이상한 일이기 때문이다. 방사선과 함께 원자 속에서 튀어나온 문제들은 전 세계 물리학자들의 골치를 썩이기 시작했다. 원자는 어째서 방사선을 내는 걸까? 방사선이란 도대체 무엇일까? 방사선이 극히 작은 어떤 물질로 되어 있는 것이라면, 이것은 원자보다 더 작은 물질이 존재한다는 것이고, 원자는 더 이상 쪼갤 수 없는 물질의 기본 단위라고 생각할 수 없게 된다. 방사선이 에너지를 가지고 있는 것은 틀림없으므로 에너지 보존 법칙도 문제가 된다. 실험가이건 이론가이건 간에 물리학자라면 그의 영혼에는 에너지 보존 법칙이란 것이 새겨져 있게 마련이다. 아무리 이상한 현상을 만나더라도 에너지 보존 법칙을 포기하는 것은 물리학자에게는 최후의 보루를 무너뜨리는 일에 가깝다. 그런데 엑스선과 방사선은 원자에서 방출되어 나오는 에너지이다. 만약 원자가 데모크리토스와 돌턴이 생각한 물질의 기본이 되는 영원불멸의 존재라면 방사선을 내뿜는 순간 에너지 보존 법칙을 위배하게 된다. 이 에너지는 어디서 오는 것일까?

방사선은 일약 물리학 연구의 중심 주제로 떠올랐고 원자의 연구는 화학자들의 손에서 물리학자들의 손으로 넘어온다. 그리고 이제 인간은 원자의 내부를 직접 들여다보게 된다.

물리학의 역사에 급격한 변화가 시작되었던 이 시대는 유럽과 미국 등이 거대한 식민지 제국을 건설하고 확장하며 세계의 거의 전역을 나누어 가진 시기였다. 영국의 경제적 패권은 끝나고 독일과 미국과 같은 신흥 강국들이 경쟁을 벌이고 있었다. 이 산업 국가들은 올림픽을 부활시키고 만국 박람회를 열어 자신의 경제력과 식민지의 규모를 과시했다. 진보를 믿고 미래에 대한 자신감에 가득한 낙관주의가 팽배하던 시대였다. 과학의 발달도 그러한 낙관주의에 일조하는 중요한 요소였다. 그러나 아시아와 아프리카의 민중에게는 비극적인 시기였다.

서유럽의 물리학자들이 엑스선의 발견에 들떠 있던 1896년, 조선 땅은 전해에 일어난 일본의 명성황후 암살에 대한 분노와 단발령 포고에 대한 반발로 촉발된 봉기가 사방에서 일어나 혼란에 휩싸여 있었다. 그해에 고종이 러시아 공사관에 1년 넘게 억류되었던 까닭에 러시아의 영향력이 증가했지만, 차츰 일본의 영향력이 조선 전체를 잠식해 갔다. 고종은 1897년 대한제국을 열고 황제라 칭하지만, 새로운 국호가 나라를 새롭게 해 주지는 못했으며 조선 민중은 원자 연구와는 아무런 상관없이 막바지에 다다른 체제의 만연한 부패 속에서 신음해야 했다.

원자 속으로 들어간 첫 사람, 러더퍼드

원자의 내부를 처음으로 들여다본 사람은 '핵 물리학의 아버지'라고 일컬어지는 어니스트 러더퍼드다. 뉴질랜드 사우스 아일랜드의 북쪽에 있는 인구 5,000명 정도의 넬슨 시에서 1871년에 태어난 러더퍼드는 똑똑하고 활기차고 손재주 있고 강인한 소년이었다. 고등학교와 크라이스트처치에 있는 캔터베리 칼리지에서 좋은 성적을 거둔 러더퍼드는 영국 국제 박람회 장학생으로 23세 때인 1895년에 영국으로 건너간다. 비록 뉴질랜드에서 감자를 캐며 공부하기는 했지만, 이미 전자기파 분야에서 감도가 좋은 검출기를 개발하는 등 뛰어나고 혁신적인 연구 결과를 내어 훌륭한 추천서를 받은 대단히 우수한 실험 연구자였다.

영국에 건너간 러더퍼드는 케임브리지 대학교의 캐번디시 연구소에서 당대 최고의 물리학자였던 '제이제이' 톰슨의 지도하에 연구를 시작하게 된다. 케임브리지 대학교를 졸업하지 않고 케임브리지 대학교의 연구생이 된 것은 그가 처음이었다. 러더퍼드는 일종의 연구 학위 과정에 들어간 셈이다. 이것은 다른 학교 출신 학생들을 받아 2년 동안 연구하고 논문을 쓰면 케임브리지 대학교의 학위를 주는 제도로서 톰슨이 시도한 개혁의 일환이었다. 그 첫 번째 학생으로 러더퍼드가 뽑힌 것이었다.

러더퍼드는 커다란 체구와 목소리를 가진, 겉보기로는 전통적인 학자의 모습과는 거리가 있는 사람이었는데, 화산 같은 열정과 지칠

줄 모르는 에너지와 하늘에서 받은 듯한 과학적 직관을 가진 위대한 물리학자였다. 맨체스터 대학교에서 그의 학생이었던 알렉산더 러셀(Alexander Russell)은 "러더퍼드의 실험 연구는 자연에게 가장 적절한 질문을 던지는 것"이라고 표현할 정도였다.[4] 소박하고 단순한 사람이었던 그는 일하는 방식도 그러해서, 문제의 핵심을 파악하고 최소한의 장비만 사용하는 실험을 설계해 간결하고도 강력한 결과를 얻어 냈다.

영국에 온 러더퍼드는 처음에 안개 속에서 배가 등대의 불빛을 탐지하기 어렵다는 문제로 고심하던 로버트 볼(Robert Ball) 경을 위해 전자기파 검출 장치를 개량하는 일을 했다. 뉴질랜드에서 하던 일의 연장이었다. 이듬해 2월까지 그는 약 800미터 떨어진 곳에서 전자기파를 탐지할 수 있도록 장치를 개량했는데 이것이 당시 세계 기록에 해당했다. 톰슨은 이 먼 곳에서 온 젊은이가 비범한 재능을 가지고 있다는 것을 곧바로 알아챘다. 마침, 러더퍼드가 영국에 온 해 12월, 뢴트겐이 엑스선을 발견했고, 다음해 베크렐이 우라늄의 방사능을 발견하면서 물리학자들에게는 탐구해야 할 거대한 세상이 새로 열린 참이었다. 러더퍼드도 톰슨과 함께 엑스선을 가지고 기체를 대전시키는 연구를 시작으로 방사선 연구에 뛰어든다. 러더퍼드는 곧 많은 업적을 남겼는데, 우라늄에서 나오는 방사선을 연구해 방사선이 두 종류로 이루어져 있음을 밝히고, 이 방사선에 '알파선'과 '베타선'이라는 이름을 붙였다.

실험가로서 뛰어난 능력을 발휘한 러더퍼드였지만 당시의 케임브리지는 러더퍼드에게 아무런 미래도 제시하지 않았다. 몇 년간의 연구 업적과 극찬이 담긴 톰슨의 추천서를 지닌 러더퍼드는 1898년 캐나다 몬트리올의 맥길 대학교에 교수로 부임한다. 그리고 그곳에서 업적을 쏟아내기 시작했다. 러더퍼드는 평생 운을 몰고 다니던 사람이었는데, 맥길 대학교에 부임했을 때에도 행운의 여신은 러더퍼드에게 미소를 보냈다. 당시 맥길 대학교의 물리학과는 맥길 대학교의 최대 후원자였던 윌리엄 맥도날드(William McDonald)가 기증한 훌륭한 연구 시설과 실험 장비를 갖추어 유럽의 실험실들에 손색이 없는 연구 환경을 갖추고 있었던 것이다. 처음에 러더퍼드는 R. B. 오언스(R. B. Owens)와 함께 토륨을 연구하면서 방사성 기체를 발견했고, 1900년과 1903년 사이에는 옥스퍼드 출신인 그의 조수 프레더릭 소디(Frederick Soddy)와 함께 토륨을 가지고 원소가 변화하는 현상에 관해 체계적으로 연구했다.

소디와의 연구로부터 러더퍼드는 방사능이란 것이 원자가 순간적으로 붕괴되는 현상에서 기인하는 것이며 방사성 원소는 자연 발생적으로 다른 원소로 변한다는 결론을 내렸다. 또 방사성 물질을 관찰한 결과, 방사성 원소가 붕괴되어 원래 양의 절반이 되는 데 걸리는 시간은 같은 물질에서는 늘 일정하다는 점을 발견했다. 이 시간을 '반감기'라고 한다. 이 현상을 이용하면 방사성 원소를 일종의 시계처럼 쓸 수 있다. 러더퍼드는 물질 속에 남아 있는 방사성 원소의 양을 이용해 지구의 나이가 당시 사람들이 생각했던 것보다 훨씬 많다는 것을 알아냈다.

또한 자기장 안에서 방사선의 움직임을 관찰해 감마선은 자기장과는 무관한, 말 그대로의 선(線, ray)이지만 알파선과 베타선은 자기장 때문에 휘어지는, 전기를 가진 입자이며, 특히 알파선은 베타선보다 훨씬 무거운 입자라는 것도 알아냈다. 러더퍼드와 소디는 알파선이 헬륨 원자에서 전자 2개를 제거한 것이라고 추측했는데, 이것은 몇 해 뒤에 확인되었다. 이후의 실험에서 알파선은 러더퍼드의 가장 중요한 무기가 된다.

그림 2-6 원자의 내부를 처음으로 들여다본 물리학자, 어니스트 러더퍼드.

캐나다에 있는 동안 예일 대학교를 비롯한 미국의 여러 연구소와 대학들이 러더퍼드를 초빙하려고 노력했으나, 결과적으로는 러더퍼드의 월급만 높여 주었을 뿐이다. 러더퍼드도 언젠가는 캐나다를 떠날 생각을 가지고 있었지만, 그가 가고자 한 곳은 미국이 아니라 당시 과학의 중심지이며 우수한 학생들이 있는 곳 영국이었다. 결국 1907년 러더퍼드는 영국 맨체스터 대학교로 옮겨 간다. 한편 1904년에 영국으로 먼저 돌아온 소디는 방사성 원소에 관한 연구를 계속 발전시켜 같은 원자 번호를 가지면서 원자량이 다른 '동위 원소'라는 개념을 처음 제시하는 등 많은 업적을 남겨 1921년 노벨 화학상을 수상했다. 소디는 러더퍼드와의 연구 활동에 대해서 다음과 같이 이야기했다.[5]

나는 그를 따르기 위해 모든 것을 포기했다. 그는 약 2년 동안 한 개인이 평생 동안 펼친 것보다 더 많은 연구 업적을 남겼다. 한 연구소의 존속 기간 절반의 성과보다 많은 것이었다.

맥길 대학교에 머물렀던 9년 동안 러더퍼드가 남긴 논문은 70편에 달한다.*

맨체스터 대학교의 물리학 교수 자리는 독일 출신의 프란츠 아르투르 슈스터(Franz Arthur Schuster) 교수가 은퇴를 하면서 생긴 자리였다. 슈스터는 러더퍼드에게 많은 것을 물려주었는데, 우선 자신의 교수 자리를 물려주었고, 그의 재산의 일부를 물리학과에 기증함으로써 러더

---

* 러더퍼드가 노벨상을 받은 것은 영국에 돌아간 뒤지만 노벨상을 받게 된 업적은 맥길 대학교에서 했던 연구에서 나왔다.

퍼드로 하여금 조수 한 사람을 고용할 수 있도록 해 주었을 뿐만 아니라, 독일인 조수 한 사람도 물려주었다. 그 독일인 조수가 바로 한스 가이거(Hans Geiger)로 러더퍼드의 조수로서 함께 많은 활약을 하며, 후에 핵 물리학자로서 많은 업적을 남긴 이다. 그가 개발한 방사능 계수기인 가이거 계수기 덕분에 그의 이름이 낯익은 사람도 많을 것이다. 러더퍼드는 물리학과에 기증된 슈스터의 기금으로는 이론 물리학자 한 사람을 채용할 수 있도록 했는데, 나중에 덴마크에서 온 닐스 헨리크 다비드 보어(Niels Henrik David Bohr)가 그 혜택을 입어 러더퍼드와 함께 원자 모형을 발전시키게 된다.

맨체스터에 온 1907년부터 러더퍼드는, 좀 과장해서 말하자면, 당대의 물리학 실험을 이끌고 나갔다. 위대한 실험 물리학자 러더퍼드에게도 특히 맨체스터 시절이 가장 화려한 시절로 꼽힌다. 맨체스터에 온 다음해인 1908년 러더퍼드는 노벨 화학상을 수상한다. 물리학 이외의 과학은 "우표 수집"이라고 입버릇처럼 말하던 그가 정작 노벨상은 화학상을 수상했다는 것은 역설적인 일이며 본인 스스로도 그렇게 말하고는 했다.

러더퍼드에게 노벨 화학상 수상은 연구의 절정도 종점도 아니었다. 1909년 러더퍼드는 자신의 주무기인 알파선*을 가지고 원자의 구조에 관한 혁명적인 인식의 전환을 가져온 유명한 실험을 수행한다. 당시 러더퍼드는 알파 입자를 이용한 연구에 섬광 계수기를 적극적으로

---

* 러더퍼드의 노벨상 수상 연설 제목이 '방사성 물질에서 나오는 알파 입자의 화학적 본성'일 정도로 알파선, 즉 알파 입자는 러더퍼드의 가장 중요한 실험 도구였다. 맨체스터에서 러더퍼드가 제일 처음 한 일도 알파 입자가 헬륨 원자에서 전자를 떼어낸 것이라는 사실을 확인하는 것이었다.

이용했다. 섬광 계수기란 유화아연과 같은 특정한 종류의 물질에 알파 입자가 들어오면 발생하는 섬광을 이용해 입자의 개수를 세는 장치다. 이 섬광 계수기를 이용해 러더퍼드와 가이거는 많은 실험을 더욱 정밀하게 해낼 수 있게 되었다. 그러나 사실 섬광을 세는 일은 그렇게 만만한 일은 아니어서 엄청난 참을성을 가지고 암실에서 오랜 시간을 지내야 했다. 오늘날에도 섬광 계수기를 쓰지만 세는 일은 전자 장치가 대신한다.

러더퍼드는 맥길 대학교에서 알파선이 물질을 통과할 때 흩어지는 성질이 있다는 것을 관찰한 적이 있기 때문에 알파선이 물질 속을 통과할 때 생기는 현상을 체계적으로 정립하고자 했다. 그 일환으로 러더퍼드는 알파선을 얇은 금박에 쏘고 섬광 계수기를 이용해 산란각을 관찰하는 실험을 시작했다. 당시 조수인 가이거는 방사능 측정에 관해 학생들을 교육시키는 일도 맡고 있었는데, 고향의 영웅인 러더퍼드 밑에서 연구하고자 온 뉴질랜드 출신의 학생 어니스트 마스던(Ernest Marsden)을 러더퍼드에게 추천했고, 마스던은 얇은 금박에서 산란되는 알파 입자를 섬광 계수기를 이용해 관찰하는 일을 맡았다. 얼마 후 마스던이 보고한 실험 결과는 러더퍼드를 깜짝 놀라게 했다. 알파 입자가 금박을 통과하면서 조금 산란되리라는 예상과는 달리 알파 입자가 크게 휘어지는 일이 있으며 심지어 드물지만 대략 8,000번에 한 번 정도로 뒤로 되튀어 나오기까지 한다는 것이었다. 러더퍼드는 이것이 자기 평생 제일 놀라운 일이었다고 하면서 "함포를 티슈에 대고 쏘았는데, 포탄이 튕겨 나온 것을 본 것 같다."라고 표현했다.

당시 사람들이 생각하던 원자 모형은, 톰슨이 제안한 바와 같이 양(+)전하를 띤 덩어리에 음(-)전하를 띤 작은 전자가 머핀 속 건포도처럼 박혀 있는 것(플럼 푸딩 모형), 로렌츠가 제만 효과(Zeeman effect, 자기장의 영향으로 스펙트럼이 분리되는 현상)를 설명하기 위해 고안한, 전자가 마치 용수철 같은 탄성력 때문에 원자의 중심에 매달려 있는 것(용수철 모형) 등 여러 가지가 있었는데, 모두 양전하는 원자 전체에 고루 퍼져 있고, 전자가 그 속에 존재하는 형태였다. 이것은 원자 속에는 음전하를 띤 전자라는 존재가 있고 원자는 전기적으로 중성이므로 전자가 가지고 있는 음전하만큼 양전하가 존재해야 한다는 원자에 대해 당시 알고 있는 사실들을 설명하기 위한 것이었다. 방사선 중에서 알파선은 가장 무거운 입자다. 그러므로 알파선과 같이 무거운 입자는 원자 내부를 지날 때 '조금만' 교란되고 그냥 통과할 것이라는 것이 당시의 일반적인 예측이었다. 그래서 러더퍼드는 알파 입자가 되튀어 나온다는 실험 결과에 그토록 놀랐던 것이다.

알파 입자가 크게 산란되는 것을 설명하려면 원자 내부에 알파 입자와 같은 양전하를 띤 무거운 덩어리가 있다고 생각하는 수밖에 없었다. 이것은 원자의 내부 모습에 관한 근본적인 수정을 예고하는 것이었다. 주의 깊게 실험 결과를 검토한 후, 1911년 러더퍼드는 원자의 질량 대부분이 양전하를 띤 '원자핵'에 집중되어 있고 그 주변을 음전하를 띤 가벼운 전자가 돌고 있다는 원자 모형을 제창했다. 원자핵의 크기는 대략 원자의 1만분의 1 정도로 추산했다.

작고 무거운 원자핵의 존재는 1913년, 더 정밀한 알파 입자 산란 실험을 통해 더욱 강력히 뒷받침되었다. 이로써 양전하가 뭉쳐 있는 무거운 원자핵과 그 주위를 돌고 있는 음전하를 가진 전자로 이루어진 태양계 같은 원자의 이미지가 떠올랐다. 우주의 광대한 모습이 극미 세계의 원자 내부에서 재현된다는 이 이미지는 미학적으로도 사람들을

그림 2-7 러더퍼드와 보어가 함께 만든 고전적 원자 모형. 전자가 원자핵 주위를 돌고 있다. 이후 이 원자핵은 양성자와 중성자로, 양성자와 중성자 같은 핵자는 쿼크와 렙톤으로 이루어져 있음이 밝혀진다. 이 책은 이 발견의 이야기다.

매료시켰으며, 현재도 핵 물리학을 상징하는 이미지로서 많은 사람들의 머릿속을 지배하고 있다.

사실 원자가 무거운 핵과 그 주변을 돌고 있는 가벼운 전자로 이루어져 있다는 아이디어는 그보다 수 년 전인 1904년에, 도쿄 대학교 교수인 나가오카 한타로(長岡半太郎)가 제시한 바 있다. 20세기 초반 일본 물리학의 개척자였던 나가오카는 1892년부터 1896년까지 빈, 베를린, 뮌헨 등지에서 공부했다. 그는 당시 토성 고리의 안정성에 대한 맥스웰의 연구를 접한다. 이후 일본으로 돌아온 나가오카는 원자가 안정된 이유를 토성 고리의 안정성을 이용해 설명하는 원자 모형을 발표했다. 이 모형은 원자 한가운데에 매우 큰 질량을 가진 양전하가 있으며 가벼운 전자가 토성 고리처럼 그 주변을 일정한 궤도를 이루며 돌고 있기 때문에 '토성형 원자 모형'이라고 불린다. 그러나 중력과는 달리 미는 힘과 당기는 힘이 모두 존재하는 전기력은 토성 고리와 같은 안정성을 허락하지 않는다. 나가오카의 원자는 만들어지자마자 붕괴한다. 결국 나가오카의 모형은 폐기되었다. 그러나 비록 완전한 모형을 만드는 데는 실패했지만 양전하를 띤 무거운 물질이 중심에 있고 음전하를 띤 가벼운 전자가 그 주변을 돌고 있다는 나가오카의 아이디어는 실험적 근거를 가진 러더퍼드의 원자 모형에서 다시 부활하게 된다.

러더퍼드의 원자 모형도 처음에 그다지 쉽게 받아들여지지 않았다. 그것은 당시 물리학자들이 음전하를 가진 전자가 양전하를 띤 원자핵에 끌려 들어가 충돌하지 않고 주변을 돌고 있는 것이 부자연스럽다고 생각했기 때문이다. 러더퍼드는 분명히 원자핵의 존재를 실험적으로 증명했다고 할 수 있지만, 결국 원자 구조의 안정성을 설명하지는 못했다. 이것을 해명하는 것은 다음 세대에게 맡겨졌다.

얼마 후 덴마크에서 온 이론가인 보어가 러더퍼드의 원자 모형에 관심을 갖고 자신의 모형을 발전시켰고, 이후 하이젠베르크, 슈뢰딩거, 파울리, 보른 등을 통해 양자 역학이 완성되면서 비로소 원자의 안정성을 제대로 설명하게 된다.

러더퍼드는 원자의 내부 구조를 처음으로 열어젖힌 사람이다. 원자의 방사성 붕괴에 대한 과학을 확립하고, 원자핵이라는 존재를 처음으로 발견해 지금은 상식으로 알고 있는 원자의 모습을 처음으로 보여 준 인물이다. 가장 간단한 기구로 정확한 실험을 하고, 간단한 수학으로 정밀하게 설명한다는 러더퍼드의 스타일은, 어쩌면 진정으로 현명한 태도일지 모른다. 앞에서도 잠깐 언급했지만 러더퍼드는 평생 행운과 함께한 사람이었다. 영국에 오는 장학금을 받을 때 러더퍼드는 2등이었으나, 수석으로 장학금을 받기로 했던 사람이 그 자리를 포기한 덕분에 장학금을 받았으며, 그가 막 영국에 도착해서 연구 인생을 시작할 무렵 엑스선과 방사능이 발견되어 자신의 능력을 마음껏 펼칠 수 있었던 행운, 그리고 새로운 연구소로 옮길 때마다 연구 장비나 인력을 걱정하지 않고 늘 연구에만 매진할 수 있었다는 행운까지 행운의 여신은 늘 그의 편이었다. 시대는 그가 잘할 수 있고, 그에게 꼭 맞는 과업을 요구했고 그는 여한 없이 활약해 중요한 업적들을 많이 남겼다. 그리고 더 이상 간단한 수학과 고전적인 직관만으로는 설명할 수 없는 양자 세계의 실마리를 후배들에게 남겨주었다. 러더퍼드뿐만 아니라 그와 함께 일했던 많은 이들이 20세기 초의 과학의 발전에 엄청난 공헌을 했으며 그의 제자들 중 9명이 노벨상을 받았다.

1914년 그는 작위를 받았고, 1919년 제4대 캐번디시 교수로 자신의 학문적 고향인 캐번디시 연구소로 금의환향한다. 캐번디시에서도

70　1부 데모크리토스의 꿈

러더퍼드는 많은 뛰어난 제자들을 양성하고 물리학 연구를 발전시켰다. 1937년 러더퍼드가 정원을 다듬던 중 넘어졌다가 탈장에 이은 감염으로 사망했다는 소식이, 마침 전지의 발명자인 루이지 갈바니(Luigi Galvani) 탄생 200주년을 기념해 이탈리아의 볼로냐에서 열리고 있던 국제 물리학회 회장으로 전해졌고, 보어는 눈물 젖은 목소리로 러더퍼드의 죽음을 전했다고 한다. 그 자리에 있던 모든 사람들의 얼굴 표정은 진정 위대한 이를 잃었다는, 바로 그것이었다.

양자 역학이라는 새로운 마법

러더퍼드의 실험으로 양전하를 띤 무거운 원자핵과 그 주변에 존재하는 음전하를 띤 가벼운 전자라는 원자의 모습이 밝혀졌다. 그러나 여전히 원자를 이론적으로 설명하는 것은 쉽지 않은 일이었다. 전자기 현상은 이미 19세기에 맥스웰이 완성한 훌륭한 이론 체계로 설명되고 있었고, 빛이 전자기의 파동이라는 것도 이미 밝혀진 상태였다. 그런데 맥스웰의 이론을 러더퍼드의 원자 모형에 적용하면 모순적인 상황에 직면하게 된다. 맥스웰의 이론에 따르면 전기를 띤 물체가 가속도 운동을 할 경우 전자기파가 복사된다. 이것을 원자에 적용하면 전자는 전자기파를 방출하며 에너지를 잃고 원자핵으로 '추락'하고 만다. 원자가 소멸해 버리는 것이다. 러더퍼드의 원자 모형으로는 아무래도 안정된 상태의 원자를 설명할 수가 없었다. 과연 원자의 진정한 모습은 무엇일까?

한편 당시 물리학계 한쪽에서는 '양자(量子, quantum)'라는 개념이 자라나고 있었다. 에너지 같은 물리량이 아무 값이나 가질 수 있는 것이 아니라, 마치 기본 입자로 이루어진 것처럼 어떤 단위의 정수배의 값밖에는 가질 수 없다는 개념이다. 사실 이미 전기에 대해서 그런 개념을 가지고 있었다. 전기의 양이란 흐르는 물의 양처럼 연속된 양이 아니라, 최소 단위의 전하를 가진 전자의 개수를 곱한 것만큼의 양을 가질 수밖에 없음을 알고 있었다. 새로운 양자 개념에 따르면 빛, 또는 전자기파 역시 그 주파수에 해당하는 에너지를 가진 입자처럼 보이고, 에너지의 값은 (빛의 기본 에너지)×(빛 입자의 개수)라는 값이 된다.

독일의 막스 카를 에른스트 루트비히 플랑크(Max Karl Ernst Ludwig Planck)는 흑체에서 나오는 복사선의 스펙트럼을 설명하기 위해 에너지가 '양자화'되어 있다는 가설을 처음으로 도입했고, 알베르트 아인슈타인은 빛을 금속에 쪼였을 때 전자가 튀어나오는 현상을 설명하기 위해서는 빛의 에너지가 양자화되어 있다는 플랑크의 아이디어가 필요함을 보였다. 하지만 이렇게 생각한다는 것은 빛을 입자로 생각한다는 것을 뜻했다. 그러나 명백하게 파동으로서의 성질을 가진 빛을 입자로 생각한다는 것이 어떤 의미인가는 당시로서는 아무도 대답할 수 없었다. 원자를 이해하려는 노력은 양자 개념과 결합함으로써 의미 있는 결과를 내기 시작했다. 이 일이 벌어진 무대는 역시 맨체스터의 러더퍼드의 실험실이었고, 그 주인공 역시 러더퍼드의 제자였다. 바로 러더퍼드 주변에 모인 수많은 젊은 물리학자들 중에서도 이채로운 존재였던 덴마크 인 닐스 보어였다.

덴마크에서 박사 학위를 받은 후 캐번디시 연구소의 톰슨 밑에서 연구하려고 케임브리지에 온 보어는 너무나 바쁜 톰슨과 같이 할 일을 찾지 못하다가(눈치 없이 비판하다가 톰슨의 눈 밖에 났다는 말도 있다.), 케임브리지를 방문한 러더퍼드에게 깊은 인상을 받고 방사능 실험을 배우러

1911년 맨체스터로 왔다. 그대로 맨체스터에 눌러앉은 보어는 러더퍼드와 함께 연구하면서 러더퍼드의 원자 모형과 만난다. 러더퍼드는 원자핵의 존재를 실증적으로 보였지만, 무거운 원자핵과 가벼운 전자라는 개념으로 원자 구조의 안정성을 제대로 설명하는 데는 이르지 못했다. 기본적으로 러더퍼드는 위대한 실험가였지 이론가가 아니었으므로 더 이상의 발전은 러더퍼드의 몫이 아니었다. 보어는 러더퍼드의 원자 모형에 깊은 관심을 가지고 고심을 거듭하다가, 분광학의 수소 스펙트럼에서 영감을 얻어 플랑크의 양자 아이디어를 이용한 새로운 원자 모형을 만들었다.

보어의 원자 모형에서는 플랑크의 에너지 양자화가 각운동량이라는 물리량의 양자화로 나타난다. 각운동량의 양자화는 원자핵 주위를 도는 전자 궤도의 양자화를 의미하는 것이었다. 그렇게 결정된 전

그림 2-8 닐스 보어(왼쪽)와 알베르트 아인슈타인(오른쪽). 파울 에렌페스트가 1925년에 자신의 집을 찾은 두 물리학자를 찍은 사진.

2장 원자 속으로! 73

자 궤도를 보이는 '정상 상태'라고 불렀고, 전자가 정상 상태일 때는 전자기파를 복사하지 않는다고 가정했다.

완성된 이론이라기에는 너무 많은 가정을 전제해야 하는 불완전한 모형이었지만, 보어의 원자 모형은 흑체 복사에서 나타난 플랑크의 작용 양자수로 원자의 전자 궤도를 설명했고, 그 전자 궤도로부터 수소 원자의 분광학적 데이터를 잘 설명할 수 있었다. 원자핵과 전자, 분광학, 흑체 복사와 같은 여러 분야가 서로 연결되고, 무거운 원자핵과 가벼운 전자로 이루어진 원자의 안정성이 설명되었다. (사실 설명되었다기보다 그냥 그렇다고 한 것에 더 가깝기는 하지만.) 보어의 원자 모형이 완성된 것은 아닐지라도 옳은 길을 향하고 있는 것만은 틀림없어 보였다. 드디어 양자역학이 싹을 틔우기 시작했다.

보어의 원자 모형 역시 케플러가 그랬듯이 러더퍼드의 산란 실험, 분광학에서 얻어낸 원자의 선 스펙트럼 등, 여러 자연 현상 속에서 질서와 패턴을 찾아내려는 고투의 결과라고 할 수 있다. 비록 여기저기 엉성한 부분도 있고, 많은 가정이 포함되기는 했지만, 보어의 원자 모형은 완전히 무(無)나 다름없는 곳에서 거의 보어 혼자서 만들어 낸 작품이었다. 아인슈타인은 모순된 것처럼 보이는 양자론의 기반 위에 원자 문제를 올려놓은 보어의 솜씨를 "마법적"이라고 극찬했다.

보어 덕분에 분광학은 이론적 근거를 가질 수 있게 되었고, 양자론은 새로운 단계에 접어들었다. 보어의 세대, 특히 뮌헨 대학교의 아르놀트 요하네스 빌헬름 조머펠트(Arnold Johannes Wilhelm Sommerfeld)는 보어의 이론을 수학적으로 정교하게 다듬는 데 온 힘을 기울였다. 그는 비판자들을 설득했으며 초기 양자론 연구를 이끌었다.

결정적인 해답을 내놓은 것은 다음 세대 물리학자들이었다. 독일 괴팅겐 대학교의 막스 보른(Max Born) 밑에서 조수로 있던 베르너 카를 하이젠베르크(Werner Karl Heisenberg)라는 젊은이와 아인슈타인의 뒤를 이어 취리히 대학교의 교수가 된 에어빈 루돌프 요제프 알렉산더 슈뢰딩거(Erwin Rudolf Josef Alexander Schrödinger)는 마치 계시라도 받듯이 같은 해인 1925년, 양자 역학 이론을 완성시켰다. (사실 나이만 보자면 슈뢰딩거는 보어와 같은 세대다.) 이들이 양자 역학을 창조(!)하는 순간은 너무 극적이어서 영화를 위한 시나리오처럼 보일 지경이다.

막스 플랑크가 양자 가설을 발표한 다음해인 1901년에 태어난 하이젠베르크는 초기의 양자론이 거의 막다른 길에 다다른 1920년에 뮌헨 대학교의 조머펠트 교수 밑에서 이론 물리학을 공부하기 시작했다. 보어의 원자 이론을 수학적으로 다듬은 조머펠트는 당대 최고의 원자 이론 선생이었다. 1922년 괴팅겐을 방문한 보어의 영감에 넘치는 강의를 들으러 조머펠트와 함께 괴팅겐으로 간 하이젠베르크는 그곳에서 보어의 강의를 듣고 오랜 토론을 함께한 뒤 원자 물리학에 전념할 것을 결심한다. 보어 역시 이 비범한 젊은이로부터 깊은 인상을 받고 그를 코펜하겐으로 초청한다. 하이젠베르크는 박사 학위를 받은 뒤 코펜하겐에 있는 보어의 연구소를 거쳐 괴팅겐 대학교에서 막스 보른의 조수가 되었다.

1924년경 원자 내에서의 전자의 궤도라는 개념에 관해 숙고하기 시작한 하이젠베르크는 1925년 마침내 운명의 순간을 맞게 된다.[6]

나는 건초열에 걸려 심하게 앓았고, 보른 교수에게 2주일간의 휴가를 얻었다. 나는 곧바로 북해의 작은 섬인 헬골란트로 달려갔다. 거기에서 꽃이나 목초와 먼 바닷바람을 쐬면 금방 좋아질 거라고 기대했다. …… 집은 바위투성이 섬의 남쪽 가장자리에 높게 지어져서, 2층에 있는 내 방에서 모래언덕, 바다가 훤히 내려다보였다. 발코니에 앉아서 무한에 관한 보어 교수의 말을 곰곰이 생각했다. 저 먼 바다를 굽어보면 무한도 이해될 것만 같았다. 매일 산책을 하고 수영을 오래 하는 것 말고는 이 문제를 생각하는 데 방해되는 것이 없었다. 나는 괴팅겐에서 할 수 있는 것보다 더 빨리 앞으로 나아갈 수 있었다.

헬골란트에서 하이젠베르크는 양자 역학의 역사에서 중요한 진전을 이룬다. 그는 열광에 빠졌고 참을 수 없는 호기심에 이끌렸다.

먼저 활짝 깨어 있다는 느낌이 들었다. 내가 원자 현상의 표면을 뚫고 이상하고 아름다운 내부를 보고 있으며, 자연이 나에게 관대하게 보여 준 풍부한 수학적 구조를 탐사하고 있다는 생각에 현기증이 났다.

어느 날 새벽 3시에 그는 최초로 계산에 성공했다. 그는 들뜬 마음에 잠을 이룰 수가 없었다.

새 날이 밝을 때, 나는 섬의 남쪽 끝으로 갔다. 거기에는 바다로 내민 바위가 있었는데, 나는 오래 전부터 그 바위에 올라가 보고 싶었다. 이제 나는 그 바위에 올라갔고 거기에서 해돋이를 기다렸다.

마치 종교적인 체험을 한 사람의 증언 같아 보인다. 하이젠베르크가 새로 만든 이론은 전자의 궤도라는 직관적이지만 정량적이지 않은 개념을 버리고 관측이 가능한 양으로만 이론을 표현하고자 하는 것이

그림 2-9 결국 하나의 길임이 밝혀진 행렬 역학과 파동 역학의 창시자인 하이젠베르크(왼쪽)와 슈뢰딩거(오른쪽).

었다. 목표를 달성한 하이젠베르크는 새로운 이론을 들고 괴팅겐으로 돌아왔다. 당대의 원자 물리학에 정통했던 보른은 하이젠베르크가 진정한 원자 이론을 가져왔음을 직감했고, 이 이론의 수학적 진술을 개발하면서 그것이 '행렬'이라는 수학적 표현으로 완전하게 표현된다는 것을 알아냈다. 하이젠베르크와 보른, 그리고 보른의 제자였던 파스쿠알 요르단(Pascual Jordan)은 하이젠베르크의 이론을 완성했고 이 이론 체계를 '행렬 역학'이라고 불렀다.

한편, 빈에서 볼츠만의 강의에 큰 감명을 받고 이론 물리학에 뛰어든 슈뢰딩거는 철학과 이론 물리학을 연구하면서 이곳저곳을 떠돌다가 아인슈타인의 후임으로 취리히 대학교에 부임해 그의 인생에서 가장 창조적인 6년여를 보낸다. 하이젠베르크가 헬골란트에 다녀온 몇 달 후인 1925년 겨울, 크리스마스를 10여 일 남겨두고 슈뢰딩거는 알프스 산중 아로사(Arosa)의 한 빌라로 여행을 떠났다. 스위스 동부 바이스호른 기슭에 해발 1,800미터에 위치한 아로사는 슈뢰딩거가 취리히에 온 지 얼마 안 되었을 때 결핵일지 모른다는 진단을 받고 요양을 한 적이 있는 휴양지였다. 그곳이 마음에 들었는지 슈뢰딩거는 겨울이면 아내와 함께 아로사를 찾고는 했는데, 1925년 겨울에는 아내가 아니라 빈에서 만나던 옛 애인과 함께 아로사를 찾았다. 이듬해 1월 9일까지 머무는 동안 슈뢰딩거는 새로운 이론을 창조하는 일과 애인을 행복하게 해 주는 일, 두 가지를 다 이루었다.

휴가에서 돌아온 직후 슈뢰딩거는 파동 방정식을 발표했고 그의 방정식은 원자와 분자에 관련된 문제를 대부분 해결해 주었다. 슈뢰딩거의 방정식은 아마도 뉴턴의 방정식 이후 가장 많이 사용된 방정식일 것이다. 존 로버트 오펜하이머(John Robert Oppenheimer)는 슈뢰딩거 방정식을 "아마도 인류가 발견해 냈던 가장 완전하고 가장 정밀하고 가장 사랑스러운 것 중 하나"라고 표현했다. 상대성 이론의 효과를 무시해도 좋을 경우, 이후의 양자 역학은 모두 슈뢰딩거 방정식의 응용 문제라고 해도 지나친 말이 아니다. 슈뢰딩거의 이론은 드 브로이의 물질파 아이디어와 정상파의 파동 방정식에서 발전한 것이기에 '파동 역학'으로 불린다. 한편 그 결정적인 시기에 슈뢰딩거와 함께 아로사에 머물렀던 여인의 정체는 많은 사가들의 탐구에도 결국 밝혀지지 않은 채로 남아 있다.

우연히도 거의 같은 시기에 마치 물리학의 신이 빚어내듯 두 사람이 만들어 낸 행렬 역학과 파동 역학은 이듬해 슈뢰딩거와 미국 캘리포니아 공과 대학의 젊은 물리학자 칼 에커트(Carl Eckert)에 의해 동등한 이론이라는 것이 증명되었다. 또한 케임브리지의 폴 에이드리언 모리스 디랙(Paul Adrien Maurice Dirac) 역시 이들과 별도로 양자 역학을 더욱 추상적이고 수학적으로 정식화했다. 디랙의 이 이론은 하이젠베르크나 슈뢰딩거보다 더욱 일반적인 형태의 이론이었다. 이로써 데모크리토스가 원자라는 이름을 고안한 지 2,000여 년, 돌턴이 근대적 원자론을 제창한 지 120여 년, 러더퍼드가 원자 구조를 밝혀낸 지 16년 만에 마침내 인간은 원자를 설명하는 방법을 찾아냈다. 원자에 관련된 무수한 현상들 속에서 질서를 찾아내고 그것을 기술할 수 있는 수학 체계를 만든 것이다. 새로운 이론에서 원자는 연속적인 값이 아니라 양자화된 에너지 값을 갖게 된다. 그래서 이 이론 체계를 '양자 역학(quantum mechanics)'이라고 부른다.

양자 역학은 원자를 설명하는 이론으로서 발전했지만 단순히 원자 세계만을 설명하는 이론이 아니다. 일상 세계 역시 양자 역학으로 설명할 수 있다. 그러므로 양자 역학이야말로 근본적인 이론이라고 할 수 있다. 양자 역학은 단순히 물리량의 연속·불연속만을 이야기하지 않는다. 양자 역학은 전혀 새로운 관점에서 세상을 보는 방법이다. 양자 역학은 우리에게 측정과 관찰과 같은 기초적인 개념부터 반성할 것을, 아니 실재란 무언가 같은 근본적인 문제부터 다시 생각해야 한다고 가르쳐 준다. 사실상 양자 역학은 일상적인 경험에서 얻은 물리학의 고전적인 직관과는 결별할 것을 요구한다.* 그 결과 양자 역학은 원

---

* 그러므로 양자 역학을 온전히 설명한다는 것은 이 책의 범위를 한참 벗어나는 일이다. 양자 역학에 대해서 더 알고 싶은 사람은 양자 역학 관련 교양서나 교과서를 보기 바란다. 교과서란 그런 목적으로 씌어진 책이다.

자력과 전자 공학으로 상징되는 20세기의 물질 문명을 이룩했으며, 우주와 물질에 대한 더 깊은 이해로 우리를 이끌어 준다. 인간의 시각에 관한 연구로 1967년 노벨 생리·의학상을 수상한 미국의 생리학자 조지 월드는 이렇게 이야기했다.

물리학자가 없는 우주에서 원자로 존재한다는 것은 가엾은 일일 것이다. 그런데 물리학자도 원자로 되어 있다. 물리학자는 원자가 자신을 알리기 위한 원자 나름의 방법이다.

막스 보른의 외손녀

양자 역학이 탄생해 발전하는 과정에서 워낙 많은 영웅들이 명멸했기 때문에 막스 보른의 존재는 상대적으로 평범하게 느껴진다. 양자 역학의 발전을 소개하는 책에도 보어와 하이젠베르크, 슈뢰딩거와 디랙, 파울리 등이 언급된 뒤에야 비로소 그의 이름이 나온다. 노벨상 심사 위원들에게도 그랬는지, 그는 1932년 하이젠베르크와 함께 노벨상을 받지 못하고 그 후 22년이나 지난 1954년에야 수상을 하게 된다. 이 일은 보른에게도 상처가 되었는데, 보른은 이렇게 말한다.[7]

1932년 하이젠베르크와 공동으로 내가 노벨상을 수여받지 못했다는 사실은 하이젠베르크가 보내 준 위로 편지에도 불구하고 당시 내게는 큰 상처로 남았다. 그러나 나는 이후 하이젠베르크의 탁월함을 인정했고, 그 상처를 극복했다. …… 따라서 (1954년) 수상 소식에 대한 나의 놀라움과 환희는 그만큼 더 컸는데, 하이젠베르크 및 요르단과의 공동 연구가 아니라, 홀로 생각하고 입증했던 슈뢰딩거 파동 함수에 대한 통계적 해석으로 수상했기 때문이다.

사실 보른은 20세기 초 수학과 물리학의 메카였던 괴팅겐 대학교의 전성기를 이끈 물리학자로서, 파울리와 하이젠베르크를 지도했고 하이젠베르크의 아이디어를 행렬 역학의 체계로 만들었으며, 파동 함수의 확률적 해석을 제창해 오늘날 우리가 알고 있는 양자 역학을 완성한 사람이다. 그는 전형적인 독일 교수와는 거리가 먼, 따뜻하고 스스럼없는 태도로 학생을 대하는 좋은 선생이었으며, 물리학 지식뿐만 아니라 그 이면에 숨은 심오한 진리를 파악할 줄 아는 훌륭한 학자였다. 그에 견줄 만한 사람은 닐스 보어 정도일 것이다.

그런데 유명세가 보른을 앞지르는 사람은 그의 조수였던 하이젠베르크와 파울리만이 아니다. 막스 보른의 외손녀는 노벨상 수상자인 외할아버지보다 훨씬 유명하다.

보른이 히틀러를 피해 케임브리지로 옮겼을 때 보른의 큰 딸인 이레네 보른은 보른과 함께 영국으로 와서 그곳에서 결혼했다. 전쟁 후 막스 보른은 여생을 보내러 괴팅겐으로 돌아갔지만, 전쟁 중에 독일의 암호 체계인 에니그마(Enigma)를 해독하는 영국의 암호 해독 프로젝트에 관여했던 남편과 이레네 보른은 1954년 오스트레일리아로 이주했다. 그의 남편은 멜버른 대학교에서 독일어를 가르쳤고 후일 오르몬드(Ormond) 칼리지의 학장이 된다.

그들이 오스트레일리아로 이주하기 전인 1948년 영국 케임브리지에서 태어난 이레네 보른의 딸, 즉 보른의 외손녀는 14세 때부터 밴드를 하며 소질을 보이더니 텔레비전 콘테스트에서 우승하며 연예 활동을 시작해, 1971년 첫 앨범을 발표한다. 그 후 그녀는 1970년대와 1980년대에 걸쳐 그래미 여자 팝 가수상을 6회나 수상하고, 미국 차

그림 2-10 막스 보른.

트에만 3장의 앨범과 5장의 싱글을 1위에 올려놓은 대표적인 팝의 요정이 되었다. 유방암을 앓은 후 현재는 환경 및 유방암의 위험을 알리는 활동을 주로 하고 있는 그녀의 이름은 올리비아 뉴턴존(Olivia Newton-John)이다.

3장 | 원자핵 속에도 세계가

원자 속에는 원자핵, 원자핵 속에는 양성자

　지금까지 이야기했던 원자와 전자와 원자핵까지는 그나마 일상에서도 흔히 들을 수 있는 단어들이라고 할 수 있지만, 양성자부터는 아무래도 저녁 식사 자리나 텔레비전 토크쇼에서 나올 단어는 아닐 것이다. 그런데 이 책의 주제인 LHC는 양성자를 가속시켜서 충돌시키는 장치이다. 그러니까 적어도 양성자를 포함한 하드론들만큼은 좀 더 친해져야 한다. 자 이제 원자 속으로 들어가 보자.
　원자는 양전하를 띤 무거운 원자핵과 음전하를 띤 전자가 전기력으로 결합해 있는 상태이며 그 입자들의 행동은 뉴턴 역학이 아니라 양자 역학이라는 낯설고 이상한 이론 체계로 설명된다. 그렇다면 이 원자핵과 전자는 세상을 이루는 기본 요소, 진정한 데모크리토스의 '원자'일까? 그런데 원자핵이란 과연 무엇일까? 전자는 원자마다 들어 있는 개수가 다를 뿐, 모두 똑같다. 그러나 원자핵은 각 원자에 하나씩만 들어 있으며, 당연히 원자마다 다르다. 세상에 존재하는 원자 중에서 가장 간단한 것은 수소이므로 먼저 수소 원자를 가지고 생각해 보자.

아마 다른 화학식은 몰라도 물의 화학식이 H_2O라는 것은 많은 사람들이 알고 있을 것이다. 여기서 H는 수소를, O는 산소를 의미한다. 이 화학식은 물 분자가 수소 원자 2개와 산소 원자 1개로 이루어져 있음을 보여 준다. 수소 원자는 세상에 존재하는 원자들 중 가장 단순한 구조를 가지고 있다. 수소가 가지고 있는 전자는 딱 1개다. 이 전자 1개가 띤 전하를 상쇄시키는 원자핵의 전하도 $+1e$이다. (e는 전자의 전하량이다.) 가장 간단한 원자라는 말은 가장 가벼운 원자라는 말이기도 하다. 원자의 질량 거의 대부분을 전자가 아니라 원자핵이 차지한다는 것을 고려하면 수소 원자핵이 가장 가벼운 원자핵이 된다. 따라서 세상에 존재하는 수십, 수백 가지의 원자핵을 수소 원자핵이 가지고 있는 두 가지 물리량을 기본 단위로 해서 기술할 수 있다. 그것은 '질량수'와 '전하수'다. 즉 모든 원자핵은 수소 원자핵보다 몇 배 무겁고, 몇 배의 전하를 가지고 있다는 식으로 나타낼 수 있는 것이다. 이 두 수는 대체로 비례하지만 반드시 그렇지는 않다. 전하수는 같지만 질량수가 다른 원자들도 있고, 질량수는 같지만 전하수는 다른 원자들도 있다. 그러나 중요한 것은 원자가 가진 질량수와 전하수가 대부분 정수와 아주 가까운 값을 가진다는 사실이다.

예를 들어 생각해 보자. 만약 물질의 기본 단위라고 생각되는 물질이 세 종류 있을 때, 이것들의 질량이 각각 0.511, 105.658, 1776.99로 세 숫자 사이에 아무런 규칙도 없어 보인다면 우리는 이 물질 각각을 기본 물질이라고 할 수도 있을 것이다. 그러나 이것들의 질량이 10, 20, 30이라면, 이것들이 기본 단위라기보다는 질량이 10인 무언가가 있어서 그것이 하나, 둘, 셋이 모인 것이 세 물질을 이룬다고 생각하는 것이 더 자연스러워 보일 것이다. 수소 원자핵을 기본 단위로 했을 경우

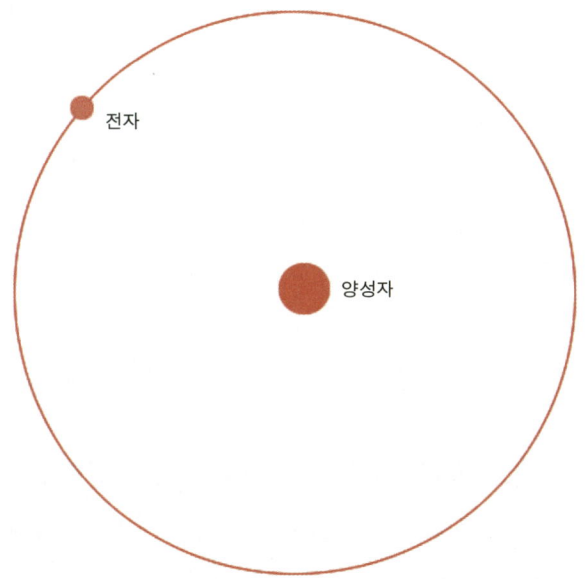

그림 3-1 가장 단순한 원자인 수소 원자의 모형. 양성자 1개로 이루어진 원자핵과 전자 1개가 기본 구성 요소다.

드러나는 원자핵의 질량수와 전하수의 정수성은 수소 원자핵이 다른 원자핵을 이루는 기본 단위일 것이라는 생각과 자연스럽게 연결된다. 그리고 실제로 그렇다. 이 수소 원자핵이 바로 양성자다.

양성자를 발견한 사람도 위대한 러더퍼드였다. 1915년 뉴질랜드로 돌아간 마스던은 고향에 돌아가기 전에 마지막으로 했던 실험에서, 알파 입자를 수소에 쏘았을 때 수소 원자핵으로 보이는 입자가 강하게 튀어나오는 현상을 관찰했다. 이 실험에 관심을 갖고 있던 러더퍼드는 제1차 세계 대전의 회오리가 지나갈 즈음 질소를 가지고 같은 실험을 했다. 이 실험에서도 역시 수소 원자핵이 튀어나오는 것을 관찰했다.

수소 원자핵이 튀어나온 곳은 질소 원자핵이라고 생각할 수밖에 없었다.* 이 결과를 발표한 1919년의 논문에서 러더퍼드는 질소 원자핵은 수소 원자핵을 원래 가지고 있었다는 대담한 결론을 내린다. 즉 수소 원자핵이 질소뿐만 아니라 다른 원자핵들 속에 공통으로 들어 있는 기본적인 요소라는 것이다. 이것은 양성자의 존재를 실험적으로 증명한 것이었다. 러더퍼드는 이어서, 원자핵의 질량수나 전하수는 그 안에 수소의 핵이 몇 개 들어 있는가를 나타낸다고 생각하면 자연스럽다는 결론을 내렸다. 그리고 수소 원자핵을 '양성자(proton)'라고 부르기 시작했다.

그런데 수소가 다른 원자를 이루는 기본 단위라는 생각을 그 전에 이미 한 사람이 있었다. 그는 러더퍼드보다 100년 전 영국에서 활동한 화학자인 윌리엄 프라우트(William Prout)였다. 그는 1815년과 1816년에 발표한 논문에서 당시 측정된 원자들의 원자량이 모두 수소 원자량의 정수배라는 것에 주목했고, 따라서 수소야말로 진정한 기본 입자라는 가설을 제시했다.1) 돌턴이 원자론을 제창한 지 몇 년도 안 되어 그런 발상을 했다는 것은 놀라운 일이다. 그러나 안타깝게도, 프라우트는 시대를 앞서도 너무 앞서 버렸다. 그의 가설은 실험적으로 검증되기 어려웠고, 이론적으로 발전시키기도 불가능했다. 더구나 1828년 스웨덴의 화학자 얀스 야코브 베르셀리우스(Jöns Jakob Berzelius)가 염소 원자량을 정확히 측정했더니 수소 원자량의 정수배가 아니라 약 35.5라는 값이었고 이와 유사하게 정수가 아닌 원자량에 1/3이나 1/4이 들어가는 원소도 발견되었다. 지금은 원자 번호가 같아도 원자량이 다

---

* 1장에서 원자 분쇄기 이야기를 할 때 예로 든 실험이 바로 이 실험이다.

른 원소(동위 원소)가 존재해서, 측정된 원자량은 동위 원소들의 평균값이 되기 때문에 정수가 아닌 수도 가능하다는 것을 알고 있지만, 중성자도, 동위 원소도 알 리 없던 당시의 화학자들은 이것을 프라우트의 가설이 틀렸다는 증거로 받아들였다.

그러나 프라우트와 달리 러더퍼드는 수소 원자핵이 다른 모든 원자핵의 기본 단위임을 실험적으로 확증했다. 그렇다면 원자핵의 질량수와 전하수가 일치하지 않는 것은 무엇 때문일까? 이것을 설명하는 한 가지 방법은 전자가 원자핵 안에 포함되어 전하를 중성화하고 있다고 생각하는 것이었다. 이런 생각은 원자핵이 베타 붕괴를 할 때 전자가 튀어나온다는 사실이 뒷받침해 주었으나 그것이 어떤 의미인지, 왜 그런지에 대해서는 알 길이 없었다. 원자핵을 더 이해하기 위해서는 중성자가 모습을 드러낼 때까지 기다려야 했다.

중성자의 발견

1896년에 톰슨이 존재를 확인한 전자, 1919년경 러더퍼드가 존재를 밝혀낸 양성자에 이어 1932년 제임스 채드윅(James Chadwick)이 중성자를 발견했다. 간단히 중성자를 발견했다고 했지만, 발견 연도가 말해 주듯이, 전기적으로 중성인 입자를 발견하는 일은 쉬운 일이 아니었다. 중성자는 언제나 바로 옆에 있었지만 보이지는 않았던 것이다.

중성자의 발견은 양성자 발견의 꼬리를 물고 이어진 수수께끼에서 시작되었다. 앞에서 원자핵은 질량수와 전하수라는 2개의 수로 표현된다고 이야기했다. 그러나 수소 원자핵인 양성자가 다른 원자핵들을 구성하는 기본 단위인 것은 맞지만, 양성자만을 가지고는 모든 원자핵

그림 3-2 중성자의 발견자, 제임스 채드윅.

의 질량수와 전하수를 설명할 수가 없었다. 정확한 설명을 위해서는 전기적으로 중성이면서 양성자와 질량은 거의 같은 무언가가 필요했다. 러더퍼드를 비롯한 당시의 물리학자들은 막연하나마 중성자의 존재를 예측하고 있었다. 중성자가 실제로 발견되기 전까지는 전하의 크기는 양성자와 같지만, 질량은 양성자에 비해 무시할 정도로 작은 전자가 원자핵 속에 포함되어 있다는 가정을 가지고 원자핵의 질량수와 전하수를 설명할 수밖에 없었다. 그러나 원자핵 속에 양성자와 전자가 공존하는 메커니즘은 전혀 설명할 수 없었고, 뒤에 보듯 분광학적 실험의 결과, 원자핵의 스핀(spin)과 모순되었다.

채드윅은 러더퍼드의 수많은 제자들 가운데에서도 뛰어난 존재였다. 그는 톰슨의 뒤를 이어 제4대 캐번디시 교수가 된 러더퍼드를 따라 케임브리지로 왔다. 연구소는 러더퍼드의 부담을 줄여 주기 위해 얼마 후 채드윅을 연구 부소장으로 임명했는데, 이것으로도 채드윅이 어떤 존재인가를 짐작할 수 있다. 1935년 리버풀 대학교로 옮길 때까지 채드윅은 러더퍼드와 함께 연구했을 뿐만 아니라, 행정과 교육 등에서도 그를 충실히 도왔다. 채드윅의 뒤를 이어 러더퍼드 밑에서 부소장이

된 마크 올리펀트(Mark Oliphent)는 이렇게 썼다.[2)]

채드윅은 연구소 사람들이 무슨 연구를 하고 있는지 러더퍼드보다 더 자세히 알고 있었다. …… 러더퍼드가 연구실 밖의 일에 전념할 수 있었던 것도 그의 지속적이고 희생적인 관심이 없었다면 불가능했을 것이다.

채드윅은 원자핵을 만들기 위해서는 중성자가 반드시 필요하다는 것을 확신하고 있었다. 물론 그 실체가 무엇인지는 확실히 알지 못했다. 1920년 권위 있는 왕립 학회의 베이커리언 강연(Bakerian Lecture, 1775년에 헨리 베이커(Henry Baker)의 기부금으로 시작된 유서 깊은 물리 과학 강연)에서 러더퍼드는 그것을 양성자와 전자가 특별하게 가까이 묶여 있는 중성 입자쌍으로 묘사했다. 그러나 이러한 설명은 그런 특별한 중성 입자쌍을 묶고 있는 힘을 설명하지 못할 뿐만 아니라 또 다른 문제를 안고 있었다.

고전 역학 체계에서는 드러나지 않았던, 순전히 양자 역학적인 성질로 스핀이라는 것이 있다. 스핀은 이름 그대로 마치 입자가 회전하는 것과 같은 효과를 주기 때문에 입자의 각운동량에 기여하는 성질이다. 표면에 아무 표시도 없는 공이라면 이것이 회전하고 있는지 정지하고 있는지 그냥 보아서는 알 수 없다. 이것을 알아보기 위해서는 공을 벽에 던지든가 다른 공으로 맞추든가 해서 공의 회전에 따라 튀어나가는 각이 달라지는 것을 봐야 한다. 이와 마찬가지로 스핀이 다른 두 입자는 다른 모든 물리적 상태가 같더라도 산란 실험 때 실제로 회전하는 공처럼 튀어나오는 방향이 달라진다.

전자의 스핀은 네덜란드 라이덴 대학교에서 파울 에렌페스트(Paul Ehrenfest)의 학생으로 원자의 스펙트럼을 연구하던 사무엘 아브라함

하우스미트(Samuel Abraham Goudsmit)와 게오르게 오이겐 울렌벡(George Eugene Uhlenbeck)이 1925년에 발견했다. 그러나 전자의 스핀이라는 아이디어를 하우스미트와 울렌벡만이 가졌던 것은 아니다. 같은 시기에 헝가리계 미국인인 랄프 크로니히(Ralph Kronig)도 독자적으로 같은 생각을 하고 있었다. 그런데 그는 자신의 논문을 발표하기 전에 볼프강 파울리(Wolfgang Pauli)와 상의하는 실수를 범했다. '물리학의 양심'이나 '신의 채찍' 같은 별명으로 불렸던 파울리는 '논리적'으로 크로니히를 조각조각 내버렸고, 크로니히는 스스로 틀렸음을 확신하고 논문 발표를 포기해 버렸다. 하우스미트와 울렌벡도 그 이야기를 듣고 논문을 포기하려고 했으나 에렌페스트는 그들은 젊으니까 좀 이상한 논문을 써도 무방하다며 그대로 출판하게 했다. 결과적으로 이것은 파울리가 틀렸던 드문 경우였다. 게다가 스핀은 파울리가 필요로 했던 바로 그 양자수*였다.

파울리는 1925년 초, 2개의 전자가 동시에 같은 양자적인 상태에 있을 수 없다는 배타 원리(exclusion principle)를 제창했다. 배타 원리는 보어의 원자 모형에서 하나의 궤도에는 같은 상태의 전자가 오직 하나만 있을 수 있다는 것을 설명한다. 그러기 위해서 이미 알려진 것 외에 전자의 상태를 정의하는 새로운 양자수가 필요했다. 그 양자수가 바로 스핀이었던 것이다.

스핀은 양자 역학적인 물리량이기 때문에 아무 값이나 갖지 않는다. 단위를 $\hbar$로 해서 전자는 +1/2과 -1/2라는 두 가지 스핀 상태(스핀이 반정수)만 갖는다. 한편 광자의 경우에는 +1, 0, -1의 세 가지 스핀 상

---

* 양자수(quantum number)는 양자 역학적 상태를 특징짓는 수를 의미한다.

태(스핀이 정수)가 존재한다. 이 스핀이라는 성질은 대단히 중요해서 스핀이 정수냐 반정수냐에 따라 입자의 물리적 성질은 완전히 달라진다. 페르미는 파울리의 배타 원리를 전자와 같이 1/2, 3/2, …의 스핀을 갖는 입자들의 통계 역학에 적용해서 새로운 통계 원리를 만들어 냈다. 얼마 후 디랙은 이 문제를 더 일반적으로 다루면서 파울리의 배타 원리와 페르미의 통계 원리에 양자 역학적인 기초를 부여했다. 한편 광자와 같이 0, 1, 2, …의 스핀을 갖는 입자들은 인도의 사티엔드라 나트 보스(Satyendra Nath Bose)와 아인슈타인이 연구한 통계적 성질을 가진다. 그래서 전자를 페르미 입자라는 뜻으로 '페르미온(fermi-on)'이라고 부르고, 광자 같은 입자를 보스 입자라는 뜻으로 '보손(bos-on)'이라고 부른다. 특히 스핀이 0인 입자는 '스칼라(scalar)'라고 부르고 스핀이 1인 입자는 '벡터(vector)'라고 부른다.

전자와 양성자는 모두 페르미온이다. 그런데 원자량이 14이고 원자번호가 7인 질소의 경우, 전자를 넣어서 질량수와 전하수를 설명하자면 총 14개의 양성자(질량수)와 7개의 전자(전하수, 14-7=7)가 필요하다. 즉 전체 입자 수는 21개로 홀수가 된다. 그런데 질소 원자핵을 가지고 실험해 보면, 페르미온이 짝수 개 있어야만 한다. 이런 모순은 원자의 질량수와 전하수를 맞추기 위해 필요한 것은 양성자-전자의 중성 입자 쌍이 올바른 해답이 아니고, 무언가가 더 있다는 것을 가리킨다. 이런 어둠 속에서 수년간 채드윅은 중성자를 향한 힘들고 먼 길을 묵묵히 걸어 나갔다.

1928년 베를린에서는 플랑크의 제자인 발터 빌헬름 게오르크 프란츠 보테(Walther Wilhelm Georg Franz Bothe)가 폴로늄에서 나오는 알파 입자를 베릴륨에 쏘았을 때 나오는 방사선을 연구했다. 베릴륨은 그때

3장 원자핵 속에도 세계가

까지 러더퍼드가 알파 입자로 붕괴시키지 못하던 원소였다. 그들은 베릴륨에서 튀어나오는, 감마선으로 보이는 방사선을 관찰했는데, 놀랍게도 처음에 쏘았던 알파 입자의 에너지보다 더 높은 에너지를 가지고 있었다. 그들은 리튬과 붕소를 사용해서도 실험을 수행했고 같은 결과를 얻었다. 여기서 감마선으로 보인다는 말은 이 방사선이 전기적으로 중성이라는 뜻이었다.

이 결과에 주목한 것은 어머니의 실험실에서 연구하던 졸리오퀴리 부부였다.* 세계에서 폴로늄을 가장 많이 가진 퀴리 연구실의 장점을 최대한으로 이용해 이들은 많은 알파 입자를 베릴륨에 쏘아서 대량의 중성 방사선을 만들어 냈다. 이 방사선을 약화시키기 위해 파라핀을 통과시키자 이번에는 양성자가 쏟아져 나왔다. 졸리오퀴리 부부는 1932년 1월 18일에 이 현상을 양성자의 콤프턴 효과(Compton effect)로 설명한 논문을 발표했다.

원자에 감마선을 쏘면 전자가 튀어나오는 콤프턴 효과는 잘 알려져 있었다. (오른쪽 그림) 그러나 양성자는 전자보다 약 2,000배나 무겁고 원자핵 안에 있기 때문에 콤프턴 효과로 설명하기에는 아주 이상하게 보였다. 이 논문을 러더퍼드는 믿을 수 없다고 했으며, 로마 대학교의 페르미 사단에서 가장 영리했던 젊은이 에토레 마요라나(Ettore Majorana)는 단번에 "중성의 양성자를 발견한 거야."라고 말했다.[3]

베를린과 파리에서 들려온 이 소식을 채드윅은 놓치지 않았다. 한 달 동안 채드윅은 실험에 몰두해 베릴륨에서 나온 중성의 방사선은

---

* 프레데릭 졸리오와 이렌 퀴리는 결혼 후 그들의 성을 합쳐서 졸리오퀴리라는 새 성을 만들어 썼다.

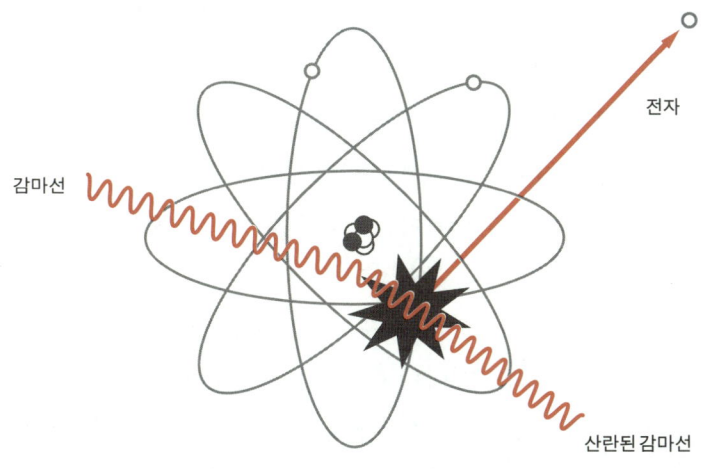

그림 3-3 감마선이 원자에 들어 있는 전자를 튕겨내는 콤프턴 효과를 나타낸 그림.

감마선이 아니라 양성자와 질량이 같고 전기적으로 중성인 입자임을 증명하고 그 결과를 1932년 2월 17일자 《네이처(*Nature*)》에 발표했다. 채드윅은 이 입자를 '중성자(neutron)'라고 불렀다. 러더퍼드와 함께 거의 12년에 걸쳐 중성자를 찾아 온 여정이 마침내 종점에 도달한 것이다. 졸리오퀴리 부부는 아깝게도 큰 발견을 놓친 셈이 되었다. 졸리오퀴리 부부와 채드윅의 차이는 중성자 개념을 가지고 있느냐, 없느냐였다. 채드윅은 중성자라는 존재를 이미 이론적으로 염두에 두고 있었다. 자연 현상을 관찰할 수 있게 해 주는 것은 실험이지만, 또한 실험으로 본 것을 제대로 이해할 수 있게 해 주는 것은 이론이다. 볼 눈이 준비되어 있을 때에만 자연 현상의 진정한 모습이 보이는 것이다. 채드윅은 중성자를 발견한 업적으로 1935년 노벨 물리학상을 단독으로 수상했다.

중성자가 발견되자 이제 원자의 구조가 확립된 것처럼 보였다. 원자는 양성자와 중성자로 이루어진 양전하를 띤 원자핵과 음전하를 띤 전자로 이루어진 존재였다. 더 이상 쪼개지지 않는 물질의 기본 단위는 이제 원자가 아니라 한 단계 더 나아가 원자를 구성하는 양성자, 중성자, 전자로 넘어갔다. 이름이야 어찌됐건 개념적으로는 데모크리토스의 이상에 더 가까워진 셈이었다. 수십 종류나 되는 원자가 세상의 기본 단위라는 것보다는 단 세 가지의 물질이 세상의 기초를 이룬다는 것이 더 좋은 체계로 보이기 때문이다. 게다가 그 세 가지 물질은 기준 전하를 공통으로 놓으면 각각 전하가 +1, 0, -1이므로 정말 세상의 기본 요소처럼 보였다. 세상의 기본 단위는 아주 단순해야 한다는 관점에서는 대단히 만족스러운 상태가 되었다.

그러나 문제가 다 해결된 것은 아니었다. 원자핵과 전자는 맥스웰이 잘 설명해 놓은 전자기력으로 서로 붙들려 있고, 그 메커니즘은 양자역학의 원리에 따른다. 그런데 하나는 양전하를 띠고 다른 하나는 전기를 띠지 않은 양성자와 중성자가 어떻게 뭉쳐 원자핵을 만드는 것일까? 당시의 물리학 이론으로는 이 문제를 도저히 설명할 수 없었다. 또한 전자와 양성자와 중성자가 물질의 기본 단위를 이루는 행복한 상태도 오래 가지 않았다. 지금까지 보지 못한, 아니 전혀 상상하지도 못한 물질들이 중성자가 발견되고 얼마 지나지 않아서 출현하기 시작했기 때문이다.

유카와와 메손

원자핵이 양성자와 중성자로 이루어져 있다는 것이 밝혀짐으로써

96   1부 데모크리토스의 꿈

원자핵의 질량수와 전하수가 자연스럽게 설명이 되었고, 동위 원소를 비롯해 원자핵에 관한 많은 것이 이해되었다. 원자핵을 이루는 입자라는 뜻에서 양성자와 중성자를 함께 핵자(核子, nucleon)라고 통칭하기도 한다. 그러나 이들이 어떻게 모여 원자핵을 이루는지를 이해하는 것은 또 다른 문제였다.

사실 이것은 원자핵이 양성자로 이루어져 있다고 생각하기 시작한 순간부터 시작된 문제라고 할 수 있다. 원자의 경우에는 원자핵이 양전하를 가지고 있고 전자가 음전하를 가지고 있으므로 그들이 함께 묶여 원자를 이루는 것은 이상할 것이 없었다. 그러나 같은 양전하를 띤 양성자들이 극히 작은 원자핵을 이루기 위해 한군데 모여 있으면, 양성자 사이의 전기적인 반발력은 엄청날 것이다. 이 엄청난 전기적인 반발력을 누르고 양성자가 뭉쳐서 원자핵을 이루는 것을 설명하기 위해서는 아직 인류가 알지 못하는 엄청나게 강한 어떤 힘이 더 있어야만 한다는 사실은 명백했다. 여기에 중성자가 더해지게 되자, 그 정체불명의 힘은 전기적인 힘과는 무관하다는 것이 확실해졌다. 더구나 실험 결과 양성자-양성자 사이의 힘과 양성자-중성자 사이의 힘, 그리고 중성자-중성자 사이의 힘이 모두 같다는 것이 밝혀졌다. 이것은 핵자에만 작용하는 어떤 새로운 힘이 양성자와 중성자를 작은 원자핵으로 뭉치고 있으며 이 힘은 양성자와 중성자를 구별하지 않음을 의미했다. 이 문제에 빛을 던진 이는 당시로서는 물리학의 변방이던 일본의 물리학자였다.

유카와 히데키(湯川秀樹)는 1907년 일본 도쿄에서 태어났다. 그의 가정은 매우 학구적인 집안으로 할아버지는 한학(漢學)에 조예가 있으면서 영어도 잘했고 어머니도 영어를 할 줄 알았으며 아버지 오가와 다쿠지(小川琢治)는 지질학자였다.* 유카와의 아버지는 얼마 후 교토 대학교의 교수가 되어 온 가족이 교토로 옮겨 가게 된다. 교토에서 성장한 유카와는 1929년 교토 대학교를 졸업하고 무급 조교로 학교에 남아서 이론 물리학 연구를 계속했다.

당시 그와 함께 교토 대학교에서 연구를 한 이가 훗날 양자 전기 역학을 독립적으로 연구해 슈윙거, 파인만과 함께 1965년에 노벨상을 수상한 도모나가 신이치로(朝永振一郎)다. 도모나가는 유카와와 교토 부립 제1중학교, 제3고등학교, 그리고 교토 대학교의 동기동창으로서 이론 물리학을 함께 공부했고 일본의 이론 물리학이 세계적인 수준에 있음을 경쟁적으로 보여 준 평생의 동료이자 라이벌이었다. 몇 년 동안의 무급 조교 생활 후 도모나가는 유럽에서 돌아온 니시나 요시오(仁科芳雄)가 있는 이화학 연구소(理化學硏究所, RIKEN)로 떠나게 된다.

1932년 유카와는 오사카 대학교의 조교수가 되어 1939년까지 재직했다. 1938년 박사 학위를 받은 유카와는 이듬해 교토 대학교의 이론 물리학 교수로 취임해서 평생을 교토에서 지냈다. 오사카 대학교에 있던 1935년부터 유카와는 몇 편의 중요한 논문을 발표한다. 핵자들 사이에 작용하는 핵력(核力, nuclear force)에 관해 여러 해 동안 깊이 연구한 결과물인 이 논문에서 유카와는 핵력의 정체에 관해 논했다.

전자기 상호 작용을 매개하는 것이 빛의 양자인 광자이듯이, 핵력을 전달하는 입자가 있을 것이다. 그 입자는 무언가? 유카와는 이 문

---

* 오가와 다쿠지의 삼남이었던 유카와 히데키는 1933년 결혼과 함께 오사카에서 병원을 하고 있던 처가인 유카와 집안에 데릴사위로 들어감으로써 성을 오가와에서 유카와로 바꾸게 된다. 참고로 오가와 다쿠지의 장남은 야금학자, 차남은 동양사학자, 사남은 중국 문학자이다. 유카와 히데키가 어떤 집안에서 성장했는지 짐작할 수 있을 것이다.

그림 3-4 일본 최초의 노벨상 수상자인 유카와 히데키.

제에 대해 세 가지 해답을 제시했다. 첫째 핵자는 언제나 스핀이 1/2인 상태이므로(페르미온이므로) 매개 입자의 스핀은 0 또는 1이어야 한다. 둘째 양전하를 띤 양성자와 전기적으로 중성인 중성자 사이에서는 물론이고, 양성자-양성자, 양성자-중성자, 그리고 중성자-중성자 사이에서 작용하는 힘을 모두 매개하는 입자이므로 전기를 가진 입자와 전기적으로 중성인 입자 두 종류가 있어야 한다. 셋째 핵력은 대단히 짧은 거리에서만 작용하므로 매개 입자는 질량이 있을 것이다.

계산 결과, 매개 입자의 질량은 전자의 200배 정도였다. 이러한 입자는 당시까지 관측된 적이 없었다. 따라서 유카와의 이론은 그 누구도 본 적이 없는 새로운 입자가 존재해야 한다고 제안한 것이었다. 당시에는 발견되지도 않은 새로운 입자를 이론적인 이유에서 도입하는 것은 낯선 일이었다. 그래서 파울리도 유카와보다 몇 년 전에 베타 붕괴에서의 에너지 보존 법칙을 설명하기 위해 중성미자를 도입할 때 극도로 조심했던 것이다.

유카와의 논문은 일본 국내의 《일본 수학·물리학회 학술지(*Journal of the Mathematical and Physical Society of Japan*)》라는 학술지에 게재되었다. 그의 논문은 주목은 끌었지만, 그저 새로운 가설로 받아들여졌다. 게다가 전자 질량의 200배라는 질량은 당시에는 인공적으로 만들기에는 너무 무거웠다. 따라서 지상이 아니라 우주에서 만들어져 지구로 날아오는 우주선에서 찾아야 했다. 유카와는 그의 입자를 '메손(meson)'이라고 불렀다. 입자의 질량이 전자와 핵자의 중간쯤에 해당하기 때문에 중간을 나타내는 그리스 어 *mesos*에서 따온 말이다. (그래서 '중간자(中間子)'라고 하기도 한다.)

앞서 토성형 원자 모형을 제안했다고 소개한 나가오카 한타로나 닐스 보어 연구소에서 연구하고 돌아온 니시나 요시오의 세대가 유럽에서 현대 물리학을 수입·보급하려고 애썼던 세대라면, 유카와는 일본에서 나고 자라 물리학을 배우고 익힌 일본 자생 물리학자의 첫 세대에 속한다. 나가오카 세대의 일본 물리학자들에게 물리학은 서구로부터 배우는 것이었으며, 그들은 늘 주변부 의식을 강하게 가지고 있었다. 그러나 유카와의 세대는 그 의식을 거의 극복한 것으로 보인다. 예를 들어, 유카와가 대학을 졸업할 무렵 하이젠베르크와 디랙이 일본을 방문했는데(니시나가 초청했다.) 1907년생인 유카와는 그와 나이 차이가 얼마 나지 않는 그들(하이젠베르크는 1901년생, 디랙은 1902년생)에게 명백한 경쟁 의식을 느꼈다고 한다.

1936년 미국 캘리포니아 공과 대학의 칼 데이비드 앤더슨(Carl David Anderson)이 우주선 속에서 $100\text{MeV}/c^2$의 질량을 가진 입자를 발견했다.* 이 결과는 이듬해 발표되었다. 전자의 질량이 $0.5\text{MeV}/c^2$가량이므로 새로 발견된 입자는 전자보다 200배 정도 무거웠다. 유카와가 예언했던 이론적인 입자처럼 보이는 입자가 발견된 것이다. 이렇게 되자 유카와의 이론에 대한 관심이 높아졌다. 1939년의 솔베이 회의에 유카와가 초청된 것은 그가 국제적인 지명도를 획득했음을 보여 준다. 그러나 훗날 여러 실험 결과 앤더슨이 발견한 이 입자는 핵자와의 상호 작용이 유카와가 예측한 것과는 다르며 오히려 전자와 같은 성질을 가진다는 것이 밝혀졌다. 지금 그 입자는 '뮤온(muon)'이라고 부른다. 뮤온이 그 시기에 발견된 것은 순전히 우연이었다.

　유카와가 예언한 진짜 메손은 1947년에 발견되었다. 이 입자는 핵자와의 강한 상호 작용이 유카와가 이론적으로 기대한 바와 비슷했으며 질량도 $140\text{MeV}/c^2$로 유카와의 예측과 크게 다르지 않았다. 지금은 '전기를 띤 파이온(pion)'이라고 부르는 입자다. 이 입자는 결국 유카와에게 노벨상을 가져다주었다. 뮤온과 파이온의 발견에 관해서는 뒤에 자세히 이야기하도록 하자.

　유카와의 이론은 사실 오늘날의 관점에서 보면 옳다고는 할 수 없다. 뒤에서 다시 나오겠지만 핵자들이 서로 배척하지 않고 뭉쳐 있는 것은 파이온을 주고받은 결과가 아니라 쿼크(quark)와 글루온(gluon, 접착자) 사이의 강한 상호 작용이 복잡하게 작용한 결과다. 강한 상호 작

---

* MeV/c^2은 질량의 단위이다. 자세한 설명은 나중에 하도록 하고, 여기서는 우선 전자의 질량이 $0.5\text{MeV}/c^2$가량이라는 것, MeV는 메가전자볼트, 그리고 c는 광속이라는 사실만 기억해 두자.

용은 게이지장 이론인 양자 색역학(quantum chromodynamics, QCD)으로 설명되며 글루온은 강한 상호 작용을 매개하는 양자 색역학의 게이지 입자다. 그러나 유카와의 논문에는 상호 작용이라는 것을 입자의 교환으로 바라본다는 관점이 들어 있었고, 페르미온과 스핀이 0인 입자의 상호 작용이라는 아이디어가 제시되어 있었다. 페르미도 뒤에서 이야기할 베타 붕괴 이론을 발전시킬 때 상호 작용에 관해 막연하나마 이것과 비슷한 생각을 했었다고 한다. 당시 그는 중성미자를 어떤 상호 작용을 나타내는 장의 양자로 생각하려고 했으나 성공하지는 못했다. 유카와는 페르미의 베타 붕괴에 대한 논문을 알고 있었고 자신의 1935년의 논문에서 인용하고 있다.

1949년 노벨 물리학상이 "핵력에 관한 이론적인 작업의 기초 위에서 메손의 존재를 예측"한 공로로 유카와에게 주어졌다. 일본인으로서는 첫 번째 노벨상 수상이었다. 유카와의 노벨상 수상이 패전 이후 미군정의 지배를 받으며 물질적 궁핍, 가치관의 혼란, 좌절의 어둠 속에 있던 일본인들에게 얼마나 감동적인 소식이었을지는 상상하기 어렵지 않다. 이로써 유카와는 일본의 물리학계에 깊고 굵은 흔적을 남겼다.

유카와가 노벨상을 받은 다음해에 교토 대학교는 그를 기념하는 유카와 기념관을 지었다. 일본의 과학 평의회도 정부에 이론 물리학 연구를 장려하는 특별 기금을 요청했고, 일본의 물리학계는 논의 끝에 이 기금으로 덴마크의 닐스 보어 연구소나 미국 프린스턴의 고등 연구소와 같은 연구소를 만들기로 했다. 1952년 유카와 홀이 완공되었고 다음해 이 건물은 기초 물리학 연구소(Research Institute for Fundamental Physics, RIFP)가 되었다. 유카와는 연구소의 초대 소장으로 취임했다. 연구소는 1990년 히로시마 대학교의 이론 물리학 연구소와 합병해 유카와 이론 물리학 연구소(Yukawa Institute for Theoretical Physics, YITP)로 명칭이 변경되어 오늘에 이르고 있다. 1995년에는 YITP의 새로운 건물이 유카와 홀 옆에 지어졌다. 유카와 연구소는 일본의 이론 물리학의 발전에 선도적인 역할을 했으며 오늘날 수학과 이론 물리학 분야의 세계적인 연구소 중 하나이다. 2008년 노벨 물리학상을 수상한 마스카와 도시히데(益川敏英)가 YITP의 소장을 지낸 바 있다. 또 유카와는 영어로 발행되는 일본 물리학 학술지인 《이론 물리학의 진보(Progress of Theoretical Physics, PTP)》를 1946년에 창간했다. 이 학술지는 현재 YITP와 일본 물리학회가 발행한다. 1965년 노벨 물리학상을 수상한 도모나가의 논문이나 2008년 노벨 물리학상을 수상한 고바야시 마코토(小林誠)와 마스카와 도시히데의 논문도 이 학술지에 게재되었다.

수수께끼의 물리학자 마요라나

에토레 마요라나(Ettore Majorana), 1906년 8월 5일 이탈리아 시칠리아 섬 칸타니아 출생, 1938년 3월 27일 사망으로 추정.

마요라나가 사라진 지 70년이 지났다. 시칠리아의 칸타니아에서 태어난 에토레 마요라나는 1930년대 이탈리아의 핵 및 입자 물리학계의 주역 중 한 사람이었다. 친구인 에밀리오 지노 세그레(Emilio Gino Segré)와 함께 오르소 마리오 코르비노(Orso Mario Corbino)가 부흥시킨 로마 대학교의 페르미 그룹에 합류한 마요라나는 전기적으로 중성인 페르미온의 반입자에 관한 연구로 1937년 나폴리의 레지아(Regia) 대학교에 부임한다.

마요라나의 이름은 오늘날 중성미자를 연구하는 사람들에게는 보통 명사와 같은 것이다. 전기적으로 중성이면서 입자 자신이 자신의 반입자가 되는 페르미온의 존재에 관한 마요라나의 연구를 기려서 그러한 성질을 갖는 페르미온을 '마요라나 페르미온'이라고 부르기 때문이다. 현재의 지식에 따르면 중성미자가 마요라나 페르미온일 가능성이 무척 높다. 중성미자가 정말 마요라나 입자인지 아닌지를 확인하는 실험인 중성미자 없는 이중 베타 붕괴는 대규모의 실험이 아니면서도 대단히 중요한 실험으로 관심을 끌고 있다.

1938년 3월 25일, 당시 나폴리 대학교의 이론 물리학 교수였던 마요라나는 가까운 동료이자 물리학과 학과장이었던 안토니오 카렐리(Antonio Carrelli)에게 다음과 같은 글을 남기고 떠난다.

저는 불가피한 결정을 내렸습니다. 여기에는 조금의 이기심도 없습니다.

그림 3-5 의문의 실종으로 많은 물리학자들을 안타깝게 한 에토레 마요라나.

하지만 제가 이렇게 갑자기 사라지면 당신과 학생들에게 일어날 문제에 대해서도 알고 있습니다. 그 문제에 대해 용서를 빕니다. 무엇보다도 지난 몇 달 동안 제게 보여 주셨던 그 모든 신뢰, 진지한 우정, 감정적인 이해를 배반하게 된 것에 관해 용서해 주시기 바랍니다.

마요라나는 팔레르모 행 페리에 올랐고 다음날 아침 전보를 보내왔다.

이 전보를 편지와 함께 받으셨길 바랍니다. 바다는 저를 거부했습니다. 그래서 저는 내일 나폴리로 돌아갈 예정입니다. 여전히 가르치는 일은 포기할 예정입니다. 저를 입센의 희곡에 나오는 여주인공으로 생각진 말아 주세요. 전혀 그런 게 아니니까요. 추후 원하시면 더 자세한 말씀을 드리겠습니다.

   다음날 페리는 나폴리에 도착했지만 거기에 마요라나는 없었다. 그 후 마요라나를 보거나 그에 관해 무언가 들은 사람은 아무도 없다. 경찰의 광범위한 수사를 펼치고 무솔리니가 개인적으로 개입해서까지 수사를 독려했음에도.
   마요라나는 간단히 말해서 천재였다. 페르미의 로마 대학교 그룹에서도 수학적인 면에 관한 한 그는 독보적인 존재였다. "그가 옆에 있으면 사람들은 계산을 하려들지 않고 그에게 그저 묻기만 했다."라고 페르미의 부인 라우라 카폰 페르미(Laura Capon Fermi) 여사는 기억했다. 심지어 페르미조차 연필과 종이와 계산자를 가지고도 암산을 하는 마요라나와 계산 대결을 해서 비겼다고 한다. 그러나 또한 그는 비정상적으로 내성적이고 수줍음 많은 사람이었다. 그가 논문으로 펴내지 않고 머릿속으로만 해결한 문제가 얼마나 될지는 아무도 모를 것이다. 그의 스승이었고 동료였던 페르미는 그에 관해 이렇게 말했다. "갈릴레오나 뉴턴 같은 진정한 천재는 극히 드물다. 마요라나는 그런 사람이었다."[4]

4장 | 무수한 입자들의 왕국

반물질의 세계를 연 디랙

대중에게 익숙한 이론 물리학자의 이미지가 있다. 밤낮을 가리지 않고 추상적인 이론과 우주와 원자만 생각하느라, 세상사에 초탈한, 심지어 무심한 존재. 자신이 무슨 옷을 입고 있는지도 모르고, 양말은 대체로 늘 짝짝이로 신고, 일상 살림과 같은 문제에도 추상적이고 이론적인 대답만을 내놓는 사람. 이런 이미지는 거슬러 올라가자면 파우스트 박사, 혹은 더 거슬러 올라가 별을 보며 걷다가 우물에 빠졌다는 탈레스에게서 그 근원을 찾을 수 있을 것이다. 아마도 현대인이 가진 이론 물리학자에 대한 이미지는 상당 부분 말년의 아인슈타인에게서 연원했을 것이다. 사실 이것은 거의 대부분 매스컴이 부풀려서 만들어 낸 것이다. 아인슈타인도 한 편지에서 "나는 양말도 신지 않는 이상한 늙은이로 알려져 있네."라고 이야기한 바 있다. 실제 물리학자들 중에서 이 이미지에 가장 가까운 물리학자를 찾는다면 아마도 반물질의 세계를 연 디랙일 것이다.

폴 디랙은 1902년 8월 8일 영국 브리스틀에서 태어났다. 아버지는 프랑스 어를 쓰는 스위스 인이었고 어머니는 영국인이었다. 완고하고 권위주의적인 프랑스 어 교사였던 아버지는 스위스 인이라는 정체성을 오랫동안 고집해서 디랙의 형과 여동생까지 삼남매를 영국 시민이 아니라 스위스 시민으로 등록했다. 1919년이 되어서야 디랙의 아버지는 자신과 자식들의 스위스 시민권을 포기하고 영국 국적을 취득했다. 디랙의 아버지는 자녀들에게 프랑스 어를 쓰도록 강요했으며, 특히 저녁 식사 때에 정확한 프랑스 어를 쓰지 않으면 벌을 주었다. 실제로 아버지의 기준에 맞을 만큼 프랑스 어를 할 수 있는 것은 디랙뿐이었으므로, 디랙의 어머니와 형과 여동생은 부엌에서 따로 식사를 했으며, 디랙만 아버지와 식당에서 식사를 했다. 그래서 디랙은 가급적이면 말을 하지 않는 것에 익숙해졌다. 훗날 그는 자신의 과묵함이 그의 아버지 탓이라고 말했다. 사실 디랙의 어머니는 프랑스 어를 전혀 할 줄 몰랐다. 디랙은 부모가 같이 식사를 하는 것을 본 기억이 없다고 한다. 어떤 의미에서든 따뜻한 가정이라고 하기는 어려웠다. 더구나 의사가 되기를 원했으나 아버지의 강권으로 엔지니어가 된 디랙의 형이 24세 때 자살을 한 후 디랙은 그의 아버지와 완전히 소원해졌다. 아버지에 대한 디랙의 감정을 나타내는 몇 가지 일화가 있다. 디랙은 여행을 좋아해서 평생 여러 나라를 돌아다녔으나 아버지의 나라인 스위스만은 가지 않았다는 것이다. 또한 디랙은 노벨상을 수상할 때 스톡홀름으로 그의 어머니만을 초대했다.[1] 사회성이 부족하고 외골수적인 디랙의 성격에는 아마도 가정사의 영향이 짙게 배어 있을 것이다.

디랙 역시 형처럼 아버지의 강권으로 브리스틀 대학교에서 전기 공학을 공부했다. 그러나 마땅한 일자리를 찾지 못해 브리스틀 대학교에서 수학을 좀 더 공부한 후 디랙은 1923년 러더퍼드가 그랬듯이 케임브리지에 연구원 학생으로 들어갔다. 그리고 이때부터 디랙은 갑자기 빛을 발하기 시작한다. 케임브리지에서 디랙은 러더퍼드의 사위인 랠프 하워드 파울러(Ralph Howard Fowler) 밑에서 공부했다. 당시 케임브리지에서 새로 나온 대륙의 원자론, 즉 보어의 양자론을 가르쳐 줄 수 있는 거의 유일한 사람이었던 파울러와의 만남은 디랙의 인생을 결정했다. 디랙은 순식간에 원자의 세계로 빠져들었다. 그리고 물리학 연구를 시작한 지 불과 2, 3년 만에 놀라운 결과를 쏟아내기 시작했다.

그림 4-1 폴 디랙의 젊은 시절 사진.

디랙은 평생 동안 거의 혼자서 일했다. 나중에 보어의 연구소를 방문하고 하이젠베르크나 파울리 등과 교류하기는 했으나 연구는 늘 혼자서 했고 그의 논문 중 다른 사람이 공저자인 것은 거의 없다. 훗날에도 제자라고 할 만한 사람도 없다. 케임브리지에 처음 들어왔을 때부터 이미 그런 식이어서, 지도 교수인 파울러와 만나는 일도 그다지 많지 않았다.

디랙의 첫 번째 중요한 업적은 양자론을 다시 쓴 것이었다. 이것은 사실상 하이젠베르크와 슈뢰딩거에 이은 양자 역학의 또 다른 표현을 찾는 일이라고 할 수 있다. 현대에 양자 역학을 이론적으로 표현할 때에는 디랙의 방식을 따르는 일이 많다. 그리고 곧 디랙은 그의 인생 최대의 업적을 이룩해 낸다. 그것을 상대론적 양자 역학이다.

하이젠베르크와 슈뢰딩거 이후 양자 역학은 원자를 이해하는 데 커다란 진전을 보였지만 완전하다고는 할 수 없었다. 양자 역학은 원자의 안정성을 설명해 주고 원자의 분광학적인 스펙트럼을 상당히 정확하게 계산하게 해 주었지만, 아직 설명하지 못하는 부분도 많았고 불만족스러운 면도 많았다. 특히 이론적인 면에서의 문제는 양자 역학이 아인슈타인의 상대성 이론과 맞지 않는다는 것이었다. 그 말은 상대성 이론적인 입자, 즉 빛의 속도에 가깝게 움직이는 입자에 관해서는 양자론이 제대로 적용되지 않는다는 것을 의미한다. 하이젠베르크의 1926년 논문은 전자기장에 양자 역학을 적용해 빛 에너지가 양자화된다는 광양자 개념을 확인했지만 상대성 이론적으로 맞는 것은 아니었다. 디랙은 이 문제에 집중했다. 그리고 얼마 지나지 않은 1928년, 디랙은 상대성 이론적으로 올바른 양자 역학의 방정식을 완성했다. 그것은 소위 물리학에 있어서 '마술사의 전통'을 따른 것이라고 할 만했다. 주변 사람들에게 디랙의 방정식은 어느 날 문득 하늘에서 받아 온 것처럼 보였다. 그리고 디랙 본인도 의도하지 않았고 생각지도 못했던 두 가지 결과가 디랙의 방정식에서 저절로 유도되어 나왔다.

그 한 가지는 전자의 스핀이 자연스럽게 방정식에 포함된다는 것이었다. 전자의 스핀이라는 물리량이 존재한다는 것은 다른 사람들도 이미 알고 있었지만, 이것을 이론적으로 어떻게 다룰지는 그 누구도 알지 못하고 있었다. 슈뢰딩거의 방정식 역시 스핀에 대해서 아무것도 알려 주지 않았다. 따라서 사람들은 슈뢰딩거 방정식에 스핀 개념을 적당히 섞어서 쓰던 중이었다. 사실 슈뢰딩거도 애초에 상대성 이론에 부합하는 방정식을 만들려고 했다. 그러나 그가 고안한 방정식은 수소 원자에 적용하자마자 실패해 버리고 말았다.* 그 후 슈뢰딩거는 비(非)상대론적인 방정식만을 발표했다. 슈뢰딩거의 방정식이 수소 원자를 설명하는 데 실패한 이유는 전자의 스핀이 포함되어 있지 않았기 때문이다. 슈뢰딩거의 방정식은 스핀이 0인 스칼라 입자에만 적용되는 것이었다.

디랙 방정식에서 유도된 다른 한 가지 결과는 더욱 신비로웠고 이해하기 어려웠다. 에너지가 음수인 해가 존재하는 것이었다. 이것은 자연 현상에 어긋난 것처럼 보였다. 당시 사람들은 이 해를 버려야 하는지, 혹은 어떻게 다뤄야 하는지 고민을 거듭했다. 당시에는 그 누구도(디랙까지도!) 그 의미를 몰랐다. 디랙은 이 해를 만족시키려면 전하와 같은 물리적 성질이 전자와 반대인 입자가 있어야 한다는 것을 알아냈다. 전자와 전하가 반대인 입자라면 양성자가 있다. 그렇다면 디랙의 이 방정식은 저절로 전자와 양성자를 포함하는 것일까?

이 생각은 곧 많은 반대에 부딪혔다. 줄리어스 로버트 오펜하이머(Julius Robert Oppenheimer)는 만약 양성자와 전자가 하나의 디랙 방정식 안에 나타난다면, 모든 원자 속의 양성자와 전자는 10^{-10}초, 즉 100억 분의 1초 안에 소멸해 광자가 되어야 한다는 것을 보였다. 파울리는 모든 물리 법칙은 그것을 발견한 사람에게 먼저 적용되어야 한다는 '파

* 슈뢰딩거가 고안한 상대론적 방정식은 훗날 오스카르 클라인(Oskar Klein)과 월터 고든(Walter Gordon)이 1927년 독자적으로 제안해서 '클라인-고든 방정식'이라고 불린다.

울리 제2법칙'을 내놓으며, 그렇다면 디랙의 방정식은 무엇보다 디랙 자신에게 먼저 적용되어야(당장 소멸해야) 한다고 놀려댔다.

디랙 자신도 확신을 가진 것은 아니었기 때문에 고심을 거듭했고, 1931년 결국 음수 에너지의 해는 전자와 다른 모든 면이 같고 전하는 반대인 입자를 가리키는 것이라고 결론 내렸다. 이제 문제는 그런 입자가 실제로 존재하는가 하는 것이 되었다. 물리학 방정식의 해 중에는 수학적으로는 답이지만 물리적인 조건에 위배되기 때문에 버려야 하는 것도 적지 않다. 이 해도 그런 것일까? 이론만으로 판단하기는 어려운 문제였다.

1932년 마침내 해답이 모습을 드러냈다. 캘리포니아 공과 대학의 칼 앤더슨은 전자의 전하를 측정해 노벨상을 받은 로버트 앤드루스 밀리컨(Robert Andrews Millikan)의 지도하에 고에너지 우주선을 관측하고 있었다.

우주선이란 원래 별 속에 있던 물질들이 별이 중력 붕괴나 폭발을 할 때 튀어나와 우주 공간을 날아다니는 것을 말한다. 우주선이 지구 가까이에 오면 우선 대기권의 공기 분자와 충돌하게 되며, 이때 우주선의 에너지에 따라 여러 가지 입자들이 만들어지게 된다. 우주선의 연구는 가속기가 발전하기 전에는 입자를 연구하는 주요 수단이었으며, 오늘날에도 천체 물리학의 중요한 연구 분야이다.

앤더슨은 안개 상자를 통과한 입자들의 흔적을 찍은 사진을 분석하던 중, 낯선 흔적을 발견했다. 당시 물리학자들이 알고 있던 입자는 전자와 양성자, 중성자뿐이었는데 이중에서 중성자는 전기적으로 중성이라서 안개 상자에 흔적을 남기지 않는다. 전자와 양성자는 안개 상자에 흔적을 남기는데 자기장을 걸어 주면 전하가 반대이므로 자기장 안에서 서로 반대 방향으로 휘어지는 흔적을 남긴다. 두 입자의 질량은 1,870배나 차이가 나므로 휘어진 곡률과 궤적을 보면 이 흔적이 전자의 것인지 양성자의 것인지 쉽게 구분해 낼 수 있다. 그런데 앤더슨은 안개 상자의 흔적들 중에서 괴상한 것을 발견했다. 바로 전자의 질량에 양성자의 전하를 가진 입자가 보여 주는 궤적을 발견한 것이다.

앤더슨은 신중한 사람이었으므로 결과를 해석하는 데 조심스러웠다. 그는 디랙의 이론을 알지 못하고 있었다. 사실 당시까지만 해도 새로운 입자가 발견될 수 있다는 가능성을 생각하던 사람은 거의 없었다. 검토에 검토를 한 앤더슨은 결국 1933년 양전하를 띤 전자를 발견했다고 발표했다. 미국 물리학회의 학회지인 《피지컬 리뷰(Physical Review)》 3월 15일자에 게재된 그의 논문을 보면 과학 논문으로서는 조금 이색적으로 발견 날짜까지 명시하고 있는데, 앤더슨이 이 결과를 발표할 때 얼마나 조심했는지를 짐작할 수 있게 해 준다.[2]

1932년 8월 2일, 밀리컨 교수와 저자가 1930년 여름에 설계한 수직 윌슨 체임버에서 만들어진 우주선의 궤적 사진을 분석하면서 그림 1(본문 114쪽의 그림 4-2)에 보인 궤적을 얻었다. 이 궤적은 양의 전하를 가졌지만 질량은 자유 전자와 같은 정도의 크기를 가진 입자의 존재를 기반으로 해서만 해석되는 것으로 보인다.

그림 4-2가 앤더슨의 논문에 실린, 양전자의 존재를 보여 주는 유명한 사진이다. 입자 물리학 교과서나 교양 과학서에서도 많이 볼 수 있다. 앤더슨은 입자가 움직이는 방향을 확인하기 위해 중간에 납판을 넣었다. 그림 4-2의 가운데 보이는 두꺼운 판이 바로 그것이다. 납판을

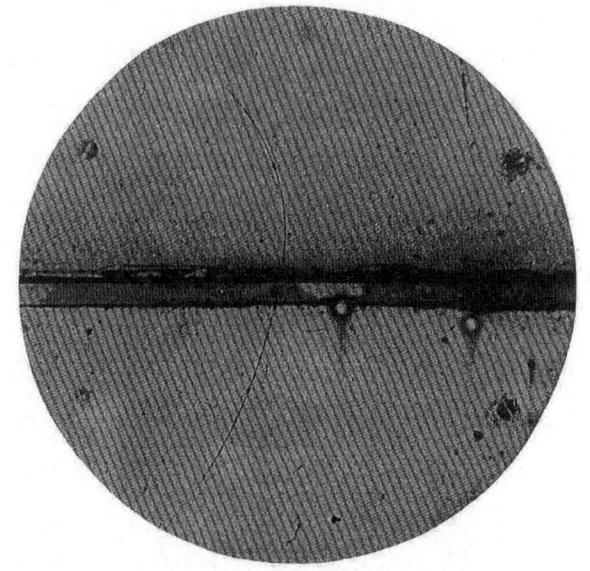

그림 4-2 칼 앤더슨이 발견한 양전자의 궤적 사진. 입자가 아래에서 위로 진행했다.

통과하게 되면 에너지를 잃어서 자기장을 걸어 주었을 때 더 많이 휘게 된다. 따라서 입자의 궤적에서 입자가 움직인 방향을 알게 된다. 그림 4-2의 사진에서 입자는 아래에서 위쪽으로 움직인 것이다.

패트릭 메이너드 스튜어트 블래킷(Patrick Maynard Stuart Blackett)과 주세페 오키알리니(Giuseppe Occhialini)가 곧 앤더슨의 발견을 확인했다. 마침내 반입자(antiparticle)라는 존재가 인간 앞에 모습을 드러낸 것이다. 지상에 존재하지 않던, 인간이 그 존재도 모르던 입자가 방정식을 통해서 먼저 예언된 후에 발견된 것이다. 원래 디랙은 전자의 반입자를 '반전자(anti-electron)'라고 불렀지만 오늘날에는 앤더슨의 명명을 따라서 양전하를 띤 전자라는 뜻으로 '양전자(positron)'라고 부른다. 앤더슨은 논문에서 처음에는 논문의 제목대로 "양의 전자(positive electron)"라고 부르다가 이것을 "양전자"라고 줄인다고 하면서 보통의 전자는 "음전자(negatron)"라고 불러야 이름의 대칭성이 맞을 것이라고 이야기했다. 그러나 음전자라는 말은 전혀 쓰이지 않고 '전자-양전자(electron-positron)'라는 단어쌍으로 정착되었다. 언어의 세계는 입자들의 세계만큼 대칭성이 뚜렷하지는 않다. 그래서 오직 양전자에만 특별한 이름이 붙어 있고, 다른 모든 반입자들은 원래 입자의 이름에 반(反 -, anti-)이라는 접두어를 붙여서 부른다. 반양성자, 반뮤온, 반쿼크 등이 그 예이다.

얼마 후 칼 앤더슨은 그의 대학원생이었던 세스 네더마이어(Seth

그림 4-3 안개 상자로 실험하는 칼 앤더슨. 안개 상자를 감고 있는 코일은 자기장을 발생시킨다.

4장 **무수한 입자들의 왕국** 115

Neddermeyer)와 함께 탈륨(^{208}Tl) 핵에서 나온 감마선을 다른 물질에 쏘아서 양전자를 직접 만드는 데에도 성공한다. 양전자를 발견한 업적으로 앤더슨은 1936년 노벨 물리학상을 수상했다.

이 입자, 누가 주문한 거야?

반물질에 이어 전혀 예기치 않은 또 다른 존재가 이번에는 실험실에서 먼저 등장한다. 1936년 앤더슨과 네더마이어가 발견한 이 입자는 앞장에서 유카와의 이론을 소개할 때 이야기한 뮤온이다. 우주선을 관찰하던 앤더슨은 다시 안개 상자 사진에서 이상한 궤적을 발견한다.[3] 이번 궤적이 이상한 것은 그 입자의 질량이 전자보다는 무겁고 양성자보다는 가벼운 것 같아 보였기 때문이다. 이 입자의 질량은 전자의 약 200배, 양성자의 9분의 1 정도인 것으로 측정되었다. 그러므로 이 입자는 그때까지 알지 못했던 새로운 입자였다. 이 입자는 처음에 '메소트론(mesotron)'이라고 불렸다. 질량이 전자와 양성자의 중간쯤 된다는 뜻이다.

이 새로운 입자의 질량은 유카와가 제안한 메손과 놀랍게도 일치했다. 그래서 앞에서 이야기한 것처럼 유카와의 이론에 스포트라이트가 비춰졌다. 그러나 여러 실험 결과 유카와의 메손과는 여러 면에서 다르다는 것이 확인되었다. 핵력을 매개하는 유카와의 입자라면 핵자와 매우 강하게 상호 작용을 해야 하지만 예상과는 달리 핵자와의 상호 작용은 그다지 크지 않았다. 또한 이 입자는 불안정해서 곧 붕괴해 전자와 중성미자로 바뀌었다. 메소트론의 수명은 1941년 프랑코 라세티(Franco Rasetti)에 의해 처음으로 직접 측정되었고 1942년 브루노 로시

(Bruno Rossi)에 의해 평균 수명이 측정되었다. 측정된 메소트론의 수명은 100만분의 2초 정도로 유카와가 예상한 메손의 수명보다 훨씬 길었다.

메소트론은 한동안 애매한 위치에 있었다. 제2차 세계 대전이 끝나고, 다시 물리학 연구가 활발해지자 전자와 양성자의 중간 정도의 질량을 가진 입자가 계속 발견되었고 이들을 통칭해 메손이라고 부르게 되었다. 메소트론도 1947년경에는 뮤-메손(μ-meson)이라는 이름으로 불렸다. 그러나 이후의 연구 결과 이 입자는 원자핵과는 관련이 없고 다른 메손과 뚜렷이 다른 성질을 가진다는 것이 알려졌다. 놀랍게도 이 입자는 단지 질량이 200배 무거운 것만 제외하고 전자와 거의 똑같은 성질을 가진다는 것이 확인되었다. 지금 이 입자의 이름은 뮤온이며, μ(그리스 문자 뮤)로 표기한다. 뮤온은 메손이 아니며 전자와 함께 렙톤(lepton, 경입자)이라는 이름의 무리를 이룬다.

반전자, 뮤온, 메손, 이중 특히 뮤온의 발견은 사람들을 크게 당혹하게 했다. 겨우 양성자-중성자-전자라는 기본 입자로 모든 원자의 구조를 설명할 수 있게 되자마자 원자와 관계없는 뮤온 같은 입자가 존재함을 알게 됐기 때문이다. 대체 이 입자들은 왜 존재하는 것일까? 원자를 이루지도 않으면서, 즉 우리가 보는 물질을 이루는 것도 아니면서 말이다. 당시의 과학자들이 지상에 있는 물질과는 아무 상관없는 입자가 존재한다는 것에 얼마나 당혹하고, 받아들이기 어려웠는지는 뮤온에 대해서 이시도어 아이작 라비(Isidor Issac Rabi)가 했다는 말에 잘 나타나 있다. "이거 누가 주문한 거지?"

원자와 상관없는 입자가 등장했다는 의미에서, 이때를 입자 물리학의 시작이라고 할 수도 있다. 이때부터 우주선 실험과 가속기 실험에서 새로운 입자들이 쏟아지기 시작한다. 실험 결과만 놓고 보자면 풍요 그 자체였다. 그러나 이 풍요는 입자 물리학을 혼란의 세계로 몰고 갔다. 실험을 할 때마다 지금까지 보지 못했던, 상상하지도 못했던 입자들이 발견되었기 때문이다.

입자의 홍수를 살펴보기 전에, 잠시 바깥 세상에 눈을 돌려 보자. 입자의 홍수 이상의 격랑이 세상을 휩쓸고 있었다. 디랙이 반전자를 이야기했던 1931년 9월 일본 관동군은 중국 펑톈(奉天) 근방 류타오거(柳條溝)에서 만주 철도 폭파 사건을 자작하고 이것을 명분으로 북만주로 진격해 만주 일대를 점령하는 만주 사변을 일으킨다. 1932년 초까지 만주 전역을 장악한 일본 관동군은 대륙 침략의 교두보로 괴뢰국 만주국을 세운다. 한반도에서는 일본의 식민 통치가 공고해져 갔다. 영국에서 중성자가, 미국에서 양전자가 발견되는 등 입자 물리학자들에게는 지극히 풍요로웠던 1932년에 일본 도쿄에서는 이봉창 의사가, 중국 상하이에서는 윤봉길 의사가 일본 제국의 지배자들에게 폭탄을 투척하고 같은 해 총살당했다.

독일에서는 국가 사회주의 독일 노동자당, 소위 나치스가 1932년 총선에서 승리하고 이듬해 아돌프 히틀러가 총리에 취임했다. 독일의 유태인 과학자들은 해외로 이주하거나 이주를 준비했고, 이것은 정권을 장악한 나치스 일당이 유태인 차별 대우를 명시한 뉘른베르크법을 1935년에 제정하면서 더욱 가속되었다. 칼 앤더슨이 양전자를 발견한 공적으로 노벨상을 받고 또 뮤온을 발견한 1936년에는 스페인 내전이 발발했고 베를린 올림픽이 열렸다. 베를린 올림픽 마라톤 경기에 일본 대표로 출전한 손기정 선수는 세계 신기록을 세우며 금메달을 땄지만, 이것을 보도할 때 사진의 일장기를 지운 것을 조선 총독부가 문제

삼아서,《동아일보》이길용 기자와 사회부장 현진건 등이 구속당하고,《동아일보》는 정간,《조선중앙일보》는 결국 폐간되었다.

1937년에는 함경남도 갑산군의 작은 마을 보천보를 김일성이 이끄는 동북 항일 유격대가 습격한 보천보 전투가 있었고 이것이《동아일보》를 통해 보도되었다. 보천보 전투는 순사 예닐곱 명뿐인 작은 마을을 습격한 것에 지나지 않아 군사적으로 큰 의미가 있는 사건은 아니었다. 그러나 당시 모든 조선인들은 보천보 전투에 열광했다. 이것은 당시 식민지 백성들이 얼마나 절망적인 상태였나를 보여 준다. 우리의 근대 역사에서 가장 암울했던 시기, 희미한 옛 기억 아니면 머나먼 만주에 있다는 풍문으로만 독립군이 존재하던 시기에 조선 땅 안에서 항일 유격대가 활약했다는 소식은 유격대의 총알이 미치지 못하는 곳까지 항일 유격대의 존재를 알렸다. 이것은 조선 민중과 일본 제국주의자 모두에게 커다란 정치적 사건이었다.[4]

유럽을 뒤덮어 가던 전운은 1939년 독일군이 폴란드를 침공하면서 마침내 불길로 변해 타올랐다. 인류가 지금까지 겪어 보지 못한 엄청난 규모의 총력전에 전 세계가 휩쓸려 들어갔다. 학문의 세계도 정체기에 들어갔다. 그러나 양자 역학을 통해 얻은 원자에 관한 지식은 전혀 생각지 못한 힘을 인류에게 가져다주었다. 전쟁이 끝났을 때, 인류는 이전과는 다른 존재가 되어 히로시마와 나가사키의 불타 버린 잔해 위에 서 있게 되었다. 그 힘의 근원에는 현대 물리학이 있었고, 아인슈타인, 오펜하이머, 보어, 페르미, 베테, 파인만 등 우리가 아는 거의 모든 20세기의 위대한 물리학자들이 연루되어 있었다. 이 책은 원자폭탄에 대해서 지면을 할애할 여유는 없다. 또한 좋은 관계 서적들이 많으므로 굳이 그럴 필요도 느끼지 못한다. 다만 물리학이 사회의 역사와 가장 밀접했던 시대라는 것을 기억해 둘 수 있다면 좋겠다.*

새로운 입자들의 홍수

양전자와 뮤온처럼 원자를 이루는 것과 관계없는 입자, 그러니까 우리 몸을 이루고, 우리가 늘 보고 만지며, 우리가 살아가는 데 사용되는 물질에는 들어 있지 않은 입자가 존재한다는 사실은 물질의 근본이 무언가 하는 문제에 관해서 처음부터 다시 생각해 봐야 한다는 생각을 갖게 했다. 제2차 세계 대전이 끝나고 다시 세상이 안정을 찾아갈 무렵, 입자 물리학자들은 미지의 세계의 입구에 서 있다는 느낌을 가지고 있었다.

입자의 검출 방법이 발전함에 따라 종래의 우주선 실험에서 더욱 많은 결과가 얻어졌다. 특히 전쟁의 후유증이 남아 있는 유럽에서는 돈이 들지 않는 우주선 실험이 매우 중요했다. 우주선은 지금 이 순간에도 수없이 날아와서 지구 대기권을 때리고 있으며 그 결과로 만들어진 2차, 3차 입자들이 지상으로 쏟아지고 있다. 더 좋은 검출기를 가지고 더 높은 곳으로 올라가기만 해도 더 많은 우주선 입자와 그 2차, 3차 부산물을 검출할 수 있다. 게다가 우주선은 당시의 가속기에서 얻을 수 있는 것보다 훨씬 높은 에너지를 갖고 있기 때문에 천연의 고에너지 입자 실험실이라 할 만했다.

미국에서는 어니스트 올랜도 로런스(Ernest Orlando Lawrence)가 발명

---

* 원자 폭탄이 만들어지기까지의 과정을 물리학자의 입장에서 치밀하게 그린 책 하나만은 추천하고자 한다. 리처드 로즈(Richard Rhodes)의 『원자 폭탄 만들기』(전2권)가 그것이다.

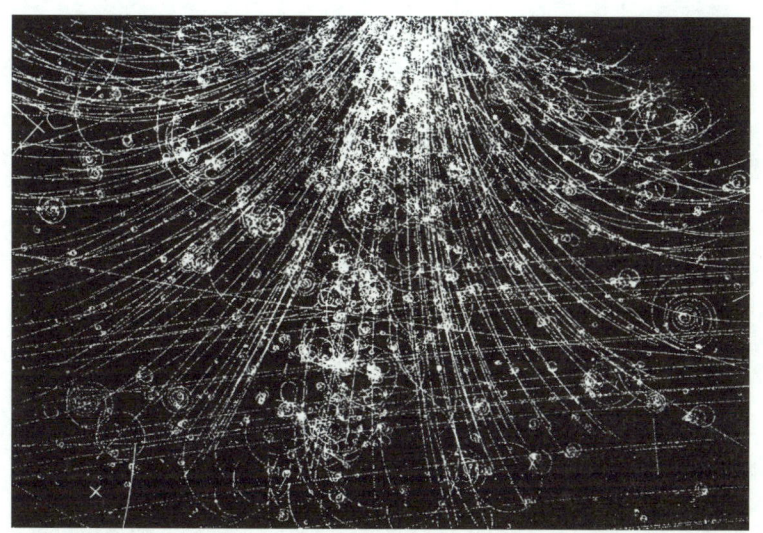

그림 4-4 우주선 충돌이 만든 입자들의 현란한 궤적들. 거품 상자에 기록된 것이다.

한 원형 입자 가속기인 사이클로트론(Cyclotron)이 계속 개량되고 있었다. 입자 물리학 분야에서도 유럽과의 격차는 갈수록 크게 벌어졌다. 유럽이 가속기 분야에서 미국을 따라잡은 것은 많은 시간과 여러 나라의 협력과 노력을 집중한 CERN이 만들어지고 나서였다. 가속기와 관련된 이야기는 뒤에서 좀 더 자세히 하도록 하겠다.

당시 각광을 받은 입자 검출 방법은 사진의 감광 유제(emulsion)를 이용하는 방법이었다. 간단하면서도 효과적인 이 방법은 사실 오래전인 1910년, 러더퍼드 연구실에 있던 일본인 S. 기노시타(S. Kinoshita)가 처음 발견한 것이었다. 그는 알파 입자가 지나간 사진 건판을 현미경으로 보면 알파 입자의 흔적이 남아 있다는 것을 발견했다. 사진 건판에 사용되는 유제는 브롬화은($AgBr$)인데, 빛이나 전하를 가진 입자가 부딪힐 때 은으로 변하면서 불투명하게 되어 주변과 구별되는 흔적을 남긴다. 따라서 입자가 나오는 곳에 사진 건판을 놓아두었다가 현미경으로 들여다보면 입자가 지나간 궤적을 볼 수 있다.

사진의 감광 유제를 이용한 이 방법의 커다란 장점은 궤적을 그리는 것이 브롬화은 분자이므로, 물방울을 이용한 안개 상자의 궤적보다 약 1,000분의 1 정도로 가늘고 정밀하게 궤적을 그릴 수 있다는 데 있다. 게다가 우주선 실험은 그저 사진 건판과 유제를 담은 용기를 우주선을 많이 받을 수 있는 곳에 갖다놓았다가 현상된 건판을 현미경을 보면서 분석하기만 하면 되므로, 극히 저렴하고도 간단하다. 대신 오랫동안 현미경을 들여다보면서 궤적을 측정하는, 단순하지만 매우 섬세하고 집중력이 요구되는 작업을 해야 한다. 제2차 세계 대전 후의 유럽에서 이런 일을 맡기에 적합한 것은 젊은 여자들이었다. 특히 높은 실업률로 고통 받는 이탈리아에는 여성 인력이 넘쳤다. 전후 이탈리아는 사진 유제 실험 연구의 중심지가 되었고 입자 물리학 연구가 번성하는 나라가 되었다.

이것은 이탈리아만이 아니었다. 1940년대 유럽 여기저기에 있는 입자 물리학 연구소에는 젊은 여자 분석자(scanner)들로 가득 찬 방이 꼭 있었다. 에밀리오 지노 세그레가 오키알리니의 1959년 심포지엄에서 인용한 바에 따르면 "소녀 현미경 관찰사들은 어떤 '특별한 것'을 보기만 하면 물리학자들을 불러 그것이 무슨 특기할 만한 현상이 아닌지 물어 보고는 했다."[5] 상상해 보면 참 즐겁고 화기애애한 분위기였을 듯싶다. 그런 분위기에서 나온 가장 중요한 성과 중 하나가 1947년 세실 프랭크 파웰(Cecil Frank Powell)과 오키알리니가 발견한 파이온이다. 캐번디시 연구소의 러더퍼드와 안개 상자의 발명자인 찰스 톰슨 리

1부 데모크리토스의 꿈

스 윌슨(Charles Thomson Rees Wilson) 밑에서 공부한 파웰은 학위를 받은 후 브리스틀 대학교에 재직하면서 1938년부터 감광 유제 방법을 이용해 여러 가지 실험을 했다. 1945년에는 파웰의 팀에 브라질에서 돌아온 오키알리니가 가세했다. 이탈리아 마르케(Marche) 지역 출신으로 피렌체 대학교를 졸업한 후 브루노 로시 밑에서 우주선을 연구했고, 캐번디시 연구소에서는 블래킷 밑에서 안개 상자를 가지고 감마선으로부터 전자-양전자가 쌍생성하는 것을 발견한 바 있는 오키알리니는 '베포(Beppo)'라는 별명으로 불리는 재주꾼 실험가였다. 상파울루 대학교에 교수로 부임했다가 제2차 세계 대전 때 브라질이 연합군으로 참전하면서 적국민이 되어 버린 오키알리니는 교수 자리를 잃고 이타티아야(Itatiaya) 산맥으로 피신해 기상 관측용 오두막에 살면서 가이드 노릇을 하기도 했다. 종전 후, 영국으로 돌아와서도 군대 막사에서 접시를 닦는 등 한동안 고생을 하다가 블래킷의 도움으로 파웰의 팀에 합류할 수 있었다.

오키알리니는 사진 유제의 성능을 향상시키기 위해 영국 일포드(Ilford) 사와 브롬화은이 훨씬 많이 들어간 건판을 제조할 것을 논의했고, 일포드 사의 화학자 C. 월러(C. Waller)의 도움으로 개선된 건판을 만들어 내는 데 성공했다.[6] 브라질에서 오키알리니의 제자였던 케사르 라테스(César Lattes)가 브리스틀에 합류한 뒤, 파웰의 브리스틀 그룹은 우주선 속의 중성자를 연구하기로 결정했다. 1946년 오키알리니는 새로운 건판을 가지고 스페인과 이탈리아 국경 근처의 피레네 산맥에 있는 프랑스의 피 뒤 미디(Pic du Midi) 연구소에 가서 우주선에 노출시켰다. 결과는 놀라운 것이었다. 그리고 횡재라고 할 만한 것이었다. 건판 속에서 그들은 눈에 띄는 특별한 궤적을 발견해 냈다. 이것은 명백히 새로운 입자의 궤적이었다. 그 질량은 약 140MeV/c^2였고 원자핵과 강한 상호 작용을 일으키는 것으로 보였다. 그 입자는 물질 속에서 거의 정지하는 듯 보이다가 곧 100MeV/c^2 정도의 질량을 갖는 입자로 붕괴했다. 100MeV/c^2 정도의 질량을 갖는 입자는 다시 전자와 몇 개의 중성미자로 붕괴했다. 100MeV/c^2 정도의 질량을 가진 이 중간 입자는 메소트론, 즉 뮤온인 것이 쉽게 확인되었다. 새로운 입자는 핵자와 강한 상호 작용을 했으며 성질이나 수명도 유카와가 예언했던 메손과 잘 일치했다. 마침내 유카와의 메손이 발견된 것이다. 이 입자는 '파이-메손(π-meson)'으로 불리다가 지금은 '파이온(pion)'으로 불리며 그리스 문자 π로 표시한다. 파이온이 발견되자 유카와는 1949년 메손을 예언한 공로로 노벨 물리학상을 수상했으며 이듬해에는 파이온을 발견한 공로로 파월 역시 노벨상을 받는다. 그러나 이것은 시작에 불과했다.

1947년 영국 맨체스터 대학교의 조지 딕슨 로체스터(George Dixon Rochester)와 클리퍼드 찰스 버틀러(Clifford Charles Butler)는 우주선의 안개 상자 사진에서 선명한 V자 모양의 흔적을 발견했다. 이 V자는 파월과 오키알리니가 발견한 전기를 띤 파이온 2개가 그리는 궤적이었다. 이것은 그림 4-5에 보듯이 안개 상자에서는 보이지 않는 전기적으로 중성인 입자가 2개의 전기를 띤 파이온으로 붕괴되는 현상으로 해석되었다. 그로부터 유추된 중성 입자의 질량은 500MeV/c^2 정도였다. 그렇다면 이것 역시 새로운 입자였다. 다른 연구진들도 같은 V자 모양의 궤적들을 목격했다. 궤적의 모양을 따라서 'V 입자'라고 불리던 새로운 입자는 1953년 이후 'K-메손(K-meson, K-중간자)'이라는 이름으로 불렸다. 현재는 '케이온(Kaon)'이라고 하고 K라고 표시한다. V자 궤적

1부 데모크리토스의 꿈

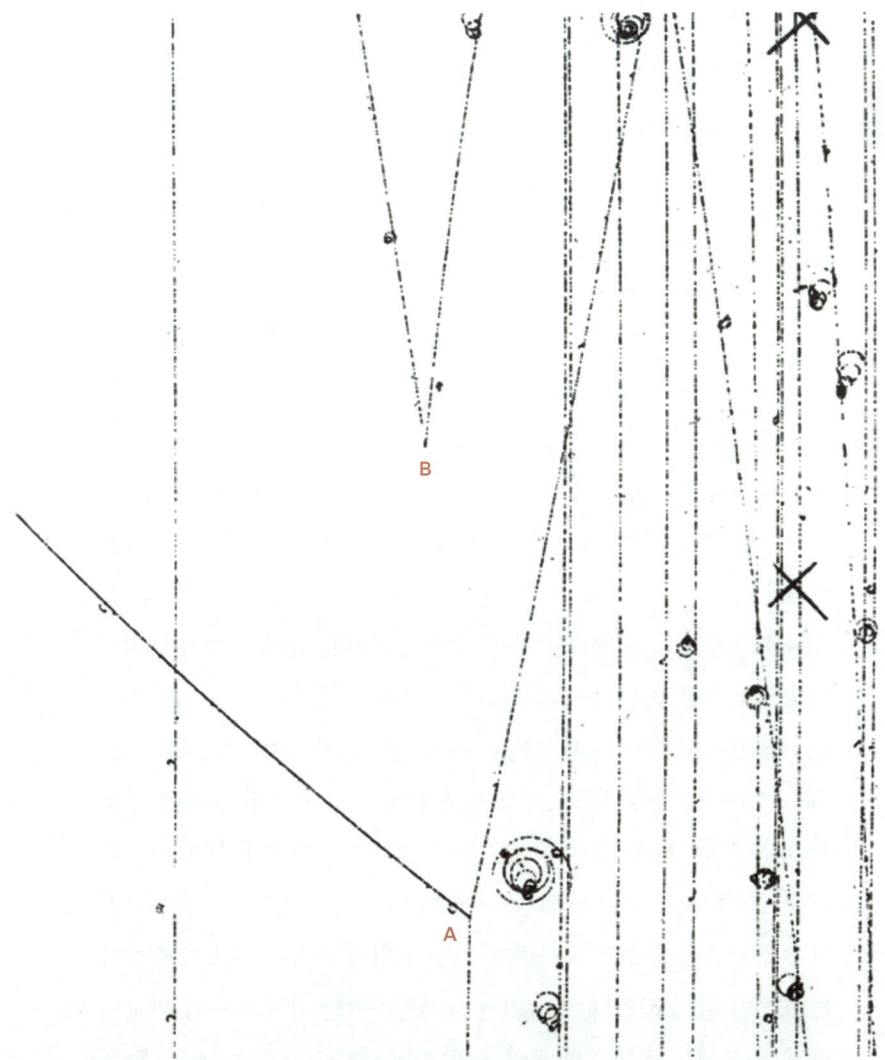

그림 4-5 중성의 케이온이 전기를 띤 파이온 2개로 붕괴되는 현상을 기록한 V자의 궤적. A 지점에서 발생한 중성 케이온이 B 지점에서 파이온 2개로 붕괴되는 사건이다. A 지점에서 생성된 케이온은 전기적으로 중성이므로 검출되지 않아 B 지점까지 가는 게 보이지 않는 것이다. 그래서 B 지점에서 파이온이 갑자기 나타난 것처럼 보인다.

을 보였던 중성의 케이온(K^0)뿐만 아니라 전기를 띤 케이온($K^±$)도 브리스틀 그룹이 발견했다.

건판 기술은 계속 발전했고 물리학자들은 우주선에서 새로운 입자들을 더 많이 찾아냈다. 특히 눈에 띄는 것은 핵자보다도 무거운 입자들이었다. 당시까지 인류가 알고 있는 입자는 양성자, 중성자, 전자, 양전자, 중성미자, 그리고 새로이 발견된 뮤온(당시는 아직 메손으로 간주되었다.), 파이온, 케이온 등의 메손이었는데, 이중 가장 무거운 입자는 핵을 이루는 핵자인 양성자와 중성자로서 질량이 약 $938 MeV/c^2$였다. 그런데 새로이 질량이 $1,116 MeV/c^2$인 람다(Λ) 입자를 시작으로 핵자보다 더 무거운 입자들이 계속 발견되었다. 핵자보다 무거운 입자라는 의미에서 이 입자들을 하이퍼(hyper) 입자, 즉 '하이퍼론(hyper-on)'이라고 불렀다.

우주선 연구가 진행되는 동안 날로 발전하고 있던 가속기들 역시 새로운 입자를 쏟아내 입자 물리학의 새로운 국면을 열기 시작했다. 1948년 브리스틀에서 버클리로 옮긴 라테스와 유진 가드너(Eugene Gardner)는 사이클로트론으로 가속한 알파 입자를 탄소 원자에 충돌시켜 인공적으로 파이온을 만드는 데 성공했다. 파웰의 브리스틀 팀이 우주선에서 파이온을 발견한 지 불과 2년 만의 일이다. 일단 가속기에서 입자를 만들기 시작하자 우주선 입자 관찰은 가속기 실험과는 경쟁이 되지 않았다. 가속기에서 만들어지는 입자의 수가 비교도 되지 않을 정도로 많기 때문이다. 1950년 버클리의 사이클로트론은 전기적으로 중성인 파이온이 2개의 광자로 붕괴하는 것을 발견했다. 중성 파이온은 가속기를 통해 발견된 첫 번째 입자다. 같은 해 기구를 이용한 우주선 실험을 통해 브리스틀 그룹이 중성 파이온의 존재를 확인했다.

가속기는 양성자의 반입자인 반양성자도 발견해 냈다. 1932년 양전자가 발견되자 디랙의 방정식에 따라 모든 입자에는 반입자 짝이 존재할 것으로 예상되었다. 그렇다면 다음 일은 당연히 다른 반입자를 찾아보는 것이었다. 첫 목표는 전자 다음으로 다루기 쉬운 입자인 양성자의 반입자였다. 디랙의 이론에 따르면 가속기에서 반양성자가 만들어질 경우 양성자와 함께 짝을 이루어서 생성되어야 한다. 그런데 양성자-반양성자 쌍을 만들어 내기 위해서는 양성자 질량의 두 배인 2기가전자볼트의 충돌 에너지가 필요하다.

그런 충돌 에너지를 처음으로 만들어 낸 가속기는 6기가전자볼트까지 양성자를 가속시킨 버클리의 싱크로트론인 베바트론(Bevatron)이었다. (가속기 및 베바트론에 관한 자세한 소개는 뒤에 다시 하도록 하자.) 1955년 페르미의 제자인 에밀리오 지노 세그레는 오언 체임벌린(Owen Chamberlain)과 함께 베바트론에서 반양성자의 존재를 확인하고, 그 업적으로 1959년 노벨상을 수상한다. 이로써 '반물질(anti-matter)'의 존재가 다시 확인되었고 반물질로 이루어진 '반세계(anti-world)'에 대한 탐구가 본격적으로 시작되었다.

1950년대와 1960년대에 가속기가 발전함에 따라 더욱더 많은 입자들이 발견되었다. 그리고 이 입자들 대부분은 원자핵의 강한 상호작용을 통해 만들어진 입자들이었다. 데모크리토스가 꿈꿨던 궁극적인 존재에 도달했다고 생각하자마자 원자 속에 수많은 세계가 있음이 확인된 것이다. 여기서 잠깐 입자 분류에 쓰는 개념들을 간단하게 정리하고 다음으로 넘어가자. 새롭게 발견된 입자들 중 파이온과 케이온과 같이 전자보다는 무겁고 양성자보다는 가벼운 중간 정도의 질량을 가진 입자를 **메손**이라고 부른다. 그리고 양성자와 중성자보다 무거운 하이퍼론 등은 무겁다는 뜻의 그리스 어 *barys*를 따 **바리온**(baryon, 중입자)이라고 부른다. 애초에 양성자보다 무거워서 사용했던 하이퍼론이라는 이름은 현재는 다음 절에서 등장할 스트레인지 쿼크를 포함한 바리온에 국한해서 쓴다. 그리고 메손과 바리온을 통틀어 **하드론**(hadron, 강입자)이라고 부른다. 하드론은 단단하다, 두껍다는 뜻을 가진 그리스 어 *hadros*에서 온 말이다. 메손은 입자의 스핀이 0, 1, 2, … 같은 정수인 **보손**이고, 바리온은 스핀이 1/2, 3/2, …인 **페르미온**이다. 가볍고 무겁다는 성질보다 입자의 스핀이 사실 메손과 바리온의 더 중요한 특징이다. 왜냐하면 스핀이 메손과 바리온의 구조를 말해 주기 때문이다. 뒤에 나오겠지만 더 이상 질량이 중간이 아닌 메손이 얼마든지 존재한다. 그리고 강한 상호 작용을 하지 않는 전자와 뮤온은 **렙톤**(lepton, 경입자)이라고 하는데, 이것은 가볍다, 얇다는 뜻의 그리스 어 *leptos*에서 온 말이다. 중성미자(neutrion, 뉴트리노) 역시 렙톤에 속한다. 렙톤이라는 말은 1948년에 보어와 함께 일한 바 있는 벨기에의 물리학자 레온 로젠펠트(Léon Rosenfeld)가 처음으로 썼다.

계속해서 입자가 발견되고 제각각 특별한 성질들을 보이자 사람들은 당황할 수밖에 없었다. 대체 이 입자들은 왜 존재하는 걸까? 우리가 아는 물질은 모두 원자로 만들어져 있고, 원자는 양성자와 중성자, 그리고 전자로만 이루어져 있지 않은가! 다른 입자들은 자연스럽게는 존재하지도 않으며, 존재하지 않아도 아무 상관이 없을 것 같은데 왜 존재하는 것일까? 사실 '왜'라는 질문은 자연 과학적 질문이 아니다. 자연에 존재하는 사물이 목적을 가져야 한다는 사고가 깔려 있기 때문이다. 그러나 근본적인 원리를 찾고자 하는 입장에서 보면, 전혀 이해할 수 없는 자연 현상을 맞닥뜨리게 되면 당혹스러워 '왜?'라고 물을 수밖에 없다. 물리학자들은 지금까지 믿어 왔던 체계가 바닥부터 부정되는 듯한 느낌을 피할 수 없었다. 우리가 사는 세상과는 상관없어 보이는 새로운 물질들의 존재와 이것을 설명할 방법을 찾지 못한다는 현실에 마음이 불편했다. 과연 우리가 만들어 온 물리학은 정말 옳은 것인가 하는 의문을 떠올리게 했기 때문이다. 원자와 무관한 새로운 입자가 계속 발견되는 상황에 대해, 수소 원자의 미세한 에너지 준위차를 발견해 1955년 노벨 물리학상을 수상한 윌리스 유진 램 주니어(Willis Eugene Lamb Jr.)는 그의 노벨상 수상 연설에서 이런 농담을 하기도 했다.[7]

지금까지 새로운 기본 입자를 발견한 사람들은 노벨상을 받았지만, 앞으로 그런 걸 발견하면 벌금으로 1만 달러를 부과해야 한다고들 합니다.

쿼크의 기묘한 아름다움

세스 로이드(Ceth Loyd)는 그의 책 『프로그래밍 유니버스(Programming the Universe)』에서 머리 겔만(Murray Gell-Mann)을 물리학계의 "헤비급 세계 챔피언"이라고 소개했다.[8] 재치있고 잘 어울리는 표현이다. 수많은 하드론들이 쏟아져 나와서 혼란이 극에 달했던 1950년대와 1960년대의 입자 물리학을 겔만은 놀라운 통찰력으로 아름답게 정리했다. 겔만 외에도 많은 이들이 이 과정에 나름의 공헌을 하기는 했지만, 그 누구도 겔만만큼 하드론 세계 전체를 관통하는 중요한 업적을 남기지는 못했다.

1950~1960년대에 메손, 바리온, 렙톤에 속하는 새로운 입자들이 계속 발견되었고 그 목록은 끝날 것 같지 않았다. 당연히 물리학자들은 자신들이 발견한 입자가 정말 '기본 입자'인가 하는 의문에 봉착했다. '기본 입자가 이렇게 많아도 되는 것일까? 기본 입자란 과연 무언가? 그러한 것이 존재하기는 하는 것일까?' 좋았던 옛날, 기본 입자가 양성자, 중성자, 전자뿐이던 시절은 돌아오지 않을 것처럼 보였다. 심지어 입자 이름을 붙이는 데 관습적으로 사용하던 그리스 문자도 동이 날 지경이었다. (언제부터인가 물리학자들은 관습적으로 입자들의 이름을 그리스 문자로 지었다. 람다(Λ), 로(ρ), 시그마(Σ), 에타(η) 등) 존 폰 노이만(John von Neumann)은 "그리스 문자가 다 떨어지면 침대차 차량의 이름을 갖다 쓰면 되지 뭐."라고 물리학자들의 곤혹스러운 상황을 비꼬았다.9) 당시의 혼란스러운 분위기를 잘 말해 주는 페르미의 일화도 있다. 한 젊은 물리학자가 어느 학술 회의에서 점심 식사 때 페르미 옆자리에 앉게 되었다. 위대한 사람과 가까이 있게 되어 흥분한 그가 방금 강연에서 들었던 입자에 관해 페르미에게 묻자 페르미는 "젊은 친구, 내가 저 입자들 이름을 다 외울 수 있었으면 식물학자가 됐을 걸세."라고 대답했다. 많이 회자되는 이 이야기에 나오는 젊은 물리학자는 바로 젊은 날의 자신이었다고 훗날 페르미 국립 연구소 소장이 된 리언 맥스 레더먼(Leon Max Lederman)이 그의 책 『신의 입자(The God Particle)』에서 밝힌 바 있다.10)

　머리 겔만은 어려서 말 그대로 신동이었던 모양이다. 믿어야 할지 모르겠지만, 겔만이 태어나서 처음으로 한 말은 '엄마'나 '아빠'가 아니라, "바빌론의 불빛(light of Babylon)"이었다고 한다. 두 살 때 가로등이 켜지는 저녁 무렵의 거리를 보고 더듬더듬 말한 것이라고 한다. 3세 때 큰 수의 곱셈을 암산으로 해내고, 7세 때는 12세 아이들이 나온 철자법 대회에서 사회자의 발음을 교정해 주면서 우승했다. 겔만이 다니던 공립 학교는 당연히 겔만을 감당하지 못했다. 결국 겔만은 피아노를 가르쳐 줬던 선생님의 도움으로 전액 장학금을 받고 사립 학교인 맨해튼 북서쪽의 컬럼비아 그래머 학교(Columbia Grammar School)에 들어갔다. 그때 겔만의 나이는 만 8세였는데, 공립 학교에서 한 학년, 그리고 컬럼비아 그래머 학교에서 다시 두 학년을 월반하는 바람에 겔만이 들어간 것은 6학년 반이었다. 컬럼비아 그래머 학교의 교장은 입학 상담을 할 때부터 겔만이 이미 대학생 수준의 지식을 가졌음을 인정한 상태였다. 그 입학 상담을 할 때에도 겔만은 그를 데려간 선생님이 교장과 상의하는 동안 사무실 벽에 걸린 나비들의 학명을 외우고 있었다고 한다.[11]

겔만의 첫 번째 중요한 물리학 업적은 케이온을 비롯한 몇몇 입자들의 독특한 성질을 설명한 것이다. 1950년대가 되자, 1940년대에 우주선에서 발견된 케이온을 가속기에서 직접 만들어서 관찰할 수 있게 되었다. 그런데 케이온, 람다 하이퍼론 같은 입자들은 만들어질 때에는 매우 쉽게 만들어지지만, 더 가벼운 입자로 붕괴할 때에는 상대적으로 오래 걸렸다. 이것은 이 입자들이 만들어지는 원리와 사라지는 원리가 다르다는 것을 의미했고, 입자가 상호 작용을 하는 방법이 중간에 갑자기 제멋대로 달라진다는 것처럼 보였다. 참으로 괴상한 일이었다. 좀 더 전문적인 표현을 쓴다면 이 입자들은 '강한 상호 작용'을 통해 만들어지고 '약한 상호 작용'을 통해 붕괴하는 것으로 보였다. 도대체 이 입자들은 어떻게 상호 작용을 하는 것일까?

겔만은 이 난관을 '기묘도(Strangeness)'라는 기묘한 이름의 양자수

그림 4-6 하드론 세계를 정리한 머리 겔만. 1979년 CERN에서 강연하는 모습.

를 가지고 돌파했다. 우선 '양자수(quantum number)'라는 개념을 먼저 살펴보자. 간단하게 말하자면 양자수는 입자와 입자를 구별해 주는 어떤 성질이다. 양자 역학적으로 입자는 하나의 '상태(state)'이므로 그 상태를 정의하는 성질들에 따라 기술할 수 있다. 이러한 양자 역학적 성질을 '양자수'라고 한다. 앞에서 언급한 스핀 같은 것이 대표적인 양자수다.

중요한 양자수로는 스핀과 비슷한 아이소스핀(isospin)이 있다. 아이소스핀 개념은 양성자와 중성자의 관계에서 왔다. 겉보기에 양성자와 중성자는 아주 다른 입자다. 양성자는 전하를 띠고 있고 중성자는 전기적으로 중성이기 때문이다. 그런데 전기적 성질을 제외하면 이 두 입자는 사실 무척이나 비슷하다. 질량도 예외적일 정도로 비슷하고,

스핀도 모두 1/2이다. 게다가 이 두 입자를 가지고 산란 실험을 해 보면 거의 구별할 수 없는 양상을 보인다. 강한 상호 작용으로는 두 입자를 구별할 수 없는 것이다. 그렇다면 전하 말고 양성자와 중성자를 어떻게 구별할 수 있을까?

양성자와 중성자가 모여 어떻게 하나의 원자핵을 이루는가 하는 문제를 고심하던 하이젠베르크는 두 입자를 한 입자의 다른 두 표현으로 볼 수 있지 않을까 하는 생각에 도달했다. 전자에 +1/2과 -1/2, 두 가지 종류의 스핀 상태가 있는 것처럼, 핵자라는 입자가 있고 핵자에 마치 스핀과 비슷한 성질을 갖는 추상적인 두 가지 상태가 있어서 각각이 양성자와 중성자에 해당한다고 해석한 것이다. 이 새로운 양자수는 수학적으로 스핀과 같은 성질을 가지고 있으므로 '아이소스핀'이라고 불렀다. 예를 들어 양성자와 중성자는 아이소스핀이 1/2인 입자의 두 상태에 해당하고, 각각 전하가 +1, 0, -1인 세 종류의 파이온은 아이소스핀이 1인 입자의 세 가지 상태라고 할 수 있다.

아이소스핀이라는 개념은 처음에는 별다른 역할을 하지 못했으나, 하드론의 종류가 많아지자 중요한 역할을 하기 시작했다. 하드론에 대한 연구가 진전될수록 하드론의 전하와 아이소스핀 사이에 모종의 관계가 있는 것처럼 보이기 시작했다. 아이소스핀은 입자들의 세계를 이해하는 데 필요한 새로운 양자수가 틀림없었다. 아이소스핀 개념이 중요해지자 물리학자들은 아이소스핀과 관련된 새로운 보존 법칙이 있어야 케이온을 위시한 하드론들의 행동을 이해할 수 있을 것이라는 생각을 하기 시작했다. 바로 그때 겔만은 어떤 새로운 양자수가 있어 전자기 상호 작용과 강한 상호 작용에서는 보존되고, 약한 상호 작용에서는 보존되지 않는다고 생각했다. 이것이 옳다면, 이 새로운 양자수를 가진 입자가 만들어질 때에는 강한 상호 작용을 통해 쌍으로 만들어질 수 있지만, 붕괴할 때에는 오직 약한 상호 작용을 통하기 때문에 상대적으로 오랜 시간이 걸린다고 설명할 수 있다.

겔만은 이 새로운 양자수를 '기묘도'라고 부르고 기묘도를 가진 케이온 같은 입자들을 '기묘 입자(strange particle)'라고 불렀다.[12] 당시 겔만과 경쟁적 관계에 있던 에이브러햄 파이스(Abraham Pais)는 이 이름이 마음에 들지 않는다고 반대를 했으나, 사람들은 이미 기묘도를 이야기하기 시작했고 결국 겔만의 승리로 끝났다. 한편 비슷한 때에 일본의 니시지마 가즈히코(西島和彦)도 겔만과 유사한 아이디어를 바탕으로 '에타(η)-전하'라는 양자수를 도입해 이 문제를 설명했다. 니시지마는 그 밖에도 겔만과 함께 하드론 양자수 사이의 관계를 표현하는 겔만-니시지마 식을 내놓는 등 많은 업적을 남겼다. 그러나 에타-전하라는 이름은 지금은 쓰이지 않는다.

이무렵인 1955년 겔만은 결혼을 하고 캘리포니아 공과 대학의 교수로 부임했다. 학계의 인정과 사생활의 안정을 동시에 얻으며 학계의 떠오르는 별로 주목받기 시작한 것이다. 캘리포니아 공과 대학에는 당시 미국 물리학계의 대표 주자 중 한 사람인 리처드 필립스 파인만(Richard Phillips Feynman)이 재직하고 있었다. 겔만은 파인만과 함께 수십 년을 동료이자 라이벌로, 지독히도 성격이 안 맞는 사이로 지내게 된다. 늘 양복을 단정히 차려입은 겔만과 털털한 옷차람의 파인만의 사진을 보면 과연 이 둘은 절대 맞지 않았을 것 같다는 느낌이 든다. 사실 겔만은 파인만이 너무 "일화 만들기"에 열중한다고 아주 못마땅해 했으며 파인만은 틈만 나면 겔만을 놀리기에 여념이 없었다고 한다.

하드론에 대한 겔만의 연구는 1960년대에 더욱 발전했고, 그는 복잡한 하드론들의 미로 속에서 어렴풋하나마 질서와 패턴을 읽어 내기 시작했다. 그러나 결정적인 길잡이를 찾지 못한 채 많은 시간을 보내야 했다. 그러던 무렵 리처드 블록(Richard Block)이라는 캘리포니아 공과 대학의 수학자가 겔만에게 군론(群論, group theory)이라는 수학 분야에 대해 알려 주었다. 겔만은 그동안 자신이 찾아 왔던 질서와 패턴의 정식화를 수학자들은 이미 19세기부터 알고 있었고, 이것을 이론으로 완성해 체계적으로 분류까지 해 놓았다는 것을 알고 경악했다.

이렇게 물리학자들이 고심하며 자연에서 읽어 낸 구조를 수학자들이 오래전에 만들어 놓은 이론 속에서 발견하는 일은 과학사에서 그리 드문 일이 아니다. 하이젠베르크가 양자 역학을 정식화했을 때 그가 필요로 했던 수학이 행렬이라는 형태로 이미 존재했고, 아인슈타인은 일반 상대성 이론을 만들 때 게오르크 프리드리히 베른하르트 리만(Georg Friedrich Bernhard Rieman)이 수십 년 전에 만들어 놓은 기하학을 이용했다. 다만, 뉴턴은 역학의 이론 체계를 구축하기 위해 미분과 적분을 스스로 만들어 내야 했다.

겔만이 찾던 하드론들 사이의 패턴은 물리학적 '대칭성(symmetry)'이다. 물리학적 대칭성은 수학적 '군(群, group)'의 '표현(representatien)'으로 기술할 수 있다. 복잡한 미로 속에서 군론이라는 나침반을 찾은 겔만은 자신의 아이디어를 차근차근 정리하기 시작했다. 겔만이 찾은 길은 SU(3)라는 대칭성이었다. SU(3) 군의 수학적인 표현은 3중 상태, 8중 상태, 10중 상태, 27중 상태가 존재한다. 이중 겔만이 먼저 주목한 것은 8중 상태였다. 당시, 즉 1960년대 초반까지 발견된 하드론들을 크게 분류하면 양성자보다 가벼운 메손(보손이기도 하다.)과, 양성자와 중성자보다 무거운 바리온(페르미온이기도 하다.)으로 나눌 수 있었다.

4장 무수한 입자들의 왕국 135

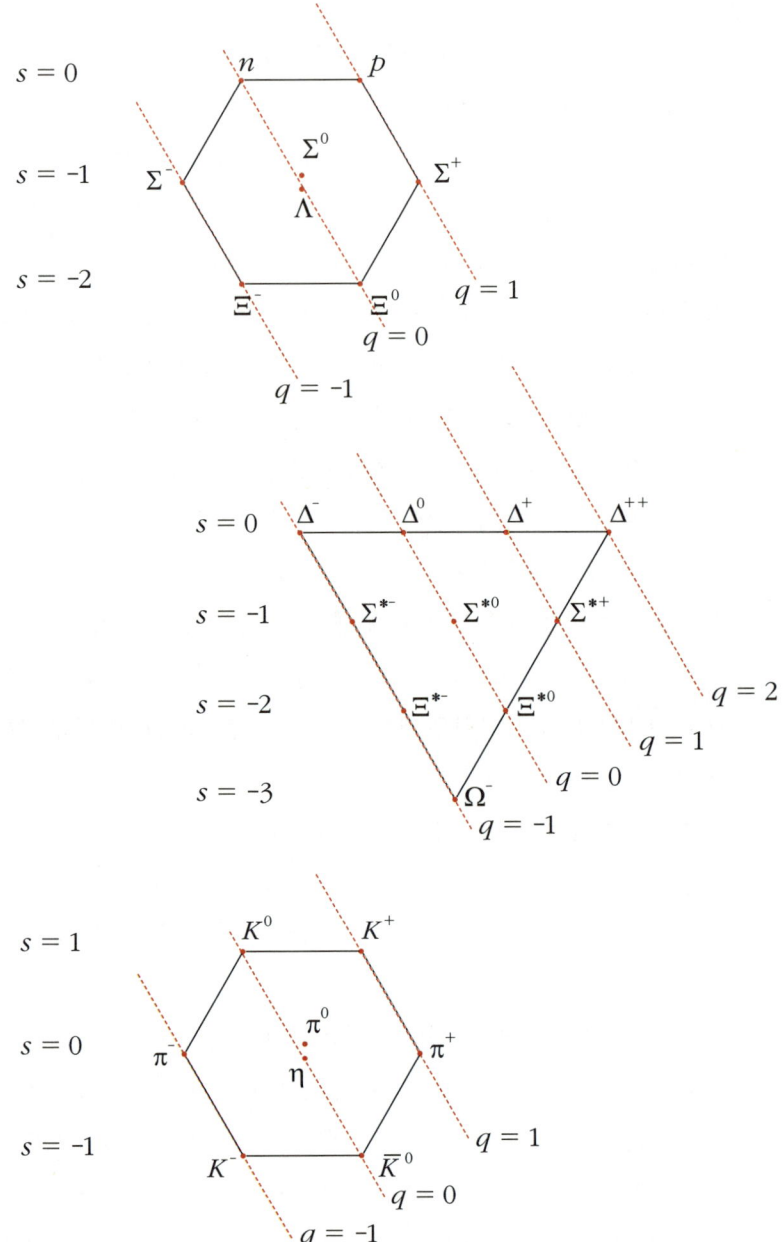

그림 4-7 머리 겔만의 팔정도. 각 그리스 문자는 하드론들이고, s는 기묘도, q는 전하를 뜻한다.

그중 스핀이 0인 메손을 전하와 기묘도에 따라 분류하면 8개의 메손이 육각형 모양으로 배열된다. 8개의 메손이란 파이온 3개(π^+, π^-, π^0), 케이온 4개($K^+, K^-, K^0, \bar{K}^0$), 그리고 에타(η)이다. 스핀이 1/2인 8개의 바리온 역시 육각형 모양으로 배열할 수 있다. 이때 8개의 바리온은 양성자, 중성자, 람다(Λ), 시그마 3개($\Sigma^+, \Sigma^-, \Sigma^0$), 크시 2개($\Xi^-, \Xi^0$)이다. 이런 배열이 우연일 리는 없었다. 드미트리 이바노비치 멘델레예프(Dmitri Ivanovich Mendeleyev)가 주기율표라는 형태로 원자 구조 속에 숨은 패턴을 드러냈듯이 겔만은 하드론들 사이에 감춰진 패턴을 드러낸 것이었다. 겔만은 이 구조에 불교에서 빌려온 이름인 '팔정도(八正道, Eight-fold way)'라는 이름을 붙였다.

물리학이 찾아낸 자연 법칙이 필연적이며 유일하다는 것을 증명할 방법은 없다. 하지만 물리학자라면 누구나 마음속으로는 그럴 것이라고 생각한다. 과학자들의 연구가 무르익게 되면, 즉 자연 현상이 충분히 관찰되고 숙고되고 나면 같은 아이디어가 전혀 다른 곳에서 동시에 독립적으로 나와 문제를 해결하는 일이 과학사에서는 흔히 있기 때문이다. 겔만이 기묘도를 이용해 케이온의 문제를 해결했을 때, 니시지마가 같은 아이디어를 제안한 것도 이런 경우이다. 겔만의 팔정도 아이디어 역시 동시에, 독립적으로, 다른 곳에서도 움트고 있었다.

이스라엘 무관 신분으로 30대 중반이라는 적지 않은 나이에 런던 임페리얼 칼리지에서 학위 과정을 밟고 있던 유발 네만(Yuval Ne'eman)은 하드론 분류법을 연구하면서 하드론들 뒤에는 SU(3) 군으로 기술할 수 있는 대칭성이 존재함을 겔만과는 독립적으로 깨달았다. 후에 노벨상을 수상하게 되는 압두스 살람(Abdus Salam)의 지도 아래 있기는 했지만 학계에서는 전혀 알려지지 않았던 네만은 1961년 논문「게이지 불변성으로부터 강한 상호 작용의 유도(Derivation of strong interactions from a gauge invariance)」에서 SU(3) 대칭성에 따라 하드론들을 분류할 수 있다는 것을 보여 주었다.[13]

이 논문의 발표 시기 역시 놀라울 정도로 겔만이 팔정도 발표 시기와 일치하는데, 이 논문의 마지막 부분에 논문을 쓰자마자 겔만이 쓴 논문의 배포본(preprint)을 받아 보았다고 씌어 있다. 그러나 실제로 논문이 출판된 것은 네만의 논문이 더 먼저였다. 자신의 논문을 발표하는 데 지극히 까다로웠고 게다가 글쓰기에 장애를 가지고 있던 겔만이 자신의 논문을 출판하는 단계에서 시간을 끌었기 때문이다.[14]

1962년 여름 CERN에서 열린 로체스터 학회에서 처음으로 만난 머리 겔만과 유발 네만은 곧 의기투합했다. 두 사람은 만나자마자 스핀이 3/2인 바리온의 분류에 대해 토론했다. 스핀이 3/2인 바리온은 당시까지 9개가 발견되어 있었다. 이들을 자신들의 이론에 따라 배열해 보니 입자 하나가 빠진 10중항 형태를 보였다. 10중항을 완성하려면 전하가 -1이고 기묘도가 3인 입자가 하나 더 필요했다. 겔만과 네만은 거의 동시에, 역시 완전히 독립적으로 이 입자의 존재를 인식했다. 겔만은 학회 발표에서 이 입자를 소개하면서 '오메가(Ω⁻)'라는 이름을 붙였다.

겔만과 네만은 점심 식사 도중에 미국 브룩헤이븐 국립 연구소(Brookhaven National Laboratory, BNL)에서 온 실험 물리학자 니콜라스 사미오스(Nicholas Samios)를 만났고, 그 자리에서 오메가 입자를 찾는 실험을 제안했다. 겔만과 네만의 10중항은 아직 발견되지 않은 이 입자의 질량과 붕괴 방법 등을 상세하게 예언했다. 사미오스는 브룩헤이븐으로 돌아가서 AGS 가속기(뒤에서 다시 등장할 것이다.)를 이용해 오메가 입자를 찾는 실험을 시작했다. 한동안은 아무 흔적도 찾을 수가 없었다.* 그러나 1964년 1월 마침내 사미오스는 눈에 띄는 흔적을 발견했고 여러 차례 검토한 끝에 겔만의 입자가 발견되었음을 확인했다. 1964년 2월에 발표된 논문에서 브룩헤이븐 그룹은 약 10만 장의 사진을 검토해 새로운 입자를 발견했다고 밝히고 그 질량이 $1{,}686\text{MeV}/c^2$ 라고 보고했다.[15] 겔만-오쿠보 방정식에 따라 겔만이 내놓은 예측 질량은 약 $1{,}680\text{MeV}/c^2$였다.

이것은 팔정도, 즉 SU(3) 이론의 성공을 알리는 결정적인 증거였다. 아무도 상상하지 못하던, 아무런 실마리도 없던 입자의 존재를 오로지 대칭성 이론의 힘만으로 매우 정확하게 예언한 것이다. 자연과 물리학 이론의 조화란 이 얼마나 오묘한가! 아마도 SU(3) 이론이라는 눈이 준비되어 있지 않았다면 오메가 입자를 실험에서 찾아내는 것은 불가능했을 것이다. 그러나 팔정도조차도 겔만에게는 서막에 불과했다. 진정 신비로운 존재가 겔만의 마음속에서 자라고 있었던 것이다.

팔정도 아이디어가 성공하자 SU(3)의 표현 중 하나인 3중항에 주목하는 사람들이 등장하기 시작했다. 그러나 이 3중항은 자연에서는 눈에 띄지 않는다. 그렇지만 이 3중항이야말로 8중항과 10중항의 근원이 아닐까 하는 생각을 갖는 물리학자들이 있었다.

일본의 사카다 쇼이치(坂田昌一) 팀은 겔만의 팔정도가 나오기도 훨씬 전인 1955년부터 양성자, 중성자, 람다(Λ) 입자를 기본적인 3중 상태로 보고 그로부터 하드론을 구성하는 독자적인 SU(3) 이론을 이미 연구하고 있었다. 네만도 8중항과 10중항의 근원은 3중항을 이루는

---

* 오메가 입자가 발견되지 않는다는 소식을 들은 겔만은 실망해서 네만에게 일본에 여행을 갈 예정인데 같이 후지 산에서 뛰어내려서 창피함을 씻자고 했다. 네만의 대답은 자기는 물리학에서 실패하면 군대로 돌아가면 된다는 것이었다.[16]

4장 무수한 입자들의 왕국

어떤 존재일 것이라는 생각을 헤임 골드버그(Haim Goldberg)와의 논문에서 제기한 바 있다. 컬럼비아 대학교의 로버트 서버(Robert Serber)는 겔만에게 3중항으로 8중항을 만드는 아이디어를 제안하기도 했다. 그러나 그 아이디어를 서버보다 먼저 생각했던 겔만은 8중항이나 10중항이 3중항으로 이루어져 있다고 한다면 그 3중항을 이루는 입자들의 전하가 2/3나 -1/3 같은 분수가 된다는 문제를 이미 알고 있었다. 분수 전하는 물리학자들이라면 본능적으로 거부하는 생각이었다. 그래서 겔만은 3중항 아이디어를 대칭성에 관한 일종의 가상적 관념으로만 여겼다. 그러나 어느 순간부터, 3중항이 존재하면 왜 안 되는가 하는 생각이 겔만의 마음속에서 싹을 틔우기 시작했다. 실재하는 입자라는 확신은 없었지만 겔만은 3중항을 이용해 하드론들을 설명하는 작업을 진행하기 시작했다. 그리고 분수 전하를 가지며 모든 하드론을 만들어 낼 수 있는 '쿼크(quark)' 삼중항에 도달하게 된다.

쿼크라는 존재는 입자 물리학에서도 가장 신비로운 존재이다. 자신의 모습을 절대 드러내지 않는다는 점이 그렇고, 분수 전하를 갖는다는 점이 그렇다. 그 이름 또한 특별하다. 겔만은 분수 전하를 갖는 이 이상한 존재를 신기한 것이라는 뜻으로 "쿼크"라고 부르기로 했는데, 제임스 조이스(James Joyce)의 소설 『피네간의 경야(Finnegans Wake)』*에서 발견한 단어인 quark로 철자를 정했다.

겔만은 SU(3) 군의 3중항을 이루는 세 종류의 쿼크에 각각 업(up, 위), 다운(down, 아래), 스트레인지(strange, 기묘)라는 이름을 붙여 주었다. 이 세 쿼크의 결합 방식에 따라 온갖 하드론들이 만들어지는 것이다.

---

* 경야(經夜)는 장례식 때의 밤샘을 뜻한다.

겔만은 쿼크가 전자처럼 스핀이 1/2인 페르미온이어야 한다고 생각했다. 이렇게 하면 메손이 보손이고 바리온이 페르미온인 이유도 설명된다. 메손은 쿼크와 반쿼크가 결합했으므로 스핀이 0, 1, 2, …인 보손이 되며, 바리온은 쿼크 3개가 결합해 스핀 1/2, 3/2, …인 페르미온이 되는 것이다. 그러나 겔만은 쿼크를 실재로 받아들이는 데는 신중했다. 그리고 다른 사람들도 아직 그럴 준비가 되어 있지 않았다. 쿼크가 실제 입자로 받아들여지기까지는 아직도 여러 단계가 필요했다.

당시 쿼크를 향한 길에 들어선 사람은 겔만만이 아니었다. 모스크바에서 태어난 게오르게 츠바이그(George Zweig)는 캘리포니아 공과대학에서 파인만 밑에서 공부하고 학위를 받은 후 CERN에서 박사 후 과정 연구원으로 일했다. 학위 과정 중에 하드론들을 이루는 더 작은 기본 요소들에 관심을 가지기 시작한 그는 CERN에 도착한 지 얼마 안 되어 자신의 생각을 논문으로 쓰고 1964년 1월 CERN의 논문 배포본으로 펴냈다. 여기서 그는 1/3이나 1/2의 전하를 갖는 SU(3)의 3중항을 '에이스(ace)'라는 이름으로 불렀다. 모든 하드론은 에이스의 조합들로 잘 설명되었다. 너무 잘 설명된다고 해야 할 지경이었다. 전하가 분수라는 점을 제외하면. 그러나 츠바이그는 자신의 논문을 펴낸 2주 후 유럽의 물리학 학술지인 《피직스 레터스(Physics Letters)》에 겔만의 쿼크 논문이 실린 것을 보게 된다. 또다시 새로운 발견이 동시에, 그리고 서로 다른 정신 사이에서 이루어진 것이다.

CERN의 내규는 논문을 유럽의 학술지에만 싣도록 하고 있다. 특별한 예외가 없는 한 CERN 소속 연구자들은 입자 물리학 논문들은 네덜란드의 엘즈비어(Elsevier) 출판사에서 발행하는 《피직스 레터스》나 《뉴클리어 피직스(Nuclear Physics)》, 독일의 슈프링거(Springer) 출판사에

4장 무수한 입자들의 왕국 141

서 펴내는 전통 있는 《물리학 학술지(Zeitschrift für Physik)》 등에 투고했다.* 그러나 야심이 컸던 츠바이그는 CERN의 소장인 빅토르 프레데릭 바이스코프(Victor Frederick Weisskopf)의 특별 허가를 받아 굳이 미국 물리학회지인 《피지컬 리뷰(Physical Review)》에 논문을 보냈다. 당시 물리학의 중심이 미국으로 이동하면서 미국 학술지의 권위가 높아지고 있었기 때문이다. 결과는 비극적이었다. 심사원들의 반응은 호의적이지 않았고 질문과 지적이 줄을 이었다. 학계의 경험도 많지 않은 젊은 츠바이그는 이것을 감당할 수 없었고 결국 논문 출판을 포기했다. 이 논문은 수년간 잊혀져 있다가 CERN의 배포본이 재발굴되어 겨우 알려졌다. 츠바이그는 "에이스 모형에 대한 이론 물리학계의 반응은 호의적이지 않았다."라고 말했다.[17] 츠바이그는 뒤에 신경 생물학으로 분야를 바꾸었다가, 현재는 수학자 제임스 시몬스(James Simons)가 세운 헤지 펀드 회사인 르네상스 테크놀로지에서 일하고 있다.

쿼크가 하드론의 구조와 분류 패턴을 설명하는 데에는 크게 유용한 개념이었지만, 마치 19세기 말에 원자가 그랬듯이 1960년대에는 쿼크를 실재하는 입자라고 생각하는 사람은 많지 않았다. 쿼크가 쉽사리 받아들여지지 않았던 이유는 낯선 분수 전하를 가진 쿼크라는 존재를 실험적으로 검출할 수 없었기 때문이다. 전자의 전하가 전기의 최소 단위라는 것은 오래전에 밝혀진 일이며 무수한 관찰을 통해 확

---

* 하이젠베르크와 파울리의 논문 등 양자 역학이 성립되던 과정이 담겼던 《물리학 학술지(Zeitschrift für Physik)》는 이탈리아 물리학회에서 발간하는, 페르미의 논문이 실리던 《새 물리학(Il Nuovo Cimento)》, 프랑스 물리학회에서 발간하던 《물리학 학술지(Journal de Physique)》와 합쳐서 1998년 《유럽 물리학 학술지(European Physical Journal)》로 새로 태어났다.

인된 일이었다. 그런데 전자만큼이나 흔한 하드론 안에 들어 있는 쿼크가 분수 전하를 가지는 것을 보여 주는 현상을 볼 수 없는 이유가 무엇일까? 가속기에서 하드론을 깨는 실험을 무수히 하고 있는데도 쿼크 자체는 관측되지 않는 이유는 무언가? 물리학자들은 이런 질문에 대답하지 못했고, 쿼크는 하나의 가설적 개념, 또는 모형이라고 간주되었다.

이러한 의심과 의문은 쿼크의 창시자인 겔만도 떨쳐 버리지 못했다. 예를 들어, 1960년대에 강한 상호 작용을 설명하는 이론으로 가장 인기 있었던 것은 버클리의 제프리 추(Geoffrey Chew)가 주도적으로 연구하던 해석적 S-행렬 이론이었다. 겔만조차도 양자장 이론을 기반으로 쿼크라는 개념을 만들었으면서도 S-행렬 이론에 깊은 관심을 유지하면서 쿼크가 S-행렬 이론에서 어떤 역할을 할 수 있지 않을까 고심했다. 1969년 겔만이 노벨상을 받을 때에도 '쿼크'라는 단어는 명시되지 않았다.

이런 상황은 1968년 스탠퍼드 선형 가속기 연구소(Stanford Linear Accelerator Center, SLAC)의 실험을 통해 양성자 안에 있는 더 작은 입자를 볼 수 있게 되면서 차츰 변화하게 된다. 그것이 쿼크인지는 아직 알 수 없었지만, 아무래도 양성자가 기본 입자가 아니라 더 작은 입자들로 구성된 복합 입자 같다는 생각이 물리학계에 퍼져 가기 시작했다. 1971년 양-밀스 이론이 재규격화 가능하다는 것이 증명되면서(2부에서 자세히 설명할 것이다.) 쿼크를 기본 구성 요소로 하는 게이지 이론인 양자색역학(QCD)이 구축되었고, 메손과 바리온의 구조가 더 잘 이해되었다. 그리고 1974년 네 번째 쿼크의 존재가 확인되면서 쿼크의 실재는 결정적으로 받아들여지게 된다. 이제 더 이상 물리학자들은 하드론이 쿼크로 이루어져 있음을 의심하지 않게 되었다. 하드론의 미로 속에서 드디어 빠져나온 것이다.

화가 폴 호건(Paul Horgan)의 말대로 "보이지 않는 것을 보는 능력"이 천재의 능력이라고 한다면 겔만은 그 말에 걸맞은 일을 해냈다고 할 수 있다. 겔만은 무질서해 보이는 하드론들 속에서 추상적인 패턴을 읽어 내 정식화했다. 이전의 많은 위대한 발견들처럼 복잡한 현상 속에서 패턴을 찾아내고 그 패턴 속에서 자연의 근본 법칙을 끌어낸 것이다.

겔만은 물리학적 재능 못지않게 이름 짓기에서도 능력을 보여 주었다. '기묘도', '팔정도', '쿼크' 등은 아마도 물리학에서 사용된 명칭들 중에서도 가장 개성있고 창조적인 것들이 아닐까 싶다. 팔정도는 오늘날에는 별로 쓰이지 않지만 기묘도와 쿼크는 보통 명사가 되었다. 자연의 근본적인 존재에 자신의 개성을 담아 이름을 지어 주는 기쁨을 가져 본 사람이 몇이나 될까? 이 이름들과 경쟁한 에타-전하, 에이스 등과 비교해 보라. 겔만의 이름이 승리하는 것이 당연해 보이지 않는가.

그러나 겔만의 이름 짓기가 항상 승리한 것은 아니다. 파인만과 함께 약한 상호 작용의 V-A 구조를 밝혀낸 후 겔만과 파인만은 약한 상호 작용을 전달하는 입자를 '욱실(uxyl)'이라고 불렀다. 그러나 다른 물리학자들은 그 입자를 단순히 'W(weak의 약자) 입자'라고 불렀다. 욱실이라는 이름은 지금은 들을 수 없는 것이 되었다.

무한 계층론의 주창자, 사카다 쇼이치

사카다 쇼이치(坂田昌一, 1911년~1970년)는 유카와 히데키, 도모나가 신이치로와 함께 일본의 입자 물리학을 이끌었던 대표적인 물리학자다. 도쿄 출신으로 유카와, 도모나가처럼 교토 제국 대학교 이학부 물리학과를 졸업했다. 이화학 연구소, 오사카 제국 대학교, 교토 제국 대학교를 거쳐 1942년부터 나고야 제국 대학교의 교수로 재직하며 나고야 대학교의 입자 물리학 그룹을 건설했다.

입자 물리학의 여러 방면에 많은 업적을 남겼는데, 유카와의 중간자 이론에도 크게 기여했으며 유카와의 두 번째와 네 번째 논문에는 공저자로 참여했다. 우주선에서 새로 발견된 입자인 메소트론(뮤온)이 메손에 해당하는 질량을 가졌으면서도 핵과의 상호 작용은 유카와의 메손일 때 예상되는 값과 맞지 않자, 이것을 설명하기 위해 유카와의 메손과 메소트론, 2개의 메손이 존재한다는 이중 메손 이론을 1942년에 제안했다. 1948년에 파이온이 발견되면서 사카다의 구도가 옳다는 것이 확인되었다.

사카다의 가장 중요한 업적은 1955년, 양성자, 중성자, 람다 입자가 가장 기본적인 입자로서 다른 하드론들은 이 세 가지의 기본 입자와 그 반입자로 구성되어 있다는 기본 입자 복합 모형을 제창한 것이다. '사카다 모형'이라고 불리우는 이 모형은 SU(3) 대칭성의 삼중항이 하드론의 근원이라는 쿼크 이론의 기본적인 아이디어를 고스란히 가지고 있어, 겔만이 쿼크 모형을 생각하는데 일정 정도 영향을 주었음이 틀림없다. 아쉽게도 분수 전하를 가진 쿼크라는 존재를 만들어 내는 데에는 이르지 못해 실패한 모형으로 남았지만, 겔만보다 훨씬 전에

그림 4-8 사카다 쇼이치와 도모나가 신이치의 1950년경 모습. 앞줄 왼쪽 끝이 사카다 쇼이치, 그 오른쪽에 있는 이가 도모나가 신이치로.

쿼크 이론의 문턱까지 이르렀다는 것은 사카다가 당시 물리학계의 변방인 일본에 있으면서도 일류 물리학자로서 세계의 거인들과 어깨를 나란히 했음을 보여 준다고 할 수 있다. 정작 쿼크를 제안한 겔만 자신은 쿼크가 과연 기본 입자인가를 확신하지 못하고 있을 때에 사카다는 겔만의 쿼크 이론을 전면적으로 지지했다고 한다.

사카다는 또한 중성미자의 진동에 관해 연구해서 1962년 중성미자가 세 종류 있을 때에 중성미자 간의 섞임을 표현하는, 소위 MNS 행렬을 제안하기도 했다. MNS는 논문의 공저자인 마키 지로(牧二郞), 나카가와 마사미(中川昌美), 그리고 사카다를 의미한다.[18] 이 논문이 놀라운

점은 고바야시 마코토와 마스카와 도시히데가 쿼크에 대한 섞임 행렬을 만들기도 훨씬 전에, 섞임 현상이 관찰된 적도 없는 렙톤에 대해 세 종류일 때의 섞임 행렬을 생각했다는 것이다.

1960년대에는 하드론의 구조에 관해서 기존에 알려져 있는 입자 모두가 기본 입자라고 생각하는 제프리 추 등의 '핵 민주주의파'와, 알려져 있는 입자를 구성하는 기본 입자가 따로 존재한다는 주장이 대립하고 있었다. 당시의 냉전 체제하의 이데올로기 대립과 연결해 핵 민주주의파를 우파, 계층 구조를 지지하는 쪽을 좌파라고 칭했는데, 사카다는 그중에서도 가장 좌익임을 자처하며 쿼크조차도 계층의 하나에 지나지 않고 그 아래에 하부 구조가 무한히 존재한다고 하는 '무한 계층론'을 제창했다. 그는 실제로 열렬한 마르크스주의자였으며 1964년에 마오쩌둥을 만났는데, 마오는 그 무한히 계속되는 입자의 구조에 '층자(層子)'라는 이름이 좋겠다고 제안하고 중국의 물리학자에게 사카다의 이론에 기초를 둔 층자론을 연구하도록 지시했다고 한다.[19]

사카다는 많은 수의 제자를 길러 낸 것으로도 유명해서 '사카다 학파'라고 불렸으며 나고야 대학교가 일본 입자 물리학에 있어서 중요한 거점의 하나가 되게 했다. 2008년 노벨 물리학상을 수상한 고바야시 마코토와 마스카와 토시히데도 사카다의 제자로서, 그들에게 노벨상을 안겨 준 업적도 나고야 대학교에서 이루어진 일이다.

2부

양자의 바다에서

어느 육각형, 어느 책장에는
'나머지 모든 책들'의 암호임과 동시에
그것들에 대한 완전한 해석인
책이 존재하고 있는 게 확실하다.
한 사서가 그것을 대략 훑어보았고,
그는 신과 유사하게 되었다.

— 호르헤 루이스 보르헤스, 「바벨의 도서관」

150~153쪽 사진 LHC의 검출기 중 하나인 ALICE 검출기의 건설 모습.

5장 | 입자 세계의 상식들

20세기 인류는 데모크리토스의 꿈을 따라서 쿼크의 세계에 도달했다. 앞의 1부는 물질을 궁극적으로 이해하고자 한 사람들의 탐구 여정을 이야기했다. 이제 2부에서는 이렇게 찾아낸 기본 입자들을 현대 물리학자들이 어떻게 이해하고 있는지, 기본 입자들이 보이는 행태를 어떻게 해석하고 있는지를 설명해 볼 것이다.

양자 전기 역학(QED)과 양자 색역학(QCD), 그리고 입자 물리학의 표준 모형(Standard Model)에 이르는 현대의 입자 물리학은 '게이지 양자장 이론'으로 기술된다. 2부의 핵심 주제는 게이지 양자장 이론(이후 게이지 이론)이 무엇이며 어떻게 발전해 왔는가를 살펴보고 쿼크와 렙톤이 게이지 이론 속에서 어떻게 이해되는가를 알아보는 것이 될 것이다. 그런데 게이지 이론에 들어가기 전에 잠깐, 기본 입자라는 것이 무엇인지, 입자들의 이름을 어떻게 붙이는지, 입자들의 세계에서는 크기와 에너지와 같은 물리량들을 어떻게 이야기하는지, 입자 세계의 상식을 잠깐 이야기하도록 하자.

기본 입자

돌턴이 사용한 원자라는 말은 데모크리토스처럼, 그것보다 작은 세계를 생각할 수 없고 내부 구조를 갖지 않는 물질의 기본 단위를 가리킨다. 그러나 돌턴의 원자는 궁극적인 물질의 기본 단위, 즉 데모크리토스의 원자는 아니었다. 왜냐하면 원자는 양성자, 중성자, 전자로 이루어진 복합 입자이기 때문이다.

현대에 데모크리토스의 원자를 가리키는 말은 기본 입자다. 영어로는 elementary particle라고 한다. 예전에는 소립자(素粒子)라고 했는데, 소립자에서 '소'라는 글자는 '바탕' 또는 '기초'를 뜻하는 흴 소(素) 자다. 단순히 '작은(小)' 입자를 뜻하는 말이 아닌 것이다. 소립자는 일본에서 만든 말이며, 지금 우리나라에서는 더 쉽고 뜻이 분명한 '기본 입자'라는 용어를 쓰기를 권하고 있다. 그리고 이 기본 입자를 연구하는 분야를 입자 물리학이라고 한다. 아무튼 기본 입자나, 소립자나, elementary particle이라는 말에는 더 이상 나눌 수 없는 입자들을 찾아 물질의 궁극적인 근원을 밝혀내고자 하는 데모크리토스의 꿈이 담겨 있다.

그런데 말이라고 하는 것은 늘 엄밀하게 정의되어서 쓰이는 것이 아니라 항상 역사적, 사회적 맥락을 가지게 된다. 지금 우리가 알고 있는 범위 안에서 기본 입자라고 부를 수 있는 것은 전자와 중성미자를 비롯한 렙톤과, 양성자와 메손 등을 이루는 쿼크, 그리고 이 입자들의 상호 작용을 매개하는 게이지 입자뿐이다. 양성자나 파이온, 케이온 등은 쿼크와 글루온으로 이루어진 복합 입자이지 기본 입자가 아니다. 그러나 이 입자들이 발견되고 처음 연구되던 1950년대부터 한참 동안은 이 입자들 역시 기본 입자로 불렸다. 그러므로 이 입자들을 기본 입자라고 부르는 것이 언제부터는 틀린 말이라고 딱 잘라서 이야기하기 어렵다. 또한 쿼크나 렙톤 등도 그 내부에 구조를 가지고 있을 수도 있다. 실제로 좀 더 근본적인 물질을 가정해 이 입자들의 성질을 설명하려는 이론도 있고 그 이론을 검증하려는 실험도 수행되고 있다. 따라서 엄밀하게 말하자면 이 입자들을 '기본 입자'라고 할 수 있는 것은 우리가 현재 알고 있는 지식의 범위 안에서뿐이다. 그래서 요새는 그저 '입자'나 '입자 물리학'이라는 말을 많이 쓴다. 기본 입자, 즉 데모크리토스의 원자는 분명 아름답고 중요한 개념이지만 너무 추상적이라 구체적인 대상을 지칭하는 데에는 그리 적당치 않을지도 모른다.

한편 간혹 신문 등의 대중 매체에서 중성미자나 쿼크 등을 가리켜 미립자(微粒子)라는 표현을 쓰는 것을 볼 수 있다. 그런 예를 하나 보자.

지난 1954년 스위스 등 유럽 9개국이 공동 창설한 CERN은 총연장 27킬로미터의 세계 최대 입자 가속기(LEP)를 보유, 현대 물리학의 주요 과제인 **미립자** 세계를 탐구하는 데 선봉에 서 있는 연구소로 특히 인터넷의 대중화에 결정적으로 기여한 '월드 와이드 웹(www)'을 탄생시킨 곳으로도 유명하다.¹⁾

여기서 "미립자(微粒子)"라는 말은 분명히 지금 우리가 이야기하는 입자들을 지칭하고 있다. 微라는 글자는 매우 작다는 뜻이다. 미립자라는 표현을 쓴 사람은 소립자의 素를 작다는 뜻의 小라고 생각한 게 아닐까 싶다. 그래서 좀 더 강하고 실감나는 표현이라고 생각하고 미립

5장 입자 세계의 상식들 157

자라는 말을 사용한 게 아닐까. 미립자라는 말이 일상에서 쓰일 때에는 눈으로는 보이지 않는, 카메라 필름에 입힌 입자라든가 생물의 세포 등에 쓰이는 경우가 많은데, 이런 입자들은 눈에는 보이지 않을 정도로 작기는 하지만 모두 분자나 원자로 이루어진 보통의 물체이며, 입자 물리학에서 말하는 기본 입자에 비하면 엄청나게 크다. 아무리 작아도 원자의 몇 배에서 수십 배의 크기는 되므로 미립자라는 용어를 원자의 1만분의 1 정도인 원자핵과 그것보다 작은 입자들에 쓰기에는 적합하지 않다.

사실 미립자라는 말을 쓰는 이유를 찾자면 실마리는 있다. 미립자는 영어의 corpuscle을 번역한 말인데, 이것은 19세기 말 톰슨이 전자를 처음 발견해 그의 원자 모형을 구축하면서 전자를 비롯한 원자의 구성 성분을 일컫는 말이었기 때문이다. 그러나 corpuscle는 현재는 흔히 피 속의 혈구 등을 가리키는 말로 쓰이며 입자 물리학에서는 쓰이지 않는다. 입자 물리학자의 입장에서 미립자라는 말은 사실 타당하지 않다. 본질적으로 기본 입자 또는 소립자라는 말이 입자의 크기를 의미하는 말이 아니기 때문이다. 사실 기본 입자의 세계에서는 크기라는 말의 의미 자체가 일상적으로 쓰이는 것과는 다르다.

그리고 기본 입자들의 이름들에 대해서도 설명해 둘 것이 있다. 이 책에서는 지금까지 다른 설명 없이 기본 입자들의 우리말 이름을 음역해 써 왔다. 하드론, 메손, 바리온, 렙톤 하는 식으로 말이다. 하지만 이 입자 이름들의 번역어가 존재하지 않는 것은 아니다. 보통 하드론을 번역해 쓸 때에는 강입자(強粒子)라고 한다. 하드론은 강한 상호 작용을 하는 입자를 말하므로 이 단어는 적절한 번역어라고 하겠다. 메손은 중간자(中間子), 바리온은 중입자(重粒子), 그리고 렙톤은 경입자(輕

粒子)라는 한자식 번역어가 있다. 이 입자들 이름의 어원은 애초에 그리스 어의 중간(*mesos*), 무거움(*barys*), 가벼움(*leptos*)에서 온 것이니 이 용어들 역시 괜찮아 보인다.

그러나 인간이 만든 언어대로 세상이 돌아가 주지는 않는다. 그 무거움과 가벼움의 기준은 가장 우리가 쉽게 접하며 우리 몸을 이루는 전자와 양성자였다. 즉 메손은 질량이 전자와 양성자 사이인 입자를 의미하고, 바리온은 양성자보다 무거운 입자를, 그리고 렙톤은 전자처럼 가벼운 입자를 의미한다. 입자 물리학 초기에는 발견된 입자들이 모두 이런 분류에 따른 성질을 가졌기 때문에 처음에는 잘 맞는 이름이기도 했다. 그러나 더 많은 입자들이 발견되면서, 다른 렙톤과 성질이 똑같아서 분명히 렙톤이라고 해야 할 텐데 질량은 양성자보다 큰 타우 렙톤이 나타났고, 메손의 성질을 가졌으나 양성자보다 무거운 메손들은 수없이 많이 나타났다. 오늘날 입자 물리학에서 이 입자들을 구별하는 기준은 질량이 아니라 스핀과 다른 양자수다.

그런데 한자어로 된 번역어는 그 뜻이 너무 강하다. 그래서 입자들의 이름을 접하는 경우 오해를 불러일으키기가 너무 쉽다. 또한, 중간자는 유카와가 애초에 핵자들 사이의 힘을 매개하는 입자로 도입했기에, 그 뜻이 질량이 중간인 입자가 아니라 중간에서 매개하는 입자라고 착각하기 아주 쉽다. 또 렙톤은, 처음 이름이 지어지던 시절과는 달리, 바리온과 메손과 함께 거론되지 않고 주로 쿼크와 함께 다뤄지고 있다. 그래서 나는 중입자, 중간자, 경입자라는 번역어를 좋아하지 않는다. 어차피 외국어에서 온 이름이고 그 역사적 맥락 역시 약해졌으니 그냥 바리온, 메손, 렙톤이라고 부르는 게 낫지 않을까 싶다.

이상의 이유로 이 책에서는 기본 입자들을 바리온, 메손, 렙톤 하는

5장 입자 세계의 상식들　159

식으로 음역해서 표기한다. 물론 앞에서 말한 것처럼 하드론은 강입자라고 불러도 상관없다고 생각하지만, 하드론만 그렇게 부르면 또 이상할 것 같아서 역시 하드론이라고 표기한다.

물리량과 크기

이번에는 크기에 대한 이야기를 좀 해 보자. 입자 물리학에서 크기라는 말이 어떤 의미를 가지는지, 혹은 어떻게 쓰이는지에 대해서 생각해 보자. 기하학에서 점은 크기를 갖지 않는다. 점이 가진 속성은 오로지 그 위치뿐이다. 돌턴이 원자설을 제창할 때 원자에 대해 가졌던 개념은 사실 이것과 비슷했다. 원자는 내부 구조를 가지지 않아야 하므로 크기도 갖지 않는다. 하지만 질량은 존재하며 이것을 원자량이라고 불렀다.

크다, 작다 하는 말은 숫자를 통해 하는 말이다. 숫자 2개를 보고 어느 쪽이 더 큰지 판단하는 것은 학교에 들어가기 전의 아이들이라도 할 수 있다. 그런데 단순한 숫자가 아니라 물리량은 어떨까? 물리량을 따질 때 단순히 숫자의 크기를 비교하는 일은 무의미하다. 예를 들어, 170센티미터와 100킬로그램은 어느 쪽이 더 클까? 1리터와 30분은? 쌀알 30개와 전압 1.5볼트는? 누구나 이런 비교가 무의미하다고 생각할 것이다. 그것은 170센티미터와 100킬로그램은 센티미터(cm)와 킬로그램(kg)이라는 서로 다른 단위를 가진 물리량이기 때문이다. 물리량을 비교할 때에는 같은 종류의 양끼리 비교해야만 의미가 있다. 즉 길이는 길이끼리, 질량은 질량끼리 말이다. 같은 종류의 양이라는 것은 같은 종류의 사물에서 측정한 양일 필요는 없다. 철수와 영희의 키를 비교하는 것은 물론 타당하다. 한편 철수의 키와 KTX 열차의 길이를 비교하는 것도 가능하고, 영희의 키와 지구에서 달까지의 거리를 비교하는 것도 또한 가능하다. 이 양들은 모두 길이라는 속성을 가지고 있어서 원리적으로 '자'라는 도구를 가지고 모두 잴 수 있고 그 값은 미터(m)라는 단위로 표시할 수 있다. 즉 같은 단위로 나타낼 수 있는 양들은 서로 비교할 수 있다.

길이와 무게 외에도, 부피, 밀도, 자기장의 크기, 전기 저항, 토크, 주파수, 압력, 광도 등등 세상에는 엄청나게 많은 종류의 물리량이 있다. 그렇지만 보통 어떤 물리량은 다른 물리량과 여러 가지로 관계를 맺고 있으며 완전히 별개의 양이 아니다. 예를 들어 속력이라는 양은 같은 시간에 누가 더 멀리 가느냐를 의미하는 양이므로 길이와 시간이라는 두 가지 물리량과 밀접한 관계가 있다. 우리는 자동차가 달린 길이와 지나온 시간을 재면 차의 속력을 알 수 있고, 차의 속력을 알고 출발 이후 걸린 시간을 재면 지금까지 얼마나 왔는지 거리를 알 수 있다.

또한 물리량은 여러 가지 다른 형태로 나타날 수 있다. 대표적인 예가 바로 에너지다. 다이어트를 하는 아가씨가 음식을 놓고 따지는 열량, 매달 전기 요금을 낼 때 기준이 되는 전기의 사용량, 폭탄이 터질 때의 파괴력 등은 모두 에너지를 의미하는 양이다. 에너지를 나타내는 단위는 줄(J), 칼로리(cal), 킬로와트시(kWh) 등이 있으며 이런 양들은 모두 실제로 쓰이고 있다. 에너지의 경우 특히 이렇게 여러 가지 단위가 쓰이는 까닭은 에너지의 형태가 여러 가지이기 때문이다. 예를 들어 에너지가 열의 형태일 때는 칼로리라는 양을 주로 쓰며, 전기의 형태일 때는 킬로와트시라는 양을 쓴다. 미터와 킬로그램을 가지고 정의한 표준 단위계에서 정한 에너지의 단위는 줄이며 여러분이 교과서를

표 5-1 10의 거듭제곱들.

피코(p)	1조분의 1	10^{-12}
나노(n)	10억분의 1	10^{-9}
마이크로(μ)	100만분의 1	10^{-6}
밀리(m)	1000분의 1	10^{-3}
센티(c)	100분의 1	10^{-2}
킬로(k)	1000	10^{3}
메가(M)	100만	10^{6}
기가(G)	10억	10^{9}
테라(T)	1조	10^{12}

통해 배울 때에 제일 먼저 배우는 에너지의 단위다. (그런데 실제로 쓰이는 것은 보기 어려운 단위이기도 하다.) 물리학의 연구 현장에서는 에너지의 단위로 전자볼트(eV)를 많이 사용한다. 전자볼트는 그 이름에서 알 수 있듯이 1볼트(V)의 전압을 가했을 때 전자 하나가 얻는 에너지다.

현재의 입자 물리학에서는 10억 전자볼트를 의미하는 기가전자볼트라는 단위를 가장 많이 볼 수 있으며 GeV라고 표기한다. 이것은 현재의 입자 물리학이 다루는 에너지의 크기가 주로 수 기가전자볼트에서 수백 기가전자볼트이기 때문이다. 이 책에서도 이 단위를 많이 볼 수 있을 것이다. 기가(Giga-)는 10의 9제곱을 나타내는 접두어다. 표 5-1에 10의 거듭제곱을 나타내는 접두어들을 정리해 놓았다.

입자 세계의 기본 상수, c 와 $\hbar$

물리량과 단위의 이야기를 계속하기 전에 잠시 다른 문제를 생각해 보자. 입자 물리학이라는 분야가 비전공자에게 특별히 더 낯설고 접하기 어려운 이유가 뭘까? 그것은 상대성 이론과 양자 역학을 써야만 설명이 가능한 비직관적인 세계기 때문이다.

뉴턴이 역학 체계를 만들고 중력에 대한 심오한 통찰을 얻어낸 이후 19세기에 이르기까지 눈부시게 발전한 물리학은 20세기에 들어서면서 혁명적인 변화를 겪는다. 그 변화의 주역이 바로 상대성 이론과 양자 역학이다. 상대성 이론은 시간과 공간에 대한 개념을 재정립했고, 양자 역학은 물리적인 실재에 대한 인류의 인식 체계를 재구성했다. 우연인지 필연적인지 이 두 이론은 같은 시대에 나타나서 그 후의 물리학을 완전히 새로운 기틀 위에 세워 버렸다.

공간과 시간은 우리가 물리적인 실체를 인식하는 두 가지 틀이다. 시간은 내가 어디에 있는가와는 상관이 없이 흐르며, 시간과 공간은 서로 간섭하지 않는 별개의 양처럼 느껴진다. 뉴턴 역학의 수식 밑바탕에는 이러한 느낌, 직관, 그리고 생각이 깔려 있다. 그런데 아인슈타인의 특수 상대성 이론은 시간과 공간의 기준이 우리가 그리는 좌표가 아니라 자연에 존재하는 빛의 속도라는 것을 밝혀냈다. 시간과 공간은 별개로 존재하는 절대적인 틀이 아니라 특정한 방식으로 얽혀서 항상 어떤 좌표계에서도 빛의 속도가 같은 값이 되도록 변화하는 존재다.

빛의 속도라는 시간과 공간의 기준은 우리의 직관과는 잘 맞지 않는다. 시간과 거리는 시계와 자로 직접 잴 수 있지만 거리를 시간으로 나눈 속도는 직접 재기는 좀 어렵기 때문이다. 만약 우리가 걷는 속도를 알고 싶으면, 먼저 거리를 정하고, 출발점에서 도착점까지 걸어가는 데 걸리는 시간을 시계로 잰다. 그다음 거리를 시간으로 나누어서 속도를 정한다. 그런데 이렇게 하면서 우리는 암묵적으로 시간과 거리는 변하지 않는다고 여기고, 그 시간과 거리를 기준으로 해서 속도를 이야기한다. 무빙워크 위를 걷는 경우를 생각해 보자. 우리는 무빙워크의 속도만큼 더 빨리 이동한다. 그러나 이 경우에도 역시 우리는 시간과 거리는 변하지 않았다고 생각한다. 속도가 빨라졌을 뿐이다. 이것이 '절대 시간', '절대 공간' 개념이다. 그러나 움직이는 것이 빛인 경우에는 상황이 달라진다.

먼저 미리 정한 거리와 시간을 기준으로 해서 레이저를 발사해 빛의 속도를 측정하고, 다음에는 빛의 속도의 반으로 움직이는 무빙워크 위에서 레이저를 발사해 그때의 빛의 속도를 측정하는 경우를 생각해 보자. 무빙워크 위에서 걸으면 속도가 더 빨라지듯이 두 번째의 빛의 속도는 첫 번째의 1.5배가 되어야 한다. 시간과 공간이 절대 불변이라면 말이다. 그런데 그렇지 않다는 것이 아인슈타인의 상대성 이론의 핵심이다.

빛의 속도는 어느 좌표계에서나 같아야 한다. 이 경우에도 두 번째와 첫 번째 모두 같은 속도이다. 그런데 이렇게 되려면 시간과 공간의 거리가 빛의 속도가 일정하다는 조건을 맞추기 위해서 변해야 한다. 내가 있는 좌표계의 속도에 따라 함께 변해야 하는 '상대적인' 값이 되어 버리고 만다. 그래서 올바르게 물리 세계를 다루려면 시간과 공간을 별개의 양이 아니라 합쳐서 생각해야만 한다. 이것을 '시공간(spacetime)'이라고 한다.

다만 빛의 속도라는 것이 인간의 감각으로 다루기에는 터무니없이 큰 수이기 때문에 우리의 일상에서는 그냥 무한히 큰 수라고 생각해도 전혀 문제가 없다. 흔히 c로 표시하는 빛의 속도는 초속 299,792,458미터, 초속 약 30만 킬로미터인데 이것은 지구에서 달까지를 약

2부 양자장의 바다에서

1.3초 만에 주파하는 속도다. 보통의 무빙워크의 속도는 빛의 속도에 비하면 아주아주 느리기 때문에 무빙워크를 타건 안 타건 시공간의 변화는 극히 작다. 그래서 시공간은 변하지 않는다고 생각해도 된다. 이 경우에는 우리는 원하는 대로 좌표를 그려서 운동을 기술해도 큰 문제가 없다. 그러나 빛의 속도의 절반처럼 빛의 속도와 비교할 만큼의 속도가 되면 특수 상대성 이론의 효과가 우리의 경험과는 다른 현상을 보여 주기 시작한다. 시간과 공간은 하나로 얽히고 시간 지연, 길이 단축 같은 괴상한 일들이 일어나게 된다. 그러므로 빛의 속도는 상대성 이론에서 우주의 절대적인 상수이다.

양자론은 원래 원자의 성질을 설명하기 위해 발전했다. 그러므로 양자론은 아주 작은 세계에서 일어나는 물리 현상을 설명하는 이론이다. 그렇다고 우리가 보고 듣고 느끼는 크기의 세계에는 양자론이 맞지 않느냐 하면 그런 것은 아니다. 일상적인 감각의 세계에는 양자 역학이 뉴턴의 역학과 구별이 되지 않는 결과를 보일 뿐이다. 특별한 조건에서라면 양자 효과가 나타나기도 한다. 예를 들어서 온도를 극히 낮추었을 때 나타나는 초전도라든가 초유동 등의 현상은 우리가 맨눈으로 볼 수 있는 크기의 세계에서 나타나는 현상이지만 그 원리는 양자론을 통해서만 설명된다.

양자론의 핵심은, 물리적 상태를 표현하는 물리량들은 모두 정확히 하나의 수로 표현할 수 있는 것이 아니라 일정한 불확실성을 가진다는 것이다. 그러한 불확실성은, 예를 들어 어떤 물체의 위치와 속도를 동시에 정하려고 할 때 나타난다. 뉴턴 역학에서는 만약 우리가 어떤 순간의 위치와 속도를 안다면 그 후의 위치와 속도는 역학의 원리에 따라 항상 정확하게 알 수 있다. 그래서 뉴턴 역학은 원리적으로 우주는 완전히 미래가 예측되는 정교한 기계라고 여긴다. 그러나 양자 역학은 그러한 사고 방식에 수정을 요구한다. 길이와 속도, 에너지와 같은 물리량에는 불확실성이 존재한다는 것이다. 그 불확실성의 크기는 일상적인 감각에서는 그냥 0이라고, 즉 불확실성 따위는 없다고 생각해도 될 정도로 작은 값이지만, 원자나 분자 수준에서는 그 효과가 엄청나게 중요한 구실을 해서 더 이상 뉴턴 역학이 제대로 작동하지 않게 만든다. 양자 역학의 효과가 나타나면 물리량이 아무 값이나 가질 수 없고, 불확실성과 관련된 일정한 값만 가질 수 있게 된다. 이것이 양자(quantum, 양의 덩어리라는 뜻이다.)라는 말의 어원이다. 특수 상대성 이론의 절대적인 상수인 광속처럼 양자론에도 그러한 불확실성을 나타내는 특징적인 물리량이 존재하는데 이것을 '플랑크 상수'라고 하고 h로 표시한다.*

    상대성 이론과 양자 역학은 우리의 일상 경험을 초월하는 세계를 묘사하는 데 필요한 이론이며, 그렇기 때문에 우리의 직관과 크게 어긋나고 쉽게 이해하기 어렵다. 입자 물리학의 대상이 되는 기본 입자들은 아주 작고 아주 빠르게 움직인다. 따라서 상대성 이론과 양자 역학을 함께 사용해야 한다. 이 때문에 입자 물리학의 세계는 기본적으로 상대성 이론적이고 양자 역학적이다. 항상 상대성 이론과 양자 역학을 통해 묘사를 해야 하기 때문에 입자 물리학은 비전공자에게 낯

---

* 실제적인 이유에서 흔히 쓰는 형태는 h를 2π로 나눈 값이다. 이것은 $\hbar$로 표시하며 독일어로 읽어서 "하바"라고 한다. 혹시 주변에 물리학자가 있다면 가끔 이런 발음을 하는 것을 들을 수 있을 것이다. $\hbar$는 약 $1.05457168 \times 10^{-34}$ Js인데 J은 에너지의 단위인 줄이고 s는 초(second)를 뜻하는 시간의 단위이므로 Js는 '에너지 곱하기 시간'이다. 물리학자들이 '작용(action)'이라고 부르는 양이다.

표 5-2 입자들의 질량.

입자	질량(GeV/c^2)
전자(e^-)	0.000511
뮤온(μ^-)	0.106
파이온($\pi^\pm$)	0.140
양성자(p)	0.938
중성자(n)	0.940
람다(Λ) 하이퍼론	1.116
J/ψ 메손	3.097
광자(Υ)	0
$W^\pm$ 보손	80.398
Z 보손	91.1876
톱 쿼크(t)	171.2
탄소 원자(C)	약 11.3
산소 원자(O)	약 15
알루미늄 원자(Al)	약 25.3
철 원자(Fe)	약 52.4
납 원자(Pb)	약 194.4

설고 이해하기 어려운 것이다.

상대성 이론적이고 양자 역학적인 세계를 다루기 때문에 우리는 빛의 속도 c와 플랑크 상수 $\hbar$를 기본 단위로 사용해 우리의 직관과 경험을 뛰어넘는 세계를 단순명쾌하게 기술할 수 있다. 즉 속도를 이야기할 때 초속 15만 킬로미터라고 하지 않고 $0.5c$라고 하는 식으로 말이다. 이것이 가능한 것은 빛의 속도 c와 플랑크 상수 $\hbar$는 우주의 절대적인 상수이기 때문이다. 이런 식으로 시간과 길이, 에너지와 질량 같은

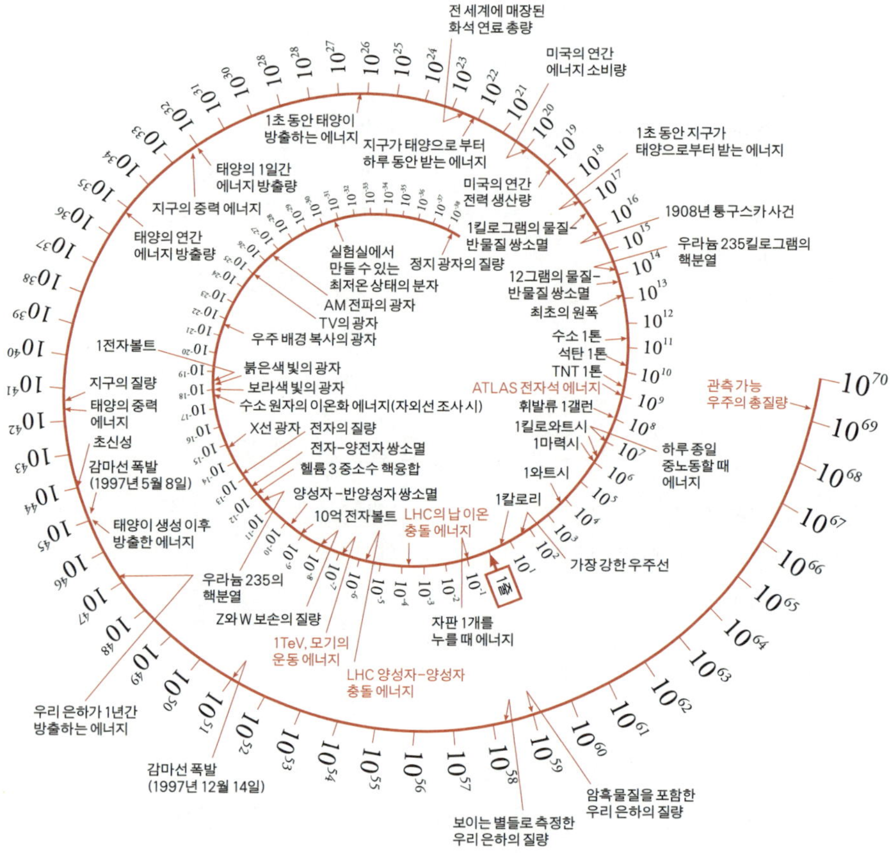

그림 5-1 에너지 척도. 줄 단위로 환산한 우주 만물의 에너지 값들을 표시해 두었다.

여러 물리량을 c와 $\hbar$를 가지고 표시할 수 있다. 이런 방식을 사용하면 사실상 모든 물리량을 한 가지 단위로만 나타낼 수 있어서 매우 편리하기도 하고 비교하기도 좋다.

예를 들어 질량은 아인슈타인의 유명한 식 $E=mc^2$의 관계에 따라 에너지의 단위를 이용해 표현할 수 있다. 앞에서 입자 물리학에서 많이 쓰는 단위는 기가전자볼트(GeV)라고 했다. 1기가전자볼트는 양성자 하나의 질량에 해당하는 에너지다. $E=mc^2$을 이용하면 양성자 하나의 질량은 1기가전자볼트의 에너지를 빛의 속도의 제곱으로 나눈 것과 같다. 그런데 여기서 그냥 c^2을 단위처럼 사용하면 양성자의 질량을 간단하게 $1\text{GeV}/c^2$라고 표현할 수 있다. 앞에서 입자들의 질량을 나타내는 단위였던 MeV/c^2도 이렇게 정의된 것이다.

표 5-2에 입자들과 그 밖의 몇 가지 질량을 이 방식으로 나타내 보았다. 이 표를 보면 앞에서 왜 기본 입자는 반드시 작은 것이 아니라고 했는지 이해할 수 있을 것이다. 기본 입자 중 현재 알려진 가장 무거운 입자는 1994년에 미국 시카고 근교의 페르미 국립 연구소에 설치된 테바트론(Tevatron) 가속기 실험을 통해 발견된 톱 쿼크다. 톱 쿼크의 질량은 $170\text{GeV}/c^2$ 정도인데, 이것은 양성자 질량의 약 170배에 달해 알루미늄 원자나 심지어 철 원자보다도 무겁다.

지금까지의 가속기 실험에서 탐구했던 에너지의 한계는 수백 기가전자볼트다. 역사상 가장 큰 전자-양전자 충돌기인 CERN의 LEP의 충돌 에너지는 90기가전자볼트에서 200기가전자볼트였고, LHC 이전까지 가장 높은 에너지를 냈던 가속기인 페르미 연구소의 테바트론의 양성자-반양성자 충돌 에너지는 1.96테라전자볼트(=1,960기가전자볼트)이다. 그런데 양성자는 하나의 입자가 아니라 쿼크와 글루온으로 이루어진 복합 입자이므로 실제로 충돌하는 쿼크나 글루온은 양성자 에너지의 일부분만을 가지고 충돌한다. 따라서 양성자-반양성자 충돌 에너지가 약 2테라전자볼트라고 해도 우리가 실제로 실험하는 영역은 수백 기가전자볼트이다. LHC의 충돌 에너지는 최대 14테라전자볼트이고 이것을 통해 우리가 실험하는 에너지 영역은 수 테라전자볼트가 된다. 그래서 LHC를 기가전자볼트 영역을 넘어서 테라전자볼트 시대를 여는 장치라고 말하는 것이다.

6장 | 입자 물리학의 근간, 게이지 이론

지금까지는 입자에 관해서 주로 이야기해 왔다면 이제부터는 입자들 사이의 상호 작용에 대한 이야기를 해 보자. 현대 입자 물리학에서 입자들 간의 상호 작용을 이해하는 핵심 개념은 '게이지 대칭성'이다. 먼저 대칭성에서부터 이야기를 시작해 보자.

힘의 본질은 게이지 대칭성

힘이 작용한다는 것, 두 물질이 상호 작용을 한다는 것이 무언가 하는 물음은 뉴턴이 중력의 법칙을 발견한 이후 물리학의 중요한 주제였다. 우리가 평소 물건을 밀고 잡아당기고 던질 때에는 힘을 가하는 주체가 힘을 전달하는 모습이 눈에 보이므로 굳이 설명할 필요를 느끼지 않는다. 그런데 과연 힘이라는 것이 이처럼 너무나도 명백하고 당연한 현상일까? 예를 들어 중력의 법칙을 들여다보면, 거기에는 서로 떨어져 있는 두 물체가 있을 뿐이다. 대체 두 물체는 상대 물체가 거기 있는지 어떻게 알고, 상대의 질량과 상대와의 거리가 얼마인지는 어떻게 알아서 서로의 질량에 비례하고 거리의 제곱에 반비례하는 세기의 힘으로 잡아당기는 걸까? 내가 옆에 있는 의자를 밀 때에 힘은 내 손을 통해서 의자로 직접 전달되며, 힘의 세기는 힘을 주는 내가 정한다. 그런데 사과가 땅에 떨어질 때에는 사과는 그 방향에 지구가 있다는 것을 어떻게 알고 있는 것일까? 지구와 달 사이에는 아무것도 없이 38만 킬로미터의 엄청난 거리만큼 떨어져 있는데도 어떻게 서로 잡아당겨서 서로를 향해 '떨어지게' 만드는 걸까? 이러한 '원격 작용'의 문제는 뉴턴을 평생 괴롭혔다. 그러나 위대한 천재 뉴턴조차도 결국 만족할 만한 해결은 보지 못하고 "보이지 않는 손"을 통해 힘이 전달된다고 하고 말았다. 이것은 임시방편의 설명일 뿐이었다.

힘의 전달과 물질의 상호 작용에 관한 이론적인 발전은 위대한 실험가인 패러데이를 통해 이루어졌다. 전자기학의 발전에 커다란 역할을 한 패러데이는 전하의 존재가 주변 공간에 힘의 '장(場, field)'을 만든다는 개념을 창안했다. 그러면 전하는 전하끼리 상호 작용을 하는 것이 아니라 각 전하가 만들어 낸 장과 상호 작용을 하는 것이 된다. 더 이상 멀리 떨어진 물체가 어떻게 상호 작용을 하는가를 염려할 필요가 없어진 것이다. 그러나 장이라는 개념은 당시의 사람들에게 생소했다. 게다가 뉴턴이 절대적인 권위를 가지고 있었던 시대에 뉴턴이 하지 않은 이야기는 좀체 받아들여지지 않았다.

다행히도 장 개념의 진가를 알아본 사람들이 있었다. 흔히 켈빈 경으로 불리는 윌리엄 톰슨과 맥스웰이다. 맥스웰은 패러데이의 장 개념을 발전시켜 자신의 이름이 붙은 방정식으로 장을 기술하는 데 성공했다. 맥스웰 방정식은 우리 주변의 일상적인 현상부터 우주적인 규모까지 성립하는, 거의 모든 것의 이론에 가까운 방정식이다. 또한 맥스웰의 방정식에는 맥스웰이 의도하지 않은 특별하고 심오한 성질이 두

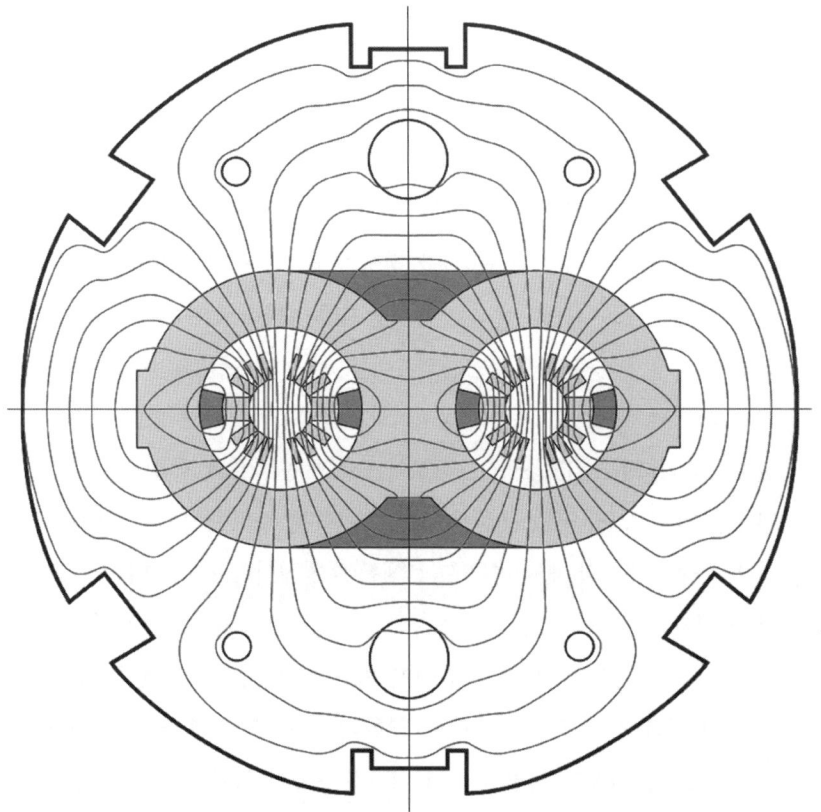

그림 6-1 LHC 쌍극자 자석 주위에 형성된 자기장.

가지 들어 있었는데 그것은 맥스웰 방정식이 저절로 아인슈타인의 특수 상대성 이론에 부합한다는 것과, '게이지 대칭성(gauge symmetry)'이라는 성질을 가진다는 것이었다. 현대 물리학의 핵심 개념은 '대칭성'이며 그중에서도 '게이지 대칭성'은 물질의 상호 작용을 설명하는, 입자 물리학에서 가장 중요한 대칭성이다. 게이지 대칭성은 워낙 중요한 개념이므로 조금 자세히 이야기해 보겠다.

먼저 머릿속에 대칭적인 어떤 모양을 떠올려 보자. 원을 떠올리는 사람도 있을 테고, 정삼각형을 떠올리는 사람도 있을 것이다. 그 밖에도 얼마든지 대칭적인 모양을 생각해 낼 수 있다. 그러면 질문해 보자. 왜 그 모양을 대칭적이라고 하는가? 우리는 어떤 경우에 대칭적이란 말을 쓰는가? 대칭성이란 무언가? 정삼각형이라면 좌우를 바꾸어도 원래 모양 그대로이므로 우리는 이것을 대칭적이라고 한다. 또는 정삼각형을 무게 중심을 축으로 3분의 1바퀴, 즉 120도를 회전시켜도 원래 모습 그대로이므로 역시 대칭적이라고 한다. 원이라면 중심을 축으로 어떻게 돌려도 원래 모습 그대로이므로 대칭적이다. 지금까지 말한 것을 종합해 보면, 어떤 물체에 무언가 변화를 주었는데도 그 물체가 원래 모양 그대로일 때 우리는 그 물체를 대칭적이라고 부른다는 것을 알 수 있다.

좀 더 수학적인 말로 바꾸면 어떤 변환에 대해, 변하지 않는 것이 있을 때 우리는 대칭성이 있다고 말한다. 아주 딱딱한 표현을 하나 인용해 보자. 게이지 대칭성에 처음으로 주목한 사람인 수학자 헤르만 바일(Hermann Weyl)은 대칭성이란 "보형 변환(保型變換, automorphic tranformation)에 따른 원소들의 배치의 불변성"이라는 일반적인 정의를 내렸다.[1] 괴상한 단어에 너무 놀라지 말기를 바란다. 이 단락의 첫 문장과 그리 다르지 않은 말이니까.*

---

* 대칭성과 변하지 않는 양의 관계를 수학적으로 정립한 사람은, 여성이라는 이유로 학문의 세계에서 온갖 핍박을 받았지만, 20세기 최고의 수학자라고 할 다비트 힐베르트(David Hilbert)와 20세기 최고의 물리학자일 아인슈타인으로부터 온갖 찬사를 들은 바 있는, 위대한 수학자 아멜리에 에미 뇌터(Amalie Emmy Noether)다.

삼각형이나 원의 대칭성처럼 우리 눈에 보이는 기하학적인 대칭성 말고도, 물리학에는 많은 대칭성이 있다. 대칭성은 물리학 이론을 구축하는 기본 원리다. 예를 들어 뉴턴의 역학 법칙은 공간의 이동이나 회전에 대해서 대칭성을 가지고 있다. 쉽게 말해서 뉴턴의 법칙은 우리가 서울에서 대전으로 이동한다고 해서, 동서남북 회전한다고 해서 성립하던 게 성립하지 않거나 하지 않고 언제나 어디서나 똑같이 성립한다는 말이다.

그럼 게이지 대칭성이란 무언가? 게이지(gauge)는 사전에 따르면, 표준 치수, 총포의 구경, 철사의 굵기처럼 공작물을 재거나 검사할 때 기준이 되는 길이, 각도, 모양 따위를 통틀어 일컫는 말이다. 게이지는 한마디로 무언가를 측정하는 기준, 또는 척도를 뜻한다. 게이지 대칭성을 가진다는 것은 측정 기준, 척도, 혹은 측정을 하는 시공간의 위치에 변환이 생겨도 변하지 않는 것을 말한다. 게이지 대칭성은 우리 눈에 보이는 성질에 관한 대칭성이 아니라 내부에 숨어 있는 성질에 관한 대칭성이다. 게이지 대칭성을 상상하기 위해 다음과 같은 예를 생각해 보자. 운동장에 사람들이 줄을 맞추어서 가로와 세로가 같은 수인 바둑판 모양으로 서 있다고 해 보자. 사람들이 일제히 왼쪽으로 돌아선다면, 돌아서고 난 후에도 사람들이 서 있는 전체 모양은 바뀌지 않을 것이다. (정확히 똑같으려면, 사람들도 모두 똑같이 생기고 똑같은 옷을 입은 클론들이라고 해야겠다.) 이와 같이 위치에 관계없이 모든 사람들이 한꺼번에 똑같이 움직이는 광역 변환에 대해 변하지 않는 것을 '광역 대칭성(global symmetry)'이라고 한다. 지금 든 예에서 사람들이 서 있는 모습은 좌향좌, 혹은 우향우 90도 돌아서는 변환에 대해 광역 대칭성을 가진 게다.

그럼 이 계에 게이지 변환을 줘 보자. 게이지 대칭성은 내부에 숨어 있는 대칭성이므로 사람들 각각 주머니 속에 시계가 하나씩 들어 있다고 해 보자. 게이지라는 것은 무언가를 측정하는 기준이다. 그 기준은 사람마다 마음대로 잡을 수 있다. 즉 12시를 기준으로 할 수도 있고 6시를 기준으로 해도 된다. 여기서 게이지 변환은 시계 바늘을 돌려서 이 기준을 바꾸는 것이다. 사람마다 언제든지 주머니 속에 들어 있는 시계를 자기 마음대로 제각각 돌릴 수 있다. 그래도 다른 사람이 시계를 어떻게 돌렸는지를 모두가 서로 안다면 상황은 마찬가지다. 이 계에서 게이지 대칭성이라는 것은 게이지 변환을 하더라도, 즉 아무나 자기 시계를 마음대로 돌리더라도 물리적 상황이 변하지 않는 것이다. 그러므로 게이지 대칭성이 유지되려면 한 사람이 시계 바늘을 돌린 것이 다른 사람에게도 알려져야 한다. 예를 들어 모든 사람의 시계 바늘이 가는 줄로 연결되어 있어 한 사람이 시계 바늘을 돌리면 다른 이들도 모두 알게 되는 경우를 생각해 보자. 아무나 자기 시계를 돌려도(게이지 변환) 그 효과는 모든 사람을 연결하고 있는 줄을 통해 상쇄되어 대칭성이 유지된다. 이와 같이 게이지 대칭성을 유지하기 위해서는 시계 바늘을 연결한 줄처럼 그 효과를 상쇄시키는 매체가 필요하다. 그런 역할을 하는 매체가 바로 '게이지장(gauge field)'이다.

　게이지 이론에서 게이지장은 대칭성을 유지하며 물질과 물질 사이의 상호 작용을 중개한다. 게이지장은 물질의 게이지 대칭성을 유지시켜 주는 형태로 게이지 변환을 하는데, 게이지장의 구조는 바로 맥스웰의 전자기학에서 전기장과 자기장의 포텐셜(potential)이라고 부르는 양과 같다. 즉 맥스웰의 전자기 이론은 이미 게이지 대칭성을 이론 안에 가지고 있었던 것이다. 이것을 처음으로 파악한 사람이 바일이다. 바일은 아인슈타인의 일반 상대성 이론의 원리를 추상적인 공간으로 확장해 게이지 대칭성이란 개념을 만들고 이것을 통해 맥스웰의 방정식을 유도해 낼 수 있음을 보였다. 나아가서 바일은 게이지 대칭성의 원리에 따라 전자기력과 중력을 통일하려고 했다. 바일의 시도는 완성되지 못했고 아인슈타인으로부터도 최종적으로는 반박을 받았지만, 게이지 대칭성의 개념을 물리학에 도입하고 통일장 이론의 선구적인 업적이 된 바일의 연구는 이후의 물리학에 넓고 깊은 영향을 남겼다.

그림 6-2 게이지 대칭성 개념을 물리학에 도입하고 통일장 이론 연구에 선구적인 업적을 남긴 헤르만 바일.

양자 전기 역학, 무한대의 함정을 넘어

전자기 상호 작용에 대한 맥스웰의 방정식은 숱한 전자기 현상 속에서 찾아낸 공통된 패턴과 규칙성을 모두 정리한 것이다. 이 방정식을 통해 전기장과 자기장에 대한 거의 모든 것이 설명되었고, 또한 전자기파라는 것에 대해서도 사람들이 알게 되었다. 이 방정식으로 표현되는 전기 역학의 체계는 뉴턴의 방정식이 그랬듯이 자연 현상을 잘 설명해 주었다. 그러나 20세기에 접어들어 원자의 내부를 탐색하게 되면서 사람들은 원자의 세계를 설명하는 데는 더 이상 뉴턴과 맥스웰의 '고전' 역학 체계가 제대로 맞지 않는다는 것을 깨달았다. 원자 수준에서 일어나는 많은 현상들 속에서 새로운 규칙성을 찾으려는 노력 끝에 양자 역학이라는 새로운 체계가 만들어졌다. 양자 역학은 원자와 분자 수준에서 일어나는 일을 이해할 수 있게 해 주는 이론적 기반이 되었다. 이제 물리학자들의 과제는 이 양자 역학의 원리를 가지고 맥스웰의 전기 역학을 다시 정립하는 것이 되었다. 즉 전자와 같은 입자뿐만 아니라 전기장과 자기장을 양자 역학적으로 설명하고, 아인슈타인의 상대성 이론과도 부합하는 이론을 만들어야 하는 것이다. 왜냐하면 전기장과 자기장이 만드는 전자기파가 곧 빛이기 때문이었다. 1928년 디랙은 전자를 상대성 이론적으로 옳게 다루는 방정식을 쓰는 데 성공했다. 그리고 1929년경에는 파울리, 요르단, 하이젠베르크 등이 장의 양자론을 만들어 냈다. 양자 전기 역학(Quantum Electrodynamics, QED)이 태동한 것이다.

순조롭게 발전할 듯했던 양자 전기 역학은 얼마 지나지 않아서 난관에 부딪혔다. 1930년 오펜하이머는 「장과 물질의 상호 작용의 이론에 관해(Note on the Theory of the Interaction of Field and Matter)」라는 논문에서 "현재의 이론은 전하와 그 전하에서 나오는 장과의 상호 작용이 반드시 존재하며, 이 이론은 원자의 에너지 준위와 흡수 방출선의 주파수를 계산하면 잘못된 예측이 나온다는 것을 보였다."라고 밝혔다.[2] 즉 양자 전기 역학으로 물리량을 계산했더니 계산이 정확해지기는커녕 무한대가 나와 버렸다는 것이다.

물리학 계산에서 무한대가 나온다는 것은 흔히 그 계산을 하는 데 사용한 원리나 법칙이 더 이상 옳지 않다는 것을 의미한다. 예를 들어 쿨롱의 법칙에 따르면 전기력은 거리의 제곱에 반비례하므로 두 점전하(點電荷)의 거리가 0인 경우 무한대가 된다. 이것은 아주 가까운 거리에서는 쿨롱의 법칙이 맞지 않다는 것을 의미한다. 이것은 분명 옳다. 아주 가까운 거리에서는 고전적인 쿨롱의 법칙이 아니라 양자 역학을 적용해야 하니까. 그런데 바로 그 양자 전기 역학도 무한대 값을 주는 것이다. 이것은 부분적인 재난이 아니었다. 양자 전기 역학을 적용해 계산하면 거의 모든 경우에 결과가 무한대가 되어 버렸다. 전자의 질량, 자기 모멘트, 쌍극자 모멘트 등 어떤 것도 이 재난을 피하지 못했다. 양자 역학의 문제일까? 양자 전기 역학을 만드는 데 잘못이 있는 걸까? 하이젠베르크, 파울리, 디랙, 바이스코프 등 양자 역학의 건설자들은 일제히 이 문제에 집중했다.

맨해튼 프로젝트를 이끌었고, 전후 프린스턴 고등 연구소의 소장을 맡고 있던 오펜하이머가 1947년 주관한 셸터(Shelter) 섬 회의에서 컬럼비아 대학교의 램이 수소 원자의 분광학적 미세 구조는 디랙 방정식으로 계산한 것과는 작지만 차이가 있음을 보였다. 종래의 양자 역학이 설명하지 못하는 부분이 모습을 드러낸 것이다. 이 미세한 스펙트럼의 차이를 '램 이동(Lamb shift)'이라고 부른다. 이 램 이동을 설명하기 위한 양자장 이론(quantum field theory)을 어떻게 구축할 것인가가 이 회의의 중심 주제가 되었다. 회의에서 돌아오는 기차 안에서 한스 알브레히트 베테(Hans Albrecht Bethe)는 램 이동을 어림하는 최초의 계산을 했다. 양자 전기 역학으로 제대로 계산을 하면 될 것 같았다. 그러나 결국 이 문제의 해결은 양자 역학의 창시자들보다 그다음 세대 물리학자들의 손에 맡겨졌다. 그 주인공은 슈윙거와 파인만 같은 젊은 미국 물리학자들이었다.

일찌감치부터 신동으로 유명했던 줄리언 시모어 슈윙거(Julian

그림 6-3 셸터 섬 회의의 젊은 물리학자들. 왼쪽에서부터 서 있는 이들이 윌리스 램과 존 휠러고, 앉아 있는 이들이 에이브러햄 페이스, 리처드 파인만, 헤르만 페시바흐, 줄리언 슈윙거다.

Seymour Schwinger)는 뉴욕 시립 대학을 다니면서 혼자서 수학과 물리학을 공부하다가 컬럼비아 대학교로 옮겨서 이시도어 아이작 라비 밑에서 학위를 받았다. 라비의 표현에 따르면 자기 방에 웬 꼬마가 나타나서 자기가 고심하던 문제를 척척 풀어 눈이 뒤집히게 놀랐다고 한다. 라비는 당장 그 꼬마를 컬럼비아로 오게 했다. 슈윙거는 학위를 받은 후 버클리에서 오펜하이머와 함께 일했고, 전쟁 후 하버드 대학교의 교수가 되어 셸던 리 글래쇼(Sheldon Lee Glashow) 등을 길러 냈다. 그는 과학계에서 제자를 많이 배출한 것으로 유명한데 그에게서 박사 학위를 받은 사람만 70명이 넘는다고 한다. 그중 글래쇼를 비롯 4명이 노벨상을 받았다. (4명 중 월터 콘(Walter Kohn)은 화학상을 받았다.) 리처드 파인만은 20세기 후반의 과학자로서는 스티븐 호킹(Stephen Hawking)과 함께 가장 널리 알려진 인물이라 새삼 소개할 필요도 없을 것이다. 프린스턴 대학교에서 존 아치볼드 휠러(John Archibold Wheeler)를 지도 교수로 해서 박사 학위를 받은 파인만은 전쟁 중에는 로스 앨러모스에서 일했고 전쟁이 끝난 후 한스 베테에게 스카웃되어 코넬 대학교에 자리를 잡았다.

밀리컨, 아서 홀리 콤프턴(Arthur Holly Compton), 오펜하이머, 휠러 등의 세대까지만 해도 미국의 물리학자들은 유럽 유학을 당연하게 여겼다. 학문의 중심지는 유럽이었고, 괴팅겐, 베를린, 케임브리지, 파리, 빈이었다. 양자 역학의 성지는 보어가 있는 코펜하겐이었고 로마 역시 페르미 주도로 독자적인 업적을 내놓고 있었다. 미국에도 좋은 대학이 많이 있었으나 아직 지도적인 위치에 있다고 할 만한 곳은 거의 없었다. 그러나 전쟁의 먹구름이 유럽 대륙을 뒤덮어 가면서 상황이 바뀌기 시작했다. 우선 독일에서 유태계 학자들이 대거 이동했다. 보른처럼 영국으로 간 사람도 있었으나 아인슈타인처럼 많은 사람들이 미국을 향했다. 유태인 탄압이 노골화되면서 유진 폴 위그너(Eugene Paul Wigner), 폰 노이만, 레오 질라드(Leó Szilárd) 같은 헝가리 인들, 페르미 같은 이탈리아 인들, 파울리와 같은 오스트리아 인들이 대거 미국으로 향했다. 제2차 세계 대전이 일어나자 유럽에는 안전한 곳이란 거의 없었다. 중립국이었던 덴마크의 보어도 미국으로 피신했고, 상당수는 전쟁이 끝나고 난 뒤에도 미국에 그대로 남았다. 전쟁이 끝나자 미국은 정치·경제·군사·학문적으로 세계의 중심이 되었고 미국의 대학에서 길러 낸 인재들은 다른 곳을 갈 필요를 느끼지 않았다. 학계의 헤게

모니는 어느새 유럽에서 아메리카로 이동한 것이다. 이 시기에 순수한 미국 출신 물리학자의 새로운 세대를 대표하는 사람들이 슈윙거와 파인만이다.

  무한대 문제에 슈윙거와 파인만이 내놓은 해결책은 무한대를 다른 무한대로 제거하는 것이었다. 양자 전기 역학은 앞서 언급한 오펜하이머의 논문 제목처럼 전자기장과 전자기장의 근원이 되는 전하를 가진 물질의 상호 작용을 기술하는 이론이다. 그러나 슈윙거와 파인만 이전까지만 해도 가장 단순한 전하를 띤 물질인 전자 하나의 질량, 전하마저도 제대로 계산하지 못했다. 전자가 만들어 내는 전자기장의 효과를 무시하고 오직 전자만 생각할 때, 이 전자를 '맨전자(bare electron)'라고 부른다.* 맨전자의 물리량은 맨물리량이라고 한다. 예를 들면, 맨전자의 질량, 전하 등은 맨질량(bare mass), 맨전하(bare charge)라고 하는 식이다. 그런데 사실 맨전자란 가설적인 존재이고 현실적인 존재가 아니다. 전자가 있으면 전자가 만드는 전자기장이 항상 존재하며 전자기장은 다시 전자와 양전자를 만들어 낼 수 있기 때문이다. 그래서 전자가 있으면 이러한 효과가 전자 주변을 둘러싸게 되며, 그 결과 관찰되는 전자의 전하나 질량은 변하게 된다. 맨전하의 물리량을 계산하면 무한대가 나오고 전자기장의 효과 때문에 물리량이 변하는 양 또한 계산해 보면 무한대가 나온다. 하지만 실제 전자의 질량은 $0.51099810 \text{MeV}/c^2$처럼 유한한 값이다. 슈윙거와 파인만은 유한한 값을 가진 우리가 보고 있는 물리량은 맨전자의 물리량에서 나오는

---

* bare를 '맨-'으로 번역하는 것은 한국물리학회에서 정한 용어다. 이것보다 나은 번역어를 찾지 못해서 따른다.

무한대와 전자가 만드는 전자기장의 모든 양자 효과가 만드는 무한대는 서로 상쇄되고 남은 것이라고 생각했다.

슈윙거와 파인만은 질량과 전하와 같은 측정된 실제 기본 물리량을 수식에 집어넣어 맨질량과 맨전하를 계산할 때 나오는 무한대와 전자기장이 만드는 무한대가 상쇄되어 없어지고 측정된 물리량이 나오도록 규칙을 정립했다. 그다음부터 다른 물리량들을 계산할 때 그 규칙에 따라서 무한대를 제거하면 체계적으로 무한대가 계속 상쇄되어 모순 없이 필요한 물리량을 얻을 수 있다. 이런 과정을 '재규격화(renormalization)'라고 하며 재규격화되는, 즉 모든 물리량의 무한대가 체계적으로 상쇄되는 이론을 '재규격화 가능한 이론'이라고 한다. 슈윙거는 아인슈타인의 상대성 이론의 기반인 로렌츠 대칭성과 맥스웰의 전자기 이론에 내재된 게이지 대칭성을 기본 원리로 삼아, 고도의 정밀한 계산을 통해 양자 전기 역학이 재규격화 가능한 이론임을 보였다.

셸터 섬 회의는 1948년 펜실베이니아 주 포코노(Pocono)에서 열린 회의로 이어졌다. 슈윙거는 여기서 최초로 그가 완성한 양자 전기 역학을 그 특유의 깐깐한 방식으로 펼쳐 보였다. 그는 하루 종일 노트도 없이 칠판 한쪽 끝에서 다른 쪽 끝까지 방정식을 줄줄이 유도해 가면서 강의했다. 디랙, 보어, 휠러, 라비, 오펜하이머 등 당대 최고의 물리학자들만 모인 포코노 회의에서도 슈윙거의 계산을 다 따라간 것은 페르미와 베테나 오펜하이머 같은 최정상의 몇몇뿐이었다고 한다.[3] 슈윙거는 이후 장 이론을 더욱 정교하게 다듬어서 현대적인 양자장 이론의 수학적 근거를 확립했다.

슈윙거 다음 차례였던 파인만은 칠판을 가득 메운 방정식을 지우고 대신 허술한 수식과 기호와 화살표로 그렸다. 파인만은 일정한 규

6장 입자 물리학의 근간, 게이지 이론   183

칙에 따라 그린 그림을 이용하는 직관적인 방법으로 슈윙거와 같은 결론에 도달했다. 파인만 다이어그램(파인만 도형)이 세상에 첫선을 보인 것이었다. 다른 물리학자들은 어리둥절해 했고, 처음에는 그 누구도 파인만이 말하는 바를 이해하지 못했다. 심지어 오펜하이머는 적대적이기까지 했다.

영국에서 수학을 공부하고 미국으로 와서 베테 밑에서 물리학을 배우던 프리먼 존 다이슨(Freeman John Dyson)은 당시 대학원생이라 포코노 회의에는 참가하지 못했지만, 코넬 대학교에서 파인만과 가까이 지내면서 파인만의 이론을 잘 이해하게 되었다. 슈윙거 스타일의 계산과 파인만의 독특한 방법을 모두 깨우친 다이슨은 1949년 마침내 이들의 이론이 완전히 일치한다는 것을 확인하고 프린스턴 고등 연구소에서 발표했다. 파인만의 방법을 특히 마음에 들지 않아 하던 오펜하이머는 다이슨과 격렬한 토론을 벌였으나 결국 다이슨이 옳다는 것을 받아들였다. 사람들은 곧 슈윙거의 계산을 따라가기보다 파인만의 직관적 방법을 배우는 편이 비교조차 할 수 없이 쉽다는 것을 깨달았다. 얼마 지나지 않아 슈윙거의 방법으로 양자 전기 역학을 계산하는 사람은 찾아보기 어려워졌다. 슈윙거는 쓴웃음을 지을 따름이었다.

오늘날 거의 모든 물리학자들은 파인만 다이어그램을 이용해 물리적 과정을 계산한다. 여기서 이론을 자세히 설명하지는 않고 파인만이 개발한 파인만 다이어그램을 보는 법만 간단히 언급하겠다. 뒤에서 물리적 과정을 소개할 때 종종 파인만 다이어그램을 이용하게 될 것이기 때문이다. 물리학자들이 파인만 다이어그램을 그리는 규칙은 아주 엄격한 것은 아니어서 책마다, 논문마다 약간씩은 다르다. 대개 **직선**으로 전자와 같은 페르미온을, **물결선**으로 광자나 약한 상호 작용의 게이지 입자를, **점선**으로 스칼라 입자를 나타낸다. 단, 글루온은 게이지 입자지만 보통 나선으로 그린다. 이 입자들이 결합하는 방식은 이론의 대칭성에 따라서 정해진다. 어떤 물리적 과정을 계산하려면 입자들과 그들의 결합을 이용해 모든 가능한 그림을 그리면 된다. 시간은 왼쪽에서 오른쪽으로(또는 아래에서 위로) 흐른다고 생각한다.

그림 6-4는 파인만 다이어그램의 예다. 이 다이어그램은 전자와 양전자의 탄성 충돌을 나타낸 것인데, 양자 효과를 고려하지 않은 가장 중요한 첫 번째 항이다. 입자의 세계에서 '탄성 충돌'이란 충돌 전의 입자와 충돌 후의 입자가 같다는 것을 의미한다. 이때 그림과 같이 두 종류의 다이어그램이 가능한데 이것은 두 종류의 충돌 방식이 존재함을 의미한다. 파인만 다이어그램은 일단 그림이 그려지면 체계적인 규칙에 따라 그림을 수식으로 바꿔 쓸 수 있다.

한편 유카와 히데키의 중학교, 고등학교, 대학교 동창인 일본의 도

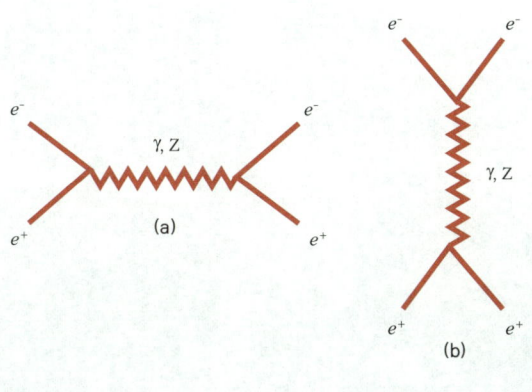

그림 6-4 전자와 양전자의 탄성 충돌을 나타내는 파인만 다이어그램. e^-는 전자, e^+는 양전자, γ는 광자, Z는 보손이다.

그림 6-5 파인만 다이어그램을 고안해 낸 파인만. 1984년 모습.

모나가 신이치로는 전쟁 중의 일본에서 완전히 독립적으로 '다중 시간 이론'이라는 방법을 개발해 양자 전기 역학이 재규격화될 수 있음을 보였다. 1948년 도모나가는 자신의 논문이 실린 일본의 영어 학술지 《이론 물리학의 진보(Progress of Theoretical Physics)》 2호를 미국의 베테에게 보냈다. 미국의 물리학자들은 깜짝 놀라고 감동했다. 도모나가는 슈윙거 이론의 핵심을 훨씬 간단하고도 명쾌하게 설명했기 때문이다. 더구나 그 논문의 각주에는 이 논문은 1943년 일본어로 발표된 논문의 번역이라고 씌어 있었다. 비록 그 논문이 양자 전기 역학을 완성한 것은 아니었지만 도모나가는 슈윙거와 파인만보다 5년이나 먼저, 혼자서 새로운 세계로 가고 있었던 것이다. 다음해 오펜하이머는 도모나가를 프린스턴으로 초청했고 그 후 도모나가의 그룹이 미국에 와서 함께 연구하게 되었다.[4] 슈윙거, 파인만, 도모나가는 양자 전기 역학을 완성한 공로로 1965년 노벨 물리학상을 공동 수상했다.

 이렇게 완성된 양자 전기 역학은 전자기 현상을 상대성 이론과 양자 역학에 맞게 만든 게이지장 이론이다. 간단하게 말해서 빛과 전자를 기술하는 이론이다. 양자 전기 역학은 인류가 가진 이론 중 가장 완벽한 이론, 즉 가장 정밀한 이론이다. 예를 들어 전자의 양자 역학적 효과에 따른 자기 모멘트 값을 양자전기역학으로 계산한 결과는 0.01159652190이다. 그런데 최근의 실험값은 0.0115965218111±0.00000000000074이다. 소수점 아래 열 번째 자리까지 일치하는 것이다.[5] 이런 정밀도는 대략 우리나라에서 LHC까지의 거리를 측정할 때 1밀리미터 내의 오차로 맞히는 것에 해당한다. 양자 전기 역학의 성공은 기본 입자 세계의 상호 작용을 기술하는 방법에 대한 하나의 모범이 되었다.

약한 상호 작용의 비밀을 벗기다!

방사성 물질에서 나오는 방사선이 사실은 여러 종류라는 것을 처음 밝힌 것은 어니스트 러더퍼드였다. 방사선이 자기장 속을 통과하면 알파선과 베타선은 서로 반대 방향으로 휘어지고 감마선만이 영향을 받지 않고 직진한다. 이것이 의미하는 바는 감마선은 전하를 띠지 않으며 알파선과 베타선은 서로 반대되는 전하를 가지고 있다는 것이다. 이후 베타선은 당시 이미 잘 알려져 있던 음극선과 완전히 같다는 사실, 즉 전자로 이루어져 있다는 사실이 확인되었고, 알파선은 알파선의 전문가인 러더퍼드가 헬륨의 원자핵이라는 것을 밝혀냈다.

그런데 원자핵이 베타선을 방출하고 다른 원자핵으로 바뀌는 베타 붕괴는 1920년대까지 설명되지 않아 물리학자들을 몹시 괴롭혔다. 베타 붕괴가 일어나면 원자핵의 원자 번호가 하나 증가하고, 원자량은 거의 변하지 않는다. 붕괴 전후의 원자핵의 상태는 정확하게 측정할 수 있으므로, 베타 붕괴가 일어나는 동안 튀어나온 전자의 에너지는 에너지 보존 법칙에 따라 붕괴 전후 원자핵들이 가진 에너지의 차이로 정확하게 정해져야 한다. 그런데 실제로 측정해 보면 베타 붕괴에서 나온 전자의 에너지는 특정한 값이 아니라 다양한 값을 가진다. 이것은 에너지 보존 법칙이 맞지 않는 것처럼 보였다. 그러나 물리학자에게 에너지 보존 법칙은 공기 같은 것이다. 잠시라도 그것 없이는 견디지 못한다. 그래서 많은 물리학자들은 에너지가 당시 실험으로는 관측할 수 없는 방식으로 사라졌다고 생각하고, 베타 붕괴에서 사라진 에너지를 찾기 위해 감마선을 찾고 열량계를 쓰는 등 갖은 방법을 동원해서 실험을 했지만 결국 찾아내지 못했다. 보어조차 한때 에너지 보존 법칙을 거의 포기할 뻔할 정도였다. 그러나 철두철미한 물리학자인 파울리는 그것을 참아내지 못하고 1930년에 차라리 보이지 않는 입자를 하나 더하는 쪽을 선택한다. 베타 붕괴 시 전자 말고도 보이지 않는 어떤 입자가 함께 튀어나온다고 생각한 것이다. 파울리의 표현에 따르면 "필사의 선택"이었다. 그렇게 하면 에너지 보존 법칙 및 운동량과 각운동량 보존 법칙에 위배되지 않게 베타 붕괴를 설명할 수 있다.

사실, 보이지 않아 존재를 확인할 수 없는 물질도 물리학자가 싫어하는 것은 마찬가지다. 자연 과학인 물리학에서는 있는지 없는지 알 수 없어 맞고 틀리는지를 확인할 수 없는 존재란 골칫거리다. 더구나 이론가라면 그런 편의적인 것을 동원하는 것은 최하급의 해결책이라고 느낀다. 누구보다도 엄격한 물리학자였던 파울리가 그런 입자를 도입하려 했을 때 얼마나 괴로웠을지 짐작이 간다.*

그러나 차츰 놀랍게도 파울리의 생각이 맞다는 증거가 나타나기 시작했다. 원자핵의 베타 붕괴는 사실은 중성자가 전자를 내놓고 양성자로 바뀌는 현상이다. 원자 내에서 안정되게 존재하는 중성자는 더 이상 붕괴하지 않지만, 자유로이 돌아다니는 중성자나 불안정한 무거운 원자핵 안의 중성자는 시간이 지남에 따라 붕괴해 다른 원자로 바뀐다. 1929년부터 베타 붕괴를 숙고하던 엔리코 페르미는 1933년 베타 붕괴를 기술하는 이론을 만들어 낸다. 그것은 전기 역학과 비슷한 형태로 기술되었지만, 전기력도, 중력도 아닌 새로운 힘, 즉 새로운 상호 작

---

* 오늘날은 그런 정도의 일은 아무것도 아니다. 입자 하나를 도입하기 위해 고심하던 파울리나 방정식에서 저절로 나타난 새로운 입자로 고심하던 디랙이 한꺼번에 원래 이론에 있던 입자보다 더 많은 수의 입자를 태연하게 집어넣는 요즘의 물리학 이론들을 본다면 혼탁한 세상이라고 한탄하지 않을까?

용을 도입한 것이었다. 전기력이나 중력이나 강한 상호 작용은 입자의 종류를 아예 바꾸지는 못한다. 그러나 이 새로운 상호 작용은 중성자를 양성자로 바꾸어 버린다. 또한 중력이나 전자기력과는 달리 멀리 떨어진 곳에서 작용하지 않는다. 이 새로운 상호 작용을 통해서 중성자는 한순간에 그 자리에서 양성자로 바뀌고, 전자와 파울리의 입자를 내놓는다. 이 상호 작용의 크기는 전자기력의 1,000분의 1 정도에 불과할 정도로 아주 작으므로 '약한 상호 작용(weak interaction)'이라고 한다.

페르미는 그의 베타 붕괴 이론을 담은 논문을 《네이처》에 보냈으나 "실제와 거리가 먼 추론을 담고 있다."라는 이유로 거절당한다. 그 바람에 베타 붕괴 이론은 영어로 출판되기 전에 이탈리아 어와 독일어로 먼저 발표되었다. 《네이처》는 1939년 1월 16일에야 베타 붕괴에 관한 페르미의 논문을 게재한다.

여기서 파울리가 도입한 입자는 전기적으로 중성이며 질량이 없는, 혹은 극히 가벼운 어떤 존재였다. 페르미가 베타 붕괴 이론을 발표하는 자리에서 청중 중 한 사람이 '파울리의 입자'가 새로 발견된 중성자(neutron)냐고 물었다. 페르미는 채드윅의 중성자는 양성자만큼 무거우며 여기 나오는 파울리의 중성 입자는 매우 가볍다고 설명했다. 가볍다는 뜻에서 페르미는 그 입자를 이탈리아 어식의 어미 -ino를 붙여서 '뉴트리노(neutrino)'라고 불렀고, 이것이 새 입자의 이름이 되었다. 우리는 neutron을 '중성자'라고 부르며 neutrino는 작을 微자를 붙여 중성미자(中性微子)라고 부른다.

중성미자를 실제로 발견한 것은 훗날 클라이드 코원(Clyde Cowan)과 프레더릭 라이너스(Frederick Reines) 팀이었다. 그들은 베타 붕괴의 역작

190　2부 양자장의 바다에서

그림 6-6 프레더릭 라이너스(왼쪽)와 클라이드 코원(오른쪽).

용(반중성미자와 양성자가 결합해 중성자가 되고 양전자를 방출하는 역베타 반응)을 통해 1956년 중성미자의 존재를 확인했고, 그 업적으로 라이너스는 1995년 노벨 물리학상을 수상했다.

이 중성미자는 지구 대기권에서도 만들어진다. 예를 들어 우주선이 대기권의 공기 분자와 충돌하면 파이온과 뮤온이 만들어진다. 파이온은 곧바로 붕괴해 뮤온이 되고, 뮤온은 곧 전자와 중성미자로 붕괴한다. 뮤온의 수명은 하드론보다 훨씬 길어서 100만분의 2초쯤 되는데, 그 정도의 시간 동안 빛의 속도로 날아간다고 해도 도달 거리는 약 600미터에 불과하다. 그러나 우주선에서 만들어져서 높은 에너지를 가지고 빠른 속도로 날아가는 뮤온은 아인슈타인의 상대성 이론의 시간 지연 효과 때문에 수명이 길어져 지상에까지 내려와서 직접 관측되기도 한다. 이것은 상대성 이론의 시간 지연 효과를 가장 잘 보여 주는 예이기도 하다. 물리학자들은 곧 이 파이온의 붕괴나 뮤온의 붕괴 현상도 원자핵의 베타 붕괴를 기술한 페르미의 이론으로 설명할 수 있음을 알아차렸다. 그리고 그 형태며 상호 작용의 크기가 모두 같다는 것을 확인했다. 이 붕괴 현상들 역시 약한 상호 작용이 일으키는 현상임을 알게 된 것이다.

약한 상호 작용의 크기를 나타내는 수를 '페르미 상수'라고 하고, G_F라고 쓴다. 약한 상호 작용이라는 개념이 확립되기 전에는 이 현상들을 흔히 '보편적 페르미 상호 작용(Universal Fermi Interaction)', 줄여서 '우피(UFI)'라고 불렀다.

그런데 이 약한 상호 작용은 독특하고 기묘한 특성을 가지고 있다. 이것을 밝혀낸 것은 제2차 세계 대전이 끝난 직후 미국으로 건너온 두 젊은 중국인 과학자였다. 양전닝(楊振寧, Chen-Ning Yang)과 리정다오(李政道, Tsung-Dao Lee)는 모두 시카고 대학교에서 페르미의 영향을 받았다는 공통점을 가지고 있었다. 1949년 프린스턴 고등 연구소에서 다시 만난 두 사람은 공동 연구를 시작했고, 이들의 공동 연구는 리정다오가 컬럼비아 대학교로, 양전닝이 브룩헤이븐 연구소로 자리를 옮긴 뒤에도 계속 이어졌다. 1956년경 이들은 약한 상호 작용은 아무래도 '패리티(parity, 반전성)'라는 대칭성을 지키지 않는 것 같다는 생각에 도달했다.

패리티란 공간이 뒤집히는 변환에 대해 변치 않는 대칭성을 말한다. 공간이 뒤집힌다는 말은 상하, 좌우, 앞뒤가 모두 바뀌는 것을 의미하는데, 우리가 사는 3차원 공간에서는 이렇게 변환된 모습을 거울에서 쉽게 볼 수 있다. 패리티 대칭성은 간단하게 말하면 거울에 비친 것과 같다. 즉 거울에 비친 세계와 우리가 사는 세계의 물리 법칙이 같은가 다른가 하는 것이다. 예를 들어 오른나사와 왼나사는 거울 속에서 서로 바뀐다. 그러므로 오른나사와 왼나사가 쌍으로 있다면 거울 속에서도 왼나사와 오른나사가 역시 쌍으로 있게 되므로 패리티 대칭성은 유지된다. 인간 세상에서는 대부분 오른나사만 있으므로 패리티가 깨어져 있다고 할 수 있지만, 자연은 오른나사와 왼나사를 구별할 이유가 없기 때문에, 아마 오른나사와 왼나사가 똑같은 수만큼 있을 것이라는 것이 물리학자들 대부분의 생각이었다.

예를 들어 전자기 상호 작용은 거울 속 세계나 우리 세계나 똑같이 적용되므로 패리티 대칭성이 지켜진다. 강한 상호 작용도 패리티 대칭성을 지키는 것으로 보인다. 그러나 약한 상호 작용에서는 어떨까? 이

그림 6-7 젊은 시절의 리정다오(왼쪽)와 양전닝(오른쪽).

6장 입자 물리학의 근간, 게이지 이론

와 같은 아이디어를 연구하게 된 것은 흔히 '타우-세타(τ-θ) 문제'라고 불리는 현상 때문이었다. 타우-세타 문제는 중성인 케이온이 2개의 파이온으로 붕괴하기도 하고 3개의 파이온으로 붕괴하기도 하는 현상과 관련된 문제다. 2개의 파이온과 3개의 파이온은 패리티가 다른 두 가지 상태이므로 하나의 입자가 다른 패리티 상태로 붕괴하는 셈이다. 일단 물리학자들은 파이온 2개로 붕괴하는 입자와 3개로 붕괴하는 입자가 다르다고 치고 타우와 세타라는 이름을 붙여 놓았는데, 붕괴하는 방법만 빼면 이들은 다른 점이 아무리 찾아봐도 없었다. 그래서 타우와 세타가 하나의 입자인지, 2개의 다른 입자인지 하는 것이 1950년대 초반의 주요한 관심거리 중 하나였다. 그런데 만일 약한 상호 작용이 패리티 대칭성을 지키지 않는다면 타우와 세타는 하나의 입자라고 해도 무방하게 되는 것이다.

리정다오와 컬럼비아 대학교의 같은 건물에서 근무하는 베타 붕괴 실험의 전문가인 우젠슝(吳健雄, Chien-Shiung Wu)의 조언으로 리정다오와 양전닝은 그때까지 나온 모든 베타 붕괴 실험 데이터들을 점검해 보았으나 패리티가 보존되어야 한다는 것을 의미하는 결과는 찾지 못했다. 마침내 그들은 1956년 「약한 상호 작용에서 패리티 보존에 대한 의문(Question of Parity Conservation in Weak Interactions)」[6]이라는 제목으로 논문을 발표한다.* 이 논문에서 리정다오와 양전닝은 베타 붕괴 및 메손과 하이퍼론의 붕괴에서 실험적으로 패리티가 깨지는 것을 확인하는 여러 가지 방법을 제안했다.

---

* 원래 제목은 "패리티는 보존되는가?" 하는 식의 의문형 문장이었는데, 당시만 해도 학계의 분위기가 훨씬 엄숙해서 딱딱한 제목으로 바꿔야 했다고 한다.

처음에 실험가들의 반응은 거의 없었다. 누구나 패리티는 당연히 보존되어야 하며 리정다오와 양전닝의 이론은 지나치게 파격적이라고 생각했다. 그러다가 리정다오에게 설득당한 우젠슝이 결국 코발트 60의 동위 원소를 이용한 베타 붕괴 실험을 시작했다. 미국 국립 표준국(National Bureau of Standards)의 시설을 이용해 우젠슝은 극저온에서 자기장으로 인해 스핀이 한 방향으로 정렬된 코발트 60 동

그림 6-8 패리티 깨짐을 실험적으로 증명한 여성 물리학자 우젠슝.

위 원소의 베타 붕괴를 관찰했다. 결과는 놀라운 것이었다. 이듬해인 1957년 1월 우젠슝은 베타 붕괴를 통해 나오는 전자가 오직 한 방향으로만 나온다는 결론을 내렸다. 즉 베타 붕괴를 할 때 패리티는 깨져 있다. 그것도 완전하게 깨져 있어서, 자연 법칙은 특정 방향만을 가지고 있는 것이었다. 간단히 말해서 왼나사가 오른나사보다 좀 더 많은 정도가 아니라 자연에는 아예 왼나사만 존재했다! 여기서 곧바로 약한 상호 작용에서 패리티가 깨져 있다고 말할 수 있을까? 결론을 서두르면 안 되었다. 다른 약한 상호 작용을 살펴봐야 했다.

우젠슝의 실험 결과를 전해들은 레이더먼은 리처드 가윈(Richard L. Garwin)과 함께 사이클로트론에서 만들어진 파이온의 붕괴를 관찰했다. 불과 며칠 만에 레이더먼과 가윈은 파이온의 붕괴에서도 우젠슝

과 동일한 결과를 얻었다. 1957년 1월 7일 새벽 4시 30분에 파이온의 결과를 확인한 레이더먼은 이 소식을 알리기 위해 아침 6시에 리정다오에게 전화를 했다. 리정다오는 전화벨이 한 번 울렸을 때 전화를 받았다. 레이더먼은 말했다. "패리티 법칙이 죽었어."[7] 우젠슝의 논문과 레이더먼의 논문은 곧 발표되었다.[8]

학계에 전면적인 충격을 주는 의외의 결과는 그렇게 흔한 일이 아니다. 패리티와 같이 당연히 자연에 존재하리라고 여겨졌던 대칭성이 실제로는 완전히 깨져 있다는 사실의 발견은 바로 그 드문 경우였다. 대부분의 물리학자들은 이것을 충격적으로 받아들였다. 대칭성에 대한 미학적 감각을 본능처럼 지닌 이론 물리학자들에게는 더욱 그러해서 파울리나 슈윙거 같은 이는 경악하고 탄식했다. 그해 2월에 뉴욕의 파라마운트 호텔에서 열린 미국 물리학회에는 2,000명이 몰려들었고, 《뉴욕 타임스》를 비롯한 주요 신문의 1면에 결과가 실렸다. 실험적으로 약한 상호 작용에서 패리티가 깨져 있음이 확인되자마자 양전닝과 리정다오는 1957년의 노벨 물리학상을 수상했다. 이것은 노벨상이 가장 신속하게 주어진 예 중 하나이며, 중국 출신으로서는 첫 번째 수상이기도 했다.

페르미의 약한 상호 작용에 관한 이론은 4개의 페르미온이 한 점에서 상호 작용을 하는 것으로 묘사하고 그 크기를 정해 주지만, 상호 작용의 형태가 무엇인지는 확실하게 설명하지 못했다. 페르미의 이론에서 상호 작용의 형태는 수학적으로 S, P, V, A, T라는 다섯 가지로 표현될 수 있는데 이것들을 어떤 방법으로 결합해야 올바르게 실험 결과를 표현할 수 있는지를 알 수 없었던 것이다. 이제 여기에 패리티가 깨져야 한다는 조건이 추가되었다. 예를 들어 전자기 상호 작용은 V의 형태이며 이 형태는 패리티를 보존한다. 나중에 강한 상호 작용도 같은 형태임이 확인되었다. 그렇다면 약한 상호 작용의 올바른 형태는 무엇일까? 이 문제에 관해 여러 약한 상호 작용 과정에 대해 다른 이야기를 하는 실험가들이 있었다. 베타 붕괴와 파이온의 붕괴에 대해, 혹은 베타 붕괴에 대해서도 서로 다른 주장이 있었다. 이러다가는 보편적 페르미 상호 작용(UFI)이 더 이상 '보편적'이지 않을지도 모르겠다고까지 말하는 사람도 있었다.

1957년, 인도 출신의 엔나칼 찬디 조지 수다르샨(Ennackal Chandy George Sudarshan)과 그의 지도 교수 로버트 유진 마샥(Robert Engene Marshak)은 V-A(V에서 A라는 상호 작용 형태를 빼라는 의미이다.)라는 형태가 해답이라는 생각을 가지고 있었다. 일부 실험 결과가 V-A와 어긋나기는 했지만 대담하게도 그들은 그것은 아마도 실험에 무언가 문제가 있음을 뜻할 것이며, V-A가 맞지 않는다면 보편적 페르미 상호 작용은 하나의 상호 작용으로 표현될 수 없는 것이라고 결론내렸다. 마침 겔만도 같은 생각을 하고 있던 중이었다.

공교롭게도 마침 휴가에서 돌아온 파인만 역시 이 문제에 관심을 가지고 연구 중이었다. 파인만은 여러 실험에서 보이는 스핀 변화와 리정다오-양전닝의 패리티 깨짐을 모두 포괄하는 것은 V-A가 해답이라는 결론을 내리고 논문을 쓰기 시작한 상태였다. 겔만도 질 수 없었고 겔만 역시 V-A에 관한 논문을 쓰기 시작했다. 같은 학과에 있는 두 사람이 각기 논문을 써서 경쟁하는 사태가 벌어지기 전에 캘리포니아 공과 대학의 학과장 로버트 바커(Robert F. Bacher)가 중재에 나서, 결국 두 사람은 함께 논문을 쓰는 데 동의했다. 얼마 후 파인만과 겔만의 첫 공동 논문이 발표되었다.[9]

이 논문에서 그들은 약한 상호 작용의 형태는 보편적으로 V-A라는 것을 보이고 그 크기를 계산했다. 파인만의 유명한 자서전인 『파인만 씨, 농담도 잘하시네!(Surely You're Joking, Mr. Feynman)』에서 파인만은 이 일이 그의 가장 자랑스러운 업적이며 자연이 어떻게 움직이는지 진정으로 알아낸 순간이었다고 회상했다. 오랫동안 캘리포니아 공과 대학의 동료로 있었지만 파인만과 겔만이 함께 발표한 것은 이 논문과, 츠바이그와 세 명이서 쓴 논문 두 편뿐이다. 수다르샨과 마샥의 연구는 그보다 먼저 이탈리아의 학회에서 발표되었으나 학술지를 통해 발표되지 않았고, 겔만과 파인만의 지명도에 눌려서 그 후 거의 잊혀지고 만다. 이것은 수다르샨에게 평생 상처로 남았다고 한다.[10] 아무튼 이로써 약한 상호 작용의 형태는 완전히 알려졌고 페르미의 이론은 최종적인 형태를 갖추게 되었다.

이제 약한 상호 작용 현상을 모두 설명할 수 있게 되었으니 모두가 행복해졌을까? 아니었다. 페르미의 이론 역시 양자 역학적으로 제대로 계산을 하려고 들면 초기 양자 전기 역학에서 그랬듯이 무한대가 나와 버리는 것이었다. 더구나 양자 전기 역학에서 하던 방법으로는 재규격화도 불가능했다. 완전한 약한 상호 작용 이론이 나오려면 아직 10년은 더 기다려야 했다.

한편 중성미자에 대해서도 커다란 진전이 있었다. 1959년 컬럼비아 대학교의 레이더먼, 잭 스타인버거(Jack Steinberger), 멜빈 슈워츠(Melvin Schwartz)는 약한 상호 작용과 중성미자를 연구하기 위해 순수한 중성미자 빔을 만드는 아이디어를 내놓았다. 중성미자는 워낙 다른 입자와 상호 작용을 하지 않기 때문에, 간단히 말해서 보이지 않기 때문에 그 성질을 알아내기가 무척 힘들다. 그러나 반대로 그 성질을 이용해서 순수한 고에너지 중성미자 빔을 얻을 수 있다. 예를 들어 고에너지 파이온 빔을 충분한 거리만큼 떨어진 두꺼운 벽을 향해서 쏘면, 다른 입자는 모두 벽에서 걸러지지만, 파이온이 붕괴할 때 나오는 중성미자만은 벽을 통과할 수 있다. 따라서 순수한 고에너지 중성미자 빔을 얻을 수 있는 것이다.

그들은 브룩헤이븐 연구소의 AGS 가속기에서 가속된 양성자가 파이온을 대량으로 만들어 내고, 이 파이온은 약 20미터를 날아가서 5,000톤의 강철 벽에 부딪히는 식으로 실험을 설계했다. 이 벽은 해군에서 퇴역한 전함을 하나 불하받아 거기서 나온 강철을 이용해 만든 것이었다. 처음 예상에 따르면 강철 벽으로 둘러싸인 10톤의 알루미늄으로 만든 검출기에 중성미자가 부딪혀서 역베타 반응을 보여야 했다. 그런데 결과는 예상하지 못했던 것이었다. 그들은 56개의 신호를 관측했는데, 역베타 반응에서 나오리라고 예상되었던 전자가 아니라 모두 뮤온이었던 것이다. 이것은 애초에 만들어진 중성미자가 파이온이 뮤온으로 붕괴할 때 나온 것이라는 사실과 관련이 있음이 틀림없었다. 뮤온과 함께 만들어진 중성미자는 뮤온만을 만든다. 베타 붕괴에서 전자와 함께 만들어진 중성미자는 역베타 반응에서는 전자만을 만든다. 이로부터 두 가지 중성미자는 다른 것이라는 결론을 내릴 수 있었다. 레이더먼, 스타인버거, 슈워츠 세 사람은 중성미자가 두 종류 있음을 밝혀낸 업적으로 1988년 노벨 물리학상을 수상했다.

일반화된 게이지 이론

양자 전기 역학의 성공의 여운이 남아 있던 1954년, 브룩헤이븐 국립 연구소의 양전닝과 로버트 밀스(Robert Mills)는 게이지 대칭성을 원리로 해 양자 전기 역학을 일반화하는 이론을 만들어 보고 있었다.[11] 그들은 아이소스핀 대칭성을 이용해 게이지 변환을 확장했는데 그러자 그에 따라 전자기장에 해당하는 게이지장이 세 종류가 나왔다. 양자 전기 역학의 게이지 대칭성을 수학적인 용어로 표현하면 U(1)이라는 군이다. 이것은 원둘레를 회전하는 것에 해당하는 가장 간단한 대칭성이다. 양전닝과 밀스가 새로이 확장한 아이소스핀 대칭성의 게이지 이론은 SU(2)라는 대칭성을 기반으로 한 것이었다. 확장된 이론에서 게이지장은 스핀이 1이고 아이소스핀 역시 1이며 세 종류가 존재하는데, 하나는 전자기장처럼 전기적으로 중성이었고 다른 둘은 각각 양전하와 음전하를 띠고 있었다. 이 세 종류의 게이지장은 하나의 수학적 표현에서 나온 것이므로 게이지 변환을 통해 서로 바뀔 수도 있는 것이었다.

원래 양전닝과 밀스는 양자 전기 역학이 전자기 상호 작용을 설명했듯이 이 이론으로 강한 상호 작용을 설명하고자 했다. 아이소스핀 관계는 양성자와 중성자 사이의 관계였음을 기억하자. 그러나 이 이론은 강한 상호 작용은 물론, 어떤 실제 자연 현상과도 맞지 않았다. 우선 게이지장의 질량이 문제였다. 만약 전자기장처럼 질량이 없거나 매우 가볍다면, 전기를 가진 물체가 전자기장을 낼 때 양-밀스의 전기를 가진 전자기장도 얼마든지 만들어질 것이며 이것은 전자기 현상을 크게 달라져 보이게 할 터였다. 전기를 가진 스핀 1인 입자가 자연에 존재하기는 했지만 모두 질량이 있었다. 예를 들자면 로(ρ)라고 불리는 입자는 $770\text{MeV}/c^2$의 질량을 가지며, 스핀이 1이고 전하가 0, +1, -1인 세 가지 상태가 있었다. 그러면 게이지장이 질량을 가져야 할까? 그렇게 하면 게이지 대칭성이 더 이상 성립하지 않아서 이론의 기반이 무너져 버린다. 또한, 이 이론을 집중적으로 연구한 마르티뉴스 펠트만(Martinus J. G. Veltman)은 게이지장이 질량을 가지는 양-밀스 이론은 재규격화되지 않음을 증명했다. 즉 올바른 양자 이론이 될 수 없었다. 사실 양-밀스 이론 자체가 재규격화되는지도 불분명했다.

양-밀스 이론은 이렇게 결론이 불확실한 상태였지만, 양자 전기 역학을 확장한 게이지 이론이라는 아이디어는 많은 사람들의 마음에 들었고, 특히 이론의 아름다운 구조 때문에 그 후 계속해서 여러 사람들은 양-밀스 이론을 적용해 보려고 애썼다. 그리고 1960년대에 이르러 차츰 형태를 갖추기 시작한다.

전자기-약 작용 이론과 와인버그-살람 모형

슈윙거는 1950년대부터 약한 상호 작용이 전자기 상호 작용과 비슷한 면이 많으므로 통합적으로 기술될 수 있을 것이라는 아이디어를 가지고 있었다. 상호 작용을 일반적으로 기술하는 그의 1957년 논문에서도 그런 생각의 흔적을 엿볼 수 있다.[12] 그것은 슈윙거의 제자인 글래쇼에게 이어져, 글래쇼는 일찍부터 게이지 이론으로 전자기 상호 작용과 약한 상호 작용을 기술하고자 노력했다.

양전닝과 밀스가 연구한 대로 SU(2) 대칭성을 가진 게이지 이론에는 전기를 가진 게이지 입자와 전기적으로 중성인 게이지 입자가 모두 존재하므로, 전기를 가진 게이지 입자는 약한 상호 작용을, 중성의 게이지 입자는 전자기 상호 작용을 매개한다고 하면 일단 모든 것이 갖춰진 것으로 보인다. 그러나 두 상호 작용의 성질이 너무 다르기 때문에 이렇게 이론을 만드는 것은 아무래도 무리였다. 1961년 출판된 논문에서 글래쇼는 SU(2)와 U(1)을 함께 고려한 게이지 이론으로 약한 상호 작용과 전자기 상호 작용을 기술할 수 있다는 것을 논했다. 그러면 U(1) 대칭성이 전자기 상호 작용을 설명하고 SU(2) 게이지 대칭성이 약한 상호 작용을 기술한다. 그런데 SU(2) 게이지 이론에서 나온 전기를 가진 게이지 입자가 기존의 약한 상호 작용을 기술하고 나면 전기적으로 중성인 게이지 입자가 하나 남게 된다. 따라서 글래쇼는 전기적으로 중성이면서 약한 상호 작용을 매개하는 소위 '중성류(neutral current)' 현상이 존재해야 함을 예측했다.

한편 약한 상호 작용이 매우 짧은 거리에서만 작용하는 것을 설명하려면 게이지 입자가 질량을 가져야 했다. 그러나 문제는 게이지 입자가 질량을 가지면 게이지 대칭성과 재규격화에 문제가 생기는 것이었다. 이 문제는 당시 장 이론을 연구하는 학자들에게는 아주 심각한 문제였다. 그런데 전혀 다른 분야에서 나온 아이디어가 이미 이 문제에 빛을 비추어 주고 있었다.

20세기 초에 아주 낮은 온도에서 금속이 전기 저항이 거의 0가 되는 신기한 현상이 발견되었다. '초전도'라고 불리는 이 현상은 1957년 존 바딘(John Bardeen), 리언 닐 쿠퍼(Leon Neil Cooper), 그리고 바딘의 대학원생 존 로버트 슈리퍼(John Robert Schrieffer)가 이론적으로 해명했다. (초전도에 대해서는 15장에서 좀 더 자세히 설명할 것이다.) 그들 이론의 핵심은 '보스 응축(Bose condensation)'이라는 개념이다. 이 이론에 따르면 보손으로 된 계가 가장 낮은 에너지 상태에 있으면, 가장 낮은 에너지 상태를 유지하는 한 더 이상의 에너지를 들이지 않고, 즉 아무런 물리적 저항 없이 움직일 수 있다고 한다. 그런데 계가 가장 낮은 에너지 상태가 되면 보손들의 스핀 방향이 모두 같아져야 하는데 이것은 일종의 대칭성이 깨진 상태이다. 보통의 경우처럼 스핀이 제멋대로 흩어져 있는 계는 특정한 방향을 정해 줄 수 없으므로 대칭성을 가지게 된다. (예를 들면 회전 대칭성을 가진다.) 온도를 낮추게 되면 보스 응축이 일어나면서 차츰 스핀이 한 방향으로 정렬하게 되고, 그러면 특정한 방향이 생겨나면서 더 이상 대칭성은 존재하지 않게 된다. 이때 생긴 특정한 방향은 물리적인 이유로 인한 것은 아니므로 어느 방향이 될지는 알 수 없다.

이와 같은 방식으로 대칭성이 깨지는 현상을 '자발적 대칭성 깨짐 (spontaneous symmetry breaking)'이라고 한다. 이 생각을 입자 물리학에 처음 도입한 것은 난부 요이치로(南部陽一郞)와 제프리 골드스톤(Jeffrey Goldstone) 등이었다. 이들은 1960년과 1961년에 걸쳐 보스 응축 상태를 이용해 대칭성이 깨지는 현상을 연구했다. 곧이어 이것을 게이지 이론에 관련지어서 논한 것은 입자 물리학자가 아니라 응집 물질 물리학자인 필립 워런 앤더슨(Philip Warren Anderson)의 1963년 논문이었다. 그러나 앤더슨의 논문은 응집 물질 물리학자답게 비상대론적인 접근이었고 입자 물리학자들의 주목을 끌지는 못했다. 다음해인 1964년 벨기에의 프랑수아 앙글레르(François Englert)와 로버트 브라우트(Robert Brout)가, 그리고 에딘버러 대학교의 피터 힉스(Peter Higgs)가 각각 스핀 0인 스칼라 장을 이용해 게이지 대칭성이 깨지는 과정에 관한 논문을 내놓았다. 만약 스칼라장이 가장 낮은 에너지 상태에 보스 응축되었는데, 그 상태가 대칭성이 깨진 상태라면, 이론의 게이지 대칭성은 깨지지 않은 채로, 자연 현상은 대칭성이 깨진 것처럼(즉 게이지 입자가 질량을 가진 것처럼) 보일 수 있다는 아이디어였다. 이렇게 게이지 대칭성이 자발적으로 깨져 게이지 입자에 질량을 부여하는 과정을 '힉스 메커니즘(Higgs

6장 입자 물리학의 근간, 게이지 이론   203

mechanism)'이라고 하고, 이때 반드시 나타나는 전기적으로 중성이며 스핀이 0인 입자를 '힉스 입자(Higgs particle)'라고 한다. 뒤에 말하겠지만 힉스 입자를 찾는 것이 LHC의 첫 번째 목적이다.

난부 요이치로는 입자 물리학에서 자발적 대칭성 깨짐의 메커니즘을 발견한 업적으로 2008년 노벨 물리학상을 수상했다. 피터 힉스는 LHC와 더불어 가장 유명한 물리학자가 되어 버렸는데, 힉스 입자가 발견된다면 노벨상을 받을 0순위라고들 말해지고 있다. 여담이지만 힉스는 자신의 논문이 나온 뒤 20여 년 후에 난부를 처음 만났는데, 그때 난부가 힉스의 논문을 심사한 것은 바로 자신이었다고 밝혔다 한다.[13]

수식을 조금만 써도 된다면 자발적 대칭성 깨짐의 아이디어를 좀 더 간단히 보여 줄 수 있다. 자발적 대칭성 깨짐이란 방정식에는 대칭성이 있더라도 대칭성이 없는 답이 있을 수 있다는 것이다. 예를 들어 $x^4+x^2=0$이라는 식의 답은 $x=0$이라는 대칭적인 답뿐이다. 이 경우는 방정식과 답 모두가 x와 $-x$를 바꾸는 변환에 대해 대칭적이다. 그런데 $x^4-x^2=0$이라는 식의 경우, 답은 $x=0$뿐만 아니라 $x=1$과 $x=-1$도 있다. 방정식 $x^4-x^2=0$은 여전히 x와 $-x$를 바꾸는 변환에 대해 대칭적이지만, 만일 우리가 $x=0$이 아니라, $x=-1$, 혹은 $x=1$이라는 답 중 하나를 선택하고 나면 그 답에서는 대칭성이 사라진다. 방정식은 자연의 기본 법칙이고 답은 눈에 보이는 현상이다. 즉 자연 현상에서 대칭성이 깨져 있는 것처럼 보인다고 해도 원래의 자연 법칙에는 대칭성이 존재한다.

힉스 메커니즘이 등장하자 약한 상호 작용과 전자기력을 한데 묶어 설명하는 새로운 이론의 등장은 눈앞의 과제가 되었고, 새로운 세대의 물리학자들이 등장하기 시작했다. 그들이 압두스 살람, 스티븐 와

그림 6-9 힉스 메커니즘의 발견자인 피터 힉스.

인버그(Steven Weinberg), 존 클라이브 워드(John Clive Ward) 등이다.

케임브리지에서 학위를 받은 파키스탄 출신의 압두스 살람은 1960년대 초반 런던 임페리얼 칼리지의 교수로 재직했다. (네만의 지도 교수로 앞에서 잠시 등장하기도 했다.) 1964년 유네스코(UNESCO)와 국제 원자력 기구(International Atomic Energy Agency, IAEA), 그리고 이탈리아 정부가 개발 도상국의 과학자들을 지원하고자 공동으로 운영하는 국제 이론 물리학 연구 센터(International Centre for Theoretical Physics, ICTP)를 설립하는 데 중요한 역할을 했고, 1993년까지 ICTP의 소장으로 재직하며 연구소를 세계적인 연구소로 키우는 데 헌신했다. 이탈리아 북동부 아드리아 해안의 항구 도시 트리에스테 근교에 자리잡은 ICTP는 특히 물리학과 수학 분야에서 개발 도상국의 과학자들의 교류를 돕고, 첨단 연구를 접할 기회를 제공해, 선진국과의 차이를 줄이는 것을 목적으로 하는 연구소다. 살람 자신이 제3세계 국가인 파키스탄 출신이었고, 과학은 인류 공통의 자산이라는 생각을 가진 사람이었기에 할 수 있었던 일이다. 그는 1996년에 사망했는데, 그를 기리기 위해 ICTP는 공식 명칭을 '압두스 살람 국제 이론 물리학 연구 센터'로 변경했다.

1960년대에 살람은 양-밀스 이론의 아름다움에 반해 게이지 입자가 질량을 가지는 양-밀스 이론으로 약한 상호 작용을 설명하고자 하는 참이었다. 그에게 힉스 메커니즘은 유일한 정답으로 보였다. 살람은 공동 연구자인 존 클라이브 워드(John Clive Ward) 등과 함께 1960년대 내내 여러 가지의 양-밀스 이론을 만들어 보았다.

셸던 글래쇼와 브롱크스 과학 고등학교 동기동창인 스티븐 와인버그 역시 힉스 메커니즘을 이용해 양-밀스 이론으로 약한 상호 작용을 설명하기 위해 구체적인 모형을 만들었다. 1967년, 글래쇼가 제안한

그림 6-10 1979년 CERN을 찾은 압두스 살람(왼쪽 끝).

SU(2)×U(1) 게이지 대칭성을 기반으로 한 양자장 이론으로 약한 상호 작용과 전자기 상호 작용을 통일적으로 기술하는 와인버그의 논문 「렙톤의 모형(A Model of Leptons)」이 미국 물리학회지인 《피지컬 리뷰 레터스(Physical Review Letters)》에 발표되었다. 이 논문에 기술된 모형은 우리가 지금 알고 있는 표준 모형 거의 그대로다. 다만 논문의 제목대로 렙톤만, 그것도 전자와 전자 중성미자만 다루었을 뿐, 뮤온과 쿼크는 다루지 않았다. 사실 이 논문이 나올 당시에는 아직 쿼크가 실재하는 입자라고 생각하는 사람은 많지 않았기 때문에 이 논문에 쿼크가 등장하는 것은 불가능했다.

와인버그는 이 논문에서 약한 상호 작용을 만들어 내는 게이지 입자를 전기를 띤 W 보손 한 쌍과 전기를 갖지 않은 Z 보손 하나로 정리했다. W 보손은 베타 붕괴처럼 우리가 알고 있던 약한 상호 작용 현상들로부터 일찌감치 그 존재가 추론되던 것이었고 약한(weak) 상호 작용에서 따온 그 이름은 이전부터 쓰이고 있었다. 글래쇼가 제안한 중성류를 매개하는 Z 보손은 이때는 아직 실험적 근거는 없었으나 SU(2)라는 구조를 위해서는 꼭 필요한 것이었다. Z라는 이름은 이 논문에서 와인버그가 붙인 것이다. 와인버그는 전기가 0(zero)이라는 점과, 이 입자가 인간이 생각하는 마지막 입자가 되기 바란다는 의미에서 Z라는 이름을 택했다고 한다.[14] W와 Z 보손은 힉스 메커니즘에 따라 게이지 대칭성이 깨지면서 질량을 가지게 된다. 이때 SU(2) 게이지 입자와 U(1) 게이지 입자가 서로 섞이면서 질량이 없는 중성의 게이지 입자와 질량이 있는 중성의 게이지 입자가 나오는데, 이 입자들이 각각 광자, 즉 빛과 Z 보손이다. (전자기력과 약한 상호 작용이 섞여 있는 정도를 나타내는 양은 θ_W라는 각도로 표현하며 흔히 '와인버그 각'이라고 부르는데, 이 개념을 사실상 창

그림 6-11 CERN을 찾은 스티븐 와인버그(오른쪽). 현재 CERN의 소장인 롤프디터 호이어와 함께. 2009년 사진.

안해 낸 글래쇼는 와인버그 각이라는 이름을 대단히 싫어한다고 한다.) 빛이 질량이 없다는 사실은 U(1) 만큼의 게이지 대칭성이 아직 깨지지 않고 남아 있다는 것을 의미하며 이것이 바로 전자기 상호 작용이다. 하나의 이론으로 전자기 상호 작용과 약한 상호 작용을 기술하기 때문에, 이 이론에서 기술하는 상호 작용을 '전자기-약 작용(electroweak interaction)'이라고 부른다.* 그리고 이 이론은 와인버그-살람 모형이라고 불렸다.

글래쇼와 와인버그가 나온 브롱크스 과학 고등학교는 뉴욕에 위치한 과학 영재 학교로서, 무려 7명의 졸업생이 노벨 물리학상을 받은

---

* '전약 작용', '약전 작용'이라고 하기도 하는데, 이 책에서는 다른 두 힘이 섞여 있음을 명확하게 보여 주기 위해 '전자기-약 작용'이라고 표기한다.

것으로 유명하다. 아마도 세계에서 가장 많은 노벨상 수상자를 배출한 고등학교일 것이다. 이 책에 나온 사람 중 초전도 현상을 설명하는 BCS 이론을 만든 쿠퍼, 다음 장에 나올 양자 색역학의 점근적 자유도를 증명한 휴 데이비드 폴리처(Hugh David Politzer), 중성미자가 두 종류라는 것을 보인 슈워츠가 모두 이 학교 출신이다.

와인버그의 이론을 통해 게이지 이론으로 약한 상호 작용과 전자기 상호 작용이 통일적으로 기술되었다. 와인버그의 이론은 전자기 이론과 약한 상호 작용을 기술하는 페르미의 이론을 자연스럽게 유도해 낼 수 있었다. 방정식의 입장에서는 이론이 완성됐다고 해도 좋은 상태였다. 그러나 이 논문이 발표된 1967년 당시, 이 이론은 이론적 근거도, 실험적 뒷받침도 갖지 못하는 상태였다. 이론적으로는 이 이론이 기반하고 있는 양-밀스 이론이 재규격화될 수 있는지 아직 증명되지 않은 상태였으므로 양자 역학적으로 올바른 이론인지가 아직 확인되지 않은 채였다. 와인버그와 살람을 비롯한 양자장 이론가들은 양자 전기 역학처럼 이 이론도 재규격화 가능할 것이라고 믿었으나 그것을 증명하지는 못하고 있었다. 한편 실험적으로 이 이론을 증명하기는 요원해 보였다. 전자기-약 작용을 실험적으로 확실히 증명하려면 페르미의 이론으로는 설명할 수 없는 현상을 보여 줘야 했다. 그러기 위해서는 W나 Z 보손을 직접 발견하든가, 적어도 Z 보손의 효과를 볼 수 있어야 했다. 실제로 W나 Z 보손이 발견된 것은 와인버그의 논문이 발표된 지 16년이 지난 1983년의 일이다. 이 이야기는 뒤에서 자세히 하게 될 것이다.

와인버그-살람 모형에서 힉스 메커니즘이 실제로 일어났는가를 최종적으로 확인하기 위해서는 힉스 입자를 발견해야 한다. 힉스 입자는 2011년 현재 확인되지 않았다. 엄밀하게 말하자면 와인버그-살람 모형은 아직 완전한 것은 아니다. 그러므로 힉스 입자를 발견하는 것이 바로 LHC의 가장 중요한 목표이다.

흔히 와인버그-살람 모형은, 맥스웰이 전기력과 자기력을 하나의 이론으로 **통일**(unification)했듯이 전자기력과 약한 상호 작용을 '통일'한 이론이라고 한다. 그러나 이것은 옳지 않은 표현이다. 전기력과 자기력의 경우에는 하나의 결합 상수로 표현되고, 전기장과 자기장은 수학적으로 하나의 상태로 나타낼 수 있다. 그러나 전자기-약 작용의 경우는 다르다. 여전히 이론에는 SU(2)와 U(1)에 해당하는 2개의 결합 상수가 별도로 존재하며, 약한 상호 작용의 게이지 입자인 W와 Z 보손과 전자기력을 매개하는 광자가 원래 하나의 상태로 표현되지도 않는다. 전자기-약 작용에서 전자기력과 약한 상호 작용은 '통일'되어 있는 것이 아니라 '섞여' 있는 것이며 다만 하나의 이론으로 통합적으로 '기술'된다고만 이야기하는 것이 정확한 표현이다. 상호 작용들은 뒤에서 이야기할 대통일 이론(Grand Unified Theory)에서야 진정으로 '통일'된다.

강한 상호 작용과 쿼크의 이론, QCD

1960년대는 하드론의 시대였다. 무수한 하드론들이 실험실에서 만들어졌다. 그러나 사람들은 왜 자연에 그렇게 많은 입자들이 존재해야 하는지 몰라서 전전긍긍했다. 그 속에서 겔만과 네만이 하드론들의 배후에 SU(3)라는 대칭성을 파악해 내면서 차츰 질서가 잡히기기 시작했다. 8중항과 10중항으로 나타나는 하드론들의 패턴을 알게 되자 SU(3) 군의 삼중항인 입자가 존재한다면 하드론들을 구성하는 기본 입자가 될 수 있다는 데 주목한 사람들이 있었다. 그중에서 겔만과 츠바이그가 제안한 새로운 기본 입자는 하드론을 놀랍도록 잘 설명할 수 있었다. 그러나 그들의 기본 입자는 전자 전하의 1/3이나 2/3에 해당하는 전하를 가져야 한다는 점이 문제였다. 자연에서 분수 전하를 보여 주는 현상은 단 한 번도 발견된 적이 없기 때문이다. 그래서 많은 사람들에게 겔만이 제안한 기본 입자인 쿼크는 실제로 존재하는 입자라기보다는 이론적인 가정이나 일종의 은유로 받아들여졌고, 심지어 창조자인 겔만까지도 쿼크의 실재에 대해서는 오랫동안 확신을 가지지 못했다.

쿼크의 개념은 양자장 이론을 염두에 둔 것이었지만 당시 많은 사람들은 양자장 이론을 강한 상호 작용을 설명하려는 후보 이론들 중에서도 그다지 강력한 후보로 생각하지 않았다. 해석적 S-행렬 이론, 레게(Regge) 이론, 구두끈(bootstrap) 모형, 분산 관계(dispersion relation) 이론, 베네치아노(Veneziano) 모형 등 많은 이론이 제안되었고, 나름대로 실험 결과를 일정 부분 설명했다. 이 이론들을 통해, 혹은 이론의 배후에서 어떤 패턴을 발견해 강한 상호 작용을 이해하는 실마리를 찾아내고자 여러 사람들이 무수한 노력을 기울였다. 그중에서도 버클리의 제프리 추가 주장하는 해석적 S-행렬 이론이 강한 상호 작용을 설명하는 이론으로서는 가장 설득력 있게 받아들여지고 있었다.

페르미의 제자인 제프리 추는 '핵 민주주의(nuclear democracy)'라는 개념을 창안해 하드론들이 보여 주는 다양한 현상들은 어떤 근본적인 요소로부터 비롯하는 게 아니라고 주장했다. 그리고 다양한 하드론들과 하드론들이 보여 주는 현상 자체가 근본적인 원리이고, 하드론들 사이에는 더 이상 계층적인 구조란 존재하지 않으며, 하드론이 다른 하드론으로 변환할 수는 있으나 어느 것이 더 근본적이라고 할 수 없이 모두가 근본적인 입자라는 이론 체계를 주장했다. 이 이론은 모든 기본 입자 서로가 서로를 설명하는 것이므로 자신의 구두끈을 들어올리면 자신을 들어올릴 수 있다는 옛이야기를 따서 '구두끈 모형'이라고 불렸다. 구두끈 모형에서는 입자와 같이 직관적인 개념에 의존하지 말고 해석적 조건 같은 근본적인 원리로부터 실제로 관측하는 양인 S-행렬만을 구해야 한다는, 예전 양자 역학을 창조한 하이젠베르크와 유사한 사고 방식을 고수했다. 특권적인 계층 구조를 거부하고 무한한 평등을 이야기하는 핵 민주주의는 어쩌면 1960년대 히피 문화의 중심지 중 하나였던 버클리의 분위기와도 어울리는 것이었는지 모른다.

　분수 전하 말고도 쿼크 모형에는 다른 문제점이 있었다. 그것은 쿼크가 어떤 종류의 바리온을 이룰 때 파울리의 배타 원리가 지켜지지 않는 것처럼 보인다는 것이었다. 예를 들어 델타(Δ^{++}) 바리온은 스핀까지 모두 같은 업 쿼크 3개로 이루어져 있다. 그러나 쿼크는 페르미온이므로 이것은 배타 원리에 따르면 불가능하다. 이 문제를 해결하기 위해 1965년 한국 출신의 한무영과 일본 출신의 난부 요이치로는 또 하나의 SU(3) 대칭성이 하드론의 배후에 들어 있을 것이라는 추론을 제안하며 이 대칭성에 해당하는 양자수를 '참 수(charm number)'라고 불렀다.[15] 이것은 하나의 원자 궤도에 두 전자가 있는 것을 파울리의 배타 원리에 부합하는 방식으로 설명하기 위해 스핀이라는 새로운 양자수가 필요했던 것과 비슷한 상황이었다. 이번에는 3개의 쿼크가 같은 상태를 점하기 위해 SU(3)라는 더 큰 대칭성이 필요했다. (전자의 스핀은 SU(2) 대칭성으로 기술된다.) 한무영과 난부 요이치로는 또한 쿼크들끼리의 상호 작용을 매개하는 SU(3) 대칭성의 8중항에 관해서도 언급했다. 이것은 나중에 '글루온'이라고 불리게 되는, 강한 상호 작용을 매개하는 게이지장을 예측한 것이었다. 그러나 아직까지도 한무영과 난부는 쿼크가 1/3의 전하를 갖는 것이 역시 쿼크 모형의 문제점이라고 인식해, 쿼크의 전하가 정수인 모형을 만들려고 했다.

1971년 네덜란드의 한 대학원생이 양-밀스 이론이 재규격화 가능하다는 것을 증명했다는 소식이 물리학계에 전해졌다. 그 대학원생의 이름은 헤라르뒤스 토프트(Gerardus 'tHooft)였다. 이것은 장 이론을 연구하던 이론 물리학자들에게 날개를 달아 준 격이었다. 토프트의 논문에 가장 먼저 관심을 가진 이는 페르미 연구소의 이론 물리학 그룹을 이끌던 한국 출신의 이휘소(영어 이름 Benjamin Whiso Lee)였다.

당시 머리 겔만도 동독 출신의 하랄트 프리슈(Harald Fritzsch)와 함께 쿼크들 사이의 상호 작용을 양-밀스 이론으로 구축하기 시작했다. 한무영과 난부 요이치로의 논문은 이들의 연구에 중요한 뿌리였다. 겔만은 한무영과 난부 요이치로가 자신들의 논문에서 지적한 바와 같이 또 하나의 SU(3)를 도입하고, 이들이 '참 수'라고 부른 양자수를 '색깔(color)'이라고 불렀다. 겔만은 모든 쿼크는 세 가지 색깔 중 하나를 가지고, 모든 물리적 상태

그림 6-12 헤라르뒤스 토프트.

는 색깔을 바꾸는 SU(3) 변환에 대해 변하지 않는다고, 즉 색깔이 없다고 가정했다. 색깔이라는 아이디어는 메손과 바리온의 구조에 잘 맞아 떨어졌다. 쿼크는 삼원색(빨강, 초록, 파랑)을 갖고, 반쿼크는 그 보색을 갖도록 했다. 그러면 쿼크와 반쿼크로 이루어진 메손은 보색끼리 합쳐져서 색깔이 없는 상태가 되고, 3개의 쿼크로 이루어진 바리온은 삼원색이 합쳐져서 색깔이 없는 것으로 보이게 되어 색깔의 SU(3) 군에 대해 변하지 않는 상태가 된다. 그러므로 물리적 상태는 하드론의 형태로만 나타나게 된다. 이것은 마치 양전하를 가진 원자핵과 음전하를 가진 전자가 합쳐져 전기적으로 중성인 원자를 만드는 것과 같은 형국이다. 애초에 쿼크의 색깔을 이름붙일 때 겔만은 프랑스의 국기인 삼색기에 기초해 빨간색, 파란색, 흰색을 생각했으나, 메손과 바리온을 설명하기 위해 삼원색으로 정의하게 되었다. 물론 이것은 쿼크가 진짜 색깔을 가졌다는 것을 의미하는 것이 아니라 양자수에 붙인 이름이 그렇다는 말이다.

세 종류의 색깔을 삼중항으로 하는 대칭성은 겔만이 팔정도를 구축할 때 사용한 것과는 완전히 다른 새로운 SU(3)였다. 즉 팔정도 삼중항은 (업 쿼크(u), 다운 쿼크(d), 스트레인지 쿼크(s))이고 색깔 삼중항은 (빨강, 파랑, 초록)이다. 업, 다운, 스트레인지 쿼크 각각이 (빨강, 파랑, 초록)의 삼중 상태인 것이다. 겔만은 쿼크의 종류를 나타내는 (업 쿼크(u), 다운 쿼크(d), 스트레인지 쿼크(s))는 색깔에 대응해 '맛(flavor)'이라고 불렀다. 이 두 SU(3) 중 게이지 대칭성을 갖는 것은 색깔에 해당하는 SU(3) 대칭성이었다. 따라서 이 색깔은 강한 상호 작용에서 전자기 상호 작용의 전하에 해당하는 역할을 한다. U(1) 대칭성에 따라 묘사되는 전자기 상호 작용에는 한 가지 전하만 있으나, SU(3)

대칭성에 대한 전하는 세 종류가 있어야 하는 것이다. 이 색깔 있고 맛깔 나는 겔만의 이론은 강한 상호 작용을 설명하고자 하는 이론 물리학자들에게 새로운 길이 있음을 명확하게 보여 주었다.

한편 토프트가 양-밀스 이론이 재규격화 가능하다는 것을 보인 직후인 1973년 하버드 대학교의 시드니 콜먼(Sidney Coleman)의 학생이던 폴리처와 프린스턴의 데이비드 그로스(David Gross), 그리고 그로스의 학생인 프랭크 윌첵(Frank Wilczek)은 양-밀스 이론이 우리가 알던 다른 힘들과는 달리 '점근적 자유도(asymptotic freedom)'를 가진다는 것을 증명했다. 예를 들어 중력과 전자기력은 모두 가까울수록 강해지고 멀어질수록 약해진다. 그러나 폴리처-그로스-윌첵 이론은 양-밀스 이론의 상호 작용이 중력이나 전자기력과 반대로 매우 높은 에너지에서, 혹은 아주 가까운 거리에서는 약해 보이고 낮은 에너지, 혹은 먼 거리에서는 강한 힘으로 느껴진다는 것을 보여 주었다. 이 결과 역시 물리학자들이 일반적으로 예상하던 것과는 다른 것이어서 충격을 주었다. 그러나 동시에 이 결과는 쿼크가 결코 혼자서는 발견되지 않는 것과, 다음 장에서 이야기할 고에너지의 전자-양성자 충돌 실험에서 전자가 쿼크와 충돌하는 것처럼 보인다는 사실을 설명해 주는 것이었다.

(폴리처, 그로스, 윌첵은 이 업적으로 2004년 노벨 물리학상을 공동으로 수상했다.)

이처럼 새로운 연구 성과들이 축적되면서 양-밀스의 게이지 이론으로 강한 상호 작용을 설명하는 데에 스포트라이트가 비춰지기 시작했다. 같은 해 8월 겔만, 프리슈, 하인리히 로이트바일러(Heinrich Leutwyler)는 이 이론의 최종적인 형태를 보여 주는 논문을 발표한다. 이 논문에서 공식적으로 '색깔'이라는 말이 처음으로 사용되었다.[16] 프리슈와 겔만은 또한 이 논문에서 SU(3) 대칭성의 8중항을 가진 게이지장을 제안하고 이것을 '글루온'이라고 불렀다. 글루온이 8중항이라면 글루온 역시 색깔을 가지게 된다. 이것은 전자기력의 게이지장인 빛과 명백히 다른 성질로서, 바로 폴리처-그로스-윌첵 이론의 점근적 자유도를 뜻하는 것이었다. 강한 상호 작용에서 색깔이란 전자기 상호 작용의 전하와 같은 것이라고 했다. 강한 상호 작용을 매개하는 게이지 입자인 글루온 자체가 전자기 상호 작용의 매개 입자인 광자와는 달리 상호 작용을 만드는 색깔을 가지기 때문에 거리가 멀어지게 되면 상호 작용을 하는 두 입자 사이에 더 많은 글루온이 관계하면서 더 많은 색깔이 생겨나고, 색깔은 다시 글루온을 만들어 내면서 상호 작용이 급격히 강해지게 되는 것이다. 따라서 가까운 거리에서는 약해 보이고 먼 거리에서는 강해 보이는 독특한 현상이 일어나는 것이다.

강한 상호 작용을 설명하는 색깔에 대한 SU(3) 게이지 이론을 겔만과 프리슈는 처음에는 '양자 하드론 역학(Quantum Hadrodynamics)'이라고 불렀는데, 뒤에 겔만은 '양자 색역학(Quantum Chromodynamics, QCD)'이라는 이름을 새로 지었고, 아스펜에서 만난 하인츠 루돌프 페이겔스(Heinz Rudolf Pagels)에게 이 이름을 권했다.[17] SLAC의 데이터베이스에서 찾아보면 1976년에 출판된 페이겔스의 논문에 처음으로 '양자 색역학'이라는 이름이 등장한다. 양자 색역학은 이제 강한 상호 작용의 이론으로 인정받기 시작했다.

결정타는 1974년 브룩헤이븐에서 새뮤얼 팅(Samuel Chao Chung Ting, 丁肇中)이 이끄는 그룹과 SLAC에서 버튼 릭터(Burton Richter)의 그룹이 독립적으로 네 번째 쿼크를 발견한 것이었다. 이것은 쿼크도 렙톤처럼 약한 상호 작용의 SU(2) 구조를 만족시킬 수 있다는 것을 의미했다. 이로써 쿼크는 모형에서 실재로, 가설적인 존재에서 실존하는 입자로 받아들여지게 되었다. 팅과 릭터는 이 업적으로 1976년 노벨 물리학상을 수상했다. 새로 발견된 입자를 팅은 'J'라고 불렀고 릭터는 '프사이(ψ)'라고 불렀다. 팅이 지은 이름은 자신의 한자 이름의 성인 丁과 비슷한 글자를 택한 것이고, 릭터가 지은 이름은 이 입자가 붕괴하는 궤적의 모양을 딴 것이다. 누가 우선권을 주장하기 힘든 상황이었고 타협은 결렬되었다. 결국 이 입자의 이름은 둘 다를 채택한 J/ψ로 정해졌다. 이런 기묘한 이름을 가진 입자는 그 외에는 없다.*

양성자의 구조

지금까지 양자 전기 역학, 와인버그-살람 모형 그리고, 양자 색역학 등 입자들의 상호 작용을 기술하는 이론을 이야기했다. 이제 입자 물리학의 표준 모형을 이야기하기에 앞서 현대 물리학이 양성자의 구조를 어떻게 이해하고 있는지 살펴보도록 하자.

어떤 물체의 구조를 알고 싶으면 무언가를 그 속에다 집어넣어야 한다. 러더퍼드는 원자 속으로 알파 입자를 쏘아 넣었고 튀어나온 알파 입자로부터 원자의 구조를 알아냈다. 양성자의 구조를 알기 위해서는 러더퍼드처럼 양성자 속으로 어떤 입자를 쏘아 넣어야 한다. 그런데 원자 이하의 세계가 되면 '무엇을' '어떻게' 집어넣느냐 하는 것이

---

* 공식적인 이름은 'J/ψ'고 대부분의 경우에는 그렇게 불리지만, LEP 실험에서 팅이 이끌던 L3 그룹에서는 'J'라고만 쓰는 일이 흔히 있었으며 심지어 논문의 제목에도 'J'라고만 쓴 것이 있다. L3 Collaboration(O. Adriani et al.), "Inclusive J production in Z0 decays", *Phys. Lett.* **B288**, 412-420 (1992) 참조. 한편 'ψ'라고만 쓰는 일은 서양인들 사이에서 드물지 않다.

단순한 일이 아니게 된다. 또한 이 실험은 러더퍼드의 산란 실험과 여러 가지 면에서 크게 다르다. 우선 양성자 안으로 입자를 집어넣기 위해서는 원자의 경우보다 엄청나게 높은 에너지가 필요하다. 그리고 러더퍼드의 실험은 원자 속으로 들어간 알파 입자가 도로 튀어나오고 원자도 그대로 남아 있는 '탄성 산란(elastic scattering)'이었던 반면, 양성자 안으로 입자를 쏘면 충돌의 결과로 마치 양성자가 부서진 것처럼 많은 입자가 만들어지게 되는 '비탄성 산란(inelastic scattering)'이 일어나게 된다.*

양성자 속으로 들어가는 입자는 단순한 입자일수록 좋다. 양성자와 같이 복잡한 입자가 양성자와 비탄성 산란을 한다면(바로 LHC가 그런 경우인데) 두 입자가 모두 부서져 버릴 것이므로 충돌의 결과로 나오는 입자들이 어느 입자에서 나온 것인가를 알 수 없어서 분석하기가 곤란하다. 그러므로 우리가 알고 있는 가장 단순한 입자이며 다루기도 쉽고 안정되어 있는 입자인 전자를 이용하는 것이 가장 좋다. 이렇게 전자를 가속해서 양성자와 충돌시킴으로써 양성자의 구조를 알아보는 실험을 '심층 비탄성 산란(deep inelastic scattering, DIS)'이라고 한다.

그러나 전자를 가속하는 것에는 한 가지 문제가 있다. 원형 가속기에서 전하를 띤 입자를 회전시키면 전자기파를 내놓기 때문에 에너지를 잃게 된다. 따라서 가속할 때에 에너지를 보충해 주어야 한다. 이렇게 잃어버리는 에너지의 비율은 입자의 질량이 작을수록 크기 때문에 전자를 원형 가속기로 가속하면 양성자의 경우보다 훨씬 더 많은

* 뉴턴 역학에서 탄성 산란이라고 하면 입자들이 그대로 남아 있으면서 운동 에너지가 보존되는 것이다. 입자의 세계에서는 처음의 입자와 나중의 입자가 같기만 하면 탄성 산란이라고 한다. 충돌 전후의 입자가 다르면 비탄성 산란이다.

218 2부 양자장의 바다에서

에너지를 잃게 되어 매우 비효율적이다. 따라서 높은 에너지로 전자를 가속하는 선형 가속기를 만드는 것은 여러 입자 실험 물리학자들의 커다란 꿈 중 하나다. 이 꿈은 1962년 스탠퍼드 선형 가속기 연구소, 즉 SLAC가 설립되면서 실현되었다.

선형 전자 가속기는 사실 스탠퍼드의 고유 분야였다. 윌리엄 핸슨(William W. Hansen)이 1947년 Mark I이라는 이름의 최초의 선형 전자 가속기를 만들어 전자를 6메가전자볼트까지 가속하는 데 성공한 이후, 4년 뒤 에드워드 긴츠톤(Edward Ginzton)과 마빈 쇼도로(Marvin Chodorow)는 1기가전자볼트까지 전자를 가속할 수 있는 길이 300미터 이상의 Mark III를 완성해 스탠퍼드 가속기 연구의 역사를 열었다. 로버트 호프스태터(Robert Hofstadter)는 Mark III를 이용해 전자로 원자핵을 쏘아서 양성자의 전하와 자기 모멘트 등을 연구했으며 그 업적으로 1961년 노벨 물리학상을 수상했다. 그러나 이 에너지로는 전자를 원자핵 안으로는 집어넣을 수 있지만 양성자 내부까지 들여다볼 수는 없었다.

1962년 대형 선형 가속기의 건설이 시작되었다. 처음 선형 가속기의 목표 에너지는 10~20기가전자볼트였다. 1966년에 길이 약 3.6킬로미터에 달하는 선형 가속기가 완공되었고 다음해 전자 빔을 20기가전자볼트까지 가속하는 데 성공했다. SLAC의 소장이었던 볼프강 쿠르트 헤르만 파노프스키(Wolfgang Kurt Hermann Panofsky)는 예전에 함께 일한 적이 있는 리처드 테일러(Richard Taylor)에게 빔의 관리를 맡겼다. 테일러의 팀에 당시 MIT에 있던 제롬 프리드먼(Jerome Friedman)과 헨리 웨이 켄들(Henry Way Kendall)이 합류했다. 케임브리지의 5기가전자볼트 가속기로 전자의 산란 실험을 하고 있었던 그들에게 에너지가 무

그림 6-13 길이 3.6킬로미터에 이르는 SLAC의 선형 가속기는 전자와 양성자를 50기가전자볼트의 에너지까지 가속할 수 있었다.

려 20기가전자볼트인 빔을 즉각 쓸 수 있는 SLAC의 새 가속기는 천사의 선물 같은 것이었다. 그들이 하고자 하는 실험이 바로 높은 에너지의 전자를 양성자와 충돌시키는 것, 다시 말해 전자를 양성자 속으로 쏘아 넣어서 양성자의 구조를 알아보는 것이었다. 바로 최초의 본격적인 심층 비탄성 산란 실험이었다.

 이 실험에서는 스탠퍼드에서 학위를 받은 젊은 이론 물리학자 제임스 대니얼 비요르켄(James Daniel Bjorken)이 활약했다. 양성자가 내부 구조를 가지고 있지 않다면 충돌 결과는 어떻게 될 것인가? 그렇지 않고 양성자가 더 작은 입자들로 만들어져 있다면 충돌 결과는 어떻게 달라질까? 비요르켄은 이러한 문제들을 풀 수 있는 흥미로운 여러 가지 분석 방법을 제시했다. 그는 높은 에너지에서의 충돌 현상과 낮은 에

너지에서의 충돌 현상이 닮은꼴을 보이리라고 예측했는데, 물리학자들은 이 예측을 '비요르켄 크기 불변(Bjorken scaling)'이라고 불렀다. 비요르켄의 예측은 프리드먼-켄들의 실험을 통해 극적으로 실현되었다. 전자가 커다란 각도로 튀어나오면서 양성자 안에 더 작은 입자가 존재함을 인상 깊게 보여 주었던 것이다. 원자가 원자핵과 전자로 이루어져 있던 것처럼 양성자 역시 어떤 더 작은 입자들로 이루어져 있음이 충돌 실험으로 증명된 것이다. 그렇다면 이것은 양성자 안에 쿼크가 존재하는 것을 의미하는 것일까? 비요르켄 크기 불변 역시 관측되었다. 그러나 비요르켄의 분석에도 불구하고 양성자 내부 세계에 관해 논하는 것은 쉬운 일이 아니었고, 비요르켄 크기 불변을 어떻게 해석할 것인가도 이해하기 어려웠다.

이 무렵 파인만은 가속기를 통해 하드론의 충돌을 연구하고 있었다. 하드론에 내부 구조가 있다면 매우 높은 에너지에서 충돌할 때 어떤 결과를 낼 것인가를 생각하던 파인만은 그 특유의 직관적인 방법을 구사하기 시작했다. 일단 하드론, 즉 양성자가 어떤 작은 입자로 이루어져 있다고 생각했다. 이 경우 이들은 단순히 양성자의 한 조각(part)이며 물리적 성질은 아직 알 수 없다. 파인만은 이 조각들은 '파톤(parton, 쪽입자)'이라고 불렀다.

파인만은 파톤들은 매우 작으므로 아주 빠른 속도로 양성자 안에서 돌아다닐 수 있는 존재라고 상상했다. 따라서 낮은 에너지의 충돌에서는 파톤을 인지할 수 없는 양성자 덩어리와의 충돌이 일어날 뿐이라고 생각했다. 그러나 높은 에너지가 되면 이제 파톤 하나하나가 보이면서 양성자와의 충돌은 파톤과의 충돌로 기술해야 하는 상황이 된다. 이것은 마치 빠른 속도로 돌아 한 덩이로 보이는 프로펠러에 느린 속도로 날아온 공은 프로펠러의 날개 중 하나가 아니라 날개들로 이루어진 덩어리에 부딪혀서 튀어나오는 것으로 보이지만, 매우 빠른 속도로 날아가는 총알은 프로펠러 날개 하나하나의 움직임에 따라 부딪히기도 하고 그냥 지나가기도 하는 것과 같다.

파인만은 파톤 하나만의 충돌을 생각하면서 '포괄적 과정(inclusive process)'이라는 개념을 이용했다. 이것은 충돌 후에 나오는 입자 중 어느 하나의 입자에만 관심을 집중하고 나머지 입자들의 효과는 다 합쳐서 생각하는 방법이다. 지금은 흔히 쓰이는 방법이지만 그때까지 이론가들 중에 그런 식으로 생각한 사람은 거의 없었다.

하루는 파인만이 샌프란시스코 만 근처에 사는 여동생을 찾았다가 SLAC에 잠시 들렀다. 파인만은 SLAC에서 최신의 전자-양성자 충돌 실험 데이터를 보았는데 그 데이터는 비요르켄 크기 불변 법칙을 보여 줄 수 있도록 표현한 것이었다. 데이터를 보여 준 실험가는 파인만에게 크기 불변 법칙을 설명하려고 했지만 파인만은 무슨 소리인지 잘 알아들을 수가 없었다. 마침 비요르켄은 시내에 나가서 자리에 없었다. 그날 저녁 파인만에게 영감이 떠올랐다. 파인만은 그의 파톤이라는 아이디어를 심층 비탄성 산란 문제에 적용하기 시작했다. 계산을 마치고 실험을 해석하는 데에는 하루저녁으로 충분했다. 다음날 파인만이 떠나기 직전에 비요르켄이 돌아오자 파인만은 그를 붙잡고 자신의 구상을 설명했다. 비요르켄은 이렇게 기억한다.[18]

파인만이 말하는 것들 중 어떤 것은 알고 있는 것이었고 어떤 것은 모르는 것이었다. 그리고 나는 알지만 파인만은 아직 모르던 것도 있었다. 생생히 기억나는 것은 그가 사용하는 말이었다. 그것은 전혀 익숙하지 않았고 완전히 달랐다. 누구나 이해할 수 있는 쉽고 매력적인 말이었다.

파인만의 파톤 모형은 보통의 장 이론으로 심층 비탄성 산란 문제를 명쾌하게 해석하게 해 주었다. 그러나 파톤이 과연 무언가 하는 것은 불분명했다. 파톤은 쿼크인가, 새로운 입자인가? 혹은 쿼크 모형을 뒷받침해 주는 존재인가? 처음에는 겔만도 파인만도 이것을 확신할 수 없었다. (겔만은 사실 자신의 쿼크 모형이 있는데 파인만이 파톤이라는 괴상한 이름으로 딴전을 부리는 데 분개하고 있었다.) 훗날 쿼크와 글루온으로 이루어진 양자 색역학이 확립되면서 비로소 파톤 모형은 제대로 이해될 수 있었다. 파톤이라는 것은 실제의 입자를 가리키는 것이 아니라 양성자, 혹은 일반적으로 하드론 내부에 존재하는 입자를 통칭하는 개념인 것이었다.

결국 파인만의 파톤은 양성자에 들어 있는 쿼크와 글루온이었던 것이다. 이것은 주어진 정의나 엄밀한 수학적 형식에 구애받지 않고 항상 실제로 작동하는 그 무엇을 통해 물리학을 이해하고자 했던, 지극히 파인만다운 개념이라고 하겠다.

이후에도 SLAC의 선형 가속기는 더욱 발전해서, 1987년에 완성된 SLC(Stanford Linear Collider, 스탠퍼드 선형 충돌기)는 46.6기가전자볼트까지 전자와 양전자 빔을 가속할 수 있게 된다. SLC는 46.6기가전자볼트로 가속된 전자와 양전자 빔을 충돌시켜 CERN의 LEP와 상호 보완적으로 Z 보손을 만들어 내는 실험을 수행했다.

그러면 심층 비탄성 산란을 통해 밝혀진 양성자의 내부 구조를 들여다보자. 그런데 그러기 전에 먼저 지금까지 그냥 사용해 온 '속박 상태(bound state)'라는 말을 이해해야 한다. 속박 상태라는 말은 여러 개의 입자가 힘으로 묶여 있는 상태, 다른 말로 하면 서로 상호 작용을 하고 있는 상태를 의미한다. 예를 들어서 지구와 달은 중력이라는 힘으로 서로에게 묶여서 서로의 주위를 돌고 있는 속박 상태에 있다. 태양과 지구, 아니 태양계 전체도 마찬가지다. 원자도 비슷하게 원자핵과 전자가 전자기력이라는 힘으로 서로에게 묶여 있는 속박 상태에 있다. 다만 원자는 지구와 달처럼 돌고 있다고 표현하면 안 되고 원자의 속박 상태는 양자 역학으로만 기술해야 한다. 그러므로 모든 복합 입자는 일종의 속박 상태로 이해할 수 있다. 양성자도 하나의 속박 상태다. 이 경우 기본이 되는 입자는 쿼크이고 쿼크들을 묶고 있는 힘은 양자 색역학으로 묘사되는 강한 상호 작용이다.

우선 파인만 식으로 말해서 양성자를 파톤들의 속박 상태라고 해 보자. 심층 비탄성 산란 실험을 하면 양성자의 속으로 들어온 전자는 속박 상태를 이루고 있는 파톤 중 하나와 충돌한다. 전자와 충돌하는 파톤을 분석해 본 결과, 놀랍게도 파톤은 업 쿼크일 수도 있고, 다운 쿼크일 수도 있으며, 또 다른 쿼크인 스트레인지 쿼크나 참 쿼크, 심지어 (뒤에 이야기할) 보텀 쿼크나 그들을 묶고 있는 글루온일 수도 있었다. 우선 눈에 띄는 것은 2개의 업 쿼크와 1개의 다운 쿼크였다. 이것을 '드러난 쿼크(valence quark)'라고 부른다.* 그러면 원자의 경우처럼 양성자의 나머지 공간은 비어 있는 걸까? 그렇게 보이지는 않는다. 양성자를 이루는 쿼크들은 강한 상호 작용을 하고 있는데 이것은 원자를 이루는 전자기력보다 훨씬 강하게 쿼크들을 묶어놓고 있다. 그러면 2개의 업 쿼크와 1개의 다운 쿼크를 글루온이라는 접착제로 뭉쳐놓은 것으로 생각하면 될까? 그런데 심층 비탄성 산란의 결과를 해석해 보면, 쿼크는 강한 접착제로 고정되어 있는 것이 아니라 마치 마음대로 돌아다니는 자유 입자처럼 보인다. 이것은 바로 폴리처, 그로스, 윌첵이 발견한 양자 색역학의 점근적 자유 때문이다. 점근적 자유를 가진 쿼크는 거리가 멀어지면 이들을 묶는 힘이 강해져서 어느 정도 이상은 멀어질 수 없다. 그러나 그 거리 안에서, 아주 높은 에너지를 가진 입자와 충돌할 때는, 적어도 충돌하는 순간은 거의 자유롭게 움직이는 입자처럼 행동한다. 이것이 쿼크의 신비한 성질의 비밀이다.

그런데 여기에다 양자 역학의 효과 때문에 한편으로는 신비롭고, 한편으로는 골치 아픈 일이 생긴다. 양자 역학의 불확정성은 그 불확

---

* valence quark에 대해서는 적당한 번역어가 존재하지 않는 것으로 보인다. valence는 화학에서 원자가를 일컫는 말인데, 여기서는 쿼크가 자신의 맛(flavor)을 드러내고 있다는 뜻으로 쓰이기 때문에 '드러난 쿼크'라고 번역했다. 대응되는 말인 sea quark를 '숨은 쿼크'라고 부르면 그럭저럭 뜻이 전달되기는 한다고 생각한다.

정성이 허용하는 범위 안에서는 무슨 일이든 일어날 수 있다는 것을 의미한다. 아니, 일어날 수 있는 모든 일이 일어난다고 하는 게 더 옳다. 그래서 사실 아무것도 없는 것처럼 보이는 빈 공간에서도 양자 역학의 효과로 입자들은 끊임없이 생겨났다 사라지기를 반복하고 있다. 따라서 양성자 내부 세계에서도 강한 상호 작용의 양자 효과로 인해 쿼크들이 끊임없이 만들어지고 소멸하는 과정이 반복되고 있다. 이러한 쿼크들은 항상 쌍으로 만들어졌다가 소멸하기 때문에 쿼크의 '맛'은 드러나지 않는다.* 이렇게 쌍으로 생성 소멸을 거듭하는 쿼크를 '숨은 쿼크(sea quark)'라고 한다. 심층 비탄성 산란 실험에서 양성자 안에 들어온 전자가 양성자 안에서 쌍으로 생성된 숨은 쿼크를 소멸되기 전에 만난다면 업 쿼크와 다운 쿼크 외의 다른 쿼크와도 만날 수 있다. 한편 쿼크뿐만 아니라 글루온도 강한 상호 작용의 양자 효과 때문에 생겼다가 사라지기를 반복한다. 그러므로 양성자의 구조는 2개의 업 쿼크와 1개의 다운 쿼크를 글루온이라는 접착제가 붙들고 있는 정적인 것이 아니라, 양자 효과에 따라서 글루온과 쿼크가 쉼없이 나타났다 사라지는, 마치 부글부글 끓고 있는 용광로처럼 역동적인 것이다.

파인만이 파톤이라고 부른 쿼크와 글루온 들은 드러난 쿼크를 제외하면 양자 효과 때문에 끊임없이 생겼다 사라짐을 반복하고 있다. 양성자 속으로 뛰어든 전자가 만나게 되는 파톤이 쿼크와 반쿼크, 그리고 글루온 중 무엇일지는 양자 역학적인 확률로 주어진다. 이 확률을 쿼크와 글루온의 '파톤 분포 함수(parton distribution function, PDF)'라

---

* 쿼크가 업 쿼크냐, 다운 쿼크냐, 스트레인지 쿼크냐, 참 쿼크냐 하는 것을 쿼크의 맛(flavour)이라고 한다. 반쿼크는 반대의 맛을 가지고 있다고 생각하면 되기 때문에 쿼크-반쿼크 쌍 전체의 맛은 없다.

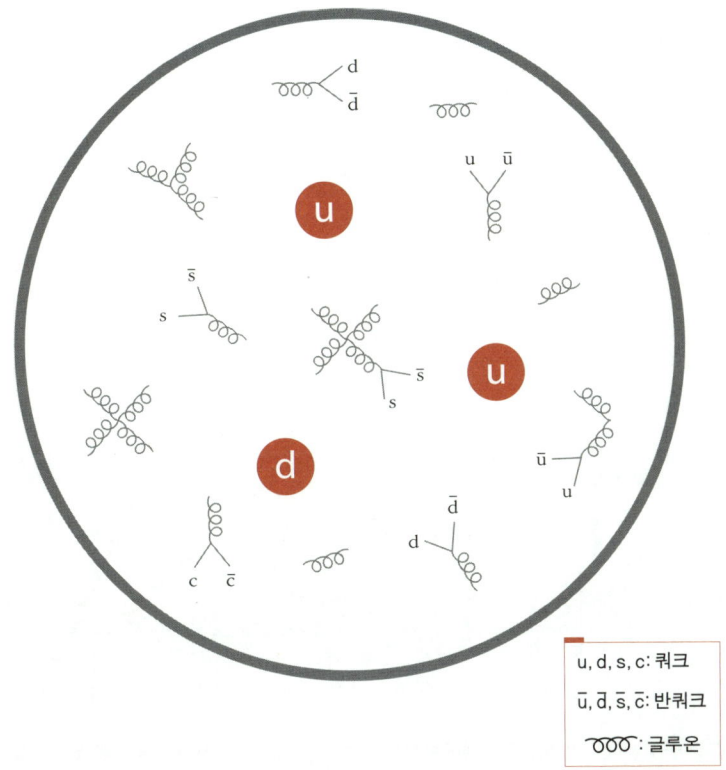

그림 6-14 양자 색역학으로 바라본 양성자의 구조. 양성자 안의 파인만 다이어그램은 양자 효과로 인해 끊임없이 생성 소멸을 반복하는 쿼크와 글루온을 나타낸 것이다.

고 한다. 파인만 스스로도 알고 있었듯이 파톤은 하드론의 구성 요소를 가리키기 위한 잠정적이고 도구적인 개념이다. 파톤이라는 개념을 쓰면 현상을 설명하는 데 편리하기는 하지만, 근본적인 이론을 논의할 때는 필요하지 않다. 그러나 인간이 알고 있는 자연계의 존재 중에 어쩌면 가장 신비로운 것이라고도 할 수 있는 쿼크와 지극히 사실적이지만 결국 도구적인 개념인 파톤을 합쳐서 생각하는 것이 양성자를

6장 입자 물리학의 근간, 게이지 이론

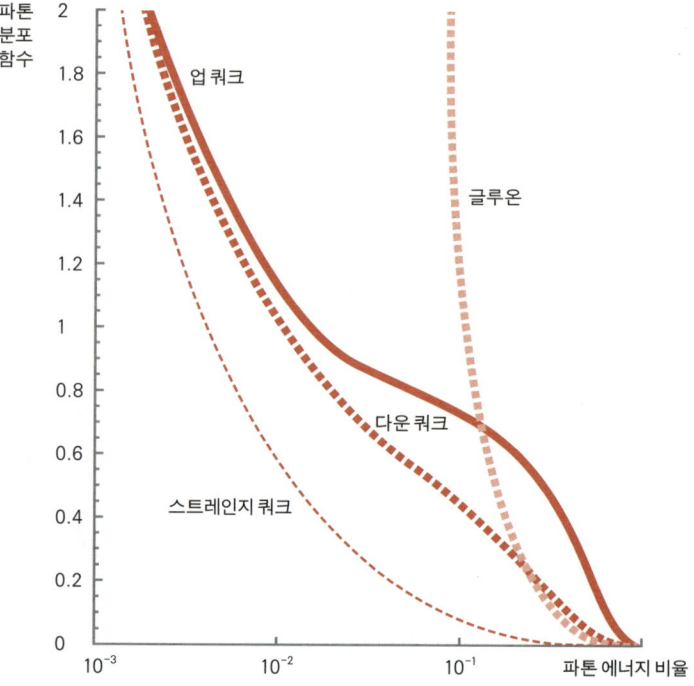

그림 6-15 양성자의 파톤 분포 함수(PDF)의 예. LHC에서 양성자가 충돌할 때, 양성자를 이루는 글루온, 업 쿼크, 다운 쿼크, 스트레인지 쿼크의 분포 확률을 나타냈다.

올바로 이해하는 방법이다.

전자가 파톤을 만날 확률은 파톤이 양성자의 에너지 중 얼마를 가지고 있는가에 따라 달라지고, 들어온 전자의 에너지에 따라서도 달라지므로, 파톤 분포 함수는 흔히 양성자 에너지에 대한 파톤 에너지의 비율과 파톤이 전자와 상호 작용하는 에너지의 함수로 표현된다. 물리학자들은 여러 충돌 에너지에서의 심층 비탄성 산란 실험을 통해 양성자의 구조를 탐색해 왔고, 그 결과를 파톤 분포 함수로 나타낸다. 그림

6-15는 LHC 에너지에서 현재 알려진 양성자의 파톤 분포 함수의 예를 보여 주고 있다. 이 그림이 바로 러더퍼드가 알아낸 원자의 구조에 해당하는, 오늘날 인류가 알고 있는 양성자의 구조다.

완벽한 물리학자, 페르미

현대의 물리학은 고도로 전문화되어 실험을 하는 사람과 이론을 하는 사람이 완전히 분리되기에 이르렀다. 전공 분야를 이야기할 때에 물리학자들은 항상 실험인지 이론인지를 명시해서 말한다. 이 같은 이론과 실험의 분리는 다른 과학 분야에 비해 엄격하고 강한 편이다. 이것이 과연 좋은 일인가 하는 데에도 논의의 여지는 있다. 20세기 초만 하더라도 물리학에서도 한 사람이 이론과 실험을 같이 하는 것이 당연한 일이었고, 이론만 파고드는 아인슈타인 같은 사람이 예외적인 존재였는데, 20세기 전반에 양자 역학의 시대를 지나면서 어느새 간격이 벌어져 버렸다.

엔리코 페르미를 흔히 실험과 이론을 다 잘하는 완벽한 물리학자였다고 이야기한다. 그런데 이론 연구와 실험 연구를 둘 다 잘하기 때문에 페르미가 훌륭하다는 것은 아니다. 페르미는 이론가로서나 실험가로서나 일류가 아니라, 최고였다. 즉 어느 한쪽만 가지고도 최고의 물리학자로 이름을 남겼을 것이다. 자기가 세상에서 제일 똑똑하다고 믿는 인간들이 잔뜩 있는 입자 물리학자들 사이에서도 페르미가 얼마나 탁월했던가 하는 많은 일화들이 넘친다. 그런데 더욱 돋보이는 것은 페르미는 결코 자신의 똑똑함을 내세우지 않는다는 것이다. 레이더먼은 그의 책 『신의 입자』에서 이론 물리학자들은 모두 격렬하고 때로는 불합리할 정도의 경쟁심의 소유자들이지만 페르미는 드문 예외라고 이야기했다. 그런데도 페르미의 탁월함은 누구나, 심지어 노벨상 수상자들 사이에서도 두드러지는 것이었다. 노벨상 수상자의 사회학을 연구한 해리엇 주커먼(Harriet Zuckerman)은 노벨상 수상자인 어떤 물

리학자가 현역의 페르미를 관찰한 후 했다는 말을 이렇게 전한다.[19]

페르미가 어떠한 일을 할 수 있다는 것을 알아도, 나는 조금도 내 자신을 낮추거나 처량해지는 일은 없었습니다. …… 당신이 무엇이거나 모두 잘할 수는 없는 것 아닙니까?

앞에서 레이더먼이 새로운 입자에 관해 물었을 때 페르미가 그런 걸 다 기억한다면 식물학자가 되었을 거라고 대답했다는

그림 6-16 다른 물리학자들의 존경을 한몸에 받은 '완벽한 물리학자' 엔리코 페르미. 맨해튼 프로젝트 당시 사용한 출입증의 사진.

에피소드를 이야기했는데, 그것을 액면 그대로 받아들이면 곤란하다. 페르미는 사실 정확한 기억력으로도 정평이 나 있었다. 더구나 그것은 단순히 무엇을 기억하는 정도가 아니라, 머리에서 지식이 체계적으로 흘러나오는 것 같았다고 한다. 피사의 고등 사범 학교에 입학 시험을 치르면서 에세이를 쓸 때, 17세의 페르미는 "소리의 특성"이라는 제목으로 현의 진동에 따른 음파에 관해 편미분 방정식을 세우고 푸리에 해석을 통해 논리 정연하게 문제를 풀고 논술했는데, 아무런 참고 문헌도 없었고 그다지 많은 시간이 걸리지도 않았다 한다. 심사 위원은 "그대로 박사 학위를 주어도 좋을 정도"라고 경악했고, 학교가 생긴

이래 가장 우수한 학생의 입학을 기뻐했다.

페르미의 첫 학생 중 하나였던 세그레는 또 한 가지 에피소드를 기억한다. 1920년대까지 이탈리아에는 이탈리아 어로 쓴 현대 물리학 교과서가 없었다. 페르미는 늘 그러듯이 스스로 책을 쓰기로 하고 1927년 여름 방학 때 돌로미티의 산 속으로 휴가를 가서 책을 완성했다. 아무 참고 문헌도 없이 아름다운 산 위의 풀밭에 배를 깔고 엎드려서 노트에 연필로 쓴 원고에는 지운 흔적도 없었고 틀렸다고 줄을 그어 놓은 곳도 없었다고 한다. 세그레는 이 에피소드를 회상하며 이탈리아의 연필에는 지우개가 달려 있지 않다고 강조했다. 페르미의 이 노트는 그대로 출판사로 넘어가서 『원자 물리학 입문(Introduzione alla Fisca Atomica)』이라는 제목의 책으로 출판되었다.

그런데 페르미는 물리학의 이론과 실험 연구만 잘하는 것이 아니라, 교육자로서도 탁월했다. 그는 많은 뛰어난 제자들을 배출했고 그 중 무려 6명이 노벨상을 수상해, 역사상 가장 많은 노벨상 수상자를 제자로 배출한 사람 중 하나다. (물론 이 부분의 최고는 톰슨-러더퍼드로 이어지는 20세기 전반기의 캐번디시 연구소일 것이다.) 또한 페르미는 연구 그룹의 리더로서도 대단히 뛰어났다. 로마 시절부터 원자로를 개발하던 로스 앨러모스 시절을 거쳐 시카고 대학교에 이르기까지 페르미의 주위에는 항상 뛰어난 인재들이 모이는 생산성 높은 연구 그룹이 만들어졌고 페르미는 그들을 성공적으로 이끌었다. 제2차 세계 대전 후, 페르미가 있다는 이유로 겔만, 발렌타인 텔레그디(Valentine Telegdi), 리처드 가윈(Richard Garwin), 마빈 레너드 골드버거(Marvin Leonard Goldberger), 양전닝, 리정다오 등이 시카고 대학교에 몰려들었다. 텔레그디는 파울리 밑에서 공부를 해서인지 까다로운 성격의 독설가였는데 시카고 대학

그림 6-17 페르미, 하이젠베르크, 파울리.

교에서 페르미와 함께 있던 시절을 "당시는 내가 가장 바보 같았다는 사실마저도 자랑스러웠던 시절이었다."라고 회상했다.[20] 페르미의 인생을 정겹게 소개한 『원자 가족(*Atom in the Family*)』을 쓴 페르미의 부인 라우라는 젊은 시절부터 탁월했던 페르미의 리더십을 다음과 같이 표현했다. "언제나 페르미가 제안하면 사람들은 자신의 의사를 포기하고 그를 따르는 것이었다."[21] 물리학 연구뿐만 아니라 하이킹이든, 축구 시합이든 간에 마찬가지였다.

교육자로서, 공동 연구자로서 페르미의 탁월함을 보여 주는 많은 예가 있지만, 주커먼의 책에서 인용한 페르미의 제자인 어느 노벨상 수상자가 했다는 말만큼 그것을 잘 느끼게 해 주는 것은 없다. (누가 한 말인지는 나와 있지 않다.)

만일, 당신이 그와 연구를 같이 했다면, 그것은 마치 테니스의 초심자인 당신이 챔피언과 시합을 하고 있는 것이 아닌가 착각을 느끼게 할 것입니다. 꿈에서도 본 일이 없는 '샷'을 당신은 멋지게 잘도 쳐내고 있는 것입니다. 그는 공동 연구자에게 필요한 것이 무엇인지 금방 느껴 버립니다. 그의 곁에 있는 것만으로 충분합니다. 같이 있다는 것만으로, 10분 정도의 시간 사이에 해답을 도출해 버리고 맙니다.

그는 정말 완벽한 물리학자였다. 겸손함, 그러면서도 단연 탁월한 능력 때문에 노벨상 수상자들에서 학생들과 기술자들까지 누구나 페르미를 좋아했고, 존경했다. 본인이 직접 관계한 연구소가 아닌, 사후에 설립된 연구소인데도 시카고 근처라는 이유로 미국 최고의 가속기 연구소의 이름이 '페르미 연구소(Fermilab)'가 된 것을 보면 그의 영향과 그에 대한 사람들의 존경이 얼마나 컸는지 알 수 있다. 미국의 국립 연구소에 이름을 남긴 또 다른 사람으로는 로런스 버클리 국립 연구소의 로런스가 있는데, 로런스 버클리 국립 연구소는 어니스트 로런스가 직접 설립하고 키운 것이나 마찬가지인 곳이다.

마지막으로 여기에 페르미의 일화 두 가지만 소개한다. 1945년 7월 16일 맨해튼 계획의 결과물을 시험하는 트리니티 테스트가 실시되었다. 프로젝트에 참여한 많은 물리학자들 역시 실험 결과를 직접 참관했다. 이때 같이 참관한 기술 스태프였던 잭 에비(Jack Aeby)가 목격한 페르미의 모습이다. 원자 폭탄이 터지고 눈이 멀듯한 섬광이 비친 후 충격파가 베이스 캠프까지 밀려왔을 때였다. 페르미는 손에 찢어진 종이 조각을 잔뜩 들고 있다가 종이 조각을 뿌렸다. 충격파가 밀려오자 종이 조각이 날아갔다. 페르미는 잠시 생각했다. 종이 조각이 날아간 거리로부터 페르미는 최초의 핵폭발의 세기를 간단히 추론했다. 페르미가 어림 계산한 결과는 TNT 10킬로톤이었다. 실험의 간단함을 생각할 때 놀라울 만큼 정확한 예측이었다. 측정된 값은 TNT 약 20킬로톤이었던 것이다.[22]

이 일화를 처음 들었을 때 나는 물리학자로서 현장에서 그런 간단한 아이디어로, 간단한 실험으로 엄청나게 중요한 결과를 바로 포착해 버리는 페르미의 능력에 감탄과 부러움을 금할 수 없었다. 그 자리에는 노벨상을 이미 탔거나 앞으로 타게 될 많은 뛰어난 사람들이 있었는데도 페르미와 같은 착상을 한 사람은 아무도 없었다. 페르미는 그야말로 존재 자체가 물리학자 그 자체인 사람이라는 생각이 들 정도다.

다른 한 가지는 페르미의 소탈함을 말해 주는 일화이다. 프린스턴 대학교 물리학과의 학과장인 헨리 드월프 스마이스(Henry DeWolf Smyth)가 사이클로트론에 관한 일로 페르미를 초대했다. 어느 날 연구실로 들어온 스마이스는 기겁을 했다. 대학원생 하나와 함께 테이블을 나르고 있는 페르미의 모습을 보았기 때문이다. 다른 학생 하나는 옆에서 지시를 내리고 있었다.[23]

7장 | 우주를 지배하는 네 가지 힘

입자 물리학의 표준 모형을 이야기하기 전에 잠시 숨을 고르면서 자연의 근본적인 '힘'에 관한 이야기를 해 보자. 자연에는 네 가지 근본적인 '힘'이 있다. 전자기력, 중력, 약한 상호 작용(약력), 강한 상호 작용(강력)이 그것이다. 이중에서 우리가 일상적으로 느끼는 것은 전자기력과 중력 두 가지다.

중력을 느끼려면 지금 이 책을 손에서 놓기만 하면 된다. 자 어떻게 되었나? 책이 땅에 떨어졌을 것이다. 이렇게 책이 바닥으로 떨어지는 현상을 물리학에서는 지구가 책을 끌어당겼다고 표현하고 그 잡아당기는 힘을 중력이라고 부른다. 좀 더 정확히 말하자면 책과 지구가 서로를 잡아당겼는데, 지구가 워낙 무겁기 때문에 지구는 거의 움직이지 않고 책만 움직인 것이다.

그럼 전자기력은 어디서 볼 수 있을까? 초등학생들이 들고 다니던 필통이나 냉장고 문에 붙어 있는 자석을 보면 될까? 겨울날 스웨터를 벗을 때 불꽃을 튀게 하고 머리카락을 엉키게 만드는 정전기를 보면 될까? 맞다. 그런 힘들이 자기와 전기의 힘이다. 그것뿐만이 아니다. 이 책장을 넘기는 여러분 손가락의 힘, 이 책이 만들어지는 과정, 여러분

237

의 몸속에서 일어나는 생리 현상들, 이 모든 것이 원자나 분자 수준의 결합 방식에서 비롯된 여러 가지 물성과 화학적인 변화의 결과다. 그리고 물성이라든가 화학 작용은 모두 원자나 분자 수준에서 전자기 상호 작용이 복잡하게 작용한 결과다. 중력을 제외하면 지금까지, 그리고 앞으로도 여러분이 일상에서 경험하는 힘은 거의 다 전자기적인 힘이다.

약한 상호 작용과 강한 상호 작용은 원자핵 안에서만 작용하는 힘이다. 그래서 19세기까지의 사람들은 이 두 가지 힘에 대해서는 전혀 인식하지 못했다. 그러다가 방사능이라는 현상이 발견되고 베타 붕괴 등의 현상을 통해 새로운 '힘'의 존재를 짐작하게 되었다. 새로운 현상을 이해하려다 보니 원자라는 물질의 구조를 알아야 했고 나아가서 원자의 내부를 탐색하게 되면서 원자핵의 존재를 발견했다. 20세기 전반에 상대성 이론과 양자 역학을 알게 되면서 원자보다 작은 세계를 비로소 이해하기 시작했다. 원자핵의 구조를 이해하려고 노력하고, 우주선과 가속기 실험에서 발견된 여러 가지 기본 입자들을 연구하면서 인류는 약한 상호 작용과 강한 상호 작용의 성질들을 알아낼 수 있게 되었다.

강한 상호 작용은 원자핵을 이루는 힘이다. 강한 상호 작용이 없거나, 이름대로 강하지 않다면 원자핵은 만들어지지 않을 것이다. 강한 상호 작용의 세기가 지금보다 조금만 약해져도 많은 원자들의 핵이 불안정해져서 우리가 보는 세상의 모습은 아주 달라지게 될 것이다.

약한 상호 작용이 일으키는 현상 중 지구상에서 볼 수 있는 것은 방사성 원자핵의 베타 붕괴, 우주선에서 만들어진 파이온과 뮤온의 붕괴 등이다. 우주선이 지구의 대기권으로 들어와 공기 분자와 충돌할 때 만들어진 전기를 가진 파이온은 붕괴해 뮤온이 된다. 뮤온은 전자와 중성미자로 붕괴한다. 이것이 파이온과 뮤온의 붕괴 현상이다. 방사성 원자핵 안의 중성자는 붕괴해 전자와 중성미자를 내놓고 양성자로 바뀐다. 이것이 베타 붕괴이다. 그런데 이것뿐이 아니다. 약한 상호 작용은 인류와 지구 생명의 생존에 결정적인 역할을 한다. 지구 생명의 근원인 태양이 타오를 수 있게 해 주는 것이 약한 상호 작용이기 때문이다. 태양을 비롯한 별들이 빛을 내는 과정은 베테와 카를 폰 바이츠재커(Carl von Weizsäcker)가 발견한 탄소-질소-산소(CNO) 과정과, 중수소를 이용하는 양성자-양성자(p-p) 연쇄 반응으로 설명이 되는데, 두 과정 모두에서 약한 상호 작용이 중요한 역할을 한다.

이번에는 네 가지 힘을 비교해 보자. 다음 쪽의 표 7-1에 나타낸 것이 네 가지의 힘의 크기를 대표하는 물리 상수들이다. 중력을 나타내는 상수는 뉴턴의 중력 상수(G_N)이며 약한 상호 작용을 나타내는 상수는 페르미 상수(G_F)다. 페르미 상수는 뮤온 붕괴로부터 가장 정확히 측정되므로 뮤온 붕괴 상수를 대신 쓰기도 한다. 전자기 상호 작용과 강한 상호 작용은 전자기 이론에서 '미세 구조 상수(fine structure constant)'라고 불리는 α와 양자 색역학에서 그것에 해당하는 상수인 α_s로 표현된다. 일단 크기를 비교해 보자. 이 상수들의 값은 기준이나 조건에 따라 달라지는데, 우리가 특별한 장치 없이 테이블 위에서 실험을 할 때의 에너지에 해당하는 1기가전자볼트 정도의 에너지 척도에서 비교한다.

α는 오래전부터 잘 알려져 있었고 아주 정밀하게 측정되어 있다. 값은 약 1/137이다. α_s는 1기가전자볼트 정도에서는 1이 넘는 값을 가진다. 페르미 상수는 10만분의 1쯤 되는 수다. 따라서 전자기 상호 작

표 7-1 상호 작용의 크기를 나타내는 상수들.

상호 작용	상수	단위($c=\hbar=1$)	크기(1기가전자볼트에서)
전자기 상호 작용	α	없음	$\dfrac{1}{137.035999679}$
강한 상호 작용	α_s	없음	>1
약한 상호 작용	G_F	$\dfrac{1}{m_W^2}$	$1.16637 \times 10^{-5} (\hbar c)^3 \, \text{GeV}^{-2}$
중력	G_N	$\dfrac{1}{m_{Pl}^2}$	$6.70881 \times 10^{-39} (\hbar c) \, (\text{GeV}/c^2)^{-2}$

용을 기준으로 해 다른 두 힘은 강한 상호 작용과 약한 상호 작용이라는 이름에 걸맞은 크기의 상호 작용임을 알 수 있다. 한편 중력 상수는 비교하기도 우스운 값이다. 10^{-39} 정도니까 소숫점 아래에 0이 38개가 붙는 숫자다. 그러므로 기본 입자의 세계에서 중력은 아무런 구실도 하지 못한다.

지구와 달, 그리고 태양과 별들을 움직이는 강력한 힘인 중력이 그토록 약하다는 것이 의아할지도 모르겠다. 유리컵을 떨어뜨리거나 높은 곳에서 떨어질 때 또는 스키 타다 넘어질 때 우리는 중력만을 생생하게 느끼면서 살기 때문이다. 그러나 중력이 그렇게 중요하게, 강력하게 느껴지는 것은 우주를 지배하는 다른 힘들이 작용하는 방식이나 범위가 우리가 일상적으로 경험하는 세계와는 무척 다르기 때문이다.

우선 강한 상호 작용과 약한 상호 작용은 정말로 매우 가까운 거리에서만 작용한다. 이 힘들은 원자핵보다도 작은 세계에서만 영향을 미치기 때문에 우리의 감각으로는 직접적으로 느낄 수 없다. 그리고 전자기력은 보통 물질에서는 원자핵의 전하와 전자의 전하가 서로 상쇄되어 전기적으로 중성이 되어 있기 때문에 잘 느낄 수 없다. 그러므로 우리가 살고 있는 거시 세계에서 전자기력이 물질을 밀치거나 잡아당기거나 하는 것을 직접 느끼기는 어렵다. 그러나 사실 단단하다거나 미끄럽다거나 하는 물질의 성질은 모두 전자기력이 복잡하게 작용한 결과이다. 여러분이 이 책을 들고 있을 수 있는 것은 우리 손을 이루는 분자의 결합력이 책에 작용하는 지구의 중력보다 강하기 때문이다. 좀 더 직관적이고 단순한 예를 들어 보자. 냉장고에 붙어 있는 자석을 하나 가져와서 클립에 갖다대면 클립은 지면에서 떨어져 자석에 달라붙는다. 이 상황이 의미하는 것을 생각해 보자. 클립을 잡아당기고 있는 것은 특수 제작된 초강력 자석이 아니라 아무 데나 굴러다니는 작은 냉장고 자석일 뿐이다. 그러나 클립을 당기는 중력은 거대한 지구 전체가 만든 것이다. 즉 지구 전체가 만든 중력보다 자그마한 냉장고 자석의 자기력이 더 강한 것이다. 이것만 봐도, 중력과 전자기력 중 누가 더 힘이 센지는 충분히 짐작할 수 있을 것이다.

  네 가지 힘의 본질을 이해하는 한 가지 방법은 네 가지 상수의 단위를 살펴보는 것이다. (물리학에서 사용되는 단위들을 뜯어 보는 것은 언제나 유용하다.) α와 α_s는 단위가 없는 단순한 숫자다. 이것은 전자기 상호 작용과 강한 상호 작용이 정확한 게이지 대칭성으로 인해 나타나는 힘이라는 사실과 관련이 있다. 한편 페르미 상수 G_F와 중력 상수 G_N은 1을 어떤 질량의 제곱으로 나눈 값이다 $(1/m^2)$. 질량은 에너지로 환산할 수 있으므로, 이 양들은 어떤 에너지 값과 관련된 양이라고 할 수 있다. 이 에너지 값을 각각 '전자기-약 작용의 척도(electroweak scale)'과 '플랑크 척도(Planck scale)'라고 부른다. 어떤 에너지 값과 관계가 있으므로 중력 상수와 페르미 상수는 물리적인 이유에 따라 크기가 정해짐을 짐작할 수 있다. 중력 상수 G_N이 페르미 상수 G_F보다 훨씬 작은 수이므로 그 역수인 플랑크 척도는 전자기-약 작용의 척도보다 훨씬 큰 값이다. 전자기-약 작용의 척도는 246기가전자볼트인데, 정의하기에 따라서 조금씩 달라지므로 약 100기가전자볼트라고 생각하면 된다. 이 값은 바로 W나 Z 보손의 질량에 해당하는 값이다. 한편 플랑크 척도는 10^{19} 기가전자볼트이므로 1000경 기가전자볼트이라는 거대한 수다. 이 정도 크기의 수는 이름으로 부르는 것보다 그냥 지수 모양으로 써서 1 뒤에 0이 몇 개가 붙는지만 보는 것이 더 편리하다. 두 값이 이렇게 크게 차이가 나기 때문에 '게이지 계층성 문제'라고 부르는 이론적인 문제가 생긴다. 이 문제는 뒤에 다시 이야기하도록 하자. 이 논의에서는 앞에서 말한 바와 같이 플랑크 상수 $\hbar$와 빛의 속도 c는 그냥 단위처럼 사용했다.

전자기-약 작용의 척도인 100기가전자볼트에서는 (아마도 힉스 메커니즘으로 인해) 게이지 대칭성이 자발적으로 깨지는 일이 일어난다. 이때에 표준 모형이 우리가 관찰하는 모습으로 결정되므로 우리가 느끼는 거의 모든 에너지 척도는 이 전자기-약 작용의 척도와 관련이 있다고 할 수 있다. 즉 이 에너지 척도에서 중성미자를 제외한 모든 입자들의 질량이 정해지고 우주의 상태가 결정된다. 특히 약한 상호 작용의 게이지 입자인 W와 Z 보손은 이 척도에 따라 직접적으로 결정되므로 전자기-약 작용의 척도에 해당하는 약 100기가전자볼트의 질량을 가지게 된다. 약한 상호 작용이 전자기 상호 작용과 애초에는 서로 섞여 있다가 갈라져 나왔는데도 훨씬 약한 이유는 바로 무거운 게이지 입자를 통해 매개되기 때문이다. 또한 전자기 상호 작용은 아주 먼 거리까지 미치는 데 반해 약한 상호 작용은 아주 짧은 거리에만 작용하는 것도 같은 이유이다. 전자기-약 작용의 척도보다 높은 에너지에서는 W와

Z 보손의 질량이 그리 크게 느껴지지 않을 것이므로 약한 상호 작용의 세기가 다시 전자기 상호 작용과 비슷해질 것이다. 마찬가지로 플랑크 척도에 다다르면 중력이 다른 상호 작용과 비슷한 크기가 될 것으로 보인다. 그렇게 되면 비로소 중력도 다른 상호 작용과 함께 하나의 이론으로 기술될 것이라는 것이 이론 물리학자들의 (다분히 희망이 섞인) 예상이다. 아마도 그것이 아인슈타인을 비롯한 많은 이들이 꿈꾸었던 '통일 이론'일 것이다. 다만 중력은 양자 역학적으로 어떤 모습인지 우리가 모르기 때문에 통일 이론 역시 어떤 이론일지 지금 단계에서는 알 수 없다. 초중력(supergravity) 이론이나 초끈(superstring) 이론이 중력을 함께 다룰 수 있는 이론으로서 각광을 받았었지만, 현재 단계에서는 이 이론들이 진정한 통일 이론이라고 확신할 수는 없다. 진정한 통일 이론의 탄생은 아마도 좀 더 미래의 일일지도 모른다. 언제나 우리를 꿈꾸게 만드는 미래의 이론으로서 말이다.

8장 | 표준 모형

 자연 과학의 역사에서 무수한 이론이 탄생하고 검증되고 수정되고 버려졌지만, 그중에서 가장 거대하고 정밀하면서도 확실히 검증된 이론은 입자 물리학의 '표준 모형(standard model)'이다. 이 이론은 우리가 살고 있는 이 우주의 거의 모든 것을 설명해 주며, 이 이론의 핵심을 담고 있는 1967년 스티븐 와인버그의 「렙톤의 모형」이 발표된 이래 40년이 넘는 시간 동안 무수한 실험적 검증을 통해 극히 정밀한 수준까지 확인되었다. 현재까지 이 이론이 맞지 않는 부분은 단 하나, 중성미자의 질량에 관련된 부분뿐이다. 그 외 모든 기본 입자의 상호 작용은 이 이론을 통해 극히 정확하게 기술된다. 표준 모형은 20세기에 들어서 인류가 성취한 물리학의 주요 성과들, 즉 양자론, 특수 상대성 이론, 양자장 이론, 양자 전기 역학, 게이지 이론의 성과 등이 집약된 인류 지성사의 금자탑이다.
 이 장에서는 표준 모형의 구조가 확립되고 표준 모형이 진정으로 옳은 이론으로 확립되는 과정과 현재의 형태로 완성되는 모습을 보여줄 것이다. 동시에 표준 모형의 한계를 살펴서 왜 LHC가 필요한 것인가에 대한 실마리를 이야기하고자 한다.

표준 모형의 '11월 혁명'

표준 모형에서 물질의 기본 입자는 쿼크와 렙톤이다. 쿼크는 강한 상호 작용을 통해서 양성자, 중성자, 파이온 등과 같은 하드론을 만드는데, 이중 가장 안정된 하드론인 양성자와 중성자는 다시 강한 상호 작용으로 결합해서 원자핵을 이룬다. 원자핵과 가장 가벼운 렙톤인 전자가 전기적인 힘으로 서로 묶여 있는 것이 바로 원자이며, 이 원자로부터 우리가 보는 모든 물질들이 만들어진다.

쿼크와 렙톤의 상호 작용은 게이지 이론으로 기술된다. 약한 상호 작용과 전자기 상호 작용은 글래쇼가 제안하고 와인버그가 완성한 대로 $SU(2) \times U(1)$ 게이지 이론으로 통합적으로 기술되고, 쿼크 사이의 강한 상호 작용은 겔만과 여러 사람이 연구한 대로 $SU(3)$ 게이지 이론으로 나타내진다. $SU(3)$ 대칭성에서 3이 뜻하는 것은 $SU(3)$ 대칭성이 나타나는 기본적인 형태가 삼중항이라는 말이다. 마찬가지로 $SU(2)$ 대칭성이 나타나는 기본 형태는 이중항이다. $SU(3)$의 삼중항은 (빨강, 초록, 파랑)으로 나타낸다고 앞에서 이야기했다. 즉 모든 쿼크는 (빨간 쿼크, 초록 쿼크, 파란 쿼크)의 삼중 상태다. 그러면 $SU(2)$ 대칭성의 이중항은 무엇일까?

와인버그의 논문을 보면 $SU(2)$ 구조는 전자 중성미자와 전자를 한 쌍으로 하는 이중항이다. 즉 색깔에 해당하는 양자수가 입자의 종류 그 자체다. 마찬가지로 뮤온 중성미자와 뮤온을 한 쌍으로 해서 같은 $SU(2)$ 방정식을 쓸 수 있다. 와인버그의 논문이 나온 1967년에는 뮤온 중성미자가 아직 발견되지 않았으므로 그 논문에는 전자만 등장한다. 그러나 1969년 레이더먼, 스타인버거, 슈워츠가 뮤온 중성미자를 발견함으로써, 뮤온에 대해서도 전자기-약 작용의 방정식을 똑같이 쓸 수 있게 되었다. 렙톤은 강한 상호 작용을 하지 않으므로, 와인버그가 쓴 방정식으로 충분하다. 그러면 이제 쿼크에 대한 전자기-약 작용을 생각해 보자.

아이소스핀이라는 개념을 이야기하면서 양성자와 중성자 사이의 관계가 SU(2) 대칭성으로 표현된다고 이야기했다. 양성자의 드러난 쿼크 중 업 쿼크 하나를 다운 쿼크로 바꾸면 중성자가 된다. 따라서 양성자와 중성자 사이의 관계는 정확하게 업 쿼크와 다운 쿼크 사이의 관계다. 그러므로 쿼크에서 SU(2) 이중항은 업 쿼크와 다운 쿼크로 쓰면 된다. 그런데 스트레인지 쿼크는 어떻게 해야 할까?

쿼크의 SU(2) 구조에 대해서 해답을 내놓은 사람은 다시 글래쇼다. 글래쇼는 1964년 비요르켄과 함께 하드론에 참(charm)이라는 새로운 양자수를 도입하는 것에 관한 논문을 쓴 적이 있다. (이것은 한무영과 난부 요이치로가 도입한 참 수와는 별개의 것이다.) 1970년 글래쇼는 다시 하버드 대학교의 박사 후 연구원이었던 그리스 출신의 존 일리오풀러스(John Iliopoulos)와 로마 출신의 루치아노 마이아니(Luciano Maiani)와 함께 참 양자수에 관한 새로운 논문을 쓰면서, 참 양자수를 가진 네 번째의 새로운 쿼크를 도입할 것을 제안했다. 이 새로운 쿼크는 SU(2)의 구조에서 스트레인지 쿼크의 짝의 역할을 하며, 쿼크와 렙톤 사이에 완전한 1:1 대응을 주게 된다. 쿼크와 렙톤 사이에 이렇게 1:1 대응이 있으면 이상성(異常性, anomaly)이라는, 이론에 모순을 일으키는(즉 무한대 값이 나오는) 항을 상쇄해 버릴 수 있다. 또한 중성의 케이온이 전자-반전자 쌍으로 붕괴하지 않는 것과 같은, 당시로서는 이해하지 못하던 하드론의 붕괴 방식을 교묘한 관계식을 통해 정확하게 설명해 주었다. 쿼크와 렙톤이 정확히 1:1 대응을 하므로 쿼크에 대해서도 렙톤과 같은 형태로 전자기-약 작용에 대한 방정식을 쉽게 쓸 수 있게 된 것이다. 따라서 글래쇼-일리오풀러스-마이아니가 제안한 메커니즘(GIM)은 쿼크의 전자기-약 작용에 중요한 구조라고 여겨지게 되었다.

와인버그의 모형의 핵심적인 구조는, 힉스 메커니즘을 통해서 약한 상호 작용을 전달하는 W와 Z 보손이 약 100기가전자볼트 정도의 질량을 가지게 되는 것이다. 이것은 SU(2)×U(1) 게이지 대칭성 중에서 약한 상호 작용에 해당하는 SU(2)만큼의 대칭성이 깨져 있음을 의미한다. 무거운 입자를 통해서 전달되기 때문에 약한 상호 작용은 전자기 상호 작용과 같은 근원에서 나왔으면서도 크기는 훨씬 작고 작용 거리는 아주 짧다. 그리고 힉스 메커니즘의 결과로 전기적으로 중성이며 스핀이 0인 스칼라 입자가 하나 존재한다. 이 입자를 힉스 보손, 혹은 그냥 힉스 입자라고 부른다.

이로써 표준 모형의 기틀이 세워졌다. 쿼크와 렙톤은 SU(2)×U(1) 게이지 이론으로 표현되는 전자기-약 작용을 하는데, 힉스 메커니즘에 따라 게이지 대칭성의 일부는 깨져 있다. 쿼크는 또한 강한 상호 작용을 한다. 그러나 문제는 SU(2)×U(1)이나 SU(3) 게이지 이론이 재규격화되는지가 아직 확인되지 않았기 때문에 이 이론이 올바른 양자 이론이 될 수 있는지가 불확실한 것이었다. 게다가 SU(2) 게이지 대칭성은 자발적으로 깨져 있어서 SU(3) 게이지 이론과는 상황이 또 다를 터였다. 글래쇼가 제안한 새로운 쿼크도 확인된 것은 아니었고, 분수 전하를 가지는 쿼크를 왜 볼 수 없는지도 아직 알 수 없었다. 1960년대가 저무는 시점에서, 표준 모형의 이론적인 구조는 거의 갖춰져 있었지만, 이것이 옳은 방향이라는 확신을 모든 사람에게 주지는 못했다.

논문을 평가하는 방법에는 여러 가지가 있지만, 그중 가장 많이 사용하는 것이 논문의 피인용수를 세는 것이다. 중요한 논문은 다른 연구에 많은 영향을 미치기 마련이며, 따라서 많은 피인용수를 자연스럽게 기록하게 되기 때문이다. 입자 물리학 분야에서 가장 많이 인용된 논문은 표준 모형의 원형을 제시한 것으로 앞에서 이야기했던 와인버그의 1967년 논문인 「렙톤의 모형」이다.* 이것만 보아도 표준 모형의 영향력을 짐작할 수 있을 것이다.

나처럼 1980년대 후반 이후에, 즉 W와 Z 보손이 발견된 이후에 대학원에 들어온 사람들은 표준 모형은 자명한 이론이고, 게이지 이론은 태초부터 있던 것이라는 느낌을 가지기 쉽다. 그러나 앞에서 이야기했듯이 1970년대까지는 양자장 이론이 입자 물리학의 주류가 아니었다.** 입자 물리학에서 가장 많이 인용된 논문이며 가장 유명한 논문

---

* 그런데 역대 피인용수가 많은 논문 랭킹의 상위권에 가장 많이 나오는 사람은 글래쇼다. SLAC의 데이터베이스에 따르면 흔히 이름의 머리글자를 따서 GIM이라고 불리는 앞의 참쿼크에 관한 논문, 전자기-약 작용을 설명하기 위해 SU(2)×U(1) 게이지 대칭성을 제시한 1961년의 논문, 그리고 하워드 메이슨 조자이(Howard Mason Georgi)와 함께 대통일 이론을 처음 제안한 1974년의 논문 등 세 편이 25위 안에 등장한다. 최근 논문들의 피인용수가 급격하게 치솟으면서 새로 상위에 올라온 논문들이 많아서 많이 밀려서 그렇지, 몇 년 전만 해도 세 논문이 모두 10위권 안에 있었다.

** 피터 보이트(Peter Woit)의 『초끈 이론의 진실(Not Even Wrong)』을 보면 1970년대 중반에 양자장 이론을 공부하던 학생들의 교과서는 1960년대 중반에 나온 비요르켄과 시드니 드렐(Sydney Drell)의 책뿐이었다고 한다.[1] 과연 그 후에 나온 유명한 양자장 이론 교과서인 클라우드 이직슨(Claude Itzykson)과 장베르나르 주베(Jean-Bernard Zuber)의 책이나 피에르 라몽(Pierre Ramond)의 책들은 모두 1980년대에 나온 책이며 1970년대에 나온 책은 거의 보이지 않는다. 1989년에 내가 양자장론을 배울 때에도 비요르켄과 드렐의 책을 교과서로 사용했다.

인 와인버그의 논문도 처음 발표되었던 당시에는 거의 아무런 주목을 끌지 못했다. 오늘날 가장 많이 인용된 논문이라는 사실에 무색하게도 발표 후 3년 동안 와인버그의 논문은 단 한 번도 인용되지 않았다. 1970년에 최초로 한 번 인용되었고 1971년 세 번 인용되었다. 그런데 그중 한 번은 네덜란드의 어린 대학원생 토프트가 인용한 것이었다.[2] 와인버그의 논문을 인용한 토프트의 논문은 힉스 메커니즘에 따라 자발적으로 깨어진 양-밀스 이론이 양자 전기 역학처럼 재규격화가 가능하다는 것을 증명하는 논문이었다. 특히 와인버그의 모형과 같은 $SU(2) \times U(1)$ 게이지 이론이 재규격화가 가능하다는 것을 보임으로써, 1967년의 와인버그의 모형이 양자 역학적으로 옳은 게이지 이론이라는 이론적 기반을 제공했다.

토프트의 논문의 가치를 즉시 이해한 사람은 많지 않았는데, 그 중 요성을 가장 먼저 깨달은 사람 중 하나가 한국 출신의 이휘소다. 게이지장 이론에 관한 당대 최고의 전문가 중 한사람인 이휘소는 1972년 가을에 스토니브룩 대학교에서 게이지 이론에 대한 강의를 했고, 이 강의는 다음해 어니스트 에이버스(Ernest S. Abers)가 정리한 강의록을 바탕으로 평론 및 해설 논문을 주로 싣는 학술지인 《피직스 리포트(Physics Report)》에 발표되었다.[3]*

토프트와 이휘소의 활약으로 양자장 이론이 입자 물리학 이론의 전면에 부각되었다. 1973년 그로스와 윌첵, 폴리처가 양-밀스 이론의 독특한 성질인 점근적 자유도를 밝혀냈다. 따라서 쿼크들에 대한

---

* 140여 쪽에 달하는 이 논문은 양자장 이론 교과서가 거의 없었던 1970년대에 양자장 이론의 교과서 역할을 했다. 비요르켄과 드렐의 책에서 다루지 않은 양-밀스 이론에 관해 이 논문만큼 잘 설명하는 문헌을 1970년대에는 찾아볼 수 없었기 때문이다.

그림 8-1 함께 연구하던 시절의 스티븐 와인버그(왼쪽)와 이휘소(오른쪽).

    SU(3) 대칭성을 갖는 양-밀스 이론인 양자 색역학이 강한 상호 작용을 기술하는 이론으로 부각되었다. 또한 같은 해 CERN의 가가멜(Gargamelle) 그룹이 중성류의 증거를 처음으로 보고해, 와인버그-살람 모형의 타당성을 뒷받침했다. 양자장 이론이 자연의 근본적인 법칙을 설명하는 이론으로 급격히 확립되어 갔다.

    1974년 11월 미국 동부와 서부에서 거의 동시에, 새뮤얼 팅이 브룩헤이븐의 AGS 가속기를 이용해, 그리고 버튼 릭터가 SLAC의 SPEAR에서 J/ψ 메손을 독립적으로 발견했다. J/ψ의 질량은 무려 $3.1 \text{GeV}/c^2$에 달했고, 이 입자의 수명, 붕괴 방식 등이 측정되었다. 이 모든 데이터는, J/ψ 입자를 새로운 쿼크-반 쿼크의 쌍이 결합한 것으로 해석하면 표준 모형으로 계산한 결과와 정확하게 일치했다. 이휘소는 「참을 찾아서(Search for Charm)」라는 논문을 통해서 참 쿼크의 성질을 연구해, 팅의 발견을 이끌었다. 이 결과 쿼크라는 존재가 실재로 받아들여졌고, 쿼크가 와인버그-살람의 SU(2)×U(1) 모형에도 부합한다는 것이 확인되었다. 참 쿼크와 반참 쿼크 쌍으로 이루어졌으므로 J/ψ는 메손에 해당되지만, 양성자보다 훨씬 무겁기 때문에 원래 전자와 양성자의 중간 질량을 의미하는 메손이라는 이름에는 걸맞지 않게 되어 버렸다. 이제 메손과 바리온은 스핀에 따라서 정의해야 한다. J/ψ의 발견은 표준 모형이 확립되어 가는 이 시기의 절정을 이루는 사건이었고, 입자 물리학계에서는 흔히 '11월 혁명(November revolution)'이라고 불린다.

이런 연구 성과들이 축적되면서 양자 색역학이 강한 상호 작용을 설명하는 이론으로서 받아들여졌다. 이후 전자-양전자 충돌에서 쿼크-반쿼크 쌍이 만들어지는 현상이 관측되었는데 이것은 하드론 제트(jet)의 형태로 나타났다. 하드론 제트에 관해서는 조지 스터먼(George Sterman)과 스티븐 와인버그가 1977년 처음으로 연구하기 시작했다. 이후 쿼크나 글루온이 만들어질 때는 늘 하드론 제트의 형태로 관측되는 것이 확인되었다. 이때 쿼크-반쿼크 쌍의 생성 확률은 전자-반전자 쌍의 생성 확률의 정확히 3배임이 측정되어, 쿼크는 렙톤과 비교해(강한 상호작용에 대한) 삼중 상태임이, 즉 세 가지 색깔을 가짐이 확인되었다.

1970년대의 전반기는 입자 물리학이 오늘날의 모습을 갖추는 시기였고 가장 흥분되는 기간이었다. 모든 것이 퍼즐 조각이 맞아 들어가듯 빠르게 자리를 잡아 갔다. 존재하는 입자들이 모두 SU(2)×U(1) 대칭성과 SU(3) 대칭성으로 정리되었다. 상대성 이론과 게이지 대칭성부터 시작해, 패리티 깨짐, V-A, 쿼크, 양자 전기 역학, 양자 색역학, 재규격화, 하드론들의 공명 상태 등 오랜 세월 쌓여 온 지식들이 모두 하나의 방정식 안에 녹아 들어가 정리되고 설명되었다. 비록 약한 상호 작용을 매개하는 W와 Z 보손을 실제로 확인하지는 못했으나, 그 존재는 의심의 여지가 없어 보였다. 1970년대 중반을 거치면서 이제 이론적으로 표준 모형은 완성됐다고 할 수 있다.

표준 모형과 입자 가족의 완성

1975년 마틴 루이스 펄(Martin Lewis Perl)이 SLAC의 SPEAR 가속기에서 세 번째 렙톤을 발견해 타우(τ)라고 명명했다. 타우라는 이름은 세 번째를 의미하는 그리스 어의 첫 글자를 딴 것이다. 타우 렙톤 역시 뮤온처럼 전자와 모든 성질이 똑같고 다만 질량만 훨씬 더 무거웠다. 타우 렙톤의 질량은 $1.777 \text{GeV}/c^2$로 당시까지 알려진 어떤 쿼크나 렙톤보다도 무겁고, 양성자보다 2배나 무거운 것이었다. 타우는 웬만한 하드론보다 무겁기 때문에 하드론으로 붕괴하기도 한다. 전자와 뮤온이 가볍기 때문에 붙여졌던 렙톤이라는 이름도 무색해져 버린 셈이다.

표준 모형의 이론적 구조는 기본적으로 한 종류의 쿼크와 렙톤에 관한 것이다. 즉 업 쿼크와 다운 쿼크와 전자, 전자 중성미자만 있으면 표준 모형의 방정식을 모순 없이 쓸 수 있다. 그런데 자연에는 이유는 잘 모르지만 쿼크와 렙톤이 한 세트 더 있다. 바로 참 쿼크와 스트레인지 쿼크, 그리고 뮤온과 뮤온 중성미자이다. 따라서 이 입자들에 대해서도 똑같은 방정식을 쓰면 된다. 그러나 이 입자들이 반드시 필요한 것은 아니어서 두 번째 세트는 고스란히 존재하지 않는다고 해도 이론의 구조는 별 문제가 없고 심지어 우주 그 자체에도 별다른 문제는 없어 보인다. (실제로는 문제가 있다.) 그러나 이중 일부만 빠진다면 이론에 모순이 생긴다. 예를 들어 렙톤은 두 세트인데 쿼크는 한 세트라든가 하면, 이론에 모순을 일으키는(무한대 값이 나오는) 이상성 항이 생겨 버린다. 그런데 세 번째 렙톤이 발견되었다. 그렇다면 쿼크에도 세 번째 세트가 있어야 하지 않을까?

 결과는 곧 나왔다. 1977년 페르미 연구소에 새로 지은 400기가전자볼트의 가속기에서 레이더먼이 새로운 쿼크를 발견한 것이다. 새로운 쿼크에는 '보텀(bottom, 바닥) 쿼크'라는 이름이 붙었고 자연스럽게 SU(2) 짝의 이름은 '톱(top, 꼭대기) 쿼크'가 되었다. 사람에 따라서, 혹은 경우에 따라서 두 쿼크의 머리글자를 따서 "truth-beauty"라고 부르기도 한다. 보텀 쿼크는 두 번째 세트인 참 쿼크와 스트레인지 쿼크의 경우와 마찬가지로 다운 쿼크와 같은 성질을 가지면서 질량만 더욱 무거운 쿼크인데, 질량이 약 $4.5\text{GeV}/c^2$에 달한다. 질량이 워낙 무겁고 상대적으로 긴 수명 때문에 보텀 쿼크는 중요한 의미를 가진다. 가속기 실험에서 쿼크가 만들어질 때 우리는 하드론만을 검출하기 때문에 어떤 쿼크가 만들어지는가 하는 것은 알 수 없다. 그러나 보텀 쿼크는 여러 가지 방법으로 보텀 쿼크임을 알아볼 수 있다. 그래서 현대 입자물리학에서 실제적으로 가장 중요한 입자 중 하나다.

 타우 렙톤과 보텀 쿼크의 발견에 따라 쿼크와 렙톤이 세 세트가 있는 것이 당연해졌다. 쿼크와 렙톤의 한 세트, 즉 업 쿼크, 다운 쿼크라는 쿼크 무리와 전자 중성미자, 전자라는 렙톤 무리를 통틀어 하나의 '세대(generation)' 혹은 '가족(family)'이라고 부른다. 업 쿼크, 다운 쿼크, 전자 중성미자, 전자의 세트가 1세대, 스트레인지 쿼크, 참 쿼크, 뮤온,

뮤온 중성미자가 2세대, 그리고 보텀 쿼크, 톱 쿼크, 타우 렙톤, 타우 중성미자가 3세대를 이루는 것이다. 3세대 입자 중 끝까지 발견되지 않았던 톱 쿼크는 1995년 페르미 연구소의 테바트론에서, 그리고 타우 중성미자는 2000년 페르미 연구소의 DONUT 실험에서 각각 발견되었다. 결과적으로 3세대의 입자들 중 3개(보텀 쿼크, 톱 쿼크, 그리고 타우 중성미자)가 페르미 연구소에서 발견되었다.

2011년 현재까지 표준 모형의 쿼크와 렙톤은 3세대까지 모두 발견되었고 표준 모형의 지위는 더욱 확고해졌다. 그러면 4세대나 5세대가 과연 존재할까? 표준 모형은 이 문제에 답을 주지 못한다. 지금까지 여러 실험에서 4세대의 쿼크나 렙톤을 찾아 왔으며, LHC에서도 4세대 입자가 존재하는지를 검증할 것이다. 그러나 아직까지는 3세대 이후의 입자가 있다는 증거는 발견되지 않았다. 오히려 우주에 존재하는 헬륨의 양 같은 여러 관측 데이터를 볼 때에는 3세대까지만 존재하는 것 같다. 특히 가벼운 중성미자는 세 종류만이 존재한다는 것이 LEP의 실험 결과로 확인되었다.[4]

한편 쿼크가 3세대로 이루어져 있다는 사실이 밝혀지면서, 표준 모형의 새로운 부분이 하나 드러났다. 1963년 브룩헤이븐 국립 연구소의 AGS 가속기에서 제임스 왓슨 크로닌(James Watson Cronin)과 밸 록스던 피치(Val Logsdon Fitch)가 중성 케이온의 붕괴로부터 CP 대칭성이 깨져 있다는 것을 발견했다. C는 전하를 바꾸는 변환(Charge conjugation)에 대한 대칭성이고 P는 공간의 부호를 바꾸는 패리티(Parity) 변환에 대한 대칭성이다. CP란 이 두 가지를 한꺼번에 바꾸는 대칭성이다. 양전닝과 리정다오에게 노벨상을 가져다준 것은 약한 상호 작용에서 패리티(P) 대칭성이 깨져 있다는 것을 발견한 것이었다. 이 현상은 또한 전하(C) 대칭성이 깨져 있음을 의미하는 것이었다. 그러나 그 두 가지를 합친 CP 대칭성은 C와 P 각각이 깨져 있어도 잘 보존되는 것으로 알려졌다. 음수와 음수를 곱하면 양수가 되는 것처럼 말이다. 이 대칭성이 중요한 이유는 CP 변환이 바로 입자와 반입자를 바꾸는 일에 관련되는 대칭성이기 때문이다. 즉 CP 대칭성이 완전하게 유지되어 있다는 말은 입자를 반입자로, 반입자를 입자로 바꾸어도 똑같은 세상이라는 말이다. 거꾸로 말하면 CP 대칭성이 깨져 있다는 말은 입자로 이루어진 세상과 반입자로 이루어진 세상 사이에 차이가 있다는 말이다.

지금까지 우주를 관측한 결과는 우리가 사는 우주는 입자만으로 이루어져 있다. 즉 관측되는 별과 물질은 모두 입자로 이루어져 있으며 반입자로만 되어 있는 반입자의 별, 반입자의 행성, 반입자의 은하는 없는 것 같다. 그러나 이 말이 우주에 반입자가 존재하지 않는다는 말이라고 오해하면 안 된다. 우주를 가득 채우고 있는 에너지의 대부분은 빛의 형태로, 즉 가시광선, 감마선, 엑스선, 그 밖의 온갖 파장의 광자로 존재한다. 그런데 광자는 입자와 반입자가 합쳐진 상태라고 볼 수 있다. 즉 입자와 반입자가 합쳐지면 광자가 되고 거꾸로 광자는 입자-반입자 쌍으로 바뀔 수 있다. 그러니까 우주에 입자와 반입자를 같은 양만큼 넣고 충분히 섞은 다음에 잘 식히면 광자만 남게 된다. 만약 입자나 반입자 어느 쪽이 조금 더 많이 있다면, 우주에는 수많은 광자와 입자나 반입자 중 많은 쪽만이 조금 남아 있을 것이다. 이렇게 광자로 가득 차 있으면서 입자가 아주 조금 남아 있는 것이 바로 관측되는 우리 우주의 모습이다. 그러면 입자가 얼마나 남아 있을까? 현재의 관측 결과는 광자의 개수가 입자의 개수의 10억 배쯤 된다고 알려 준다. 그러니까 입자가 반입자보다 10억분의 1만큼 더 많은 것이다. 즉 우리 우주의 CP 대칭성은 10억분의 1만큼, 아주 조금 깨져 있다. 이렇게 CP 대칭성을 연구하는 일은 우주에 존재하는 물질의 근원을 설명하는 일과 깊이 관련되어 있다.

크로닌과 피치가 발견한 CP 대칭성 깨짐을 설명하기 위해 많은 논문이 발표되었다. 그중 1973년 일본 나고야 대학교의 두 젊은이가 쓴 논문은 일본의 영어 학술지인 《이론 물리학의 진보(Progress of Theoretical Physics)》에 게재되었으므로 처음에는 그다지 각광을 받지 못했다. 고바야시 마코토와 마스카와 도시히데가 쓴 이 논문은 게이지 이론에서 CP 대칭성이 깨질 수 있는 몇 가지 가능성을 논하면서 3세대 쿼크가 있으면 쿼크가 양자 역학적으로 섞일 때에 자연스럽게 CP 대칭성이 깨질 수 있다는 내용을 담고 있었다. 이론적으로 화려하지도 않았고, 더구나 1973년이면 참 쿼크가 발견되기도 전이어서 2세대 쿼크와 렙톤의 짝이 존재한다는 것도 확실하지 않을 때였으므로 3세대 쿼크, 즉 6개의 쿼크를 가정한 이 모형의 가정은 지나치게 인위적으로 보이기도 했다. 그러나 1970년대가 끝나기도 전에 3세대 렙톤과 쿼크가 발견되었고, 이 일본 구석의 젊은 이론가들이 쓴 논문은 세계 물리학계의 관심을 모으게 되었다. 쿼크의 섞여 있는 정도를 나타내는 양은 수학적으로 행렬이라는 형식으로 표현되는데, 이 행렬의 이름은 최초로 다운 쿼크와 스트레인지 쿼크의 섞임을 제안한 이탈리아 인 니콜라 카비보(Nicola Cabibbo)의 이름과 함께 'CKM(Cabibbo-Kobayashi-Maskawa) 행렬'이라고 지어졌다. (일본인들은 카비보의 이름을 빼고 'KM 행렬'이라고 부르기도 한다.)

이 행렬의 나머지 부분을 검증하기 위해서 보텀 쿼크를 연구하는

그림 8-2 노벨상 수상 결정 직후 열린 공동 기자 회견에서 마스카와 도시히데(왼쪽)와 고바야시 마코토(오른쪽).

일이 중요해졌다. 결국 1990년대에 보텀 쿼크만 대량으로 만드는(정확히 말하면 보텀 쿼크를 포함한 B 메손을 대량으로 만드는) 가속기가 일본의 KEK 연구소('고에너지 물리학 연구 기구'의 일본어 발음의 머리글자를 딴 약칭)와 미국의 SLAC에 건설되었고, 여기서 나온 보텀 쿼크에 대한 대량의 실험 데이터를 통해 쿼크들 사이의 구조가 자세히 탐구되었다. 현재까지의 결론은 고바야시와 마스카와의 방법만으로도, 즉 CKM 행렬만으로 모든 것을 잘 설명할 수 있다는 것이다. 결국 2008년의 노벨 물리학상이 난부 요이치로와 함께 고바야시와 마스카와에게 주어졌다. 보텀 쿼크에 관련된 연구는 앞으로도 입자 물리학에서 매우 중요한 부분을 차지할 것이다. B 메손을 대량으로 생산하는 가속기가 성능을 업그레이드시켜 가동될 예정이고, LHC에서도 보텀 쿼크만을 연구하기 위한 검출기 LHCb가 따로 존재할 정도다. 이 이야기의 나머지는 LHCb를 다루면서 하도록 하겠다.

쿼크와 렙톤이 얼마나 있는가도 중요한 문제지만, 표준 모형의 구조를 확실히 증명하기 위해서 가장 중요한 것은 바로 약한 상호 작용을 매개하는 무거운 게이지 입자를 발견하는 일이었다. 베타 붕괴 등의 약한 상호 작용에서 W 보손의 효과가 검증되고, 중성미자-원자핵 충돌 실험 등 여러 중성류 실험에서 Z 보손의 효과가 검증되기는 했지만, W와 Z 보손이 실제로 존재하는가를 확인하기 위해서는 W와 Z 보손을 실제로 만들 만큼의 고에너지 가속기가 필요했다.

유럽의 CERN에서는 1970년대 말 W와 Z 보손을 만들 수 있는 전자-양전자 충돌기가 제안되어 건설이 추진되기 시작했다. 이것은 나중에 LEP로 실현된다. 한편 당시 막 완공된 양성자 가속기인 CERN의 SPS 가속기를 양성자-반양성자 충돌기로 개조해서 W와 Z 보손의 존재를 당장 확인하자는 프로젝트가 시작되었고, SPS는 변신을 시작한다. 이것을 가능하게 한 것은 네덜란드 출신의 공학자 시몬 반 데르 메르(Simon van der Meer)가 발명한 충분히 높은 광도의 반양성자 빔을 만들 수 있는 '확률적 냉각(stochastic cooling)'이라는 방법이었다.

1983년 CERN의 카를로 루비아(Carlo Rubia)가 이끄는 UA1 팀과, 또 다른 검출기를 이용하는 UA2 팀이 양성자-반양성자 충돌에서 W와 Z 보손을 발견했다. 많은 입자들의 현상 속에서 찾아낸 추상적인 SU(2) 대칭성이 실제의 입자로 존재하는 것으로 드러난 것이다. 바로 다음해인 1984년 루비아와 반 데르 메르는 W와 Z 보손 발견으로 노벨 물리학상을 수상했다. 이후 1989년 LEP가 완공되고 가동에 들어 감으로써 Z 보손이 대량으로 만들어지고 표준 모형의 여러 세부 사항 이 검증되기 시작했다. (SPS와 LEP는 CERN의 역사를 다룬 11장에서 자세히 설명한다.)

이러한 과정을 거쳐 힉스 입자를 제외한 표준 모형의 모든 부분이 검증되었다. 그럼 마지막으로 표준 모형의 구조를 정리해 보자. 오른쪽 그림은 표준 모형의 입자들을 정리한 것이다. 쿼크와 렙톤, 그리고 그 입자들의 각 세대가 그려져 있다. 표준 모형의 상호 작용은 강한 상호 작용을 표현하는 SU(3) 대칭성과 전자기-약 작용을 표현하는 SU(2)×U(1) 대칭성을 기반으로 한 게이지 이론을 통해 기술되며, 물질은 쿼크와 렙톤이라는 기본 요소로 이루어져 있다. 쿼크와 렙톤은 SU(2) 대칭성을 통해 짝을 이루는 업, 다운 쿼크와 렙톤인 전자 중성미자, 전자가 한 세대를 이루고, 이런 세대가 셋 있어서 모두 여섯 종류의 쿼크와 여섯 종류의 렙톤이 존재한다. 업 쿼크는 $+2/3e$의 전하를, 다운 쿼크는 $-1/3e$의 전하를 가지는데, 여기서 e는 전자의 전하의 크기다. 중성미자는 이름 그대로 전기적으로 중성이며 전자의 전하는 $-e$이다. 강한 상호 작용은 쿼크에만 작용하므로, 쿼크는 전자기 상호 작용의 전기에 해당하는 강한 상호 작용의 전하를 가지는데, 이 전하는 세 가지가 있으며 색깔이라고 부른다.

강한 상호 작용을 나타내는 SU(3) 게이지 이론은 8개의 게이지 입자를 필요로 한다. 이들을 글루온이라고 부른다. SU(2)×U(1) 대칭성은 SU(2)에서 3개, U(1)에서 1개의 게이지 입자를 갖게 되는데, 이들은 그대로 나타나는 것이 아니라, 서로 섞여서 나타난다. 서로 섞인다는 말은 원래 게이지장인 입자와, 우리에게 보이는 입자가 다르다는 것을 의미하는 양자 역학적인 결과로서, 힉스 메커니즘에 따라 게이지

260 **2부** 양자장의 바다에서

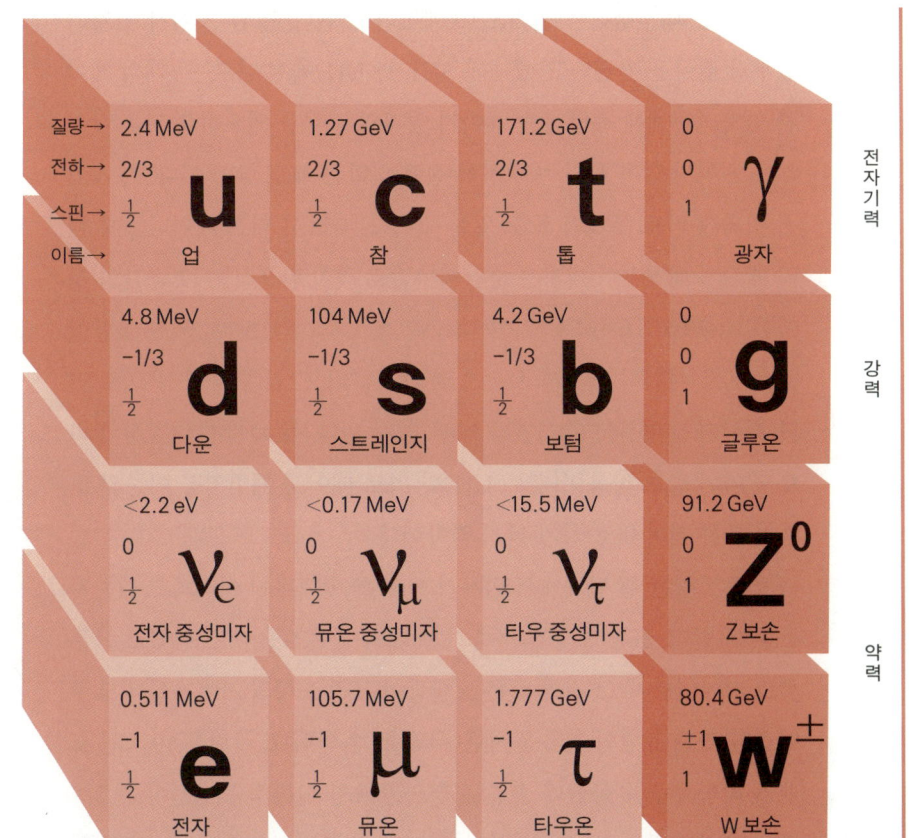

그림 8-3 입자 물리학 표준 모형의 기본 입자들. 쿼크와 렙톤의 세로줄은 한 세대를 나타낸다.

입자의 일부가 질량을 가지면서 일어나는 현상이다. 게이지 입자가 질량을 가지면 더 이상 게이지 대칭성이 유지되지 않으므로, 게이지 대칭성이 깨졌다고 표현하며 특히 힉스 메커니즘에 따라 대칭성이 깨질 때 이것을 대칭성이 자발적으로 깨졌다고 한다. 방금 게이지 입자의 일부가 질량을 가진다고 했는데, SU(2)×U(1)에서 나오는 4개의 게이지 입자 중 3개에 해당하는 게이지 입자만 질량을 얻으며 전기를 갖지 않는 게이지 입자 하나는 여전히 질량이 없는 채로 남아 있다. 이 게이지 입자가 바로 우리가 보고 있는 빛이다. 따라서 힉스 메커니즘에 따라 게이지 대칭성이 깨지는 순간이야말로 빛이 탄생하는 그 순간인 것이다. (말하자면 「창세기」에서 창조주가 "빛이 있으라." 한 바로 그 순간이다.) 빛은 질량이 없으므로 여전히 게이지 보손으로 존재하며, 그것에 따라 빛으로 인한 게이지 대칭성이 U(1)만큼 남아 있게 된다. 이 게이지 대칭성이 바로 전자기 상호 작용이며, 이 U(1)만 따로 떼어서 게이지장 이론의 방정식을 쓴 것이 바로 양자 전기 역학이다.

표준 모형은 현 단계에서 인류가 우주를 어디까지 이해하고 있는가를 말해 준다. 표준 모형을 구축하는 데 수많은 이들이 노력했고 분투했고 기여했으며, 그 결과 많은 노벨상이 표준 모형의 기여자들에게 주어졌다. 표준 모형의 기틀을 세운 글래쇼, 와인버그, 살람은 1979년 노벨 물리학상을 수상했다. 표준 모형의 중요한 이론적 뒷받침이 된 양-밀스 게이지 이론의 재규격화를 증명한 토프트와 그의 지도 교수 펠트만은 1999년 노벨 물리학상을 수상했다. J/ψ 입자를 발견한 팅과 릭터는 1976년에, 심층 비탄성 산란 실험으로 쿼크의 존재를 보인 프리드먼, 켄들, 테일러는 1990년에 노벨상을 수상했다. CP 대칭성이 깨져 있음을 실험적으로 발견한 크로닌과 피치는 1980년에 노벨상을 받았다. W와 Z 보손을 발견하는 데 공헌한 루비아와 반 데르 메르는 1984년에, 뮤온 중성미자를 확인해 중성미자에 최소한 두 종류가 있다는 것을 밝혀낸 레이더먼, 스타인버거, 슈워츠는 1988년 노벨상을 수상했다. 타우 렙톤을 발견한 펄은 중성미자를 처음 발견한 라이너스와 함께 1995년에 노벨상을 받았다. 양자 색역학의 점근적 자유도를 증명한 그로스, 윌첵, 폴리처는 2004년 노벨상을 수상했다. 입자 물리학에 자발적 대칭성 깨짐이라는 아이디어를 처음 도입하고 쿼크에 색깔에 해당하는 양자수를 도입해 양자 색역학을 만드는 데 공헌한 난부와, 세 가지 쿼크 종류가 있을 때 그들의 섞임이 CP 대칭성을 깨는 원인이 될 수 있다는 것을 보인 고바야시와 마스카와는 2008년 노벨 물리학상을 함께 수상했다.

표준 모형의 한계

표준 모형은 지금 우리가 보기에는 거의 모든 것의 이론이다. 원자나 분자에서 톱 쿼크에 이르기까지, 그러니까 에너지 척도로 이야기하자면 메가전자볼트 수준에서 수백 기가전자볼트 수준까지 거의 모든 현상을 설명할 수 있으며, 우주가 만들어진 지 10억분의 1초 이후부터 오늘날까지 일어난 거의 모든 현상을 설명해 준다. 표준 모형은 상대성 이론과 양자 역학의 원리에 잘 부합하고, 필요한 만큼 체계적으로 물리량을 계산할 수 있으며, 계산과 실험이 계속 정밀해져 가는 현재에도 여전히 정확히 일치하고 있다. 표준 모형은 근사적으로 맞는 현상적인 이론이 아니라 근본적인 원리만을 가지고 쓴 방정식이자, 그 안에서 우리 우주의 모든 현상을 설명하는 진정한 이론이다.

그러나 표준 모형은 모든 것을 담은 완전한 이론은 아니다. 또한 지금 우리가 보기에는 옳은 이론이지만 과거 우주가 탄생하던 때에도 옳았던 이론이라고는 생각되지 않는다. 표준 모형이 맞지 않는 점, 설명하지 못하는 점, 어딘지 부실한 점 등을 열거하는 것으로 이 장을 마치도록 하겠다. 여기서 제시된 표준 모형의 난점들을 극복하고자 하는 무수한 노력과 시도가 30여 년간 이어지고 있으며, 그 결과로 많은 새로운 이론이 제안되고 폐기되기도 했다. 이 새로운 이론들과 그것을 LHC에서 어떻게 확인하려고 하는지는 뒤에서 소개하겠다.

1. 표준 모형이 명백하게 맞지 않는 부분은 중성미자의 질량이다. 1990년대 말 일본의 슈퍼 가미오칸데(Super Kamiokande) 실험에서 대기 중에서 생성된 중성미자를 관측한 매우 정밀한 데이터는 중성미자가 0이 아닌 질량을 가지고 있다는 것을 강력하게 시사했다. 이후 캐나다의 SNO 실험과 그동안 쌓여 온 태양 방출 중성미자의 데이터, KamLAND 실험(슈퍼 가미오칸데로 원자력 발전소에서 나오는 중성미자를 검출하는 실험)의 데이터 등, 여러 실험 데이터를 종합해 중성미자 질량의 전모가 서서히 밝혀지고 있다. 그런데 표준 모형은 중성미자의 질량을 정확하게 0으로 정해 놓았으므로 명백하게 맞지 않는다. 이 문제는 중성미자의 본성에 깊게 관련된 문제이다. 표준 모형에서 중성미자의 질량이 정확히 0인 이유는 중성미자만 오른쪽 중성미자가 아예 없기 때문이다. 그러므로 표준 모형에서도 중성미자의 질량은 예외적인 부분이다. 이 문제를 통해 중성미자의 질량을 설명하는 데 그치지 않고, 더 근본적인 이론의 실마리를 잡고 싶어 하는 것이 입자 물리학자들의 바람이다.

2. 표준 모형이 '거의 모든 것'의 단계를 뛰어넘어 모든 것의 이론이 될 수 없는 가장 큰 이유는, 중력에 대해서 아무것도 말할 수 없기 때문이다. 중력은 우리

264 2부 양자장의 바다에서

모두가 일상적으로 느끼는 힘이고, 해와 달과 별들의 운행을 지배하는 힘이며, 우리 우주가 지금과 같은 모습으로 있게 하는 힘이다. 중력은 케플러, 갈릴레이, 뉴턴 이후 시작된 근대 과학을 통해 그 구조가 가장 먼저 밝혀진 힘이지만 400년이 지난 지금까지도 인류가 가장 이해하지 못하는 힘이다.

뉴턴의 중력 법칙은 단순하면서도 극히 강력해서, 해와 달과 별들에 관한 하늘의 문제와 날아가는 포탄이나 떨어지는 사과와 같은 땅의 문제를 거의 완벽하게 설명해 주었으므로 300여 년 동안 세상의 가장 완전한 진리 중 하나로 인정받아 왔다. 중력에 대한 인간의 이해가 진일보한 것은 20세기 초 아인슈타인의 경이로운 영감과 그것을 구현하기 위한 노력 덕분이다. 아인슈타인은 중력이란 시공간의 휨이라는 혁명적인 견해를 일반 상대성 이론이라는 이론으로 표현해서 중력에 대한 이해를 보다 심화시켰을 뿐만 아니라 인간의 사고 방식 자체를 크게 확장해 주었다. 뉴턴의 중력 이론이 매우 정확하고, 중력이 워낙 약하기 때문에 아인슈타인의 일반 상대성 이론을 정량적으로 검증할 기회는 그다지 많지는 않지만 일반 상대성 이론은 뉴턴의 중력 법칙을 포괄하면서도 오랫동안 천문학자들을 괴롭힌 수성 근일점의 세차 운동에 관한 문제를 해결했으며, 강한 중력장 근처에서 빛이 휘는 현상을 예측하는 등 실험적으로 검증되었다. 나아가서 일반 상대성 이론은 블랙홀, 대폭발 및 우주 팽창, 중력파 등 우리 우주를 설명하는 현대 우주론의 근간이 되었다.

그런데 표준 모형은 일반 상대성 이론과는 결합되지 못한다. 이것을 정확하게 말하자면, 아직 양자장 이론으로 일반 상대성 이론을 표현하지 못한다. 사실 우리는 중력을 양자 역학적으로 다루는 법 자체를 모른다. 그러므로 양자장 이론인 표준 모형에 중력을 어떻게 포함시켜야 할지를 알지 못하는 것이다. 지금까지 인류가 실험을 통해 검증한 물리 현상에서는 표준 모형과 일반 상대성 이론이 각각 독립적으로 검증되었다. 지금까지 우리가 탐구한 미시 세계에서는 중력의 효과가 너무나 미미하기 때문에 표준 모형에 중력이 포함되어 있지 않아도 상관없었다. 그리고 다른 확장 이론을 생각하지 않는 한, 중력이 중요해지는 플랑크 척도까지는 일반 상대성 이론과 양자 역학이 지금처럼 별개의 이론으로 있어도 큰 상관은 없을 수도 있다. 그러나 중력을 포함하지 못하는 한, 즉 일반 상대성 이론과 자연스럽게 결합되지 않는 한 표준 모형은 '모든 것의 이론(theory of everything)'은 될 수 없다.

3. 천체 물리학의 급속한 발전에 따라 우리가 살고 있는 우주에 대한 지식이 급격하게 늘어나고 있다. 우주 배경 복사를 측정하기 위한 WMAP 위성의 최근의 관측에 따르면 우리가 보고 있는 해와 달과 별, 은하와 성운은 우주 전체의 4퍼센트밖에 되지 않는다. 우주의 약 73퍼센트는 물질이 아닌 에너지의 형태로 시공간 전체에 고루 퍼져 있으며, 우주의 나머지 23퍼센트는 물질이기는 하지만 우리에게는 보이지 않는, 소위 '암흑 물질(dark matter)'의 형태로 존재한다. 그러므로 모든 것을 기술하는 완전한 이론이라면 암흑 물질에 해당하는 물질이 이론 안에 존재해야 한다. **그러나 표준 모형에 등장하는 입자들은 힉스 입자를 제외하고는 모두 관측되었고 그 입자들은 암흑 물질이 될 수 없으므로 표준 모형의 틀 안에서는 암흑 물질의 존재를 설명할 수가 없다.** 18장에서 이야기할 표준 모형의 확장 이론들은 많은 경우 자연스럽게 암흑 물질로 존재하게 되는 물질을 이론 안에 가지고 있다. 그리고 이 이론들 중 상당수는 LHC에서 검증이 될 것으로 보인다. 이런 의미에서 LHC는 우리 우주를 구성

하는 물질 대부분을 검증하는 실험이기도 하다.

4. 우리 우주에는 물질이 반물질보다 아주 조금 많다. 즉 우리 우주는 물질로 이루어진 물질 우주인 것이다. 물론 물질이냐 반물질이냐 하는 이름은 별로 중요하지 않다. 지금부터 물질을 반물질로, 반물질을 물질로 서로 바꿔 불러도 변할 것은 아무것도 없다. 중요한 것은 물질과 반물질의 양이 다르다는 것, 즉 물질과 반물질 사이에 대칭성이 깨어져 있다는 것이다. **그러나 표준 모형만으로는 이 대칭성을 깨는 메커니즘을 만들어 내지 못한다.** 예를 들어 CP 대칭성 깨짐만 하더라도, 표준 모형에서 관측되는 CKM 행렬의 CP 대칭성 깨짐으로는 우주의 물질과 반물질 사이의 대칭성이 깨져 있는 것을 설명하기에 부족하다.

5. **표준 모형에는 19개의 변수가 있는데 표준 모형 내에서는 이 변수들의 물리적 의미를 설명할 수 없다.** 다만 측정을 통해 그 값을 알 수 있을 뿐이다. 표준 모형에 등장하는 여러 입자들의 질량이 대표적인 예이다. 이것은 이론적인 모순은 아니지만 자연의 궁극적인 이론이 19개의 임의적인 숫자를 가지고 시작한다는 것은 물리학자들 대부분을 불편하게 한다. 많은 경우 표준 모형의 확장 이론이라는 것은 이 변수들 사이의 관계를 찾는 이론이라고 할 수 있다. 예를 들어 대통일 이론은 게이지 결합 상수 3개를 하나의 상수로 표현하고자 하는 이론이다. 그런데 대체로 변수 한두 개를 줄이고 나면 새로운 변수가 수십 개에서 수백 개씩 나타나곤 한다.

6. **중력이 플랑크 척도부터 (어떤 식으로인지는 아직 모르지만) 이론에 합류한다면, 전자기-약 작용의 에너지 척도와 중력의 에너지 척도가 너무나 크게 차이가 난다.** 하나의 이론에 이렇게 커다란 차이가 나는 두 가지 척도가 있다는 것은 부자연스럽다. 특히 그러한 부자연스러움이 가져오는 결

과로 힉스 입자와 같은 스칼라 입자의 질량을 양자 역학적으로 계산할 때 아주 부자연스러운 식이 도출이 된다. 이 문제를 '게이지 계층성 문제(gauge hierarchy problem)'라고 한다. 이것 역시 그 자체로 모순은 아니지만, 표준 모형을 자연스럽지 못한 것으로 만든다.

7. 표준 모형은 하나의 세대에 관한 이론이기 때문에, 쿼크와 렙톤에 세 세대가 있는 이유를 말해 줄 수 없다. 3세대에서 끝이라는 보장도 없다. 즉 똑같은 형태에 질량만 더욱 무거운 4세대가 존재하지 않을 이유는 없는 것이다. 다만 여러 다른 증거에 따르면 아무래도 4세대는, 적어도 다른 세대와 같은 방식으로는 존재하지 않는 것으로 보인다. 세대의 구조에 대해 표준 모형은 무언가를 더 숨기고 있음이 틀림없다.

이런 한계들에도 불구하고 표준 모형은 우리가 가진 최상의 이론이다. 우리는 표준 모형을 통해서야 우주를 이루는 근본 요소에 대한 올바른 이론을 얻을 수 있었다. 토프트는 이렇게 말한 적이 있다.[5]

> 나보다 연배가 높은 물리학자들은 종종 아쉬운듯이 '물리학의 그 좋았던 시절'을 회상하곤 한다. 그들이 이야기하는 것은 20세기 전반부의 대발견의 시절, 즉 양자 역학, 일반 상대성 이론, 양자 전기 역학, 그리고 기본 입자가 처음 발견되던 시절이다. 그러나 내게 있어 '영광의 시절'은 1970년부터 1976년까지의 기간이다. 이 시기에 약한 상호 작용, 전자기력, 강한 상호 작용이라는 퍼즐의 엄청나게 많은 조각들이 제자리를 찾았다. 1974년 J/ψ의 발견은 그 절정이었다. 그 발견 전에는 과연 우리가 올바른 약한 상호 작용의 이론을 가지고 있는가, 혹은 우리가 생각하는 강한 상호 작용의 이론이라는 것이 엄청나게 복잡하고 심오한 이론을 단순히 이상화시킨 것에 불과한 것은 아닐까 하는 의구심이 남아 있었다. 갑자기 우리는,

두 이론이 모두 옳으며, 그것도 아주 구체적인 부분에 이르기까지 그렇다는 것을 알게 되었다.

우리는 표준 모형의 시대에 살고 있다. 그렇다면 언젠가 표준 모형의 시대에서 벗어날 수 있을까? 우리는 후배 물리학자들에게 우리 시대가 '좋은 시절'이라고 회고할 수 있을까? 아마도 그 해답은 LHC가 줄 것이다.

9장 | 가속기와 검출기의 짧은 역사

자연 현상을 관찰하고 물리량을 측정해 데이터로 바꿔 놓는 도구를 검출기(detector)라고 한다. 가장 기본적인 검출기는 물론 우리의 '눈'이다. 그러나 원자 이하의 세계를 관찰하는 일은 우리의 맨눈으로는 불가능하므로 특별한 방법을 사용해야 한다. LHC에는 모두 6개의 검출기가 설치되어 양성자와 양성자가 충돌할 때 혹은 납 이온과 납 이온이 충돌할 때 각각의 검출기의 특성에 따라 충돌 사건의 결과를 기록한다. 이 장에서는 입자 물리학 이론의 세계에서 빠져나와 현실 속의 CERN과 LHC의 실험 장비들 속으로 들어가기 전에, 검출기와 가속기의 일반적인 원리 및 간단한 역사를 살펴보고자 한다. 물리학이 이론과 실험이라는 두 날개로 날아 왔음을 생생하게 느낄 수 있게 하기 위해서다.

사진 건판에서 거품 상자까지

엑스선과 방사선을 발견하는 데 있어서 사진은 검출된 입자를 기록하는 중요한 도구였다. 엑스선이나 방사선은 사진 필름에 닿으면 필름에 발라져 있는 화학 물질을 검게 만든다. 이후에도 오랫동안 직접 입자를 가지고 사진을 찍지 않더라도 검출기의 결과는 사진의 형태로 기록되었다.

러더퍼드의 주무기 중 하나는 당시 개발된 섬광 계수기였다. 섬광 계수기란 황화아연과 같은 특별한 물질로 되어 있어서 입자나 방사선이 이 물질에 닿으면 번쩍하고 섬광이 일어나는데 이것을 보고 입자의 위치와 개수를 세어서 알아내는 것이다. 러더퍼드의 산란 실험 등 중요한 실험들이 섬광 계수기를 통해 이루어졌다. 베릴륨을 알파 입자로 때려 최초로 중성자 빔을 만들어 낸 보테는 섬광 계수기를 더욱 발전시켜 사람이 눈으로 세지 않고 자동으로 입자를 세는 기구를 만들었다. 그는 독일로 돌아온 가이거(방사선 측정기인 가이거 계수기의 발명자이기도 하다.)의 영향을 많이 받았다. 이런 도구들은 입자가 나타났다는 것을 검출하고, 그 위치를 알려 주어 대략의 궤적을 추적할 수 있게 해 준다.

입자 물리학의 검출기는 기능에 따라 입자의 궤적을 보는 장치와 에너지를 재는 장치로 나눌 수 있다. 전자를 궤적 검출기(tracker)라고 하고 후자를 에너지 검출기(calorimeter)라고 부른다.

궤적 검출기는 전기를 띤 입자가 지나간 흔적을 기록하고, 그로부터 입자의 전하, 질량 및 운동량을 측정하는 것이 목적이다. 섬광 계수기 등도 일정 정도 궤적 검출기의 역할을 했지만 초기의 가장 중요한 궤적 검출기는 찰스 톰슨 리스 윌슨의 안개 상자(cloud chamber)일 것이다. 윌슨이 안개 상자를 처음 발명한 것은 1894년으로 거슬러 올라간다. 스코틀랜드의 물리학자였던 윌슨은 안개의 형성 과정을 연구하느라 습도가 100퍼센트가 넘는 과포화 상태의 공기를 가지고 실험하다가 날아 들어온 전기를 가진 입자가 공기를 이온화하고 이온이 물방

그림 9-1 안개 상자를 발명한 찰스 윌슨. 오른쪽 사진은 윌슨의 안개 상자. 1912년 사진.

울을 형성하는 것을 발견했다. 이것을 보고 윌슨은 방사선을 관찰할 수 있는 장치를 개발할 수 있을 것 같다고 생각했다. 이 아이디어를 가지고 방사선을 관찰하려고 노력하던 윌슨은 마침내 1910년에 입자들의 흔적을 관찰할 수 있는 안개 상자를 발명했다. 안개 상자를 발명한 업적으로 윌슨은 1927년 노벨 물리학상을 받았다. 안개 상자는 1960년대에 더 정밀하게 궤적을 볼 수 있는 거품 상자로 바뀔 때까지 입자 물리학의 중요한 궤적 검출기로 활약했다. 양전자도 뮤온도 모두 안개 상자로 발견되었다.

우주선에서 나오는 입자들은 안개 상자와 사진 건판법을 이용해 그럭저럭 검출해 낼 수 있었으나 1950년대에 접어들어 가속기가 발전하면서 검출기에서도 변화가 요구되었다. 빔의 세기는 더욱 강해졌고 많은 입자를 계속해서 검출해야 하기 때문에 검출기 매질의 상태가 빠르게 회복되어야 했다. 이와 같은 조건을 만족하기 위해 1952년 도널드 아서 글레이저(Donald Arthur Glaser)는 새로운 검출기를 발명했다. 더 높은 밀도의 액체 매질을 사용해 이온화된 공기가 거품을 형성하게 하는 이 검출기는 거품 상자(bubble chamber)라고 한다. 글레이저는 거품 상자의 발명으로 1960년에 노벨 물리학상을 수상한다.

궤적 검출기는 전기를 띤 입자의 전하, 질량 및 운동량을 측정하는 것이 목적이기 때문에 보통 자기장 속에 넣는다. 자기장 속에서 전기를 띤 입자가 움직이면 전하의 크기와 입자의 속도에 비례하는 힘을 움직이는 방향의 수직인 옆 방향으로 받기 때문에 궤적이 휘게 된다. 이때 휜 정도를 측정하면 입자의 전하 및 부호, 그리고 진행 속도 등을 알 수 있다. 안개 상자나 거품 상자에 기록되는 궤적은 약 1밀리미터의 폭으로 나타나는데 카메라로 촬영된 후 분석되고 연구된다.

현대에 들어서 기체를 채운 금속 튜브 다발을 매질 대신 이용하는 선 검출기(wire chamber)가 거품 상자를 대신하게 되었다. 선 검출기에서는 튜브 내부의 기체가 입자로 인해 이온화되면서 금속 튜브를 통해 전류가 흐르게 되는데 그 전류를 분석해 입자가 지나간 위치를 파

그림 9-2 거품 상자와 그 발명자인 도널드 글레이저.

악한다. 특히 1968년 CERN의 조르주 샤르파크(George Charpak)는 비례 계수기(proportional counter)의 아이디어를 선 검출기에 적용한 다중선 비례 검출기(Multi-Wire Proportional Chamber, MWPC)를 발명했다. 샤르파크의 다중선 비례 검출기는 초당 100만 개 이상의 궤적을 기록할 수 있으며 데이터는 전기적으로 취급해 컴퓨터로 분석된다. 다중선 비례 검출기와 그 후손인 드리프트 체임버(drift chamber)나 시간 투영 체임버(time projection chamber)의 검출 속도와 정확도는 고에너지 물리학에 놀라운 발전을 가져왔다. 샤르파크는 다중선 비례 검출기의 발명으로 1992년 노벨 물리학상을 수상했다.

에너지 검출기는 입자가 가진 총에너지를 측정하기 위한 장치이므로 입자가 검출기 안에서 멈추도록, 즉 모든 에너지를 검출기 안에 쏟아 넣도록 해야 한다. 입자가 검출기 밖으로 빠져나가 버리면 얼마만큼의 에너지를 가지고 갔는지를 알 수가 없기 때문이다. 에너지 검출기는 전자기 상호 작용을 이용한 것과 강한 상호 작용을 이용한 것으로 나눌 수 있다. E-CAL(Electromagnetic CALorimeter)이라는 이름의 전자기 에너지 검출기는 검출기 매질과의 전자기 상호 작용을 통해 입자의 에너지를 받아들이며 전자, 뮤온, 광자를 검출한다. H-CAL(Hadron CALorimeter)이라는 하드론 에너지 검출기는 주로 검출기 매질의 핵과 하드론의 강한 상호 작용을 통해 하드론을 검출한다. 에너지 검출기에서 일어나는 반응은 입자가 여러 입자의 '샤워(shower)'로 나뉘는 형태이므로 입자의 진행 방향 등은 알아보기 어렵다. 따라서 입자의 진행 방향을 보기 쉽도록 작은 셀(cell)로 나뉘어 있다. 입자가 지나가면서 여러 셀에 에너지를 쏟아 넣고 가면 궤적 검출기처럼 정확한 궤적을 알 수는 없지만 입자의 대략적인 진행 방향을 확인할 수 있고, 각 셀의 에너지를 모두 합쳐서 전체 에너지를 구한다.

현대의 검출기는 대체로 아래 그림 9-3과 같은 다중 구조로 이루어져 있다. 먼저 입자 빔이 지나가다가 충돌하는 빔 파이프를 정밀한 궤적 검출기가 둘러싸고 있다. 그래서 충돌 직후에 일어난 사건들의 궤적을 가능한 한 정밀하게 추적한다. 다음으로 전자기 에너지 검출기가 그 바깥을, 그리고 다시 하드론 에너지 검출기가 그 바깥을 둘러싸고 있다. 그래서 렙톤과 광자는 전자기 에너지 검출기에, 하드론들은 하드론 에너지 검출기에 각각 포획되고 기록된다. 여기까지 대부분의 입자들을 모두 붙잡게 되지만, 뮤온만은 예외이다. 뮤온은 전자보다 훨씬 무겁기 때문에 전자기 에너지 검출기에서 검출하지 못하며 강한 상호 작용을 하지 않기 때문에 하드론 에너지 검출기는 그냥 통과해 버

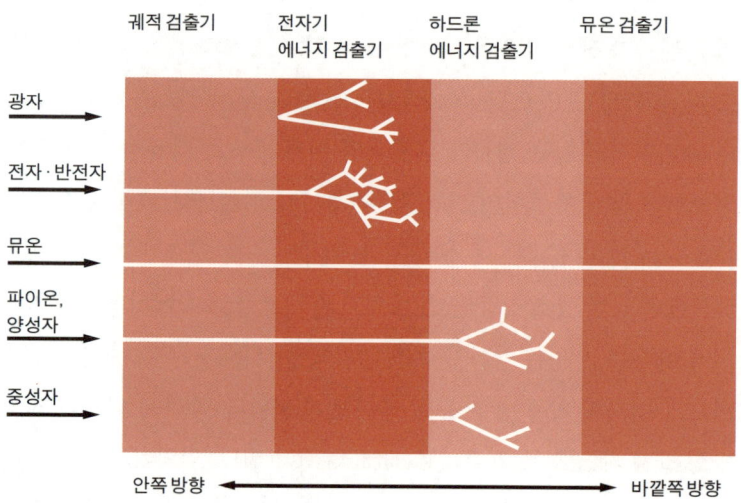

그림 9-3 검출기에 따른 입자들의 반응.

린다. 정지 상태인 뮤온의 수명은 100만분의 2초쯤 되는데, 고에너지 충돌에서 나오는 뮤온은 매우 빠른 속도로 튀어나오기 때문에 상대론적인 효과로 수명이 길어져서 검출기 바깥에까지 나갈 수 있다. 따라서 검출기 제일 바깥쪽에 뮤온 전용 검출기를 설치해 뮤온을 검출한다. 그림 9-3에서 검출기의 다중 구조와 여러 입자가 검출기에 어떤 모양의 흔적을 남기는지를 볼 수 있다. LHC의 검출기들도 기본적으로 이러한 다중 구조를 갖추고 있다.

사이클로트론에서 싱크로트론까지 가속기의 역사

입자 물리학은 이 세상을 이루는 물질의 기본 입자들을 찾고 그 입자들 사이의 상호 작용을 연구하는 학문이다. 기본 입자의 상호 작용을 검증하는 실험을 하기 가장 좋은 방법은 실제로 기본 입자를 만들어서 우리가 연구하려는 상호 작용을 일으키는 것이다. 그런데 우리가 관찰하려고 하는 약한 상호 작용과 강한 상호 작용은 아주 가까운 거리에서만 일어난다. 따라서 약한 상호 작용과 강한 상호 작용, 혹은 미지의 상호 작용을 연구하기 위해서는 입자들을 아주 가까이 두어야 하는데, 이렇게 입자들을 가까운 거리까지 접근시키기 위해서는 매우 커다란 에너지가 필요하다. 기본 입자의 질량이 매우 큰 경우에도 고에너지가 필요하다. 높은 에너지를 얻기 위해서는 입자를 빠른 속력으로 움직이게 해서 큰 운동 에너지를 가지게 해야 한다. 이런 목적으로 입자를 빠른 속력으로 달리게 해서 높은 에너지를 갖도록 하는 기계를 '가속기(accelerator)'라고 한다.

가속기라고 하면 보통 사람들에게는 먼 세상의 이야기로 들릴지도 모른다. 그러나 가속기는 그리 멀리 있는 기계가 아니다. 암과 같은 질병을 치료하기 위한 방사선 치료용 가속기가 국내에도 대형 병원에는 대부분 설치되어 있다. 양성자로 암세포를 직접 때리는 국립 암 센터의 사이클로트론은 출력이 무려 230메가전자볼트나 된다. 양성자를 직접 사용하지 않더라도, 방사광을 이용하거나 방사성 동위 원소를 만드는 데에도 가속기가 필요하기 때문에 의학 분야에서 가속기 이용은 앞으로 더욱 확대될 것이다. 사실 가속기는 훨씬 더 친숙한 장치다. 요즘은 LCD나 PDP 텔레비전을 많이 쓰지만, 아직도 많은 사람들이 브라운관 텔레비전을 사용하고 있다. 브라운관이란 가속시킨 전자 빔을 자기장으로 조종해 앞쪽의 형광판에 상이 맺히게 하는 장치이니, 텔레비전 하나마다 전자 가속기가 하나씩은 다 달려 있는 셈이다.

가속기의 원리는 기본적으로는 매우 간단하다. 한쪽에 양전하를, 다른 한쪽에 음전하를 띤 두 전극 사이에 전기를 띤 입자를 놓으면, 양전하를 띤 입자는 음극 쪽으로, 음전하를 띤 입자는 양극 쪽으로 전기적인 힘을 받는다. 힘을 받으면 입자는 힘의 방향으로 움직이며 가속이 된다. 이 가속 과정을 반복하면 하전 입자가 높은 에너지를 갖게 된다. 입자를 원하는 에너지까지 가속하기 위해서는 가속기 여러 대를 한 줄로 죽 늘어세우고 가속기를 통과할 때마다 가속하면 된다. 이렇게 직선으로 입자가 움직이게 하면서 가속하는 장치를 선형 가속기라고 한다. 선형 가속기는 빔을 조작하기 쉽지만 여러 대의 가속기를 사용해야 하고, 높은 에너지를 얻기 위해서는 크기가 한없이 커지는 단점이 있다.

현대적인 가속기가 발전하는 데 있어 가장 중요한 역할을 한 사람은 어니스트 올랜도 로런스다. 예일 대학교에서 조교수를 지낸 후 1928년 캘리포니아 주립 대학교 버클리 캠퍼스로 옮겨온 27세의 젊은 물리학 교수 로런스는 핵반응에 관심을 가지게 되었다. 원자핵을 연구하기 위해서는 높은 에너지의 입자를 원자에 충돌시켜서 반응을 보아야 한다. 우연히 노르웨이 출신의 엔지니어인 롤프 비데로에(Rolf Wideroe)의 1925년 논문을 접한 로런스는 높은 에너지의 입자를 만들기 위해 입자를 반복적으로 가속하는 방법에 관심을 가지고 연구하기 시작했고, 마침내

그림 9-4 로런스가 만든 최초의 사이클로트론.

원형으로 입자를 가속하는 장치를 발명하기에 이른다. 처음에 로런스가 "양성자 회전 목마(proton merry-go-round)"라고 부른 이 장치는 곧 '사이클로트론(cyclotron)'이라는 이름으로 알려졌다.

다음 쪽 그림 9-5는 사이클로트론의 구조를 간단히 그린 것이다. 자기장 속에 가속기가 놓여 있으면 가속된 입자는 회전해 반원을 그리고 다시 가속기로 돌아온다. 이때 입자가 반대 방향에서 가속기로 들어오므로 가속기에 걸리는 전압의 부호를 바꾸어 주면 다시 가속할 수 있다. 이렇게 자기장 속에서 가속기에 걸리는 전압의 부호를 바꾸어서 하나의 가속기로 반복해서 가속을 시키는 기계가 사이클로트론이다. 특히 재미있는 것은 자기장의 세기가 일정할 때 입자가 가속되

어 속도가 빨라지게 되면, 힘을 받아도 옆으로 적게 휘어지기 때문에 그만큼 회전 반지름이 커져서 큰 원을 그리게 되므로, 길어진 궤도와 빨라진 속도의 효과가 상쇄되어 가속기로 돌아오는 시간은 일정하다는 것이다. 따라서 가속기 양단에 일정한 주파수로 전기의 부호가 바뀌는 교류 전압을 걸어서 일정한 시간마다 가속기에 걸리는 전압의 부호를 바꾸어 주면 하나의 가속기로 입자를 반복해서 가속할 수 있다. 이 주파수를 '사이클로트론 주파수'라고 부른다. 입자는 가속됨에 따라서 점점 더 큰 원을 그리게 되고, 충분히 가속되면 바깥으로 빔을 뽑아서 목표물에 충돌시키든가 하는 식으로 이용하게 된다.

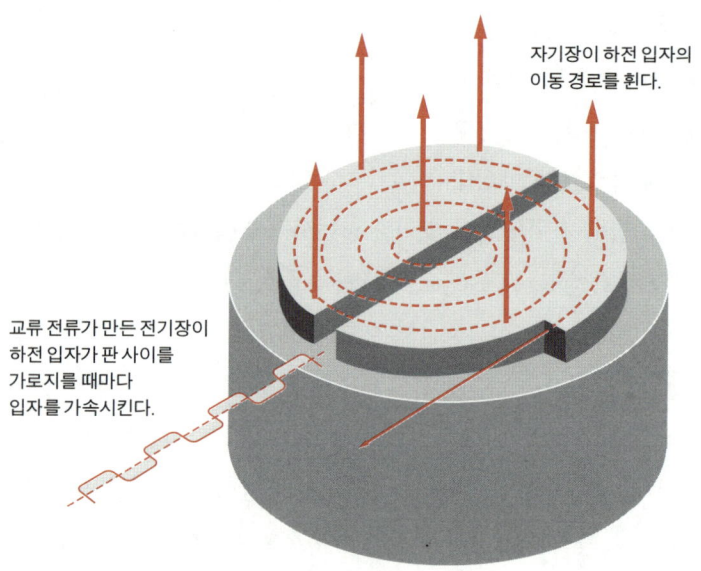

그림 9-5 사이클로트론의 구조. 가운데 두 판 사이에서 가속된 입자는 자기장으로 인해 다시 가속기로 돌아오고 그사이 가속기에 걸리는 전류의 방향이 바뀌어 다시 입자를 가속시키는 과정이 반복된다. 충분히 가속되면 입자를 바깥으로 뽑아내 실험에 이용한다.

로런스가 최초로 제작한 사이클로트론은 지름이 약 12센티미터(5인치)였다. 1931년 1월 2일 로런스가 2,000볼트 전압으로 최초의 사이클로트론을 가동했을 때, 양성자는 8만 전자볼트까지 가속되었다. 그의 조수인 스탠리 리빙스턴(Stanley Livingston)과 데이비드 슬론(David Sloan)은 지름이 약 27센티미터인 두 번째 사이클로트론을 만들었고 100만 전자볼트가 넘는 출력을 얻었다. 입자가 가속될수록 회전 반지름이 커지기 때문에 높은 에너지를 얻기 위해서는 사이클로트론의 크기도 커지게 된다. 따라서 얼마나 높은 출력의 사이클로트론을 가지고 있는가 하는 것은 얼마나 큰 사이클로트론을 가지고 있는가 하는 말과 같은 의미다. 로런스는 더욱더 큰 사이클로트론을 만들고 싶어했다. 그가 제작한 세 번째 사이클로트론은 지름이 67센티미터(27인치)가 넘었고 양성자는 500만 전자볼트까지 가속되었다. 500만 전자볼트라면 5메가전자볼트이다.

연구 규모가 커짐에 따라서 로런스의 연구를 중심으로 하는 연구소가 1931년 8월 문을 열었는데, 연구소의 이름은 방사선 연구소(Radiation Laboratory)였다. 27인치 사이클로트론이 연구소의 첫 사이클로트론이었다. 로런스는 1934년 사이클로트론의 특허를 받았다. 또한 네 번째로 37인치 사이클로트론을 만들었다. 1936년경 로런스의 37인치 사이클로트론의 출력은 중수소를 8메가전자볼트까지, 그리고 알파 입자를 16메가전자볼트까지 가속할 수 있었다.

방사선 연구소는 사이클로트론을 이용한 핵 물리학 연구라는 분야에서 1930년대 세계를 선도하는 연구소였다. 계속 증가하는 사이클로트론의 설계, 제작 및 운용에 필요한 물리학자, 기술자, 화학자 등 많은 인력이 연구소에 고용되었다. 학문 간의 경계를 넘나드는 것을 좋아했던 로런스는 공학자나 화학자와 같은 다른 분야 사람들과 함께 일하는 데 거리낌이 없었고, 이러한 성품은 일을 해 나가는 데 있어 그의 커다란 장점이었다. 그런 까닭에 방사선 연구소는 보통의 대학 연구소와는 매우 다른 방식으로 돌아갔다. 전통적인 학과에 얽매이지 않는 연구소의 성격을 파악한 대학 당국은 1936년 7월 1일자로 방사선 연구소를 물리학과에서 분리해 독립된 연구소로 만들었다. 이제 방사선 연구소는 가속기 물리학뿐만 아니라 '핵 과학(nuclear science)' 전반을 다루는 연구소가 되었다. 로런스는 연구소의 소장이면서 연구소의 재정을 유지하기 위해 기부금을 끌어 모으는 역할까지 해냈다.*

1939년 로런스는 "사이클로트론을 발명하고 발전시켰으며, 사이클로트론으로 얻은, 특히 인공 방사성 원소에 관한 업적"으로 노벨 물리학상을 수상했다. 이것은 버클리 최초의 노벨상일 뿐만 아니라 미국 주립 대학 연구자가 받은 첫 번째 노벨상이기도 했다. 제2차 세계 대전이 발발한 직후였으므로 시상식은 스웨덴에서 열리지 못하고, 1940년 2월 버클리 캠퍼스에서 열렸으며 상을 수여한 사람도 샌프란시스코 주재 스웨덴 총영사인 카를 발러슈테트(Carl E. Wallerstedt)였다.

그 후 로런스는 지름 약 4.6미터의 184인치 사이클로트론을 만들기 시작했다. 사이클로트론은 전체가 자기장 안에 들어 있어야 하므로

---

* 로런스는 일하는 스타일이나 관심사가 다른 물리학자들과는 꽤 다른 사람이었다. 정치적으로 우파였던 로런스는 원자 폭탄의 개발에도 자진해서 열렬히 참여했으며 냉전 중에도 계속적인 원자 폭탄 개발을 지지했다. 오펜하이머에게 원자 폭탄의 가능성을 소개한 것도 로런스였다. 맨해튼 계획의 책임자에 실험가이자 발명가인 로런스가 아닌, 좌파에다가 이론가인 오펜하이머가 임명된 것은 역사의 아이러니다. 그러나 정반대의 성향과 정치적 입장을 가졌음에도 로런스와 오펜하이머의 관계는 대체로 매우 좋았다고 한다.

그림 9-6 사이클로트론의 발명자인 어니스트 로런스. 차터 힐의 방사선 연구소가 뒤에 보인다.

사이클로트론이 커질수록 엄청나게 큰 자석이 필요하게 된다. 이 사이클로트론은 자석의 무게만 무려 4,000톤에 달했고 출력은 100메가전자볼트를 넘을 터였다. 거대한 사이클로트론과 실험 장치가 들어가기 위해서는 건물의 지름이 약 50미터에 높이는 30미터는 되어야 했다. 버클리 캠퍼스 뒤쪽 산마루를 오르는 길 중간의 등성이 위에 적당한 장소가 물색되었다. 1946년 184인치 사이클로트론이 완성되었고, 이후 로런스의 방사선 연구소는 차터 힐(Charter Hill)이라는 이름의 이 언덕에 자리 잡고 있다.

1958년 로런스가 사망하자 대학은 그를 기리는 뜻에서 연구소의

9장 가속기와 검출기의 짧은 역사

이름을 로런스 방사선 연구소(Lawrence Radiation Laboratory)로 바꾸었다. 1971년 버클리와 리버모어로 연구소가 나뉘면서 원래의 연구소는 로런스 버클리 연구소로 이름을 바꾸었고 지금도 흔히 이 이름으로 불린다. 1995년에는 당시 소장이었던 찰스 섕크(Charles Shank)의 제안으로 로런스의 완전한 이름을 살려서 연구소의 정식 이름이 어니스트 올랜도 로런스 버클리 국립 연구소(Ernest Orlando Lawrence Berkeley National Laboratory)가 되었다.[1]

로런스의 이후에도 사이클로트론 기술은 고도로 발전했다. 그런데 점차 사이클로트론의 출력이 높아지면서 사이클로트론이 가진 몇 가지 단점이 명백하게 드러났다. 베테가 처음으로 지적한 이 문제점은 다음과 같다. 입자가 가속되어 빛의 속도에 가깝게 되면 아인슈타인의 특수 상대성 이론의 효과 때문에 입자의 질량이 증가한다. 그렇게 되면 입자의 회전 반지름이 달라지므로 사이클로트론 주파수가 변하게 되고 더 이상 일정한 주파수로 가속기 전압의 부호를 바꿀 수 없게 된다. 따라서 입자의 속도가 대략 빛의 속도의 수 퍼센트 이상이 되면 가속기의 주파수를 늘어난 입자의 질량에 맞추어서 바꾸어 주어야 한다. 이러한 가속기를 '싱크로사이클로트론(Synchro-cyclotron)'이라고 한다. 한편 입자의 질량이 늘어나는 효과를 보충해 주는 방법으로 가속기의 주파수는 그대로 두고 자기장의 세기를 변화시키는 것이 더 효과적이라는 것이 알려졌다. 이러한 타입의 가속기를 '등시성(等時性) 사이클로트론(isochronous cyclotron)'이라고 한다.

더 높은 에너지를 얻기 위해서는 자기장의 세기와 전기장의 주기가 연동되어 입자를 가속하는 '싱크로트론(Synchrotron)'을 이용해야 한다. 싱크로트론과 기존의 사이클로트론이나 싱크로사이클론과의 차이는, 사이클로트론이나 싱크로사이클론에서는 원 중심부터 시작해 입자가 가속됨에 따라 소용돌이 모양으로 원의 반지름이 커져 나가지만, 싱크로트론에서는 입자를 조종하는 자기장과 입자를 가속하는 전기장이 연동해 입자가 가속되는 동안 일정한 궤도를 유지한다는 것이다. 그러므로 사이클로트론처럼 궤도 전체를 자기장 안에 넣을 필요가 없고 훨씬 작은 부피의 전자석과 약한 자기장만으로 입자를 조종할 수 있으며 상대성 이론적인 효과와 관계없이 높은 에너지까지 입자를 가속할 수 있다. 반면 싱크로트론은 입자의 회전 반지름이 정해져 있으므로 사이클로트론처럼 입자를 계속해서 가속할 수는 없다. 따라서 싱크로트론에서는 일정한 양의 입자를 한 번 받아서 필요한 속도까지 가속을 시켜서 사용하고 난 후, 다시 새로운 입자를 받아들여서 가속하는 식으로 운용된다. 현대의 고에너지 가속기는 모두 싱크로트론이며, LHC도 물론 싱크로트론이다.

초기의 중요한 대형 싱크로트론은 로런스 버클리 연구소에서 1954년부터 가동되기 시작한 6.3기가전자볼트 에너지의 양성자 가속기인 베바트론(Bevatron)이다. 베바트론은 10억 전자볼트의 싱크로트론(Billions of EV synchroTRON)이라는 뜻을 가지고 있는데, 처음으로 10억 전자볼트의 에너지를 내는 가속기라는 데서 유래했다. 그때는 아직 10억 전자볼트를 1기가전자볼트라고 부르는 규칙이 확립되기 전이다. 지금이라면 '제바트론(Gevatron)'이라고 불렸을지도 모르겠다. 지금 페르미 연구소의 2테라전자볼트의 충돌 에너지, 즉 1테라전자볼트까지 양성자를 가속하는 가속기의 이름이 테바트론인 것도 같은 맥락이다.

베바트론의 중요한 업적은 1955년 반양성자를 발견한 것이다. (에밀리오 세그레, 오언 체임벌린의 업적이다.) 애초에 베바트론의 에너지인 6.3기가전

그림 9-7 6.3기가전자볼트의 에너지까지 양성자를 가속시킬 수 있었던 베바트론. 여기에서 1955년에 반양성자가 발견되었다. 1956년 사진.

9장 **가속기와 검출기의 짧은 역사**

자볼트가 바로 양성자-반양성자 쌍을 만들기에 충분하도록 설계된 것이었다. 그 외에도 파이온, 케이온 등 많은 하드론들이 베바트론에서 만들어지고 연구되었다. 특히 버클리의 루이스 월터 앨버레즈(Luis Walter Alvarez)가 발명한 액체 수소 거품 상자는 수명이 짧은 입자들이 베바트론에서 만들어진 것을 관찰하는 데 중요한 역할을 해냈다. 그 업적으로 앨버레즈는 1968년 노벨 물리학상을 수상한다. 베바트론은 1971년 선형 가속기인 SuperHILAC과 결합된 BEVALAC이라는 이름의 새 기계로 변신해 중이온 가속기의 예비 가속기로 활약했다. 베바트론은 40여 년간의 활동을 마치고 1993년 가동을 멈췄다. 최근 소식에 따르면 베바트론은 서서히 철거되고 있으며 2011년이면 그 흔적이 모두 사라질 것이라고 한다.[2]

가속기가 거대해짐에 따라 개별 대학교가 입자 가속기를 보유하는 것은 부담스러운 일이 되었다. 그래서 1946년 미국 동부의 컬럼비아, 코넬, 하버드, 존스 홉킨스, MIT, 프린스턴, 펜실베이니아, 로체스터, 예일 9개 대학교가 연합해 롱아일랜드의 브룩헤이븐에 가속기를 비롯한 핵 물리학 연구 시설을 공동으로 설립하기로 했다. 이것이 브룩헤이븐 국립 연구소의 시작이다. 1953년에 이 브룩헤이븐에 3.3기가전자볼트 에너지를 낼 수 있는 코스모트론(Cosmotron)이 건설되었다. 이 가속기는 입자를 기가전자볼트 에너지로 처음 가속한 양성자 싱크로트론이다. 코스모트론에서 처음으로 우주선에서나 만들어지던 입자들이 본격적으로 만들어지면서, 코스모트론은 케이온과 벡터 메손 등을 발견하는 데 크게 공헌했으며 가속기에서는 최초로 V자 궤적을 관찰하기도 했다. 1966년 14년간의 가동을 마친 코스모트론은 그 3년 뒤인 1969년 해체되었다. 이후 30기가전자볼트로 양성자를 가속하는 AGS(Alternating Gradient Synchrotron)가 건설되면서 브룩헤이븐은 1960년대 미국 입자 물리학을 이끄는 연구소가 된다. 미국 입자 물리학의 영광을 대표하는 가속기인 AGS에 관해서는 다음 장에서 좀 더 이야기하겠다.

테바트론과 비운의 SSC

가속기의 역사에는 성공과 승리의 역사뿐 아니라, 좌절과 아쉬움의 기록도 있다. 그 대표적인 사례가 과학사상 최대의 스캔들이자 비극일 초전도 초대형 충돌기(Superconducting SuperCollider, SSC)다. 그러나 SSC 이야기를 하기 전에 테바트론의 이야기를 하지 않을 수 없다. 이름 그대로 SSC는 초전도 기술을 전제로 하는 가속기였으며 1982년 SSC 구상이 정식으로 제기된 것은 대형 초전도 가속기인 테바트론이 당시 막 실현되려는 상황과 깊은 관계가 있기 때문이다. 테바트론은 최초의 초전도 가속기이며, LHC 이전의 유일한 초전도 가속기이기도 하다.

1965년 미국 원자력 에너지 공동 위원회(Joint Committee on Atomic Energy, JCAE)와 국가 과학 아카데미(National Academy of Sciences, NAS)는 200기가전자볼트의 양성자 싱크로트론 건설을 승인하고 이를 위해 새로운 연구소를 설립하기 위해 대학 연구 협회(Universities Research Association, Inc., URA)를 결성한다. 1966년 일리노이 주가 새로운 연구소의 부지로 결정되었고, 대학 연구 협회는 코넬 대학교에 있던 로버트 레이스번 윌슨(Robert Rathbun Wilson)을 새로 설립하는 국립 가속기 연구소(National Accelerator Laboratory, NAL)의 초대 소장으로 추대했다. 1967년 11월 린든 베인스 존슨(Lyndon Baines Johnson) 대통령은 미국 원자력 에너지 위원회(U. S. Atomic Energy Commission)가 요청한 국립 가속기 연구소 설립안에 서명했다. 연구소는 시카고 대학교에서 만년을 보냈던 엔리코 페르미를 기리기 위해 1974년 페르미 국립 가속기 연구소(Fermi National Accelerator Laboratory, Fermilab)로 이름을 바꾸었다. 윌슨은 새로 건설하는 가속기의 에너지를 500기가전자볼트까지 높이도록 목표를 상향 조정했고 1976년 가속기의 최고 에너지는 당시까지의 기록인 500기가전자볼트에 도달했다. 나아가서 연구소는 여기에 초전도 기술을 도입해 양성자-반양성자 충돌 장치로 발전시켜 나간다. 페르미 연구소의 목표는 사상 처음으로 테라전자볼트 에너지에 다다르는 충돌기를 만드는 것이었고 그래서 가속기의 이름도 테바트론(TeVatron, Tera EV synchroTRON)이 되었다.

초전도 기술을 강력히 밀어붙인 데에는 페르미 연구소의 설립자이자 초대 소장인 윌슨의 혜안과 추진력이 중요한 역할을 했다. 1970년대에 초전도 기술은 차츰 실용화되어 거품 상자에는 실제로 사용되기 시작하고 있었다. 윌슨은 새로이 도입하는 전자석은 모두 초전도 전자석으로 제작하도록 하고 다른 기관에서 옮겨온 기기의 전자석도 초전도화하는 등, 초전도 기술의 도입에 힘쓰면서 한편으로는 가속기용 초전도 기술의 개발에 박차를 가했다. 윌슨이 얼마나 초전도 기술에 경도되었는가 하는 것은 1978년 윌슨이 쓴 보고서 「테바트론(The Tevatron)」을 보면 알 수 있다. 이 보고서는 다음과 같이 시작한다. "초전도는 마법의 약이다. 낡은 가속기에 젊음을 되찾아 주고 미래를 향한 전망을 열어 주는 엘릭시르다."

1979년 테바트론 건설 프로젝트가 정식으로 시작되었다. 한편으로는 양성자-반양성자 충돌기 구상이 확실해지면서 초전도 기술과 함

그림 9-8 테바트론. 아래쪽의 원형 구조물은 테바트론의 주 예비 가속기이다. 톱 쿼크를 발견하고 Bs 메손의 섞임을 측정하는 등, 표준 모형을 '거의 모든 것에 대한 이론'의 자리에 올리는 데 공헌했다.

께 반양성자 빔 기술도 추진되고 있었다. 1979년 윌슨 후임으로 2대 소장이 된 레이더먼은 테바트론 프로젝트를 이어받아 마침내 1983년 완공했다. 가속기의 둘레는 6.28킬로미터에 이르고 건설 비용은 1억 2000만 달러에 달했다. 테바트론은 에너지를 두 배로 늘렸다 해서 한때 '에너지 배가기(Energy Doubler)'라고 불리기도 했다. 1984년 2월에 에너지 배가기로서의 목표 에너지인 800기가전자볼트에 도달했고 이후 800기가전자볼트에서 1,000기가전자볼트에 이르는 에너지로 가동되면서 고정 표적 실험과 충돌 실험을 모두 수행했다. 테바트론의 주전자석은 액체 헬륨으로 냉각되어 4.6켈빈(켈빈은 절대 온도를 나타내는 단위, 기호는 K. 4.6켈빈은 섭씨 -268.6도다.)에서 초전도 상태가 되어 4.2테슬라(자기력선속의 밀도를 나타내는 단위, 기호는 T)의 자기장을 만들어 냈다.

1994년부터 테바트론의 주예비 가속기(main injector)가 건설되어 5년간의 공사를 마치고 1999년부터 가동되었다. 여기에 2억 달러 이상이 투입되었다. 이것은 빔의 광도를 초기 설계의 25배까지 높여서 제2기의 실험을 수행하기 위한 것이었다. 2002년부터 테바트론의 제2기 실험이 시작되었다. 처음에는 목표대로 광도가 올라가지 않아서 다소의 시행착오를 겪기도 했지만 최근까지 테바트론은 1.96테라전자볼트의 충돌 에너지로 성공적으로 가동되었다. 최근 테바트론은 2011년에도 정상적으로 가동되기로 결정되었다.

테바트론에는 CDF와 D0의 두 검출기를 설치해 입자 물리학 실험을 수행했다. 1995년 CDF와 D0는 가장 무거운 입자인 톱 쿼크를 발견했고 질량과 생성 확률을 측정했다. 현재 톱 쿼크의 질량은 1퍼센트 정도의 오차로 측정되어 있다. 또한 2006년에는 보텀 쿼크와 스트레인지 쿼크로 이루어진 'Bs 메손의 섞임'을 처음으로 측정했다. 이러한 결과는 표준 모형을 '거의 모든 것에 대한 이론'의 자리에 탄탄하게 올려놓았다.

테바트론이 건설되고 있던 1980년대 초 유럽의 CERN에서는 테바트론과 거의 같은 크기의 양성자 가속기인 SPS를 운영하고 있었다. CERN은 초전도 기술을 사용하지 않고 그대로 양성자-반양성자 충돌기로 개조해 W와 Z 보손을 발견하려 하고 있었다. 그리고 W와 Z 보손의 구체적인 모습을 탐구하기 위해 초대형 전자-양전자 충돌기인 LEP를 막 건설하려 하고 있었다. 표준 모형의 완성은 그리 멀지 않아 보였다. 그러나 한편 표준 모형에서 대답하지 못하는 여러 문제들을 탐구하기 위해서는 더 높은 에너지 영역을 직접적으로 검증해야 한다는 공감대가 생기고 있었다. 즉 가속기의 출력이 테라전자볼트가 아니라 탐구하는 영역이 테라전자볼트가 되어야 한다는 생각과, 한 차원 더 진전된 초거대 가속기를 건설해야 한다는 생각이 퍼져 나갔다. 그러한 생각은 W와 Z 보손을 발견하기 위해 브룩헤이븐에 건설 중이던 양성자-양성자 충돌기인 ISABELLE(Intersecting Storage Accelerator + 'belle') 프로젝트가 난항을 겪으며 CERN의 SPS와의 발견 경쟁에서 뒤질 것이 확실해지던 1982년부터 제기되기 시작했고, 1983년 스탠퍼드의 스탠리 보이치키(Stanley Wojcicki)가 이끄는 미국 에너지성의 고에너지 물리학 자문 위원단 산하 부속 위원회가 차세대 가속기 문제에 대해 일련의 회의를 가지면서 차츰 구체화되기 시작했다. 이에 따라 새로운 가속기의 설계 문제, 입지 및 재정 문제, ISABELLE의 앞날 등이 얽힌 복잡한 문제가 논의되기 시작했다.

1983년 마침내 미국 에너지성 장관은 ISABELLE 계획을 중지하기로 결정했다고 공표하고 의회에 ISABELLE의 기금을 SSC로 전환할 것을 요청했다. 그리고 SSC의 기획과 설계가 시작되었다. 1986년 4월에 완성된 설계에 따르면, 폭 3미터, 총길이 83킬로미터의 타원형 터널을 따라 양성자 빔을 서로 반대 방향으로 가속하는 2개의 링이 건설된다. 각각의 양성자 빔은 20테라전자볼트까지 가속되어 충돌 에너지는 40테라전자볼트에 이를 예정이었다. SSC에 비하면 LHC조차 아기 같아 보일 터였다. (LHC의 최종 목표 충돌 에너지는 14테라전자볼트다.)

1987년 백악관의 승인을 얻은 SSC는 건설 부지를 선정하기 위해 각 주 정부로부터 유치 신청을 접수하기 시작했고 3톤에 달하는 신청서를 검토한 끝에 1988년 11월 텍사스 주 오스틴과 댈러스 사이 시골의 지하를 최종 부지로 선정했다. 1989년 1월 산업 관리팀이 선발되었고, 하버드의 로이 슈비터스(Roy Schwitters)가 SSC 연구소의 소장으로 선출되었다. 슈비터스는 당시 44세의 젊은 실험가였다. 1990년도의 회계 예산에 처음으로 연구 개발 목적이 아닌 건설을 위한 예산이 배정되었다. 여기까지 이야기 한 바로는 마치 SSC 계획이 아무 문제없이 굴러가고 있었다는 것 같다. 실제로는 매년 SSC의 예산 문제를 놓고 과학자들은 의회와 맞서야 했다. 예산이 삭감되지 않은 적이 없으며, SSC 계획에 참여하는 과학자들은 여러 이유를 가지고 있는 여러 계층의(심지어 과학자들까지도) 반대자들과 싸워야 했다.

1993년 여름 또다시 SSC 계획이 위기에 처했다. 미국 전역에서 여러 물리학자들이 워싱턴으로 모여들었다. 그들은 여름 내내 머물며 SSC를 살리기 위한 로비를 했다. 당시의 분위기에 관해 스티븐 와인버그는 다음과 같이 말한다.[3]

나는 상원 회의장 안의 의원들이 힉스 보손의 존재에 관해 논쟁하고 이 책(와인버그의 『최종 이론의 꿈』)을 인용하는 것을 듣게 되는 초현실적인 경험을 했다.

그해 10월, 의회는 전격적으로 SSC 프로젝트의 취소를 결정했다. 여러 가지 원인이 있었다. 어느 것이 가장 중요한 이유인지에 대해서는 의견이 엇갈리겠지만, 예상되는 비용은 치솟았고, 사상 최대의 프로젝트를 운영하고 관리하는 데 물리학자들과 에너지성은 서툴렀다. 소련의 붕괴로 인해 과학에서 미국의 우월성을 보일 필요는 사라졌다. 같은 돈이면 그만큼 가치 있는 소규모의 과학 실험들 여럿을 지원할 수 있다는 믿음이 퍼졌다. 의회는 예산을 깎고 싶어 하는데 텍사스 주지

사 앤 리처즈(Ann Richards)와 대통령 빌 클린턴(Bill Clinton)은 자신들의 전임자들이 시작한 일을 지원하는 데 소극적이었다.

SSC가 사망한 날, 나는 CERN에 있었다. 그날 오후 순식간에 연구소 전체로 소식이 전해지고 사람들이 사방에서 수근대고 있었다. 몇몇 사람들은 이런저런 소식과 소문이 적힌 이메일들을 벽에다 붙였다. 흉흉한 분위기였다. 경쟁자가 쓰러졌다고 CERN으로서도 좋은 일은 하나도 없었다. 역사상 이렇게 대규모의 프로젝트가, 그것도 이미 상당 부분 진행되던 중에 취소된 것은 전례가 없는 일이었다. 정치와 직접 관련이 없는 기초 과학 프로젝트가 말이다. 당시 CERN에 있던 사람들 중에는 나중에 SSC에서 일할 예정인 사람들도 있었을 것이다. 그것은 입자 물리학이라는 학문 분야 자체를 흔들리게 하는 충격이었다. 아직도 그 후유증이 남아 있다. SSC 계획을 중단할 것이 발표되었을 때 이미 약 20억 달러가 사용되었고 터널을 파는 공사는 22.5킬로미터에 이르고 있었다. 이것은 LHC 터널의 80퍼센트가 넘는 길이다.

지금까지 물질 세계의 구조와 근본 원리를 추구해 온 인간의 노력에 관해 이야기했다. 이제 LHC를 건설하고 운영하는 주체로서 오늘날 입자 물리학의 중심에 서 있는 유럽 입자 물리학 연구소 CERN으로 발길을 돌려 보자.

국가 안보와 입자 가속기

페르미 연구소를 세운 로버트 윌슨은 버클리의 로런스 연구소에서 경력을 시작했는데, 실수로 실험 기기를 잃어버려 로런스로부터 두 차례나 해고를 당하고 난 뒤 프린스턴으로 옮겨서 학위를 받았다. 제2차 세계 대전 중 원자 폭탄을 만드는 맨해튼 계획에서 그는 29세의 나이로 사이클로트론 그룹의 팀장을 맡았는데, 프로젝트의 팀장 중 가장 어린 나이였다. 하지만 그는 후에 독일이 항복했을 때 원자 폭탄 만드는 일을 그만둬야 했다고 매우 후회했다고 한다. 전쟁 후 그는 반전 활동을 많이 했다.

전쟁 후 윌슨은 코넬 대학교에서 20여 년간 일하며 새로운 가속기인 코넬 전자-양전자 저장 링(Cornell Electron-positron Storage Ring, CESR)을 건설하는 등 활약하다가, 새로 세워지는 국립 가속기 연구소의 설립 일을 맡기 위해 1967년 코넬을 떠났다. 일리노이 주 시카고 근교의 바타비아에 위치한 국립 가속기 연구소는 애초부터 당대 최대의 가속기를 건설하기 위해 세워진 미국 에너지성 산하의 연구소였다. 연구소는 1974년 페르미 국립 가속기 연구소로 이름을 바꾸어 현재에 이른다. 초대 소장으로 1967년

그림 9-9 로버트 윌슨.

그림 9-10 페르미 연구소의 역사를 소개한 윌슨의 소책자. 그 앞표지와 뒤표지.

부터 재직했던 윌슨은 1978년 소장 자리를 레이더먼에게 물려주고 시카고 대학교 교수로 옮겼다. 페르미 연구소의 본관 건물은 그를 기리는 뜻에서 훗날 '윌슨 홀'로 명명되었다.

윌슨은 특출한 인물이었다. 그는 명민하면서도 폭넓은 교양과 문화적인 소양을 갖춘 인물로서, 페르미 연구소를 설립했고 행정 체계를 세웠을 뿐만 아니라 연구소의 설계, 조경 및 건축에도 직접 관여했다. 그는 연구소를 무미건조한 콘크리트 빌딩 숲으로 만들지 않기 위해 과학과 수학의 아름다움을 상징하는 건물과 조각 작품으로 연구소를 가득 채웠다. 물리학에 있어서도 윌슨은 훌륭한 직관과 추진력을 가지고 있었다. 1977년 페르미 연구소의 400기가전자볼트 에너지의 주링(main ring)을 이용한 실험에서 보텀 쿼크를 발견한 레이더먼은 가속기 출력이 300기가전자볼트 였으면 보텀 쿼크를 발견하기 어려웠을 것이라며 윌슨에게 공을 돌렸다. 애초에 계획한 가속기의 출력은 브룩헤이븐의 AGS의 출력을 10배로 늘린 300기가전자볼트였으나 윌슨이 소장이 되면서 가능한 한 출력을 끌어올려 최대 500기가전자볼트 출력에 이르게 했기 때문이다. 한편 윌슨이 소장일 당시 페르미 연구소의 이론 물리 그룹을 이끌던 이휘소는 1971년 암스테르담에서 열린 학회가 끝난 후 윌슨이 어느 젊은이가 발표한 이론에 주의를 기울이며 자신에게 저 이론에 관해 좀 알아보라고 했던 것을 기억했다. 그 젊은이는 네덜란드의 대학원생 토프트였고 그가 발표한 것은 바로 양-밀스 이론의 재규격화가 가능하다는 것을 증명하는 것이었다.[4]

　아마도 윌슨의 가장 유명한 일화는 엄청난 돈이 들어가는 연구소 설립과 관련해 1969년 의회의 원자 에너지에 관한 합동 위원회에서 했던 증언일 것이다. 상대는 로드 아일랜드 주의 상원 의원 존 패스토어(John O. Pastore)였다. 많은 입자 물리학자들의 심금을 울리는 말이다.[5] (강조는 내가 한 것이다.)

패스토어: 이 가속기가 국가 안보에 어떤 식으로든 관계될 희망이 있습니까?
윌슨 : 아니오. 그렇지 않을 겁니다.
패스토어: 전혀 아닙니까?
윌슨: 전혀 아닙니다.
패스토어: 그런 관점에서 전혀 가치가 없습니까?
윌슨: 저희가 생각하는 다른 관점에서만 가치가 있습니다. 인간의 존엄, 문화에 관한 사랑, 그런 것들과 연관되어야 합니다. 군사적인 면과는 관련이 없습니다. 죄송합니다.

패스토어: 아니, 미안해 하실 건 없습니다.

윌슨: 알겠습니다. 아무튼 솔직히 말해서 그렇게 응용될 수는 없습니다.

패스토어: 이 프로젝트가 소련과 경쟁 관계에 있는 우리에게 제시하는 바는 없습니까?

윌슨: 오직 장기적인 관점에서의 기술 발전에 있어서만 그렇습니다. 그 외에는 가속기는 이런 것들과 관련이 있습니다. 우리는 좋은 화가인가, 좋은 조각가인가, 훌륭한 시인인가와 같은 것들, 제가 말씀드리는 것은 이 나라에서 우리가 진정 존중하고 명예롭게 여기는 것, 그것을 위해 나라를 사랑하게 하는 것들 말입니다. 그런 의미에서, 이 새로운 지식은 전적으로 국가의 명예와 관련이 있습니다. **이것은 우리나라를 지키는 일과 관련 있는 것이 아니라, 이 나라가 지킬 만한 가치가 있도록 하는 것과 관련이 있습니다.**

윌슨은 2000년 1월 85세로 사망했다. 그는 페르미 연구소에 있는 19세기 개척자 묘지에 묻혔다.

3부

CERN

당신에게 사랑의 표시로 금반지를 주었더니
당신은 그걸 회로 기판에 끼워 버렸지,
당신 가속기의 누전을 고치려고.
당신은 나의 감정을 검출기에 꽂아 버렸어.
당신은 나와 밤을 보내지 않아.
다른 여자애와 나가지도 않아.
당신이 더 좋아하는 건 당신의 가속기.
당신이 사랑하는 건 오직 당신의 가속기.
당신의 가속기.

— 록 밴드 LHC의 노래

302~303쪽 사진 LHC의 검출기 중 하나인 CMS 검출기를 건설하는 모습.
304~305쪽 사진 CMS 검출기의 중심부.

10장 | CERN은 실제로 존재하나요?

레만 호에서

스위스는 산과 호수의 나라라고 불릴 만큼 호수가 많은 나라다. 스위스 지도를 펴 보면 곳곳에 커다란 호수가 있는 것을 볼 수 있다. 그중 남서쪽에 있는 커다란 초승달 모양의 호수가 알프스에서 발원한 론 강이 흘러드는 레만 호다. 론 강은 레만 호를 지나 프랑스 땅으로 들어가 리옹과 아비뇽 등을 거쳐 지중해로 흘러간다. 레만 호는 스위스와 프랑스의 경계를 이루어 호수 남쪽은 프랑스, 북쪽은 스위스 지역이며, 호수의 서쪽, 론 강이 흘러나가는 초승달의 꼭지 부근이 제네바다.

스위스는 프랑스 어, 독일어, 이탈리아 어, 그리고 스위스-로망 어의 4개 언어를 국어로 하고 있는데, 제네바가 속한 제네바 캉통(canton, 우리나라의 '도'에 해당하는 스위스의 행정 단위로, 미국의 주를 능가하는 강력한 자치권을 가지고 있다.)과 로잔을 중심으로 하는 보(Vaud) 캉통 등 레만 호 주변 지역은 프랑스 어를 쓰는 지방이다. 아름다운 경치와 기후, 풍요로운 토양과 교통의 요충이라는 좋은 위치 덕분에 레만 호 주변은 오래전부터 서유럽에서도 살기 좋은 곳으로 널리 알려져 왔다.

307

특히 제네바는 전통적으로 국제 도시의 면모가 강한 곳이다. 종교 개혁의 시기에 제네바는 칼뱅의 활약으로 '신교도의 로마'라고 불리울 만큼 프로테스탄트의 거점 역할을 했고, 많은 영국 신교도 학자들이 피신해 오기도 했다. 한편 이 지역의 풍광에 이끌려 유럽 각국의 귀족과 부자 들이 별장을 두었고, 그들의 자제를 가르치는 사설 학교들이 곳곳에 있었다. 바이런을 방문한 퍼시 비시 셸리, 메리 울스톤크래프트 셸리 부부와 친구들이 무료함을 달래며 밤새껏 귀신 이야기를 하다가 메리가 프랑켄슈타인을 창조해 낸 곳도 제네바다. 근대 들어 정치적 중립 지대인 제네바는 수많은 정치 망명자들과 갈 곳 없는 혁명가들의 집합지가 되었으며, 1864년 장 앙리 뒤낭이 적십자의 국제 위원회를 제네바에 설립한 이후 수많은 국제 기구들이 자리 잡는 곳이 되었다. 제1차 세계 대전 중에는 국제 연맹의 본부가 있었고, 제2차 세계 대전이 끝난 후 국제 연합(UN)과 적십자사의 중심지로서 냉전 시기에 두 진영 사이의 완충 지대 역할을 수행했다. 또한 제네바는 적십자사의 발상지라는 사실과 전쟁에서 부상자를 보호하기 위해 1864년 체결된 첫 번째 제네바 국제 협약 등으로 인해 평화를 상징하는 도시로 자리매김했다. 지금도 국제 도시의 면모는 여전해서 제네바 시 거주 인구의 50퍼센트 이상이 외국 여권 소지자라고 한다. 오늘날도 여전히 레만 호 주변 곳곳에는 스위스의 강력한 치안과 안정된 사회, 아름다운 풍광과 온화한 기후, 그리고 세상에서 가장 든든한 스위스 은행들에 힘입어 부자들의 저택과 별장이 흩어져 있다.

이왕 온 김에 아름다운 레만 호에서 좀 더 시간을 보내도록 하자. 북쪽 호반을 따라 1시간쯤 가다 보면 제네바의 라이벌 도시이자, 올림픽의 도시 로잔을 만난다. 로잔을 지나 보 캉통의 풍요로운 포도밭 사이

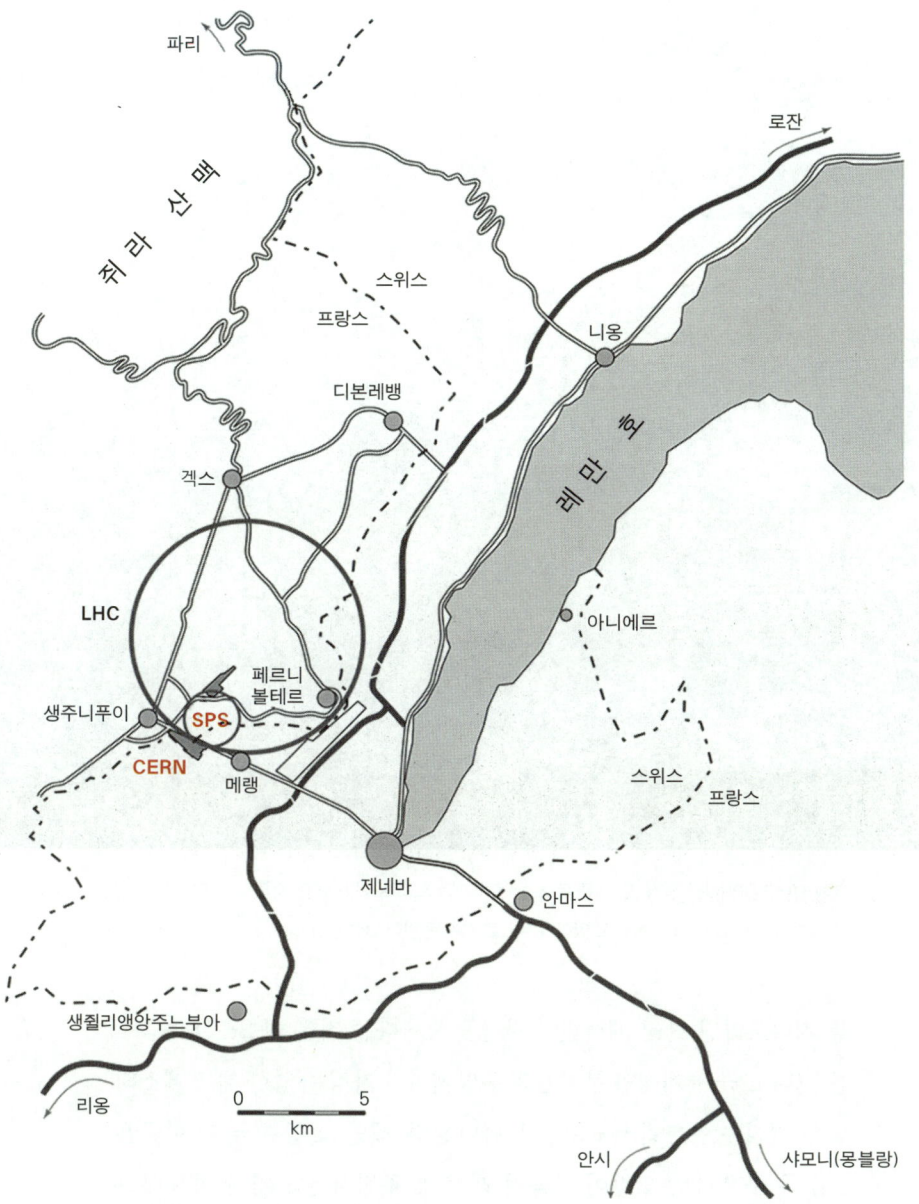

그림 10-1 CERN 일대와 LHC의 지도.

그림 10-2 CERN의 전경. 멀리 알프스 산맥과 레만 호가 보이는 평원 지하에서 역사상 가장 큰 실험 장치인 LHC가 작동하고 있다. (원으로 표시된 것이 LHC다.)

를 지나노라면 찰리 채플린이 만년을 보냈다는 작은 마을 브베(Vevey)를 만나고 곧 세계적인 부자들의 휴양지이자 가장 유명한 재즈 페스티발이 열리는 몽트뢰(Montreux)에 다다른다. 레만 호 동쪽 끝인 이곳은 호수와 구릉의 포도밭이 어울려 레만 호 주변에서도 가장 아름다운 곳이다. 그 아름다움에 반해 헤밍웨이나 바이런 등 많은 이들이 머물렀고 아직도 그 흔적이 남아 있다. 레만 호반의 돌출된 암반 위에 세워진 시용 성(Chateau de Chillon)은 스위스를 대표하는 고성이며 마치 호수 위에 떠 있는 듯한 환상적인 모습을 자랑한다.

이제 드디어 CERN 연구소로 가 보자. 다시 제네바로 돌아가야 한다. 올 때 자동차나 기차로 왔으면 돌아갈 때는 레만 호 위를 배를 타고 가면서 프랑스 쪽의 경치를 구경하는 것도 좋다. 레만 호 건너편의 프랑스 지역은 생수로 유명한 에비앙이다. 몽트뢰에서 유람선을 탄 지 1시간 30분쯤 지나면 호숫가에 정박해 있는 요트들과 물 위를 떠다니는 백조와 오리를 배경으로 140미터 높이로 물을 뿜어 올리는, 제네바의 상징인 제도(Jet d'eau, 물의 제트)를 볼 수 있다. 제도가 보이면 제네바에 다 왔다고 여겨도 좋다. 호수의 끝에서 레만 호가 론 강으로 흘러 들어가는 호수의 유출구 위를 가로지르는 몽블랑 다리가 보인다. 배를 타고 왔다면 여러분은 아마 몽블랑 다리의 북쪽으로 내렸을 것이다.

고급 시계와 보석 상점을 곁눈질하며 몽블랑 다리 북쪽의 큰길가에 서면 제네바의 중앙역인 코르나뱅 역이 정면에 보인다. 코르나뱅 역은 오늘날 제네바뿐만 아니라 스위스 남쪽과 서쪽 방면의 교통의 중심지다. 파리에서 온 TGV를 비롯해 이탈리아 쪽에서 온 기차들도 코르나뱅 역에 정차하고, 역에서 그다지 멀지 않은 공항에 도착한 사람들도 대부분 일단 이곳으로 와서 버스나 노면 열차의 일종인 트램을 갈아타는 경우가 많다.

코르나뱅 역 앞은 수많은 버스 노선이 지나는데, 코르나뱅 광장 앞 정류장에서 시가지 방향과 반대인 북쪽으로 가는 14번이나 16번 트램을 타고 보단(Vaudague)에서 56 번 버스로 갈아타면 북쪽 교외 방향으로 나가게 된다. 아파트들이 늘어선 메랭 마을을 지나면 좌우에 들

판이 펼쳐지고 본격적인 시골 풍경이 펼쳐진다. 저 멀리 펼쳐진 쥐라 산맥을 향하여 가던 버스가 프랑스와의 국경 조금 못 미쳐서 옆으로 빠져서 멈춘다. 버스의 종점이다. 버스에서 내리면 바로 앞에 차단기가 내려진 입구가 있다. 이곳이 바로 세계 최대의 입자 물리학 연구소 CERN의 입구다.

천사와 악마의 연구소

전 세계적으로 양장본만 4000만 부 이상, 우리나라에서도 100만 권 이상 팔렸다고 하는 초대형 베스트셀러『다빈치 코드』의 작가 댄 브라운은 교황청과 예수가 얽힌 이 미스터리를 쓰기 전에『천사와 악마』라는 작품을 먼저 선보였다.『다빈치 코드』의 주인공인 하버드 대학교의 예술사 교수 로버트 랭던 박사가 처음 등장한 이 장편 소설에는 '일루미나티(Illuminati)'라는 중세의 비밀 결사 조직이 등장한다.『다빈치 코드』가 성배와 기독교를 소설의 중심 소재로 삼았다면『천사와 악마』는 현대 과학에서도 소재를 차용해 왔다. 작품 중에서 일루미나티는 반물질을 이용한 폭탄을 가지고 바티칸을 날려 버리려고 하는데, 이들이 반물질을 훔쳐 낸 곳이 바로 CERN이다.

CERN 연구소는 소설에서 대단히 인상적으로 등장한다. 마하 15(!)로 날 수 있는 전용기를 보유해 미국의 보스턴에 사는 랭던 박사를 스위스의 제네바로 1시간 안에 불러온다. 랭던은 CERN 연구소의 모습을 "유리와 강철로 만들어진 사각형의 초현대적인 건물"이라고 묘사한다. 아마도 사람들이 최첨단의 연구소에 대해 가지는 환상에 부응하기 위한 묘사일 텐데, CERN 연구소의 실제 모습과는 거리가 있다.

CERN은 하나의 건물이 아니라 길이 2킬로미터가 넘는 쐐기꼴의 부지에 수십 동의 건물이 흩어져 있는 커다란 단지다. 지금 연구소 입구에서 버스에서 내렸다면 당신 눈에 CERN 연구소 건물들은 적당히 낡은 수수한 공장처럼 보일 것이다.

물리학자들에게야 CERN이 잘 알려져 있지만 보통 사람과 접점이 거의 없는 연구소가 일반 대중에게 알려지기는 어려운 일이다. CERN 역시 일반 대중과 학생들을 위해 교육 프로그램도 많이 운영하지만 가끔 신문에 단신으로 나오는 과학 기사 외에는 연구소 이름을 대중에게 노출시키는 일조차 쉽지 않다. 그런데 할리우드 영화로까지 제작되는 세계적인 베스트셀러의 무대로 교황청도, 펜타곤도, 자금성도 아닌 CERN이 등장했으니 연구소를 홍보하는 입장에서는 매우 기쁘고 흥분되는 일이었던 모양이다. CERN의 홈페이지에는 CERN과 과학계

그림 10-3 정문에서 바라본 CERN의 모습. 2005년에 찍은 사진.

10장 CERN은 실제로 존재하나요? 313

의 중요한 이슈를 집중 소개하는 'CERN 스포트라이트'라는 코너가 있다. 대부분은 과학에 관련된 내용을 다루는데, 몇 해 전에는 『천사와 악마』가 이 코너에 소개된 적이 있다. 소설에 나오는 내용과 관련해 가상의 질문과 대답으로 구성된 FAQ의 형식인데, 지금도 CERN의 홍보 페이지(http://public.web.cern.ch/public/en/Spotlight/SpotlightAandD-en.html)에 가면 볼 수 있다. 여기 재미있는 것 몇 가지만 소개한다. 첫 질문은 이것이다.

> Q: CERN은 실제로 존재하나요?
> A: 네, 존재합니다.

어쩌면 소설의 독자에게 있어서는 소설에 나오는 SF의 무대가 실제로 존재하는 곳이라는 것이 가장 신기한 일일지도 모르겠다.

> Q: CERN에서는 붉은 벽돌 건물에서 하얀 실험복을 입은 과학자들이 파일을 들고 다니나요?
> A: 아뇨. 현실과는 거리가 먼 이야기입니다. CERN의 건물 대부분은 콘크리트로 된 하얀 건물이고 과학자들은 평상복을 입으며 파일을 들고 다니는 일은 거의 없습니다.

CERN에서만 아니라 물리학자가 하얀 실험복을 입는 일은 별로 없다.

> Q: 정말 책에 나온 것처럼 웹이 CERN에서 발명되었나요?
> A: 그렇습니다. 웹은 1989년 팀 버너스리(Tim Berners-Lee)에 의해 이곳,

CERN에서 발명되었습니다.

Q: CERN의 과학자들이 실제로 인터넷을 발명했나요?

A: 아니요. 인터넷은 원래 프랑스의 루이 푸쟁(Louis Pouzin)의 작업에 기초해 미국의 빈트 세르프(Vint Cerf)와 밥 칸(Bob Kahn)에 의해 1970년대에 개발되었습니다. 그러나 웹은 전적으로 CERN의 팀 버너스리와 그의 작은 팀에 의해 1989년과 1994년 사이에 발명되고 개발되었습니다. 인터넷과 웹에 관한 이야기는 『웹은 어떻게 탄생했는가(How the Web was born?)』라는 책에서 읽을 수 있습니다. 이 책은 『천사와 악마』처럼 섹시한 책은 아니지만, 이 책에 나오는 모든 이야기들은 직접 이야기된 증언이자 연구 결과입니다.

인터넷과 웹을 잘 구별하지 못하는 사람은 많다. 웹에 대한 이야기는 나중에 좀 더 이야기할 것이다.

FAQ의 대부분은 『천사와 악마』의 주요 소재인 반물질에 관한 내용이다. 반물질은 물질과 만나면 완전히 소멸해 광자로 바뀌게 되는데 소설에서는 이 부분을 과장해 소량으로도 엄청난 에너지를 발산하는 무시무시한 폭탄의 원료로 묘사해 놓았다. 원자 폭탄 이후 현대 과학은 턱없이 과도한 기대뿐만 아니라 무조건적인 우려와 공포를 자아내는 일이 드물지 않다. 그래서 CERN에서는 반물질이라는 말이 소설 때문에 위험한 것으로 오해되는 것을 막고 싶었을 것이다. 반물질에 관한 이야기는 16장에서 반양성자에 관한 설명을 할 때 더 자세히 하기로 한다.

CERN 홈페이지 대문에 『천사와 악마』 관련 기사가 걸려 있을 때에는 소설 속에 등장하는 마하 15로 비행하는 CERN 전용기 X-33의 상상화가 CERN 홈페이지의 타이틀 화면에 떠 있었다. 물론 이것과 관련된 질문과 답도 있다.

Q: CERN에 진짜로 마하 15로 비행하는 전용기 X-33이 있나요?
A: 아니요. 없습니다.

11장 | CERN의 역사

CERN의 탄생

　CERN은 프랑스 어인 Conseil Européenne pour la Recherche Nucléaire의 머리글자를 딴 이름이다. (프랑스 어 식으로는 세른[sɛʀn], 영어식으로는 선[sɜn]이라고 읽는다.) 영어로 하면 European Council for Nuclear Research, 직역하면 '핵 연구를 위한 유럽 평의회'쯤 된다.
　20세기 전반까지 학문의 중심이었던 유럽은 제2차 세계 대전을 거치면서 많은 인력이 미국을 비롯한 해외로 빠져나가고, 시설은 파괴되었다. 물리학 분야에서도 아인슈타인을 비롯해 엔리코 페르미, 폰 노이만, 유진 위그너, 한스 베테 등이 미국에 남았다. 유럽에 남았거나, 대전 이후에 돌아온 이들은 학문 공동체의 붕괴에 대한 위기 의식을 공유할 수밖에 없었다. 그런 배경에서 제2차 세계 대전 이후 여러 국제 기구가 창설되는 데 착안해 프랑스의 라울 도트리(Raoul Dautry), 피에르 오제(Pierre Auger), 루 코와르스키(Lew Kowarski), 이탈리아의 에도아르도 아말디(Edoardo Amaldi), 덴마크의 닐스 보어 같은 이상주의적 선구자들이 유럽 공동의 초국가적인 기초 물리학 연구소를 설립하자는 꿈을 꾸기 시작했다.

연구소 설립에 대한 첫 번째 공식적인 제안은 프랑스의 물리학자 루이 빅토르 피에르 레몽 드 브로이(Louis Victor Pierre Raymond de Broglie) 공작이 1949년 12월 스위스의 로잔에서 열린 한 컨퍼런스에서 제창했다. 프랑스의 유서 깊은 공작 집안의 자제이면서 1924년에 제출한 박사 논문 「양자론의 탐구(Recherches sur la théorie des quanta)」에서 입자인 물질도 파동으로 볼 수 있다는 물질파의 아이디어를 제안해 학위 심사 위원들을 당혹케 하고 아인슈타인에게 극찬을 받은 바 있는 사람이 바로 이 드 브로이 공작이다. 양자 역학을 이야기할 때 미처 자세히 소개하지 못했지만, 드 브로이는 물질파라는 개념으로 양자 역학이 만들어지는 과정에 중요한 공헌을 했다. 특히 슈뢰딩거의 업적은 드 브로이의 연구 결과를 기반으로 만들어진 것이다. 드 브로이는 이 업적으로 1929년 노벨 물리학상을 수상해 박사 학위 논문으로 노벨상을 탄 첫 번째 사람이 된다. 1949년 당시 프랑스 원자력 에너지 고등 위원회(French High Commission of Atomic Energy)의 자문 위원이던 드 브로이는 컨퍼런스에서 "여러 참가국 개개의 상황으로는 감당하기 어려운 과학 연구를 수행할 수 있는 실험실 혹은 연구소가 생기면, 국가적인 시설 이상의 자원에 힘입어 규모와 비용 면에서 개별 국가의 범위를 넘어서는 과업을 수행할 수 있습니다."라고 주장했다.

다음해 6월 이탈리아 피렌체에서 열린 제5회 유네스코 회의에서 미국 컬럼비아 대학교의 라비가 "국제적인 과학 공동 연구를 증진하기 위해 지역별 연구소를 설립하는 것을 고무하고 원조하는" 권한을 유네스코에 부여하는 결의안을 의제로 올려놓았다. 이에 따라 1951년 12월 파리에서 열린 유네스코 정부 간 회의에서 연구소를 설립하기 위한 평의회의 설립에 관한 첫 번째 결의안이 채택되었고, 두 달 후, 11개 국이 '핵 연구를 위한 유럽 평의회'의 설립 동의안에 서명해 마침내 평의회와 CERN이라는 이름이 탄생한다. 1953년 7월에 설립된 CERN 협의회(Convention)는 12개 창립 회원국의 승인을 받았는데, 창립 회원국은 벨기에, 덴마크, 프랑스, 서독, 그리스, 이탈리아, 네덜란드, 노르웨이, 스웨덴, 스위스, 영국, 유고슬라비아였다. 1954년 9월29일 독일과 프랑스의 승인에 이어 마침내 연구소는 European Organization for Nuclear Research라는 이름으로 공식적으로 출범했고, 잠정적 기관이었던 평의회는 해산되었다. 그러나 머리글자를 딴 이름은 바뀌지 않고 그대로 CERN으로 남아서 연구소의 이름이 되었다.

연구소가 설립되던 1950년대에는 기초 물리학의 연구는 주로 원자와 핵의 구조를 이해하는 데 집중되어 있었고 그래서 핵이라는 이름이 이 연구소의 이름에 붙게 되었다. 사실 애초부터 CERN은 유럽의 과학자들의 교류의 장일 뿐만 아니라 당시 급증하던 핵 물리학 연구 시설에 들어가는 비용을 분담하기 위한 방편이기도 했다. 그 후 물질에 대한 이해가 더욱 깊어지고, 원자핵보다 더 근본적인 물질의 구성 요소와 상호 작용에 관한 연구가 CERN의 중심 연구 분야가 되었다. 지금 CERN은 '유럽 입자 물리학 연구소'로 통한다.

1952년 10월의 평의회 세 번째 회의에서 스위스의 제네바가 연구소 부지로 선정되었고, 이것은 1953년 6월 제네바 캉통의 투표에서 16,539표 대 7,332표로 최종적으로 비준되었다. 1954년 5월 17일 제네바 시 당국자와 CERN의 스태프들이 지켜보는 가운데, 연구소의 메랭 지역에서 공사가 시작되었다.

그림 11-1 위 사진은 1954년 5월 17일 메랭에서 CERN 건설을 위한 첫 공사가 시작된 모습. 아래 사진은 1954년 11월 CERN 최초의 가속기인 SC를 설치하기 위한 건물을 짓는 모습.

가장 오래된, 그렇지만 언제나 새로운 질문의 답을 찾는 곳

CERN에서 하는 일은 크게 기초 연구, 국제 협력, 기술 개발, 교육의 네 가지로 나눌 수 있다. 1954년 CERN 설립을 위한 회의에서는 CERN의 과제에 관해 이렇게 명시했다.

> 연구소는 순수하게 과학적이고 기초적인 성격의 핵 연구에 있어서 유럽 각국 간의 국제 협력을 제공한다. 연구소는 군사적인 필요에 의한 일에는 관계하지 않으며 연구소의 실험적, 이론적 연구의 결과는 출판하거나 일반에게 제공한다.

가장 중요한 기초 연구 분야의 일은 물질의 근본적인 구성 요소와 우리가 살고 있는 우주에 관한 근본적인 질문을 던지고 그 해답을 구하는 일이다. 이것이 바로 기초 물리학의 주요 과제이며 이러한 내용을 주로 연구하는 분야가 입자 물리학이다. 『천사와 악마』에서는 소설다운 수사를 더해 연구소를 다음과 같이 소개한다.[1]

> CERN의 사람들은 시간이 시작된 이래, 인류가 계속 반복해 온 똑같은 질문에 대답하기 위해 여기에 있는거요. 우리는 어디에서 왔는가? 우리는 무엇으로 만들어졌는가?

CERN은 기초 연구에 있어서 유럽뿐만 아니라 국제적인 공동 연구를 조직하고 뒷받침하며, 전 세계의 과학자들이 서로 만나고 관련 연구소들이 서로 교류하는 장이다. 그것뿐만 아니라 CERN은 정보의 교류 및 보급을 담당하는 기관이기도 하며, 연구자들에 대한 고급 훈련을 뒷받침하는 기관이다. 이것은 지속적으로 기술의 전파와 다양한 수준의 교육 활동에 반영된다.

CERN이 제공하는 교육 프로그램은 CERN을 방문하는 일반인을 위한 프로그램, 과학 교사를 위한 프로그램, 대학생, 대학원생 및 젊은 과학자를 위한 프로그램 등으로 분류할 수 있다. 일반인을 위한 프로그램에는 안내원과 함께 입자 가속기, 검출기, 반물질, 컴퓨팅 센터 등 CERN의 여러 실험과 시설을 방문해 입자 물리학의 세계를 맛보고 과학 전시관인 마이크로코슴(Microcosm)이나 과학과 혁신의 구(Globe of Science and Innovation)에 설치된 전시관을 둘러보는 것이 포함되어 있다. 과학 교사를 위한 프로그램에는 영어로 진행되는 주말을 이용한 3일짜리 프로그램과 7월에 열리는 3주짜리 프로그램이 있다. CERN 회원국에서 온 참가자라면 그들의 모국어로 제공되는 프로그램도 체험할 수 있다. CERN의 교육 프로그램에 관해서는 CERN의 홈페이지에 자세히 소개되어 있으며 신청도 할 수 있다. 대학생 및 대학원생을 위한 프로그램은 주로 회원국 학생을 위한 것인데 수준에 따라 2~3개월간 강의를 듣는 여름 프로그램, 6개월에서 12개월간 실제적인 공학 실습에 참가하는 기술 프로그램, 1년에서 3년 정도 머물면서 학위 논문을 작성하는 박사 학위자 프로그램 등 다양하다.

CERN에서 중요한 문제들을 결정하는 최고의 권한을 지닌 기구는 평의회(Council)이다. 평의회는 연구 활동을 비롯해 기술 및 행정적인 문제를 관장하고 예산 편성 및 회계 지출을 검토한다. 평의회를 보좌하는 기구는 과학 정책 위원회(Scientific Policy Committee)와 재정 위원회(Finance Committee)가 있다. Director-General이라고 부르는 연구소의 최고 책임자는 흔히 연구소장이라고 번역하기는 하지만, 이름의 뜻에서 알 수 있듯이 정확한 명칭은 총감독이며, 결정권자가 아니라 연구소의 운영자다. 평의회의 지명을 받은 소장은 연구소를 운영하며 평의회에 연구소의 제반 사항을 보고할 수 있고 임기는 4년이다.

CERN은 유럽 20개 회원국에 의해 운영되는데, 그 외의 비유럽 국가들도 여러 가지 방식으로 참여하고 있다. 현재 회원국은 오스트리아, 벨기에, 불가리아, 체코, 덴마크, 핀란드, 프랑스, 독일, 그리스, 헝가리, 이탈리아, 네덜란드, 노르웨이, 폴란드, 포르투갈, 슬로바키아, 스페인, 스웨덴, 스위스, 영국(영문 이름의 알파벳 순)이다. 회원국은 특별한 의무

표 11-1 CERN의 역대 소장.

소장(국적)	재임 기간
에도아르도 아말디(Edoardo Amaldi, 이탈리아)	1952~1954년
펠릭스 블로흐(Felix Bloch, 스위스)	1954~1955년
코르넬리스 바케르(Cornelis Bakker, 네덜란드)	1955~1960년
존 애덤스(John Adams, 영국)	1960~1961년
빅토르 프레데릭 바이스코프(Victor Frederik Weisskopf, 미국)	1961~1965년
베르나르 그레고리(Bernard Gregory, 프랑스)	1966~1970년
빌리발트 엔치케(Willibald Jentschke, 독일)	1971~1975년
존 애덤스(John Adams, 영국)	1971~1980년
레온 반 호베(Léon van Hove, 벨기에)	1976~1980년
헤르비히 쇼퍼(Herwig Schopper, 독일)	1981~1988년
카를로 루비아(Carlo Rubbia, 이탈리아)	1989~1993년
크리스토퍼 르웰린스미스(Christopher Llewellyn-Smith, 영국)	1994~1998년
루치아노 마이아니(Luciano Maiani, 산마리노)	1999~2003년
로베르 아이마(Robert Aymar, 프랑스)	2004~2008년
롤프디터 호이어(Rolf-Dieter Heuer, 독일)	2009~현재

와 특권을 가지게 되는데, 중요한 것은 자본금과 CERN 프로그램의 운영비를 분담하고, 조직과 활동의 중요한 결정을 내리는 평의회에 참석할 권리를 가지는 것이다. 회원국이 될 수 없거나 아직 자격이 없는 국가, 혹은 국제 기구들은 참관국이 될 수 있다. 참관국은 평의회에 참관하고 평의회 문건을 받아볼 수 있으나 결정 과정에는 참여할 수 없다. 현재 CERN 프로그램의 참관국, 혹은 참관 기관의 자격을 가지고 있는 곳은 유럽 위원회(EC), 인도, 이스라엘, 일본, 러시아 연방, 터키, 유네스코, 그리고 미국이다. 비회원국이면서 현재 CERN의 프로그램에 참가하고 있는 국가들로는 알제리아, 아르헨티나, 아르메니아, 오스트레일리아, 아제르바이잔, 벨라루스, 브라질, 캐나다, 칠레, 중국, 컬럼비아, 크로아티아, 쿠바, 키프러스, 에스토니아, 그루지야, 아이슬란드, 이란, 아일랜드, 리투아니아, 멕시코, 몬테네그로, 모로코, 뉴질랜드, 파키스탄, 페루, 루마니아, 세르비아, 슬로베니아, 남아프리카 공화국, 대한민국, 대만, 태국, 우크라이나, 그리고 베트남이 있다.

 CERN에서는 약 2,500명이 상시적으로 일하고 있다. 과학자들과 기술 스태프들은 입자 가속기를 설계하고 건설하며 원활하게 작동하도록 유지한다. 또한 복잡한 과학 실험을 준비하고 수행하며 데이터를 분석하고 해석하는 것을 돕는다. 일부 실험에 직접 참가하기도 한다. 또 세계 85개국의 580여 대학과 연구소에서 약 8,000명의 과학자들이 연구를 하러 CERN을 방문해 CERN의 시설을 이용하고 있다. 이것은 전 세계 입자 물리학자의 대략 절반에 이른다. 회원국이건 비회원국이건 간에 물리학자들과 그들이 연구비를 지원하는 기관은 그들이 참여하는 실험의 건설 및 운영비를 조달해야 한다. CERN 예산은 대부분 LHC와 같이 새로운 실험 설비를 건설하는 데 들어가며 실험 비용으로는 일부만이 쓰인다.

CERN의 역사는 곧 CERN에 건설된 가속기들과 그 가속기에서 이루어진 물리학 연구의 역사라고 할 수 있다. 이제부터 그 기계들의 역사를 자세히 살펴보도록 하자. (가속기들의 이름은 번역명이 오히려 오해를 부를 수 있을 것 같아 부득이 약자로 표기한다.)

SC와 PS, 최초의 가속기들[2]

1957년 CERN 최초의 가속기인 싱크로사이클로트론(Synchro-Cyclotron, SC)이 건설되었다. 빔을 600메가전자볼트까지 가속하는 SC는 CERN의 초기 입자 물리학 및 핵 물리학 실험에 이용되다가 1964년에 더 강력한 가속기인 양성자 싱크로트론(Proton Synchrotron, PS)이 건설되어 입자 물리학 실험을 전담하자 핵 물리학 실험 전용으로 남았다. 핵 물리학용 가속기로서 SC는 대단히 오래 이용되었다. 1967년부터 SC는 불안정 이온 연구용 가속기인 ISOLDE에 빔을 공급하는 가속기로 쓰였는데, ISOLDE는 순수한 핵 물리학 연구뿐만 아니라 천체 물리학 및 의료 물리학 등에도 광범위하게 이용되는 시설이었다. 1990년에 ISOLDE가 다른 가속기로 교체되면서 SC는 마침내 33년간의 가동을 마쳤다.

양성자 싱크로트론(Proton Synchrotron, PS)이 처음으로 양성자를 가속한 것은 1959년 11월 24일이다. 당시 빔의 에너지는 28기가전자볼트였다. 몇 달 뒤 미국 브룩헤이븐 국립 연구소의 AGS가 완성되어 1960년 7월에 양성자 빔을 30기가전자볼트로 가속하는 데 성공할 때까지 짧은 기간이나마 PS는 당시 세계에서 가장 높은 출력을 내는 가

그림 11-2 CERN 최초의 가속기 SC. 1959년 9월 15일 사진.

속기였다. PS는 CERN 입자 물리학 프로그램의 주가속기로 오랫동안 활약했으며, 오늘날도 여전히 활약하고 있다.

여기서 좀 전문적인 개념이지만 가속기 안을 회전하는 입자 빔의 '강한 집중(strong focusing)'이라는 개념을 소개하도록 하자. 입자 빔은 싱크로트론 안에서 가속되는 동안 엄청나게 많이 회전한다. 그런데 빔이라고 묶어서 이야기하지만 사실 입자 빔은 입자가 잔뜩 모여 있는 것에 불과하며 그들을 묶어놓는 힘이 따로 있는 것은 아니다. 입자 빔은 가속되기 위해 회전하는 동안 공기 분자와의 충돌이나 조종 중의 오차 등 여러 가지 이유로 흩어져서 품질이 나빠질 수 있기 때문에 입자 빔을 안정되게 유지하는 것은 가속기 물리학에서 매우 중요한 과제이다. 이전에는 빔을 회전시키기 위해 수직 방향으로 걸어 준 자기장을 가지고 빔의 집중 상태를 수직 방향으로는 계속해서 유지할 수 있었으나 수평 방향으로는 빔이 퍼지고 오차가 생기는 것을 피할 수 없었다. 이것은 지금 이야기할 강한 집중의 상대적인 개념으로 오늘날에는 '약한 집중(weak focusing)'이라고 하는 것이다. 가속 에너지가 높아지고 가속기의 크기가 커질수록 빔은 더욱더 민감해지기 때문에 물리학자들은 높은 에너지의 가속기를 건설하는 데 커다란 제약을 느꼈다.

1952년 미국 브룩헤이븐 국립 연구소를 방문한 CERN의 가속기 설계팀과의 회의를 준비하던 브룩헤이븐의 에르네스트 쿠란트(Ernest D. Courant), 밀턴 스탠리 리빙스턴(Milton Stanley Livingston), 하틀랜드 스나이더(Hartland S. Snyder)는 토론 중에 수직과 수평 방향의 자기장을 교대로 조절하면 빔의 수직 방향과 수평 방향 모두에서 집중을 강화할 수 있고, 따라서 빔의 안정성을 증가시킬 수 있음을 발견했다. 이것은 가속기의 발전사에 큰 획을 긋는 업적이었다. 자기장만 세게 할 수 있다면 이 방법에는 제한이 없고, 따라서 원리적으로는 싱크로트론을 얼마든지 크게 만들 수 있게 되었다. 이 방법을 '교대-경사(Alternating-Gradient, AG)' 방법 혹은 '강한 집중'이라고 한다. 오늘날의 가속기는 모두 이 강한 집중을 사용한다.[3]

적절한 시점에 브룩헤이븐을 방문한 CERN의 설계팀은 막 개발된 신기술인 강한 집중을 배워 갈 수 있었다. PS는 강한 집중 기술이 적용된 CERN의 첫 번째 가속기이다. 같은 시기에 제작된 브룩헤이븐의 가속기인 AGS에도 강한 집중 기술이 적용되었으며 그것은 Alternating Gradient Synchrotron라는 이름에 뚜렷이 드러나 있다.

1970년대 CERN에 새로운 가속기인 SPS가 건설되면서 PS의 역할은 주로 새 가속기에 빔을 공급하는 것으로 바뀌었다. 1959년 PS가 처

그림 11-3 1959년 11월 처음으로 양성자를 가속했던 PS는 아직도 현역으로 가동되고 있다. 그리고 LHC 프로젝트에도 참여하고 있다. PS에 사용된 다용도 전자석은 처음 건설되었을 때의 것이 그대로 쓰이고 있다. 1965년 4월 사진.

음 가동된 이래, PS의 양성자 빔의 세기는 1,000배나 증가해 왔다. 그동안 PS는 여러 가지 다른 종류의 입자를 가속해서 직접 실험에 투입하거나 다른 강력한 가속기에 공급해 왔다. 아마도 PS는 세상에서 가장 넓은 용도로 사용되었고 지금도 사용되는 입자 가속기일 것이다. 현재, PS는 LHC에 공급되는 빔을 초기에 가속하는 예비 가속기(injector) 역할을 맡고 있다.

가가멜 프로젝트, CERN의 첫 번째 성공[4]

1973년 7월, CERN의 대강당에서 가가멜(Gargamelle) 그룹은 약한 상호 작용을 매개하는 중성류의 증거를 처음으로 발견했다고 발표한다. 이것은 SU(2) 게이지 대칭성에 대한 강력한 증거였다. 이로써 표준 모형의 근간이 되는, 전자기-약 작용을 기술하는 SU(2)×U(1) 게이지 이론에 스포트라이트가 비춰졌다. 그리고 이 결과는 CERN이 올린, 물리학적으로 중요한 가치를 가진 첫 번째 성과기도 했다(그림 11-4).

약한 상호 작용을 설명하는 이론은 1933년 페르미가 처음으로 제시했다. 그리고 1960년대 말에 마침내 글래쇼, 와인버그, 살람 등의 연구를 통해 게이지 이론의 형태로 발전해 갔다. 그리고 양-밀스 이론에 게이지 대칭성을 자발적으로 깨는 힉스 메커니즘을 적용해 전자기 상호 작용과 약한 상호 작용을 통합적으로 기술한 와인버그의 1967년 논문에서 전자기-약 작용은 완성되었다. 이제 공은 실험 물리학자들에게 넘어갔다. SU(2) 대칭성의 존재를 확인시켜 주는 중성류 현상이 과연 존재하는가를 실험적으로 확인해야만 했다.

중성류는 전기적으로 중성인 약한 상호 작용을 의미한다. 그때까지 알려진 약한 상호 작용 현상인 원자핵의 베타 붕괴, 뮤온 붕괴, 파이온 붕괴 등은 모두 전기가 전달되고 입자의 종류가 변하는 과정이다. 표준 모형에서 보면, 이 현상들은 모두 전기를 띤 W 보손이 매개하는 과정이다. 중성류란 전기적으로 중성인 입자인 Z 보손을 매개로 해 일어

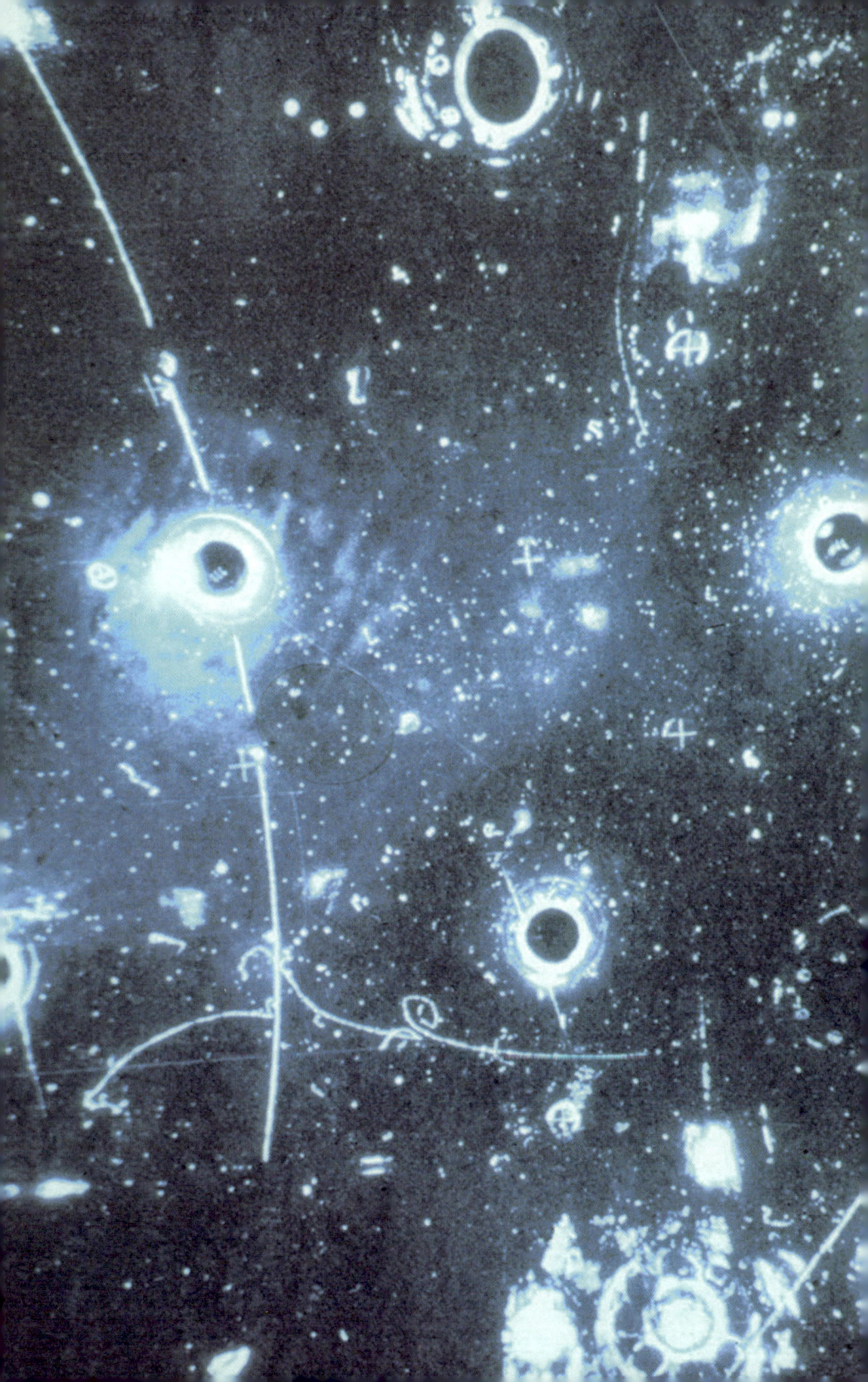

나는 과정이다. 그런데 대부분의 경우 그림 11-4에서 보듯 중성류를 통한 상호 작용은 전자기적인 상호 작용과 같은 모습이기 때문에 전자기적인 과정에 섞여서 나타나게 된다. 이 경우 약한 상호 작용이 말 그대로 약하기 때문에 중성류의 효과는 전자기적 상호 작용보다 훨씬 작아서 검출하기가 쉽지 않다. 그래서 중성류의 효과는 오랫동안 관찰되지 않았고, 약한 상호 작용의 대칭성이 SU(2)라는 것을 알아차리기가 어려웠다. 따라서 중성류의 효과만을 보기 위해서는 특별한 방법이 필요했다. 그중 하나가 중성미자를 이용하는 실험이었다. 중성미자는 전기적으로 중성이기 때문에 전자기 상호 작용을 하지 않고 오직 약한 상호 작용만 한다. 그러므로 중성미자의 중성 상호 작용은 100퍼센트 약한 상호 작용의 중성류로 인한 효과라고 볼 수 있다.

1963년 시에나 컨퍼런스 직후 앙드레 라가리그(André Lagarrigue), 앙드레 루세(André Rousset), 그리고 폴 무세(Paul Musset) 등은 당시 존재하던 것보다 10배 정도 더 많은 중성미자를 볼 수 있는 새로운 중성미자 실험을 계획했다. 그러기 위해서는 훨씬 크고, 무거운 액체로 채운 거품 상자가 필요했다. CERN과 프랑스 원자력 위원회(Commissariat à

그림 11-4 가가멜 그룹이 발견한 중성류의 증거(왼쪽 페이지)와 중성류를 의미하는 Z 보손의 결합을 나타낸 파인만 다이어그램(위). 왼쪽 페이지의 거품 상자 사진은 1973년 7월 CERN의 대강당에서 발표된 것으로서 CERN이 올린, 물리학적으로 중요한 가치를 가진 첫 번째 성과이기도 했다.

l'Energie Atomique, CEA) 사이에 협약이 이루어져 1965년 12월, 가가멜이라는 이름의 새로운 대형 거품 상자 제작 계획이 시작되었다. 프랑스 측인 오르세의 에콜 노르말 수페리에(École Normale Supérieure)의 선형 가속기 연구실과 파리의 에콜 폴리테크닉(École Polytechnique)의 물리학 실험실, 그리고 당시 막 끝난, 1미터 크기의 거품 상자 실험인 CERN NPA 팀을 중심으로 가가멜 그룹이 구성되었고, 최종적으로는 유럽 연구소 일곱 군데와 일본, 러시아, 미국의 과학자들도 참가했다. 가가멜이라는 이름은 16세기 프랑스 르네상스를 대표하는 작가 프랑소와 라블레(François Rabelais)의 소설 『가르강튀아와 팡타그뤼엘 이야기(La Vie inestimable du Grand Gargantua, Père du Pantagruel)』에 나오는 가르강튀아의 어머니인 거인족의 이름에서 따왔다.

가가멜 거품 상자는 프랑스의 새클레이(Saclay) 실험실에서 제작되었다. 가가멜의 주목적은 중성미자를 검출하는 것이었다. 거품 상자는 상자 안에 채워진 액체에 전기를 띤 입자가 지나갈 때 생기는 작은 거품으로 된 자취를 통해 입자를 검출한다. 중성미자는 전기를 띠지 않기 때문에 중성미자를 직접 검출할 수는 없고, 중성미자가 물질 속에 있는 전자나 핵자와 탄성 충돌을 할 때 전자나 핵자가 튕기는 효과를 보고 간접적으로 검출할 수밖에 없다. 중성미자의 상호 작용은 약한 상호 작용뿐이므로 매우 드물게만 일어난다. 그래서 거품 상자는 가능한 최대 크기로 설계되어야 했고, 또한 중성미자의 상호 작용을 최대한 늘리기 위해 밀도가 높은 액체를 채워 넣어야 했다. 가가멜은 지름 1.8미터, 길이 4.8미터, 무게 1,000톤이 넘는 길쭉한 원통 속에 18톤의 액체 프레온(CF_3Br)을 채워 넣었다. 1970년 가가멜은 PS의 중성미자 빔이 나오는 CERN의 남동쪽 지역에 설치되었다. 12월에 첫 테스트가 이루어졌고, 우주선으로 인해 생긴 흔적을 검출하는 데 성공했다.

당시에는 2개의 중성미자 실험이 실시되고 있었는데, 그것은 CERN의 PS 가속기에서 수행되던 가가멜과 미국 페르미 연구소의 HPWF(Harvard, Pennsylvania, Wisconsin, Fermilab) 계수기 실험이었다. 그러나 분위기는 중성류를 찾는 실험에 그다지 호의적이지 않았다. 당시는 토프트가 양-밀스 이론의 재규격화 가능을 증명하기 전이었고, 게이지 이론이 약한 상호 작용의 이론으로 받아들여진 것도, SU(2)가 약한 상호 작용의 내재된 대칭성으로 인정받은 것도 아니었다. 그 전까지의 중성미자 실험에서 중성류가 전혀 발견되지 않았기 때문에 중성류가 과연 존재할 것인가에 대해서도 회의하는 사람들이 많았다. 그런 분위기를 잘 보여 주듯 가가멜 그룹이 중성미자 실험에 관해 논의했던, 1968년에 밀라노에서 열린 이틀간의 학회에서 "중성류"라는 단어는 아예 언급되지도 않았다. 그 회의에서 모든 사람들이 가장 관심을 보인 것은 SLAC에서 양성자의 구조를 관찰한 것이었다(6장 참조). 에콜 폴리테크닉 가가멜 연구팀의 책임자였던 비올레타 브리슨(Violette Brisson)은 이렇게 회상한다.[5]

당시 중성류의 존재는 가설의 수준이었으므로, 가가멜 실험의 수행 계획 리스트에서도 중성류는 여덟 번째에 불과했습니다. 그러다 1972년에 이론 물리학자들이 우리에게 전자기 작용과 약한 상호 작용을 통일하는 새로운 이론으로 중성류를 예측한 토프트의 일을 알려줬습니다.

가가멜은 1972년 초부터 본격적으로 중성류 연구를 시작했다. 중성자의 베타 붕괴와 같이 전기를 띤 게이지 입자($W^{\pm}$ 보손)가 매개하는

그림 11-5 가가멜 거품 상자의 내부와 외부. 1970년 모습. 오른쪽 사진은 PS에 설치된 모습이다.

보통의 약한 상호 작용이라면 뮤온 중성미자는 원자핵 속의 핵자와 충돌해서 뮤온으로 변환된다. 그러나 중성류로 인한 반응이라면 입자의 종류는 변하지 않는다. 따라서 뮤온은 나타나지 않으면서 하드론만 나타나는 사건을 보게 된다. 그런데 이런 사건은 중성자 때문에도 생길 수 있으므로, 가가멜 팀은 하드론만 나오는 사건 중에서 중성자에서 유도된 사건과 중성미자에서 유도된 사건을 구별하는 방법을 찾아내야 했다.

1972년 9월부터 1973년 3월까지 중성류의 후보로 생각되는 사건이 관측되었다. 이것은 뮤온 중성미자가 중성류를 통해 원자 내부의 전자와 탄성 충돌했음을 의미하는 튀어나온 전자를 발견한 것이었다. 이 결과는 엄청난 관심을 끌었고 중성류의 가능성이 있는 사건들이 하나하나 철저하게 검토되었다. CERN에서 열린 1973년의 회의에서 중성류의 발견은 거의 확정적인 것처럼 여겨졌다. 중성류로 생각되는 사건의 수는 충분히 많았다. 중성류 후보 사건들은 공간적인 분포를 통해 중성류의 결합 방식이 중성미자와 같으며, 거품 상자 입구에서 분포가 급격히 감소하는 곳이 없어서 중성자 사건과는 다르다는 것을 보여 주었다. 새로운 결과는 한 달 후 본에서 열린 전자-광자 컨퍼런스(Electron-Photon Conference)에서 페르미 연구소 HPWF 그룹의 실험 결과와 함께 발표되었다. 컨퍼런스 마지막 회합에서 양전닝은 약한 상호 작용의 중성류가 존재함을 발견했다고 발표했다.

그런데 얼마 후, HPWF 그룹은 관찰되었던 중성류의 신호가 추가적인 분석 결과 사라졌다는 결과를 발표하고 장비를 바꿨다. 이 소식은 곧 CERN에 전해졌고 사람들은 당황했으며 가가멜의 결과에 대해서도 의혹을 가졌다. 반대자들은 주로 중성자 배경 과정의 계산을 문제 삼았으며, 특히 중성자가 일으키는 입자 뭉치(cascade)를 어떻게 다루느냐 하는 문제를 추궁했다. 가가멜 그룹의 멤버들은 모든 비판적인 질문에 잘 버텨 나갔다. 그러나 동료 물리학자들이 가가멜의 발견을 유효하다고 기꺼이 인정한 것은 그해 말이 되어서였다. 정해진 운동량을 가진 양성자를 가가멜에 쏘아서 거품 상자 안에서 양성자로 인한 입자 뭉치를 직접 관찰함으로써 가가멜의 입자 뭉치 분석 프로그램의 예측이 의심할 바 없이 정량적으로 확인되었다. 이 결과는 1974년 4월 워싱턴에서 열린 미국 물리학회에서 디터 하이트(Dieter Haidt)가 발표했다.

중성류가 발견된 지 1년 후, 1974년 6월 런던에서 열린 컨퍼런스에서 중성류가 존재한다는 것을 가가멜이 두 배의 데이터를 가지고 다시금 확인했다. HPWF 그룹도 자신들이 왜 신호를 놓쳤는가를 설명하고 중성류의 존재를 다시 확인했다. 또한 캘리포니아 공과 대학과 페르미 연구소의 연구 그룹의 새로운 검출기와 아르곤 국립 연구소에 설치된 12피트짜리 거품 상자에서 관찰된 중성류로 인한 파이온 사건을 통해 중성류의 존재는 추가적으로 확인되었다. 더 이상 중성류의 존재를 의심하는 사람은 없었다.

　약한 상호 작용의 중성류 발견은 1960년대 초부터 CERN에서 시작된 장거리 중성미자 실험 프로그램의 결실이었다. 이로써 CERN은 이 분야에서 지도적 위치에 서게 되었다. 이것은 곧 SU(2)×U(1) 대칭성을 기반으로 하는 글래쇼-와인버그-살람의 전자기-약 작용에 관한 게이지 이론의 확립을 의미하는 것이다. 발빠르게도 스톡홀름의 일간지《다겐스 니헤데르(Dagens Nybeder)》는 1975년의 노벨 물리학상 수상자로 와인버그와 살람을 지목하기까지 했다.[6] 그러나 그해 노벨상은 핵 구조론에 관한 업적으로, 닐스 보어의 아들인 오게 닐스 보어(Aage Niels Bohr), 벤 로이 모텔손(Ben Roy Mottelson), 레오 제임스 레인워터(Leo James Rainwater)에게 주어졌고, 글래쇼, 와인버그, 살람의 목에 노벨상 메달이 걸린 것은 4년 뒤였다.

　중성류가 발견됨에 따라 SU(2) 대칭성이 약한 상호 작용에 내재되어 있다는 강력한 근거가 마련되었고 약한 상호 작용을 설명하는 이론으로서 전자기-약 작용의 표준 모형이 결정적으로 우위에 서게 되었다. 표준 모형을 검증하기 위한 실험이 본격적으로 시작되었고 CERN을 비롯해 전 세계 모든 입자 물리학자들은 실험과 이론 양면에서 이 연구에 뛰어들었다. 이 단계에서 흔히 '와인버그 각(θ_W)'이라고 부르는, 전자기 상호 작용과 약한 상호 작용이 섞여 있는 정도를 나타내는 각을 측정해 아직 직접 발견되지 않은 약한 상호 작용의 매개 입자인 W 보손의 질량을 예측하게 되었다. 이에 따라 W 보손과 Z 보손을 직접 발견하기 위해서는 어느 정도의 에너지가 필요할 것인가를 예

그림 11-6 현재 CERN의 홍보·전시관인 마이크로코슴 바깥 마당에 전시되고 있는 가가멜의 모습. 2005년에 CERN 방문 시 촬영한 사진.

측할 수 있게 되었고, 이 에너지를 만들기 위한 가속기를 건설해야 할 필요가 대두되었다.

1976년 가가멜은 서쪽 지역의 SPS 가속기로 옮겨졌다. 그러나 1978년 가가멜 본체에 커다란 금이 갔고, 대규모 수리가 필요하게 되어 결국

1979년 가가멜은 가동을 멈추었다. 퇴역한 가가멜은 현재 CERN 한쪽 구석, 방문객을 위한 전시실인 마이크로코즘 옆 마당에 전시되고 있다. 앞의 사진은 2005년 내가 CERN을 방문했을 때 촬영한 가가멜의 모습이다.

가가멜이 중성류의 증거를 발견한 지 10년 후, SPS 가속기의 UA1과 UA2 실험 그룹이 중성류의 근원인 Z 보손과, 전기를 띠면서 약한 상호 작용을 전달하는 입자인 W 보손을 직접 발견한다. 이로써 약한 상호 작용의 게이지 대칭성 구조를 결정적으로 증명하게 되었고, 앞에서 잠깐 언급했듯이, 이 업적으로 UA1 그룹을 이끈 카를로 루비아와 반양성자를 모으는 확률적 냉각 기술을 개발한 반 데르 메르가 다음 해에 노벨 물리학상을 수상하게 되며 CERN의 가장 빛나는 업적을 이룬다. 자세한 이야기는 뒤에서 하도록 하자.

ISR, 최초의 입자 충돌기[7]

러더퍼드의 실험에서는 알파 입자가 날아가서 정지해 있는 금 원자와 충돌한다. 이 경우 충돌 에너지는 날아가는 알파 입자의 속도에 따라 결정된다. 1950년대까지의 입자 충돌 실험이란 모두 이런 식으로 입자를 가속해 멈춰 있는 표적에 충돌시키는 것이었다. 이런 실험을 '고정 표적 실험(fixed-target experiment)'이라고 부른다. 그런데 고정 표적 실험에서는 날아온 입자의 에너지 상당 부분이 멈춰 있던 목표물을 튕겨 내는 데 사용되기 때문에 에너지의 낭비가 크다. 예를 들면, 1,000기가전자볼트의 에너지를 가지고 날아온 양성자가 멈춰 있는 양성자에 충돌할 경우, 실제 충돌 에너지는 42기가전자볼트에 불과하게 된다. 그

그림 11-7 1983년 10월 ISR의 모습.

러나 두 입자를 모두 가속해 정면 충돌시키면 입자를 튕겨낼 필요가 없으므로 가속시키는 데 들어간 에너지를 훨씬 효과적으로 충돌 에너지로 사용할 수 있다. 즉 1,000기가전자볼트로 가속된 양성자 2개를 정면 충돌시키면 충돌 에너지는 1,000+1,000=2,000기가전자볼트가 된다. 사정이 이렇다 보니 높은 에너지를 원하는 실험이라면 입자를 충돌시키는 방식의 실험을 택할 수밖에 없다. 이런 장치를 '충돌기(collider)'라고 부른다. LHC의 C가 바로 Collider의 머리글자다.

LHC는 원래부터 충돌기지만, 앞에서 이야기한 SC와 PS, 그리고 뒤에 나올 SPS는 입자 가속기일 뿐 충돌기는 아니다. 가속기들은 입자 빔을 회전시켜 원하는 에너지를 가질 때까지 가속시킬 뿐이고, 원하는 목표물(입자)에 충돌시키는 등의 여러 실험은 가속기에서 가속된 빔을 뽑아내 수행하게 된다. CERN 최초의 충돌기는 1971년에 가동되기 시작한 ISR(Intersecting Storage Ring, 교차 저장 링)이다.

PS가 성공적으로 가동되자, CERN의 가속기 전문가들은 PS에서 나온 양성자 빔을 2개의 연결된 링에 보내어 반대 방향으로 회전하게 만들어서 충돌시키는 아이디어를 착안했다. 이러한 목적으로 만들어진 장치가 ISR이다. ISR는 1965년에 공식적으로 승인되었고, 1971년 1월 27일 세계 최초의 양성자-양성자 충돌을 일으켰다. 양성자 빔은 각각 30기가전자볼트의 에너지를 가지고 충돌해 60기가전자볼트의 충돌 에너지를 얻었다. 그 후 13여 년간 ISR는 에너지와 광도 두 가지 면에서 모두 설계된 목적을 넘어설 정도로 매우 훌륭히 작동했다. CERN은 ISR를 통해 향후 이어진 빔 충돌 실험을 위한 전문적인 지식과 기술을 익힐 수 있었고, 이것이 LHC에까지 이어지고 있다. ISR를 위해 가속기 물리학의 젊은 세대가 반양성자 공급원을 건설해 운영했고, 시몬 반 데르 메르가 입자를 집적해 강한 빔을 만드는 기술인 확률적 냉각을 처음으로 시험한 것도 ISR에서였다. 1981년 4월 4일 ISR는 세계 최초의 양성자-반양성자 충돌에도 성공했으며 이것은 SPS에서의 양성자-반양성자 충돌 실험의 성공으로 이어졌다. ISR는 실로 입자 물리학자의 새로운 세대에게 하드론 충돌기에서 어떻게 실험을 설계할 것인가를 가르친 장치였다.

ISR의 첫 번째 실험이 설계되던 1971년 당시, 강한 상호 작용은 여전히 완전한 수수께끼였다. 그러나 ISR가 마지막 작동을 끝마칠 무렵 양자 색역학이 강한 상호 작용의 이론으로서 궤도에 올랐다. ISR는 양자 색역학의 여러 아이디어의 발전에 공헌해 우리가 하드론의 충돌에 대해 명확한 상을 그릴 수 있도록 크게 도와주었다. 현대 입자 물리학사에서 지대한 공헌을 한 CERN SPS의 UA1과 UA2 실험, 그리고 페르미 연구소 테바트론 가속기의 CDF와 D0 실험은 모두 ISR의 경험에서 나온 성과들이라고 해도 과언이 아니다. ISR는 양성자-양성자 충돌을 통해 양성자 내부에 구조가 있다는 것을 확인하는 등, 많은 중요한 업적을 남기고 1984년에 가동을 멈추었다.

W 보손과 Z 보손을 발견한 SPS[8]

지금까지 물리학 분야에서 CERN이 세운 가장 찬란한 업적은 약한 상호 작용을 매개하는 W 보손과 Z 보손을 발견한 것이다. 약한 상호 작용은 원자핵의 베타 붕괴에서 처음 관측된 이래, 페르미가 베타 붕괴로부터 상호 작용의 패턴을 읽어 내 성공적인 이론을 구축했으며, 뮤온의 붕괴, 파이온의 붕괴 등의 현상이 페르미의 이론으로 잘 설명된다는 것이 확인되면서 전자기 상호 작용 및 강한 상호 작용과는 뚜렷이 구별되는 또 다른 상호 작용임이 명백해졌다.

페르미를 이어 겔만과 파인만은 여러 실험 결과로부터 V-A라는 약한 상호 작용의 정확한 모양을 결정했고, 글래쇼는 약한 상호 작용과 전자기 상호 작용의 근원에 대해 SU(2)×U(1)라는 추상적인 대칭성을 제안했으며, 힉스를 비롯한 여러 사람들은 게이지 대칭성이 자발적으로 깨지는 메커니즘을 만들었다. 그리고 1967년 이 모든 것을 정교하게 짜 넣은 와인버그의 모형은 무거운 W 보손과 Z 보손으로 매개되는 약한 상호 작용과 질량이 없는 광자를 통해 매개되는 전자기 상

그림 11-8 SPS의 내부 모습. 1976년 4월 사진.

호 작용을 함께 기술하는 구체적인 모습을 제시했다. 1970년 초반 가가멜은 중성미자 산란 실험을 통해 중성류의 존재를 간접적으로 확인했다. 약한 상호 작용의 구조를 최종적으로 검증하기 위해서 남은 일은 무거운 W 보손과 Z 보손이 실재하는 입자임을 확인하는 것이었고, CERN은 1983년 마침내 이 입자들을 확인하는 데 성공했다. 지금까지 인간이 전혀 본 적 없는 입자를 이론의 예측에 따라 실험적으로 확인한 것이다.

이것은 올바른 원리를 바탕으로 자연의 여러 가지 현상 속에서 추상적인 패턴을 찾아내고 그 패턴을 설명하는 이론을 완성하는, 자연 과학 연구의 정석과 같은 과정을 통해 정립된 현대 입자 물리학의 체계가 얼마나 강력한 것인가를 보여 주는 개가라고 할 만한 업적이다. 이 실험에 사용된 가속기가 슈퍼 양성자 싱크로트론(Super Proton Synchroton, SPS)이다.

양성자를 400기가전자볼트까지 가속할 수 있는 가속기인 SPS의 첫 번째 설계안이 CERN의 위원회에 올라온 것은 1964년이었다. 많은 수정을 거쳐서 마침내 SPS 프로젝트는 1971년 2월 승인되었다. SPS 계획이 승인된 후 이 거대한 기계는 5년이 넘는 기간 동안 건설되어 1976년 봄, 마침내 가동 단계에 이르렀다. 1976년 4월 5일 시작된 가동의 첫 단계는 PS로부터 약 800미터 길이의 직선 전송 라인을 통해 10기가전자볼트의 양성자 빔을 보내어 SPS에 넣는 것이었다. 양성자 빔은 정확히 SPS로 들어가서 정해진 궤도를 따라 움직였다.

다음 단계는 빔을 SPS를 한 바퀴 돌게 하는 것이었다. 이것은 첫 단계 가동을 실시한 한 달 후인 5월 3일에 시행되었다. 빔은 약 7킬로미터를 돌아서 목표 지점으로부터 몇 밀리미터 떨어진 빔 멈춤 장치에 예정대로 도달했다. 가속기에 설치된 궤도 조정용 전자석들이 빔을 미세하게 조정하는 동안 빔 멈춤 장치가 제거되었고, 마침내 빔이 가속기 둘레를 자유롭게 돌기 시작했다. 빔은 에너지 손실 거의 없이 1만 회가 넘게 가속기 속에서 회전한 후 빔 처리 장치(beam dump)로 들어갔다. 가속기를 만든 사람들은 환호하며 성공을 자축했다. 여기까지의 테스트로 SPS의 진공 시스템과 수천 개의 전자석 시스템이 설계 허용 범위 안에서 잘 작동하며 빔이 제대로 조종된다는 것을 확인했다. 이것이 가장 중요한 테스트였다. 만약 여기서 어떤 종류의 문제만 생겼으면 고치느라 몇 달은 더 소모되었을 것이다.

5월 6일에 시작된 세 번째 단계는 회전하는 빔을 가속하는 것이었다. 5월 10일까지 양성자는 수 기가전자볼트까지 가속되었는데 가속

효율이 생각보다 낮았다. 빔과 전자석의 조정을 반복해 5월 26일에 양성자 빔의 에너지는 80기가전자볼트, 6월 4일에 별다른 에너지 손실 없이 200기가전자볼트에 도달했다. 다시 6월 10일과 11일의 가동에서는 240기가전자볼트의 에너지에서 전원 장치가 불안정해졌다. 이 문제를 해결하기 위해 스태프들이 밤낮없이 고심해야 했다. 드디어 가속기 링을 회전하는 빔이 400기가전자볼트의 에너지에 다다른 것은, 우연히도 평의회가 열린 1976년 6월 17일이었다.

SPS는 충돌기가 아니므로 가속된 빔은 바깥으로 뽑아내 실험에 이용하게 된다. 빔의 에너지가 처음에 계획한 400기가전자볼트까지 가속되었으니, 다음 단계로 가속기에서 돌고 있는 양성자 빔을 가속기 바깥으로 꺼내야 했다. 7월 9일, 처음으로 빔을 뽑아내는 데 성공했고 9월에는 빔 추출 시스템을 통해 모든 빔이 700밀리초가 넘는 시간 동안에 추출되었다. 11월 3일에는 가속기 안에서 400기가전자볼트의 에너지로 가속된 빔의 세기가 펄스당 10^{13}개의 양성자에 도달했다. 마침내 SPS가 애초에 설계된 성능을 모두 발휘하게 된 것이다. 이로써 모든 테스트가 끝나고 일단 SPS는 1976년의 스케줄을 모두 마쳤다. SPS가 공식적으로 정상 가동되고 실험이 제대로 시작된 것은 1977년 5월 7일이다. SPS를 건설하는 데 든 비용은 1970년 기준으로 11억 5000만 스위스프랑에 달한다.

SPS가 제안되고 건설되고 시험 가동에 들어간 10여 년간, 입자 물리학은 이론적으로나 실험적으로 눈부신 발전을 이루었다. 1967년에는 와인버그의 논문 「렙톤의 모형」이 발표되었다. 1969년에는 심층 비탄성 산란(DIS)을 통해 양성자 안의 쿼크의 존재가 발견되었고, 1971년에는 토프트가 양-밀스 이론의 재규격화를 증명해 게이지장 이론이 입자 물리학의 상호 작용을 설명하는 유력한 방법으로 떠올랐으며, 1973년에는 그로스, 윌첵, 폴리처에 의해 양-밀스 이론의 점근적 자유도가 증명되었고 1974년에는 새로운 쿼크의 존재를 의미하는 메손이 발견되면서 쿼크와 양자 색역학이 강한 상호 작용을 설명하는 이론으로 받아들여졌다. 1975년에는 타우 렙톤이, 1977년에는 보텀 쿼크가 각각 발견되어 표준 모형의 가족 구성원들이 속속 갖추어졌다. 1970년대 후반에 들어서며 이제 표준 모형의 핵심인 전자기-약 작용의 구조를 실험을 통해 직접 검증하려면 W와 Z 보손을 발견해야 하며 그러기 위해서는 새로운 가속기가 필요하다는 것이 명백해졌다.

가가멜의 성공 이후 중성미자와 핵자의 충돌 실험은 약한 상호 작용을 연구하는 가장 중요한 도구였다. 중성미자-핵자 충돌의 산란 단면적은 중성미자의 에너지가 높아질수록 커지는데, 이것은 페르미의 약한 상호 작용 이론이 예측하는 바와 잘 맞는 결과였다. 그런데 중성미자의 에너지가 300기가전자볼트를 넘으면 더 이상 페르미 이론이 맞지 않고 약한 상호 작용의 게이지 입자인 W와 Z 보손의 효과가 직접 나타나게 된다. 페르미의 이론은 근본적인 원리를 담고 있는 일반적인 이론이 아니라, 케플러의 행성 운동 법칙이나 보어의 원자 모형처럼 데이터 속에서 읽어 낸 현상을 기술하는 유효 이론(effective theory)이었기 때문이다. 근본적인 원리—약한 상호 작용의 경우에는 게이지 대칭성—를 통해 일반적인 이론을 얻어야만 비로소 모든 것을 정합적으로 설명할 수 있게 된다.

중성미자-핵자 충돌 실험에서 300기가전자볼트까지 페르미 이론이 잘 맞는다는 사실은 W 보손의 질량이 50기가전자볼트는 넘는다는 것을 의미했다. 그리고 전자와 양전자가 30~40기가전자볼트의 에너지로 충돌하는 SLAC의 PETRA 실험에서 1970년대 후반과 1980년대 초반 사이에 얻은 많은 데이터 중, 뮤온 쌍이 생성되는 과정의 전방-후방 비대칭성 데이터로부터 추산한 Z 보손의 질량은 100기가전자볼트보다 작았다. 따라서 W와 Z 보손의 질량은 50기가전자볼트와 100기가전자볼트 사이에 있을 것으로 생각되었다. 또 약한 상호 작용과 전자기 상호 작용 사이의 섞임 정도를 의미하는 와인버그 각은 중성미자 실험으로부터 대략 0.3~0.6으로 측정되었는데 이것은 W와 Z 보손의 질량이 60~100기가전자볼트의 값이라는 것을 의미했다. 와인버그 각은 더욱 정밀하게 측정되어 W와 Z 보손을 발견하기 직전인 1982년경에는 약 0.23으로 측정되었다. 이것은 W 보손의 질량은 약 80기가전자볼트, Z 보손의 질량은 약 90기가전자볼트라는 것을 의미했다. 이것은 나중에 W와 Z 보손이 발견되었을 때 정확한 예측이라는 것이 확인되었다.

새로운 가속기는 이런 정도의 질량을 가진 입자를 만들 수 있을 만큼의 에너지까지 입자를 가속할 수 있어야 했다. 이것에 따라 나중에 LEP라는 이름으로 실현될, 전자-양전자 충돌을 통해 W와 Z 보손을 직접 만들어 내는 가속기를 건설하자는 주장이 당시 힘을 얻고 있었다. 1976년 4월 CERN의 소장인 존 애덤스(John Adams)는 LEP 연구 그룹을 소집할 것을 제안하고 LEP 건설을 위한 보고서를 작성하기 시작했다. 그러나 같은 해 카를로 루비아는 피터 매킨타이어(Peter McIntyre), 데이비드 클라인(David Cline)과 함께 발표한 논문에서 기존의 가속기를 개량해 양성자-반양성자 충돌을 가지고 Z 보손을 만들어 낼 수 있다고 주장하면서,[9] 당장 SPS를 양성자-반양성자 충돌기로 개조해 W와 Z 보손을 찾자고 강하게 제안했다.

사실 W와 Z 보손을 빨리 발견해야 한다는 압력이 당시에는 워낙 강해서 LEP 프로젝트를 설계하고 개발하고 건설하는 그 오랜 시간을 기다리라는 것은 무리한 주문이었다. 이것은 부분적으로는 1974년에 미국의 고에너지 물리학 자문단이 400기가전자볼트의 충돌 에너지를 내는 양성자-양성자 충돌기인 ISABELLE 계획을 제안해 미국과 유럽 사이의 가속기 경쟁이 치열해졌기 때문이기도 했다. 브룩헤이븐 국립 연구소에 세워질 ISABELLE은 초전도 자석을 이용해 각각 200기가전자볼트로 가속된 양성자 빔 한 쌍을 충돌시킬 계획이었다. 그러므로 CERN에서는 자신들이 새로운 입자를 좀 더 빨리, 그리고 좀 더 명확하게 발견하기를 열망했다.

고에너지 양성자-반양성자 충돌 장치를 건설하는 것은 당시로서는 새로운 시도였다. 반양성자라는 것은 인간이 실험실에서 발견하기는 했지만 그때까지는 자유롭게 다룰 수 있는 물질이 아니었기 때문이다. 그래서 CERN에서는 양성자-반양성자 충돌이 아니라 ISR에 초전도 자석 기술을 적용한 새로운 가속기인 초전도 ISR(SuperConducting Intersecting Storage Rings, SCISR)와 같은 양성자-양성자 충돌기를 새로 건설해 W와 Z 보손을 만드는 방안이 제안되기도 했다. 그러나 존 애덤스를 비롯한 CERN의 운영진은 이 제안을 곧바로 기각했다. 새로운 가속기를 건설하면 LEP 프로젝트가 연기되거나, 최악의 경우 취소될 수도 있다는 생각에서였다. 이것은 LEP를 필생의 목표로 생각하는 존 애덤스에게는 받아들일 수 없는 위협이었고, 이것은 초전도 ISR를 제안한 사람들에게조차 충분히 설득력이 있었다. 반면 SPS를 이용한 양성자-반양성자 충돌기는 새로운 가속기 링을 건설할 필요가 없기 때문에 LEP 계획에 영향을 줄 위험이 없었다. 그 대신 양성자-반양성자 충돌 실험을 위해서는 반양성자를 대량으로 만들어야 하는 것이 새로운 실험적 이슈로 떠오르게 되었다. 이것은 나중에 CERN에서 건설하게 되는 반양성자 수집/집적 장치(collector/accumulator accelerator complex, AC/AA)로 발전한다.

한편 존 애덤스는 갓 만든 새 가속기를 젊은 세대에게 맡겨서(카를로 루비아는 당시 42세였다.) 얼마 사용하지도 않을 충돌기로 바꾸는 것을 받아들이기 어렵다는 생각도 가지고 있었는데, 이것은 당시 CERN의 대다수 가속기 전문가들의 공통된 감정이기도 했다.[10] 그러나 카를로 루비아는 그런 정도의 장애에는 눈 하나 깜박하지 않을 사람이었다. 루비아는 양성자-반양성자 충돌이라는 그의 생각을 어떤 불리한 상황에서도 지치지 않는 결의를 가지고 밀어붙였다. 그는 CERN이 자신의 제안을 채택하지 않으면 미국의 페르미 연구소로 가겠다고 했는데, 이것은 사실상 CERN에 대한 협박이나 마찬가지였다. 실제로 루비아는 당시 페르미 연구소의 주가속기가 양성자-반양성자 충돌기로 이용하기에는 그다지 잘 작동하지 않고 있다는 사실을 알고 있었음에도 불구하고, 1977년에 기존의 가속기로 W와 Z 보손을 만든다는 제안서를 CERN과 페르미 연구소 양쪽에 제출했다. 그의 추진력은 타고난 것이기도 했지만 단순한 뚝심이 아니라, 가속기 물리학에 관한 깊은 이해를 바탕으로 한 확신, 즉 양성자-반양성자 충돌을 통해 W와 Z 보손을 발견하는 것이 충분히 가능하다는 확신에 힘입은 것이었다.

사실 충돌 에너지가 예정대로 400기가전자볼트에 도달하기는 했지만, SPS가 당시 세계 최고의 가속기는 아니었다. SPS보다 몇 닌 선에 건설된 페르미 연구소의 주가속기는 SPS가 400기가전자볼트에 도달하기 직전인 1976년 5월 3일에 이미 500기가전자볼트에 도달했던 것이다. 결국 페르미 연구소에서는 기존의 주가속기를 이용해서 최초로 1테라전자볼트의 가속기를 만들고자 초전도 기술을 도입하는 방향을 선택했고, CERN은 루비아의 제안대로 당장 양성자-반양성자 충돌기로 전환하는 것을 선택했다. 이때 시작된 페르미 연구소의 프로젝트가 9장에서 이야기한 테바트론이다.

CERN에서는 프랑코 보나우디(Franco Bonaudi), 반 데르 메르, 베르나르드 포프(Bernard Pope) 등이 타당성 조사를 마치고 반양성자 집적기를 설계하기 시작했다. 같은 시기 루비아의 팀은 검출기에 관한 연구를 시작해 UA1(Underground Area 1) 검출기를 설계하면서 한편 초기 냉각 실험(Initial Cooling Experiment, ICE)을 SPS 위원회에 제안했다. ICE는 확률적 냉각과 전자 냉각(electron cooling) 기술을 반양성자에 적용하는 것을 연구하기 위한 양성자-반양성자 저장 링이었다. 1978년 초에 확률적 냉각 기술이 먼저 확고한 성공을 거둠에 따라, 루비아의 양성자-반양성자 충돌 실험에는 확률적 냉각 기술이 적용된다. 전자 냉각 기술은 1979년에 실용화되어 후일 반입자로만 만들어진 최초의 반원자인 반수소를 만들어 내는 데 성공한 LEAR(Low Energy Antiproton Ring, 저에너지 반양성자 링) 실험에 이용되었다. 이후 전자 냉각 기술은 더욱 개선되어 반양성자를 생산하는 AD(Antiproton Decelerator, 반양성자 집적기)에도 이용되고 있다.

SPS는 초전도 전자석을 사용하는 가속기가 아니었으므로, 가속 에너지에는 한계가 있었다. 더구나 애초에 2개의 빔을 다루는 충돌기로 제작된 것이 아니었으므로, 충돌기로 작동할 때의 에너지는 여러 가지 이유로 인해 단일 빔을 가속할 때보다 낮아질 수밖에 없었다. 그래서 양성자-반양성자 충돌기로 개조된 후 빔의 최대 가속 에너지는 원래 도달했던 400기가전자볼트가 아니라 270기가전자볼트에 그쳤다. 결국 충돌로 얻을 수 있는 에너지는 540기가전자볼트였다. 이 정도면 100기가전자볼트의 입자를 만드는 데 충분하다고 생각할지 모르지만, 540기가전자볼트는 양성자의 충돌 에너지이며, 실제로 '충돌'하게 될 파톤은 양성자의 에너지의 일부만을 가지고 충돌하게 되므로 양성자의 충돌 에너지 모두를 새로운 입자를 만드는 데 쓸 수는 없다. 그러나 루비아는 540기가전자볼트의 에너지로도 W와 Z 보손을 만들어 낼 수 있다고 생각했다. 원래의 단일 빔을 가속시키는 가속기인 SPS와 구별하기 위해 양성자-반양성자 충돌기로 작동하는 SPS를 $Sp\bar{p}S$라고 부르기도 한다.

루비아의 검출기 UA1은 즉시 승인되었고 6개월 후 또 하나의 검출기인 UA2가 승인되었다. 드디어 W와 Z 보손을 찾기 위한 준비가 갖추어지고 있었다. UA1은 $Sp\bar{p}S$의 주검출기로서 전형적인 다목적 검출기였다. 놓치는 입자가 가능한 한 없도록 최대한의 각도를 다룰 수 있게 만들어졌고, 전자와 뮤온, 그리고 하드론의 제트를 모두 잘 검출할 수 있도록 설계되었다.

1981년 모든 준비가 완료되었다. 충분한 수의 반양성자를 생성해, 양성자와 반양성자를 동시에 가속해 충돌시키는 충돌기인, UA1, UA2 검출기가 모두 완성되었다. 1981년 7월, $Sp\bar{p}S$가 가동되었고 첫 번째 양성자-반양성자 충돌이 일어났다. $Sp\bar{p}S$가 CERN 평의회에서 승인된 지 3년 만이었다.

W 보손이 나타났음을 의미하는 분명한 신호는 빔에 대해 수직 방향의 에너지 성분이 매우 큰 전자나 뮤온이 에너지 손실과 함께 관측되는 것이다. W 보손은 만들어진 후 10^{-24}초 만에 쿼크 쌍이나 렙톤-

그림 11-9 UA2 검출기가 설치되는 모습.

그림 11-10 W 보손의 붕괴 과정을 나타낸 파인만 다이어그램.

중성미자 쌍으로 붕괴하는데(그림 11-10), 전자나 뮤온이 검출기에 더 분명한 흔적을 남기기 때문에 검출하기가 쉬워서 전자나 뮤온을 이용해서 W 보손을 찾는 것이다. 에너지 손실은 검출기에 나타나지 않는 입자, 즉 중성미자의 존재를 의미하고, 빔에 수직 방향의 에너지 성분이 크다는 것은 전자나 뮤온이 매우 무거운 입자가 붕괴되어서 만들어졌다는 것을 뜻한다. 검출된 전자나 뮤온의 에너지와 손실된 에너지를 합친 값이 예상되는 W 보손의 질량과 비슷하면 우리는 이것을 W 보손이 만들어져서 전자 혹은 뮤온-중성미자 쌍으로 붕괴했다고 결론을 내릴 수 있다.

그러한 신호 6개를 발견했다는 것을 알리는 UA1 그룹의 논문이 1983년 1월 23일에 접수되어 2월 24일자《피직스 레터스 B》에 발표되었다. 4개의 사건을 관측한 UA2의 논문은 2월 15일에 접수되어 3월 17일에 발행된 같은 학술지에 게재되었다. 같은 해 4월부터 5월까지 가동되는 동안 UA1은 새로, 54개의 W 보손이 만들어져서 전자-중성미자로 붕괴하는 사건을 얻었다. 처음으로 W 보손이 뮤온-중성미자로 붕괴하는 사건도 발견되었다. 그러나 그것보다 더욱 귀중한 것은 마침내 처음으로 Z 보손으로 보이는 신호를 발견한 것이다. Z 보손이 전자 쌍으로 붕괴하는 것으로 보이는 신호 4개와 뮤온 쌍으로 붕괴하는 신호 1개가 관측되었다. 처음으로 측정된 Z 보손의 질량은 95.5±

2.5기가전자볼트였으며 Z 보손이 관측될 확률은 W 보손의 약 10분의 1이었다. 같은 기간 동안 UA2도 많은 데이터를 모아서 분석했는데 최종적으로 3개의 신호가 Z 보손을 가리키는 것으로 나왔다. 이제 마침내 Z 보손도 발견된 것이다.

가속기에서 중요한 실험을 할 때에는 2개 이상의 검출기가 설치된다. 그 중요한 이유는 완전히 새로운 결과가 나왔을 때 교차 검증을 하기 위해서다. 과학의 실험 결과는 모든 사람에게 공개되어서 언제나 검증 가능할 것을 요구하지만, 오늘날의 첨단 가속기에서 나오는 결과를 매번 다른 가속기를 지어서 검증하는 것은 현실적으로 불가능한 일이므로 같은 가속기에서 독립적인 실험을 통해 검증하는 것이 가장

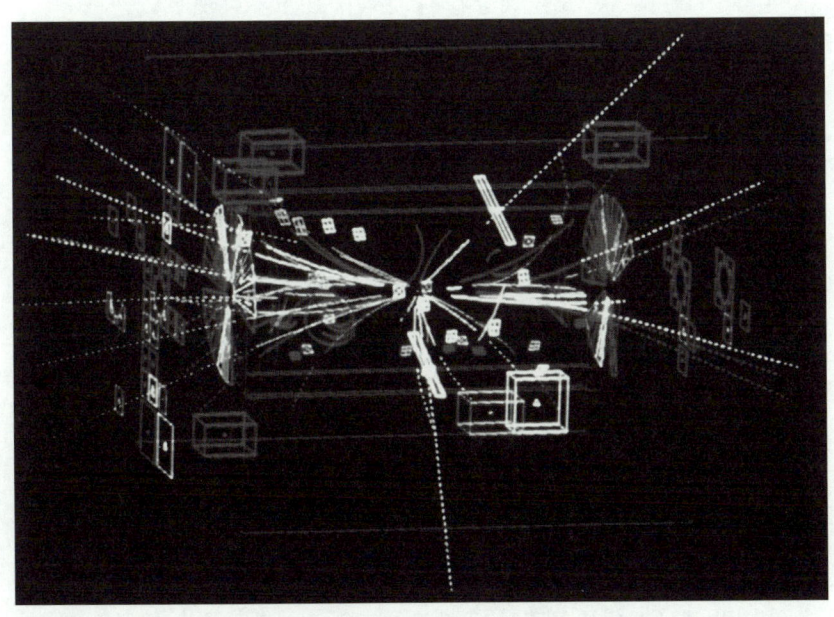

그림 11-11 Z 보손이 만들어졌음을 검출한 UA1의 신호. 위아래로 돌출된 2개의 선이 Z 보손의 붕괴에서 나온 뮤온 쌍을 나타낸다.

바람직하다. 그래서 같은 가속기에 독립적인 검출기를 여러 개 설치해서 실험을 상호 검증한다. 대신 각 검출기는 서로 다른 부분에 주안점을 두어서 연구를 수행한다. 검출기 운영의 효율성을 제고하기 위한 것이다.

Sp$\bar{\text{p}}$S의 주검출기는 Sp$\bar{\text{p}}$S 프로젝트와 함께 승인받은 UA1이었다. UA1은 전형적인 다목적 검출기다. 현재 가동 중인 LHC의 주검출기인 ATLAS와 CMS 역시 모두 다목적 검출기다. 승인된 UA2의 예산은 UA1보다 훨씬 적었다. UA2의 제작 비용은 UA1의 3분의 1 정도였고 제작 기간도 더 짧아야 했다. 그러나 이러한 제약 조건에도 불구하고 UA2도 성공적으로 설계되고 제작되어 W와 Z 보손을 UA1과 거의 동시에 발견하는 등 필요한 역할을 훌륭히 수행해 냈다. 이것은 다목적 검출기인 UA1은 모든 기능을 다 갖춰야 했던 데 비해, UA2는 뮤온의 검출과 같은 몇몇 기능을 생략할 수 있었기 때문에 가능했다. UA1에서 중요한 부분이 새로운 입자가 붕괴할 때 나오는 렙톤을 정확하게 측정하기 위한 검출기 중앙의 궤적 검출기였다면 UA2의 핵심은 에너지 검출기였다. 그 덕분에 UA2는 하드론의 제트를 더 잘 검출하고 측정했으며 W와 Z 보손의 질량을 더 정확히 측정했다. 같은 연구소, 같은 충돌기의 검출기였던 UA1과 UA2는 W와 Z 보손을 먼저 발견하기 위해 치열하게 경쟁했으며 발표를 놓고도 신경전을 벌였다. 그러나 이것은 순전히 선의의 경쟁이었을 뿐 노벨상을 먼저 탄다든가 하는 문제는 아니었다. 왜냐하면 이 발견으로 노벨상을 받는 것은 애초에 양성자-반양성자 충돌을 통해 W와 Z 보손을 발견한다는 아이디어를 제안하고 실현한 루비아와 기술적으로 가장 중요한 문제였던 반양성자의 대량 생산 문제를 해결한 반 데르 메르일 것이라는 것을 누구나 알고 있었기 때문이다.[11]

그림 11-12 W 보손의 발견을 발표하는 카를로 루비아. 1983년 사진.

　사람들은 만약 카를로 루비아가 없었다면 아주 오랫동안, 어쩌면 영원히 양성자-반양성자 충돌 실험은 없었을 것이라고 말하기도 한다. SPS의 양성자-반양성자 충돌 실험이 없었더라도 W와 Z 보손이 LEP나, SLAC의 SLC나 그 밖의 다른 가속기에서 발견되었을 수도 있었겠지만, 그랬다면 적어도 6년은 더 걸렸을 것이다. 루비아는 양성자-반양성자 왕국의 왕이었고 당시 실험에 참가한 사람들은 모두 그렇게 생각했다.

　이후 루비아는 1989년부터 1993년까지 CERN의 소장을 지냈다. 그가 소장으로 있던 시기는 LEP가 처음 가동되던 매우 알찬 시기였다. 루비아는 엄청난 정력과 명석한 두뇌와 강철 같은 의지와 대단한 욕

망의 소유자들이 즐비한 입자 실험 물리학자들 중에서도 단연 두드러지는, 불 뿜는 화산 같은 존재여서 수많은 일화를 남겼다. 1999년에 토프트와 함께 노벨상을 수상한 마르티뉴스 펠트만은 루비아와 같이 일한다는 것은 대단히 어려운 일이었다고 하면서, 루비아가 CERN의 소장이었을 때, 그의 비서는 3주일 만에 한 번꼴로 잘렸는데 이것은 제2차 세계 대전 때 잠수함이나 구축함의 선원들의 평균 생존 시간보다 짧다고 했다.[12] 1988년 노벨상을 수상했고 페르미 연구소의 소장을 지낸 레이더먼은 그의 책 『신의 입자』에서 루비아에 관한 몇 가지 농담을 실었는데 그중 하나를 소개해 보자. 미국 롱 아일랜드에서 열린 어느 여름 학회에 참석한 루비아가 바다에서 수영을 하는 동안 누군가가 해변에 이런 팻말을 세웠다고 한다. "수영 금지. 카를로가 대서양을 사용 중."[13]

한편 W와 Z 보손을 찾는 경주에서 CERN의 경쟁자였던 미국의 ISABELLE은 1978년에 건설이 시작되었으나, 초전도 전자석 기술 개발이 순조롭지 않아서 어려움을 겪으며 계속 계획이 지연되었다. 그러자 1982년쯤부터 ISABELLE 프로젝트를 폐기하고 훨씬 더 강력한 가속기를 만들자는 이야기가 나오기 시작했다. 그런 상황에서 1983년 SPS에서 W와 Z 보손을 발견하자, ISABELLE의 위치는 더욱 애매한 것이 되어 버렸다. 마침내 1983년 7월 미국 에너지성의 고에너지 물리학 자문단 부속 위원회 회의에서 ISABELLE 건설을 중지하고 그 100배의 충돌 에너지를 갖는 SSC를 건설하는 것을 권고하는 결정이 내려졌다. 그해 11월 미국 에너지성은 2억 달러를 들인 ISABELLE 프로젝트를 중지한다고 공식 발표했다. Sp̄pS의 영광과 ISABELLE의 몰락은 미국이 고에너지 물리학 연구에서 주도권을 잃은 것을 극적으로 보여 주었고, 1993년에 SSC마저 중지되면서 그러한 상황은 더욱 강화되었다. 1981년 Sp$\bar{p}$S의 양성자-반양성자 충돌 실험 이후 LEP가 가동을 멈춘 2000년까지 입자 물리학 실험의 중심은 CERN이었으며, LEP가 가동을 중단하고 LHC가 건설되는 기간 동안 페르미 연구소의 테바트론이 잠시 선두에 있었지만, 이제 LHC가 가동되면서 다시 CERN이 고에너지 물리학 실험의 중심지가 되었다.

돌이켜보면, 1970년대 후반부터 1990년대 초반까지의 기간은 초대형 가속기들이 서로 경쟁하는 격전의 시대였다. SPS, ISABELLE, 테바트론, LEP, SSC와 같은, 엄청난 프로젝트들이 명멸하면서 훌륭하고 놀라운 성과들을 경쟁적으로 일궈 냈다. 그 안에서 CERN의 SPS는 영광을 얻었고, 페르미 연구소의 테바트론은 미래를 선택했으며, 1950년대부터 1960년대까지 입자 물리학 분야에서 최고의 연구소였던 브룩헤이븐 국립 연구소는 경쟁에서 뒤쳐졌다.*

SPS는 CERN에게 최초로 정치적, 외교적 문제를 안겨 줄 뻔한 가속기이기도 하다. 애초에 SPS의 제안서에는 유럽의 다른 곳에 제2의 CERN을 만들고 그곳에 SPS를 건설하도록 되어 있었다. 그러나 SPS와 제2의 CERN을 유치하고자 하는 각국의 경쟁이 치열해져서 결정하기가 갈수록 어려워졌다. 이때 존 애덤스가 새로운 아이디어를 내놓았는데 그것은 PS를 SPS의 예비 가속기로 사용한다는 것이었다. 그러기 위해서는 물론 SPS는 CERN 옆에 건설해야 했다. 모든 사람이 수

---

* 한편, 남겨진 ISABELLE의 지하 터널, 실험을 위한 홀, 전자석 기반 시설 등은 몇 년이 지난 후 무거운 원자핵을 높은 에너지로 가속시켜 충돌시키는 상대론적 중이온 충돌기(Relativistic Heavy Ion Collider, RHIC)에 재활용되었다. 약 6억 달러의 예산이 소요된 RHIC은 1991년에 승인되고 2000년부터 가동되고 있다.

긍할 만한 제안이었고, 결국 SPS는 CERN에서 출발해 프랑스와 스위스 지역에 절반씩 걸치고 있는 현재의 위치에 지어졌다.

한편 제2의 CERN이라는 아이디어는 살아남아서, 원래의 CERN에서 2~3킬로미터 떨어진 곳에 새로운 연구소가 지어졌다. SPS가 건설되던 1970년 초에 두 연구소는 CERN I과 CERN II로 불리우며 각각 소장(director-general)을 따로 두는 등 상당 부분 독자적으로 운영되었다. 그러나 1975년 CERN의 평의회는 두 연구소를 합병하기로 결정하고, 잠정적으로 5년간은 CERN II에도 소장직을 유지하기로 했다. 1981년 헤르비히 쇼퍼(Herwig Schopper) 때부터 CERN은 다시 하나의 소장 체제로 돌아갔다. 지금은 원래의 CERN을 메랭 사이트(Meyrin site), 다른 쪽은 프레베생 사이트(Prevessin site)라고 부른다. SPS는 원래의 CERN과 제2의 CERN에 모두 빔을 공급하도록 만들어졌다.

1993년에 내가 CERN에서 일하던 시절에, 프레베생 쪽의 레스토랑이 더 낫다는 말을 듣고 점심 때에 셔틀버스를 타고 프레베생 사이트에 다녀오고는 했다. 메랭 사이트는 스위스와 프랑스 국경 위에 절반 정도씩을 걸치고 있는 데 반해 프레베생 사이트는 완전히 프랑스 땅이다. 프레베생 사이트의 연구소 건물은 주변의 숲과 잘 어울려서, 전후에 지어진 공장처럼 보이는 콘크리트 건물이 즐비한 메랭 사이트의 살풍경함과 대비된다. 레스토랑의 식사도 과연 프레베생 쪽이 더 나았던 것 같기는 하다. 그러나 당시 차가 없었던 터라 셔틀버스 시간을 맞추어 다니기가 귀찮아서 몇 번 다녀온 뒤에는 다시 가지 않게 되었다.

SPS는 현재 CERN에서 LHC 다음으로 큰 가속기다. 링 둘레는 7킬로미터에 달하며, 현재 1,317개의 상온 전자석이 설치되어 있다. 이 자석들 중 744개가 빔이 링을 돌 수 있도록 휘는 데 쓰이는 쌍극자 자석이다. SPS는 현재 LHC의 예비 가속기로서 PS에서 보낸 26기가전자볼트의 양성자 빔을 450기가전자볼트까지 가속해 LHC로 보낸다. 1976년 가동이 시작된 이래, SPS는 CERN의 입자 물리학 프로그램에 있어서 최고의 일꾼이었다. SPS에서 이용했었던 입자의 종류는 매우 다양해서, SpP̄S에서의 양성자와 반양성자뿐만 아니라 LEP의 초기 단계 가속기로 활용될 때는 전자와 양전자를, 그리고 1980년대 중반부터 무거운 이온 충돌 실험을 위해서는 황과 납 등의 원자핵을 가속했다. 이중 양성자-반양성자 충돌은 더 이상 일으키지 않으며, LEP의 예비 가속기로서의 역할도 끝이 났다. 현재 SPS는 LHC를 위해 양성자를 가속하는 한편, 뮤온과 하드론 빔을 이용해서 하드론의 구조를 연구하는 COMPASS(COmmon Muon Proton Apparatus for Structure and Spectroscopy) 실험에도 빔을 제공하며, 중성미자를 발생시키기 위한 입자 가속도 수행할 예정이다. 여기서 만들어진 중성미자 빔은 730킬로미터 떨어진 이탈리아의 그란 사소(Gran Sasso) 연구소로 보내져서 중성미자 변환을 실험하게 된다. 이것을 CNGS(Cern Neutrinos to Gran Sasso) 프로젝트라고 한다.

그동안 SPS에서 이루어진 연구를 통해 양성자의 내부 구조가 검증되었고, 입자와 반입자 간의 대칭성이 연구되었다. 반양성자를 대량으로 만들어 내는 데 성공함에 따라 LEAR 실험이나 반양성자로 반수소와 반헬륨을 만들어 내는 등의 새로운 실험이 파생되기도 했다. 그리고 SPS에서 이룩한 최고의 업적은, 물론 양성자-반양성자 충돌을 통한 W와 Z 보손의 발견이다. UA2 실험을 이끌었던 피에르 다리울라(Pierre Darriulat)는 SPS에서의 실험을 회고하며 다음과 같이 말했다.[14]

우리 세대의 과학자들은 과학자로서의 인생에서 자연을 이해하는 데 그토록 놀라운 진보를 이룩한 것을 직접 목격했다는 점에서 엄청나게 운이 좋습니다. 입자 물리학뿐만 아니라, 천문학과 생명 과학 등 더 넓은 분야에 있어서도 그렇습니다. 각 분야마다 아직 답을 모르는 질문들이 많이 남아 있지만, 이제 아무도 그런 질문들을 과학의 손이 닿지 못하는 수수께끼라고 치부하지 않습니다. 인간이 세상을 보는 관점은 극적으로 변했습니다. 우리 개개인이 기여한 것은 비록 얼마 되지 않더라도, 이런 진보에 기여할 수 있는 기회가 있었다는 것은 행운입니다. LHC가 곧 밝혀낼 새로운 물리학을 통해 과학이 다음 세대에게도, 우리에게 그랬듯이 친절하게 미소짓길 바랍니다.

LEP, 세계 최고의 연구소[15]

양성자 가속기와 전자 가속기는 서로 상호 보완적인 역할을 한다. 양성자 가속기는 싱크로트론과 같은 원형 가속기일 경우에 전자기파로 인한 에너지 손실이 전자보다 적으며, 양성자의 질량이 전자보다 2,000배 정도 크기 때문에 높은 에너지를 얻기가 훨씬 쉽다. 따라서 아직까지 발견되지 않은 무거운 입자를 처음 찾을 때에는 많은 경우 양성자 가속기를 쓰는 게 더 적합하다. 반면 양성자는 쿼크와 글루온 등이 복잡하게 얽힌 복합 입자이기 때문에 양성자 속 파톤의 충돌을 정확하게 재현하는 데에는 한계가 있으며, 충돌할 때 매우 복잡한 상호 작용이 일어나서 우리가 보고자 하는 과정뿐만 아니라 다른 과정도 함께 섞여서 나타난다. 따라서 많은 데이터의 손실이 일어나고 입자의 여러 가지 성질을 정밀하게 측정하는 데는 한계가 있다. 반면 전자와 양전자를 충돌시킬 때에는 충돌하는 입자들의 초기 상태를 정확히 알고 있으며 충돌 과정을 매우 정확하게 재현할 수 있으므로, 충돌 과정에서 나오는 정보를 최대한 이용할 수 있으며 정밀한 측정이 가능하다. 대신 싱크로트론과 같은 원형 가속기로 전자를 가속할 경우 에너지가 높아질수록 전자기파로 인한 에너지 손실이 매우 커져서 높은 에너지를 얻기가 쉽지 않으며 효율이 너무 낮아진다. 따라서 전자를 100기가전자볼트 이상으로 가속하기 위해서는 가속기를 선형으로 만들어야 한다.

LEP(Large Electron Positron collider, 대형 전자 양전자 충돌기)는 전자 및 양전자 싱크로트론으로서 높은 에너지의 전자-양전자 빔을 충돌시켜 W나 Z 보손을 대량으로 만들어 내 W와 Z 보손의 자세한 성질을 탐구하고 전자기-약 작용 이론을 양자 역학적 효과에 이르기까지 검증하는 것을 목적으로 건설되었다. LEP 계획은 1970년대 중반, CERN에서 미래에 수행해야 할 가속기 실험에 관해 논의하는 자리에서 처음 제안되었다. 당시 SPS 가속기 등을 이용한 중성미자 실험은 점점 정밀해져서 약한 상호 작용의 양자 효과를 테스트하는 데에 이르렀다. 이것에 따라 표준 모형이 과연 약한 상호 작용의 올바른 이론인가를 구체적으로 검증하기 위해 100기가전자볼트나 그 이상의 에너지에서 약한 상호 작용을 정확하게 규명하는 일이 중요한 과제가 되었고, 그것에 따라 강력한 전자-양전자 충돌 실험용 가속기가 요구되었다. CERN은 그동안 양성자 가속기만을 건설해 왔고 전자-양전자 가속기는 처음이었지만, 전자-양전자 충돌 실험의 결과는 분석하기 훨씬 쉬우므로 크게 문제될 것은 없을 것이라고 생각되었다. 수많은 검토와 회의를 거쳐서 1981년 LEP 계획이 공식적으로 승인되었다. LEP 계획에 있어서

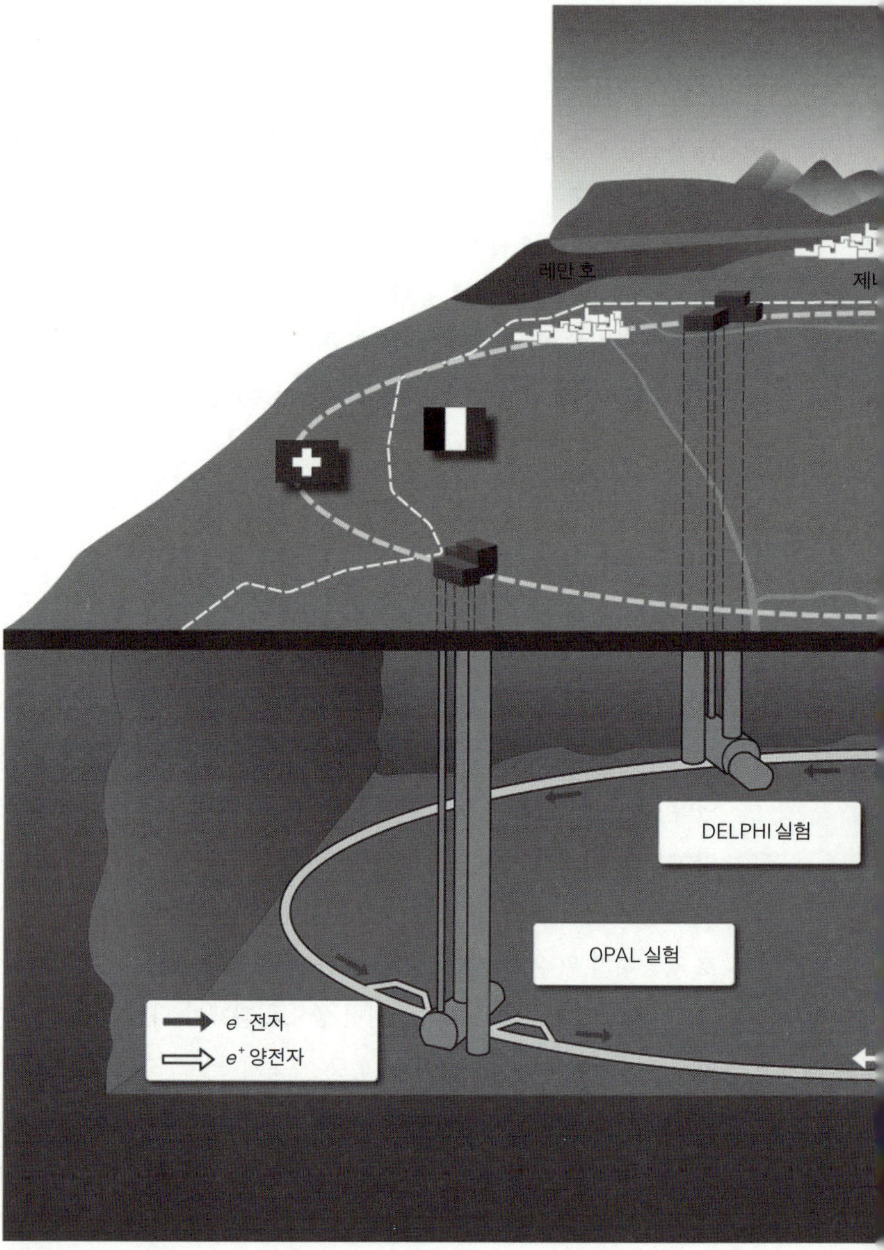

그림 11-13 전자-양전자 싱크로트론인 LEP의 개요도.

362　**3부** CERN

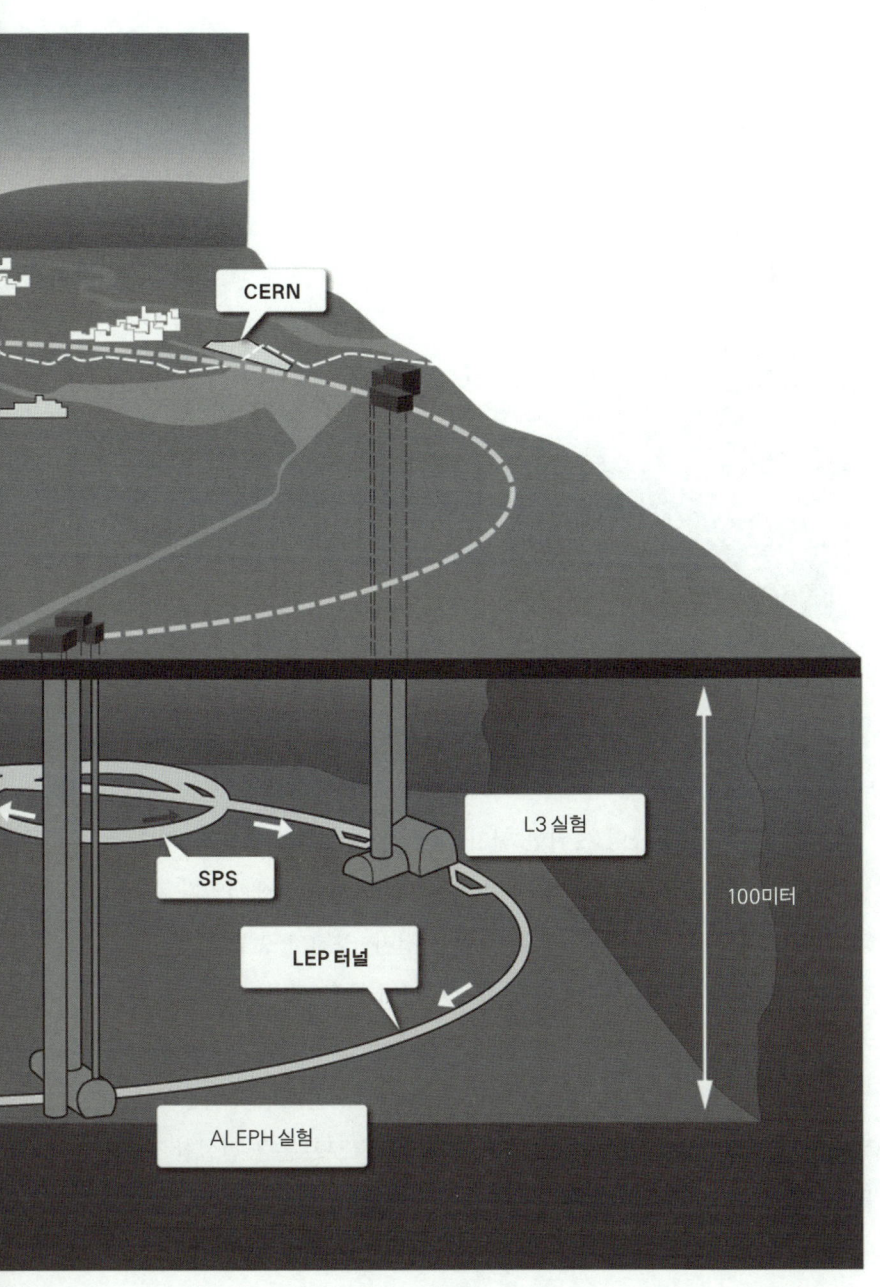

그림 11-14 LEP의 산파 역할을 한 존 애덤스.

산파 역할을 한 사람은 1976년부터 1980년까지 CERN의 소장을 지낸 존 애덤스다.

약한 상호 작용의 규명을 위한 전자-양전자 가속기가 필요하다는 생각이 처음으로 표현된 것은 버튼 릭터의 1976년의 노트에서였다. 릭터는 SLAC의 사람답게 약한 상호 작용을 전자-양전자 충돌을 통해 검증할 것을 제안하면서 둘레 약 43킬로미터에 충돌 에너지가 200기가전자볼트에 이르는 초대형 가속기에 관해 언급했다.[16]

1976년 4월, 당시 CERN의 소장이었던 존 애덤스는 SPS의 다음 프로젝트로 약 27킬로미터 둘레의 전자-양전자 싱크로트론을 건설할 것을 꿈꾸며 연구 그룹을 소집했고 제안서를 작성하기 시작했다. 약 7개월 후 보고서가 완성되었다. 또한 초대형 가속기에 대한 설계 연구도 진행되어 건설이 가능하다는 결론을 얻었다.

앞에서 가가멜 실험을 살펴볼 때 이야기했듯이, Z 보손의 상호 작용은 전자기 상호 작용과 똑같은 형태이기 때문에 대부분의 경우 전자기 상호 작용에 묻혀서 관찰하기가 매우 힘들다. 그것을 피해 Z 보손만을 관찰하려면 가가멜의 경우와 같이 중성미자의 탄성 충돌을 이용하는 방법이 있는데, 보이지 않는 중성미자를 이용하는 데에는 한계가 있을 수밖에 없다. 또 다른 방법은, 정확히 Z 보손의 질량에 해당하는 에너지로 전자-양전자 충돌을 일으키는 것이다. 그러면 그 에너지에서 공명 현상이 일어나서 전자기 상호 작용을 이용한 충돌보다 Z 보손이 훨씬 많이, 대량으로 만들어지게 된다. 이렇게 만들어진 Z 보손만을 가지고 직접 전자기-약 작용의 여러 구체적인 값을 정확하게 측정하는 것은 더할 나위 없이 이상적인 표준 모형 연구라고 할 수 있다. 한편 앞에서 이야기했듯이 전자를 원형 가속기로 가속하는 데는 한계가 있으므로, LEP는 전자-양전자 싱크로트론으로는 최대의 것이면서 최후의 것이 될 운명이었다. 이렇게 여러 가지 의미에서 LEP는 무척 야심적인 가속기였다.

LEP의 건설에서 무엇보다 두드러진 것은 그 거대한 크기였다. 릭터의 첫 아이디어보다는 다소 작아졌지만 둘레는 26.7킬로미터에 이르며 지상에서 보면 스위스와 프랑스의 국경을 네 번 통과한다. 이것은 당시까지 가장 큰 가속기라 할 CERN의 SPS나 미국 페르미 연구소의 가속기보다 무려 4배가량 더 컸다. 우주선의 방해를 최소화기 위해 평균 100미터 지하에 가속기를 설치하기 위한 원형의 터널이 건설되었다.

LEP 터널의 토목 공사는 1983년 9월 CERN과 LEP가 위치한 프랑스의 프랑수아 미테랑(Francois Mitterrand) 대통령과 스위스의 피에르 오베르(Pierre Aubert) 대통령이 참가한 가운데 첫 삽이 뜨여졌다. LEP 건설 총예산의 절반 이상을 차지한 LEP 터널의 토목 공사는 1983년과 1988년 사이에 유럽에서 벌어진 최대의 토목 공사였다. 주터널 외에도 3킬로미터에 달하는 빔 전송 터널, 선형 가속기, 전자-양전자 빔 저장 링, 검출기가 설치될 4개의 동굴, 그리고 이런저런 용도로 쓰일 60여 개의 작은 방이 필요했다. 실제로 터널 평면은 수평이 아니라 1.4퍼센트 정도의 기울기를 가지도록 되어 있는데, 이것은 갱도의 깊이가 150미터를 넘지 않으면서 중요한 부분이 암석으로 보호받도록 신중하게 설계된 결과다. 그래도 워낙 커다란 원을 그리는 터널을 쥐라 산맥과 제네바 비행장 사이라는 제한된 위치에 건설하다 보니, 터널 중 약 3.5킬로미터 정도의 구간은 가속기 건설에 부적합한 석회석으로 되어 있는 곳을 지날 수밖에 없었다. 지질학적인 조사를 병행하며 조심스럽게 진행했지만, 몇 차례 침수되기도 하는 등 많은 어려움이 있어서 공사가 여러 달 늦어졌다. 그러나 나머지 23킬로미터 구간의 작업은 암석을 파고 들어가기만 하면 되었기 때문에 3대의 터널 파는 기계를 이용해 하루 25미터의 속도로 빠르게 진행되었다. 그 외에도 많은 공사가 동시에 진행되었다. 실험실이 설치되는 8개의 지점에 연구동을 건설해야 했고, 냉각수, 공기 정화 시설, 전기 시설 등 LEP의 기반 시설을 주변 환경을 해치지 않고 건설해야 했다. 터널이 완공되어 링의 양끝이 만난 것은 1988년 2월 8일이다.

빛의 속도의 99.999퍼센트로 움직이는 전자를 제어해서 정확히 충돌시키는 장치를 만드는 토목 공사에 엄청난 정밀도가 요구되는 것은 당연하다. 26.7킬로미터의 터널을 파는 데 요구되는 성밀노는 1센티미터 정도의 오차에 불과했다. 그 안에 가속기를 설치하는 데 요구되는 정밀도는 훨씬 더 높아서 0.1밀리미터 수준이었다. 실제로 터널이 완

그림 11-15 LEP 터널 건설 현장의 노동자들.

공되어 링의 양끝이 만날 때 오차는 1센티미터를 넘지 않았다. 2파장 레이저 간섭계를 이용해 1000만분의 1의 정밀도로 측정된 터널의 기준선은 NAVSAT 인공 위성 시스템을 이용해 다시 검증되었는데 설계와 일치했다. 실제로 측정한 정밀도는 예상 결과보다 두 배 정도 더 높아서 26.7킬로미터에서 0.5센티미터의 이하의 오차만을 보이는 것으로 확인되었다.

한편 터널 내부의 가속기 부분도 착착 제작되고 있었다. 1987년 말까지 가속기의 대부분을 이루는 전자석이 제작되어 테스트를 마쳤다. 실제로 LEP 가속기는 완전한 원이 아니라 대략 팔각형을 이룬다. LEP 전체는 8개의 부분으로 나뉘고 각각의 부분은 31개의 셀(cell)로 이루어진다. 각 셀은 전자 및 양전자 빔을 휘는, 즉 전체적인 빔의 궤도를 결정짓는 쌍극자 전자석, 빔의 초점을 맞추는 역할을 하는 4극자와 6극자 전자석, 그리고 빔 궤도의 수평·수직 조절 장치 등으로 구성되었다. LEP의 전자석은 3,368개의 쌍극자, 816개의 4극자, 504개의 6극자, 그리고 700여 개의 기타 미세 조정용 전자석 등으로 이루어져 있었다. 대부분의 전자석은 물을 순환시켜서 냉각시키는 시스템이었으며 일부 작은 조절 장치는 공랭식이었다. 한편 몇몇 4극자 전자석과 검출기에 포함된 전자석은 4.2켈빈에서 작동하는 초전도 전자석이었으

그림 11-16 초전도 전자석에 사용되는 4셀 구조의 초전도 가속 장치(왼쪽)과 6극자 전자석(오른쪽).

므로 액체 헬륨을 이용한 냉각 시스템을 갖추고 있었다. 그 밖에도 빔이 지나가는 빔 파이프 내부의 진공 시스템, 빔 모니터링 시스템, 원하는 에너지에 이를 때까지 전자와 양전자의 충돌을 방지하는 분리기 등의 장치들이 설치되었는데, 이 모든 것이 26.7킬로미터에 달하는 거대하면서도 지극히 정밀하고도 복잡한 시스템을 한 치의 오차 없이 작동시키기 위해 정밀하게 제어되어야 했다.

LEP의 1단계에서는 충돌 에너지가 Z 보손의 질량인 약 90기가전자볼트로 예정되었다. 따라서 전자와 양전자는 각각 45기가전자볼트까지 가속되어야 했으며 그때의 속도는 빛의 속도의 99.999퍼센트에 이른다. 전자와 양전자를 LEP의 주링(main ring)에서 곧바로 가속하는 것은 일종의 에너지 낭비다. 그래서 LEP에서는 전자와 양전자를 마치 다단 로켓처럼 여러 단계에 걸쳐서 가속하도록 되어 있다. 그래서 SPS, PS 등을 이용해 전자와 양전자를 LEP의 주링에 주입하기 전에 미리 가속한다. 이미 존재하는 2개의 싱크로트론인 PS와 SPS 및 관련된 기반 시설을 LEP 실험에 이용함으로써 CERN은 시간과 비용을 크게 절약할 수 있었다.

전자와 양전자 빔은 만들어진 후 각각 200메가전자볼트와 600메가전자볼트까지 가속되는 2개의 선형 가속기를 지난 다음, 600메가전자볼트의 전자-양전자 집적기(Electron-Positron Accumulator, EPA)를 통해 PS로 보내진다. 원래 28기가전자볼트의 양성자 싱크로트론으로 1959년에 완성된 PS는 LEP 건설과 함께 3.5기가전자볼트의 전자-양전자 싱크로트론으로 개조되어 전자와 양전자 빔을 600메가전자볼트에서 3.5기가전자볼트까지 가속해서 SPS로 보낸다. 450기가전자볼트의 양성자 싱크로트론으로 1976년에 처음 가동되었던 SPS는 PS로

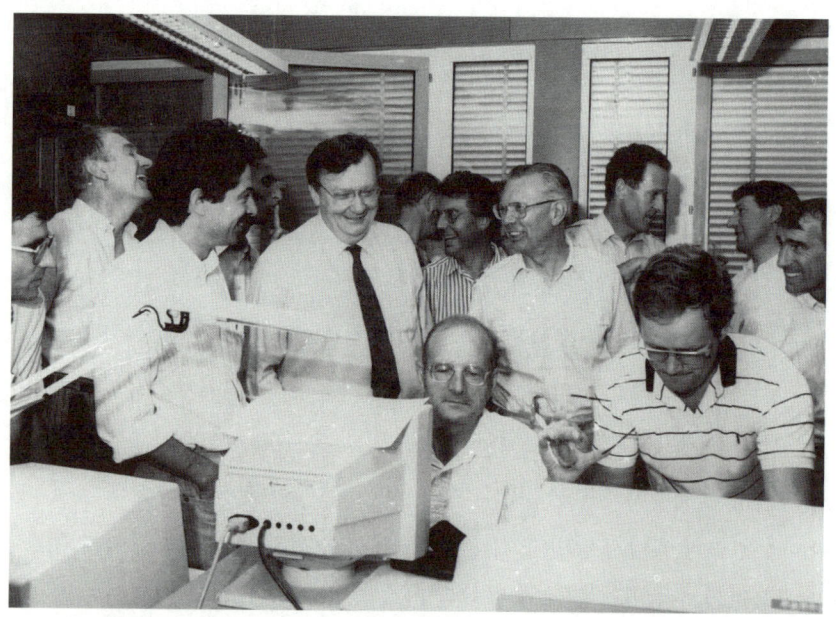

그림 11-17 LEP 가동 순간의 LEP 조종실. 1989년 7월 14일 사진. 가운데에 있는 넥타이 맨 남자가 카를로 루비아다.

부터 3.5기가전자볼트의 전자 빔을 받아 20기가전자볼트까지 가속해 LEP로 보낸다. LEP에 빔을 제공하기 위해 PS와 SPS는 다중 사이클 모드로 작동했는데 전자/양전자가 4사이클을 사용한 뒤 양성자가 하나의 사이클을 사용하는 식으로 작동했다. 따라서 LEP의 예비 가속기로서의 역할은 PS와 SPS가 본래의 실험을 위해 양성자를 가속시키는 사이에 병행해서 수행되었고, PS와 SPS의 본래의 실험도 계속 진행되었다. 이것은 PS와 SPS가 힌 빈 빌은 빔을 계속 회선시키면서 가속시킨 후에 내보내는 싱크로트론이고, LEP 실험도 전자 빔을 고정 표적에 충돌시켜 소모하는 것이 아니라 빔을 받으면 일정 시간 회전시키면서 빔끼리 계속 충돌시키는 충돌기이기 때문에 가능한 일이었다. 이렇게 CERN의 모든 가속기를 최대한 이용하는 시스템은 현재 LEP의 터널 등을 물려받은 LHC에서도 그대로 이용되고 있다.

LEP의 스위치가 켜지고 가속기에 빔이 처음으로 들어간 것은 예정보다 하루 빠른 1989년 7월 14일이었다. 그날 LEP에 들어간 양전자 빔이 가속기를 한 바퀴 도는 데 성공했다. 그로부터 한 달 후인 8월 13일에 전자-양전자 빔의 첫 번째 충돌이 일어났다. 착공식 이후 5년 11개월 만이었다. 이후 4개월간은 물리학 결과 및 가속기의 테스트를 위한 단계적 시험 조정 기간이었다. LEP와 같은 새로운 실험은 실험 장치 자체가 세상에 처음 존재해 작동하는 것이기 때문에 이상 없이 가동되는 것처럼 보인다고 해도, 원래 계획대로 정확한 값에 따라 작동하는지, 얼마나 안정되게 작동하는지를 반드시 확인해야 한다. 그래야 실험을 믿을 수 있다.

데이터를 얻는 정식 가동은 1989년 9월 20일에 시작되어 두 달 조금 넘게 진행되었다. 이 기간 동안 LEP는 세 가지 방식으로 가동되었는데, 처음 5일간은 충돌 에너지가 대략 Z 보손 질량에 해당하도록 전자와 양전자 빔의 에너지를 각각 45.5기가전자볼트에 맞추어 가동되었다. 그다음으로는 Z 보손의 정확한 질량을 찾기 위해 충돌 에너지를 위아래로 1기가전자볼트

그림 11-18 LEP의 내부 모습.

씩, 즉 −2기가전자볼트, −1기가전자볼트, 0기가전자볼트, +1기가전자볼트, +2기가전자볼트의 다섯 단계로 바꾸어 가면서 정확한 Z 보손의 질량을 나타내는 '피크(peak)'를 찾았다. 만들어지는 Z 보손의 개수는 충돌 에너지가 정확히 Z 보손의 질량일 때 최대가 되기 때문에 그래프에서 피크로 나타난다. 마지막으로 가장 긴 시간을 들여서, 50퍼센트는 피크에서, 그리고 나머지 50퍼센트는 피크를 벗어난 곳에서 가동하며 정확한 피크를 찾았다. 이 기간 동안 빔의 광도는 최대 $5 \times 10^{30}\,cm^{-2}\,s^{-1}$에 이르렀는데 이것은 설계된 광도의 3분의 1에 해당하는 값이었다. 이 기간 동안 충돌로 만들어진 3만 개가 넘는 Z 보손이 4개의 검출기에서 검출되었다. 다음해인 1990년에는 LEP 실험의 각 검출기마다 20만 개 이상의 Z 보손이 검출되었다.

    LEP 실험의 가장 중요한 결과는 전자기-약 작용 이론의 검증 및 확립이었다. LEP 실험은 이 부분에서 그야말로 눈부신 성과를 거두었다. 그 성공의 실례로 실험에서 측정된 Z 보손의 질량값을 살펴보자. LEP 이전에 중성미자를 통한 중성류 측정의 결과로 얻어진 Z 보손의 질량은 90.9 ± 0.35기가전자볼트였다. 약 0.4퍼센트의 오차이니 나쁘지 않은 측정값이다. 아니 매우 훌륭한 결과다. LEP와 거의 동시에 미국의 SLAC에서는 LEP와 마찬가지로 Z 보손 질량에 해당하는 에너지에서 충돌하는 전자-양전자 선형 충돌 장치인 SLC를 완공해 1989년에 LEP보다 한발 앞서서 최초의 결과를 발표한다. 이때 발표된 Z 보손의 질량은 91.14 ± 0.12기가전자볼트로서 오차가 절반 이하로 줄어든, 이전의 결과보다 크게 개선된 값이었다. 마침내 1990년 초 모리온드(Moriond) 학회에서 LEP의 첫 결과가 발표되었다. LEP에서 1989년에 모은 데이터만을 가지고 측정한 Z 보손의 질량은 91.171 ± 0.032기

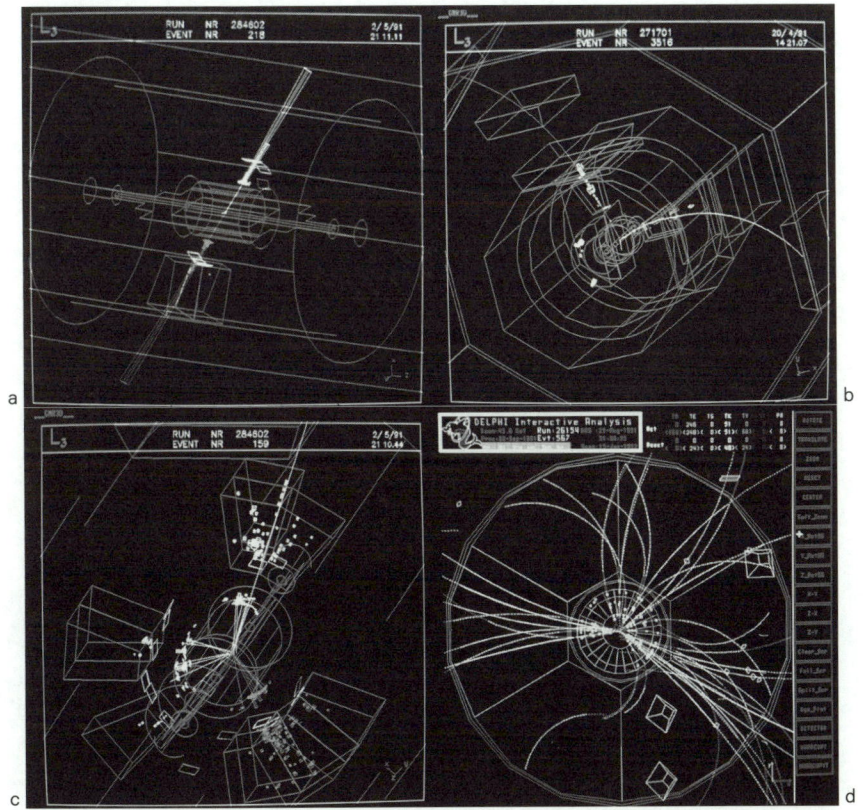

그림 11-19 LEP의 검출기에서 관측된 Z 보손의 붕괴 사진들. (a) 전자-양전자 쌍으로 붕괴되는 Z 보손을 L3 검출기에서 관측한 모습, (b) 뮤온-반뮤온 쌍으로 붕괴되는 Z 보손을 L3 검출기에서 관측한 모습, (c) 3개의 제트로 붕괴하는 Z 보손을 L3에서 관측한 모습, (d) DELPHI 검출기에서 관측한 3개의 제트로 붕괴하는 Z 보손의 모습이다.

가전자볼트였다. 이 오차는 SLC 오차의 5분의 1 정도에 불과한 0.03퍼센트밖에 되지 않는 정밀한 측정값이었다. 이 값은 더욱 정밀해져서 LEP가 가동된 마지막 해인 2000년에는 91.1875±0.0021기가전자볼트에까지 이르렀다. 이 결과는 LEP의 최초 발표보다도 10배 이상 정밀해져서 오차가 불과 0.002퍼센트에 지나지 않는데, 이것은 대략 100미터를 측정하는 데 2밀리미터 정도의 오차가 있는 것에 해당했다. 이것보다 더 질량이 정확하게 측정된 입자는 전자와 뮤온, 그리고 양성자, 중성자와 파이온뿐이었다. 측정값의 정밀도가 얼마나 좋아졌는가는 그림 11-20을 보면 실감할 수 있다.

약한 상호 작용에 관계되는 여러 물리량들이 LEP에서 대단히 정밀하게 측정되었고, 표준 모형이 정확하게 맞는 것을 확인했다. 약한 상호 작용이 정밀하게 측정됨에 따라서 약한 상호 작용의 양자 효과까지 측정되었고 모든 이론적인 예측이 높은 정밀도로 검증되었다. 측정

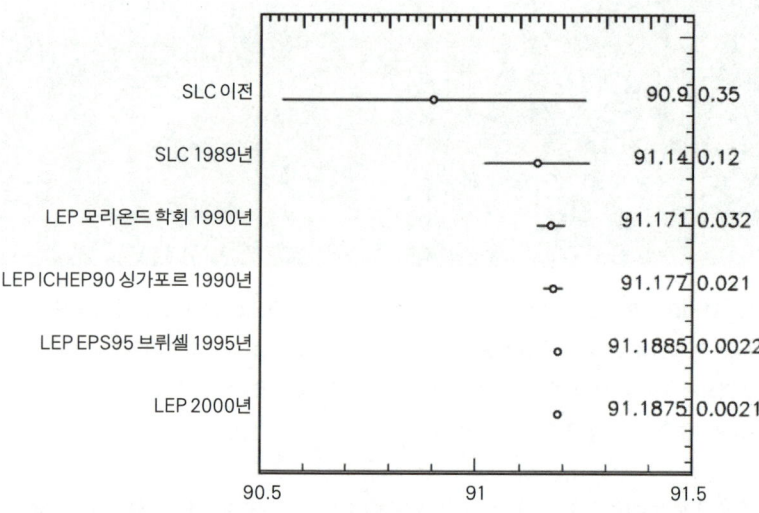

그림 11-20 Z 보손 질량 측정값의 변화. LEP를 통해 Z 부손의 질량을 고도로 정밀하게 측정할 수 있게 되었음을 알 수 있다. 모리온드 회의는 매년 이탈리아 북서쪽 아오스타 계곡 라 튈라에서 열리는 이론 물리학회, ICHEP는 국제 고에너지 물리학회, EPS는 유럽 물리학회의 정기 총회다.

된 양자 효과로부터 가장 중요한 역할을 하는 톱 쿼크의 질량이 162±24기가전자볼트로 추산되었는데, 이것은 몇 년 후 테바트론에서 측정된 값인 171.2±2.1기가전자볼트와 잘 맞는 것으로 확인되었다.

LEP의 중요하고 새로운 발견 중 하나는 가벼운 중성미자의 종류가 세 가지밖에 없다는 것이다. Z 보손이 중성미자 쌍으로 붕괴하게 되면 검출기에 아무런 흔적을 남기지 않으므로 매우 구별하기 쉽다. LEP 에서 측정한 아무 흔적 없는 사건의 개수는 중성미자 하나로 붕괴될 때 예측되는 값의 2.92±0.05배였다. 이로써 Z 보손이 세 종류의 중성미자 쌍으로 붕괴했다는 결론을 내릴 수 있다. 그러나 이것이 중성미자가 반드시 세 종류임을 의미하지는 않는다. 중성미자 쌍의 질량이 Z 보손보다 큰 경우, 즉 중성미자의 질량이 Z 보손 질량의 절반을 넘을 경우에는 Z 보손이 그런 무거운 중성미자 쌍으로는 붕괴할 수 없기 때문에 무거운 중성미자가 존재할 가능성은 남아 있다. 그밖에 중성 B 메손의 섞임이 시간에 따라 변하는 정도라든지, LEP 에너지에서의 양자 색역학 결합 상수의 측정 같은 대단히 중요한 결과들이 LEP의 업적으로 남았다. LEP 실험의 첫 번째 충돌이 일어난 1989년 8월 13일 이래 LEP가 공식적으로 실험을 끝낸 2000년까지 LEP에서 만들어진 Z 보손은 1700만 개에 이른다.

가동 기간 중에 LEP는 수차례 개량되었다. 최종적 충돌 에너지는 시작할 때의 2배 이상이었다. 1996년부터 1998년까지 새로운 가속기가 설치되어, 총 272개의 초전도 가속기가 충돌 에너지를 최고 189기가전자볼트까지 높였다. 거기에 마지막 16개의 가속기가 이듬해 설치되어 충돌 에너지는 192기가전자볼트로 높아졌다. 그러나 이것이 끝이 아니었다. CERN의 기술자들은 초전도 가속기를 한계 이상으로 사

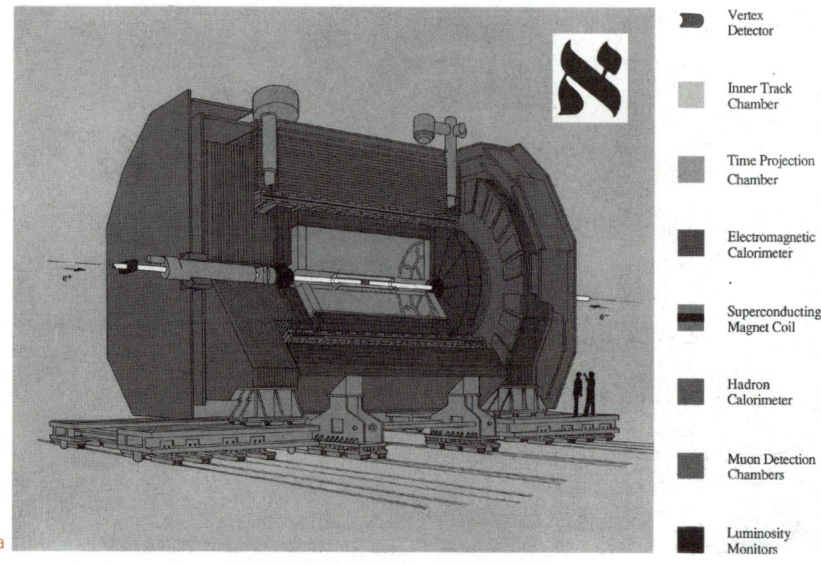

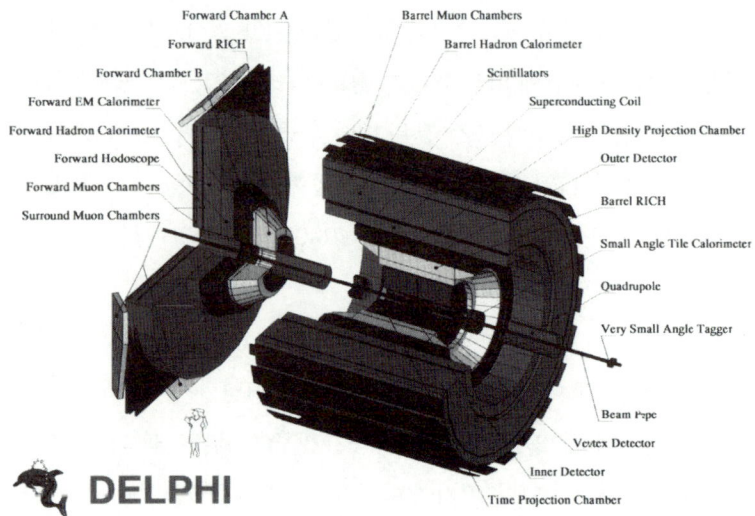

그림 11-21 LEP 검출기들의 개요도. 왼쪽 위부터 (a) ALEPH, (b), DELPHI, (c) L3, (d) OPAL이다.

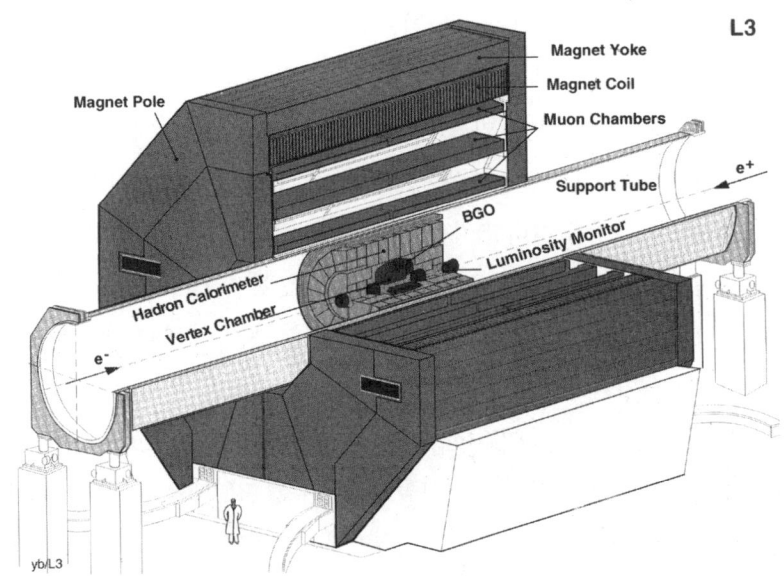

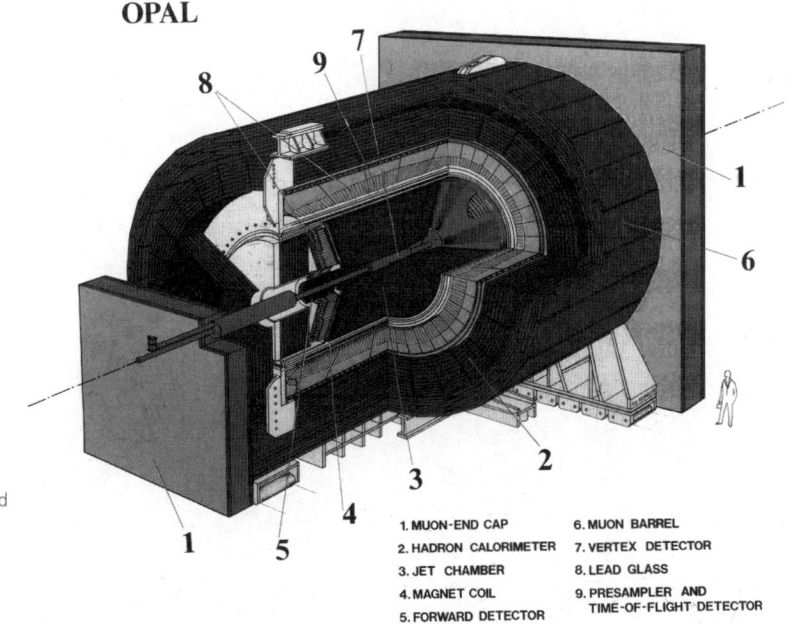

1. MUON-END CAP
2. HADRON CALORIMETER
3. JET CHAMBER
4. MAGNET COIL
5. FORWARD DETECTOR
6. MUON BARREL
7. VERTEX DETECTOR
8. LEAD GLASS
9. PRESAMPLER AND TIME-OF-FLIGHT DETECTOR

11장 CERN의 역사

용하기로 결정했다. 충돌 에너지는 1999년 9월에는 202기가전자볼트까지 올라갔고 그해 말까지 유지되었다. CERN의 가속기 물리학자들은 새로운 것을 발견할 기회를 최대로 얻고자 가속기의 에너지를 높이기 위해 할 수 있는 일을 다했다. 낡은 구리 가속기 8개를 다시 사용하고 초전도 가속기를 최대한 가동했다. 원래 예견된 최대 에너지는 200기가전자볼트였으나, 최종적으로 LEP가 얻은 에너지는 209기가전자볼트였다. LEP는 2000년 말 가동이 멈추기 전까지 이 에너지를 가지고 미지의 영역을 탐구했다.

  2000년 10월 9일 여러 정부의 관계자들이 참가한 가운데 CERN은 12년 동안의 LEP의 활동과 그동안의 성취를 기념했다. 두 달 후, 터널에 새로운 세대의 가속기를 설치하기 위해 기술자들이 LEP를 분해하기 시작했다.

CERN의 산파, 루이 드 브로이 공작

근대 이후 업적을 남긴 대부분의 물리학자는 다소의 차이는 있더라도 교육을 받을 기회가 있는 중산층 출신이다. 여기에 특별한 예외가 될 만한 사람이 빈민가 출신인 패러데이와, 공작 집안에서 태어난 드 브로이다.

공식적으로 CERN의 건립을 가장 먼저 제안한 루이 드 브로이는 제5대 드 브로이 공작 빅토르의 둘째 아들로 1892년 태어났다. 집안에서는 그가 과학을 공부하는 것을 그리 탐탁지 않아 했지만 그의 형 모리스 드 브로이(Maurice de Broglie)도 유능한 실험 물리학자였던 것을 보면 과학 분야의 소질은 집안 내력인 모양이다.

루이 드 브로이는 역사로 학위를 받은 후 수학과 물리학으로 관심을 돌려서 파리 대학교에서 공부했다. 일찍이 해군에서 복무한 후 실험 물리학자가 된 형의 영향과 도움도 있었으리라고 짐작된다. 형 모리스는 일찍이 엑스선의 파동적인 성질에 관해 브래그(Bragg) 부자에 필적할 만큼 오래 연구해 오면서 동생 루이에게 엑스선의 파동과 입자로서의 양면성에 대해 알려주었다.

파동적 성질과 입자적 성질의 연관성에 대해 숙고하

그림 11-22 루이 드 브로이.

던 루이 드 브로이는 1923년, 아직 대학원생일 때 짤막한 논문을 프랑스 과학원이 발행하는 《콩테 렌두(Comptes Rendus)》라는 학술지에 게재했는데, 여기에는 당시까지 아무도 생각지 못했던 물질과 파동의 이중성에 대한 혁명적인 아이디어가 들어 있었다. 그는 물질과 파동이라는 두 가지 성질은 그 자체로 사물의 본성이라고 과감하게 정의하고, 파동으로 보이는 빛을 물질로 해석하는 플랑크와 아인슈타인의 접근과는 반대편에서, 보통의 물질도 파동으로 볼 수 있다는 것을 논했다. 프랑스 어로 씌어진 이 논문의 영문판을 인터넷에서 볼 수 있다.[17] 이 아이디어는 1924년 그의 박사 논문 「양자론 연구(Recherches sur la théorie des quanta)」의 1장에 더 자세하게 설명되어 있다.

물질파라는 전혀 새로운 개념에 심사위원들은 당혹해 했고, 심사위원장이던 폴 랑주뱅(Paul Langevin)은 아인슈타인에게 자문을 구했는데, 아인슈타인은 "거대한 장막의 한쪽 끝을 들어올렸다."라는 표현으로 극찬했다. 이후 클린턴 조지프 데이비슨(Clinton Joceph Davisson)과 레스터 핼버트 저머(Lester Halbert Germer)가 입자인 전자가 파동과 같은 간섭 현상을 보이는 것을 실험적으로 관찰함으로써 드 브로이의 물질파는 자연에 실제로 존재하는 현상이라는 것이 확인되었다. 이로써 '파동 역학(wave mechanics)'이라는 분야가 새로 열렸고 이 공적으로 루이 드 브로이는 1929년에 노벨 물리학상을 수상했다. 이것은 박사 학위 논문으로 노벨상을 받은 첫 케이스다.

제6대 드 브로이 공작을 계승했던 그의 형 모리스가 후계자 없이 죽었기 때문에 루이 드 브로이는 제7대 드 브로이 공작이 되었다. 그는 평생 결혼하지 않았고, 1987년에 그가 죽은 후 작위는 친척 중 한 사람이 이어받았다고 한다.

AGS: 가장 생산적인 가속기

미국 브룩헤이븐 국립 연구소에 건설된 AGS는 미국 입자 물리학의 영광스러운 시기를 대표할 만한 가속기다. CERN의 PS의 경쟁자였던 AGS는 PS가 완성되고 불과 4개월 후에 완성되었다. PS와 마찬가지로 강한 집중 기술을 사용한 양성자 싱크로트론인 AGS는 1960년 7월에 계획대로 33기가전자볼트까지 양성자를 가속하는 데 성공했고, 이것과 함께 28기가전자볼트 에너지의 PS는 최고 출력 가속기의 자리에서 내려와야 했다. 1968년까지 AGS는 가장 높은 에너지를 만드는 가속기의 자리를 지켰다. AGS가 너무 잘 돌아가는 바람에 1950년대의 주역 가속기 중 하나였던 코스모트론은 점차 할 일을 잃고 마침내 1966년 12월 가동을 중지했다. 오늘날에도 AGS는 브룩헤이븐의 중이온 가속기인 RHIC에 예비 단계 가속기로서 활약하고 있으며 세상에서 가장 강한 양성자 빔을 만들어 내고 있다.

AGS는 역사상 가장 생산적인 가속기였다고 흔히 이야기된다. AGS를 이용한 실험에 3개의 노벨상이 수여되었다. 1964년 피치와 크로닌이 전기적으로 중성인 케이온에서 CP 대칭성이 깨진 것을 보인 실험으로 1980년에, 1968년 레이더먼, 스타인버거, 슈워츠가 뮤온 중성미자의 존재를 확인함으로써 1988년에, 그리고 1974년 팅이 J/ψ 입자를 발견해 1976년에 각각 노벨 물리학상을 수상했다. AGS는 노벨상 제조기이기도 했던 셈이다.

존 애덤스

존 애덤스(Sir John Adams, 1920~1984년)는 CERN을 고에너지 물리학 분야의 선두에 서게 한 대형 입자 가속기의 아버지라고 할 수 있다. 그 자신이 특출한 가속기의 설계자이자, 기술자, 과학자였고 또한 행정가로서 CERN의 오늘날의 모습을 만들었다고 할 만한 사람이다. (http://sl-div.web.cern.ch/sl-div/history/sirjohn.html 참조)

그는 제2차 세계 대전 중에는 항공기 생산국의 레이더 연구실에서 일했다. 이후 하웰에 있는 원자 에너지 연구 기관에서 180메가전자볼트의 싱크로사이클로트론의 설계 및 건설에 관한 일을 했다. 존 애덤스가 CERN에 온 것은 1953년 9월이었는데, 이듬해 34세의 나이로 PS 계획의 책임자로 임명되어 세계 최대의 입자 가속기 계획을 맡게 되었다.

1961년부터 1966년까지는 컬헴 융합 연구소(Culham Fusion Laboratory)의 소장을 맡았고, 1966년부터 1971년까지는 영국 원자 에너지국(Board of the United Kingdom Atomic Energy Authority)에서 일했다. 1971년에 CERN으로 돌아온 존 애덤스는 1975년까지 CERN 제2연구소의 소장이 되어 SPS의 설계와 건설을 책임지는 일을 맡았고, 이어서 1976년부터 1980년까지 CERN의 소장으로서 LEP 계획을 수립하고 승인을 받았다. 즉 PS, SPS, LEP라는, 지금까지 가동된 CERN의 모든 가속기를 주도한 인물인 셈이다. SPS와 LEP에 관해 존 애덤스가 미친 구체적인 영향은 본문에 이야기했으므로 여기에 다시 쓰지 않는다.

12장 | 웹이 태어난 곳

CERN이 물리학자가 아닌 사람들에게 직접적으로 영향을 주는 일은 사실 흔치 않지만, 월드 와이드 웹(World Wide Web, WWW)의 탄생은 바로 그런 사건이었다. WWW은 CERN 본래의 사업도, CERN이 의도한 것도 아니었지만, 거대한 프로젝트를 위해 다양한 사람들이 권위적이지 않은 분위기 속에서 서로 협력해 국제적인 공동 연구가 이루어지는 입자 물리학이라는 분야와, 새로운 아이디어와 기술을 자유롭게 추구할 수 있는 CERN이라는 환경이 팀 버너스리의 마음속에 있던 씨앗을 WWW이라는 형태로 움틀 수 있게 하는 데 중요한 역할을 했으리라는 것은 확실하다.[1]

옥스퍼드에서 1976년에 물리학 학위를 받고 졸업한 후 소프트웨어 엔지니어로 일하던 버너스리가 CERN에 첫 발을 디딘 것은 1980년, 단기간의 소프트웨어 컨설팅 작업을 맡기 위해서였다. 수학자였던 부모가 초기 컴퓨터의 개발에 참여하는 모습을 보며 자란 그는 어린 시절부터 흩어져 있는 정보를 컴퓨터를 통해 연결하는 것에 관심을 가지고 있었다. 버너스리는 CERN에서 일하는 6개월 동안 훗날 월드와이드웹으로 발전하게 되는 첫 번째 소프트웨어 프로그램을 작성했다.

이것은 원래는 연구소 내의 사람들, 컴퓨터들, 프로젝트들을 기억하고 찾아보기 쉽게 하기 위한 개인적인 것이었다. 그러나 프로그램을 작성하면서 차츰 버너스리의 마음속에는 더욱 방대한 전망이 생겨났고, 컴퓨터와 컴퓨터가 거미줄처럼 연결되어 모든 컴퓨터의 모든 정보를 누구라도 활용할 수 있는 것을 꿈꾸었다. 그는 최초의 프로그램에 '인콰이어(Enquire)'라는 이름을 붙였다.

당시의 버너스리는 몰랐지만, 그의 생각과 같은 개념은 이미 몇몇 사람들에 의해 제시되었고, 그것을 구현하기 위한 수단도 이미 존재하고 있었다. 그 개념은 테드 넬슨(Ted Nelson)이 1965년에 제시한 하이퍼텍스트(hypertext)라는 형식이었고, 그것을 구현하는 수단은 물론 인터넷이었다. 결국 버너스리가 하고 싶은 것은, 그 스스로도 나중에 깨닫게 되지만, 하이퍼텍스트를 인터넷을 통해 구현하는 일이었다.

여기서, 혼동을 막기 위해 몇 가지 개념을 정리하자. 인터넷은 원래 말 그대로 컴퓨터 네트워크 간을 연결하는 네트워크다. 하나의 사무실 안의 모든 컴퓨터를 일일이 케이블로 연결하는 가장 간단한 형태의 컴퓨터 네트워크를 생각해 보자. 각 사무실마다 이런 네트워크가 있다고 하면, 이 사무실의 컴퓨터와 저 사무실의 컴퓨터를 연결할 때에는 필요한 컴퓨터를 케이블로 모두 직접 연결할 것이 아니라 네트워크끼리 연결하는 네트워크를 만들면 될 것이다. 이것이 바로 인터넷이다. 그러기 위해서 핵심적인 요소는 데이터를 주고받는 데 있어서 표준화된 프로토콜(protocol, 통신 규약. 여기서는 그냥 프로토콜이라는 말을 쓰겠다.)을 갖추는 것이다. 인터넷에서 이런 프로토콜이 TCP(Transmission Control Protocol)와 IP(Internet Protocol)다. 일단 TCP와 IP를 따르기만 하면 인터넷에 접속한 컴퓨터는 모두 서로 연결될 수 있다. 그러므로 인터넷은

TCP/IP를 따르는 컴퓨터 네트워크인 글로벌 정보 교환 시스템의 총칭이라고 할 수 있다.

최초의 TCP/IP 프로토콜은 스탠퍼드 대학교의 빈트 세르프(Vin Cerf)*와 미국 국방성 소속의 로버트 칸(Robert Kahn) 등에 의해 1973~1974년에 국방성의 네트워크인 아르파넷(ARPANet)과 관련되어 개발되었다. TCP/IP를 갖춘 단일 글로벌 네트워크를 가리키기 위해 인터넷이란 말이 처음 쓰인

그림 12-1 월드 와이드 웹의 발명자인 팀 버너스리.

것은 1974년 12월에 발표된 RFC(Request For Comments) 문서**에서였다. 인터넷은 사실 버너스리가 처음 CERN에 온 1980년대 초만 해도 그다지 일반적인 환경은 아니었으며 여러 가지 네트워크가 공존하고 있었다. 인터넷의 자세한 역사와 원리는 이 책에서 다룰 내용은 아니므로 이 정도에서 그치겠다.

일단 데이터를 주고받는 데 TCP/IP를 따르기로 하면, 그다음 단계

---

* 빈트 세르프는 현재 구글의 부사장이며 수석 인터넷 전도사다.
** RFC는 논평을 기다린다는 뜻으로, 인터넷 등에 관한 아이디어나 새로운 기술 등을 기록한 문서다. 논문이 아니므로 심사되지 않으며 특별한 형식을 요구하지도 않는다. 내용도 전문적인 토론뿐 아니라 단순한 의견 표명일 수도 있고, 심지어 그저 유머일 수도 있다. 편집자로부터 일련 번호를 받아 출판되며 수정되거나 갱신되지 않는다.

로 인터넷을 통해 컴퓨터를 연결하는 방식에는 여러 가지 방법들이 있는데, 다른 컴퓨터를 구동하는 telnet, 파일을 주고받는 ftp 등이 그것이다. WWW은 이렇게 인터넷을 통해 다른 컴퓨터와 연결하는 한 가지 방법이다. WWW의 목적은 정보를 주고받는 것이고 WWW의 특징은 하이퍼텍스트 구조라는 것이다.

하이퍼텍스트란 모든 문서가 모든 문서에 직접 연결될 수 있다는 생각에서 시작되었다. 하이퍼텍스트와 상대되는 개념이라면, 지금 모든 컴퓨터의 폴더 구조와 같은 트리 구조(tree structure)라고 할 수 있다. 트리 구조에서 어떤 파일, 혹은 문서에 도달하려면 상위에서 하위 개념으로 가지를 따라 내려가야 한다. 이렇게 하면 모든 문서가 개념적으로 정리되는 셈이므로 논리적이지만, 반면 한 문서에서 다른 가지에 있는 문서로 가기 위해서는 다시 트리 구조를 거슬러 올라갔다가 내려와야 한다. 한편 하이퍼텍스트에서는 필요하다면 어느 문서든지 바로 연결된다. 더 이상 트리와 같은 구조는 없고 링크의 거미줄이 있을 뿐이다. 하이퍼텍스트에서는 정보의 연결이 반드시 논리적일 필요가 없다. 중요한 것은 문서의 위치뿐이다. 트리 구조가 컴퓨터의 방식을 나타낸다면 하이퍼텍스트는 인간이 생각하거나 정보를 끌어오는 방식과 더 유사하다. WWW이 개발되던 시기에 미네소타 대학교에서는 고퍼(GOPHER)라는 이름으로, WWW과 비슷한 목적의 정보 전달 시스템을 만들었는데, 고퍼는 전형적인 트리 구조를 가지고 있었다.

다시 한번 요약하면 WWW이란 인터넷에서 하이퍼텍스트 방식으로 정보를 주고받는 특정한 시스템이라고 할 수 있나. 그러나 WWW이 발전함에 따라 오늘날 컴퓨터와 관련된 일을 하지 않는 일반인들의 인터넷 사용은 거의 전부 — 전자 우편, 파일 전송, 글 편집 등 — 가

WWW을 통해서 이루어진다고 할 수 있으므로 인터넷이 WWW을 의미하는 경우가 많은 것도 사실이다.

버너스리가 CERN에 처음 온 1980년은 SPS가 양성자-반양성자 충돌 장치로 바뀌는 작업이 한참 진행될 때였고, 그가 맡은 일도 양성자 가속 증폭 장치에 관련된 소프트웨어 개발이었다. 버너스리는 작업 외의 시간을 모두 투자해 인콰이어를 작성하고 개발해 나갔다. 그러나 이때만 해도 CERN에조차 인터넷이 도입되지 않았고, 인콰이어는 네트워크상에서 운용된 적 없이 버너스리가 계약 기간이 만료되어 CERN을 떠나면서 사라져 버렸다. 컴퓨터 언어 중 하나인 파스칼로 작성된 인콰이어의 원본 디스크는 버너스리가 어느 학생에게 남기고 갔는데 결국 없어졌다고 한다.

CERN을 떠나 과거의 동료와 잠시 사업에 전념했던 버너스리는 CERN의 펠로십 프로그램에 지원해 1984년 9월 다시 CERN으로 돌아왔다. 당시 CERN은 SPS의 성공, 그리고 LEP의 건설로 활기에 가득 차 있었다. 컴퓨터 환경도 엄청나게 발달하고 다양해져서, IBM, DEC, Control Data 등의 메인 프레임 컴퓨터와 IBM PC, 매킨토시 등이 두루 쓰이고 있었다. 그리고 세계 각지에서 온 연구원들은 각양각색이었으나 하나의 목표 아래 협동 작업을 해 나갔다. 버너스리의 표현에 따르면, CERN은 다양한 관계로 얽혀 있는, 전 세계를 축소해 놓은 소우주의 면모를 갖추고 있었다. 그래서 실험, 연구원, 그들의 컴퓨터, 그리고 연구원들이 쓴 기술 논문과 매뉴얼, 미팅 기록, 메모 등의 정보를 조직적으로 검색하는 시스템이 반드시 필요했다. 이런 환경에서 버너스리는 새로운 인콰이어를 구상한다. 그것은 네트워크에서 구동되는 하이퍼텍스트였다. 1988년 버너스리는 하이퍼텍스트 시스템을 구체화하기 시작한다. 그의 상사인 마이크 센들(Mike Sendall)은 공식 제안서를 제출하라고 북돋았다. 1989년 3월에 처음 작성된 제안서에서 버너스리는 정보의 거미줄 시스템의 핵심은 보편성이라는 사실을 설득하고자 했고, 트리 구조 같은 계층 구조의 문서 시스템에서 벗어날 수 있다는 것을 밝혔다. 그러나 그의 제안서는 다음해까지 계속 외면당했다.

그 무렵, 버너스리는 넥스트(NeXT)라는 이름의 컴퓨터를 구입했다. 넥스트는 현재 아이팟과 아이폰으로 세상을 휩쓴 스티브 잡스(Steve Jobs)가, 자신이 설립한 애플 컴퓨터 사에서 나와서 세운 첫 번째 회사의 이름이자 새로운 컴퓨터의 이름이었다. 이 회사에서 내놓은 넥스트 컴퓨터는 놀라운 사용자 환경과 강력한 성능으로 당시 일부 사람들에게 열광적인 반응을 불러모았다. 버너스리는 넥스트 컴퓨터 구입을 허락받으면서 마침내 그의 하이퍼텍스트 프로젝트를 넥스트 운영 체제 테스트와 개발 환경 실험이라는 명분으로 공식적으로 시작할 수 있게 되었다. 당시 그는 프로젝트의 이름을 정하느라 고심했는데, 처음에는 올가미(Mesh)나 정보의 올가미(Information Mesh), 정보의 광맥(Mine of Information, MOI 혹은 The Information Mine, TIM) 등을 떠올렸다. 그가 MOI나 TIM을 택하지 않은 이유 중 하나는 너무 자기 중심적인 느낌이어서였다고 한다. (MOI는 프랑스 어로 나(me)에 해당하는 말이고 TIM은 그의 이름이다.) 일단 하이퍼텍스트를 뜻하는 ht를 모든 명칭 앞에 쓰기로 하고(http, html 등) 마침내 그는 마음에 드는 이름을 떠올렸다. 그것이 바로 '월드 와이드 웹(World Wide Web)'이었다.

당시 버너스리와 함께 글로벌 하이퍼텍스트라는 개념을 이해해 웹을 개발하고 발전시키는 데 공헌한 사람이 1973년부터 CERN에서 근무해 온 고참 연구원인 벨기에 인 로베르 카요(Robert Cailliau)였다. 그의

CERN DD/OC
Information Management: A Proposal

Tim Berners-Lee, CERN/DD
March 1989

Information Management: A Proposal

Abstract

This proposal concerns the management of general information about accelerators and experiments at CERN. It discusses the problems of loss of information about complex evolving systems and derives a solution based on a distributed hypertext sytstem.

Keywords: Hypertext, Computer conferencing, Document retrieval, Information management, Project control

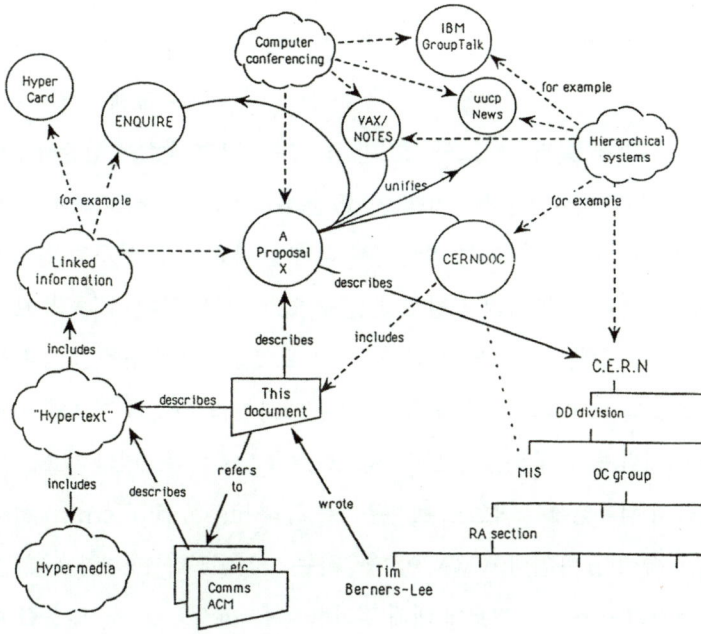

그림 12-2 1989년 3월 버너스리가 제출한 CERN 정보 관리 체계 제안서의 첫 페이지.

그림 12-3 로베르카요.

도움으로 웹 프로젝트는 CERN 으로부터 자금, 연구실, 비서 등을 배정받을 수 있었다. 처음에 버너스리는 시판되고 있는 하이퍼텍스트 프로그램을 이용해 인터넷을 결합시켜서 웹을 구성하려 했으나, 기존의 회사들 중 그의 제안을 받아들인 곳은 하나도 없었고 결국 버너스리는 1990년 10월부터 스스로 넥스트 컴퓨터에서 웹 코드를 작성하기 시작한다. 그해 12월, 마침내 최초의 웹 클라이언트와 서버가 완성되어 그의 넥스트 컴퓨터에서 구동되었다. 그는 서버의 이름을 info.cern.ch로 등록하고 최초의 웹 페이지를 만들었다. 마침 영국에서 대학을 나온 인턴 연구원인 니콜라 펠로(Nicola Pellow)의 지원을 받을 수 있게 되어 그들은 최초의 브라우저 프로그램도 만들었다. 한편 ftp 프로토콜을 통해 뉴스그룹, 흔히 유즈넷(usenet)이라고 부르는, 기존에 존재하는 인터넷의 정보와도 웹을 연결할 수 있게 되었다. 1990년 크리스마스에 버너스리와 카요는 자신들의 컴퓨터에서 최초로 브라우저를 통해 http://info.cern.ch 서버에 접속했다. 마침내 WWW이 탄생하는 순간이었다. 1991년 8월 6일 버너스리는 웹 프로젝트에 대해 정리한 글을 alt.hypertext에 올렸다. 이것은 WWW이 인터넷에서 일반에게 공개되었음을 의미한다.

WWW 프로젝트는 어느 곳에 있는 어떤 정보와도 연결될 수 있도록 하는 것을 목표로 합니다. …… WWW 프로젝트는 고에너지 물리학자들이 실험 데이터, 뉴스, 문서 등을 공유하기 위해 시작되었습니다. 웹이 다른 분야로 확장되어 다른 데이터들과 연결되는 서버가 생겼으면 합니다. 공동 연구는 무엇이든 환영합니다!

웹의 강력한 장점 중 하나는 호환성이다. 컴퓨터 기종 및 사용하는 운영 체제나 언어에 따른 비호환성은 컴퓨터가 있는 어디에서나 골칫거리였다. 특히 PC가 주요한 컴퓨터 환경이 된 오늘날보다, 버너스리가 웹을 막 개발하던 1990년대 초는 그러한 문제가 극명하게 부각되던 시대였다. 한마디로 사용하는 컴퓨터에 주류라는 게 없었다. CERN과 같은 곳에서 쓰는 과학 기술용 컴퓨터로는 IBM과 VAX를 비롯한 여러 컴퓨터 회사들이 내놓은 대형 컴퓨터가 있었고, 워크스테이션 급 컴퓨터가 있었으며 크레이(Cray)로 대변되는 슈퍼 컴퓨터도 있었다. PC도 있었지만 당시의 PC는 본격적인 연구용으로 쓰기에는 기능도 운영 체제도 부족했다.* 운영 체제도 전혀 통일되지 않았다.

* 당시는 Windows 3.0이 막 등장하던 시기였고 MS-DOS도 여전히 쓰이고 있었다. 한편 버너스리가 사용한 넥스트 컴퓨터는 사용자 인터페이스가 지금의 윈도와 비교해도 뒤지지 않을 정도였으며, 성능도 월등했다. 넥스트 사용자 입장에서 넥스트와 PC는 비교할 대상조차 아니었다. 넥스트가 상업적으로 성공하지 못하고 사라져 간 것을 보면서 과연 시장이 기술 발전에 있어 최선의 길을 가는가에 회의를 가지지 않을 수 없다. 버너스리는 이렇게 말했다. "평범한 컴퓨터를 위해 넥스트를 포기한다는 것은 멋진 스포츠카를 팔아 화물 자동차를 사는 격이었다." 나도 막 박사 학위를 받은 1996년에 잠시 넥스트를 사용할 기회가 있었는데, 그 후 한동안 리눅스를 사용하면서도 X 윈도 환경은 넥스트의 운영 체제인 넥스트스텝(NextStep)을 본뜬 애프터스텝(AfterStep)을 사용했을 정도로 후유증이 컸다.

UNIX가 비교적 폭넓게 쓰이기는 했지만 대형 컴퓨터에서 IBM은 주로 고유의 VM 시스템을 쓰고 있었고 VAX도 그 나름의 운영 체제가 있었다. 더구나 CERN과 같이 세계 각지에서 모인 사람들이 나름대로 컴퓨터를 엄청나게 사용하는 환경에서는 그들 간의 데이터 형태, 파일 포맷, 인코딩 방식, 심지어 당시로는 네트워크까지도 다양한 형태가 혼재해서 컴퓨터 사이의 커뮤니케이션이란 사실상 거의 불가능할 지경이었다.

1993년 CERN에 있을 때 내가 속해 있던 L3 그룹에서 사용하던 컴퓨터의 주류는 아폴로 사의 워크스테이션이었다. 워크스테이션에서는 기본적으로 UNIX 운영 체제를 사용했지만, 그 밖에 IBM VM 시스템도 배워야 했고, 사람에 따라서는 VAX를 주로 쓰기도 했다. 그래서 전산 담당팀은 늘 모든 사용자가 이용할 수 있도록 프로그램을 여러 버전으로 만들고 유지해야 했다. 옆 건물의 ALEPH 그룹은 워크스테이션은 거의 쓰지 않고 대형 컴퓨터만 주로 사용하던 것으로 기억한다. 그래서 테이블마다 워크스테이션이 놓여 있던 L3의 전산실과 vt100 단말기만 초록 글씨를 반짝이고 있던 ALEPH의 전산실의 모습은 완전히 다른 모습이었다.

입자 물리학 실험은 방대한 데이터 처리와 많은 사람들의 긴밀한 협력 작업을 필수적으로 요구한다. 그렇기 때문에 정보를 효율적으로 관리하고 주고받는 시스템이 언제나 강력히 요구되고 있었다. 웹은 어디에 있는 누군가가 어떤 형태의 정보라도 웹에 공개하기만 하면 컴퓨터 기종과 지역에 관계없이 그것에 접근할 수 있다는 것이 가장 중요한 기초 원리다. 그리고 필요한 정보는 주석이나 설명이 아니라 오로지 링크로 주어져서 다른 사람들도 직접 그 정보에 접속할 수 있어

야 한다. 이것은 다른 컴퓨터 시스템과는 완전히 다른 접근 방식이었다. 구조에 중심이 없이 누구나 참가하고 누구나 접근하는 구조, 그것이 하이퍼텍스트이고 웹에서 구현하고자 했던 것이다. 입자 물리학 실험이 바로 웹의 그러한 성격을 필요로 하는 분야였다. 이것이 웹이 CERN에서 탄생할 수 있었던 중요한 요인일 것이다. CERN에 이은 두 번째 웹 서버 역시 입자 물리학 연구소인 스탠퍼드의 SLAC에 설치되었다.

오늘날 웹이 이토록 광범위하게 인터넷의 대명사처럼 번성하는 또 다른 이유는 일반인도 쉽게 접근할 수 있기 때문이다. 웹의 접근성에 크게 공헌한 것은 웹 브라우저의 발전이다. 버너스리가 처음 만든 브라우저는 모든 기종의 컴퓨터에서 작동할 수 있는 간단한 라인 모드 브라우저였으나 웹이 차츰 퍼져나가면서 독자적으로 브라우저를 개발하는 사람이 늘어났다. 웹의 운영과 유지, 홍보에 바빴던 버너스리는 의도적으로 소프트웨어를 전공하는 학생들에게 브라우저의 개발 프로젝트를 권유했고, 그 결과 헬싱키 대학교의 에르비스(Erwise), 버클리의 비올라(Viola) 등이 탄생했다. 캔자스 대학교에서는 1993년 텍스트 터미널에서 상하 스크롤이 가능한 브라우저인 링크(Lynx)를 발표했다. 그리고 비슷한 시기에 일리노이 대학교 어바나 샴페인 캠퍼스에 있는 국립 슈퍼 컴퓨터 응용 센터(National Center for Supercomputing Allications, NCSA)의 학생 마크 앤드리센(Marc Andreessen)과 스태프인 에릭 비나(Eric Bina)가 X 윈도용 브라우저를 발표했다. 이 브라우저는 모자익(Mosaic)이라고 불렸으며, 다운로드와 설치가 쉬워서 다른 브라우저를 누르고 빠르게 확산되었다. 특히 앤드리센은 꾸준히 모자익을 개량하면서 단순한 프로그램이 아니라 하나의 제품으로 인정받도록 힘을 기울였다. 비록 NCSA와 앤드리센이 모자익을 지나치게 홍보하면서 버너스리와 갈등을 빚기도 했지만 웹이 대중에게 빠르게 확산되는 데 가장 큰 공을 세운 것이 모자익이라는 데에는 별다른 이의가 없을 것이다. 이후 앤드리센은 사업가 짐 클러크(Jim Clark)와 함께 모자익 커뮤니케이션이라는 회사를 차려 독립했으며 이 회사는 1994년 4월 사명을 넷스케이프(Netscape)로 바꾸었다. 뒤늦게 마이크로소프트 사도 익스플로러(Explorer)를 들고 브라우저 시장에 뛰어들었고 브라우저는 커다란 사업적 의미를 가지게 되었다.

한편 버너스리는 노력 끝에 공식적으로 웹에 대한 소유권을 가지고 있는 CERN으로부터, 웹 프로토콜과 코드는 누구라도 무료로 사용할 수 있으며, 아무런 로얄티나 제약을 받지 않고 서버, 브라우저 등의 제작, 양도 판매를 할 수 있도록 하는 허가를 1993년 4월 30일에 얻어냈다. 이로써 웹은 온전히 누구나 쓸 수 있는 공공재가 된 것이다. 이후 웹 개발을 공식적으로 주도하는 것은 1994년 버너스리가 설립한 월드 와이드 웹 컨소시엄(World Wide Web Consortium), 줄여서 W3C라고 불리는 기구에서 맡고 있다. 컨소시엄은 CERN에서 시작했지만, CERN은 기본적으로 물리학 연구소로서 웹은 극히 부차적인 활동이었고, 컨소시엄이 잘 운영될지도 확신을 가질 수 없었다. 그래서 컨소시엄은 이와 같은 일에 경험도 많고 조정 및 신속한 일처리에서 더 나은 MIT로 중심이 옮겨 간다. CERN은 LHC 프로젝트를 시작하면서 웹에 대해서는 공식적으로 손을 뗀다. 버너스리는 다음과 같이 말했다.

> CERN의 속마음은 항상 고에너지 물리학에 집중되어 있었고, 업계와 협력하거나 일반 정책과 관련 있는 어떤 연구도 추진한 적이 없었다. 그러나

나는 웹 개발을 묵인해 주고 대단히 창조적인 분위기를 만들어 준 CERN이 고마웠다. CERN이 컨소시엄에 계속 관여하게 되었다면 웹의 역사에 큰 부분을 차지하게 되었을 것이다. 나는 CERN이 그동안의 노고에 대해 따뜻한 치하를 받아야 한다고 생각했다. 카요는 그 나름대로 매년 개최될 WWW 회의를 주관하는 등 웹 커뮤니티와 깊은 관계를 지속했다.

초기 웹에 남겨진 CERN의 흔적은 첫 번째 웹 서버인 http://info.cern.ch 외에, 웹에 올라온 최초의 사진인 CERN의 여직원들로 구성된 입자 물리학 패러디 밴드 '레 오라블 세르네테(Les Horribles Cernettes, LHC)'의 사진 등이 있다.

현재 버너스리는 MIT의 컴퓨터 과학 및 인공 지능 연구실(Computer Science and Artificial Intelligence Laboratory, CSAIL)의 연구원이자 3COM 기금 교수이며, 영국 사우스햄튼 대학교의 컴퓨터 학과 교수이면서 W3C의 의장이다.

최초로 WWW에 홈페이지를 만든 밴드

세계 최초로 자신의 홈페이지를 가진 밴드는 누구일까? 웹이 탄생한 1991년경 세계적으로 인기를 끌던 너바나일까? 아니면 비틀스, 엘비스, 레드 제플린, 핑크 플로이드일까? 모두 아니다. 답은 바로 록밴드 LHC다. LHC가 밴드의 이름이라고? 완전한 이름은 프랑스 어인 레 오라블 세르네테(Les Horribles Cernettes), '무서운 CERN의 소녀들'이라는 뜻이다. Cernettes는 CERN-ettes, 즉 CERN의 작은 여자들이라는 뜻으로 만든 말이다. 이름 그대로 LHC는 CERN의 여비서들이 만든 밴드다. 그러므로 그룹 이름의 약자가 LHC인 것도 물론 우연이 아니다.

레 오라블 세르네테가 세계 최초로 홈페이지를 가지게 된 것은 운명적이라고 할 수 있다. 이들은 WWW와 거의 동시에 WWW가 태어난 바로 옆방에서 밴드를 결성했기 때문이다. LHC는 사실 장난으로 시작되었다. 걸핏하면 교대 근무를 서느라고 연구실에 갇혀서 만나지 못하는 물리학자 남자 친구를 둔 CERN의 젊은 여비서 네 명이, 남자 친구들을 기다리기에 지쳐서, 매년 열리는 CERN의 축제인 하드론 페스티벌(Hadronic Festival)에서 그들의 외로운 밤을 노래해 남자 친구들을 돌려받기로 결심한 것이다. 그들은 CERN 컴퓨터 부서의 분석가 실바노 드 제나로(Silvano de Gennaro)에게 노래를 만들어 달라고 했다. 얼마 후 무대 위에 선 그들은 첫 곡 「충돌기(Collider)」를 불러서 그 자리에 모여 있는 물리학자들로부터 열광적인 반응을 얻었고, 그들의 홈페이지의 표현에 따르면, "「충돌기」는 그날부터 입자 물리학 왕국의 국가가 되었다."

레 오라블 세르네테의 원래 목적은 안타깝게도 실패로 돌아갔지만

(그렇다고 남자 친구들인 연구원들이 교대 근무를 면제받을 수는 없었으니까.) 그 대신 그들은 명성을 얻었다. 제나로는 곡을 더 많이 써서 가져왔다. 다음해 그들은 1992년 유로파 가요 축제(Europa Song '92 festival)에 영국 대표로 참가하고 세비야에서 열린 1992년 엑스포의 'CERN의 날'에 출연해서 노래를 불렀으며, 그해 샤르파크의 노벨상 수상 기념 파티에서 공연하기도 했다. 나는 1993년의 하드론 페스티벌을 구경했었는데 레 오라블 세르네테는 페스티발의 중간쯤에 카페테리아 지붕 위에 나타나 노

그림 12-4 '무서운 CERN의 소녀들'의 홈페이지 사진.

래를 불러서 환호를 받았었다. (그때의 팸플릿을 보니 LHC는 9시에 등장하는 것으로 되어 있다.)

그들의 노래는 입자 물리학자의 여자 친구로서의 비애를 그린 데뷔곡이자 최대 히트곡인 「충돌기」를 비롯해, 「내 애인은 노벨상 수상자(My Sweetheart is Nobel Prize)」, 「강한 상호 작용(Strong Interaction)」, 「아빠의 실험실(Daddy's Lab)」 등 입자 물리학자들에게는 포복절도할 내용이 가득하다. 3부의 시작 부분에 「충돌기」의 가사를 일부 보였는데 여기 그 밖에 재미있는 몇 부분을 소개한다.

그는 알아들을 수 없는 이야기만 잔뜩 하지.
그래도 나는 안다네.
난 그가 원하는 건 뭐든지 할 거라는 걸,
그를 정말 정말 사랑하니까
난 모르겠네.
칠판에 써놓은 저 희한한 기호들을.
하지만 그가 내 손을 잡을 때면
그는 나를 별들에게 이끌어 주네.
내 애인은 노벨상 수상자.
— 「내 애인은 노벨상 수상자」에서

난 Z^0들 찾으러 놀러 갈거야.
쿼크를 어질러놓고
양성자를 산란시키고

당신을 선반 뒤에 숨겨 놓고.

―「아빠의 실험실」에서

밴드의 홈페이지 중에서 세계 최초의 것이며 따라서 세상에서 가장 오래된 홈페이지 중 하나인 이들의 홈페이지(http://musiclub.web.cern.ch/MusiClub/bands/cernettes/)에 가면 이들이 만든 모든 노래의 가사와 노래 파일을 (물론 무료로) 얻을 수 있다. 이 홈페이지는 최초의 형태를 아직 그대로 유지하고 있다고 한다. (보존을 위해서인지 관리자가 게을러서인지는 알 수 없다.) 본문에서 말한 대로 웹에 올라온 최초의 사진은 레 오라블 세르네테의 프로모션 사진이다. 이 사진과 관련해 제나로는 버너스리와의 일화를 다음과 같이 말한다.

1992년에, CERN의 하드론 페스티벌에서 LHC의 공연이 끝난 뒤, 컴퓨터 부서의 동료인 팀 버너스리가 레 오라블 세르네테 사진을 몇 장 스캔해서 달라고 했다. 그 사진을 월드와이드웹이라는 그가 막 발명한 정보 시스템에 올리려 한다는 것이었다. 나는 그게 뭔지는 잘 몰랐지만 사진을 몇 장 스캔해서 내 맥 컴퓨터에서 ftp를 이용해서 팀의, 지금은 엄청나게 유명한 사이트인 info.cern.ch에 보냈다. 그때 내가 어떻게 지금 웹 브라우저에서 최초로 클릭될 사진을 보내는 역사적인 일을 하고 있다는 걸 알았겠는가!

그동안 멤버는 여러 차례 교체되었지만 레 오라블 세르네테는 지금도 활발히 활동 중인 모양이다. 2007년의 하드론 페스티벌에서는 「대폭발(Big Bang)」, 「미스터 힉스(Mr. Higgs)」, 「당신의 모든 양성자(Every Proton of You)」 등의 신곡을 새로이 공개하기도 했다. 최근에는 비디오

클립도 공개를 했는데 유튜브에서 쉽게 찾아볼 수 있다. 이 뮤직 비디오에서 레 오라블 세르네테는 진짜 충돌기를 배경으로, 충돌기를 쓰다듬으며, 충돌기에 기대어 「충돌기」를 부르는 독특한 광경을 보여 준다. 아마도 LHC가 설치된 지하 터널에서 촬영된 세상에 하나밖에 없는 뮤직 비디오일 것이다. 이들의 야심은 사실 다음과 같다고 한다.

우리는 빨리 빅 스타가 되고 싶어요. 그래서 우리 남자 친구들한테 각자 자기 가속기를 한 대씩 사 줘서 마당에다 두고 밤에나 주말에 가속기를 쓰더라도 우리랑 집에 있도록 하려고요.

13장 | CERN과 노벨상

1984년의 노벨 물리학상은 "약한 상호 작용의 전달자인 W와 Z 입자의 발견으로 이끈 대형 프로젝트에 관한 결정적인 공헌에 대해" CERN의 카를로 루비아와 시몬 반 데르 메르에게 주어졌다. 이것은 개개의 국가가 실행하기 어려운 대형 프로젝트를 수행해 물리학의 근본적이고도 중요한 발견을 이룬다는 CERN의 창립 목표에 정확히 부합하는 업적이었다. 이 실험의 의의와 중요성, 카를로 루비아의 공헌에 관해서는 앞에서 자세히 이야기했으므로 여기서는 반 데르 메르를 소개하자.

CERN의 명장, 반 데르 메르

반 데르 메르는 1925년 네덜란드의 헤이그에서 태어났다. 아버지는 교사였고 어머니도 교사 집안 출신이었으므로 그의 부모는 자식들의 교육에 지극히 열성적이었다. 제2차 세계 대전 중에 독일에 점령되어 대학이 문을 열지 않는 바람에 2년 늦게 델프트의 공과 대학에 들어간 반 데르 메르는 그곳에서 기술자를 위한 물리학을 전공해 측정

그림 13-1 확률적 냉각 기술을 개발한 공로로 노벨상을 받은 반 데르 메르.

과 조정 기술(regulation technology)의 전문가가 되었다. 전통 있는 공과 대학인 그의 학교에서 가르치는 물리학은 수준이 높기는 했으나 다소 제한된 범위만을 가르치는 것이었으므로 그는 가끔은 좀 더 진지하게 물리학을 배우고 싶기도 했다. 하지만 후에 그는 아마추어적인 물리학과 실제적인 경험이 결합된 것이 가속기 분야에서 창조적인 일을 할 수 있게 한 자신의 자산이라고 말한다.[1] 1952년 공학 박사 학위를 받은 그는 필립스 사의 연구소에서 전자 현미경의 전자 공학적인 부분과 고전압 장비에 관련된 일을 하다가 1956년 설립된 지 얼마 되지 않은 신생 연구소인 CERN으로 자리를 옮긴다. 그로부터 1990년 은퇴할 때까지 그는 CERN에서 기술 스태프로서, 그리고 차츰 가속기 물리학자로 진화해 가며 PS, ISR, SPS 등 숱한 실험에 관여해 많은 업적을 남겼다. 그에게 노벨상을 가져다준 확률적 냉각 외에도 그는 중성미자 실험에서 중성미자 빔을 강하게 만드는 '호른(horn of plenty)'이라고 불리는 장치를 개발한 것으로도 유명하다.

    W와 Z 보손을 발견하는 데 있어서 반 데르 메르의 공적은 강력한 반양성자 빔을 만들 수 있게 해 주는 확률적 냉각이라는 방법을 발명한 것이다. 이것은 만들어진 반양성자가 일정한 운동량과 에너지를 갖도록 해서 고밀도 집적 효율을 크게 높이는 것이다. 양성자-반양성자 충돌 장치에서 성공적으로 물리학적인 결과를 얻기 위해서는 충돌 에너지도 물론 중요하지만, 사용되는 양성자 및 반양성자 빔의 세기도 그에 못지않게 중요하다. 여기서 빔의 세기란 빔 안에 얼마나 많은 입자가 들어 있느냐 하는 것을 의미하며 흔히 '광도(luminosity)'라는 양으로 표현한다. 양성자와 같은 하드론이 충돌할 때 실제로 충돌하는 것은 양성자 안의 파톤이기 때문에 그중 정말 우리가 원하는 과정은 극히 일부에 불과하다. 그리고 파톤이 충돌할 때는 하드론의 에너지의 일부만을 가지고 충돌하기 때문에, 실제로 우리는 여러 충돌 에너지 값을 가지는 충돌 사건을 얻게 되는 셈이다. 또한 뒤에서 보게 되겠지만, 양성자와 같은 하드론의 충돌이란 수많은 파톤이 관여하는 무지무지하게 복잡한 과정이기 때문에, 발생한 충돌 데이터의 상당수는 분석이 불가능하다. 따라서 발생한 충돌 데이터를 다 사용하지 못하

고, 많은 양을 버리게 된다.

이런 여러 가지 이유로 하드론 가속기에서 발견하려고 하는 사건을 만들기 위해서는 충분한 수의 충돌을 일으키는 것이 대단히 중요하다. 한편 바꾸어 말하면 하드론의 충돌에서는 충돌 에너지가 다른 무수히 많은 사건들이 일어나고 있으므로 에너지를 높이지 않고 광도만 높이더라도 전에는 볼 수 없었던 신호를 관찰할 수 있다. 충돌 횟수를 늘리기 위해서는 빔이 더 많은 입자로 이루어지게 해야 하므로 가능한 한 많은 입자를 만들어 내 빔의 세기를, 즉 광도를 높여야 한다. LHC도 몇 년 후 광도를 초기 광도의 10배로 높일 예정이다. Sp$\bar{\text{p}}$S에서 양성자-반양성자 충돌 실험을 최초로 실시하면서 접했던 가장 큰 문제가 충분한 수의 반양성자를 확보하는 일이었다. 이것을 가능하게 해 주는 것이 바로 확률적 냉각이다. 이런 이유로 반 데르 메르의 발명은 SPS 가속기 실험의 성공에 결정적인 역할을 한 것으로 평가받아 루비아와 함께 노벨상을 수상한 것이다. 반 데르 메르의 업적 덕분에 CERN은 반물질 연구에서도 최고의 연구소가 되었고, 소설 『천사와 악마』에도 등장하게 되었다.

'확률적 냉각'이란 반물질을 효과적으로 모으는 방법이다. 여기서 냉각(cooling)이란 우리가 직관적으로 생각하는 차가움이 아니라 물질들이 얼마나 같은 상태에 있는가를 의미한다. 반대로 '가열(hot)'이라고 하면 물질들이 제각기 임의의 상태를 가진다는 것을 의미한다. 사실 이것은 우리가 직관적으로 느끼는 '차가움'과 '뜨거움'의 실제 의미와 정확히 일치한다. 뜨거워진다는 것은 에너지기 높아지는 것이며 이렇게 되면 각각의 입자가 높은 에너지를 갖게 되어 제멋대로 활발하게 움직이게 된다. 차가워지게 되면 많은 입자들이 에너지를 잃고 비슷하게 움직이게 된다. 극단적으로 모든 입자가 똑같은 하나의 상태가 되는 것이 바로 온도의 하한선이며 이것을 절대 0도(0켈빈)라고 부른다. 확률적 냉각이란 일정한 조건을 계속 부여해 입자의 일부를 같은 상태로 만들고 이것을 반복하는 것이다. 그렇게 되면 차츰 전체 입자가 같은 상태에 가까워지게 된다. 이것을 토프트는 이렇게 비유했다.[2]

유치원 아이들의 한 무리를 생각해 보자. 처음에는 아이들이 전혀 말을 듣지 않고 제멋대로 행동한다. 즉 '가열' 상태에 있다. 선생님이 뭐라고 지시를 하면 잘 먹히지 않는것 같지만 통계적으로 일부 아이들은 선생님의 말을 듣는다. 선생님이 지시를 할 때마다 매번 통계적으로 아이들의 일정한 부분이 지시를 따르게 된다. 즉 '냉각'된다. 이것을 반복하면 어느 정도 지난 후에는 전체가 선생님의 지시를 따라 행동한다. 즉 전체가 완전히 '냉각'된다."

노벨상 수상자가 발에 채이는 곳

소설 『천사와 악마』에서 랭던 박사가 CERN에 도착해서 주거용 기숙사의 안뜰을 돌아나가다가 "파리 대학교"라고 씌어진 땀복을 입은 머리가 하얗게 센 나이 든 남자에게 프리스비를 주워 던져 주는 장면이 있다. 그때 동행하던 CERN의 소장이 이렇게 말한다.

축하합니다. 당신은 지금 노벨상 수상자, 조르주 샤르파크와 어울린거요. 다중선 비례 검출기의 발명가이지요.

샤르파크한테 프리스비를 던져 준 게 축하를 받을 만한 일인지는 잘 모르겠지만, 1959년부터 CERN에 재직해 온 조르주 샤르파크는 CERN을 대표하는 과학자로서 손색이 없는 인물이다. 1984년부터 샤르파크는 피에르 퀴리가 재직했던 파리 물리학 및 화학 고급 학교(École Supèrieure de Physique et de Chimie Industrielles de la Ville de Paris, ESPCI)의 졸리오퀴리 교수로 재직했다.

샤르파크는 1924년, 지금은 우크라이나 영토가 된 폴란드 듀브로비카(Dübrowica)의 유태인 가정에서 태어났다. 그가 일곱 살 때에 온 가족은 파리로 이주해 살게 되지만 그가 프랑스 시민권을 따기까지는 그로부터 15년이나 지나야 했다. 제2차 세계 대전 중에 샤르파크는 레지스탕스 활동을 하다가 비시 정부에 붙잡혀 투옥되었고, 1944년에는 나치가 최초로 만든 수용소인 다카우로 이송되어서 그곳에서 종전을 맞았다. 20세가 넘어서야 비로소 공부를 시작할 수 있었던 샤르파크는 몽펠리에 뤼세(우리나라의 중 고등학교에 해당하는 중등 교육 기관)를 졸업하고 에콜 데 미네(Ecole des Mines)를 거쳐 콜라주 드 프랑스에서 프레데릭 졸리오퀴리를 지도 교수로 해서 실험 물리학으로 박사 학위를 받았다.

1959년부터 CERN에서 일하기 시작한 샤르파크는 1968년에 다중선 비례 검출기(multiwire proportional chamber)를 발명한다. 이것은 전기를 띤 입자의 궤적을 기록하는 현대적인 장치이다. 이전의 궤적 기록 장치인 거품 상자나 안개 상자는 전기를 띤 입자가 상자 안에 가득한 거품 혹은 안개 속을 지나가며 남긴 궤적을 1초에서 2초 정도의 시간 간격으로 여러 장의 사진을 찍어서 기록하고 나중에 사진을 분석하는 것이었는데, 샤르파크의 다중선 비례 검출기는 초당 100만 개까지 궤적을 기록할 수 있으며 데이터는 곧바로 컴퓨터로 전송되어 분석될 수 있다. 1976년 노벨 물리학상을 수상한 팅의 입자 발견이나 1984년 노벨상이 주어진 루비아의 W 와 Z 보손의 발견이 모두 다중선 검출기를 이용한 것이었다. 1992년 샤르파크는 댄 브라운의 소설에서 언급된 대로 "전기를 띤 물질을 검출하는 기술에 전기를 이룬 입자 검출기, 특히 다중선 비례 검출기의 발명 및 개발에 관한 공로로" 노벨상을 수상했다. 샤르파크의 다중선 비례 검출기는 생물학 및 의학 연구 분야에도 널리 응

그림 13-2 조르주 샤르파크.

용되어 쓰이며, 방사선이나 입자 빔을 이용하는 의료 진단 장치에도 응용되어 쓰인다.

샤르파크는 1998년 한국 물리학회와 고려 대학교 부설 한국 검출기 연구소의 초청으로 한국에도 방문해 고려 대학교에서 '검출기 연구에 바친 나의 일생'이라는 주제로 강연했다. 당시 그의 강연에서 "노벨상을 받는 제일 쉬운 방법은 나처럼 기계를 발명해 놓는 것이다. 그러면 다른 사람이 그 기계로 중요한 발견을 하게 되어 저절로 노벨상을 받을 수 있다."라고 농담을 하던 것이 기억난다. 샤르파크는 2010년 9월 29일, 86세를 일기로 세상을 떠났다.

CERN에 소속된 과학자가 CERN에서 연구한 업적으로 CERN의

이름으로 받은 노벨상은 현재까지 앞의 두 가지다. 한편 CERN에서 거둔 성과로 노벨상을 받은 것은 아니지만, CERN에서 활약했던 노벨상 수상자들도 많이 있다. CERN의 소장을 지냈던 펠릭스 블로흐(Felix Bloch)는 "핵 자기 정밀 측정의 새로운 방법의 개발과 그에 따른 발견들에 대한 공헌으로" 1952년에 에드워드 밀스 퍼셀(Edward Mills Purcell)과 함께 노벨 물리학상을 받았다. 또 다른 노벨상 수상자인 루비아는 노벨상을 받은 후 1989년부터 1993년까지 소장으로 재직했다. 루비아가 소장으로 재직하던 시기는 LEP가 막 가동되어 LEP에 설치된 4개의 검출기에서 결과가 나오기 시작한 때였다. LEP 실험은 당대 최대의 실험이었던 만큼 거물급 학자들이 많이 참여했다. LEP의 4개의 실험 중 ALEPH를 초기에 이끌었던 잭 스타인버거(Jack Steinberger)는 1960년대 후반 이후로 CERN에서 많은 연구를 했던 인물로서 1962년 브룩헤이븐에서 중성미자가 두 가지 종류가 있다는 것을 실험적으로 밝힌 업적으로 1988년 노벨 물리학상을 수상했다. 당시 같이 노벨상을 받은 사람은 후에 페르미 연구소 소장을 지낸 레이더먼과 슈워츠였다. LEP의 L3 실험의 책임자였던 팅은 1974년 네 번째 쿼크인 참 쿼크로 이루어진 새로운 입자인 J/ψ 입자를 발견해 그와 독립적으로 거의 동시에 SLAC에서 J/ψ 입자를 발견한 릭터와 함께 2년 뒤에 노벨상을 받은 바 있다.

그래서 LEP가 한창 가동되던 1990년대 초반에 CERN에 있다 보면 하루에 노벨상 수상자 세 명을 모두 만나는 일도 있었다. L3 연구실에서 팅을 보고 나가서, ALEPH 연구실 쪽을 지나다가 허름한 니트 조끼를 입은 스타인버거에게 인사를 하고, 카페테리아에 와서 커피를 마시고 있노라면 저 앞자리에 루비아가 앉아 있는 식이었다.

지금까지 LHC 이전의 CERN에서 건설된 주요 가속기와 실험을 살펴보았다. 이중 최초의 가속기 SC와 최초의 입자 충돌 장치인 ISR는 가동을 마치고 퇴역했지만 PS와 SPS는 지금도 건재해서 여러 실험에서 바쁘게 활약하고 있으며 LHC 프로젝트에도 초기 가속 장치로 사용되고 있다. LEP는 철거되고 그 터널은 LHC로 변신했다. 지난 수 년간 CERN의 모든 역량은 LHC에 집중되어 왔다. 이제 LHC 가동의 시간이 되었다.

4부

지금은 LHC의 시대

적은 급료와 살을 에는 듯한 추위,
긴 어둠의 시간,
계속되는 위험이 따르는 탐험에
동참할 사나이들을 찾습니다.
안전한 귀환 역시 보장할 수 없습니다.

— 어니스트 섀클턴, 1907년 남극 탐험 단원 모집 광고.

412~415쪽 사진 LHC의 검출기인 LHCb의 모습.

14장 | LHC 연대기

 LHC가 공식적으로 논의되기 시작한 것은 1984년 3월에 로잔과 제네바에서 열린 ECFA-CERN 워크샵에서였다. 이 워크샵은 LEP 실험을 마친 후 같은 터널에 초전도 자석을 이용한 양성자-양성자, 혹은 양성자-반양성자 충돌기를 설치하는 문제를 논의하기 위한 것이었고 「LEP 터널 속에 대형 하드론 충돌기를 설치하는 문제(Large Hadron Collider in the LEP Tunnel)」라는 제목으로 워크샵 자료집이 발간되었다.[1] (이 자료집은 존 애덤스에게 헌정되었다.) 당시는 양성자-반양성자 충돌기인 Sp$\bar{\text{p}}$S에서 W와 Z 보손을 발견하는 데 성공한 직후였고, 전자-양전자 충돌기인 LEP가 건설 중이었으므로, 입자 물리학의 미래를 생각하는 사람들은 고무된 분위기에서 LEP 이후 다음 세대의 양성자 가속기에 관심을 갖기 시작할 때였다.

 가속기는 천문학적인 돈이 들어가는 거대 과학(Big Science) 중의 거대 과학으로 악명이 높다. (이 '거대 과학'이라는 말을 입자 물리학자들은 별로 좋아하지 않는다.) LHC의 경우 터널을 새로 파지 않았는데도 순수하게 가속기 건설비만 우리 돈으로 5조 원가량이 들어갔을 정도이므로, 경비를 절감하려는 노력은 대형 가속기 실험에서 매우 중요하다. 그런데 가속기를 건설할 때 가장 많은 돈을 필요로 하는 부분 중 하나가 바로 가속기를 설치하는 터널을 파는 토목 공사다. 돈이 많이 들 뿐만 아니라, 거대하면서 정밀한 기계 장치를 설치해야 하기 때문에 가속기 터널이 위치할 곳의 지질학적인 안정성 등도 중요하므로 부지 선정도 쉬운 일이 아니다. 더구나 가속기가 워낙 거대화되어 그만한 크기의 부지를 찾는 일은 더욱 어려운 일이다. 실제로 LEP를 건설할 때 일부 구간은 지질학적으로 문제가 있어(일부 지역은 침수되기 쉬운 석회암 지대였다.) 공사에 난항을 겪은 바 있다. 또한 수 킬로미터에서 수십 킬로미터의 터널을 지하 깊숙이 파야 하는 대규모의 공사다 보니 건설에 걸리는 시간 또한 만만치 않다. 그러므로 LEP가 설치되어 있던 터널을 이용해 하드론 충돌기를 새로 설치하는 것은 비용과 시간을 획기적으로 절감할 수 있는 방안이었다.

이 경우 물리학계의 미래 수요를 얼마나 정확히 예상하느냐가 중요하다. 막상 LEP를 치우고 하드론 충돌기를 건설하려고 봤더니 필요한 터널의 크기가 다르다면 곤란해지기 때문이다. LEP 터널에 하드론 충돌기를 설치할 경우, 현재 가진, 혹은 예상되는 기술적인 능력과 터널의 크기로 보아 가능한 충돌 에너지는 10~20테라전자볼트일 것으로 예상되었다. 이것은 LEP에서 실험하게 될 에너지 영역(90~200기가전자볼트)보다 충분히 높았고 미래에 건설될 하드론 충돌기가 탐구해야 할 영역으로 적절한 크기였다.

터널을 새로 파지 않아도 된다는 이점의 반대 급부로 전자-양전자 충돌 실험의 스케줄에 따라 새로운 하드론 충돌기의 건설과 실험 수행이 늦어질 수도 있다는 단점이 있었는데, 특히 1980년대 초반에는 미국에서 LHC보다 더 큰 40테라전자볼트의 에너지로 양성자를 충돌

418   4부 지금은 LHC의 시대

시킬 초전도 초대형 충돌기(SSC)가 추진되고 있었으므로 언제 실험을 수행할 것인가가 매우 중요한 문제였다. SSC와 LHC는 같은 양성자 가속기이며 주목적도 힉스 입자를 찾는 것으로 같았으므로 경쟁은 불가피했다. 그러나 아무리 경쟁이 중요하다고 해도, CERN이 1970년대 말부터 야심적으로 추진해 온 LEP를 충분히 활용하지 못하고 서둘러 LHC를 시작할 수는 없는 일이었다.

SSC는 1987년에 최종적으로 승인되었고, 1988년 11월에 부지가 텍사스 주로 결정되었다. 그리고 1989년에 연구소가 발족했다. 당초 계획으로 SSC는 2000년대 초반에 가동될 예정이었다. 한편 LHC 측에서는 SSC의 진척 상황에 따라 LEP를 적절한 시점에 끝내고 LHC로 넘어가면 터널을 새로 만들 필요가 없는 만큼, SSC보다 훨씬 짧은 시간 안에 건설할 수 있으므로, SSC보다 더 일찍 가동을 시작해 경쟁에서 이길 수 있을 것이라고 기대했다. 그러나 SSC는 1993년에 계획이 전면 백지화되었고, LHC의 경쟁자는 사라졌다. 다른 관점에서 보면 LHC가 미래의 물리학에서 차지하는 역할이 훨씬 커졌다고 할 수 있다. 현 시점에서 LHC는 인류가 지구상에서 테라전자볼트 에너지의 세계를 직접 탐구하고 검증하는 유일한 수단이다.

충돌 에너지가 10테라전자볼트를 넘는 하드론 충돌기를 만드는 이유는 표준 모형의 검증을 넘어서 그 배후에 있는 심오한 물리학 원리를 발견하고자 하는 데 있다. 표준 모형의 성질을 결정하는 가장 중요한 에너지 척도는 앞에서 이야기했듯이 힉스 입자로 인해 $SU(2) \times U(1)$ 게이지 대칭성이 깨져서 전자기 상호 작용과 약한 상호 작용이 분리되고, 각각을 매개하는 물리적인 실체로서 게이지 입자인 빛과 W와 Z 보손이 나타나는 100기가전자볼트 정도의 값이다. 표준 모형에서는 이 과정에서 모든 입자들이 질량을 가지게 되므로 이 에너지 척도야말로 복잡한 대칭성과 정체불명의 입자들이 뒤섞여 있던 혼돈에서 우리가 보는 세계가 탄생하는 순간이라고 할 수 있다. 그 결과로 W와 Z 보손의 질량은 100기가전자볼트 근처의 값을 가지게 되며(중성미자만은 예외다.) 다른 입자들도 그와 관련된 값의 질량을 갖는다. 그러므로 수백 기가전자볼트의 에너지로 실험을 하는 것은 표준 모형의 입자를 만들어 내고 표준 모형에서 예측하는 현상을 관찰하는 일이다.

LEP는 약 200기가전자볼트까지의 에너지로 전자와 양전자를 충돌시켜서 Z와 W 보손을 대량으로 만들어 내고 이 입자들에 관련된 여러 가지 물리량을 정밀하게 측정함으로써 표준 모형의 핵심적인 부분을 검증하는 데 성공했다. 이로써 표준 모형은 기본적인 구조는 거의 완전히 검증되었다. 표준 모형에서 LEP가 직접적으로 만들어 내지 못한 부분은 톱 쿼크와 힉스 입자의 발견인데, 톱 쿼크는 1994년 페르미 연구소의 테바트론에서 발견되어, 힉스 입자만이 LHC의 과제로 남았다.

양성자 충돌의 에너지가 10테라전자볼트를 넘으면 실제로 충돌하는 파톤의 에너지도 1테라전자볼트에 가깝거나 그 이상이 된다. 이 충돌 에너지 값은 표준 모형을 넘어서는 문턱이다. 이것은 LHC가 표준 모형의 배후에 있는 물리학의 법칙을 탐구할 수 있다는 것을 의미한다. 단순하게 말해서 표준 모형에는 등장하지 않는 입자를 만들어 낼 수 있고, 표준 모형이 예측하지 않는 현상을 보여 줄 수 있다는 의미다. 우리는 아직까지 표준 모형보다 더 근본적인 이론에 대해 경험적으로 알지 못한다. 그러므로 지금까지의 실험이 표준 모형을 검증하기 위한 것이었다면 LHC에서 수행될 실험들은 본질적으로 우리가 아직 알지 못하는 영역에 대한 것이라고 할 수 있다. 거칠게 비유하자면 LEP나 테바트론이 표준 모형이라는 지도, 혹은 항공 사진을 가지고, 그 지도의 세세한 영역을 확인하는 것이었다면, LHC는 아무도 발 디딘 적 없는 미지의 세계를 지도 없이 탐험하는 것이다.

ECFA-CERN 워크샵 이후 수 년간 여러 회의와 분과 모임 활동을 통해 LHC의 아이디어는 계속 논의되었고, 1989년 처음으로 LHC 연구 그룹이 결성되었다. 마침내 1992년 봄, 레만 호 건너편, 생수와 온천으로 유명한 프랑스 에비앙에서 열린 회의에서 LHC 실험 연구가 공식적으로 시작되었다. 동시에 1.9켈빈(섭씨 -271.3도)에서 작동하는 초전도 자석의 기술적 가능성에 대한 연구도 시작되었다. 여러 가지 실효성 및 기술적 실행 가능성 등에 대한 연구와 수많은 회의 끝에 LHC가 정식으로 CERN의 평의회에서 승인된 것은 SSC가 사망 선고를 받은 지 1년이 지난 1994년 12월 16일이다. 당시 CERN 소장이었던 크리스토퍼 르웰린스미스(Christopher Llewellyn-Smith)는 평의회의 100번째 회기의 막바지인 이날 평의회의 최종 승인을 발표하며 이렇게 말했다.[2]

오늘의 결정은 고에너지 물리학과 CERN의 미래를 향한 중요한 한 걸음입니다. 평의회의 결정은 지난 20년간 고에너지 물리학 연구가 내놓은 성과를 반영합니다. 저는 고에너지 물리학 연구의 성과가 기초 과학 연구에서 유례 없는 것이라고 믿으며 기초 과학과 CERN의 과학적 능력에 대한 믿음을 보여 준 오늘의 표결 결과가 자랑스럽습니다. 이제 우리는 LHC를 건설한다는 과업에 도전하게 되었고 CERN의 뛰어난 스태프들과 함께 물질의 이해를 향한 중요한 걸음을 내딛게 되었습니다. 우리는 유럽 외의 나라의 친구들이 재정적인 지원뿐만 아니라 과학적인 기여를 통해서 LHC에 많이 참가하기를 바랍니다. 오늘의 결정은 입자 물리학과 CERN의 위대한 미래를 확신하게 해 줍니다.

LEP 터널에 하드론 가속기를 설치한다는 아이디어가 처음 나왔을 때, LEP 빔 라인을 그대로 둔 채, 그 위에 양성자 빔 라인을 구축하는 안이 제안되기도 했다. ECFA-CERN 워크샵 자료집의 표지에 그 이미지를 담은 그림이 보인다. 이렇게 하면 LHC 실험을 마친 뒤에 새로운 시설을 추가할 필요 없이 약간의 손질만으로 양성자와 전자 두 가지를 모두 가속해서 전자-양성자 충돌 실험도 수행할 수 있게 된다. 전자와 양성자를 충돌시키는 실험은 앞에서 이야기했듯이 주로 양성자의 구조를 알아보는 것을 목적으로 하는 완전히 새로운 분야니까, 만약 이런 가속기가 건설된다면 대단히 효과적인 가속기 종합 세트를 손에 넣는 셈이었다. 이 경우 전자-양성자의 충돌 에너지는 약 1.5테라전자볼트로, 현재 최고 에너지의 전자-양성자 충돌 실험인 독일 DESY 연구소(Deutsches Elektronen-Synchrotorn, 독일 전자-싱크로트론 연구소)의 HERA 가속기의 5배에 이를 것으로 예상되었다. 그러나 실제로 1994년에 승인된 안은 LEP를 완전히 철거하고 양방향의 양성자 가속기를 설치해, 먼저 10테라전자볼트의 양성자-양성자 충돌을 시키고 2008년까지 14테라전자볼트의 최대 에너지로 올린다는 것이었다.

2000년 11월, 마침내 LEP가 풍요로웠던 12년간의 활동을 마쳤다. 12월부터 LHC에 자리를 비워 주기 위한 철거 작업이 시작되었다. 철거 작업은 약 14개월에 걸쳐 이루어졌는데, 철거된 가속기 부품들과 기타 물건들의 양은 4만 톤에 이르렀다. 이로써 LEP의 시대는 완전히 막을 내렸다. LEP가 사라진 텅 빈 27킬로미터의 터널에 먼저 측량사들이 내려가 LHC를 설치할 자리를 측정하고 표시하는 일을 시작했다. 이 작업에만 약 2년이 소모되었고 설치된 표식은 총 7,000개에 달했다.

LEP 터널, 아니 이제 LHC 터널에는 실험실을 설치하기 위한 8개의 지점이 있다. 각 지점에는 검출기 및 실험 장치를 설치할 수 있는 거대한 지하 공동이 있다. 또 각 지점 지상에는 연구동이 있고 지상과 지하 실험실은 연결 통로로 연결되어 있다. LEP에서는 ALEPH, DELPHI, L3, OPAL이라는 4개의 주실험

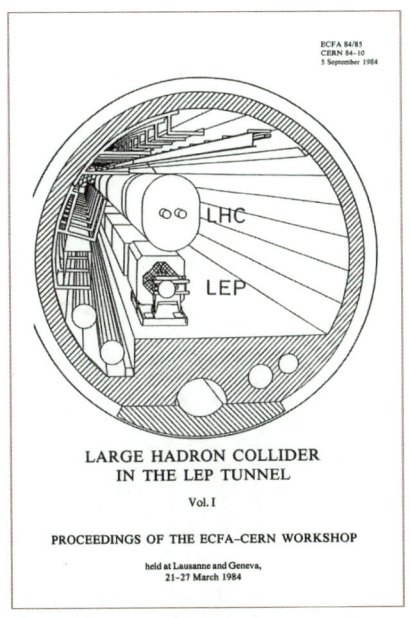

그림 14-1 ECFA-CERN 워크샵 자료집의 표지. 기존의 LEP 빔 라인 위에 LHC 빔 라인을 설치할 것을 주장했다.

이 4개의 지점을 사용했다. LHC에서도 ATLAS, CMS, ALICE, LHCb라고 불리는 4개의 주실험이 이루어지고, 그 밖에 TOTEM과 LHCf라는 2개의 소규모 실험도 수행된다. 주실험은 각각 하나의 지점을 사용하므로 LHC에서도 8개 중 4개의 지점을 사용한다. 각 지점과 각 실험의 위치를 나타낸 것이 그림 14-2다. TOTEM과 LHCf는 양성자 빔이 충돌할 때 빗겨 나가는 입자들을 검출하기 위한 장치이므로 독립적으로 있지 않고 대형 검출기 주변에 설치되어 있는데, TOTEM은 CMS 옆에, LHCf는 ATLAS 옆에 설치되어 있다. 각 검출기에 대해서는 뒤에서 좀 더 자세히 이야기할 것이다. 터널은 LEP의 것을 그대로

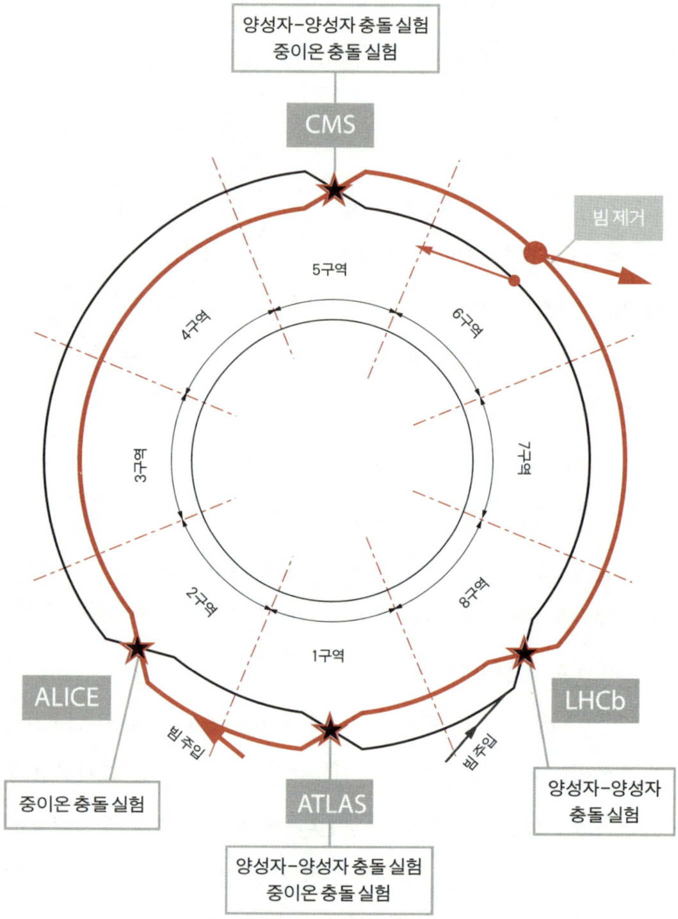

그림 14-2 LHC의 기본 구조. 여덟 구역으로 나뉜 LHC의 전체 구조와 4개의 주실험이 이루어지는 4개의 지점을 확인할 수 있다. 2개의 경로가 반대 방향으로 돌면서 네 차례 교차함을 알 수 있다. LHC 전체는 8개의 구역으로 나뉘어 있다.

사용하지만 LHC의 주실험 장치가 설치되는 지점의 지하 공동에는 새로운 검출기를 설치하기 위한 확장 및 정비를 위한 토목 공사가 필요했다.

가장 먼저 건설·설치 작업이 시작된 ATLAS는 LHC의 검출기 중에서도 가장 큰, 역사상 최대의 검출기다. 폭 35미터, 길이 55미터, 높이 40미터에 달하는 ATLAS의 공동은 5년여 간의 작업 끝에 2002년 6월에 첫 번째로 토목 공사를 마쳤다. 다른 지점의 공동도 차례로 정비되었고, 2005년 2월, 6년 만에 CMS의 공동이 완공됨으로써 LHC의 토목 공사는 모두 끝났다. 검출기가 설치되기 전의 기둥 하나 없이 텅 비어 있는 공동을 본 사람들은 마치 대성당을 연상시킨다고 했다. 절대적인 진리를 향한다는 점에서 LHC와 중세의 대성당은 닮은 부분이 있는지도 모른다.

다음 15장에서 살펴보겠지만 LHC는 혼자서 가동되는 기계가 아니라 CERN의 가속기 복합 시스템의 일부라고 할 수 있다. 생성된 양성자는 모아져서 선형 가속기인 LINAC2와 PS, SPS를 거쳐 차례로 가속된 다음 LHC로 전해진다. SPS에서 LHC로 연결되는 빔 전송 라인(transfer line)은 TI2와 TI8이라는 2개의 터널에 설치되었는데, TI2는 2001년 5월에, TI8은 2001년 8월에 각각 개통되었다. 전송 라인은 빔의 움직임을 제어하기 위한 전자석 총 540개로 이루어져 있는데 러시아에서 제작된 전자석이 1999년 4월에 도착한 것을 시작으로 2001년 6월까지 540개의 전자석이 모두 CERN에 도착했다. 전송 라인의 전자석들은 2003년 2월부터 설치되기 시작했고 2004년 10월 성공적으로 테스트를 마쳤다. SPS에서 450기가전자볼트로 가속된 양성자 빔은 약 2.5킬로미터의 전송 라인을 지나 LHC로 들어가게 된다.

LHC 실험의 검출기에 사용될 부품들이 1999년부터 CERN에 도착

그림 14-3 ATLAS가 설치될 지하 공간. 입자 물리학의 대성당을 연상시킨다.

하기 시작했다. 1999년 8월 ATLAS는 첫 번째 뮤온 체임버를 그리스로부터 받았고, CMS의 전방 에너지 검출기 모듈은 러시아로부터 왔다. 한편 세계 각지로 발주된 LHC의 초전도 전자석도 2000년 11월 첫 번째 쌍극자 전자석이 도착한 것을 시작으로 속속 도착하기 시작했다. 양성자 빔을 휘어서 궤도를 따라가게 만드는 주전자석은 1,232개의 쌍극자 전자석으로 이루어져 있다. 빔을 집중시켜 밀도를 높여 주는 역할은 400여 개의 4극자 전자석이 하게 된다. 그 밖의 8극자 전자석들과 다른 전자석들은 빔의 모양과 움직임에 변화가 생길 경우 이것을 보정하는 보정용 전자석이다. 이 8극자 전자석은 2002년 2월에 처음 도착했다. 2004년 6월에는 LHC의 전자석을 테스트하기 위한 시설이 완성되었다. 이 시설에서는 전자석을 설치하기 전에 LHC가 실제로 작동되는 1.9켈빈(섭씨 -271.3도)의 온도에서 제대로 작동하는가를 12개의 테스트 벤치를 통해 평가했다.

2005년 3월 마침내 LHC의 초전도 쌍극자 자석이 LHC 터널로 내려가기 시작했다. LHC의 설치가 본격적으로 시작된 것이다. 당시 CERN에 도착한 쌍극자 전자석은 전체의 꼭 절반인 616개였다. 2005년 4월에는 LHC의 냉각 시스템이 처음으로 LHC가 가동되는 온도인 1.8켈빈(섭씨 -271.4도)까지 온도를 낮추는 데 성공했다. 27킬로미터에 달하는 LHC 가속기 둘레에 장치된 냉각 시스템은 내부가 액체 헬륨으로 채워져서 가속기의 초전도 전자석을 극저온 상태로 유지해 주는 거대한 냉장고다. LHC의 냉각 시스템이 모두 완성된 것은 2006년 10월이었다.

2006년 2월에는 모든 가속기의 조종실을 결합한 CERN의 새로운 가속기 컨트롤 센터가 문을 열었다. 이곳은 가속기뿐만 아니라 저온 시스템 및 기술적인 기반 구조에 관한 사령실을 총괄하고 있어서 실제로 이 방에서 LHC를 조종한다고 할 수 있다. 사령실은 크게 4개의 구역으로 나뉘는데, LHC 구역, SPS 구역, PS 관련 구역, 그리고 기술적 기반 구조에 관한 구역이다.

2006년 11월, 마침내 전 세계에서 제작된 1,624개에 달하는 LHC의 초전도 전자석이 모두 CERN에 도착했다. 앞서 이야기했듯이 이중 1,232개는 빔의 움직임을 제어하는 15미터 길이의 쌍극자 자석이고 392개는 빔의 초점을 맞추는 데 쓰이는 5~7미터 길이의 4극자 자석이다. 초전도 전자석이 차례로 지하로 내려져 LHC 가속기에 설치되었다. 가속기 전체 구간은 팔각형을 8등분해 8개의 구역으로 나뉘어 있는데, 이즈음 그 첫 번째 구역이 완성되었다. 이것은 전자석, 냉각 시스템, 가속 장치 및 그 밖의 제어 장치들이 모두 설치되고 유기적으로 연결되었음을 의미한다.

2007년 5월 마지막 초전도 전자석이 지하로 내려감에 따라 약 2년에 걸친 1,746개 전자석 시스템의 설치가 완료되었다. 나아가 전자석, 가속 장치, 냉각 장치 등과 이 장비들의 제어 장치를 조립하는 정밀한 작업 끝에, 같은 해 11월 마침내 LHC의 모든 부분이 설치를 마치고 서로 연결되었다. LHC가 하드웨어적으로 완성된 것이다.

2008년 4월부터 가동을 위한 구체적인 준비가 시작되었다. 가장 중요한 과정은 초전도 전자석을 가동하기 위해 가속기 전체를 냉각하는 일이었다. 상온에서 무려 290도를 낮추는 작업이므로 냉장고의 전원을 꽂는 것처럼 간단한 일이 아니었다. 전자석이 작동되는 1.9켈빈(섭씨 -271.3도)의 온도에서는 세상에 존재하는 거의 모든 물질이 고체가 되어 버리고 헬륨만이 액체 상태로 존재한다. 그러므로 그런 온도를 얻기 위해서는 전자석을 액체 헬륨에 담그는 것이 가장 좋은 방법이다. 그런데 액체 헬륨은 다루기도 어렵고 값도 비싸다. 그래서 먼저 상대적으로 값이 싼 액체 질소 약 1만 톤을 이용해서 시스템을 80켈빈(섭씨 -193.2도)까지 냉각한다. 그런 다음에 액체 헬륨을 이용해 온도를 더욱 낮춰 목표 온도에 이르게 한다. LHC가 가동되는 동안 전자석들은 70톤에 달하는 1.9켈빈의 액체 헬륨 안에 잠겨서 작동하게 된다.

그동안 LHC의 스케줄은 여러 차례 연기를 거듭했다. 예를 들면 2001년 118차 평의회에서 당시 CERN의 소장이던 루치아노 마이아니(Luciano Maiani)는 "LHC보부터 1,/54일 전입니다."라고 언급했는데, 이것은 2006년 4월 1일에 충돌을 시작하는 것을 전제로 한 말이었다. 당시의 스케줄로는 2005년 말까지 작업을 마치고 2006년 2월에 빔을

그림 14-4 2008년까지 CERN의 소장을 역임한 로베르 아이마.

가속기에 넣어서 4월에 첫 충돌을 일으킬 예정이었다. 그러나 여러 가지 해결해야 할 일들이 생기면서 스케줄은 재조정을 거듭했다. 가깝게는 2006년의 140차 평의회에서는 "LHC는 2007년에 시작될 것"을 천명하기도 했는데, 페르미 연구소에서 제작한 4극자 자석에 문제가 생기면서 다시 연기되었고 2007년의 145차 평의회에서는 2008년 초여름으로 예정했으나 다시 준비 과정에서 여러 가지 문제들이 거듭된 끝에 8월 7일, LHC의 공식적인 가동일을 2008년 9월 10일로 발표한다.

이와 같은 스케줄의 변동은, 아무도 해 본 적이 없는 일을, 정확하게 수행해야 하는 첨단적인 과학 실험에서는 흔한 일이기도 하다. 세상에서 처음 해 보는 일이 예정대로 딱딱 맞게 진행된다면, 오히려 그것이 놀라운 일일 것이다. 2008년까지 CERN의 소장을 지낸 로베르 아이

마(Robert Aymar)는 다음과 같이 표현했다.[3]

LHC를 조종하는 데 커다란 빨간 단추 같은 건 없습니다. 반드시 뛰어넘어야 할 허들이 여럿 있을 뿐이지요.

15장 | 지상 최대의 기계

2008년 4월 6일, CERN은 일반 대중에게 LHC를 공개하는 행사를 가졌다. 이날은 LHC가 가동되기 전에 일반인이 LHC 터널에 들어가 볼 수 있는 마지막 기회였다. LHC 터널과 검출기가 설치된 모든 지점이 공개되었다. 우리 독자들은 이 자리에 참석하지 못했지만 책으로나마 LHC의 모습을 살펴보자.

LHC가 설치된 곳은 앞에서 여러 차례 묘사했듯이 대략 100미터 지하에 위치한 둘레 26.7킬로미터의 원형 터널이다. 가속기 링의 둘레는 터널과 거의 같은데, 정확히 말하면 26658.883미터이다. 현재 세계에서 가장 큰 기계인 셈이다. 그러나 이 터널은 이미 LEP를 위해 사용되었으므로 LEP 역시 사상 최대의 기계였다고 해야 정확한 표현이다. 현재 LHC 다음 크기의 가속기인 CERN의 SPS나 미국 시카고 페르미 연구소 테바트론의 터널은 둘레 약 7킬로미터로 LHC의 4분의 1에 불과하다. LHC 터널의 깊이가 지하 100미터 정도라고 했는데 실제로는 깊이가 50미터 정도인 곳에서 175미터인 곳까지 있어서 최대 표고차는 122미터에 달한다. 터널이 워낙 거대하기 때문에 경사는 매우 완만해 터널에 들어가서 경사를 직접 느끼기는 어렵고 자전거를 타고 다니

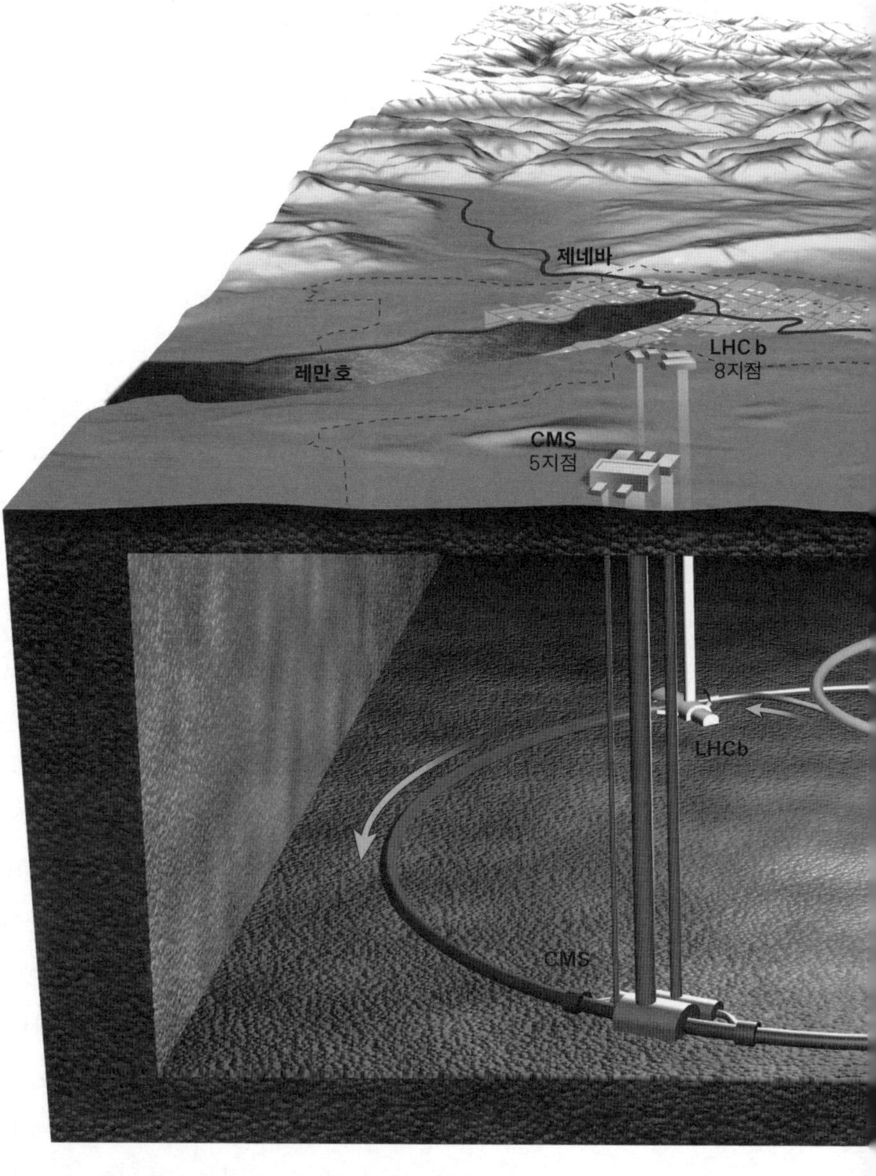

그림 15-1 LHC 가속기와 실험 설비의 전체 개요도. 둘레 26.7킬로미터의 가속기 터널이 지하 50~175미터에 건설되어 있고, 각 지점에 검출기들이 설치되어 있다.

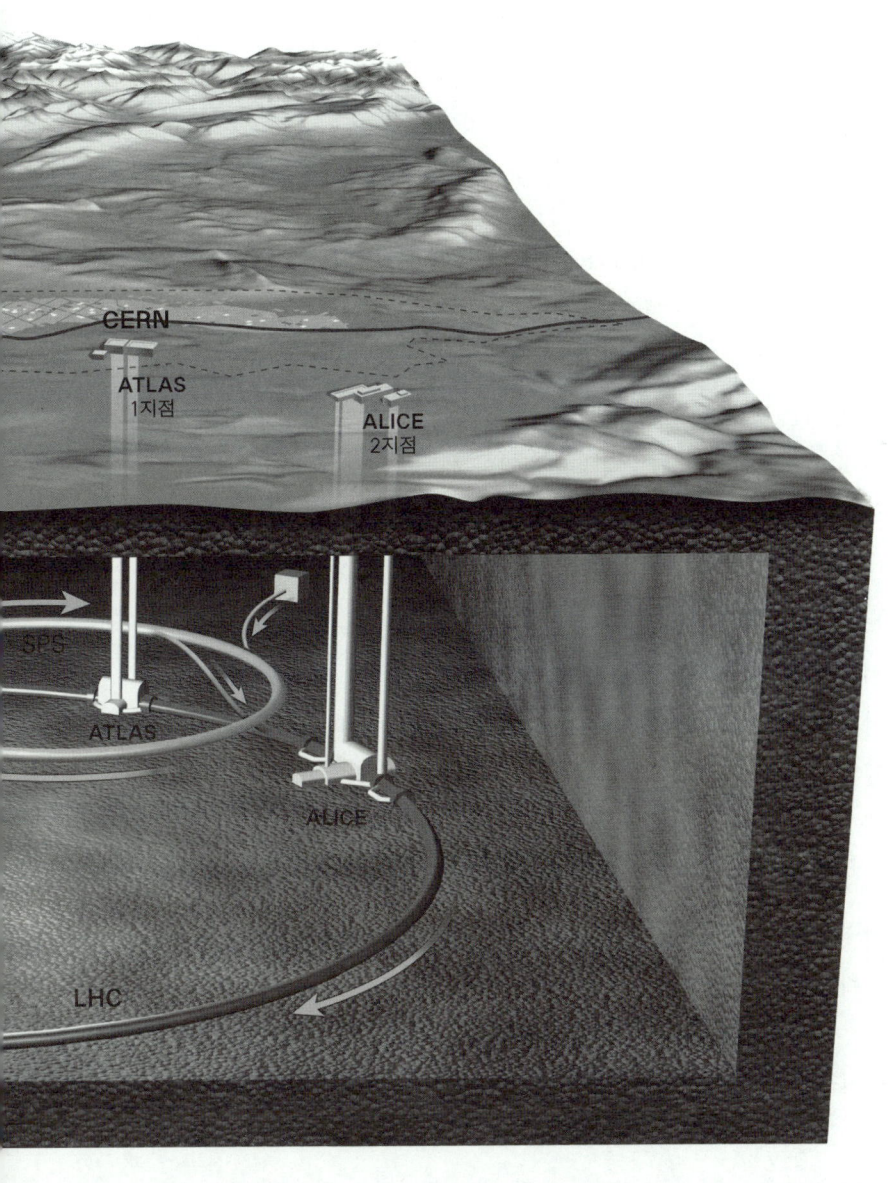

15장 지상 최대의 기계 433

면 느낄 수 있다고 한다. 터널의 폭은 약 4미터 정도, 높이는 3미터 정도다. 그림 15-2를 보면 터널의 단면 구조를 알 수 있다. 가속기는 그림과 같이 터널의 한쪽에 설치되어 있고 다른 한쪽은 사람이 작업을 하고 이동을 할 수 있도록 비어 있다.

엄청나게 거대하지만 LHC는 극도로 섬세한 기계다. 양성자라는 아주 작은 입자를 정확하게 조종해야 하며, 극히 정밀한 실험을 수행하므로 주변의 사소한 영향에도 큰 영향을 받을 수 있다. 예를 들면 LHC는 달의 영향까지 받는다. 달이 뜨고 짐에 따라서 바다에 밀물과 썰물이 생기는 것은 누구나 잘 아는 사실이다. 그런데 사실 땅도 마찬가지로 달의 영향을 받는다. 제네바 지역의 경우 25센티미터 정도의 오르내림이 있다고 한다. LHC 터널 역시 이런 움직임에 영향을 받으므로 LHC의 길이에는 1밀리미터 정도의 변화가 생기게 된다. 26.6킬로미터의 길이에 1밀리미터의 변화가 중요할까? 물론이다. 빛의 속도로 움직이는 빔의 에너지는 1밀리미터 차이에도 영향을 받는다. 그래서 물리학자들은 측정을 할 때 달의 움직임도 항상 고려한다. 물론 이와 같은 일은 LEP 실험을 할 때도 마찬가지였다. 오히려 정확히 Z 보손의 질량에 해당하는 에너지에서 충돌이 일어나야 하는 LEP 실험의 경우 이것은 훨씬 중요한 요소였다. LHC의 경우 실제로 충돌하는 파톤들의 에너지는 계속 바뀌고, 정확히 측정하기도 어려우므로 충돌 에너지 값의 정밀도는 LEP의 경우만큼 중요하지는 않다.

초진공의 빔 파이프

이제 가속기 안으로 들어가 보자. 빔이 지나가는 길인 빔 파이프를

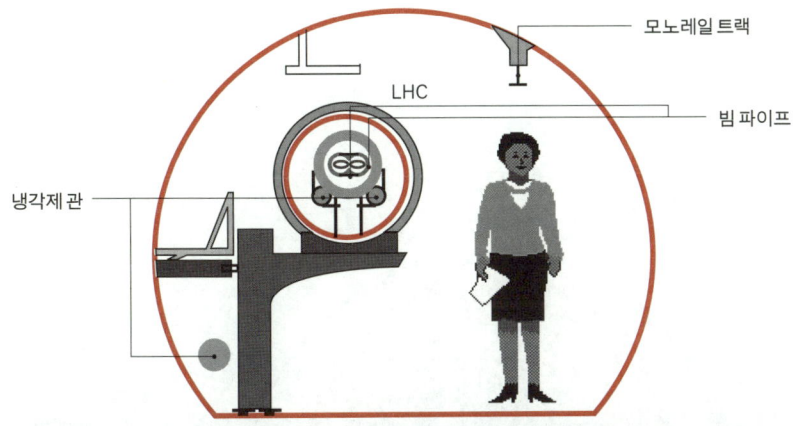

그림 15-2 위의 그림은 LHC 터널의 단면이다. 가운데 나란히 있는 구멍 2개가 양성자 빔이 지나가는 길인 빔 파이프다. 가속기는 터널 한쪽에 배치되어 있어 사람이 지나 다니며 연구 작업과 관리 등을 할 수 있게 되어 있다. 아래 사진은 양성자 빔이 지나가는 가속기 빔 파이프의 단면이다. 아래 사진을 보면 그 크기를 짐작할 수 있을 것이다.

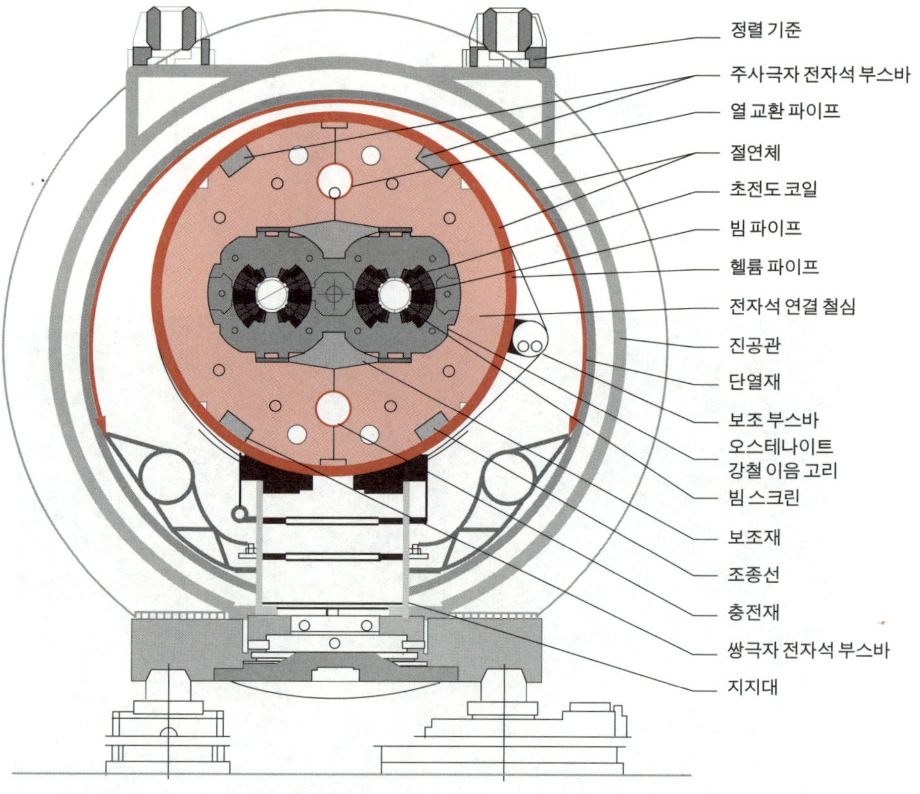

그림 15-3 LHC 튜브의 상세 구조.

중심에 두고, 그 주변에 빔을 가속하고 제어하기 위한 장치가 설치되어 있다. 그림 15-3은 가속기의 단면 구조다. 중앙에 나란히 있는 2개의 원이 빔이 지나가는 길인 빔 파이프다. 서로 반대 방향으로 가속되는 양성자 빔이 이 파이프 안을 지나가게 된다. 빔 파이프의 크기는 수 센티미터다. 그림 15-2의 사진을 보면 빔 파이프의 크기를 짐작할 수 있을 것이다.

빔 파이프의 내부는 극히 높은 수준의 진공 상태를 유지해야 한다. 빔 파이프 안을 달리는 양성자의 입장에서 보면 공기 분자, 즉 산소나 질소 분자는 양전하와 음전하로 된 어마어마하게 큰 물체이기 때문이다. 양성자 빔이 파이프 속을 달리다가 공기 분자와 부딪히면 많은 양성자가 교란된다. 양성자는 수소 원자핵이므로 산소 원자핵이나 질소 원자핵의 수십분의 1에 불과하지만, 산소나 질소 원자와 비교하면 1만 배 정도 작다. 간단히 예를 들어 비교하자면, 양성자가 탁구공만 하다면, 산소나 질소 원자는 여의도만 한 것이다. 우리가 살고 있는 지상에서는 대기압이 1기압이라고 할 때 섭씨 0도에서 1세제곱센티미터에, 그러니까 한 변이 1센티미터인 상자 안에 이런 공기 분자가 약 10^{19}개 존재한다.* 이 속으로 양성자 빔을 보내면 공기 분자와 부딪혀서 금방 산란되고 양성자들은 흩어지고 만다. 따라서 빔이 지나가는 파이프 내부는 가능한 한 진공 상태를 유지해야 한다.

LHC에는 현재 인간이 가진 것들 중 가장 발전된 기술을 필요로 하는 부분들이 많이 있는데, 진공 기술도 그중 하나이다. LHC 빔 파이프

---

* 물론 이 정도의 공기 밀도라고 하더라도 공기 분자가 차지하는 공간은 1,000분의 1세제곱센티미터 정도에 불과하다.

안의 진공 상태는 10조분의 1기압(10^{-13}기압) 정도다. 이런 정도의 진공은 1세제곱센티미터 공간에 300개 정도의 공기 분자가 있는 것으로 달 표면 기압의 10분의 1에 불과하며 지구상에서 인간이 만들 수 있는 가장 높은 수준의 진공에 가깝다. 게다가 이런 고도의 진공을 27킬로미터 길이의 파이프 전체에서 거의 1년 내내 유지하고 있어야 하는 것이다. LHC에 사용된 진공 기술이 어느 정도인지 짐작할 수 있을 것이다. 그러나 이런 진공 상태에서도 양성자 빔이 빔 파이프를 지나는 동안 남아 있는 공기 분자와 아주 가끔씩 충돌하게 된다. 그러면 빔은 조금씩 부서져서 광도가 떨어진다. 그 때문에 빔은 계속 가속기 링을 돌지 못하고 수명을 가지게 된다. 빔 파이프에 남아 있는 공기 분자와의 충돌 효과에 따라 정해지는 양성자 빔의 수명은 100시간 정도다.

빔 파이프 내부 말고도 LHC에는 진공인 부분이 두 가지 더 있다. 냉각된 전자석도 진공 용기 속에 들어 있다. 냉각 상태를 유지하기 위해서다. 액체 헬륨이 지나는 관도 진공 내에 위치한다. 이것들의 진공도는 빔 파이프 내부만큼 높지는 않지만, 냉각된 전자석 주변의 진공은 훨씬 더 커다란 공간을 진공으로 만들어야 한다는 애로가 있다.

초전도 전자석의 힘

가속기의 원리는 9장에서 설명한 것처럼 가속기 안에 들어온 입자에 전기장을 걸어 주어서 양극 사이에서 가속시키는 것이다. 입자가 링을 따라서 배치된 가속기를 통과할 때마다 전기장을 정확한 타이밍으로 걸어 주면 입자를 점점 더 빠르게 가속할 수 있다. LHC에서 입자의 움직임을 제어하는 역할은 총 9,300개에 이르는 전자석이 맡고 있다. LHC 가속기는 그림 14-2에서 보는 바와 같이 완전한 원형이 아니라 팔각형에 가깝다. 한 번 휘어진 부분에서 다음 휘어진 부분까지를 하나의 '섹터(sector)'라고 부르는데 LHC를 하드웨어적으로 다루는 기준이 된다. 그러므로 LHC는 8개의 섹터로 이루어져 있고 각 섹터별로 전자석, 가속 장치 및 냉각 장치 등이 유기적으로 연결·설치되어 있다. 팔각형의 꼭짓점에 해당하는 부분마다 각각 154개의 쌍극자 자석이 설치되어 빔의 방향을 바꾸어 준다. 양성자 빔은 팔각형의 변에 해당하는 직선 구간을 달리는 동안 각 구간마다 49개의 4극자 전자석을 통해 집중화되어 높은 밀도를 유지하면서 가속된다. 빔이 충돌하는 부분, 빔이 LHC에 들어오는 부분, 다 사용한 빔을 버리는 부분 등도 모두 직선 구간에 위치한다. 나머지 전자석들은 여러 가지 이유로 빔에 변동이 일어났을 때 이것을 보정하는 역할을 한다. 이 전자석들은 무게만 해도 3만 톤에 이르며 극히 강력한 자기장을 만들어 내기 위해 초전도 기술을 이용한다.

LHC에 사용되는 첨단 기술에는 초진공, 초전도, 초저온 기술과 초고속 전산 처리 기술이 있다. 컴퓨터와 네트워크를 이용한 초고속 전산 처리 기술이 중요한 이유는 LHC에서 얻어지는 데이터의 양이 워낙 어마어마하기 때문인데, 보통의 컴퓨터와 시스템으로는 도저히 감당할 수 없을 정도다. 컴퓨터 기술에 관련된 이야기는 뒤에서 다루도록 하고 초진공 기술은 앞에서 했으니 여기서는 먼저 초전도에 대해서 이야기해 보자.

LHC에 설치된 총 9,300개의 전자석 중에서 중심이 되는 것은 빔을 조종하는 역할을 하는 1,232개(=154×8)의 쌍극자 전자석과 직선 구간에서 빔의 초점을 맞추는 392개(=49×8)의 4극자 전자석이다. LHC의 가장 주요한 부분인 1,232개의 쌍극자 자석은 LHC 설계에서 기술적으로 가장 야심적인 부분이라고 할 수 있다. 높은 에너지를 가지고 거의 빛의 속도로 움직이는 양성자를 조종하려면 엄청나게 강한 힘이 필요하다. 가속 에너지가 커질수록 양성자 빔을 휘는 데 더 강한 자기력이 필요하므로 가속기에 사용되는 쌍극자 자석의 자기장도 세어져야 한다. 전자석을 가지고 직접 실험해 보면 쉽게 알 수 있듯이, 전자석의 자기장을 강하게 만드는 방법은 전자석의 코일을 많이 감고, 코일 안의 금속의 종류를 잘 선택하고, 코일에 전류를 많이 흘리는 것이다. 이중 앞의 두 가지가 전자석의 크기와 같은 여러 가지 제약에 따라 결정이 되고 나면 남은 방법은 강한 전류를 흘리는 것이다. 그러나 보통의 금속에 흐르는 전류는 금속의 물성에 따라 한계를 갖게 되며, 이 한계를 넘는 전류가 흐르면 금속이 녹아 버리든가 파괴되고 만다. 그런 한계를 극적으로 해결하는 것이 초전도 기술이다.

초전도 현상은 1911년, 네덜란드 라이덴(Leiden) 대학교의 하이케 카메를링 오네스(Heike Kamerlingh Onnes)가 발견했다. 네덜란드에서 가장 오래된 대학인 라이덴 대학교는 우리에게는 좀 낯설지 모르지만 헨드리크 안톤 로렌츠(Hendrik Antoon Lorentz)가 활약하던 19세기 말과 20세기 사이에 과학 분야에서 유럽의 지도적인 대학 중 하나였다. (물론 지금도 세계적인 명문 대학이다.) 로렌츠는 전기 역학에 많은 업적을 남겼으며 아인슈타인에게도 많은 영향을 끼친 학자로 아인슈타인은 물리학자로서 로렌츠를 아버지와 같이 여긴다고 했을 정도로 그를 존경했다. 로렌츠도 자신의 후임으로 아인슈타인을 라이덴 대학교에 부르고 싶어 했으나 결국 그 자리는 아인슈타인의 절친한 친구인 파울 에렌페스트가 맡게 된다. 로렌츠는, 제자인 피테르 제만(Pieter Zeeman)이 1897년에 발견한 제만 효과, 즉 자기장 안에서 원자의 스펙트럼이 미세하게 갈라지는 현상을 이론적으로 규명해, 그 공로로 제만과 함께 뢴트겐에 이어 두 번째 노벨 물리학상을 수상했다. 또한 아인슈타인의 특수 상대성 이론은 수학적으로는 로렌츠의 이름을 딴 '로렌츠 변환'에 대한 불변성으로 표현되며, 전기장과 자기장 속을 움직이는 물체가 받는 힘을 '로렌츠의 힘'이라고 부를 정도로 현대 물리학에 큰 영향을 끼쳤다.

1910년대 라이덴 대학교의 자랑거리 중 하나가 오네스의 저온 물리학 실험실이었다. 오네스는 훌륭한 실험가였으며 특히 저온 물리학 실험의 전문가로서 독보적인 사람이었다. 오네스는 온도를 낮추는 신기록을 스스로 갱신해 가면서, 1908년에는 처음으로 헬륨을 액체로 만드는 데 성공했고, 극저온의 많은 현상을 발견해서 '미스터 절대 0도'라고 불릴 정도였다. 당시 오네스는 0.9켈빈(섭씨 -272.1도)까지 온도를 내리는 기록을 세워서 지구에서 가장 추운 곳은 라이덴 대학교에 있다는 말을 듣기도 했다.

저온에서 여러 가지 물성을 실험하던 중 오네스는 놀라운 현상을 발견한다. 오네스는 액체 수은의 전기 저항이 온도에 따라서 변하는 것을 관찰하고 있었는데, 4켈빈(섭씨 -269도)에 이르자 서서히 작아져 가던 전기 저항이 갑자기 0으로 떨어지는 것이었다. 크게 놀란 오네스는 주석과 납과 같은 여러 가지 다른 금속에 대해서도 같은 실험을 해보았고 온도는 다르지만 대부분의 금속에서 같은 현상이 관찰됨을 발견했다. 전기 저항이 0이 된다는 것은 금속에 전류가 얼마든지 많이 흐를 수 있다는 뜻이므로 이를 '초전도(superconductivity)' 현상이라고 불렀다. 초전도의 발견에 관한 오네스의 최초의 논문들은 《암스테르담 왕립 과학 아카데미 회보(Proceedings of the Royal Academy of Sciences of Amsterdam)》와 《라이덴 물리학 연구실 통신(Communications from the Physical Laboratory at Leyden)》 등의 학술지에 발표되었다. 초전도 등 저온에서의 물리 현상에 관한 연구 업적으로 오네스는 1913년 노벨 물리학상을 수상했다.

전기 저항이 0이 된다는 말은 전류가 무한대로 많이 흐를 수 있다는 말이다. 따라서 초전도는 과학적으로도 놀랍고 중요하지만 실용적으로도 엄청난 가치가 있는 현상이다. 다만 섭씨 -270도 정도의 극저온에서나 일어나는 현상이기 때문에 그리 쉽게 실용화하기는 어렵다. 이 신기한 현상은 1957년 일리노이 대학교의 젊은 학자 쿠퍼와, 트랜지스터를 발명해 이미 노벨 물리학상을 받은 바 있는 바딘, 그리고 그의 대학원생 슈리퍼에 의해 이론적으로 해명되었다. 세 사람의 이름을 따서 'BCS 이론'이라고 불리는 이론을 세운 업적으로 세 사람은 1972년 노벨 물리학상을 수상한다. 앞에서 보았듯이 BCS 이론은 대칭성의 자발적 깨짐이라는 아이디어를 구현한 이론으로, 입자 물리학에도 커다란 영향을 미쳤다.

1986년 IBM의 카를 알렉산더 뮐러(Karl Alexander Müller)와 요하네스 게오르크 베드노르츠(Johannes Georg Bednorz)는 양자 구멍 효과에 관한 실험을 하던 중에 어떤 화합물에서 초전도 현상을 발견하는데, 놀라운 것은 초전도 현상이 일어나는 온도가 35켈빈(섭씨 -238.2도)이라는 것이었다. 이 현상이 놀라운 이유는 BCS 이론에 따르면 30켈빈 이상의 온도에서는 초전도 현상이 일어날 수 없기 때문이었다. 즉 이 초전도 현상은 BCS 이론으로 설명되지 않는 새로운 초전도 현상이었다. BCS의 한계 온도보다 높은 온도에서 초전도 현상이 일어난다고 해서 이것을 '고온 초전도체(High Tc superconductor)'라고 부른다. 고온 초전도

체는 물리학계의 폭발적인 관심을 끌어모았고 뮐러와 베드노르츠는 고온 초전도 현상을 발견한 공로로 1987년 노벨 물리학상을 수상했다. 이것은 리정다오와 양전닝의 경우와 함께 업적을 낸 후 가장 빨리 노벨상이 주어진 사례에 속한다. 뮐러와 베드노르츠가 초전도를 발견한 후 수많은 종류의 고온 초전도 현상을 보이는 화합물이 발견되었다. 고온 초전도 현상이 특히 관심을 받은 이유는 초전도가 일어나는 임계 온도가 충분히 높아지면, 특히 임계 온도가 77켈빈(섭씨 -196.2도)보다 높을 경우에는 매우 싼 재료인 액체 질소만 가지고도 초전도를 얻을 수 있기 때문이다. 이렇게 되면 냉각 비용이 파격적으로 낮아져서 응용이 엄청나게 쉬워진다. 현재 77켈빈보다 높은 임계 온도를 갖는 고온 초전도 물질이 발견되기는 했으나 완전히 실용화되지는 못하고 있다. 또한 고온 초전도의 원리도 아직 완전히 이론적으로 규명되지 않고 있다.

아무튼, 가속기에서 초전도 기술을 사용하지 않으면, 전자석의 세기에 한계가 있으므로 도달할 수 있는 에너지의 한계가 훨씬 낮아질 수밖에 없다. 미국 페르미 연구소의 테바트론과 크기가 거의 비슷한 CERN의 SPS의 가속 에너지가 테바트론보다 훨씬 낮은 것은 초전도 기술을 사용하지 않았기 때문이다.

LHC에서는 니오븀-티타늄(NbTi) 케이블을 이용하는 초전도 전자석을 쌍극자로 사용한다. 이 쌍극자 하나의 무게는 35톤가량 되고, 길이는 15미터 정도 된다. 니오븀-티타늄은 10켈빈(섭씨 -263.2도)에서 초전도 상태가 되는데, LHC에서는 그보다 충분히 낮은 1.9켈빈에서 가동된다. 초전도 상태에서 쌍극자 전자석에 흐르는 전류는 1만 1700암페어에 달하며 그것에 따라 약 8.3테슬라의 자기장이 생기게 된다. 참

TEVATRON
B = 4 T
Bore : 76 mm

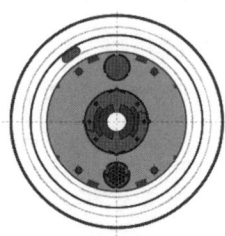

HERA
B = 4.5 - 6T
BORE : 75 mm

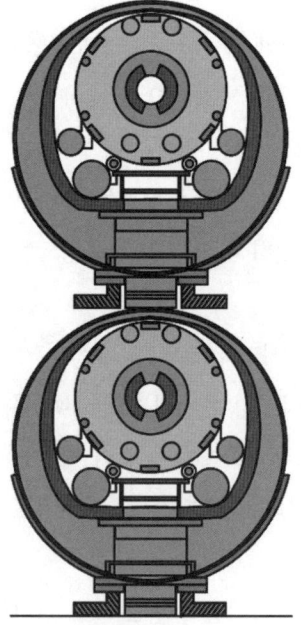

SSC
B = 6.6 T
Bore : 50 mm

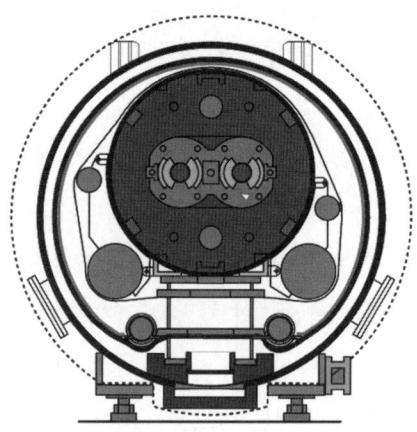

LHC
B = 8.65 T
Bore : 56 mm

그림 15-4 초전도 가속기의 단면도. 그림에서 B는 자기장의 자기력선속 밀도(단위는 테슬라 (T)), BORE는 내경(단위는 밀리미터(mm))을 뜻한다. 테바트론은 미국 시카고 인근 페르미 연구소에, HERA는 독일 DESY에 설치되어 있다. SSC는 설계 단계의 것이다.

고로 가정에서 사용하는 전류의 최대치는 100암페어 정도다.

현재까지 가속기 전체에 초전도 자석을 이용한 가속기는 페르미 연구소의 테바트론뿐이다. 그 외의 가속기들은 부분적으로 초전도 자석을 사용한 적은 있지만, 전체적으로 사용한 적은 없다. LEP가 초전도 기술을 사용하지 않았던 이유는 LEP는 전자를 가속하기 때문에 양성자를 가속할 때보다 약한 자기장으로도 충분히 입자를 휠 수 있었기 때문이다. 그 밖에 초전도 기술을 사용하려던 가속기인 ISABELLE과 SSC는 모두 중간에 계획이 취소되는 불운을 겪었다. 따라서 테바트론보다 4배나 큰 LHC 전체에 초전도 자석을 사용하는 일은 기술적으로 대단한 도전인 셈이다.

지구 최대의 초저온 냉장고

LHC는 초전도 상태를 유지하기 위해 가동되는 동안 1.9켈빈(섭씨 -271.3도)을 유지한다. 별과 별 사이 텅 비어 있는 우주 공간의 온도가 2.7켈빈(섭씨 -270.5도, 우주 배경 복사의 에너지에 해당하는 온도다.)이므로 LHC 빔 파이프 내부는 우주 공간보다도 추운 셈이다. 그래서 홍보용 수사를 더해 LHC를 "우주에서 가장 추운 곳"이라고 부르기도 했다. 사실 이것은 정확한 표현은 아니다. 앞에서 20세기 초에 오네스가 이미 0.9켈빈의 온도를 만들었던 것처럼, 지상의 저온 실험실에서는 그보다 더 낮은 온도를 만들 수도 있기 때문이다. 그러나 무려 27킬로미터에 달하는 가속기 전체를 이렇게 낮은 온도로 유지하는 시스템은 유례가 없다. LHC는 지구상에서 가장 큰 냉장고인 것이다.

LHC의 냉각 장치는 다음과 같이 3단계로 작동한다. 첫 단계에서는 헬륨을 4.5켈빈(섭씨 -268.7도)으로 냉각하는데 먼저 액체 질소를 이용해 온도를 80켈빈(섭씨 -193.2도)까지 낮추고 다시 냉각 장치를 이용해서 4.5켈빈(섭씨 -268.7도)으로 만든다. 두 번째 단계로 헬륨을 전자석 주변에 주입하며, 마지막 단계로 헬륨의 온도를 1.9켈빈(섭씨 -271.3도)으로 낮춘다. 헬륨은 1기압일 때 4.2켈빈(섭씨 -269.0도) 근처에서 액화되며, 2.17켈빈(섭씨 -271.0도)에서는 초유동(superfuid) 상태가 된다. 초유동 상태 역시 오네스가 발견한 현상인데, 이 상태에서는 열도 극히 잘 전달되므로 냉각 매질로 최적이다. LHC에서 사용되는 헬륨의 양은 120톤 정도가 될 것으로 예상되는데, 그중 주된 임무인 전자석을 냉각시키는 데 약 90톤이 사용될 것이다.

LHC의 예산

LHC에 대해 많은 사람들이 관심을 가질 만한 주제 중 하나는 건설 및 유지 비용일 것이다. 대체 세계에서 가장 크고 가장 복잡한 기계는 돈이 얼마나 들까? 로렌스가 1931년에 최초의 5인치 사이클로트론을 만드는 데 들었던 비용은 25달러 정도였다고 한다.[1] LHC를 건설하는 데는 1스위스프랑을 1,000원으로 환산했을 때 4조 6000억 원 정도가 들었다. (스위스는 EU에 가입돼 있지 않기 때문에 유로화가 아니라 스위스프랑을 쓴다.) 각 검출기는 각각의 실험팀이 독립적으로 제작하는데, CERN도 실험팀의 일원으로 참여하면서 CMS와 LHCb는 20퍼센트, ALICE는 16퍼센트, ATLAS는 14퍼센트 정도의 제작비를 분담해 야 1조 1000억 원 정도가 들었다. 그 밖에 다른 가속기 등을 개량하는 데 1600억 원, 컴퓨터에 관련해서 CERN이 부담한 비용이 1800억 원 정도이므로 LHC

의 건설에 CERN이 사용한 비용은 총 6조 300억 원 정도다.[2] CERN이 부담한 이 밖의 검출기 제작 비용을 고려하면 총 10조 원에 육박할 것이다. 만약 LEP 터널을 재활용하지 않고 새로 터널을 파야 했다면, 여기에 수조 원이 추가로 필요했을 것이다. 한편 LHC가 가동되는 동안 CERN에서 필요로 하는 운영비가 연간 2250억 원, 각 실험팀들이 사용하는 운영비가 약 400억 원 정도로 예상되므로 연간 운영비는 총 2650억 원에 이른다.

그리드 컴퓨팅

그림 15-5를 보자. 이것은 거품 상자의 입자 궤적을 찍은 사진이다. 1960년대까지 입자 관측에서 가장 중요한 검출기는 거품 상자였다. 옛날의 실험에서는 거품 상자에 입자가 들어오면 설치된 카메라로 여러 차례 촬영해 이런 사진을 얻는다. 그러면 이번에는 이 사진들을 분석하는 방으로 옮겨서 훈련받은 사람 여러 명이 자와 각도기를 들고 사진에 달라붙어서 사진에 나온 궤적의 길이, 곡률 등을 열심히 측정한다. 처음에는 물리학자가 이런 작업을 직접 하기도 했지만 분량이 많아짐에 따라 이런 작업은 따로 사람을 고용해 시켰다. 예를 들어 겔만과 네만이 SU(3) 대칭성으로 예측한 오메가 입자를 찾는 실험에서 브룩헤이븐 팀은 약 10만 장의 사진을 검토했다고 할 정도니(벌써 1964년의 일이다.) 물리학자가 사진들까지 직접 분석했다가는 도저히 연구할 시간이 없을 것이다. 사진이 분석되면 거기서 나온 수치들을 가지고 물리학자들은 입자의 전하, 운동량, 질량 등을 정하고 물리 현상을 재구성한다.

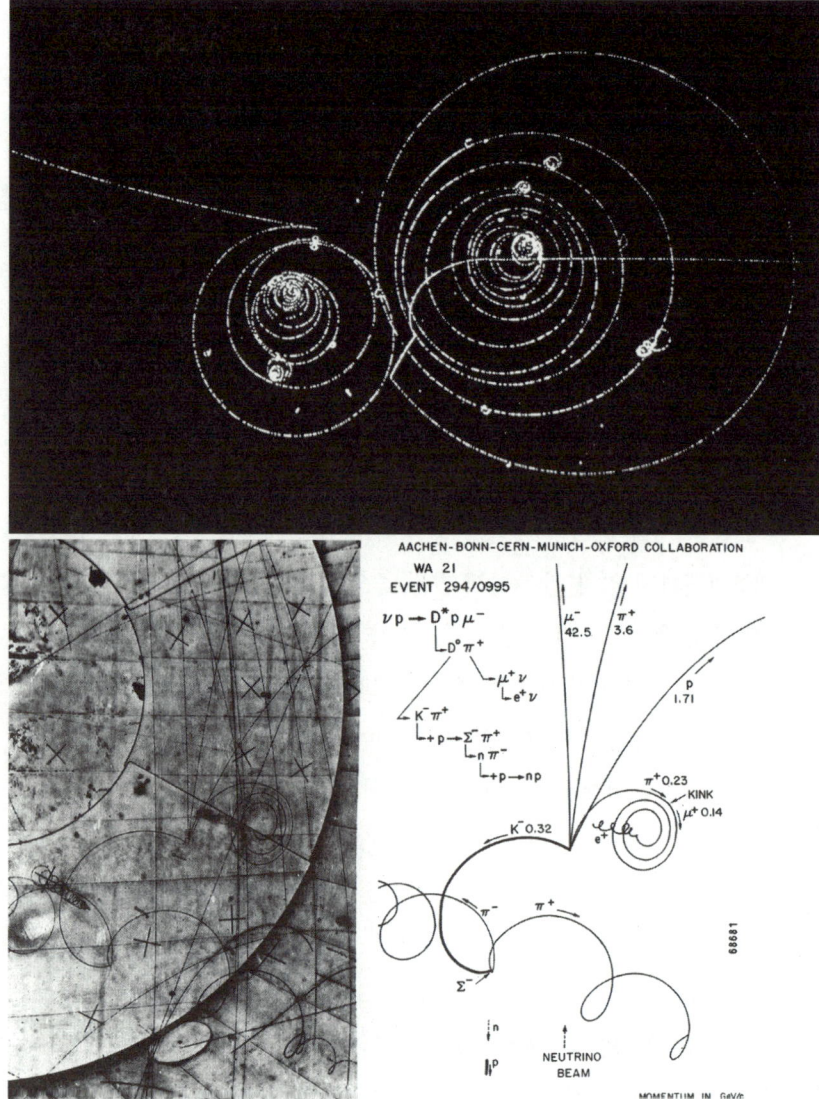

그림 15-5 거품 상자 입자 궤적 사진과 그것을 분석한 그림. 위의 것은 오메가 입자의 생성과 붕괴를 찍은 것이고, 아래 사진은 D 메손의 생성과 붕괴를 나타낸 것이다. 아래 오른쪽은 사진을 분석한 그림이다.

샤르파크가 다중선 비례 검출기를 발명한 이후 검출기는 자동화되고 컴퓨터 분석이 일반화되었다. 현대의 가속기 실험은 컴퓨터 없이는 상상하기도 어렵다. 우선 데이터의 양이 워낙 방대해 옛날 방법으로는 기록하는 것조차 불가능하며 더구나 그것을 분석하는 것은 어렵도 없다. 그리고 1950년대나 1960년대와는 달리 오늘날 우리가 관찰하는 입자들 중에는 그 수명이 극히 짧은 것들이 많다. 그래서 수 마이크로미터보다 훨씬 짧은 거리에서 복잡한 현상이 일어나게 된다. 따라서 극히 정교한 검출기가 필수적이며, 검출기에서 나온 많은 데이터를 빠르게 처리해야 한다. 오늘날 연구팀의 능력에서 컴퓨터의 강력한 계산 능력은 훌륭한 검출기만큼이나 중요한 요소다.

그런데 LHC 프로젝트가 본격적으로 시작되면서 컴퓨터의 계산 능력 문제는 차원이 다른 문제가 되었다. LHC에서는 각 검출기에서 양성자 빔 뭉치가 1초당 약 3000만 번 충돌한다. 빔 뭉치가 한 번 충돌할 때 양성자-양성자 충돌은 20여 회 일어나므로 1초에 6억 회 이상의 양성자-양성자 충돌이 일어나는 것이다. 양성자가 충돌하면 수백 개의 입자가 튀어나와 검출기 속으로 들어가며 각각의 입자들은 궤적 검출기 속에 지나간 흔적을, 그리고 에너지 검출기들 속에 전달한 에너지들을 남긴다. 검출기에 남은 흔적은 전기적 신호로 바뀌어 기록된다. 한 번의 충돌을 기록하는 데 2메가바이트 정도가 필요하고 LHC가 정상적으로 가동될 때의 충돌 횟수는 초당 6억 회이므로, LHC가 1년에 대략 10개월간 가동된다고 보면 충돌 횟수는 6억×3600×24×300=약 2×10^{16}회다. 따라서 데이터의 총량은 4경 메가바이트(=40조 기가바이트=400억 테라바이트)이다. 10만 원 정도 하는 1테라바이트짜리 하드디스크 400억 개라니, 지구의 전 자원을 모아도 이만큼의 데이터를 저장할 기록 매체를 만들어 내지 못할 것이다.

이런 막대한 데이터는 어떻게 해 볼 도리가 없으므로 애초에 모든 데이터를 기록하지 않고 '트리거링(triggering)'이라는 과정을 통해 기록할 만한 가치가 있다고 판단되는 데이터만을 실제로 기록한다. 최종적으로 기록하는 양은 일어난 사건의 겨우 0.001퍼센트에 불과하다. 기껏 그렇게 큰 돈을 들여서 만든 실험 장치 데이터의 대부분은 기록조차 하지 않고 버리는 셈이다. 버리는 데이터가 아까운가? 0.001퍼센트만 기록하더라도 ATLAS의 경우 1년에 약 3,200테라바이트의 데이터가 나올 것으로 예상된다. 여기에다 이 데이터를 가공한 데이터가 있고, 몬테카를로 시뮬레이션을 통해 만들어 놓은 데이터도 있으므로 다 합치면 1년에 기록해야 할 데이터는 약 10페타바이트(PB)에 달할 것으로 예상된다. 페타바이트는 1,000테라바이트, 즉 1000조 바이트를 의미한다. 1 뒤에 0을 15개 붙인 숫자다. 흔히 쓰는 CD에 약 700메가바이트의 데이터를 담을 수 있으니까 10페타바이트라면 1500만 장 정도가 된다. 이 정도 양의 CD를 한 줄로 쌓아올리면 CD 하나의 두께를 1밀리미터라고 했을 때 1만 5000미터, 에베레스트 산의 두 배 가까운 높이다. 다른 방식으로 비교해 보면 이 숫자는 전 세계에서 1년 동안 출판되는 모든 책들에 담긴 정보량의 1,000배쯤 된다. 또는 1년에 전 세계에서 만들어지는 모든 정보—책뿐만 아니라 디지털 이미지, 동영상 등을 망라한 모든 정보—의 대략 1퍼센트에 해당되는 양이라고 한다.

데이터의 양이 이쯤 되면 저장하는 장소도 문제며, 그보다 더욱 심각한 문제는, 이 데이터를 가지고 이리저리 가공하면서 분석을 해야 한다는 것이다. 이것은 연구원들의 책상 위에 놓인 컴퓨터가 모두 슈퍼 컴퓨터라 하더라도 무리한 일이다. 이런 대규모의 데이터를 다루는 방법은 '그리드(grid)'라고 불리는 컴퓨터 기술을 사용하는 것밖에는 없다. 그리드는 수많은 컴퓨터를 초고속 통신망으로 연결해, 정보의 처리와 저장을 분산하는 것을 의미한다. 그렇게 하면 컴퓨터의 저장 장소와 중앙 처리 장치를 최대한으로 효율적으로 사용하게 되어 방대한 데이터를 처리하는 것이 가능하다. 이 때문에 CERN에서는 그리드 컴퓨팅을 개발하는 일에도 전력을 다하고 있다. 특히 LHC를 위해 WLCG(World-wide Lhc Computing Grid project)라는 이름으로 2002년부터 전 세계에 걸쳐 그리드를 건설하고 있다. 전 세계 수천 명의 물리학자들이 그리드를 통해 LHC 데이터를 가지고 연구를 진행하게 될 것이다.

LHC 실험의 데이터는 4단계로 나누어서 저장된다. 원본 데이터는 CERN의 컴퓨터 그리드 센터에 보관되는데 이것을 Tier-0 센터라고 한다. 한 차례 가공을 거친 데이터는 충분한 저장 용량을 갖추고 24시간 접근 가능한 몇몇 Tier-1 센터에 분배된다. Tier-1 센터에서는 연구팀이 관리하는 Tier-2 센터로 데이터를 배분하며, 각 대학이나 연구소 레벨에서 이용하는 컴퓨터인 Tier-3이 다시 이 데이터를 분배받는다. 일반 연구자는 Tier-3 수준에서 데이터를 다루게 된다. 우리나라에는 CMS 그룹의 Tier-2 센터가 경북 대학교에 설치되어 있다. CMS 그룹의 경우 Tier-1 센터는 7개국에, Tier-2 센터는 우리나라를 포함해서 22개국에 구축되어 있다. 데이터가 분산되어 저장되고 처리되므로 Tier 센터들 간에 대용량 자료가 에러 없이 안정되게 전송되고 보안이 유지되어야 하는 것은 필수적이다. 현재 Tier-1 센터들 간의 네트워크에는 10기가비피에스(Gbps)급 전용선이, Tier-1과 Tier-2 간 네트워크에는 1기가비피에스급의 전용선이 최소 조건으로 요구되고 있다. (Gbps는 1초 동안 몇 기가바이트의 정보를 전달할 수 있는가를 표시하는 단위이다.)

이제 입자 물리학뿐만 아니라 모든 과학 분야에서 거대한 양의 계산은 점차 필수 항목이다. 나노 과학, 생물 정보학(bioinformatics), 기상학, 의학, 지구 과학, 원자력 공학 등 여러 분야에서 이용되는 그리드 컴퓨팅은 점차 선택이 아닌 필수가 되어 가고 있는 것이다. 이것은 언제 어디서나 연구자들이 연구 자료에 접근하고 연구를 수행할 수 있는 '이사이언스(e-science)' 시대의 개막을 의미한다. 이것을 위해서는 안정된 고속 네트워크, 거대한 데이터 저장 능력, 그리고 초고속 연산 능력의 인프라를 갖추는 것이 긴요하다. 유럽에서는 2004년 4월 EGEE(Enabling Grids for E-sciencE)라고 불리우는 프로젝트가 시작되었다. 유럽 연합에서 돈을 대고 CERN에서 기획하는 이 프로젝트

그림 15-6 CERN 컴퓨터 센터의 그리드 컴퓨팅용 PC들.

는 과학 연구에 사용될 세계 규모의 컴퓨터 그리드의 기반 구조를 건설하는 것을 목적으로 하고 있다. 미국에는 테라그리드(TeraGrid), DDDAS(Dynamic Data Driven Application Simulation) 등의 여러 이사이언스 프로그램이 수행 중이다. 그 외 각국에서는 이사이언스를 다음 세대 과학의 주요 연구 환경으로 간주하고 많은 투자와 연구를 병행하고 있다.

우리나라에서도 2005년 과학기술부가 국가 이사이언스 구축 사업의 기본 계획을 발표하고, 한국 과학 기술 정보 연구원(KISTI) 등을 통해 글로벌 과학 기술 협업 연구망(GLORIAD)에 참여하는 식으로 각 분야에서 관련 연구와 인프라 구축을 추진하고 있다.[3] 입자 물리학 실험은 그중에서도 가장 많은 컴퓨팅 자원을 필요로 하는 분야이며 LHC는 현재 그 정점이다. LHC 컴퓨팅 그리드의 개발 및 운용은 이후의 입자 물리학 실험에 있어서 중요한 기초가 될 것이다.

16장 | 양성자 충돌의 순간

CERN 가속기 복합 시스템

 지금까지 LHC에 관해 전반적으로 알아보았다. 이제 LHC의 스위치를 켜고 양성자를 가속할 때가 되었다. 그런데 양성자는 어디에 있는가? 잠깐 스위치를 켜기 전에 양성자가 어떤 길을 따라서 LHC를 도는지 살펴보자.

 LHC와 같은 싱크로트론에서는 입자의 회전 궤도가 일정한 만큼 어느 정도 가속된 입자를 사용해야 한다. LHC에서 사용할 양성자를 가속하는 일은 CERN의 가속기 복합 시스템(accelerator complex system)이 한다. 가속기 복합 시스템은 다단 로켓을 연상하면 좋다. 가속기가 연달아 이어져 있어서, 각각의 가속기는 양성자 빔을 정해진 정도만큼 가속하고, 다음 가속기로 보내어 차츰 더 높은 에너지로 입자를 가속하는 시스템이다. 다음 쪽의 그림 16-1이 LHC를 위한 CERN의 가속기 복합 시스템의 개요도다. 가속기 복합 시스템에서 가속되어 최종적으로 LHC에 들어오는 양성자 빔의 에너지는 450기가전자볼트이다.

 양성자는 수소의 원자핵이다. 따라서 양성자를 만드는 방법은 수

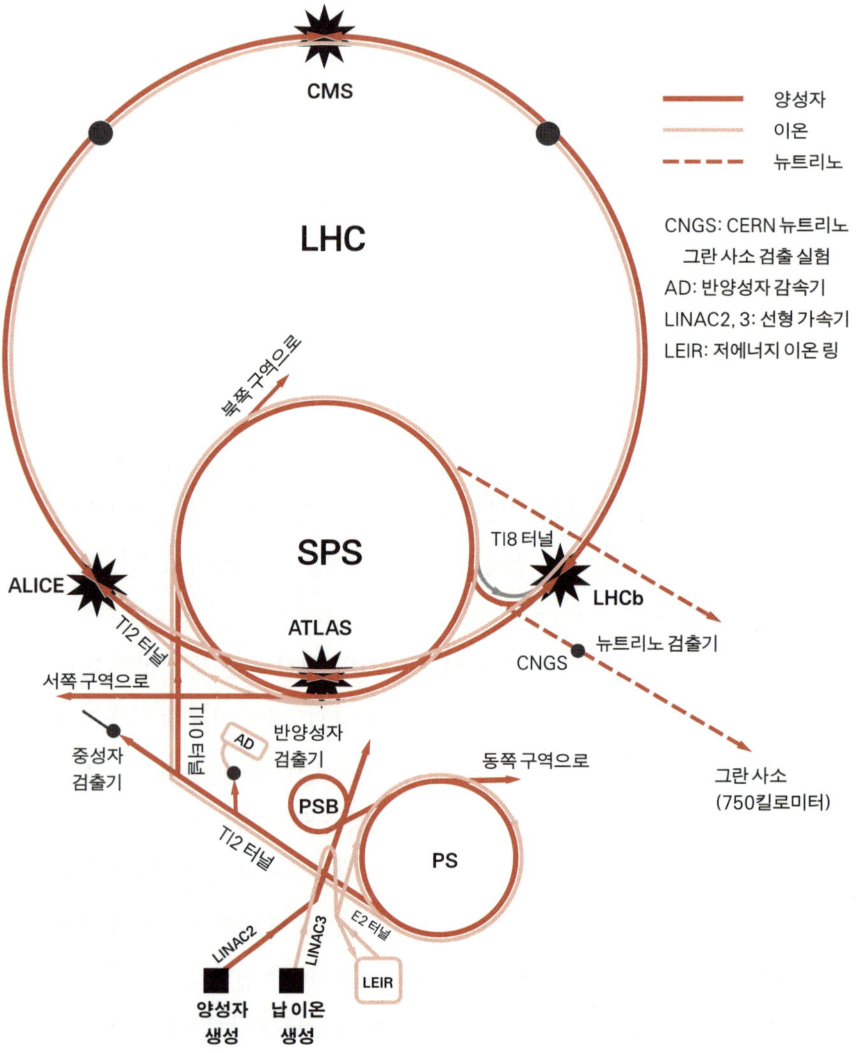

그림 16-1 CERN 가속기 복합 시스템 개요도.

소 원자에 강한 전기장을 걸어 주어서 전자를 떼어내면 된다. 일단 서로 분리된 전자와 양성자는 전하를 가지고 있으므로 전기장과 자기장으로 조종할 수 있다. 양성자는 우선 선형 가속기(LINAC2)를 통해 PS의 부스터(booster, 대형 싱크로트론의 입사기로 쓰이는 소형 싱크로트론)로 이용되는 가속기(PSB)로 들어가고 그다음에야 PS로 보내진다. PS에서는 양성자를 26기가전자볼트까지 가속한 후 SPS로 보내고 SPS는 양성자를 450기가전자볼트로 가속해 LHC로 보낸다. LHC에 들어온 빔은 20여 분간 회전하면서 가속되어 최고 7테라전자볼트의 에너지를 갖게 된다.

한편 LHC에서는 양성자 빔뿐만 아니라 중이온 빔도 만든다. 현재 계획으로는 1년에 1개월 정도는 양성자 대신 중이온을 넣어서 가속한 후 충돌시키는 실험을 수행할 예정이다. LHC의 주검출기 중 ALICE는 전적으로 중이온 충돌 실험을 위한 검출기이며, ATLAS와 CMS도 중이온 충돌 실험을 관측한다. 중이온이란 매우 무거운 원자에서 전자를 떼어낸 상태인데, LHC에서는 납(Pb) 이온을 사용한다. 만들어진 납 이온은 선형 가속기인 LINAC3에서 가속되어 모인 후 저에너지 이온 링(Low Energy Ion Ring, LEIR)으로 들어가 가속된다. 그 후에는 양성자와 같이 PS, SPS를 거쳐 LHC로 들어가서 최고 약 1,150테라전자볼트로 가속된다. 에너지가 LHC보다 훨씬 높다고 놀라지 말자. 납 이온은 82개의 양성자와 122~126개의 중성자로 이루어진 거대한 덩어리이기 때문에 양성자 하나보다 200배 이상 무겁다. 납 이온이 최고로 가속되었을 때 납 이온 속의 양성자나 중성자 하나가 가지는 에너지는 양성자만을 가속시켰을 때보다 약간 낮은 약 5.5테라전자볼트다.

결국 LHC 실험은 CERN 전체가 참여하는 실험이다. 거의 빛의 속도에 가깝게 움직이는 빔을 전기장과 자기장으로 조종해야 하므로 예

그림 16-2 CERN의 사령탑인 컨트롤 센터(CCC).

비 가속기들과 LHC 주가속기가 모두 유기적으로 맞물려 정교하게 작동하면서 빔을 주고받아야 하며, 가속기에 딸린 냉각 시스템과 모든 기반 구조들도 한치의 어김 없이 작동해야 한다. 가속기와 빔의 조종은 CERN의 새로 만든 컨트롤 센터에서 통합적으로 이루어진다. 컨트롤 센터는 4개의 구역으로 나뉘어 있고 39개의 조종 부서가 있다. 4개의 구역은 각각 LHC, SPS, PS를 총괄하는 구역과 기술적 기반 구조를 후원하는 부서다. 각각의 조종 부서는 전문가 팀의 도움을 받으며, 최대 13명의 오퍼레이터가 담당하고 있다.

양싱자 빔

LHC에 들어오는 양성자 빔은 SPS에서 450기가전자볼트로 가속된 상태이다. LHC에서는 이 빔을 받아서 최종 충돌 에너지까지 가속한다. 양성자 빔이라고 하면 물줄기처럼 입자들이 연속적으로 쏘아지는 것을 연상하기 쉬운데, 실제로는 그림 16-3처럼 입자들의 뭉치로 이루어져 있다. 하나의 뭉치 안에는 양성자가 약 1000억 개(1.15×10^{11}개) 들어 있고 그런 뭉치 2,808개가 하나의 빔을 이룬다. 하나의 뭉치는 길이가 수 센티미터이며 폭은 1밀리미터 정도로 가늘고 길다. 그런데 뭉치의 크기는 절대적인 것은 아니다. 빔 파이프를 돌고 있을 때에는 1밀리미터 정도였던 폭이 충돌하기 직전에는 압축되어 16마이크로미터 정도가 된다. 보통 사람의 머리카락 굵기가 50마이크로미터 정도이므로 머리카락 굵기의 3분의 1 정도인 셈이다. 뭉치의 폭을 줄이는 이유는 뭉치 안의 양성자 밀도를 높여서 최대한 많은 양성자-양성자 충돌을 만들어 내기 위해서다. 여러 칸으로 되어 있는 가속기의 양끝에 양과 음의 전압이 걸리게 되는데, 뭉치 하나가 들어와서 가속된 후 다음 칸으로 가면 양끝 전압의 부호가 바뀌어 계속 가속을 하게 된다. 따라서 빔의 속도에 따라(즉 빔의 에너지에 따라) 정확하게 가속기 양끝의 전압이 바뀌어야만 한다. 뭉치와 뭉치 사이의 간격은 시간 간격으로 25나노초다. '나노(nano-)'라는 말은 10억분의 1을 의미하니까 25나노초는 10억분의 25초다. LHC 링 안에서 가속된 양성자는 거의 빛의 속도로 움직이고 있으므로, 뭉치 사이의 간격은 10억분의 25×30만 킬로미터, 즉 7.5미터 정도임을 알 수 있다.

이제 양성자 빔이 LHC 링을 돌고 있는 모습을 머릿속에 그릴 수 있을 것이다. 폭 1밀리미터, 길이 수 센티미터인 양성자 뭉치 2,808개가 각각 7.5미터 정도 떨어져서 빛의 속도에 가깝게 달리고 있는 것이다. LHC 링 안에서 양성자 빔이 설계된 최대 에너지인 7테라전자볼트까

16장 양성자 충돌의 순간 **459**

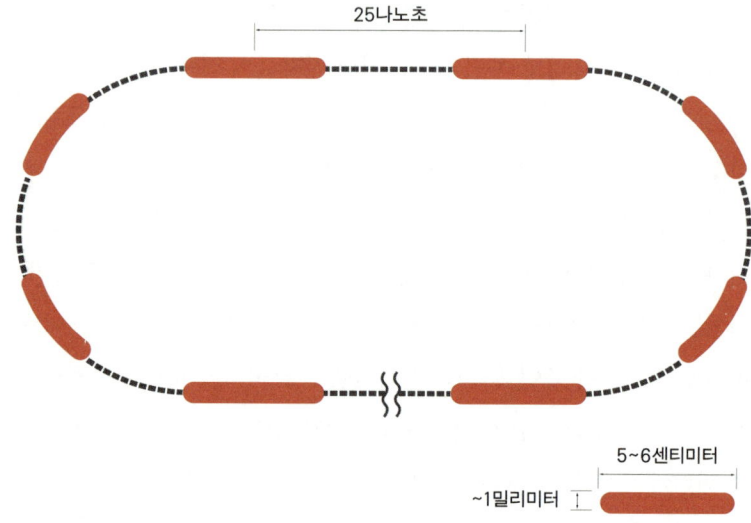

그림 16-3 LHC를 돌게 될 양성자 빔의 대략적인 모습. 양성자 1000억 개로 이루어진 뭉치 2,808개가 하나의 양성자 빔을 이룬다.

지 가속되면 빛의 속도의 99.9999991퍼센트에 이르러 27킬로미터의 링을 초당 1만 1245회 회전한다.

 LHC는 양성자-양성자 충돌기이므로 두 양성자를 충돌시키기 위해서 2개의 양성자 빔을 반대 방향으로 돌려야 한다. 검출기 안에서 양성자 빔이 충돌하는 것을 '빔 교차(beam crossing)'라고 한다. 정확히 말하자면 빔 안의 양성자 뭉치들이 서로 충돌하는 것이다. 양성자의 충돌을 최대화하려면 뭉치와 뭉치가 검출기 안의 교차점에서 정확하게 만나야 한다. 이것을 위해 빔을 정밀하게 조종한다.

 양성자 뭉치와 뭉치기 충돌할 때, 실제로 충돌하는 양성자의 개수는 얼마나 될까? 각각의 뭉치에는 1000억 개의 양성자가 들어 있다. 그런 뭉치가 정면으로 부딪힐 때 실제로 우리가 원하는 양성자-양성자 충돌은 겨우 20개 정도 일어난다. 한 뭉치에 1000억 개의 양성자가 들어 있다고 해도 양성자가 워낙 작기 때문에 사실 뭉치의 대부분은 빈 공간인 것이다. 그래서 뭉치와 뭉치는 충돌한 뒤에도 거의 변화 없이 지나간다. 이 정도면 확실히 뭉치와 뭉치는 '충돌'하는 것이 아니라 그냥 '교차'한다고 하는 것이 맞겠다. 겨우 20개라고 할지 모르지만 빔은 LHC 링 전체를 초당 1만 회 이상 회전하고 있고 빔 안에 뭉치가 3,000여 개 있으므로 양성자-양성자 충돌 회수는 1초에만 약 6억 회 ($20 \times 10,000 \times 3,000$)에 달한다.

한편 20개만 충돌하고 뭉치 전체는 그냥 스쳐 지나간다고 해도 나머지 양성자들이 아무 영향도 받지 않는 것은 아니다. 서로 전자기적인 힘으로 영향을 미치므로 빔이 충돌하고 나면 빔은 흐트러지고 소모되어 광도가 떨어진다. 전자석으로 계속 보정을 해 주지만 빔이 계속 소모되는 것은 어쩔 수가 없다. 광도가 어느 정도 이하로 내려가면 실험의 효율이 떨어지므로 빔을 중간에 빼내고 다시 새로운 빔을 넣어서 가속한다. 앞에서 공기 분자와의 충돌을 고려한 빔의 수명이 약 100시간이라고 했는데, 여기에 빔의 충돌로 인한 효과까지 고려하면 양성자 빔의 실제 수명은 10시간 정도다. 그동안 빔은 약 100억 킬로미터를 달리게 되는데, 이 거리는 대략 해왕성까지 다녀오고도 남는 거리다.

LHC에서 가속된 양성자는 최고 7테라전자볼트의 에너지를 가지도록 설계되었다. 이와 같은 에너지는 유례가 없는 것으로 현존하는 가장 높은 에너지의 가속기인 테바트론이 약 1테라전자볼트까지 양성자를 가속시키는 것과 비교해 무려 7배나 더 높다. 그러면 7테라전자볼트의 에너지란 과연 얼마쯤일까? 1테라전자볼트의 에너지는 약

1000만분의 2줄(J)로서 날고 있는 모기 한 마리의 에너지에 해당한다. 그렇다면 LHC란 겨우 그 정도의 에너지를 내는 기계란 말인가? 날아다니는 모기 일곱 마리를 만들기 위해 6조 원을 들였다고? 다시 생각해 보자. 우리는 지금 양성자 하나만을 생각했다. 그런데 양성자 뭉치 하나에만 1000억 개의 양성자가 들어 있으니 모기 7000억 마리가 된다. 어떤가? 적지 않은 숫자다. 다시 제대로 따져보자. 그러면 뭉치 하나의 에너지는 1000만분의 2×7000억이니까 14만 줄이다. 또한 양성자 빔 하나에는 뭉치가 2,808개 들어 있다고 했으니, 14만×2,808=약 4억 줄이 된다. 즉 LHC의 양성자 빔의 에너지는 약 400메가줄(MJ)로서, 비교하자면 TNT 폭탄 약 100킬로그램과 맞먹는 에너지다. 다른 예를 들자면 달리는 KTX의 에너지와 맞먹는다.

이게 얼마나 높은 에너지인지 좀 더 자세히 설명해 보자. 하루에도 KTX는 수십 대가 달리고 있지 않은가? 빔 하나에 들어 있는 양성자의 개수는 300조 개(3×10^{14}개)이다. 엄청나게 큰 수이다. 이 숫자의 의미를 좀 더 생각해 보자. 고등학교에서 배우는 화학 지식을 조금 사용하면, 수소의 원자핵은 양성자 하나로 되어 있으므로 양성자의 질량은 곧 수소의 질량이라고 보아도 무방하다. 수소의 원자량은 1이다. 이것은 수소 1몰(mole)을 모으면 1그램이라는 뜻이다. 1몰 안에 모여 있는 수소 원자핵의 수는 약 6×10^{23}개이다. 이것이 '아보가드로 수'다. 이 아보가드로 수를 우리 식으로 읽으면 억(10^8), 조(10^{12}), 경(10^{16}) 다음의 해(垓, 10^{20})를 써서 6000해라고 하지만, 이쯤 되면 우리의 감각과는 너무 멀어져 버려서 이름으로 불러 봐야 별 소용이 없는 것 같다. 아무튼 수소 6×10^{23}개가 1그램이다. 따라서 양성자 300조 개는 수소 약 20억분의 1그램에 해당한다. 즉 달리는 KTX 전체의 에너지가 티끌보다 작은 수소 20억분의 1그램에 모두 들어 있는 것이다.

그러면 그런 일을 하기 위해 LHC는 얼마만큼의 에너지를 쓰는 것일까? LHC가 소모하는 전기는 약 120메가와트로 예상된다. 이것은 제네바 칸통 전체 가정이 쓰는 전기와 맞먹는 양이며, CERN이 쓰는 전기의 절반이 넘는다. 그중 대부분은 초전도 전자석에 사용되는데, 초전도 기술이 많이 발전해서 LHC가 SPS보다 훨씬 크고 훨씬 높은 출력을 내지만 전기 사용량은 큰 차이가 나지 않을 것이라고 한다.

양성자가 충돌할 때 무슨 일이 일어나는가?

지금까지 LHC 안에서 달리는 양성자 빔의 모습을 보았다. 이제 양성자 2개가 높은 에너지로 가깝게 접근할 때 어떤 일이 일어나는지 자세히 살펴보도록 하자.

다음 쪽 그림 16-4 (a)에서 보는 바와 같이 양성자가 서로 다가오고 있다. 양성자는 앞에서 묘사한 바와 같이 파톤들로 이루어져 있으며 파톤은 3개의 드러난 쿼크와 끊임없이 생성 소멸하는 숨은 쿼크, 그리고 글루온이다. 어느 정도까지 가까워지면 그림 16-4 (b)에서 보듯 각각의 양성자에 들어 있던 파톤 중 하나가 다른 양성자의 파톤과 '충돌'을 한다. '충돌'이라고 했지만, 사실은 2개의 파톤이 그림에서 보듯이 서로 상호 작용을 한다고 하는 것이 정확한 표현이다. 어떤 파톤이 충돌할 것인가 하는 것은 오로지 확률의 문제이며 그 확률은 파톤 분포 함수(PDF)로 주어진다. 2개의 파톤이 충돌할 때 어떤 일이 일어날 것인가 하는 것은 표준 모형과 같은 이론을 통해 기술된다.

그림 16-4 (b)는 업 쿼크와 글루온이 충돌해서 W 보손과 다운 쿼크

가 생겨나는 과정을 보여 주고 있다. 이것은 한 가지 예이며, 업 쿼크와 글루온이 상호 작용하게 되면 업 쿼크와 Z 보손이 생성되거나 업 쿼크와 글루온이 생성되는 등의 과정들이 일어날 수 있다. 이중에서 어떤 과정이 일어날 것인가 하는 확률은 이론에 따라 계산할 수 있다. 거꾸로 생각하면, 여러 가지 과정을 관찰해서 그 생성 확률을 측정하고 이론의 계산값과 비교해 이론이 올바른 예측을 했는가를 확인함으로써 이론을 검증하게 된다. 입자 빔이 충돌하고 나면 그림 16-4 (c)처럼 W 보손과 같이 무거운 입자들은 더 가벼운 입자들로 붕괴한다. 이러한 붕괴 역시 충돌과 마찬가지로 어떻게 붕괴해서 어떤 가벼운 입자들을 만들어 낼 것인가 하는 확률을 이론으로부터 계산할 수 있다.

충돌과 붕괴의 결과 업 쿼크, 다운 쿼크, 참 쿼크, 스트레인지 쿼크나 전자나 뮤온과 같은 렙톤 또는 글루온이나 광자가 검출기 안으로 튀어 들어간다. 여기까지가 우리가 이론을 검증하기 위해 관찰하고자 하는 영역이다. 우리는 충돌 이후 일어난 현상을 통해 어떤 이론이 이 현상을 옳게 설명하는가를 검증할 수 있다. 이 그림들이 보여 주는 과정들은 모두 표준 모형을 통해 기술되는 현상이며 뒤에 이야기할 대통일 이론, 초대칭 이론 같은 더 근본적인 이론이 존재할 경우 다른 과정이 더 있을 수 있다. 우리는 무수한 충돌을 통해 여러 가지 현상을 관찰하고 물리적 성질을 측정해 기존 이론을 검증하고, 새로운 이론을 시험할 수 있으며 미래의 이론이 어떤 모양이 될지 전망할 수 있다.

그런데 현실 세계는 그렇게 간단하지 않다. 원자의 구조를 살펴볼 때 이야기했듯이 전기를 띤 물체가 가속 운동을 하면 전자기파가 복사되는 것처럼 강한 상호 작용을 하는 쿼크와 글루온에서도 복사가 일어난다. 복사되는 것은 전자기 상호 작용의 경우 전자기 상호 작용

a. 서로 접근하는 양성자(p) 또는 반양성자(p̄). 양성자 안의 점들은 양성자를 이루는 쿼크와 글루온 등의 파톤이다.

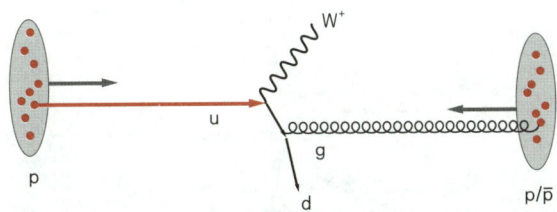

b. 양성자 안의 업 쿼크(u)와 글루온(g)이 충돌해 다운 쿼크(d)와 W⁺ 보손(W⁺)이 나오는 과정.

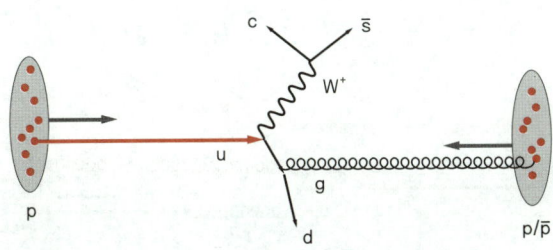

c. W⁺ 보손이 참 쿼크(c)와 반스트레인지 쿼크(s̄)로 붕괴하는 과정.

그림 16-4 양성자 충돌 사건의 구조(계속).

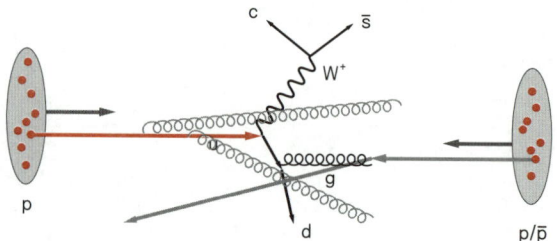

d. 충돌하기 전의 업 쿼크와 글루온에서 나오는 초기 상태 복사.

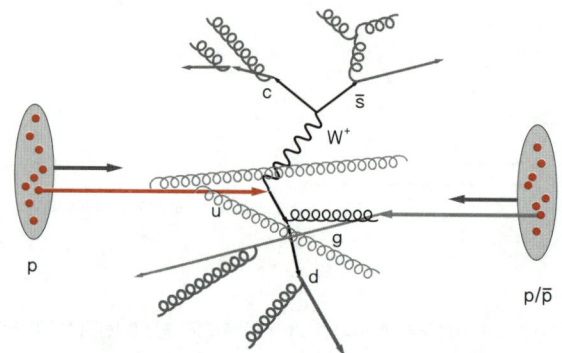

e. 충돌 후의 다운 쿼크, 참 쿼크, 반스트레인지 쿼크에서 나오는 최종 상태 복사.

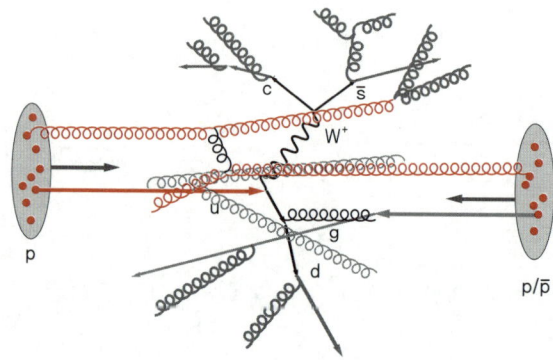

f. 양성자의 다른 부분에서 나오는 파톤들의 다중 상호 작용.

그림 16-4 양성자 충돌 사건의 구조(계속).

의 게이지 입자인 광자(전자기파)이며, 강한 상호 작용의 경우 그에 해당하는 게이지 입자인 글루온이다. 이것은 충돌 전과 후에 모두 일어난다. 그림 16-4 (d)와 (e)는 양성자 안에 있는 파톤인 쿼크와 글루온들이 내는 글루온 복사와, 충돌 후 생겨난 쿼크와 글루온들이 내는 글루온 복사를 보여 주고 있다. 이들을 각각 '초기 상태 복사(initial state radiation, ISR)'와 '최종 상태 복사(final state radiation, FSR)'라고 부른다. 쿼크는 전기를 띠고 있으므로 광자도 복사될 수 있지만 강한 상호 작용이 훨씬 크게 일어나므로 대부분의 경우 글루온의 복사가 훨씬 많이 일어난다.

이것이 전부가 아니다. 양성자 안에는 방금 충돌한 파톤 외에도 많은 파톤들이 있으며 제대로 충돌을 하지는 않더라도 이들이 스쳐 지나갈 때는 여러 가지 효과를 낸다. 대부분은 역시 강한 상호 작용을 통해서 일어나는 효과이며 이들을 '파톤의 다중 상호 작용(multiple parton interaction)'이라고 부른다. 그래서 사태는 훨씬 복잡해진다. 그나마 다행인 것은 이들은 빠른 속도로 스쳐 지나가면서 상호 작용을 하므로 많은 부분의 효과가 진행 방향으로만 튀어나가서 검출기에서 가려내기가 상대적으로 쉽다. 그림 16-4 (f)가 파톤의 다중 상호 작용을 나타낸 것이다.

복사된 글루온과 글루온이 다시 만들어 내는 쿼크들이 더해져서 여기까지만 해도 이미 검출기에 도달하는 것은 충분히 복잡한 신호이다. 그러나 진짜 문제는 이제부터다. 4장에서 이야기했듯이 쿼크와 글루온은 그 자체가 자유로운 상태로는 돌아다니지 않고, 강한 상호 작용을 통해 하드론을 이루어서 존재한다. 따라서 그림 16-4 (f)에 나타난 쿼크와 글루온은 복잡한 강한 상호 작용의 과정을 거쳐서 엄청나게 많은 하드론들을 만들게 된다. 그러므로 검출기에 남는 것은 쿼크와 글루온이 아니라 하드론들이며 이들은 그림 16-4 (g)와 같은 많은 입자들의 흔적을 남긴다. 이상이 LHC에서 양성자와 양성자가 충돌할 때 일어나는 일이다.

데이터를 실제로 어떻게 분석하고 이론과 어떻게 비교하는 등의 일은 이 책의 범위를 벗어나는 너무 전문적인 주제이므로 여기서 멈추기로 한다. 그러니까 그림 16-4 (g)에서 그림 16-4 (b)를 알아내는 것은

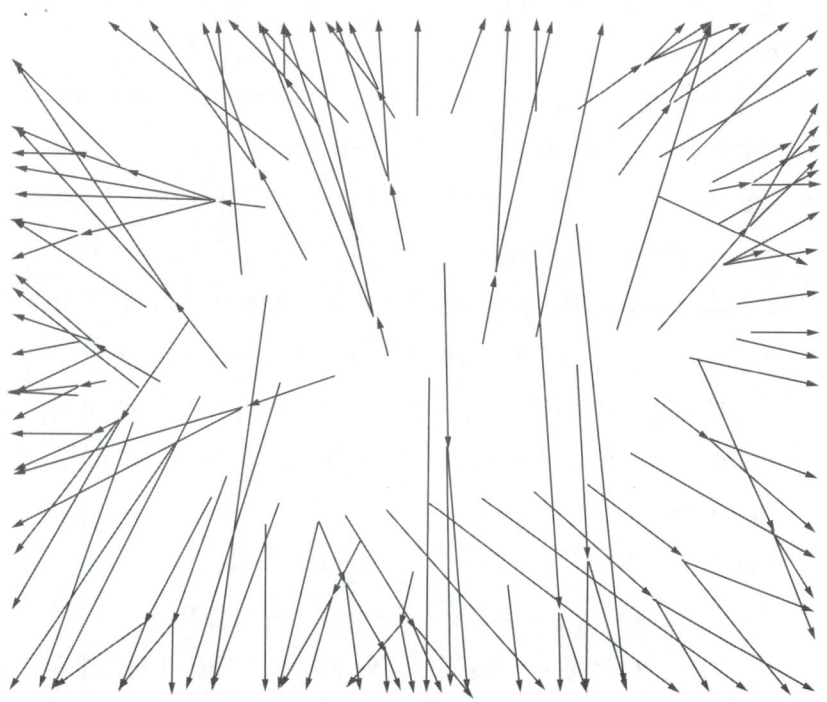

그림 16-4 양성자 충돌 사건의 구조(마지막). g. 만들어진 쿼크와 글루온 들이 이루는 하드론 및 여러 입자들. 하드론은 많은 경우 검출기에 이르기 전에 다시 붕괴한다. 최종적으로 검출기에 나타나는 것은 이 입자들이다.

물리학자들에게 맡기자. 자 그럼 우리는 데이터로부터 그림 16-4 (b)와 같은 물리 과정을 알아냈다. 그러면, 우리가 LHC에서 관찰하고자 하는 물리 과정들은 어떤 것일까? LHC에서 검증하는 물리학 이론이 어떤 것인지는 뒤에서 다룰 것이다.

왜 양성자-양성자 충돌인가?

그림 16-1에서 보면 LHC는 2개의 원으로 표현했다. 이 2개의 원에는 각각 양성자 빔이 반대 방향으로 달리고 있어서 검출기가 있는 지점에서 교차하며 양성자-양성자 충돌을 일으킨다. 이것은 기본적으로 LEP에서도 마찬가지였다. 그런데 LEP는 전자-양전자 충돌기였으므로 가속되는 전자와 양전자의 전하가 반대 부호라서 하나의 가속기를 이용해 두 빔을 반대 방향으로 링을 돌게 하며 가속할 수 있었다. 그런데 LHC는 양성자-양성자 충돌기이므로 반대 방향으로 양성자 빔을 가속시키기 위해서는 자석의 극이 반대여야 하며, 이에 따라서 전자석을 각각의 라인에 따로 설치해야 한다. 즉 2개의 링을 따로 구동해야 한다. 이것은 낭비가 아닐까? 양성자-반양성자 충돌기로 만들면 LEP처럼 같은 자석을 이용하는 하나의 가속기로 충분한데, 그 편이 낫지 않았을까? Sp$\bar{p}$S나 테바트론이 그랬듯이 말이다.

LHC가 양성자-반양성자 충돌기가 아니라 양성자-양성자 충돌기를 선택한 이유는 반양성자를 대량으로 만드는 일이 비용으로나 기술적으로나 매우 어려운 일이기 때문이다. SPS에서 W와 Z 보손을 발견할 때에 반양성자의 대량 생산 방법인 확률적 냉각을 개발한 반 데르 메르가 노벨상을 받았다는 것에서도 알 수 있듯이 반양성자를 만드는 일은 대단히 어려운 일이며 그 자체로도 과학적인 중요성이 큰 일이다. 간단한 숫자를 통해 한번 알아보자.

앞에서 소개했듯이 시카고 페르미 연구소의 테바트론은 현재 최첨단의 양성자-반양성자 충돌기다. 테바트론에서 보여 주는 현재의 반양성자 생산 능력은 시간당 500억 개 정도이며 비용은 1달러에 600만 개 정도다.[1] 대단한 숫자. 그럼 이 수치를 LHC에 적용해 보자. LHC의 양성자 빔은 양성자 1000억 개(10^{11}개) 정도의 뭉치 2,808개로 이루어져 있다. 반양성자를 사용하게 되면 같은 개수만큼의 반양성자가 필요하게 되므로 반양성자 빔 하나에 대략 반양성자 300조 개(3×10^{14}개) 정도가 필요한 셈이다. 600만 개에 1달러라고 하면 이만큼의 반양성자를 사용하려면 반양성자 빔을 한 번 만드는 데 생산 비용만 5000만 달러 정도가 든다. 이렇게 만든 빔은 튜브 안에 남아 있는 공기 분자와의 충돌 및 빔끼리의 충돌로 인해 조금씩 흩어지고 부스러져서 10시간 정도면 폐기될 것이다. 즉 10시간에 5000만 달러를 날리는 셈이다. 그것보다 더욱 심각한 문제는 현재 테바트론에서 반양성자를 생산하는 기술로는 도저히 LHC의 수요를 감당할 수 없다는 것이다. 시간당 500억 개의 반양성자가 생산된다면, 하루에 1조 2000억 개에 불과하므로 300조 개의 반양성자가 들어 있는, 즉 10시간 사용할 빔을 한 번 만들려면 1년이 꼬박 걸릴 지경이다. 이상과 같은 이유로 LHC에서는 반양성자 옵션을 선택하는 것이 불가능하다.

사실 비용과 기술을 따지기 전에 더 중요한 일은 물리학적으로 양성자-양성자 충돌과 양성자-반양성자 충돌을 비교하는 일이다. 아무리 기술과 비용 면에서 유리하더라도 중요한 것은 물리학적으로 필요한 과정이기 때문이다. 그런데 양성자-양성자 충돌과 양성자-반양성자 충돌은 충돌 에너지가 높아질수록 점점 더 비슷해진다. 그 이유는 다음과 같다.

양성자와 반양성자의 차이점은 드러난 쿼크가 서로 반입자라는 것이다. 양성자는 업 쿼크 2개와 다운 쿼크 1개로 이루어져 있으며, 반양성자는 반업 쿼크 2개와 반다운 쿼크 1개로 이루어져 있다. 그런데, 4장의 파톤 분포 함수에서 보는 바와 같이 높은 에너지가 될수록 글루온과 숨은 쿼크의 존재 확률이 높아져서 이 입자들이 충돌할 가능성이 더 높아진다. 그리고 글루온과 숨은 쿼크는 양성자와 반양성자 사이에 아무런 차이가 없다. 그래서 LHC의 에너지에 이르면 양성자-양성자 충돌과 양성자-반양성자 충돌은 몇 가지 반응만 제외하고는 거의 차이가 없게 된다. 그러므로 LHC를 양성자-양성자 충돌기로 결정하는 것은 타당한 선택이었다.

댄 브라운의 『천사와 악마』에서는 베트라 박사 부녀가 만들어 놓은 반물질 4분의 1그램이 도난당해 이를 찾기 위한 모험이 펼쳐진다. 소설에서 주인공 랭던 박사는 겨우 4분의 1그램을 가지고 난리를 피우는 것이 일상적인 감각과 맞지 않아 계속 어리둥절해 한다. 그럼 반물질 4분의 1그램이면 어느 정도의 양일까? 소설에서는 어떤 물질의 반입자인지가 명시돼 있지 않지만 여기서는 그 반물질이 반양성자라고 하고 계산해 보자. 수소의 질량은 거의 양성자의 질량과 같고 양성자의 질량은 반양성자와 정확히 같다. 수소가 아보가드로 수만큼 있을 때 1그램이므로 반양성자 역시 그렇다. 6×10^{23}개가 1그램이므로 300조 개는 20억분의 1그램쯤 된다. 그리고 앞에서 그 정도를 만드는데 비용이 5000만 달러쯤 든다고 했다. 그럼 반물질 4분의 1그램이면 지금 나온 숫자로 어림하면 2경 5000조 달러(5000만×5억)가 필요하다. 세상에 있

16장 양성자 충돌의 순간   471

는 돈을 다 합쳐도 이 정도가 될까? 『천사와 악마』에서 CERN의 소장인 콜더와 랭던이 이런 대화를 나눈다.[2]

"나는 이 일루미나티 놈들이 반물질을 가지고 무엇을 할 작정인지 알고 싶군요."

"…… 이 프로젝트를 진행하는 것이 너무 위험하다고 생각했을지도 모르죠."

"당신은 이게 도의적인 범죄라고 생각합니까? 말도 안 되오. ……"

"테러리즘을 의미하는 겁니까?"

"드러난 바로는 그렇소."

"테러리즘보다 논리적인 설명이 있을 겁니다. …… 돈입니다. 반물질은 금전적인 이득 때문에 도난당했을 수도 있습니다."

"금전적인 이득? 누가 반물질 한 방울을 어디에다 판다는 말이오?"

소설에서는 부정했지만, 반양성자의 가격을 보면 돈 때문이라는 것이 진짜 이유가 아닐까?

다음에는 4분의 1그램의 반양성자를 생산하는 데 걸리는 시간을 계산해 보자. 시간당 500억 개(5×10^{10}개)를 만들 수 있으니까 1년(약 1만 시간)에는 5×10^{14}개를 생산한다. 1그램인 6×10^{23}개를 생산하려면 약 12억 년쯤, 그러니까 4분의 1그램이면 3억 년쯤 걸렸을 것이다. 대체 베트라 부녀는 반물질을 언제부터 만들었던 것일까?

17장 | LHC의 실험실들

LHC에서 수행하는 주된 실험은 네 가지가 있다. 이 실험은 4개의 검출기에서 이루어진다. LHC는 양성자를 7테라전자볼트까지 가속시키도록 설계된 양성자 가속기인 동시에, 2개의 양성자를 링의 반대 방향으로 가속해서 충돌시키는 양성자-양성자 충돌기이므로 LHC의 능력을 최대로 발휘하는 실험은 각각 7테라전자볼트까지 가속된 두 양성자를 정면 충돌시켜서 일어나는 현상을 관찰하는 실험이다. ATLAS와 CMS가 바로 14테라전자볼트의 에너지로 충돌하는 양성자-양성자 충돌 실험을 관찰하기 위한 주검출기이자 실험 그룹의 이름이다. 이 검출기들은 아무도 본 적이 없는 새로운 현상을 찾기 위한 것이므로 온갖 입자와 여러 가지 현상을 모두 관찰할 수 있는 다목적 검출기로 설계되어 있다. 그리고 LHC의 양성자 충돌에서 엄청나게 많이 만들어질 보텀 쿼크를 집중적으로 연구하기 위한 LHCb 실험과 양성자 대신 납 이온을 가속 충돌시키는 실험을 관찰하기 위한 ALICE 실험이 있다. LHC는 1년 중 약 10개월 동안 양성자를 가속해서 충돌시키는 실험을 하고 1개월간은 양성자 대신 납 이온을 가속해서 충돌시킨다. 납 이온의 충돌 실험은 ATLAS와 CMS 검출기에서도 수행한다.

입자를 쫓는 거인, ATLAS[1]

ATLAS는 A large Toroidal Lhc ApparatuS(문자 그대로의 뜻은 '대형 환상형 LHC 장치'다.)에서 딴 이름이다. 아틀라스가 그리스 신화에 나오는 하늘을 떠받치고 있는 거인의 이름인 것처럼 ATLAS 검출기도 그 크기에 있어서 역사상 가장 큰 검출기다. 원통형으로 생긴 ATLAS의 지름은 25미터, 길이는 46미터에 달한다. 검출기를 이루는 물질과, 1억 개에 이르는 전자 채널, 그리고 총길이 3,000킬로미터에 이르는 케이블을 정교하게 조립한 이 거대한 기계 장치의 무게는 총 7,000톤에 달한다. 파리의 에펠탑이 7,300톤 정도라고 하니까 ATLAS 검출기가 얼마나 거대한지 실감할 수 있다. ATLAS 검출기의 크기는 파리의 노트르담 사원의 절반 정도에 달한다. 그림 17-1과 17-2에서 ATLAS 검출기의 모습을 볼 수 있다. 옆에 서 있는 사람과 비교해 보면 크기를 짐작할 수 있을 것이다.

ATLAS가 최대의 검출기인 만큼, ATLAS가 들어 있는 지하 공동 역시 LHC에서 가장 크다. ATLAS 공동을 건설하는 토목 공사가 시작된 것은 아직 LEP 가속기가 가동되고 있던 1997년이었다. 이 공동을 파기 위해 파낸 바위만 30만 톤에 달하며 5만 톤의 콘크리트가 건설에 사용되었다. 지하 공동의 크기는 폭 30미터, 길이 53미터에, 높이는 10층 빌딩 높이인 35미터에 이르며 지하 공동의 바닥은 지표에서 92미터 아래에 위치한다. ATLAS는 2003년 6월 LHC 실험 장치들 중 제일 먼저 토목 공사를 마치고 기반 시설을 건설하기 시작했으며 같은 해 11월부터 검출기를 조립하기 시작했다.

ATLAS와 CMS는 LHC의 주 목적인 14테라전자볼트 에너지의 양성자-양성자 충돌을 관찰하기 위한 다목적 검출기이므로 그 구조는 앞에서 설명한 현대의 표준적인 검출기와 같다. 제일 바깥쪽에 뮤온 검출기가 있고 안쪽에는 하드론과 전자기적 에너지 검출기, 그리고 가장 안쪽에는 여러 가지 궤적 검출기가 위치한다. 그 중간에 자기장

그림 17-1 ATLAS 검출기가 설치된 지하 공간 구조.

을 걸어 주는 전자석이 있으며, 궤적 검출기 한가운데를 빔 파이프가 지나간다. 이 빔 파이프 양쪽에서 들어온 양성자 빔의 뭉치가 검출기 안에서 교차하면 그때마다 양성자 충돌이 일어나게 된다.

양성자 빔의 광도가 설계대로 $10^{34} cm^{-2} s^{-1}$일 경우 앞에서 이야기한 대로 빔 뭉치가 교차할 때마다 약 20개의 양성자-양성자 충돌이 일어난다. 초당 약 3000만 회의 빔 뭉치 간 충돌이 있으므로 양성자 충돌은 초당 6억 회가 넘는다. 만약 이 데이터를 모두 기록한다면 1초에 CD 10만 장이 필요할 것이다.* 그 정도의 CD를 쌓으면 높이가 150미터에 달

---

* 이 수치는 ATLAS의 공식 자료(Fact Sheet)에서 옮긴 것인데, 단순히 계산하면 10만 장이 아니라 약 100만 장이다. 1.6메가바이트의 사건이 6억 회 벌어진 경우, 사건 전체 데이터 양은 10억 메가바이트가 된다. 이것을 1기가바이트 CD 1장에 담는다면 100만 장이 필요하다. 차이가 어디서 온 것인지는 모르겠다.

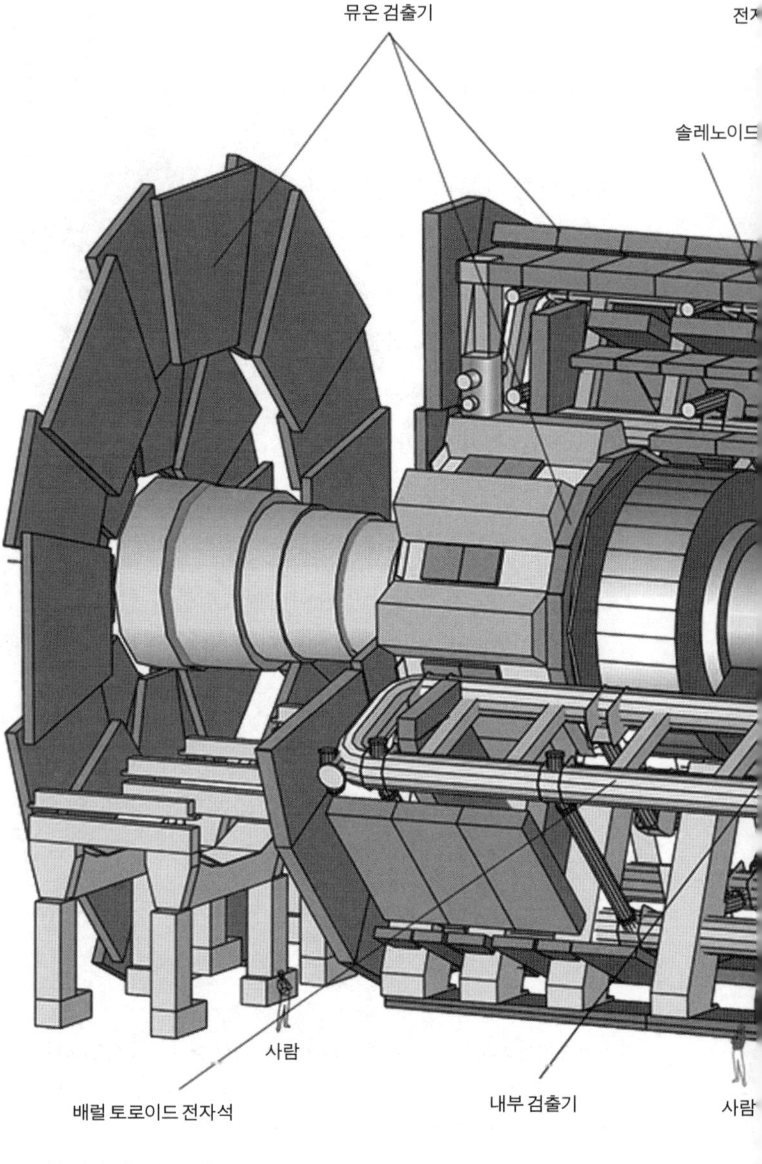

그림 17-2 ATLAS 검출기의 내부 구조.

길이 44미터
지름 22미터
무게 7,000톤

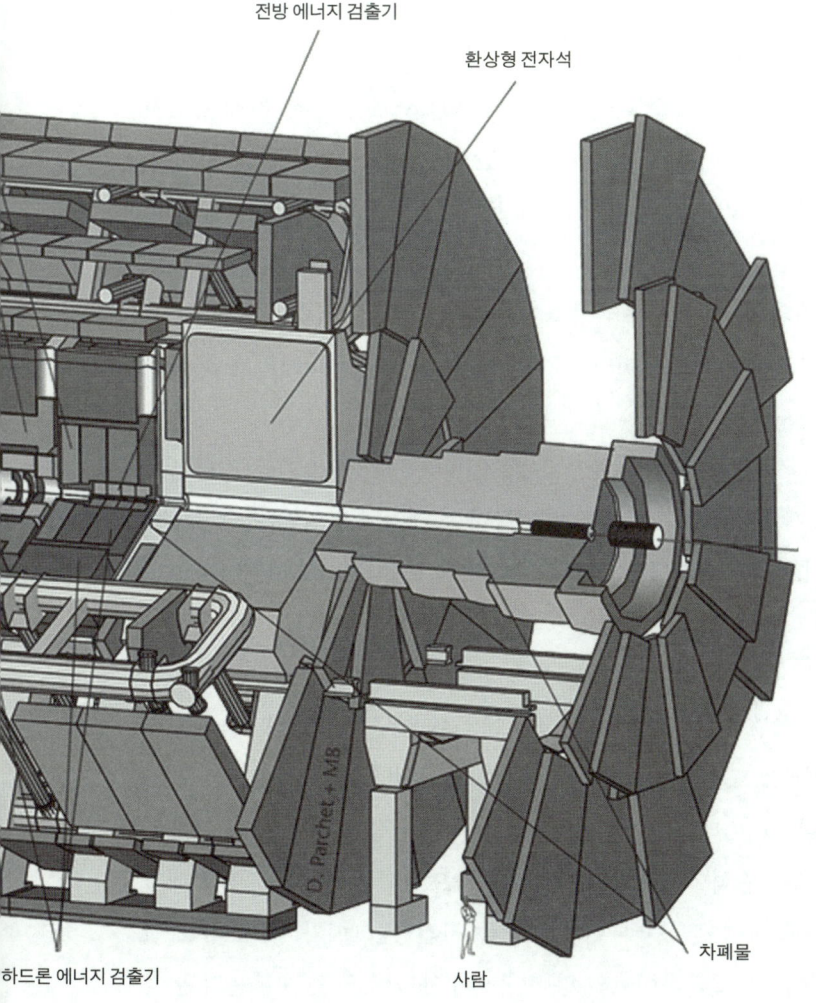

전방 에너지 검출기
환상형 전자석
하드론 에너지 검출기
사람
차폐물

하고, 그 기세대로 계속 쌓는다면 1년이 지나면 달까지 두 번 왕복하게 된다. 이렇게 많은 데이터를 모두 기억하는 것은 말도 안 되는 일이다. 그래서 기록할 가치가 있는 것으로 보이는 충돌만을 기록하고 나머지 데이터는 말 그대로 버리게 되는데, 이것이 '트리거링'이다. 트리거링은 검출기에서 하드웨어적으로 먼저 수행하고, 데이터를 기록할 때 소프트웨어적으로 다시 수행한다. ATLAS에서는 세 차례에 걸쳐서 트리거링이 이루어지는데, 먼저 1단계에서 하드웨어적으로 초당 약 10만 개를 골라내고, 뒤이어 2단계 트리거링에서 500개의 듀얼 PC 프로세서를 이용해 소프트웨어적으로 3,000개로 줄인다. 최종적으로 1,700개의 듀얼 PC 프로세서를 이용해 한 번 더 소프트웨어적으로 사건를 걸러내 실제로 데이터로 기록되는 것은 초당 200개의 충돌 사건이다.

충돌 사건 하나당 1.6메가바이트(MB)의 기억 장소를 차지하므로 ATLAS의 데이터 수집 장치가 기록하는 데이터의 양은 초당 320메가바이트, 분당 27개의 CD에 해당한다. 1년이면 3,200테라바이트(1TB=1조 바이트)의 원데이터(raw data)가 기록되는 셈이다. 3,200테라바이트의 정보량은 미국 의회 도서관 장서의 160배에 해당한다. 그런데 이것이 전부가 아니다. 원데이터를 가공한 재구성 데이터(reconstructed data) 형태로도 저장하는데, 이것은 충돌 사건당 1메가바이트의 크기로 연간 2,000테라바이트가 된다. 한편 재구성 데이터를 다시 가공해서 바로 분석할 수 있도록 물리 현상으로 기록해 놓는 물리 데이터(physics data)가 있는데, 이것은 충돌 사건당 0.1메가바이트의 크기로 1년에 200테라바이트의 양이다. 연구자들이 하는 대부분의 분석 작업은 이 물리 데이터를 이용해 행해진다. 데이터의 재구성을 위해

그림 17-3 ATLAS 검출기에 사용된 대형 전자석.

ATLAS는 약 3,000대의 개인용 컴퓨터를 사용한다. 몬테카를로 시뮬레이션(Monte-Carlo Simulation)에 쓰는 컴퓨터까지 포함해서 ATLAS 그룹이 전 세계적으로 사용하는 컴퓨터는 3만 6000대에 이른다.

ATLAS 그룹에는 35개국의 164개 대학 및 연구소에서 온 2,000여 명의 연구자가 참가하고 있다.

에펠탑보다 무거운 CMS[2]

CMS는 ATLAS와 함께 LHC의 주요 실험 장치로서 14테라전자볼트에서 이루어지는 양성자-양성자 충돌 실험에서 나오는 모든 현상을 탐구하는 검출기이다. CMS는 Compact Muon Solenoid(문자 그대

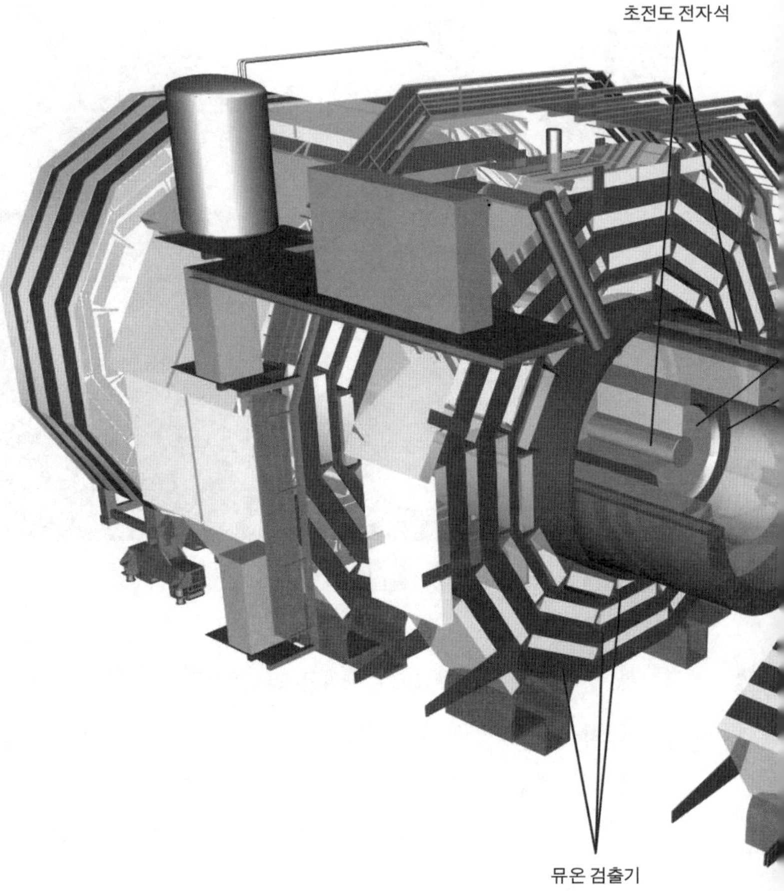

초전도 전자석

뮤온 검출기

길이 22미터
지름 15미터
무게 14,500톤

그림 17-4 CMS의 내부 구조.

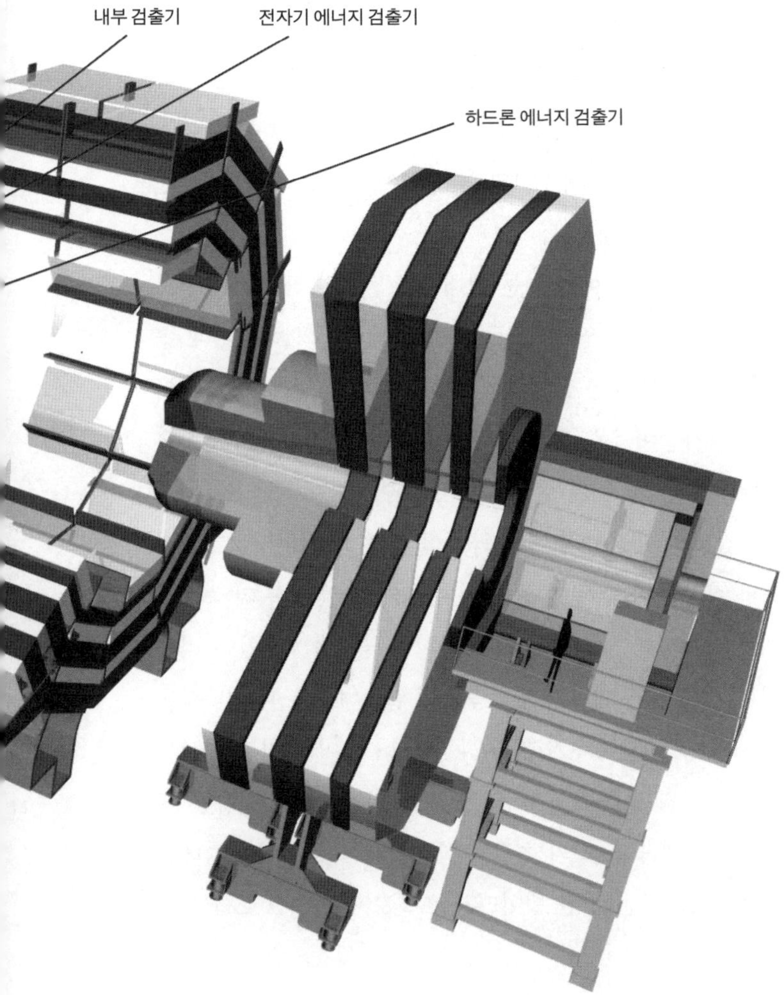

내부 검출기

전자기 에너지 검출기

하드론 에너지 검출기

17장 **LHC의 실험실들**

로의 뜻은 '압축 뮤온 솔레노이드'다.)의 머리글자를 딴 이름이다. 이름에서 예상할 수 있듯이 CMS는 ATLAS보다 크기는 작고 무게는 더 나간다. CMS는 길이 약 21미터, 지름 15미터의 원통 모양으로 ATLAS의 절반도 되지 않지만 무게는 약 1만 2500톤으로 ATLAS의 거의 2배에 이른다. CMS의 소개에 따르면 이것은 점보 제트기 30대, 혹은 아프리카 코끼리 2,500마리의 무게와 맞먹으며 에펠탑보다 두 배 가까이 무겁다. CMS가 이렇게 무거운 이유는 1만 2000톤에 이르는 거대한 초전도 솔레노이드 전자석 때문이다.

길이 13미터, 지름 7미터에 이르는 거대한 초전도 솔레노이드 전자석은 검출기의 이름에서도 알 수 있듯이 CMS 검출기의 핵심이다. 솔레노이드란 원통형으로 감은 코일을 의미하는데 원통 내부에는 거의 일정한 세기의 자기장이 원통 방향으로 생기게 된다. 자기장의 역할은 전기를 띤 입자의 궤적을 휘기 위한 것이다. 걸어 준 자기장의 크기와 방향을 알고, 입자의 궤적이 휘어진 곡률을 측정하면 이것들로부터 입자의 전하와 질량, 속도를 알아낼 수 있다. 곡률이 클수록 더 측정하기가 쉬우므로 자기장이 강할수록 더 정확한 측정을 할 수 있다. 더구나 LHC에서는 매우 높은 에너지에서 충돌이 일어나므로, 튀어나오는 입자들의 속도가 매우 빠르다. 입자의 궤적을 더 많이 휘기 위해서는 자기장도 그만큼 강해야 한다. CMS의 솔레노이드는 많은 전류를 흘리기 위해 4.7켈빈(섭씨 -268.5도)의 초전도 상태에서 작동되며 약 4테슬라의 자기장을 만들어 낸다. 한 덩어리의 초전도 전자석으로서는 역사상 가장 큰 자석이다.

CMS의 초전도 솔레노이드 전자석의 지름이 7미터인 것은 자석 제작 기술의 한계나 물리학적인 이유 때문이 아니었다. 워낙 큰 전자석

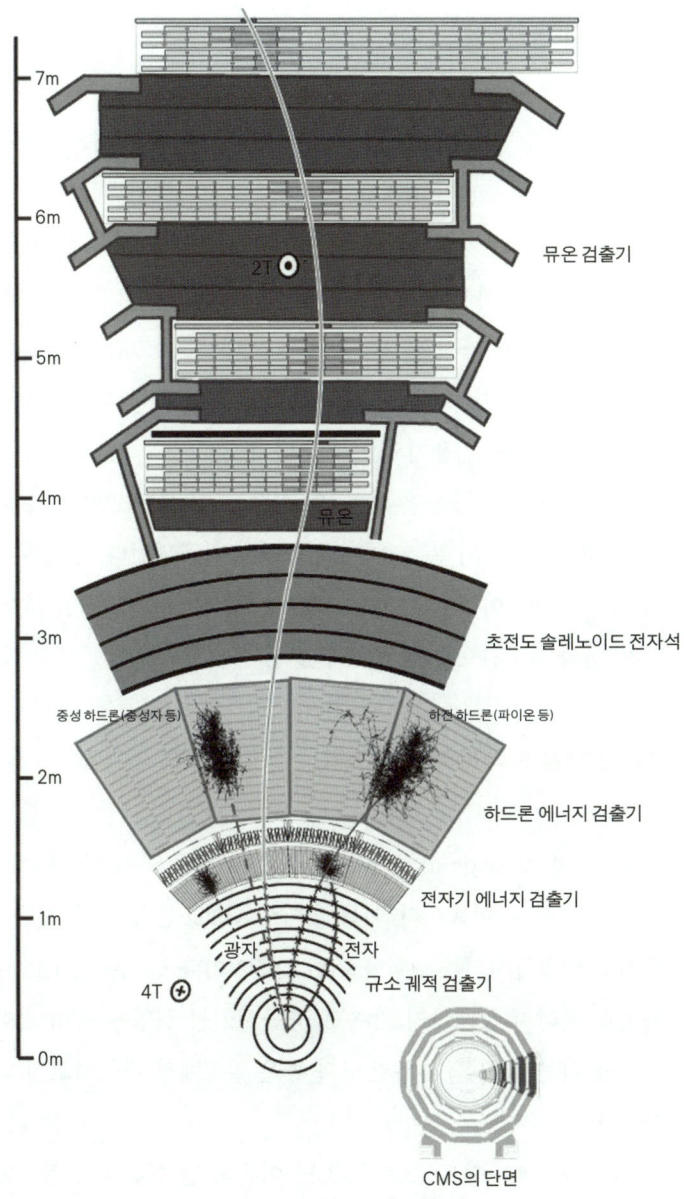

그림 17-5 CMS 검출기의 내부 구조와 각 검출기에 따른 입자의 궤적과 반응.

이다 보니 전자석을 프랑스 세시(Cessy)에 있는 CMS 실험실에서 제작하지 못하고 다른 곳에서 제작해서 수송해 와야 했는데, 전자석의 지름이 7미터를 넘으면 도로의 폭을 넘어가서 운반이 불가능했다. 여기에서 전자석의 크기가 결정된 것이다.

전자석이 워낙 거대하다 보니 보통의 경우에는 궤적 검출기만이 전자석 내부에 있게 되는데, CMS에서는 전자기 에너지 검출기와 하드론 에너지 검출기까지 전자석 내부에 있다. 앞의 그림 17-5는 CMS 검출기에 들어온 여러 가지 입자의 궤적을 보여 준다. 이 그림에는 원통형으로 되어 있는 검출기의 일부만 나와 있다.

CMS가 설치된 공동은 6년간의 건설 작업 끝에 2005년 2월, 53미터 길이에 27미터의 폭, 24미터의 높이로 완공되었다. LHC 토목 공사의 마지막 작업이었다. CMS 그룹은 38개국 183개 연구소에서 온 약 3,600명의 연구진으로 이루어져 있다.

테라전자볼트 나라의 ALICE[3)]

ALICE는 A Large Ion Collider Experiment('대형 이온 충돌기 실험'이라는 뜻이다.)에서 온 이름이다. 이름 그대로 ALICE는 납 이온 같은 무거운 중이온을 충돌시키는 실험을 위한 검출기이다. 중이온을 1,150테라전자볼트 에너지 상태까지 가속해 충돌시키는 실험은 특히 강한 상호작용을 하는 물질을 높은 온도와 높은 밀도에서 관찰하고자 하는 실험이다.

1,150테라전자볼트로 가속된 납 이온과 납 이온이 충돌하게 되면 각각 200개가 넘는 양성자와 중성자 들이 복잡한 충돌을 하면서 열

역학적으로 기술되는 상태가 된다. 열역학적으로 기술된다는 말은 입자 하나하나의 에너지나 운동량을 따지지 않고 거시적인 물리량인 온도, 압력, 밀도 등으로 기술되는 상태를 의미한다. 그래서 충돌하는 순간 전체 계의 온도가 급격히 상승해 원자핵에 들어 있는 양성자와 중성자 안의 쿼크와 글루온이 하드론 상태에서 '쿼크-글루온 플라스마' 상태로 변하게 된다. 보통 말하는 플라스마 상태는 온도가 올라가서 원자가 중성인 원자 상태로 남아 있지 못하고 이온으로 나뉘어 섞여 있는 상태이다. 쿼크-글루온 플라스마는 쿼크와 글루온이 하드론을 이루지 못하고 쿼크와 글루온인 채로 섞여 있는 상태를 의미한다. 이것 역시 얼음이 녹아서 물이 되는 것과 같은 상전이 현상이다. 물-얼음의 상전이처럼 쿼크-글루온 플라스마가 팽창하면 온도가 내려가게 된다. 그리고 쿼크-글루온 플라스마 상태에서 하드론 상태로의 상전이가 일어나서 우리는 다시 하드론만을 관찰하게 된다.

ALICE 실험은 이 과정을 관찰해 쿼크-글루온 플라스마와 상전이 현상 등을 연구한다. 이 현상은 초기 우주에서 대폭발 이후 10만분의 1초 정도 지났을 때 일어났던 현상이며 오늘날에도 중성자별의 내부에서 일어나고 있는 현상이기도 하다. ALICE 실험은 ATLAS와 CMS가 주도하는 양성자-양성자 충돌 실험을 보완하면서 우주가 만들어지는 과정에 대해 많은 것을 알려주고 강한 상호 작용을 더욱 깊이 이해하게 해 줄 것이다.

ALICE 검출기는 LEP 실험의 L3 검출기에 사용되었던 거대한 전자석을 재사용한다. ALICE 검출기의 위치도 L3 검출기가 있었던 바로 그 자리다. 지난 2010년 11월 4일, LHC는 처음으로 중이온 빔을 가속기에 넣어서 가속하기 시작했고 곧이어 11월 8일 충돌에 성공한 바 있

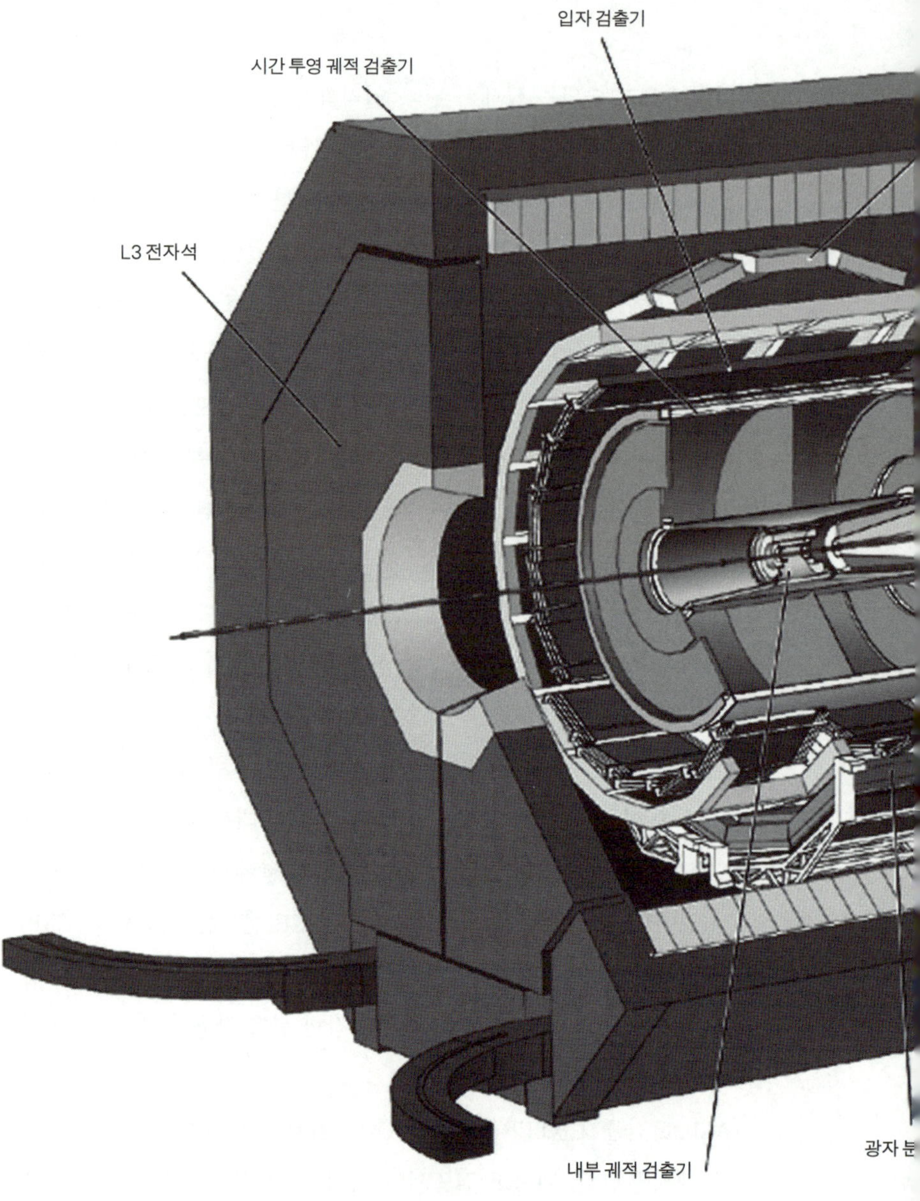

입자 검출기

시간 투영 궤적 검출기

L3 전자석

내부 궤적 검출기

광자 눈

그림 17-6 ALICE 검출기의 구조. LEP의 L3 검출기가 있던 자리에 설치된 ALICE 검출기에는 L3에 사용된 전자석이 그대로 사용되고 있다.

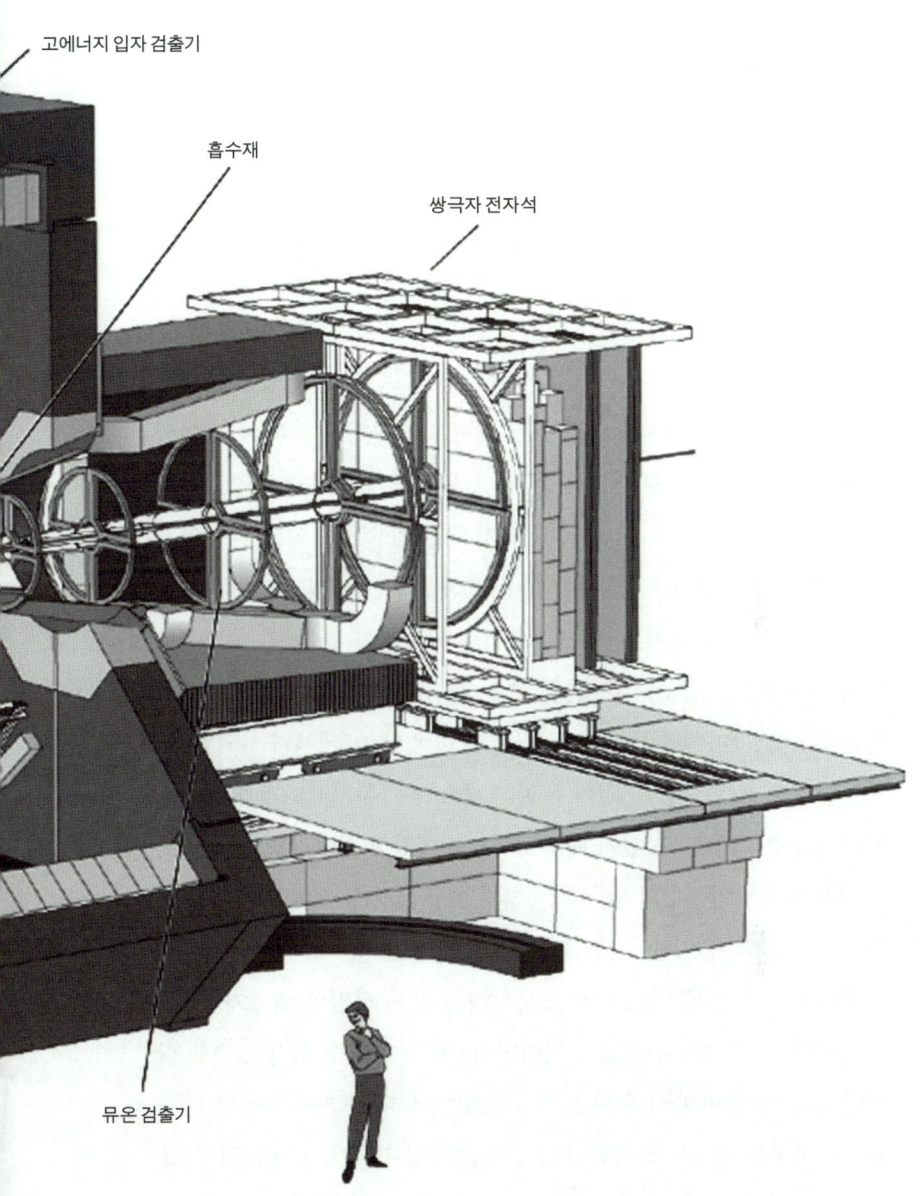

17장 LHC의 실험실들　487

다. (중이온 충돌 실험은 LHC에서 1년에 약 1개월가량 수행될 예정이다.) ALICE 그룹에는 30여 개 국가, 105개 대학 및 연구소에서 온 1,000명이 넘는 인원이 참가하고 있다.

보텀 쿼크 전문가, LHCb[4]

LHCb는 이름에서 드러나듯 보텀 쿼크를 연구하기 위한 LHC 검출기다. 보텀 쿼크를 연구하는 것은 입자 물리학에서 특별한 중요성을 가지고 있어서 보텀 쿼크만을 연구하기 위한 가속기를 따로 만들어서 보텀 쿼크를 대량으로 만들어서 연구할 정도다. 보텀 쿼크만을 대량으로 만들기 위한 가속기를 'B 팩토리(B-factory)'라고 한다. 이름 그대로 B 메손을 만드는 공장 같은 일을 하는 가속기이다. 최근 B 팩토리 실험은 일본 쓰쿠바에 있는 KEK 연구소와 미국 SLAC에서 수행되었다.

보텀 쿼크를 연구하는 일이 특별히 중요한 이유는 CP 대칭성이 깨어진 정도를 연구할 수 있기 때문이다. CP 대칭성이 깨지는 현상은 미국 브룩헤이븐 연구소의 AGS 가속기를 이용한 중성 케이온의 붕괴 실험에서 피치와 크로닌이 1973년에 처음 발견했다. 1973년에 일본의 고바야시 마코토와 마스카와 도시히데는 같은 타입의 쿼크가 세 종류 있으면 세 종류의 쿼크들이 섞이면서 CP가 깨질 수 있다는 것을 밝혔다. 그런데 고바야시와 마스카와의 방법에 따라 케이온에서 관측된 CP 대칭성 깨짐을 설명한다면 B 메손의 붕괴 과정에서도 역시 CP 대칭성이 깨지는 현상이 일어나야 한다. KEK와 SLAC의 B 팩토리에서 만들어진 B 메손의 붕괴 과정을 검토한 결과 표준 모형에서 예측한 대로 CP 대칭성이 깨지는 현상이 관측되었다. LHCb에서 보텀 쿼크를 집중적으로 연구하는 것도 고바야시와 마스카와가 제안한 CP 대칭성 깨짐을 좀 더 확실히 검증하기 위해서다. 또한 다른 CP 깨짐 현상이 존재하는가를 찾기 위한 것이기도 하다. 다른 CP 깨짐 현상을 연구하는 것이 중요한 이유는 지금까지 케이온과 B 메손에서 관측된 CP 대칭성 깨짐으로는 우주에 있는 입자의 수와 반입자의 수가 다른 것을 설명할 수 없기 때문이다.

LHCb가 위치한 곳은 LHC 터널의 8번 지점으로서 LEP 실험의 DELPHI 검출기가 있던 곳이다. LHCb 검출기는 그 구조가 다른 검출기와는 판이하게 다르다. 다른 검출기들은 충돌에서 나온 모든 입자를 살펴봐야 하므로 충돌 위치 전체를 감싸는 원통형인 데 비해 LHCb는 그림 17-7과 같이 한쪽 방향에서 들어오는 빔만을 검출하도록 설계되어 있고, 빔의 진행 방향에 위치해 충돌 위치에서 접선 방향으로 나오는 빔들을 관찰한다. 초기 상태 복사나 다중 상호 작용에서 나오는 입자들은 대부분이 빔의 방향, 즉 접선 방향으로 나오기 때문이다. (양성자의 운동량이 빔의 방향이기 때문이다.) 충돌 과정의 대부분은 강한 상호 작용을 통해 일어나는데 이때 많은 수의 보텀 쿼크가 만들어진다. 보텀 쿼크는 LHC 가동 초기에도 1년 동안 약 10조 쌍(10^{13}쌍) 만들어질 것으로 예상된다.

검출기의 전체 무게는 약 4,500 톤에 달한다. 가장 많은 무게를 차지하는 부분은 역시 1,600톤에 달하는 자석이다. LHCb 실험에는 2008년 11월 현재 49개 연구소에서 700여 명의 연구진이 참여하고 있다.

너비 18미터
길이 12미터
높이 12미터
무게 4,270톤

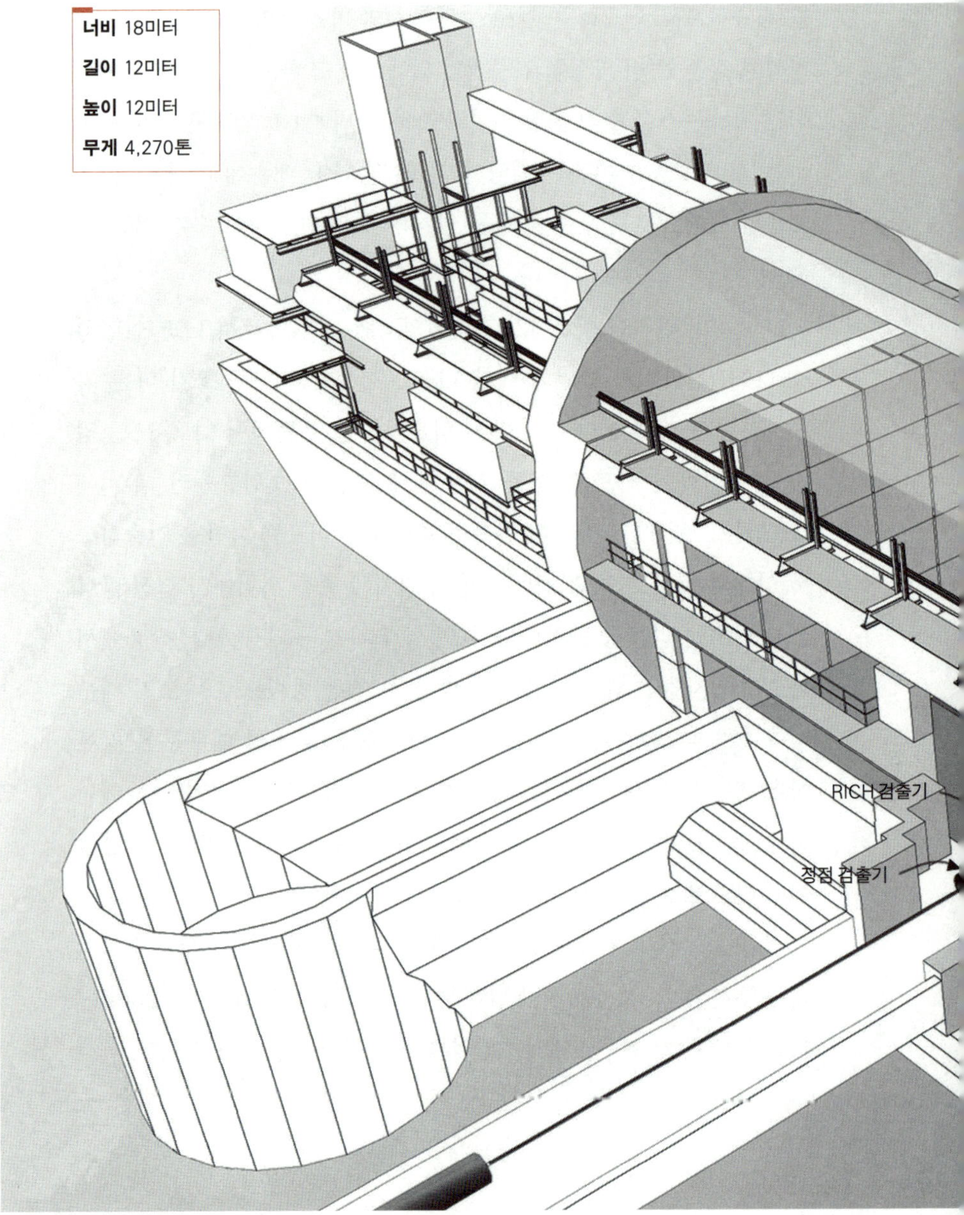

RICH 검출기
정점 검출기

490 **4부** 지금은 LHC의 시대

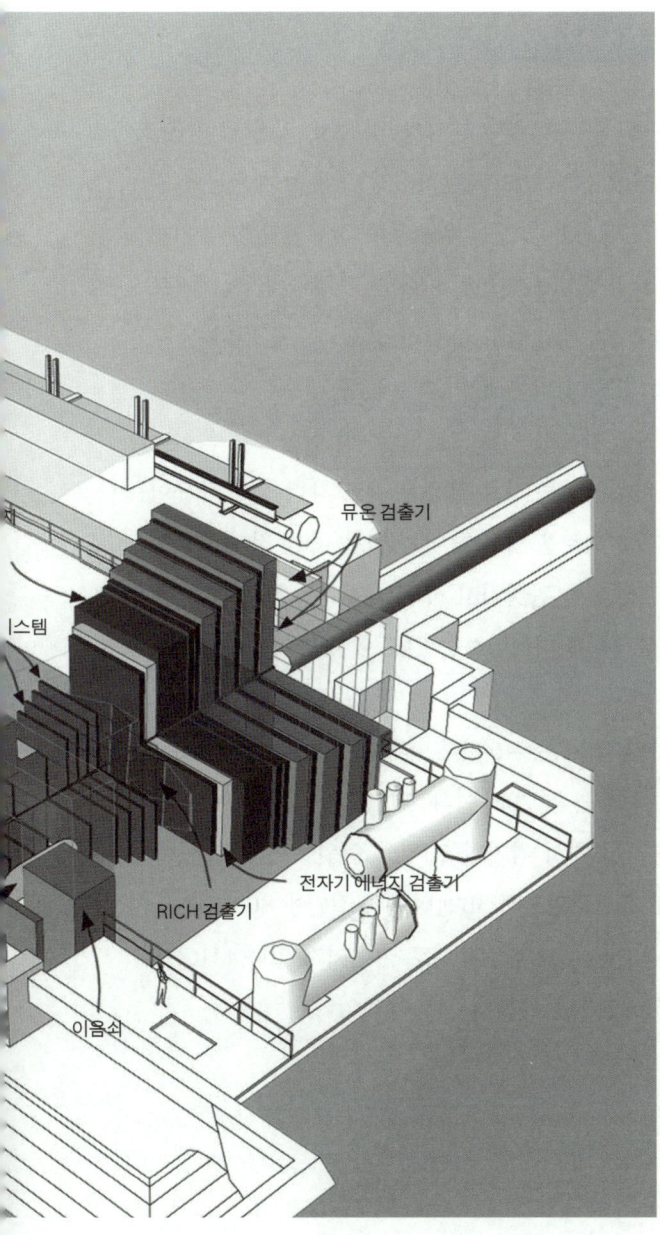

그림 17-7 LHCb 검출기의 구조. LHCb 검출기는 충돌 지점의 접선 방향에 위치해 입자가 한쪽 방향에서만 들어온다.

TOTEM과 LHCf[5]

　TOTEM과 LHCf는 모두 LHC에서 양성자-양성자, 혹은 납 이온-납 이온 충돌이 일어난 후 빔 방향으로 날아온 하드론의 제트들을 검출하는 장치다. 그래서 LHCb처럼 충돌 위치로부터 접선 방향에 위치한다. 실제로 양성자와 양성자가 충돌할 때에는 가장 높은 에너지로 충돌하는 파톤 외의 나머지 파톤들도 복잡한 상호 작용을 거쳐서 수많은 하드론의 제트를 만들어 내는데, 이 제트들은 대부분의 운동량을 빔이 달리는 방향으로 가지고 있으므로 주로 빔 방향으로 쏟아져 나온다. 이 파톤들을 산란시키는 상호 작용은 주로 강한 상호 작용이므로 TOTEM과 LHCf는 새로운 입자를 찾는 일을 하는 것이 아니라 강한 상호 작용의 여러 양상을 관찰하고 시험하는 일을 한다. 또한 빔의 상태나 빔의 충돌 상태를 모니터링하는 일도 이 검출기들의 중요한 업무다.

　CMS 옆에 설치된 TOTEM은 440센티미터 길이에 높이와 너비가 각각 5미터 정도이고 무게는 약 20톤이다. TOTEM에는 2006년 기준으로 8개국 10개 연구소에서 참가한 50명의 인원이 일하고 있다. LHCf는 ATLAS 옆에 설치되었으며 30센티미터 길이에 80센티미터 높이, 10센티미터 폭을 가진 2개의 검출기로 이루어져 있다. LHCf에는 4개국의 10개 연구소에서 온 22명이 참가하고 있다.

18장 | LHC의 과제들

힉스 입자를 찾아라!

 LHC의 가장 중요한 목표는 힉스 입자를 찾는 일, 혹은 좀 더 일반화시켜서 이야기하면 전자기-약 작용 대칭성 깨짐 현상을 이해하는 일이다. 표준 모형의 틀 안에서 생각하면, 힉스 입자를 찾는 일은 표준 모형의 마지막 구성 요소가 존재함을 확인함으로써 표준 모형이 전자기-약 작용에 관해 옳은 이론이라는 것을 확인하는 일이 될 것이다. 이것은 단순히 새로운 입자를 하나 더 발견하는 것이 아니라, 현대 입자 물리학의 근간인 게이지 이론을 통해 전자기 상호 작용과 약한 상호 작용을 통합적으로 이해하고자 한 하나의 패러다임이 완성됨을 의미한다.

 힉스 입자가 어떤 과정을 거쳐서 만들어지고 어떻게 붕괴하는가는 힉스 입자의 질량에 따라 달라진다. 표준 모형 내에서 힉스 입자의 질량은 결정되지 않지만, 다른 입자들과 상호 작용하는 방식과 그 크기 등은 알고 있으므로 힉스 입자의 질량에 따라 우리는 힉스 입자가 몇 개나 만들어지고, 어떤 데이터를 보여 줄지를 계산할 수 있다. 이것에 따라 ATLAS와 CMS는 힉스 입자를 검출하기 위해 모든 분석이 가능하도록 준비하고 있다. 현재까지의 예상에 따르면 표준 모형의 힉스 입자의 질량이 약 $1\text{TeV}/c^2$ 이하라면 LHC에서 만들어져서 반드시 검출될 것으로 예상하고 있다.

힉스 입자가 만들어졌다고 하더라도 우리가 관측할 수 있는 신호를 보여 줄 확률이 작을 수도 있으므로 실제로 힉스 입자의 존재를 확인하는 데에는 시간이 필요할 것이다. 하지만 운이 좋다면, 힉스 입자를 불과 1, 2년 안에도 발견할 수 있을 것이다. 힉스 입자를 가장 쉽게 발견할 수 있는 경우는 힉스 입자의 질량이 Z 보손의 질량의 2배가량이거나 혹은 그보다 클 때, 즉 숫자로 말한다면 약 $180\text{GeV}/c^2$ 보다 클 때다. 이럴 경우 힉스 입자가 2개의 Z 보손으로 붕괴하는 확률이 4분의 1 정도가 된다. 힉스 입자로부터 만들어진 Z 보손은 쿼크 쌍 혹은 렙톤 쌍으로 다시 붕괴해 최종적으로 우리가 보게 되는 것은 쿼크나 렙톤 쌍이다. 이중 Z 보손이 전자나 뮤온 쌍만으로 붕괴하는 것이 힉스 입자를 검출하는 데 가장 좋은 신호이다. LHC에서 양성자가 충돌할 때 쿼크는 수백 개가 만들어지기 때문에 이중에서 우리가 찾고 있는 쿼크를 골라내는 일은 매우 어려운 일이지만, 뮤온이나 전자라면 신호가 명확히 구별되므로 매우 높은 효율로 이들이 Z 보손이 붕괴되어 만들어진 것이란 걸 밝힐 수 있기 때문이다. 이렇게 Z 보손이 뮤온이나 전자로 붕괴할 확률은 약 9분의 1쯤 된다. 그러니까 힉스 입자가 2개의 Z 보손으로 붕괴한 후, 다시 각각이 전자나 뮤온 쌍만으로 붕괴할 확률은 $\frac{1}{4} \times \frac{1}{9} \times \frac{1}{9} = \frac{1}{324}$ 정도다. 우리가 전자나 뮤온 쌍을 세내로 분석해 낼 효율을 50퍼센트라고 하면 대략 650개의 힉스 입자가 만들어질 때마다 하나 정도를 찾을 수 있게 된다.

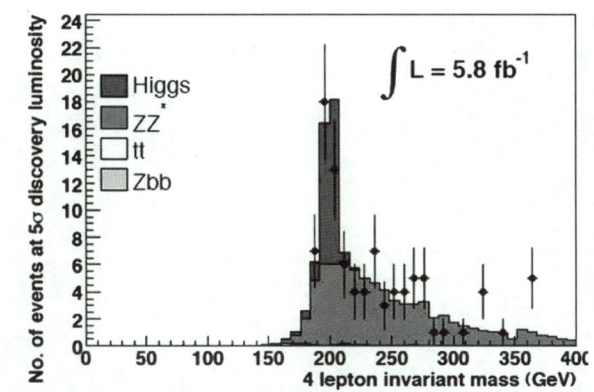

a

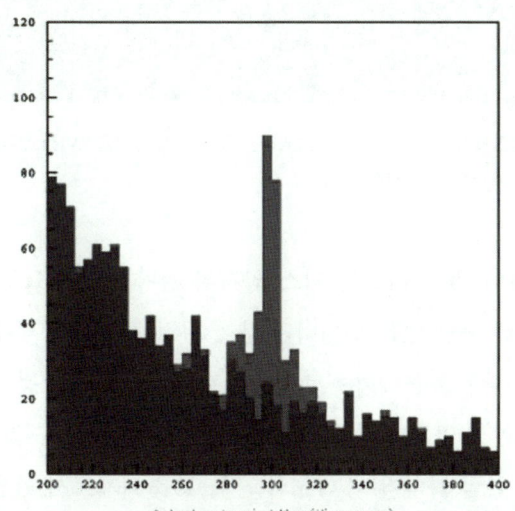

b

그림 18-1 힉스 보손이 LHC에서 발견될 것을 가정한 힉스 보손 검출 데이터. (a)는 CMS에서 200GeV/c^2 질량의 힉스 보손이 발견된 것을 몬테카를로 시뮬레이션한 결과. (b)는 300GeV/c^2 질량의 힉스 보손을 발견한 것을 한국 과학 영재 학교 학생들이 몬테카를로 시뮬레이션한 결과. 위 그래프에서 가로축은 힉스 입자에서 나온 렙톤 4개의 불변 질량이며, 세로축은 사건의 개수다.

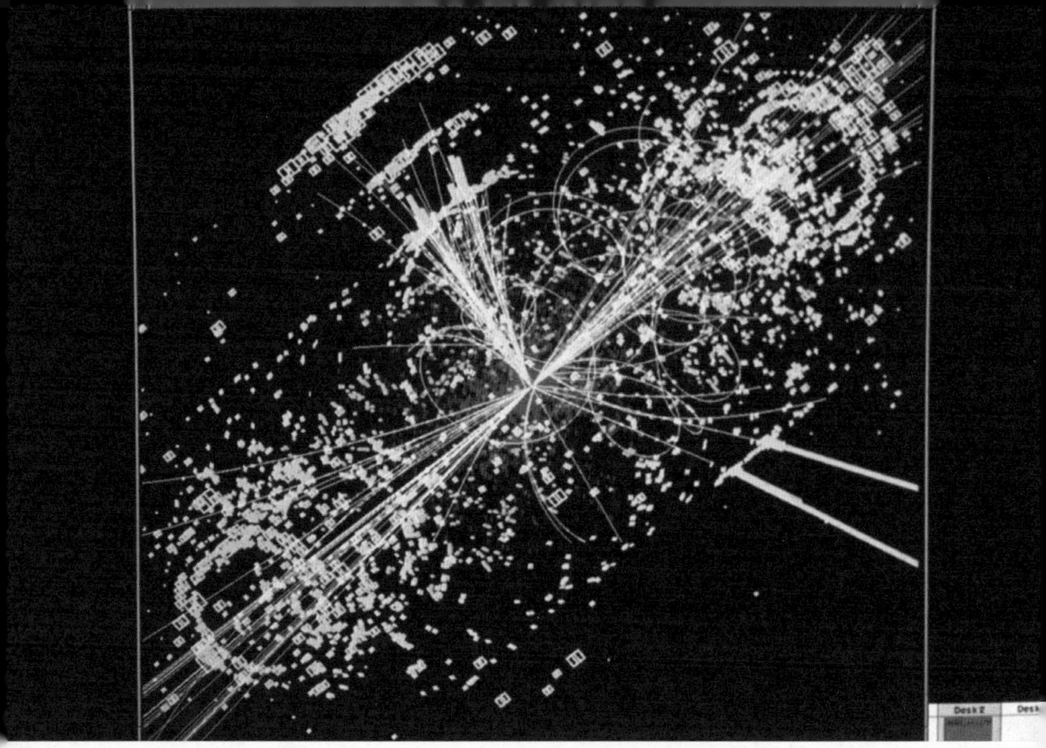

그림 18-2 힉스 입자가 4개의 뮤온으로 붕괴하는 것을 가정한 시뮬레이션 결과. 왼쪽 것은 ATLAS 검출기. 오른쪽 것은 CMS 검출기.

그림 18-1의 위 그래프는 힉스 입자의 질량이 $200\text{GeV}/c^2$일 때 LHC 초기 1년 동안 얻은 데이터의 양을 가정해 CMS 실험에서 힉스 입자를 찾을 경우를 몬테카를로 방법으로 시뮬레이션한 것이다. 힉스 입자의 질량인 $200\text{GeV}/c^2$에서 피크를 보이는 것을 볼 수 있다. 그 아래 그래프는 한국 과학 영재 학교의 연구-교육 과제로서 학생들과 함께 비슷한 작업을 수행해 본 결과다. 힉스 입자의 질량은 $300\text{GeV}/c^2$, 데이터의 양은 LHC가 10년 동안 얻은 정도라고 가정하고 몬테카를로 시뮬레이션을 수행했다. LHC 실험에 실제로 참여하고 있지 않았기 때문에 검출기에서 일어나는 과정을 시뮬레이션하지는 못했고, 가속기에서 만들어진 데이터만을 시뮬레이션해 보았다. $300\text{GeV}/c^2$에서 뚜

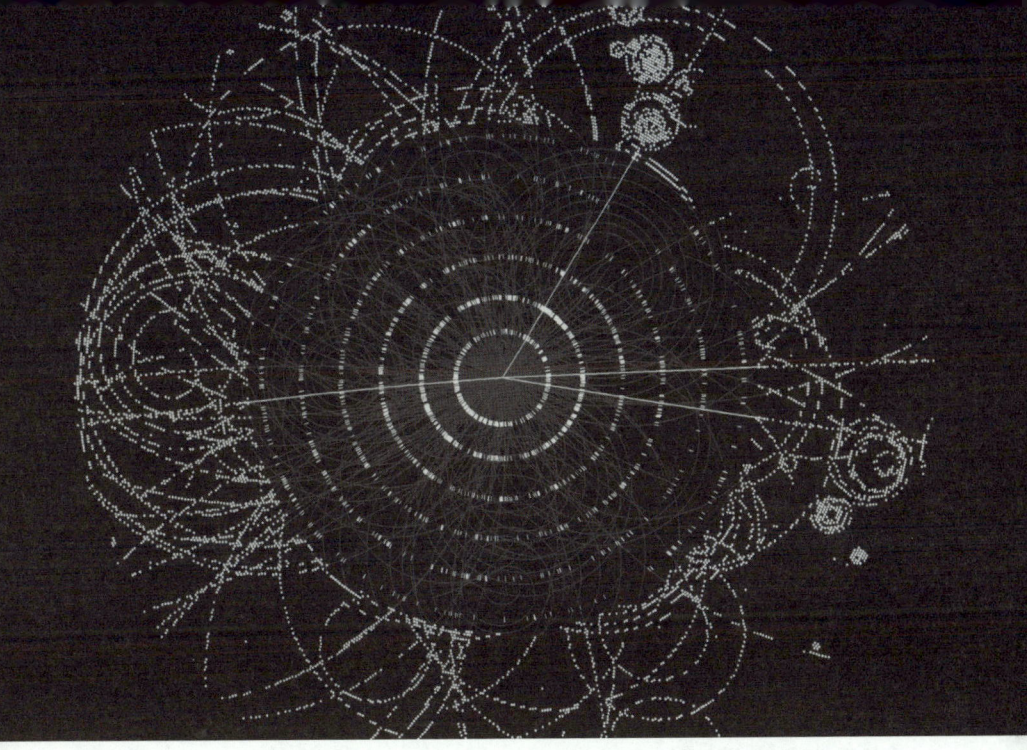

렷한 피크가 나타나는 것으로 보아 이 정도의 질량을 가지고 우리가 예측한 붕괴 과정을 가진 새로운 입자가 나타났음을 확인할 수 있다. 질량 $300\text{GeV}/c^2$의 힉스 입자는 1년에 12만 개가량 만들어질 것으로 보이므로 만약 $300\text{GeV}/c^2$의 힉스 입자가 존재한다면 1년에 약 200개의 힉스 입자를 발견하게 될 것이다.

 힉스 입자의 발견은 표준 모형을 완성하는 마침표인 동시에 표준 모형을 포함하는 이론, 즉 표준 모형의 근본이 되는 이론을 탐구하는 첫걸음이다. 표준 모형이 현재 거의 모든 실험 결과를 잘 설명하고 있으므로, 표준 모형의 근본이 되는 이론이 존재한다면 그 이론이 예측하는 현상은 지금 현재 실험 가능한 영역에서는 거의 표준 모형처럼 보여야 한다. 그런데 아직 발견되지 않은 힉스 입자가 관계되면 표준 모형과 다른 현상을 보일 가능성이 있다. 예를 들어 전기를 가진 힉스 입자가 발견된다든가, 힉스 입자가 여러 개 존재한다든가, 아니면 아예 힉스 입자가 발견되지 않는다든가 하는 결과가 나온다면, 표준 모형은 심각하게 수정되든가, 심하게는 폐기되어야 할지도 모른다. 만약 힉스 입자가 발견되지 않는다면, 물리학자들의 입장에서는 그것이 더욱 놀라운 일이고 새로운 도전을 부추기는 일일 것이다. 하지만 실제로 그렇게 되리라고는 생각하기 어렵다. 힉스 입자가 비록 직접 발견되지는 않았지만 여러 가지 다른 실험을 통해, 특히 LEP의 정밀한 결과로부터 간접적으로 힉스 입자의 효과를 보고 있기 때문이다.

표준 모형 파헤치기

LHC에서 연구될 표준 모형의 중요한 주제는 톱 쿼크에 관한 연구다. 1994년에 미국의 페르미 연구소에 설치된 양성자-반양성자 충돌기인 테바트론에서 발견된 톱 쿼크는 현재까지 인류가 발견한 기본 입자 중 가장 무거운 입자다. 질량이 약 $170 GeV/c^2$이니까 양성자의 약 170배에 달해서, 산소나 질소 분자보다는 훨씬 무겁고, 물 분자나 알루미늄, 심지어 철 원자보다도 무거워서 거의 납 원자의 질량과 비슷하다. 이렇게 무겁기 때문에 톱 쿼크는 LHC와 같은 크기의 가속기였던 LEP의 전자-양전자 충돌에서도 만들어지지 않았고, 양성자-반양성자 충돌 에너지가 2테라전자볼트에 이르는 테바트론 가속기에서 1994년에야 겨우 발견되었다.

앞에서 보았듯이 양성자와 같은 하드론이 충돌할 때에는 양성자의 충돌 에너지가 2테라전자볼트라고 하더라도, 그 안에서 실제로 반응을 일으키는 파톤끼리의 충돌 에너지는 그보다 훨씬 낮다. 따라서 양성자-반양성자가 2테라전자볼트로 충돌한다고 하더라도, 톱 쿼크 쌍을 만들 만큼의 에너지인 약 350기가전자볼트보다 높은 에너지로 충돌하는 것은 그중의 일부에 불과하다. 그래서 지금까지 만들어진 톱 쿼크는 수천 개에 불과했으며, 이중 실제로 분석이 가능한 것은 수백 개 정도였다.

LHC의 양성자 빔 광도는 가동 초기에는 연간 약 $10fb^{-1}$ 정도가 되도록 설계되었는데, 이 정도면 1년에 톱 쿼크 쌍을 약 1억 개 만들 수 있을 것이라고 예상된다. 그러면 여러 실험을 통해 톱 쿼크를 마음껏 실험해 볼 수 있을 것으로 기대하고 있다. 더구나 몇 년 후에는 양성자 빔의 광도를 10배로 증폭할 예정이다. 그렇게 되면 엄청나게 많은 수의 톱 쿼크가 만들어질 것이고, 우리는 톱 쿼크에 대해서 매우 자세한 것까지 알게 될 것이다.

그 밖의 표준 모형의 입자들 중 LHC에서 자세히 연구될 입자로는 약한 상호 작용을 전달하는 W 보손과 Z 보손이 있다. 전기적으로 중성인 Z 보손은 LEP 가속기에서 대량으로 만들어져서 매우 자세히 연구되었고 전기를 가진 W 보손도 충돌 에너지를 더 높인 LEP II 실험에서 대량으로 만들어져서 연구되었다. 두 입자의 질량은 실험 오차 약 0.002퍼센트(Z 보손)와 0.02퍼센트(W 보손) 정도로 극히 정밀하게 측정되었고, 여러 가지 다른 입자들로 붕괴되는 확률도 매우 높은 정확도로 측정되었다. 그러나 LHC가 가동되기 시작하면 W 보손은 렙톤으로 붕괴하는 것만 골라도 1년에 1억 개 이상 만들어진다. 너무 많이 만들어져서 데이터를 선별해서 저장해야 할 정도다. 그래서 W 보손의 질량도 Z 보손처럼 0.001퍼센트 이내로 지금보다 훨씬 정확하게 측정될 것이고, 다른 입자로의 붕괴 확률을 비롯한 여러 가지 성질들도 자세히 연구될 것이다. Z 보손도 1년에 1000만 개 이상 만들어질 것이기 때문에(LEP에서 10년 동안 만든 Z 보손이 모두 1700만 개다.) LEP 때보다 더 세밀한 탐구를 할 수 있을 것이다.

대통일 이론의 흔적을 찾는 LHC

물리학자들의 유머 중에 다음과 같은 것이 있다. 예전에는 물리학 이론이 모두 깔끔하고 이해하기 쉽고 무슨 뜻인지 명확해서, 우리가 세상을 확실하게 이해하고 있다는 생각이 들었는데, 왜 물리학은 갈수록 어려워져만 가고 점점 더 이상해져 가는가? 그것은 물리학자 한 사람이 죽어서 신에게 가게 되면 그는 그곳에서 새로운 이론을 만들어서 이 세상의 법칙에 더하는 일을 맡게 되기 때문에, 물리 법칙이 점점 더 어려워지고 괴상해진다는 것이다. 그럼 언제 물리학 이론이 이 땅에 남아 있는 물리학자들을 괴로움의 늪에 빠뜨릴 만큼 절망적으로 어려워졌는가? 바로 파울리가 죽었을 때였다는 것이다.

이 책이 양자 역학에 많은 지면을 할애하지 못했기 때문에 앞에서 파울리에 관해 많은 이야기를 하지 못했지만, 20세기 초반, 양자 역학이 만들어지는 시대에 명멸한 많은 물리학자 중에서 파울리는 단연 빛나는 별 중 하나였다. 순수한 이론 물리학자로서 하나의 극단적인 전형이었던 파울리는 그 자신의 이름이 붙은 배타 원리를 비롯해 양자 역학과 핵 물리학의 발달에도 많은 공헌을 했지만, 그를 더욱 빛나게 한 것은 그의 강력하고 냉철한 비판 정신이었다. 그의 동료들은 새로운 논문이 파울리를 통과하면(즉 갈기갈기 찢겨서 휴지통에 버려지지 않으면) 안심했으며, 학생이나 젊은 학자는 논문을 파울리에게 보여 줄 때면 공포에 떨어야 했다. (대부분 예상보다 심한 소리를 들었다.) 물리학에 관한 깊은 이해와 풍부한 지식을 바탕으로 한 그의 빠른 두뇌와 예리한 정신은 사소한 결점도 그냥 넘어가는 법이 없었고, 조금이라도 엉성한 점을 참아 넘기지 못했다. 그의 비판에 절망해 물리학을 그만둔 사람도 있으며, 비판을 견디지 못하고 폐기된 논문은 얼마든지 많다. (드물기는 하지만 앞에서 이야기한 전자 스핀에 관한 논문을 파울리의 비판을 듣고 포기한 크로니히의 일화처럼 파울리가 틀린 것으로 밝혀지는 경우도 있다.)

그 파울리에게, 누군가가 죽어서 신 앞에 갔을 때 뭐든지 가르쳐 줄 테니 오직 한 가지만 물어볼 수 있다고 한다면 무엇을 묻겠냐고 물었다. 그때 파울리의 대답은 미세 구조 상수(fine structure constant)가 왜 137분의 1인가를 물어보겠다는 것이었다. 미세 구조 상수는 7장에서 이야기한 대로 전자기 상호 작용의 크기를 말한다. 또는 앞에서 사용한 용어를 써서 말하면 전자기 상호 작용을 나타내는 양자 전기 역학의 게이지 결합 상수의 크기다. 우리가 가진 물리학 이론은 물리량이 결합 상수에 따라 어떻게 표현되는가는 보여 주지만 결합 상수의 크기가 얼마인지는 가르쳐 주지 않는다. 우리는 오직 실험을 통해서만 그 값을 알 수 있다. 그런데 만일 이 숫자가 지금과 달라지면 세상의 모습은 우리가 보고 있는 것과는 판이한 것이 된다.

파울리의 이 질문은, 왜 게이지 상호 작용이 우리가 관찰하는 것과 같은 모습인가 하는 질문으로 확장할 수 있다. 게이지 이론이 전자기 상호 작용, 약한 상호 작용 및 강한 상호 작용을 설명하는 올바른 방법인 것은 틀림없는 것으로 보인다. 그런데 자연에 존재하는 상호 작용

18장 LHC의 과제들

은 왜 우리가 보고 있는 형태로 존재하는 것일까? 왜 다른 종류의 상호 작용은 더 없는 것일까? 이런 질문에 대한 한 가지 대답은, 원래 자연에 존재하는 상호 작용은 하나이고, 어떤 과정을 거쳐 현재 우리가 보고 있는 형태로 존재한다는 것이다.

앞에서 여러 차례 보았듯이 제각각 달라 보이는 물리 현상들 속에서 공통된 패턴을 찾고 한 가지 통합적인 원리로 설명하는 일은 물리학의, 나아가서 자연 과학의 가장 기본적인 정신이다. 사과가 떨어지고 해와 달과 별이 떴다가 지는 일을 중력이라는 한 가지 방법으로 설명한 것이 근대 과학의 시작이었고, 맥스웰의 방정식으로 벼락이 치고 쇠가 자석에 달라붙고 전구에 불이 켜지는 현상들을 설명했다. 이런 정신에 따라 원자핵의 베타 붕괴와, 우주에서 날아온 파이온이나 뮤온의 붕괴가 하나의 근원을 가진 동일한 상호 작용이고, 양성자와 중성자, 수많은 메손과 바리온은 SU(3)라는 복잡한 대칭성을 통해 쿼크라는 희한한 존재로부터 모두 만들어졌음이 밝혀졌다. 우주의 상호 작용은 통일된 하나의 힘의 다른 얼굴이며, 하나의 이론으로 세상의 모든 상호 작용을 설명할 수 있다는 생각은 너무 매력적이다. 아인슈타인이 평생을 바쳐 추구한 것도 이 이론을 만드는 것이었고 지금도 물리학자라면 누구나 머릿속 한구석에는 그런 꿈이 잠들어 있을 것이다.

현존하는 게이지 상호 작용을 통일적으로 이해하려는 시도 중 확실한 성과를 낸 것은 하버드 대학교의 셸던 글래쇼와 하워드 메이슨 조자이였다. 이들의 업적을 한마디로 말하면, 강한 상호 작용과 전자기-약 작용을 하나의 게이지 이론으로부터 만들어 낸 일이다. 이들의 이론에 따르면, 강한 상호 작용은 SU(3), 전자기-약 작용은 SU(2)×U(1)이라는 대칭성을 기반으로 하는 게이지 이론이다. 이중 전자기-

502   4부 지금은 LHC의 시대

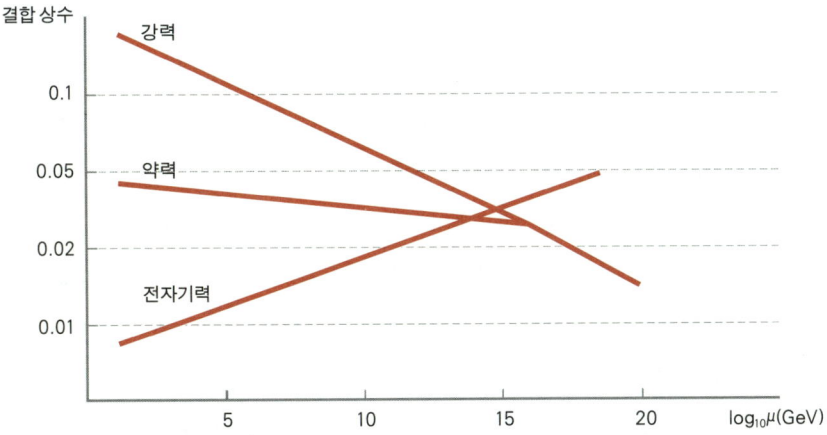

그림 18-3 대통일 이론에서 게이지 상수가 통일되는 것을 보여 주는 그래프.

약 작용은 특정한 바닥 상태를 중심으로 보면 전체 대칭성의 일부에 해당하는 U(1)만큼은 게이지 대칭성을 가지고 있지만 나머지는 깨진 것처럼 보인다. (이것을 게이지 대칭성이 자발적으로 깨졌다고 한다는 설명은 앞에서 했다.) 이 아이디어를 확장하면, 우주에는 좀 더 근본적인 게이지 대칭성이 하나 존재했으나, 특정한 기본 상태에서 그 대부분이 깨어져 우리가 현재 관찰하는 게이지 대칭성으로 보인다는 결론에 도달할 수 있다. 이러한 아이디어에서 출발한 이론이 '대통일 이론(Grand Unified Theory, GUT)'이다. 글래쇼와 조자이는 이 아이디어에 의거해 SU(5)라는 대칭성을 기반으로 1974년, 표준 모형을 포함하는 최초의 완전한 대통일 이론을 발표해 엄청난 반향을 일으켰다. 여기서 그들이 SU(5) 대칭성을 택한 이유는 SU(5) 대칭성이 표준 모형의 대칭성을 포함하는 대칭성 중에 가장 간단한 대칭성이기 때문이다. 다른 이유가 없다면 이론 물리학자의 최고의 도구는 가장 간단한 설명만을 살려 두는 오컴의 면도날이기 때문이다.

대통일 이론에서 상호 작용들이 통일된다는 것을 웅변적으로 보여주는 그림이 있다. 양자장 이론에서 물리량들은 관측하는 에너지 척도에 따라 달라진다. 그런데 강한 상호 작용, 약한 상호 작용, 전자기 상호 작용의 게이지 상수들이 에너지 척도에 따라 어떻게 바뀌는지 그려 보면 에너지 값이 커짐에 따라 그림 18-3같이 세 게이지 상수의 값들이 하나의 값으로 만나는 것처럼 보인다. 그림에서 세 상호 작용의 게이지 상수가 만나는 에너지 척도는 약 10^{16}기가전자볼트다. 그러므로 이것보다 높은 에너지 척도에서는 SU(5) 게이지장만 있었지만 10^{16}기가전자볼트쯤에서 모종의 이유로 (아마도 자발적으로) SU(5) 대칭성이 깨어져서 표준 모형의 게이지 대칭성이 남는다고 생각하는 것이 글래쇼-조자이의 대통일 이론의 시나리오다.

약한 상호 작용의 전달 입자인 W와 Z 보손이 질량을 가지는 것은 약한 상호 작용의 대칭성이 깨지기 때문이다. 이와 마찬가지로 깨지지 않은 표준 모형의 게이지 대칭성을 제외한 대통일 이론의 나머지 게이지 대칭성들 역시 깨지면서 그 게이지장에 해당하는 게이지 입자들에게 질량을 부여하게 된다. 약한 상호 작용이 깨지는 에너지 척도가 246기가전자볼트이므로 W와 Z 보손은 대략 100기가전자볼트의 질량을 가지고 있다. 글래쇼-조자이 대통일 이론에서 나온 여분의 게이지 입자들은 흔히 X와 Y라고 부르는데 10^{16}기가전자볼트 정도에서 대칭성이 깨지면서 질량이 생겼으므로 X와 Y의 질량도 대략 그 정도의 값($10^{16}\text{GeV}/c^2$ 정도)을 가실 것이나. 이것은 너무나 큰 질량이이서 이런 입자를 직접 발견할 가능성은 전혀 없다. 최대 14테라전자볼트의 LHC의 에너지도 10^{16}기가전자볼트에 비교하면 1조분의 1에 불과하다. 그러면 이러한 이론은 어떻게 검증할 것인가?

전혀 다르게 보이는 현상을 하나의 이론으로 설명하는 물리학의 원리는 여기서도 역시 강력한 힘을 발휘한다. 전자기 상호 작용, 약한 상호 작용, 강한 상호 작용이 별개의 힘으로 존재하는 표준 모형과는 달리 대통일 이론에서는 이것들이 하나의 상호 작용에서 유도된 것이므로, 앞에서 이야기한 상호 작용을 특징짓는 결합 상수의 값 역시 더 이상 독립적인 것이 아니라 서로 관계를 갖게 된다. 글래쇼-조자이의 SU(5) 이론에서도 이러한 관계를 유도해 낼 수 있는데, 전자기 상호 작용과 약한 상호 작용이 섞여 있는 정도를 표현하는 양인 와인버그 각을 SU(5) 대통일 이론으로 계산해 보면 측정된 값과 상당히 근접한 값을 얻을 수 있다. 파울리가 신에게 물어보려고 남겨둔 미세 구조 상수도 대통일 이론의 결합 상수에서 유도된다. 즉 미세 구조 상수의 크기인 137분의 1은 대통일 이론에서는 측정값이 아니라 대통일 이론의 게이지 상수에서 유도된 이론적인 값이 된다. 이제야 비로소 우리는 137분의 1이라는 숫자를 이해했다고 할 수 있게 된다. 물론 질문이, 애초에 대통일 이론의 결합 상수가 왜 그 값인가 하는 것으로 바뀐 셈이지만, 처음에 전자기 상호 작용, 강한 상호 작용, 약한 상호 작용의 결합 상수가 왜 지금 우리가 관측하는 값인가 하는 3개의 질문이, SU(5) 게이지 이론의 결합 상수가 왜 그 값이었는가 하는 하나의 질문으로 바뀌었으므로, 그만큼 우리의 이해가 더 깊어졌다고 할 수 있다.

대통일 이론은 게이지 대칭성만을 통일하는 것이 아니다. 물질을 이루는 쿼크와 렙톤은 표준 모형에서는 완전히 별개의 존재라서 게이지 보손이나 힉스 입자를 통해서만 상호 작용을 하지만, 대통일 이론에서는 통일된 게이지 대칭성에 해당하는 하나의 입자로 설명할 수 있다. 강한 상호 작용에서 다른 색깔의 쿼크를 하나의 입자로 생각하는 것과 마찬가지다. 강한 상호 작용을 통해 쿼크의 색이 바뀌고, 약한 상호 작용을 통해 업 쿼크가 다운 쿼크로 바뀌듯이, 대통일 이론의 게이지 대칭성을 통해서 쿼크가 렙톤으로, 또는 렙톤이 쿼크로 바뀔 수 있다.

이런 현상은 대통일 이론을 검증하는 강력한 방법이 된다. 표준 모형에서는 쿼크는 쿼크끼리, 렙톤은 렙톤끼리만 바뀔 수 있으므로 아무리 시간이 지나도 쿼크는 쿼크로, 렙톤은 렙톤으로 남아 있으며 쿼크와 렙톤 각각의 개수는 변하지 않는다. 쿼크나 렙톤의 개수가 변하려면 자신의 반입자와 쌍소멸을 통해서 광자로 바뀌거나 반입자와 함께 쌍으로 생겨나는 것뿐이다. 따라서 가장 가벼운 바리온인 양성자와 가장 가벼운 렙톤인 전자는 더 이상 붕괴하지 않고 반양성자와 반전자를 만나지 않는 한, 표준 모형의 틀 안에서는 영원불멸의 존재다. 그러나 대통일 이론이 표준 모형보다 더 근본적인 이론이라면 이야기는 달라진다. 대통일 이론에서는 쿼크가 렙톤으로 변하는 것이 가능하므로 양성자도 시간이 지나면 결국은 붕괴해 사라진다. 이것은 우주의 물질을 이루는 원자에 수명이라는 시간적 한계가 있다는 말이 된다. 그렇다면 언젠가 우주에서 원자로 이루어진 물질이 모두 자취를 감추고 말 것이다. 이 양성자 붕괴 과정은 SU(5) 이론의 게이지 입자 중 표준 모형에 속하지 않는 게이지 입자인 X 보손이 매개해 이루어진다. 따라서 양성자가 붕괴하는 모습이 관찰된다면, 이것은 표준 모형으로 설명할 수 없다. 결국 대통일 이론의 확실한 증거가 될 것이다.

그런데 X 보손의 질량이 $10^{16} \text{GeV}/c^2$ 정도이므로 이 상호 작용의 크기는 아주아주 작다. 이것은 이 상호 작용이 일어날 가능성이 아주 낮다는 뜻이다. 다른 말로 하면 쿼크가 렙톤으로 변하는 과정은 아주 천천히 일어난다, 즉 양성자의 수명이 엄청나게 길다는 말이다. SU(5) 이론의 계산에 따르면 양성자의 수명은 대략 10^{32}년 정도일 것으로 예측된다. 최신 관측 결과에 따르면 우주의 나이는 137억 년 정도이므로, 양성자의 붕괴가 아직까지는 우주의 역사에 아무런 영향을 주지 않았다고 볼 수 있다.

그렇다면 이런 현상을 어떻게 하면 관찰할 수 있을까? 우주의 나이보다 훨씬 더 긴 시간인 10^{32}년 동안 양성자를 관찰할 수 없다는 것은 명백하다. 이럴 때에는 양성자를 많이 모아 놓고 관찰하는 방법을 이용한다. 하나의 양성자가 10^{32}년 후에 붕괴한다는 것은, 10^{32}개의 양성자를 관찰하면 확률적으로 1년에 1개는 붕괴한다는 뜻이므로 양성자를 많이 모아 놓으면 실험실에서도 양성자 붕괴를 발견할 수 있다.

양성자 붕괴를 실험적으로 관찰하기 위해, 미국 오하이오 주의 소금 광산에 어바인 대학교, 미시간 대학교, 브룩헤이븐 연구소의 합작으로 IMB(Irvine-Michigan-Brookhaven)라는 검출기가 만들어졌고, 일본 기후 현의 가미오카 광산에 도쿄 대학교의 고시바 마사토시 교수가 이끄는 팀이 가미오칸데(Kamiokande, KAMIOKA Nucleon Decay Experiment)라는 검출기를 건설했다. 이 두 검출기의 기본 원리는 같다. 거대한 지하 공동에 아주 순수한 물(ultrapure water)을 가득 담고 그 안쪽 벽에 광증폭기(photomultiplier)를 설치한 후 양성자 붕괴를 기다린다. 물 분자의 원자핵 안에 있는 양성자들의 붕괴를 관찰하는 것이다. 물을 사용한 것은 여러 가지 면에서 효율적인 물질이기 때문이다. 우선 물은 값이 싸고 다루기 쉽고 대단히 안정된 물질이다. 또한 물은 양성자가 붕괴될 때 나오는 체렌코프 복사를 일으키는 매질이기도 하다. 대통일 이론에 따르면 물 분자 안에 들어 있는 양성자가 붕괴하면 양전자와 중성 파이온이 만들어지고 중성 파이온은 곧바로 2개의 광자로 붕괴한다. 이때 나오는 체렌코프 복사선을 아주 미세한 빛 신호를 크게 증폭시켜서 검출하는 광증폭기로 검출한다.

IMB는 약 7,000톤의 물을 채운 상자 모양의 물탱크 안쪽 6개 면에 12.5센티미터 크기의 광증폭기를 설치했고, 가미오칸데는 높이 16미터, 지름 15.6미터의 원통 모양 물탱크에 3,000톤의 물을 채우고 탱크 안쪽 면에 이 실험을 위해 특별히 제작한 지름 50센티미터의 초대형 광증폭기를 설치했다. 물은 많을수록 좋고, 광증폭기는 섬세할수록 좋으므로, IMB는 물의 양에서, 가미오칸데는 광증폭기의 민감성에서 각각 장점을 가지고 있었다. 또 만약 우주선이라든가 방사선과 같은 외부의 입자가 검출기에 들어가 버리면 양성자 붕괴 관찰에 방해가 되므로 이것을 최대한 막기 위해 IMB와 가미오칸데는 둘 다 지하 깊숙이에 설치되어 있다. LHC가 지하에 설치된 이유도 마찬가지다.

IMB와 가미오칸데가 건설된 1980년대 초반부터 오늘날까지 단 하나의 양성자 붕괴도 관찰되지 않았다. 이것은 양성자의 수명이 적어도 10^{32}년보다는 긴 것으로 판명되었다. 이것은 SU(5) 게이지 대칭성에 기초한 대통일 이론의 예측 결과를 상당히 벗어나는 것이다. 따라서 가장 간단한 SU(5) 대통일 이론은 잘 맞지 않는 것으로 결론지어졌다. 아무 결과도 보지 못했지만 이 실험을 실패라고 말할 것까지는 없다. 실험의 결과로 우리는 양성자의 수명을 측정하고 그 한곗값을 알 수 있었고 그 결과로 SU(5) 대통일 이론이 옳지 않다는 것을 알았다. 물론 새로운 사실을 발견했다면 더 기뻤겠지만, 실험에서 아무 것도 발견하지 못하는 것은 입자 물리학처럼 미지의 세계를 탐구하는 분야에서는 흔한 일이다. 오히려 완전히 이론적인 가정에서 출발한 예

그림 18-4 CERN에서 강연하는 고시바 마사토시. 2002년 8월.

측이 매번 맞는 것이야말로 더욱 놀라운 일일 것이다.

그러나 IMB와 가미오칸데의 실험이 아무 성과도 거두지 못한 채 허무하게 끝난 것만은 아니다. 자연은 물리학자들에게 보너스를 주었다. 가미오칸데와 IMB같이 물을 이용한 체렌코프 복사 검출기는 그대로 중성미자가 물 분자의 전자와 충돌할 때 나오는 체렌코프 복사를 검출하는 중성미자 검출기로 이용할 수 있다. 일본의 가미오칸데는 애초부터 연구 계획서에 중성미자 검출기로서의 가능성을 언급하고 있었다. 광증폭기를 추가하고 물을 더 순수하게 만드는 등 가미오칸데는 중성미자를 정확하게 검출할 수 있도록 개선되어 가미오칸데 II라는 이름으로 1987년 1월부터 실험을 다시 시작했다. 여기에 결정적인 운이 따랐다. 1987년 2월 23일 밤, 지구로부터 16만 광년 정도 떨어져 있는 대마젤란 성운에서 초신성이 폭발하는 것이 발견되었다. 별의 밝기가 무려 100만 배나 밝아져서 맨눈으로 볼 수 있을 만큼의 대형 폭발이었다. 이만큼 밝은 초신성은 최근 400년 동안 한번도 관측되지 않았다. 이 초신성은 지구에서 17만 광년 떨어진 것이었고, SN 1987a라는 이름이 붙여졌다. 2월 23일 밤에 기록된 데이터에서 고시바의 가미오칸데 II는 초신성에서 날아온 11개의 중성미자를 검출하는 데 성공했고 이어서 IMB와 세계의 다른 실험 장치들이 이것을 확인했다. 이 발견은 중성미자를 통해 천체에 관한 정보를 얻어내는 중성미자 천문학이라는 새로운 분야의 문을 열었다. 이 중성미자 검출에 대한 논문은 그해 3월 정년 퇴임을 앞둔 고시바 마사토시의 퇴임 전 마지막 논문이 되었다. 이 공로로 고시바는 1970년대에 태양의 핵융합 반응에서 나오는 중성미자를 처음 검출한 레이먼드 데이비스 주니어 (Raymond Davis Jr.)와 함께 "우주에서 날아온 중성미자를 검출해 천체 물리학에 대한 선구자적인 공헌"으로 2002년 노벨 물리학상을 수상했다.

게다가 그 후 가미오칸데 검출기를 개량해 근처에 설치한 슈퍼 가미오칸데 검출기는 1998년에 대기 중에서 만들어진 중성미자에 관해 대단히 정확한 데이터를 얻었고, 이것은 중성미자의 질량이 존재한다는 강력한 증거로 받아들여졌다. 표준 모형에서는 중성미자의 질량이 정확히 0이므로 이것은 표준 모형이 설명할 수 없는 첫 번째 데이터인 셈이다. 이 결과를 보고한 슈퍼 가미오칸데의 논문은 입자 물리학 실험 논문으로는 가장 많은 인용 횟수를 기록한 논문이 되었다. (지금은 우주 배경 복사를 관찰하는 WMAP 위성 실험 결과를 발표한 논문과 초신성을 관찰에 우주 기속 팽창하고 있음을 발견한 논문 등에 추월되었다.) 그 밖에도 가속기에서 만들어진 중성미자를 원거리에서 관측하는 K2K 실험, 원래 가미오칸데 검출기가 설치되어 있던 자리에서 원자로에서 나오는 반전자 중성미자를 관측하는 KamLAND 실험 등 가미오칸데는 중성미자 실험 분야에서 최고의 스타로 종횡무진 활약하고 있다.

대통일 이론에 관한 최초의 흥분은 가라앉았지만, 이것이 대통일 이론이라는 아이디어 자체가 틀렸다는 것을 의미하는 것은 아니다. 강한 상호 작용과 전자기-약 작용의 게이지 대칭성이 더 큰 게이지 대칭성의 일부분이라는 대통일 이론의 아이디어는 여전히 매력적이다. 다만 애초의 게이지 대칭성이 무언가, 그리고 그 대칭성이 어떻게 지금 우리가 보고 있는 대칭성을 남기게 되었는가 하는 것은 여러 가지 측면에서 아직 연구 중이다. 표준 모형의 게이지 대칭성을 포함하는 큰 대칭성은 얼마든지 있으므로 서로 다른 이론적 근거를 가진 대통일 이론을 많이 만들 수 있다. 그러므로 물리학자들은 가능한 대통일 이론 하나하나를 연구해 이론의 특성 및 가속기 실험을 통해 검증할 수 있는 방법을 연구하고 있다.

LHC에서 발견할 수 있는 대통일 이론의 가장 확실한 증거로는 새로운 게이지 입자를 발견하는 것을 들 수 있다. 많은 대통일 이론에서는 큰 게이지 대칭성이 깨지고 표준 모형의 게이지 대칭성이 남을 때 중간 단계에서 다른 게이지 대칭성이 추가로 나타난다. 지금 우리가 사는 세계에는 더 이상의 게이지 대칭성이 보이지 않으므로 다른 게이지 대칭성은 깨어져 있을 것이며, 그 게이지 대칭성에 해당하는 무거운 게이지 입자가 존재해야 한다. 이 입자들이 아직까지 발견되지 않은 것으로 보아 질량이 매우 클 것으로 예상된다. 미국 페르미 연구소 테바트론 가속기에서 나온 최신 결과에 따르면, 새로운 게이지 입자가 존재한다면 그 질량은 게이지 대칭성의 성질에 따라 다소의 차이는 있지만 W와 Z 보손보다 10배는 무거울 것이라고 한다. LHC는 W 보손보다 수십 배 무거운 게이지 입자도 검출할 수 있으므로 매우 넓은 범위에 걸쳐서 새로운 게이지 입자를 탐색할 수 있을 것이다.

초대칭성은 존재하는가?

LHC의 주목적은 힉스 입자의 검출이지만, 그 밖에도 LHC는 많은 새로운 현상을 탐구하게 될 것이다. LHC는 본질적으로 표준 모형으로서는 설명할 수 없는 현상을 발견하기 위한 장치라고 해도 과언이 아니다. LHC의 충돌 에너지는 표준 모형의 현상들을 관찰하기 위한 에너지 척도보다 충분히 크기 때문이다.

LHC에서 발견될 것으로 기대하는 현상 중 가장 많은 사람들이 관심을 가지고 있는 것은 초대칭 입자가 발견될 것인가 하는 것이다. 초대칭 이론은 워낙 많은 이론적 장점을 가지고 있다. 만일 초대칭성이 존재하지 않는다고 한다면 이론 물리학자들은 오히려 놀라고 당황스러워 할 정도다. 그러나 실험적으로는 초대칭성에 대한 증거는 간접적인 것조차 단 하나도 발견되지 않았기 때문에, 실험 물리학자에게는 도전해 볼 만한 주제라고 할 수 있다.

초대칭성은 그 단어의 뉘앙스처럼 4차원 양자장 이론이 가질 수 있는 최대한의 대칭성이다. 입자의 가장 기본적인 성질은 파울리의 배타 원리를 따르느냐, 아니냐로 구별된다. 배타 원리를 따라 모든 입자들이 제각각 다른 상태로 있는 입자가 페르미온이고 수많은 입자들이 같은 상태로 얼마든지 있을 수 있는 입자가 보손이다. 초대칭성이란 이 두 가지 입자 사이의 대칭성이다. 이 초대칭성에 따라 초대칭 이론에서는 모든 입자들이 모두 그들의 초대칭 짝을 갖게 된다. 즉 페르미온은 보손인 초대칭 짝을 갖고 있고, 보손은 페르미온인 초대칭 짝을 갖는다.

이론적인 견지에서 초대칭 이론은 표준 모형의 문제점 중 하나를 명쾌하게 해결해 준다. 8장에서 표준 모형의 한계를 설명할 때 나왔던 것처럼, 중력을 나타내는 플랑크 척도(약 10^{19}기가전자볼트)와 약한 상호 작용의 척도(약 100기가전자볼트)가 크게 차이가 나기 때문에, 스칼라 입자의 질량을 양자 역학적으로 계산하면 매우 불안정한 방정식이 나온다. 방정식이 불안정하다는 말은 이론의 변수들의 값이 아주 미묘하게 상쇄될 때만 식이 성립하고, 아주 조금만 변수 값이 달라져도 방정식이 맞지 않는다는 뜻이다. 스칼라가 아닌 게이지 입자나 페르미온에는 각각 나름의 대칭성이 있어서 질량을 계산할 때 플랑크 척도를 상쇄하는 문제가 나타나지 않는다. 이 문제를 중력과 전자기-약 작용의 에너지 척도 차이에서 비롯된다는 의미에서 '게이지 계층성 문제'라고 한다. 그런데 초대칭성이 있으면 스칼라 입자의 질량을 계산할 때도 플랑크 척도를 상쇄할 필요가 없어진다. 대칭성을 통해 문제를 해결한다는 의미에서 초대칭성은 게이지 대칭성 문제를 해결하는 가장 우아한 방식으로 여겨지고 있다.

중력을 양자 역학적으로 다룰 수 있는 유일한 이론인 끈(string) 이론에서도 초대칭성이 존재할 것을 요구한다. 제프리 추 밑에서 학위를 받은 존 슈워츠(John Schwartz)와 케임브리지의 마이클 그린(Michael Green)은 1984년 초대칭성을 가진 끈 이론은 10차원의 시공간에서 모순이 없는 이론이라는 것을 보였고, 뒤이어 에드워드 위튼(Edward Witten)이 연구에 뛰어들면서 초끈(superstring) 이론은 크게 발전해 이론 물리학

그림 18-5 초끈 이론가 에드워드 위튼. 2009년 사진.

계에서 많은 관심을 끌게 되었다.

초대칭 이론은 수학적으로 매우 흥미롭고 아름다운 이론이지만, 지금 우리가 사는 세계에서는 초대칭성을 볼 수 없다. 간단한 예로, 전자의 초대칭 짝은 전자와 질량 및 여러 성질이 똑같은 보손이어야 하는데, 그런 입자는 자연에 존재하지 않는다. 이것만 봐도 초대칭성이 자연에 존재하지 않는다는 것을 알 수 있다. 따라서 만약 초대칭성이 자연에 존재한다면, 지금 우리가 알고 있는 그 어떤 에너지보다 훨씬 높은 에너지에서 어떤 식으로든 깨졌어야 한다. 그리고 전자의 초대칭 짝인 보손 전자(스칼라-전자(scalar-electron)임을 뜻하는 셀렉트론(selectron)이라는 이름을 가지고 있다.)는 초대칭이 깨진 에너지에 해당하는 커다란 질량을 가지고 있을 것이다.

초대칭성이 수 테라전자볼트에서 깨졌다고 하면 여러 가지 장점이 존재한다. 앞에서 대통일 이론을 이야기할 때 보았듯이, 전자기 상호 작용, 강한 상호 작용, 약한 상호 작용의 게이지 결합 상수는 높은 에너지에서 하나로 합쳐진다. 그리고 이것이 대통일 이론의 직관적인 힌트였다. 그런데 사실 표준 모형만 가지고는 게이지 결합 상수가 정확히 한 점에서 합쳐지지 않는다. 양자 효과를 충분히 고려해 계산해 보면 약간의 편차를 갖고 어긋나 있다(그림 18-3). 그런데 만일 초대칭성이 존재한다면 신기하게도 이 세 값이 거의 정확히 한 점에서 만나게 된다. 이 놀라운 사실은 카를로 지운티(Carlo Giunti), 김정욱, 이웅원 팀[1]과 우고 아말디(Ugo Amaldi), 빔 데 뵈어(Wim de Boer), 헤르만 푸르스테나우(Hermann Furstenau) 팀[2]에 의해 독립적으로 발견되었다. 대통일 이론이 그랬듯이 이것을 초대칭성의 존재를 확증하는 증거라고는 할 수 없지만, 초대칭성이 존재할 것 같다는 것을 강력하게 시사하는 힌트라고는 할 수 있다.

초대칭 이론의 또 다른 장점은 이론의 모형에 자연스럽게 암흑 물질이 존재한다는 점이다. 앞에서 표준 모형의 약점 중 하나로 표준 모형 안에 암흑 물질이 존재하지 않는 것을 들었다. 암흑 물질의 존재는 실험적으로 거의 증명된 것이므로 우주를 완전히 설명하는 이론이라면 당연히 암흑 물질도 설명해야 한다. 초대칭 모형에서는 기존의 입자들이 초대칭 짝을 이루도록 새로운 입자들을 많이 도입하는데 이 입자들은 매우 무거우므로 순간적으로 붕괴되어 더 가벼운 초대칭 입자가 된다. 그러나 초대칭 입자 중 가장 가벼운 입자는 더 이상 붕괴할 방법이 없으므로 우주에 그대로 남아 있게 된다. 이 입자는 표준 모형의 입자들과는 거의 상호 작용을 하지 않아 기존의 방법으로는 거의 검출할 수가 없다. 대부분의 초대칭 모형들은 이 입자의 질량을 수십 기가전자볼트에서 수 테라전자볼트로 예측하고 있는데, 이것은 현재 관측된 암흑 물질에 관한 실험 데이터에 잘 들어맞는다.

전자기-약 작용이 힉스 메커니즘을 통해 깨지는 순간, 그 깨지는 에너지 척도에 따라 W와 Z 게이지 입자들과 쿼크, 렙톤의 질량이 모두 결정되었듯이, 초대칭성이 깨지는 순간, 그 메커니즘에 따라 초대칭 짝 입자의 질량이 결정된다. 현재까지 초대칭 입자가 전혀 발견되지 않았다는 사실은, 초대칭 입자들의 질량이 지금까지 우리가 실험할 수 있었던 그 어떤 에너지 척도보다 더 크다는 의미다. 그러나 앞에서 말한 여러 가지 초대칭 이론의 장점을 고려하면 초대칭성이 깨지는 에너지 척도와 그때 생기는 초대칭 입자의 질량은 수 테라전자볼트 이하일 가능성이 있다. 그렇다면 앞으로 수 년 안에 LHC에서 초대칭 입자가 만들어질 수도 있을 것이다.

여분 차원은 존재하는가?

미국에서 이란 인 물리학자 부모로부터 태어나 토론토 대학교와 미국 버클리 대학교에서 학위를 받고 SLAC에서 박사 후 연구원 생활을 시작한 젊은 물리학자 니마 아르카니아메드(Nima Arkani-Hamed)와 스탠퍼드 대학교의 터키 출신 그리스 물리학자인 사바스 디모폴로스(Savas Dimopoulos), 그리고 당시 이탈리아 트리에스테에 있는 국제 이론 물리학 연구소(ICTP) 소속이었던 그루지아 출신의 기아 드발리(Gia Dvali), 이렇게 세 사람은 1998년에 두 편의 논문을 내놓았다.[3] 한편 하버드 대학교 출신의 리사 랜들(Lisa Randall)은 라만 선드럼(Raman Sundrum)과 함께 1999년에 두 편의 논문을 발표했다.[4] 이 두 그룹의 논문은 유례가 드물 정도로 짧은 시간 안에 입자 물리학계의 폭발적인 관심을 불러일으켰다.

이 논문들은 10^{19}기가전자볼트인 플랑크 척도, 즉 중력이 중요해지는 에너지 척도가 다른 입자 물리학 현상들이 일어나는 100기가전자볼트 정도의 에너지 척도보다 그렇게 엄청나게 큰 이유를 논의하고 있다. 앞에서 플랑크 척도라는 값은 대략 중력의 세기를 나타내는 뉴턴의 중력 상수의 역수의 제곱근이라고 했다. 그러므로 플랑크 상수가 엄청나게 크다는 의미는 뉴턴의 중력 상수가 매우 작다는 말과 같다. 즉 중력이 아주 약하다는 뜻이다. 반대로 플랑크 척도가 1테라전자볼트 정도로 작아지면 중력은 반대로 엄청나게 세져서 다른 힘과 비슷해진다. 그렇다면 현재 관측되는 중력이 다른 상호 작용과 달리 이렇게 약한 것은 무엇 때문일까? 이것은 현대 물리학의 가장 중요한 물음 중 하나다. 아르카니아메드, 디모폴로스, 드발리, 랜들, 그리고 선드럼은 아주 흥미로운 방법으로 이 문제를 해결했다. 바로 공간의 차원을 늘리는 것이다.

우리가 사는 공간보다 차원이 높은 다차원 공간이라는 생각을 이들이 처음 한 것은 아니다. 물질 세계를 다루는 물리학에서 무턱대고 높은 차원의 공간을 생각할 수는 없지만 이론 물리학의 세계에서 다차원 공간의 아이디어는 이미 익숙하다. 다차원 공간을 다루는 이론에 관해 이야기하기 전에 '차원'이라는 말을 좀 더 정확히 이야기하도록 하자. 차원이란, 간단히 말해서 위치를 표시할 때 필요한 숫자의 개수다. 외나무다리를 사람들이 한 줄로 서서 건너갈 때 누군가를 지적하려면 앞에서 몇 번째, 혹은 뒤에서 몇 번째라고 말하는 것으로 충분하다. 따라서 이때 필요한 숫자의 개수는 1이고 이런 공간을 1차원이라고 부른다. 바둑판 위에 놓인 돌의 위치는 가로줄 몇 번째, 세로줄 몇 번째 하는 식으로 숫자 2개로 나타낼 수 있다. 따라서 바둑판이라는 공간은 2차원이다. 우리가 사는 공간에는 여기에 높이를 나타내는 숫자가 하나 더 필요하다. 즉 우리가 살고 있는 공간은 3차원이다. 이것이 뉴턴 이후 물리학과 일상 세계의 공간에 대한 개념이다. 우리는 4차원 공간은 알지도 느끼지도 못한다. 직관적으로는 말이다.

4차원이라는 말은 이제 생각이 엉뚱한 사람을 가리키는 말로 쓰일 만큼 친숙하다. 사실 수학적으로 4차원 공간을 생각하는 것은 어렵지 않다. 다만 그것이 3차원에 적응되어 있는 우리의 일상 감각과 맞지 않을 뿐이다. 지면 위를 기어다니는 개미를 2차원적인 존재라고, 위아래를 모르는 존재라고 생각해 보자. 우리가 장난 삼아 개미를 들어 다른 장소에 놓아 주면 개미는 세상이 2차원이 아님을 알게 될 것이다. 개미 세계의 과학자들은 자신들이 가끔 사라졌다가 다른 위치에서 나타나는 현상으로부터 다른 차원의 존재를 추론해 낼지도 모른다. 같은 방법으로 보이지 않는 4차원 공간의 존재를 탐지할 수 있다. 그러나 아직까지 4차원 공간의 존재를 알려주는 현상이 발견되지 않았으므로 일단은 세상이 3차원 공간이라고 믿어도 좋을 듯하다.

사실 물리학에서는 4차원이라는 말이 다른 의미로 쓰인다. 아인슈타인이 상대성 이론으로 밝혀낸 바에 따르면, 물리량의 진짜 기준은 빛의 속도이고 시간과 공간은 별개의 틀이 아니라 특정한 방식으로 얽혀서 어떤 좌표계에서도 빛의 속도가 같은 값이 되도록 변화하는 존재다. 그러므로 물리학에서는 공간 3차원과 시간 1차원을 합쳐서 '4차원 시공간(spacetime)'이라고 부른다. 이것은 공간 자체가 4차원이라는 말과는 엄연히 다른 말이다. 공간이 4차원이라면 시간을 더해서 시공간은 5차원이 된다.

다차원 공간의 물리학은 아인슈타인의 일반 상대성 이론이 나온 직후에 시작되었다. 칸트와 오일러의 전통이 살아 있는 쾨니히스베르크 대학교에서 수학, 물리학, 천문학을 공부한 독일의 수학자 테오도르 프란츠 에두아르트 칼루자(Theodor Franz Eduard Kaluza)는 1908년 괴팅겐 대학교에서 1년을 연구할 기회를 얻었다. 가우스와 리만의 후광 아래, 현대 수학의 기초를 마련한 힐베르트와 아인슈타인의 상대성 이론의 기반을 마련한 민코프스키가 주도하던 당대의 수학과 물리학의 중심지에서 칼루자는 그와 같은 날 태어난 헤르만 바일과 상대성 이론을 연구했다. 길지 않은 괴팅겐 체류였지만 아마도 이때의 경험이 그의 미래를 결정했을 것이다. 고향으로 돌아온 칼루자는 쾨니히스베르크 대학교의 강사가 되었고, 둘째 아이가 태어날 무렵에는 제1차 세계대전에 징집되어 서부 전선에서 복무하고 1918년 무사히 돌아왔다.

대학에 복귀한 칼루자는 아인슈타인의 일반 상대성 이론을 연구하다가, 공간에 차원이 하나 더 있을 경우 맥스웰의 전자기장과 같은 요소가 자연스럽게 나타난다는 것을 깨달았다. 그 의미를 숙고해 본 칼루자는 3차원 공간에다가 한 차원 더한 4차원의 공간과 시간으로 이

18장 LHC의 과제들 519

루어진 5차원 시공간에서 일반 상대성 이론이 중력과 전자기력을 통합하는 이론이 될 수 있음을 알았다. 자기 연구의 중요성을 확신한 칼루자는 아인슈타인에게 자신의 논문을 보냈다. 1919년 4월 아인슈타인은 칼루자의 논문을 받는다. 아인슈타인은 곧 깊은 흥미를 보였다. 다만 눈에 보이지 않는 5차원의 존재를 어떻게 이해해야 할 것인가에 확신이 서지 않았다. 2년간의 고심 끝에 1921년 아인슈타인은 칼루자의 논문을 출판하는 것을 허락했다.

스톡홀름 태생의 오스카르 클라인(Oskar Klein)은 코펜하겐 보어 연구소의 수석 조교와 미국 미시간 대학교의 강사를 거쳐 1926년 다시 보어 연구소의 연구원으로 돌아온다. 같은 해 그는 오랫동안 독자적으로 연구해 온 5차원 시공간의 이론을 발표했는데, 논문을 발표하기 직전에 칼루자가 이미 5차원 시공간을 연구했다는 이야기를 파울리로부터 듣고 실망에 잠겼다. 그러나 칼루자보다 물리학적 기초가 더 튼튼한 클라인의 논문은 물리학자들에게 더 호의적으로 받아들여졌고, 지금은 다차원 이론의 선구자로 누구나 칼루자와 함께 클라인을 꼽는다. 오늘날에도 다차원을 다룰 때에는 칼루자와 클라인의 방식을 기반으로 한다.

다차원 이론에서 중요한 부분은 우리가 왜 네 번째 공간 차원 같은 여분 차원의 존재를 느끼지 못하는가 하는 것이다. 칼루자와 클라인은 여분 차원이 아주 작기 때문에 우리가 느끼지도 보지도 못한다고 설명함으로써 이 문제를 해결하려고 했다. 여분 차원이 충분히 작다면 우리는 여분 차원의 효과를 느낄 수 없고 그 존재를 알 수 없다. 예를 들어 종이는 분명히 3차원의 물체지만 워낙 얇기 때문에 2차원적 물체라고 생각하는 것처럼 말이다. 공간 차원의 작다는 것을 수학적으로는 공간이 '압축(compact)'되었다고 한다. 그리고 공간 차원의 크기를 유한하게 만드는 것을 '압축화(compactification)'라고 한다.*

아르카니아메드, 디모폴로스, 드발리는 이 문제를 다른 관점에서 접근했다. 우선 이들은 우리가 생각하는 물질은 $4+n$차원 시공간 중에 4차원 시공간 위에만 있다고 가정한다. 따라서 우리는 여분 차원을 직접 느끼지 못한다. 여기서 물질이란 눈에 보이고 손에 잡히는 물질뿐만 아니라, 빛과 같은 게이지 입자들을 비롯해서 앞에서 이야기한 모든 기본 입자들도 모두 포함한다. 이런 가정은 편의를 위해서 무작정 도입한 것은 아니다. 예를 들어 초끈 이론에는 우리가 살고 있는 시공간을 마치 하나의 면처럼 다루며 보통의 기본 입자들은 한쪽 끝이 우리가 살고 있는 시공간에 붙어 있는 끈으로 묘사하는 모형이 존재한다. 그렇다면 여분 차원과 우리와 무슨 관계가 있다는 말인가? 이런 이론이 무슨 소용이 있는가? 그러나 여분 차원 이론에 따르면 그렇지 않다. 우리는 여분 차원을 느낄 수 있다. 바로 중력을 통해서다.

우리는 아인슈타인의 일반 상대성 이론을 통해 중력을 이해하고 있다. 중력이란 시공간 그 자체이므로 모든 물질이 4차원 시공간 위에만 존재한다고 하더라도 중력은 $4+n$차원 시공간에서 기인한 것이어야 한다. 우리는 $4+n$차원 시공간에 작용하는 중력 중에서 4차원 시공간 위에 작용하는 부분만 느낄 수 있다. 따라서 만약 중력이 애초에는 다른 상호 작용과 비슷한 세기라고 하더라도 대부분이 여분 차원으로 새어 나가 버리기 때문에 우리는 아주 약한 중력만 느끼는 것이다.

---

* 대한수학회에서는 '컴팩트'로 음역하고 있다. 그러나 국립국어원의 외래어 표기 규정에 따르면 '콤팩트'라고 써야 한다.

즉 아르카니아메드 등은 중력이 다른 상호 작용보다 훨씬 약하다는 것을 여분 차원이 존재하기 때문으로 해석한다.

이들의 이론에 따르면 모든 물질은 4차원 시공간 위에만 있기 때문에 굳이 칼루자와 클라인처럼 여분 차원의 크기가 아주 작다고 생각할 필요가 없다. 그렇다고 여분 차원 공간을 우리가 사는 공간처럼 무한히 크다고 하면 4차원 시공간에 남아 있는 중력이 너무 약해져 버리기 때문에 여분 차원의 공간은 압축되어야 한다. 그렇다면 여분 차원의 크기는 현재 중력의 세기(뉴턴 중력 상수의 크기)와 여분 차원이 몇 개 있는지에 따라서 결정될 것이다. 여분 차원의 수가 많다면 중력이 여러 차원으로 새어 나갈 것이므로 여분 차원의 크기가 작아야 하고 여러 차원의 수가 적으면 여분 차원의 크기가 커야 한다.

아르카니아메드, 디모폴로스, 드발리는 그들의 논문에서 여분 차원이 하나라면 그 크기가 수 킬로미터 이상이어야 하는데, 그러면 우리가 일상적으로 관찰하는 뉴턴의 중력 법칙과 맞지 않으므로 새로 도입될 차원은 둘 이상이어야 함을 보였다. 특히 재미있는 것은 여분 차원이 2차원인 경우인데, 이 경우에는 그 크기가 1밀리미터 정도가 된다. 이 정도의 규모에서 아직 뉴턴의 중력 법칙은 실험적으로 검증되지 않았기 때문에 이 가능성은 아직 완전히 배제되지 않았다고 할 수 있다. 1밀리미터라면 눈으로 볼 수 있을 정도의 크기인데, 그 정도의 크기에서 아직 수백 년 전에 확립된 뉴턴의 중력 법칙이 검증되지 않았다는 것이 놀라울지 모르겠다. 이것은 중력이 그만큼 약한 힘이기 때문이다. 2001년에 발표된 미국 워싱턴 대학교의 실험 결과는 0.2밀리미터 정도까지 뉴턴의 중력 법칙을 확인했다고 보고하고 있다.[5] 여분 차원의 개수가 더 많아지면 그 차원의 크기는 훨씬 작아진다. 물론 작아진다고 해도 칼루자와 클라인이 생각한 5차원의 크기보다는 훨씬 크다. 이들의 이론은 여분 차원의 크기가 (상대적으로) 크기 때문에 '커다란 여분 차원(Large extra dimension)' 이론, 또는 저자들의 이름을 따서 'ADD 모형'이라고 흔히 부른다.

한편 랜들과 선드럼의 이론은 여분 차원을 오직 하나만 도입한다. 이 이론에서 우리 세계는 5차원 시공간의 한 면(brane, '브레인'이라고 음역하기도 한다.)이고 중력은 다른 면에 존재한다. 중력의 효과는 5차원을 통해 전해지는데, 5차원의 기하학적 구조(한마디로 '비틀려 있다(warped).') 때문에 우리는 중력을 약하게 느끼게 된다. 여분 차원의 비틀린 효과로 중력을 설명하기 때문에 '비틀린 여분 차원(Warped extra dimension)' 이

그림 18-6 2007년 CERN ATLAS 검출기를 찾은 리정다오(가운데)와 리사 랜들(오른쪽).

론, 혹은 역시 저자들의 이름을 따서 'RS 모형'이라고 부른다.

그렇다면 중력을 통해 어떻게 여분 차원을 느끼는가? 여분 차원이 있는 세계에서 중력은 $4+n$차원의 시공간을 넘나들기 때문에 우리에게는 보이지 않는 n차원 방향으로도 작용하고 있다. 우리가 사는 3차원 공간에서 움직이는 물체가 3차원 각각의 방향으로 운동량을 가지듯이 $3+n$차원에서 움직이는 물체는 3차원뿐만 아니라 우리에게는 보이지 않는 n차원 방향의 운동량도 가진다. 이 여분 차원 방향으로 운동량을 가진 입자를 우리가 사는 4차원 시공간에서 보면 여분의 질량을 가진 입자로 보인다. 이것을 처음 연구한 것이 바로 칼루자와 클라인 등이고, 이렇게 중력자와 같은 성질을 가지면서 질량만 더 큰 입자들을 '칼루자-클라인(KK) 들뜬 상태' 또는 'KK 입자'라고 부른다. 따라서 KK 입자들의 효과를 관측함으로써 우리는 중력이 $4+n$차원을 넘나드는지를 확인할 수 있다. 이 연구는 지난 10여 년간 많이 이루어졌다. LHC도 바로 이 KK 입자를 직접 찾기 위해 노력할 것이다.

여기서는 여분 차원 연구의 효시가 된 두 이론만을 소개했다. 여분 차원 이론은 그 밖에도 여러 가지 다른 방식으로 구현될 수 있고 많은 모형들이 존재한다. 중력뿐만 아니라 여느 입자들도 여분 차원에 존재하게 되면 그 방향의 운동량에 따라 KK 들뜬 상태가 존재하게 되고, 이런 경우 훨씬 더 많은 수의 다양한 KK 입자들이 나타날 수 있기 때문이다. 어느 경우든 LHC에서 KK 입자를 관측하는 것은 여분 차원의 효과를 직접 보는 일이 될 것이다.*

---

* 폴 핼펀의 『그레이트 비욘드(The Great Beyond)』(곽영직 옮김, 지호, 2006년)와 리사 랜들이 쓴 『숨겨진 우주(Warped Passages)』(김연중·이민재 옮김, 사이언스북스, 2008년)를 읽어 보면 여분 차원에 대해 좀 더 자세히 알 수 있을 것이다.

암흑 물질 만들기

우리 우주가 어떻게 생겨났고 어떤 구조를 가지고 있는가 하는 의문은, 물질이 궁극적으로는 무엇으로 만들어진 것일까 하는 질문과 함께 물질 세계에 대한 가장 근본적인 질문이다. 물질의 근본을 생각하는 것이 가장 작은 세계에 대한 탐구라면, 우주를 생각하는 것은 가장 큰 세계에 대한 탐구라고 할 수 있다. 그런데 흥미롭게도 현대 물리학의 연구 결과는 가장 작은 세계를 연구하는 입자 물리학과 가장 큰 세계를 탐구하는 우주론이 서로 만나는 것을 보여 준다. 현대 우주론은 우주가 팽창하고 있고, 그 처음은 모든 물질과 에너지가 한점에 모인 대폭발이라는 과정을 통해 시작했다고 알려 준다. 그렇다면 대폭발 직후에 우주는 매우 작았을 것이다. 따라서 태초의 물리 현상은 입자 물리학으로 다루어야 한다.

1990년대 들어서 인공 위성 실험과 관측을 통해 천체 물리학 및 우주론의 관측 결과가 양적으로나 질적으로나 비약적으로 발전했다. 여러 실험 중 특히 2001년에 쏘아올린 WMAP(Wilkinson Microwave Anisotropy Probe, 윌킨슨 마이크로파 비등방성 검출 위성)의 관측 결과는 엄청난 반향을 불러일으켰다. WMAP는 그 이름 그대로 우주 전체에 깔려 있는 마이크로파 파장의 우주 배경 복사를 관측하기 위한 위성이다. 우주 배경 복사는 아직까지 남아 있는 우주 초기의 빛이므로 이것을 보는 것은 현재 상태에서 대폭발 직후의 우주를 관측하는 일이라고 할 수 있다. 2003년 이후 계속 발표되고 있는 WMAP의 관측 결과는 인류가 지금까지 경험해 보지 못한, 아주 정밀한 정량적 관측 데이터를 제공하고 있어서 우주론과 천체 물리학 및 천문학 분야에 커다란 발전을 가져오고 있다.

　WMAP의 관측 결과 중에서 입자 물리학자들이 특히 주목하는 것은 우주의 물질 분포다. WMAP는 우주의 약 4퍼센트만이 우리가 알고 있는 보통의 물질로 되어 있음을 보여 주었다. 약 23퍼센트는 물질로 존재하기는 하지만 관측되지는 않는다. 즉 중력의 효과는 만들어 내지만 우리가 관측하기 위해 필요한 전자기 상호 작용은 하지 않는 물질이다. 보이지 않는 물질이라는 의미에서 이것을 '암흑 물질'이라고 부른다. 그 나머지 73퍼센트는 에너지의 형태로 우주 전체에 존재하는데 이것을 '암흑 에너지(dark Energy)'라고 부른다. 인간은 아직 암흑 물질과 암흑 에너지에 관해서는 아무것도 알지 못하고 있다.

　가장 그럴듯한 암흑 물질은 '웜프(WIMP)'라는 이름으로 분류되는 물질이다. 이것은 약하게 상호 작용하는 무거운 입자(Weakly Interacting Massive Particle)를 뜻하는 말로서, 충분히 무거우면서 다른 물질과는 아주 약하게 상호 작용을 하기 때문에 보통의 방법으로는 보이지 않는 물질을 의미한다. 웜프 형태의 암흑 물질이 존재한다고 가정할 때, 지금 우리가 살고 있는 우주가 만들어지려면 웜프가 얼마나 약하게 상호 작용해야 하는지, 그리고 얼마나 무거워야 하는지는 WMAP의 결과로부터 매우 정확하게 계산할 수 있다. 문제는 이 같은 물질이 입자 물리학의 표준 모형에는 존재하지 않는다는 것이다. 그러므로 암흑 물질을 설명하려면 표준 모형을 이론적으로 확장해야 한다.

　사실 웜프 형태의 새로운 물질을 생각하는 것은 그다지 어려운 일이 아니다. 앞에서 이야기한 대통일 이론, 초대칭 이론, 여분 차원 이론 등의 확장 이론에서는 웜프 형태의 물질을 쉽게 이론 안에 포함할 수 있다. 심지어 초대칭 이론 같은 경우에는 이론 안에 이미 암흑 물질의 역할을 하는 입자가 자연스럽게 존재하고 있기도 하다. 물론 표준 모형에 적당한 성질을 가지는 입자를 더하기만 해도 암흑 물질의 조건을 충족시킬 수 있다. 이렇게 웜프 형태의 암흑 물질을 이론적으로 가정하기 쉬운 것은 웜프가 약하게 상호 작용을 하므로 기존의 이론이나 실험 결과와 어긋나지 않게 도입하기 쉽기 때문이다. 간단히 말해서, 우리 눈에 보이지 않는 무언가가 지금 눈앞에 있다고 말하기 쉽다는 뜻이다. 문제는 그것을 어떻게 증명하느냐 하는 것이다.

보이지 않는 입자를 관측하는 것은 파울리가 중성미자를 제안한 이래로 늘 어려운 일이었다. 아주 약하게 상호 작용하는 물질을 보는 방법은 아직까지는 중성미자의 경우처럼 많은 검출 물질을 가져다놓고 그저 기다리는 것뿐이다. 암흑 물질은 보이지만 않을 뿐 우주의 어디에나 있으며 바로 지금 지구 위, 우리 옆, 아니 우리 몸 안에도 있을 것이다. 암흑 물질과 기존 물질의 상호 작용이 약하기는 하지만 아주 없는 것은 아니므로 우주에 존재하는 암흑 물질과 검출용 물질이 아주 약하게나마 상호 작용하는 순간을 기다렸다가 감지하면 언젠가는 발견할 수 있을 것이다. 이것은 고시바 마사토시에게 노벨상을 안겨 준 중성미자와 핵자 간의 탄성 충돌과 매우 유사하다. 이와 같은 실험은 지금 미국 미네소타 주의 CDMS(Cryogenic Dark Matter Search), 이탈리아 그랑 사소 연구소의 CRESST, DAMA, 프랑스의 EDELWEISS, 피렌체 산맥의 ROSEBUD 등의 실험실에서 진행되고 있으며 우리나라에서도 서울 대학교 김선기 교수 연구팀이 KIMS(Korea Invisible Mass Search)라는 이름으로 강원도 양양의 지하 터널에서 수행하고 있다.

암흑 물질을 관찰하는 좀 더 적극적인 방법은 암흑 물질을 실제로 만들어서 검출하거나 만들어지는 과정을 관찰하는 것이다. 바로 여기

18장 LHC의 과제들 527

에서 LHC가 중요해진다. 웜프와 마찬가지로 매우 약하게 상호 작용을 하기 때문에 보이지 않는 입자인 중성미자는 벌써 오래전부터 실험실에서 직접 만들어서 연구하고 있다. 그러나 웜프 형태의 암흑 물질은 매우 무겁기 때문에 지금까지의 가속기로는 만들 수 없었다. LHC는 암흑 물질의 후보들을 만들기에 충분한 에너지와 광도를 가지고 있다. 따라서 LHC에서는 암흑 물질을 직접 만들어 내는 실험을 할 수 있을 것이다. 다시 말해 LHC는 우리 우주를 구성하는 대부분의 물질을 직접 검증하게 될 것이다. 이 장에서 소개한 다른 가설적 존재들(중력자, 초대칭 짝, 여분 차원)과는 달리 암흑 물질은 실험적으로 거의 존재가 확인된 물질이므로 어떤 형태로든 LHC의 결과에 영향을 줄 가능성이 높다. 아마도 암흑 물질이 발견된다면 중성자의 베타 붕괴에서 그랬듯이 에너지 및 운동량 보존 법칙이 맞지 않는 것처럼 보이는 현상이 관찰될 것이다. 암흑 물질이 가져간 에너지는 관측되지 않을 것이기 때문이다. 중성미자와 달리 암흑 물질은 매우 무거울 것으로 예상되므로 커다란 양의 에너지를 잃어버린 것으로 보일 것이다. LHC가 암흑 물질의 흔적을 발견한다면, 우리 우주에 대한 이해가 한층 깊어질 것이다.

블랙홀 소동

LHC에서 일어날 수 있을 것으로 기대되는 현상 중에 가장 흥미로운 일은 아마도 '블랙홀'을 만드는 일일 것이다. 블랙홀은 지금까지 이야기한 어떤 입자들보다도 더 유명한 존재이며 물리학의 연구 대상 중에서도 인간의 상상력을 가장 많이 자극하는 존재이기 때문이다. LHC를 처음 가동한 '첫 번째 빔의 날'에 블랙홀 생성을 둘러싸고 벌어진 전 세계적인 소동만 봐도 블랙홀에 대한 관심을 짐작할 수 있다. 그런데 블랙홀은 입자가 아니지 않나? 입자이기는커녕 태양보다도 더 무겁고 커다란 천체 아니었던가?

정확히 말하자면 블랙홀은 중력을 기술하는 아인슈타인 방정식의 답 중 하나다. 아인슈타인은 1914년에 자신의 모교인 취리히 공과 대학의 물리학 교수에서 강의 부담을 지우지 않는 베를린 대학교의 교수 및 프로이센 과학 아카데미의 연구원 자리로 옮긴다. 그곳에서 그는 1907년부터 마음속에 품어 왔던 중력 이론을 집중적으로 연구하며 자신의 학문적 생애에서 가장 중요한 몇 년을 보내게 된다. 그리고 1915년 11월 25일자 《프러시아 과학 아카데미 회보(Proceedings of the Prussian Academy of Science)》에 '일반 상대성 이론(general relativity)'이라고 일컬어지게 될 중력 이론을 발표한다. 아마도 이 이론은 인류의 지성이 도달한 가장 중요한 봉우리 중 하나일 것이다.

이 이론을 만드는 일에 몇 년 동안 몰두하느라 정신과 육체가 얼마나 망가졌는지, 1917년부터 1918년까지 아인슈타인은 소화 불량, 간 질환, 위궤양 등에 시달리며 내내 자리에 누워 있어야 했다. 아인슈타인은 이때 그를 헌신적으로 돌봐준 사촌, 엘자 뢰벤탈(Elsa Röwental)에 대한 감정이 둑을 넘어, 결국 부인 밀레바 마리치(Mileva Maric)와 이혼하고 말았다.

아인슈타인의 일반 상대성 이론에서는 중력을 물질과 에너지가 연결된 시공간의 기하학적인 구조로 기술한다. 파인만의 스승이며 블랙홀이라는 이름을 지은 존 아치볼드 휠러는 이것을 두고 "시공간은 물질에게 어떻게 운동해야 할지 이야기하고, 물질은 시공간에게 어떻게 휘어야 할지 이야기한다."라고 표현했다.[6]

독일계 유태인 천문학자 카를 슈바르츠실트(Karl Schwarzschild)는 제1차 세계 대전 중에 러시아 전선에서 복무했다. 그는 전선에서 아인슈타인의 일반 상대성 이론 논문이 실린 《프로이센 과학 아카데미 회보》를 읽고 연구를 시작했다. 며칠 만에 그는 가장 기본적인 구(球) 형태의 대칭성이 있는 경우의 아인슈타인 방정식을 푸는 데 성공했고, 그 결과를 아인슈타인에게 보냈다. 아인슈타인은 1916년 1월 13일 프로이센 과학 아카데미에 슈바르츠실트의 논문을 제출했다. 이것은 아인슈타인 방정식의 정확한 해를 처음으로 구한 것이었다. 몇 주 후 별 내부라는 조건에서 방정식의 해를 구한 슈바르츠실트의 두 번째 논문이 도착했다. 그러나 얼마 지나지 않아 전해진 세 번째 소식은 슈바르츠실트가 전사했다는 비극적인 것이었다.

슈바르츠실트의 논문은 오늘날까지도 일반 상대성 이론을 공부하는 데 기초가 된다. 그가 구한 해는 구 대칭성이 있을 때 별의 내부와 외부의 시공간이 어떻게 휘어지는지를 보여 주는 것이다. 슈바르츠실트의 해에서 별의 표면에서 나온 빛은 파장이 길어진다. 그런데 그 해의 특별한 경우는 좀처럼 이해하기 어려운 것이었다. 별이 어떤 임계 크기에 이르면, 별의 내부에서는 시간이 더 이상 흐르지 않고 별에서 나오는 빛의 파장이 무한히 길어지는 것이다. 이 임계 크기는 별의 질량에 따라 달라진다. 이 경우를 '슈바르츠실트 특이점'이라고 불렀는데, 특이점은 물리적인 답이 아니라고 여겨져서 오랫동안 무시되었다. 아인슈타인도 슈바르츠실트 특이점은 물리적인 실체가 아니라고 생각했다. 그러나 천문학이 발전함에 따라 백색 왜성, 중성자별 같은 낯선 천체가 발견되고, 특이점에 가까운 경우가 슈브라마니안 찬드라세카르(Subrahmanyan Chandrasekhar), 프리츠 츠비키(Fritz Zwicky), 레프 다비도비치 란다우(Lev Davidovich Landau), 오펜하이머 등에 의해 연구되었다. 1939년 오펜하이머와 그의 제자 스나이더가 별들이 최후를 맞을 때라는 특수한 조건에서 아인슈타인 방정식의 해를 연구하고 논문을 발표했다. 그러나 이 논문은 발표 시기가 좋지 않았다. 이 논문이 발표된 1939년 9월 1일 히틀러가 폴란드를 침공했고 이틀 뒤 영국과 프랑스가 독일에 선전 포고를 함으로써 제2차 세계 대전이 발발했기 때문이다.

전쟁이 끝난 뒤 결정적으로 중요한 역할을 한 것은 휠러와 야코프 보리소비치 젤도비치(Yakov Borisovich Zel'dovich)였다. 휠러는 특이점을 대단히 싫어해서 오펜하이머의 1939년 논문도 처음에는 믿지 않았다. 그러나 차츰 그 결론을 받아들이기 시작했다. 1960년대에 이르러서는 이제 특이점이 무거운 별들의 최후임이 널리 받아들여졌다. 1967년 12월의 미국 항공 우주국(NASA)의 고더드 우주 연구소에서 강연을 하던 휠러는 이렇게 말했다.[7]

> 밖에서 온 빛과 입자들은 단지 그들의 질량을 늘리면서, 그리고 중력에 따른 인력을 증가시키면서 '블랙홀(Black Hole)'로 내려갑니다.

블랙홀이라는 말이 탄생하는 순간이었다. 이 이름은 몇 달 만에 전 세계에 퍼졌다.

우리가 블랙홀을 천체라고 생각하는 것은 자연에서 블랙홀이 저절로 만들어지기 위해서는 오직 더해지기만 하는 힘인 중력을 통해야 하기 때문이다. 거대한 중력을 얻기 위해서는 많은 물질을 뭉쳐 놓아야만 하고, 그런 일은 태양보다도 더 큰 별의 붕괴에서나 가능하다. 그렇기 때문에 블랙홀은 주로 천체 물리학 분야의 존재였다. 기본 입자의 세계에서 중력은 앞에서 이야기한 것처럼 너무 약해 중요한 역할을 전혀 하지 못한다. 그러므로 지금까지의 입자 물리학에서 블랙홀은 전혀 고려되지 않았다.

그런데 입자의 세계에서도 에너지가 충분히 높아지면 중력이 다른 힘들처럼 중요해지고, 심지어 블랙홀도 만들어질 가능성이 생긴다. 가속기에서 두 입자가 아주 높은 에너지에서 충돌하게 되면 두 입자 사이의 시공간에 블랙홀이 만들어질 수 있다. 이때 만들어지는 블랙홀은 아주 작은 영역에 집중된 에너지로 인한 것이므로 다른 기본 입자들과 같이 아주 작다. 이 미니 블랙홀은 엄청나게 높은 에너지가 아주 작은 시공간을 아주 심하게 휜 상태라고 할 수 있다. 이런 식으로 블랙홀이 생길 수도 있다는 생각은 이미 오래전부터 여러 사람들이 논의한 바 있다.

이런 식의 블랙홀 생성에 대한 논의는 현재 캘리포니아 공과 대학의 교수인 킵 손(Kip Thorne)이 1972년 제안한 '고리 추측(hoop conjecture)'에 바탕을 두고 있다. 고리 추측이란 주어진 에너지에 해당하는 크기의 고리를 돌려서 만든 면 안에 에너지를 모으면 블랙홀이 만들어진다는 것이다. 즉 높은 에너지가 충분히 작은 공간에 집적되어 시공간이 우그러져 생기는 것이 블랙홀인 것이다. 자연에서는 거대한 별이 자신의 핵 연료를 다 쓴 후 자신의 무게를 감당하지 못하고 중력 붕괴를 일으켜 별의 거대한 질량이 작은 크기 안에 뭉칠 때 이 과정이 일어난다. 그러므로 원리적으로는 충분히 높은 에너지를 이용하면 어떤 블랙홀도 만들 수 있다. 만약 플랑크 척도의 에너지를 이용할 수 있다면 얼마든지 블랙홀을 만들 수 있게 된다.

그러나 표준 모형을 기준으로 놓고 보면 사실 그런 가능성이 별로 실감이 나지는 않는다. 앞에서 이야기했듯이 중력이 중요해지는 에너지 척도는 플랑크 척도라는 10^{19}기가전자볼트 정도의 값이다. 이것은 거의 우주가 탄생하는 순간의 에너지이며, LHC의 충돌 에너지보다도 대략 1000조 배(10^{15}배) 정도 큰 값이기 때문이다. 플랑크 척도에 이를 수 있는 가속기를 만드는 것은 지금 우리가 알고 있는 바로는 불가능한 일이며 플랑크 척도에서 일어나는 현상을 우리가 직접 관찰할 가능성은 전혀 없다.

그런데 여분 차원을 다룰 때 나왔던 아르카니아메드-디모폴로스-드발리 이론(ADD 이론)을 고려하면 상황이 달라진다. 그들의 이론에서는 플랑크 척도가 10^{19}기가전자볼트라는 엄청나게 높은 에너지가 아니라 수천 기가전자볼트(수 테라전자볼트) 정도일 수 있다고 한다. 이 에너지는 LHC의 충돌에서도 실현 가능하고, 따라서 아르카니아메드, 디모폴로스, 드발리의 이론대로라면, LHC에서도 블랙홀이 만들어질 수 있다. 더구나 아르카니아메드, 디모폴로스, 드발리의 이론에서는 시공간이 $4+n$차원인데, 여기서 여분 차원의 수인 n이 커지면 플랑크 척도는 더욱 작아질 수 있으므로 블랙홀이 만들어질 가능성은 더욱 높아진다.

그러면 많은 사람들이 진짜 궁금해 할 것은, 만약 가속기에서 블랙홀이 만들어지면 어떻게 될까 하는 점일 것이다. 블랙홀은 빛조차 빠져나가지 못하는, 모든 것을 빨아들이는 불가사리 같은 존재라는 것이 많은 사람들이 가지고 있는 이미지다. 그렇다면 검출기 속에서 만들어진 블랙홀은 주변의 입자들을 흡수해 커지게 되고, 그에 따라 더 많은 주변 물질을 흡수해 더 커지게 되어 검출기, LHC 전체, CERN과

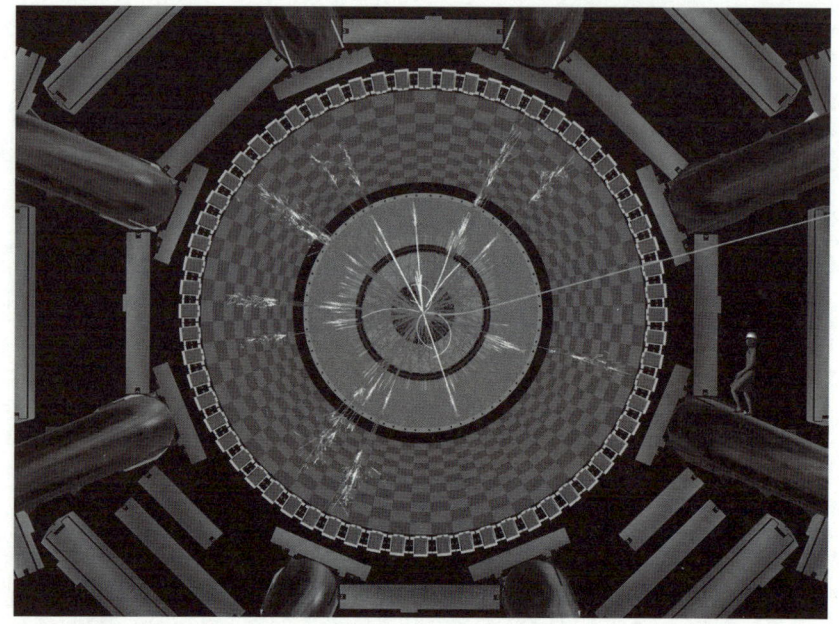

그림 18-7 ATLAS 검출기에서 미니 블랙홀이 생성되었을 경우를 시뮬레이션 한 그림.

주변 마을과 산과 들, 마침내는 지구를 삼켜 버리지 않을까?

이런 생각을 진지하게 하는 사람들이 있는 모양이다. 실제로 와그너(W. Wagner)와 산초(L. Sancho)라는 사람들이 CERN과 미국 에너지성 등을 상대로 낸 소송이 하와이 호놀룰루 법원에 접수되었다. 또한 독일 튀빙겐 대학교의 화학자 오토 뢰슬러(Otto E. Rössler)는 유럽 인권 재판소에 소송을 냈으나 기각되었다. 과학의 발전이 중요하기는 하지만 인류의 생존을 위협한다면야 물론 곤란하다. 그러나 블랙홀이 가속기를 삼키고 결국 지구 전체를 삼켜 버린다는 생각은 과학 소설이니 공상 과학 영화에서나 다룰 이야기이며 실제로 일어날 것 같지는 않다.

먼저 호킹 복사(Hawking radiation)라는 개념이 있다. 아마도 아인슈타인 이후 가장 유명한 과학자일 스티븐 호킹은 1974년 「블랙홀의 폭발?(Black hole explosions?)」이라는 제목의 논문에서 블랙홀의 중요한 성질에 관한 새로운 아이디어를 제안했다.[8] 호킹 자신의 표현에 따르면 "블랙홀은 그렇게까지 까맣지는 않다."라는 것이다. 블랙홀은 모든 것을 흡수하기만 하는 것이 아니라 실제로는 상당히 많은 것을 뿜어내고 있다는 뜻이다. 간혹 언론에서 천문학자들이 멀리 있는 은하 한가운데에서 블랙홀로 여겨지는 천체를 발견했다는 기사를 접할 수 있는데, 그것은 이렇게 블랙홀이 뿜어내고 있는 입자의 다발을 발견했다는 뜻이다. 그렇게 에너지를 뿜어낸 결과 블랙홀은 차츰 크기가 줄어들어 결국 사라지게 된다. 이것을 블랙홀의 '증발'이라고 한다. 이 증발의 정도는 블랙홀이 작을수록 급격히 커진다. 즉 작은 블랙홀일수록 상대적으로 빨리 증발한다. 가속기 안에서 만들어진 블랙홀은 초소형이므로 엄청나게 높은 비율로 에너지를 뿜어내 만들어지자마자 바로 증발해 버린다. 물론 실제 블랙홀을 가지고 호킹 복사를 직접 실험적으로 검증하지는 못했지만 대부분의 과학자들은 호킹 복사가 옳은 것으로 생각한다. 호킹 복사와는 별도로 토프트는 양자 역학적인 이유에서 양성자의 충돌에서 만들어지는 미니 블랙홀은 수명이 매우 짧을 수밖에 없다고도 이야기했다.[9] 양자 역학으로 예측한 미니 블랙홀의 수명은 10^{-27}초에 불과하다.

　물론 이런 이야기는 블랙홀이 LHC에서 정말로 만들어졌을 때의 이야기다. 앞서 말한 대로 보통의 중력 이론에 따르면 블랙홀은 LHC의 에너지로는, 아니 인간의 힘으로는 만들 수 없다. 블랙홀이 만들어질 가능성을 논하는 것은 아주 특별한 조건을 가정하는 이론적인 모형에서다. 게다가 그 이론적 가능성조차 얼마나 진지하게 받아들여야 하는지 사실 의문이다. 아마도 이론 물리학자들 중에서도 블랙홀이 LHC에서 생길 것이라는 것에 돈을 걸라고 하면 기꺼이 거는 사람은 거의 없을 것이다. 어떤 이론이 있어 그 이론이 아무리 정교하고 아름답고 훌륭하다고 해도, 자연이 그 이론과 부합해야 할 이유는 전혀 없기 때문이다. 지난 40여 년간 거의 모든 면에서 극히 정밀하게 검증된 표준 모형조차도 그러하다. 과연 누가 힉스 입자가 존재한다고 100퍼센트 자신할 수 있는가? 호킹은 힉스 입자가 없는 쪽에 100달러를 걸지 않았는가?[10] 오히려 자연이 우리가 만들어 낸 이론과 맞는 것이야말로 참으로 신비스러운 일이다.

  그런데 정말로 블랙홀이 LHC에서 일단 생겨 버리면 어떻게 되는가? CERN은 이 블랙홀 소동에 유례없이 적극적으로 대처했다. CERN의 홈페이지의 LHC 코너에는 "LHC의 안전성"에 관한 항목이 따로 마련되어 있을 정도다. CERN은 주요 과학자들로 구성된 LHC 안전성 연구 그룹을 운영하며 2003년에, 그리고 2008년에 각각 보고서를 내놓았다. LHC 안전성 연구 그룹은 2008년 보고서에서, 최근 발표된 S. B. 기딩스(S. B. Giddings)와 M. L. 망가노(M. L. Mangano)의 자세한 논문[11]을 인용하며 LHC는 절대 안전하다고 보고했다.[12] 기딩스와 망가노는 이 논문에서 온갖 경우를 고려해 블랙홀이 생겼다고 할 때 이 블랙홀이 주변의 물질을 흡수해 파국에 이를 수 있는가를 계산했다. 그들의 결론은 블랙홀이 만들어져서 지구 내부에 위치한다 해도, 적어도 지구나 태양의 수명 안에 지구에 해를 끼칠 일은 없다는 것이었다. 예를 들어 지구보다 훨씬 밀도가 높은 백색 왜성이니 중성자별에 매우 높은 에너지의 우주선이 LHC보다 더 높은 에너지로 충돌해 블랙홀이 만들어진다면, 이 블랙홀은 밀도가 높기 때문에 주변의 물질을 금방 흡수해 결국 별을 잡아먹을 것이다. 그러나 백색 왜성이나 중성자별이 소형 블랙홀에 잡아먹히는 것 같은 현상은 관측되지 않았다. 따라서 그런 일은 일어나지 않거나(즉 블랙홀이 그 정도의 에너지로는 만들어지지 않거나), 혹시 만들어졌다 해도 지구에 생긴 블랙홀이 지구를 빨아들이는 데 걸리는 시간은 지구나 태양의 수명보다 훨씬 길 것이다.

아무튼 이 블랙홀 소동으로 LHC는 사람들의 머릿속에 각인되는 데 성공한 것 같다. 여러 매체에서 소개되었듯 LHC가 처음으로 가동되었던 2008년 9월 10일에 전 세계적으로 이런저런 소동이 벌어진 것을 보면 말이다. 심지어 음모론을 좋아하는 사람들은 이 소동을 CERN이 홍보를 목적으로 벌인 자작극이라고 할 정도다. 그러나 그것은 전혀 근거 없는 이야기다. 사실 와그너와 산초는 10여 년 전 미국 브룩헤이븐의 중이온 충돌 장치인 RHIC가 처음 가동되었을 때에도 같은 주장을 했던 사람들이다. 정말로 블랙홀을 두려워하는 사람이든지, 지구를 무척 염려하는 사람들임에는 틀림없는 것 같다.

사실 이런 소동은 어떻게 보면 우스꽝스럽기까지 하다. 이것은 블랙홀에 대한 잘못된 이미지에 기반한 소동이다. 블랙홀은 괴물이 아니다. 블랙홀이라고 특별히 강한 중력을 가지고 있는 것이 아니다. 블랙홀은 자신의 질량만큼의 중력을 가지고 있을 뿐이다. 다만 천체 물리학에서 말하는 블랙홀은 매우 무거운 별이 아주 작은 크기로 뭉친 것이기 때문에 블랙홀 근처에서는 엄청난 중력을 느끼게 되는 것뿐이다.

LHC의 에너지로 생길 수 있는 블랙홀의 질량은 아무리 커 봐야 우리 몸 세포 하나의 질량보다 작으며, 그런 블랙홀이 주변 물질을 잡아당기는 힘은 세포의 중력보다 약할 수밖에 없다. 캐나다 페리미터 연구소의 클리프 버제스(Cliff Burgess)는 이렇게 이야기한다.[13]

만약 블랙홀을 지구 중심에 가져다 놓는다면, 문외한의 관점에서는 블랙홀이 진공 청소기처럼 지구를 빨아들인다고 생각하겠지요. 그러나 그것은 틀린 생각입니다. 만약 태양이 있는 자리에 태양 대신 똑같은 질량의 블랙홀을 갖다 놓는다 해도, 지구의 궤도는 조금도 변하지 않습니다. 질량이 같다면 중력은 태양이나 블랙홀이나 똑같기 때문입니다.

ADD 이론을 세운 이들 중 한 사람인 디모폴로스와 브라운 대학교의 그레그 랜즈버그(Greg Landsberg)는 2001년에 발표한 논문에서 블랙홀이 LHC에서 생성될 가능성과, 그럴 경우 어떤 흔적을 남길지에 관해서 논의했다. 블랙홀이 남긴 흔적의 특징은, 블랙홀 이전의 기억은 완전히 잊고 순수하게 그 에너지만을 고려해서 모든 입자가 같은 확률로 생겨난다는 것이다.[14] 이 논문은 현재 LHC에 관한 논문 중에서 가장 많이 인용된 논문으로 꼽힌다. 역시 블랙홀이라는 주제는 일반인들뿐만 아니라 물리학자들에게도 매력적인 모양이다.

마지막으로 블랙홀에 관해 한 가지만 더 이야기하자. 2001년 발표된, 스티븐 기딩스(Steven B. Giddings)는 「미시 세계 물리학의 최후(The end of short distance physics)」라는 제목의 논문을 발표했다. LHC에서 블랙홀의 생성을 다룬 이 논문의 "미시 세계 물리학"이란 입자 물리학을 말한다. 입자 물리학에서 더 작은 세계를 관찰하려면, 입자를 아주 가까이 접근시켜서 상호 작용시켜야 한다. 이렇게 하려면 더 높은 에너지가 필요하다. (입자 물리학에서 짧은 거리나 고에너지는 같은 뜻이다.) 지금 우리가 가진 지식에 따르면 블랙홀의 생성 확률은 충돌 에너지가 높아질수록 높아진다. 한편 다른 입자들의 생성 확률은 에너지가 높아질수록 낮아진다. 그 결과 에너지가 높아질수록 입자 충돌의 결과로 블랙홀이 생길 가능성은 급격하게 높아진다. 따라서 LHC의 충돌 에너지가 어느 이상이 되면 충돌기 안에서는 블랙홀만 발생하고 다른 반응은 거의 나타나지 않게 된다. 그렇게 되면 결국 고에너지 실험 자체가 무의미해진다. 블랙홀 외의 현상은 볼 수가 없게 되기 때문이다. 그럼 결국 우리가 아는 방식의 물리학 연구는 할 수가 없게 된다. 이것은 입자 물리학, 즉 미시 세계 물리학의 최후다. 고에너지 실험이 고도로 발전해 어느 단계에 이르면 블랙홀이 나타나서 더 이상 물리 현상을 관찰할 수 없게 한다는 이 이야기는, 마치 인간은 우주의 비밀을 어느 정도 이상 알아서는 안 된다는 뜻처럼 들린다. 그러나 이 논문의 결론은 블랙홀을 고전적으로만 다루어서 계산한 결과다. 우리는 아직 중력을 양자 역학적으로 이해하지 못하고 있다. 따라서 현 단계에서 물리학의 진보에 한계가 있을지도 모른다는 이 결론을 확정적으로 받아들일 필요는 없다.

   그 밖에도 LHC에서는 많은 현상이 일어날 것이고, 그중에는 지금 우리로서는 알지도 못하고 상상조차 하지 못할 일이 있을지도 모른다. LHC에서 일어나는 모든 현상들은 물질의 궁극과 우주의 시작과 끝에 대한 지식을 인간에게 전해 줄 것이다.

19장 | LHC의 시대

첫 번째 빔의 날

2007년 1월, 기계 전체가 완성되기도 전에 이미 LHC의 냉각 과정이 시작되었다. LHC의 8개의 섹터 중 포인트 7과 8 사이의 7-8섹터가 첫 번째 대상이었다. 약 2개월의 냉각 과정을 거쳐서 7-8섹터는 목표 온도인 1.9켈빈(섭씨 -271.3도)에 도달했다. 크기가 3.3킬로미터에 달하는 냉장고가 만들어진 것이다. 다음 차례로 4-5섹터가 7월까지 냉각되었다. 냉각 과정은 주의 깊게 진행되었고 극저온에서 여러 테스트가 이루어졌다. 가속기 전체가 완성됨에 따라 차례차례 각 섹터가 냉각되어 갔다. LHC 전체를 냉각시키는 데 필요한 액체 질소는 1만 톤이 넘었으며, 최종적으로는 130톤의 액체 헬륨이 LHC를 채우게 된다. LHC의 저온 부장인 로랑 태비앙(Laurent Tavian)은 이렇게 밝혔다.

이만한 양의 액체 헬륨은 전 세계 1년 생산량의 1퍼센트쯤 됩니다. CERN에서는 헬륨을 주로 알제리와 러시아에서 들여오는데, LHC 때문에 들여오는 양이 다섯 배로 늘었습니다.

마침내 LHC 전체가 완전히 냉각된 것은 2008년 7월 말이었다. 이제 가동을 위한 준비를 마치고 기술진은 마지막으로 초전도 전자석을 하나하나 테스트해 나갔다.

2008년 9월 10일, CERN의 모든 사람들, LHC에 참가한 모든 연구진, 그리고 전 세계의 모든 입자 물리학자들은 긴장과 흥분으로 이 날을 맞았다. 오전 10시 28분, 수천 개의 거대한 전자석이 만들어 낸 강력한 자기장 속으로, SPS 가속기에서 빛의 속도의 99.9998퍼센트의 속도로 가속된 양성자 빔이 들어왔다. 연필심보다 가느다란 이 양성자 빔은 자기장이 조종하는 대로 폭이 5센티미터에 불과한 튜브 속을 진행해 나갔다. 전자석이 차례로 켜지면서 한 단계 한 단계 빔이 통과했다. 마침내 빔이 튜브를 따라서 27킬로미터를 달려서 한 바퀴를 돌고 빔을 멈추기 위해서 마련된 표적에 도달했다. CERN 프레베생 사이트에 위치한 가속기 컨트롤 센터에서 환호성이 터졌다. 역사상 최대의 과학 실험 장치가 가동된 것이다.

처음 아이디어가 거론된 1984년부터 24년, 공식적으로 프로젝트가 시작된 1992년의 에비앙 회의부터 16년, 그리고 CERN의 평의회가 LHC 건설을 승인한 1996년부터 12년 만에 마침내 LHC가 스위치를 올렸다. 이날을 CERN은 '첫 번째 빔의 날'이라고 이름 붙였다.

CERN은 웹 방송을 통해 실황을 전 세계에 중계했고 대규모의 홍보를 통해 LHC의 공식 가동을 세상에 알렸다. 영국 BBC의 라디오 4에서는 '대폭발의 날'이라는 이름으로 특집 프로그램을 진행했다. 전 세계 언론이 LHC를 앞다투어 취재했고, 세계에서 제일 큰 실험 장치가 성공적으로 가동되었음을 보도하면서 물리학의 발전에 새로운 이정표가 세워졌다는 것을 알렸다. 심지어 이날 구글(Google)의 로고에도

그림 19-1 2008년 9월 10일 첫 번째 빔의 날, CERN 컨트롤 센터.

LHC가 등장했다. 입자나 우주, 대폭발과 블랙홀 같은 말이 이날만큼 세상 사람들 입에 많이 오르내린 날은 지금까지 없었을 것이다. 전 세계가 하나의 과학 프로그램에 이렇게 커다란 관심을 보였던 것은 실로 아폴로 11호의 달 착륙 이후 처음이 아니었을까?

나는 이날 서울 홍릉의 고등 과학원(KIAS)에 있었다. 고등 과학원 교수들과 연구원들이 모여서 함께 CERN의 웹 방송을 보려고 했는데, 전 세계에서 접속자들이 몰려서인 듯 도저히 연결되지 않았다. 계속 접속을 시도하면서, BBC나 다른 뉴스 사이트에서 경과를 지켜보는 수밖에 없었다. 예정 시간인 10시를 한참 넘겨서 마침내 빔이 LHC를 한 바퀴 도는 데 성공했다는 뉴스가 나왔다. 누군가 LHC의 이름을 새긴 케이크를 준비해 왔다. 우리는 케이크를 나눠 먹으며, 조촐하게

19장 LHC의 시대 543

LHC의 성공을 축하했다.

비록 스위치를 켜기는 했지만 LHC의 가동은 이제 막 시작했을 뿐이었다. 27킬로미터 길이의 기계를 이루고 있는 수천 수만의 요소들이 10억분의 1초 단위로 정밀하게 작동해야 하고, 빔을 목표 에너지까지 가속시켜야 하며, 머리카락보다 가늘게 만든 이 빔을 정밀하게 조종해서 정확한 위치에서 충돌시켜야 한다. 첫 번째 빔의 날의 성공은 정상 가동을 위한 첫걸음일 따름이다.

CERN의 소장 아이마는 축사에서 그동안 LHC를 건설해 온 물리학자, 공학자, 기술자 들의 노력을 치하하고 앞으로의 발전을 기원했다. 축사의 마지막 문장은 이것이었다. "모험을 시작합시다!(Let the adventure begin!)"

사고

27킬로미터에 이르는 LHC는 1만 개에 이르는 전자석과 그것을 둘러싼 냉각 장치를 통제하는 회로로 가득 차 있다. 제네바 캉통 전체 가정이 쓰는 양에 상당하는 엄청난 전기 에너지가 2.2켈빈(섭씨 -271도)의 극저온으로, 그리고 약 8테슬라의 자기장으로 바뀐다. 빛의 속도로 달리는 양성자를 정확히 조종하면서 한편으로는 섬세하게 다듬어 집중시키려면 자기장은 강력하고도 정교하게 조작돼야 한다. 이 강력한 자기장을 만들기 위해서 LHC의 전자석에는 보통 가정에서 사용하는 전류의 최대 100배에 달하는 막대한 양의 전류가 흐른다. 이 엄청난 양의 에너지와 수많은 정밀 기계들은 입자 빔을 충돌시킨다는 목표를 위해 한 치의 오차도 없이 정밀하고 정확하게 통제되어야 한다. 그러면

LHC는 완벽한가? 그렇지 않았다. 첫 가동 직후 이어진 사고들이 그 증거다.

LHC의 첫 번째 목표는 빔을 5테라전자볼트까지 가속하는 것이었다. 그래서 10테라전자볼트에서 충돌을 시키고, 이후 빔의 에너지를 높여서 설계된 최대 에너지인 14테라전자볼트에서 충돌을 시켜서 본격적인 실험을 시작할 예정이었다. 사실 가동 첫날부터 LHC의 모든 회로가 다 작동을 시작한 것은 아니었다. 빔을 가속시키는 데 필요한 마지막 가동 과정은 첫 번째 빔의 날로부터 일주일 뒤에 시작됐다.

가동 10일째인 9월 19일, 빔이 점점 가속되어 에너지가 약 5.2테라전자볼트에 이르렀을 때, ALICE와 CMS 검출기의 중간에 위치한 3번과 4번 지점 사이의 3-4섹터에 설치된 마지막 쌍극자 전자석과 4극자 전자석 사이의 접속부에 전기적인 문제가 발생했다. 엄청난 양의 전류가 흐르는 과정에서 전기 저항이 0.35나노옴($n\Omega$)이어야 할 곳이 200나노옴까지 상승했다. 회로에 흐르는 전류에 왜곡이 생겼고, 이것을 보정하는 과정에서 전기 에너지가 어느 한 부분에 집중되면서 채 1초도 걸리지 않아서 헬륨이 들어 있는 관에 구멍이 뚫렸다.

헬륨이 들어 있는 관은 열전도를 막기 위해서 진공으로 둘러싸여 있다. 3.2켈빈(섭씨 -270도)의 액체 헬륨이 진공 속으로 쏟아져 나왔다. 새어나온 헬륨이 기화되면서 진공도가 급격히 떨어졌다. LHC의 다른 부분과 마찬가지로 진공 부분도 여러 구역으로 나뉘어 조립되어 있는데, 잠시 후 헬륨이 유출된 구역의 양옆에 있는 구역 역시 진공도가 떨어지기 시작했다. 압력이 대기압을 넘어가자, 진공관에 달린 스프링 원판이 열리고 헬륨이 터널로 새어 나왔다. 손상된 구역과 이웃 구역을 가르는 진공 장벽에 커다란 압력이 가해졌다. 흘러나오는 헬륨의 거

그림 19-2 현재 CERN의 소장인 롤프디터 호이어.

대한 압력은 콘크리트 바닥에 장비들을 고정해 놓은 철근을 부러뜨리고 저온 장치를 뒤흔들었다. 저온 장치를 둘러싼 관과 전자석, 그 안의 모든 회로가 손상되었다.

    전대미문의 사고였다. LHC의 가동은 전면 중단되었다. 손상을 입은 구역은 700여 미터에 달했다. 조사단이 급파되었다. 10월 15일, 예비 관찰 결과를 담은 중간 보고서가 나왔고, 12월 5일, 사고에 관한 자세한 보고서가 제출되었다. 사고 조사와 병행해서 CERN의 기술진과 과학자들이 수리를 위해 사고 부분을 해체해서 지상으로 올려 보내기 시작했다.

다시 가동되는 LHC

    2009년 1월 1일, CERN은 독일 출신의 실험 물리학자이며 독일의 가속기 연구소 DESY의 연구 부장(Research Director)인 롤프디터 호이어(Rolf-Dieter Heuer)를 새로운 소장으로 맞아들였다. 1977년 독일 하이델베르크 대학교에서 박사 학위를 받은 호이어는 CERN과도 친숙한 인물이다. 그는 1984년 LEP 가속기의 OPAL 실험에 참가했고 1998년까지 CERN의 스태프였으며, 1994년부터 1998년까지는 OPAL 그룹의 대표를 지낸 바 있다. 1998년 이후 호이어는 함부르크 대학교에 재직하면서 LHC 이후의 가속기로 계획되고 있는 선형 전자-양전자 충돌기인 ILC 실험에 관한 일을 했다. 2004년에 그는 DESY 연구소로 옮겨서 DESY가 보유한 역사상 최대의 전자-양성자 충돌기인 HERA 가속기에서 일했으며 또한 LHC 실험과 ILC 실험에도 계속 관련을 맺어 왔다.

호이어의 소장 임기는 5년이다. 그의 임기 동안 LHC가 본격적으로 가동될 것이고 LHC의 첫 번째 업적이 나올 것이다. 역사적인 순간에 중요한 위치에 오른 호이어는 소장직을 받아들이며 이렇게 말했다.

지금은 입자 물리학에 있어서 매우 흥미로운 때입니다. LHC가 시작하는 시점에 CERN의 소장이 된다는 것은 대단한 영예이며, 거대한 도전이며, 아마도 오늘날 물리학 연구에 있어서 최고의 일자리일 것입니다. 저는 이 위대한 모험을 시작하면서 CERN의 전 직원과 세계 각지에서 온 연구원들과 함께 일하는 것을 즐겁게 기다리고 있습니다.

새로운 시대가 열리는 바로 그 순간에 그 현장의 책임자가 된다는 것은 어떤 느낌일까. 호이어가 한 말은 전혀 과장이 아니다. 그리고 호이어는 당장 엄청나게 중요한 두 가지 문제에 직면해 있었다. 그것은 LHC의 고장을 수리하는 일과 LHC의 재가동 스케줄을 결정하는 것이었다.

LHC에 관해 논의하기 위한 워크샵이 2009년 2월 첫 주에 프랑스 샤모니에서 열렸다. CERN의 샤모니 워크샵은, 원래 LEP가 가동되던 시절에 매년 겨울 가속기를 쉬는 동안에 그해의 프로그램의 목표와 방향에 관해 논의하고 의견을 모으기 위해서 열리던 것인데, 새로 취임한 소장 호이어가 LHC 시대에도 이와 비슷한 회합을 가지기를 원해서 2009년에 새로이 개최한 것이다. CERN의 가속기 팀과 실험 팀, 그리고 경영진이 참가한 워크샵은 첫 회의부터 어려운 문제를 다뤄야 했다. 바로 지난 9월 일어난 고장에 관한 문제다.

조사단의 보고에 따라 CERN은 이미 고장의 경과를 거의 파악하고 있었다. 초전도 상태가 정상적으로 유지되고 높은 전류가 흐를 때, 대부분의 경우에는 전기 접속에 문제가 없었으나 몇몇 전자석에서는 비정상적으로 전기 저항이 높아지는 부분이 발견되었다. 바로 이것이 고장의 원인이었다. 그래서 1만 개에 이르는 초전도 전자석의 전기적인 특성을 일일이 다시 점검했다. 1-2섹터를 터널에서 꺼내서 검사한 결과 사고가 일어난 3-4섹터와 유사한 문제가 발견되었다. 또한 6-7섹터에서도 비슷한 결함이 발견되었다. 각 섹터에 대한 저항 검사가 차례차례 이루어졌고 문제가 나타나면 수리되었다. 워크샵 참가자들은 특히 새로 설치할 전자석에 대해서 설치하기 전에 자세한 점검을 요청했다.

문제는 단순히 고장이 언제 수리될 것인가가 아니었다. 왜 이런 일이 일어났는가? 그리고 좀 더 중요하게는, 다시 이런 일이 일어날 가능성이 있는가 하는 점을 분명히 해야 했다. CERN의 가속기 팀은 이미 개선책을 수립하고 있었다. 그 핵심은 연결 부분의 저항을 나노옴까지 탐지할 수 있는 새로운 저항 측정 시스템이었다. 이것은 초전도 연결 부분에 문제가 생겼을 경우 문제를 재빨리 알아채서 지난 9월의 사고뿐 아니라 모든 예상할 수 있는 사고가 일어날 경우 바로 탐지하고 방지할 수 있도록 하기 위한 것이었다. 그 밖에도 전혀 예기치 못한 사고가 일어나 버렸을 때, 피해를 가능한 한 줄일 수 있는 새로운 안전 밸브의 추가 설치도 예정되었다. 새로운 밸브는 온도가 급격히 올라가서 많은 양의 헬륨이 새어 나왔을 때 압력이 올라가는 것을 막고 여러 부수적인 손상을 방지해 줄 터였다. 샤모니 워크샵에서는 이런 여러 개선책들의 기술적 브리핑에 이어 설치 시기와 방법 등이 자세히 논의되었다.

워크샵에서는 LHC의 이후 일정에 대해서도 논의했다. 중요한 원칙은 2009년 안에 반드시 물리적으로 의미 있는 충돌 실험의 데이터가 나와야 한다는 것이었다. 그러기 위해서 2009년 하반기에 LHC가 재가동되면, 보통 가속기의 가동을 멈추었던 겨울에도 계속해서 LHC를 가동하기로 했다. 새로 수립된 스케줄에 따르면, 9월 말경에 LHC를 재가동해 양성자 빔을 넣고 10월 말경에 첫 충돌을 만들어 낼 수 있을 것으로 예상되었다. 그리고 그대로 만 1년 동안 LHC를 가동해 2010년 가을까지 데이터를 얻을 예정을 세웠다. 목표로는 양성자 빔의 에너지가 5테라전자볼트일 때 광도가 $200pb^{-1}$에 이르도록 한다는 것이 제시되었다. CERN의 전문가들은 새로운 일정이 매우 빠듯하지만 충분히 실현 가능하다는 데 동의했다.

샤모니 워크샵 이후 CERN은 2월 9일 새로운 일정을 확정했다. 2월 18일에는 가속기 연구부 부장 스티브 마이어스(Steve Myers)가 샤모니 워크샵에서 논의한 바를 LHC 실험 위원회에서 발표했다. 마이어스는 LHC를 복구하고 재가동하는 과정을 소상히 설명하고 최고 에너지에는 이르지는 못하겠지만, 가능한 한 빠른 시간 내에 최대의 데이터를 얻을 수 있을 것이라고 설명했다. 2월 마지막 주에는 미국의 브룩헤이븐 연구소, 페르미 연구소, 독일의 DESY, 국제 핵융합 연구단인 ITER 등, 전 세계의 고에너지 물리학 연구소에서 날아온 전문가들이 LHC의 새로운 보호 시스템을 평가했다. 기술적인 면뿐 아니라, 유사시의 반응 속도, 시스템의 지속성, 조종에 관한 부분 등 다면적인 평가가 이뤄졌다. CERN은 LHC의 안정성을 위해서 최선을 다하고 있었다.

수리 및 보강 작업은 착착 진행되어 갔다. 특히 손상된 3-4섹터의 선사석을 교체하는 작업은 밤낮도, 주밀도 없이 매주 6, 7개를 교체하는 속도로 이뤄졌다. 700미터에 이르는 사고 영역의 154개의 쌍극자 자석 중 39개가, 47개의 4극자 자석 중 14개가 손상을 입어 교체되었

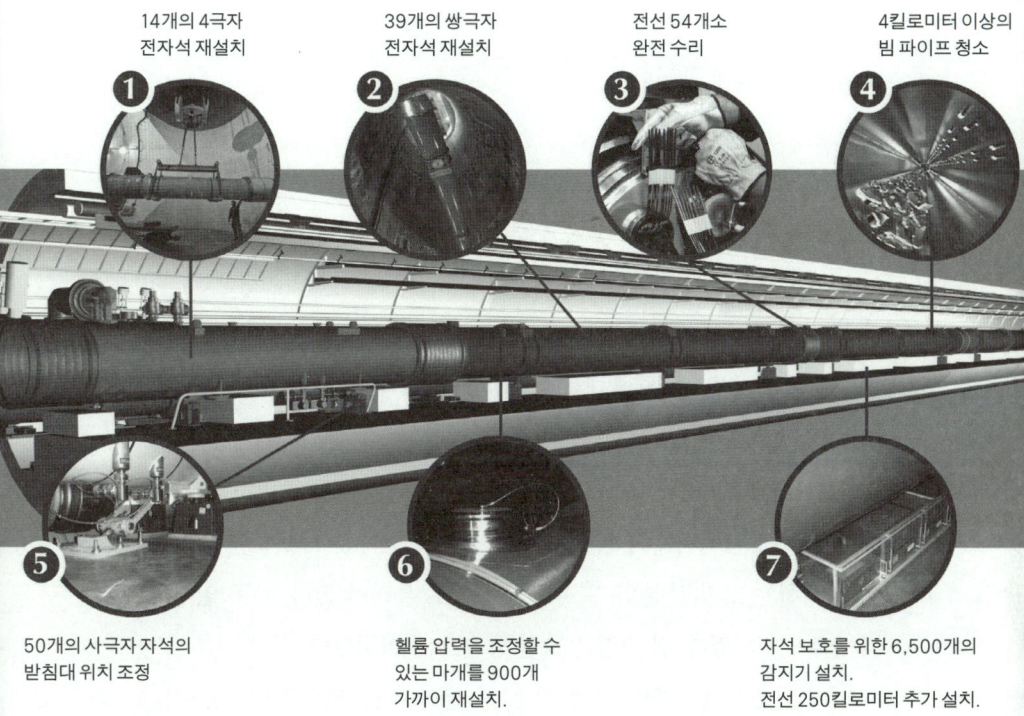

그림 19-3 LHC 수리 및 보강 작업 상세 내용.

다. 이 밖에도 200개가 넘는 전기 접속부가 수리되었고, 900개의 헬륨 감압 장치와 6,500개의 감지 장치가 가속기 보호 장치로 새로 설치되었다. 그리고 4킬로미터가 넘는 범위에 걸쳐 빔 튜브가 깨끗이 청소되었다. 이곳은 공기 분자조차 없어야 하는 영역인 것이다.

6월 19일의 CERN 평의회에서 호이어 소장은 LHC의 진행 경과를 보고했다. 고장의 원인을 파악하고 필요한 대처를 마쳤다. 예정대로 2009년 가을에 LHC는 다시 가동될 것이다. 입자 물리학 공동체에서 LHC는 더 이상 CERN만의 사업이 아니었으므로, LHC를 수리하고 보강하는 작업에 전 세계의 다른 연구소들도 지원을 아끼지 않았다. 호이어는 이렇게 말했다.

> LHC를 수리하고 보강하는 과정에서 우리는 전 세계의 물리학 연구소들로부터 전례를 찾아볼 수 없는 수준의 도움을 받았습니다. 외부 위원회의 귀중한 조언뿐 아니라 수리와 보강에 직접 투입할 인력도 지원받았습니다. 이것은 입자 물리학이 전 세계 공통의 학문임을 잘 보여 주는 모습입니다. 우리가 받은 연대에 대해 깊이 감사드립니다.

7월 초, 73.2켈빈(섭씨 -200도)에서 전기적인 테스트를 준비하는 중에 8-1섹터와 2-3섹터에서 헬륨이 새는 것이 발견되었다. 고장을 수리하기 위해서는 고장 부분의 온도를 상온으로 올려야 했다. 가동 일정이 다시금 조정되었다. 빔 주입은 11월 중순으로 미뤄졌다.

전기 접속부에 관한 테스트가 모두 끝난 것은 7월 말이었다. 이로써 LHC의 고장 수리가 모두 끝났다. 이제 하드웨어적으로 LHC는 다시 가동할 수 있는 상태가 되었다. 그리고 그동안의 정비 결과를 토대로 CERN은 가동 계획을 일부 수정해서 빔의 초기 가동 에너지를 애초의 5테라전자볼트가 아니라 그보다 낮은 3.5테라전자볼트로 할 것이라고 발표했다. 이것은 원래 설계된 에너지의 절반이다. 위험 없이 얻을 수 있는 에너지는 이 정도라고 판단한 것이다. 목표 에너지를 낮춘 것은 전대미문의 사고를 겪은 CERN이 무엇보다 안전한 가동을 중요시함을 보여 주었다. 호이어 소장은 "3.5테라전자볼트에서 시작해서 LHC를 안전하게 가동하는 경험을 얻을 것입니다. 지금 우리는 1년 전보다 LHC를 훨씬 더 잘 이해하고 있습니다."라고 말했다.

다시 수정된 LHC의 재가동 계획은 다음과 같다. 1단계로 2009년 안에 다시 빔을 넣고 가동해 3.5테라전자볼트까지 가속한 후, 7테라전자볼트에서 충돌을 시켜서 데이터를 얻는다. 적어도 수주일 동안 7테라전자볼트의 충돌 실험을 계속해서 충분한 양의 데이터를 모으고 가속기 운영의 경험을 얻은 후, 다음 단계로 빔의 에너지를 5테라전자볼트로 높여서 10테라전자볼트에서 충돌 실험을 수행한다. 2010년 내내 10테라전자볼트의 양성자 충돌 실험을 수행해 데이터를 얻은 후, 2010년 말에는 양성자 빔을 멈추고 납 이온을 가속시키는 실험을 시도한다. 그 후 LHC를 멈추고 원래 목표였던 14테라전자볼트에서의 양성자 충돌 실험을 위해 LHC의 하드웨어를 다시 정비한다.

LHC가 돌아왔다!

여름부터 시작된 냉각 과정이 끝나고 2009년 10월 8일에 LHC 전체가 작동 온도인 섭씨 -271도, 1.9켈빈에 도달했다. 이제 스위치를 켜고 빔을 넣는 일만 남은 것이다. 10월 23일에는 LHC 안으로 다시 양성자 빔이 들어갔다. 그러나 CERN은 매우 신중하게 행동했다. 모든 부분을 검사하면서 가속기를 완전히 가동시키지 않았다. 빔이 각 구역을 지날 때마다 전자석과 냉각 장치를 다시 확인했다. 11월 7일에는 팔각형의 세 변까지 빔이 도달했다.

2009년 11월 20일, 마침내 LHC 전체의 스위치가 다시 켜졌다. 빔은 전자석의 조종을 받아서 무사히 원주를 한 바퀴 돌았다. 양쪽 방향 모두 성공적으로 빔을 조종할 수 있음이 확인되었다. 2008년 9월 10일 첫 가동 9일 후 일어난 사고로 정지한 지 1년 2개월 만에 LHC가 다시

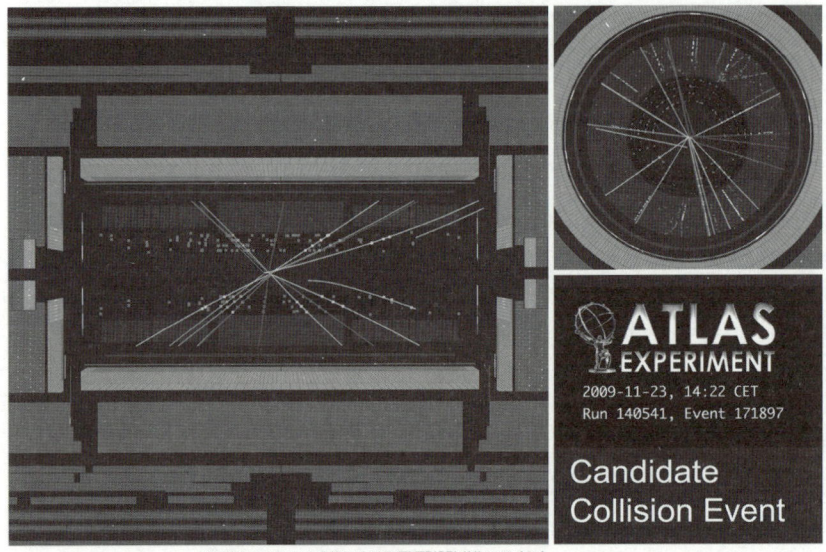

그림 19-4 2009년 11월 23일 ATLAS 검출기에 검출된 첫 번째 양성자 충돌 데이터.

가동되기 시작한 것이다. 전화, 이메일, 블로그, 그리고 그사이 새로 탄생한 매체인 트위터 등을 통해 전 세계로 빠르게 퍼져 갔다. "LHC가 돌아왔다!(LHC is back!)"

　CERN의 소장 호이어는 "빔이 LHC를 다시 돌게 되어 매우 기쁩니다. 아직 물리학 연구를 시작하기는 이르지만 우리는 제대로 나아가고 있습니다."라고 소감을 말했다. CERN의 가속기 연구부 부장인 스티브 마이어스는 "우리는 LHC를 1년 전보다 훨씬 잘 이해하고 있습니다. 작년의 경험에서 많은 것을 배웠고 필요한 테크놀로지를 익혔지요."라고 말했다.

　11월 23일 LHC는 가속되지 않은 2개의 빔을 검출기 내에서 충돌시켰다. 오후 2시 22분, ATLAS에서 처음으로 빔 충돌을 검출했고, 곧 뒤이어 CMS에서도 성공적으로 양성자와 양성자가 충돌했음을 관찰했다. 저녁 무렵 ALICE와 LHCb에서도 성공적으로 빔이 충돌했다. 이로서 빔을 충돌시킬 만큼 LHC를 정확하게 조종하고 있음이 확인되었다. 다시 스위치를 넣은 지 3일 만에 빔의 충돌까지 순조롭게 이어지자 CERN의 스태프들과 각국에서 온 연구자들은 기쁨을 감추지 못했다.

이제 다음 과정은 양성자 빔을 가속하는 것이었다. 가속이 되면 각 조종 장치를 지나가는 시간이 점점 짧아지므로 조종은 더욱 정교해져야 한다. LHC의 조종실은 우선 첫 번째 목표를 빔 에너지가 1테라전자볼트를 넘는 것으로 잡았다. 이것은 지금까지 최대 출력의 가속기였던 미국 페르미 연구소의 테바트론 가속기의 빔 에너지인 0.98테라전자볼트를 넘어서서, 새로운 기록을 세우는 것을 의미한다. 11월 29일 저녁 9시 48분, 마침내 빔 에너지는 1.05테라전자볼트에 도달했다. CERN의 컨트롤 센터에 환호성이 울려 퍼졌다. 드디어 진짜로 LHC가 세계 최대의 가속기가 된 것이다! 3시간 후 빔 에너지는 1.18테라전자볼트까지 이르렀다. 스티브 마이어스는 이렇게 말했다. "저는 20년 전, 당시 최대의 가속기였던 LEP의 스위치를 켤 때도 이 자리에 있었습니다. 저는 LEP가 정말 대단한 가속기라고 생각했었습니다. 그런데 LHC는 그 이상입니다. LEP에서 며칠 혹은 몇 주가 걸리던 것을 지금 LHC는 불과 몇 시간 만에 해내고 있어요. 징조가 좋습니다."

스티브 마이어스의 말대로, 재가동에 들어간 후 LHC는 지극히 순조롭게 작동되었다. 이때까지 양성자 빔은 양성자 뭉치 하나만으로 되어 있었다. 이제 빔의 양성자 수를 늘릴 차례였다. 12월 4일에 처음으로 빔에 2개의 뭉치가 들어갔고, 6일에는 4개의 뭉치로 된 빔을 LHC

에서 돌리는 데 성공했다. 다음으로, 같은 날인 12월 6일에 LHC는 1헤르츠, 즉 초당 1회의 비율로 2개의 양성자 뭉치로 된 빔을 연속적으로 충돌시키기 시작했다. 이 모든 과정은 가속하지 않은 450기가전자볼트의 빔으로 수행되었다.

16장에서 설명했듯이 빔의 충돌이란 뭉치와 뭉치가 서로 교차하는 과정이다. 지나치는 과정에서 불과 몇 개의 양성자만이 서로 정면 충돌해서 검출기에 흔적을 남긴다. 그러므로 빔 뭉치는 계속 돌아가면서 뭉치와 뭉치가 정해진 에너지를 가지고 정확히 검출기 위치에서 서로 지나치도록 조정해야 한다. 거의 빛의 속도로 움직이는 빔을 이렇게 조정한다는 것은 참으로 대단한 일이다.

이제 다시 빔을 가속해서 충돌시킬 차례가 되었다. 12월 8일, LHC는 처음으로 1.18테라전자볼트의 빔끼리 충돌시키는 데 성공했다. 1.18테라전자볼트 에너지의 두 양성자 빔이 충돌한 2.36테라전자볼트에서의 최초의 충돌이 ATLAS 검출기에 기록되었다. 이제 LHC는 가속된 빔도 안정되게 연속적으로 충돌시킬 수 있었다. 12월 13일에는 2개의 양성자 뭉치로 된 빔이 1.18테라전자볼트로 가속되어 90분간 계속 충돌했다. 14일에는 450테라전자볼트의 빔의 충돌 비율이 50헤르츠, 즉 초당 50회에 이르기도 했다. 하나의 뭉치에 더욱 많은 양성자를 넣어 가며, 4개의 뭉치로 이루어지고 1.18테라전자볼트로 가속된 빔을 가지고 안정된 상태로 충돌 실험을 계속해 나감에 따라서 6개의 검출기에는 점점 많은 데이터가 모이기 시작했다.

12월 16일, LHC는 기념비적인 첫해의 가동을 모두 마치고 빔을 멈추었다. 지상 최대의 기계의 부활을 알리는 26일간의 화려한 외출이었다. 각 검출기에는 수백만 개의 충돌 데이터가 기록되었다. LHC는 크

556 4부 지금은 LHC의 시대

리스마스 휴가에 들어갔다. 12월 18일 CERN의 대강당에서는 올해 LHC의 가동을 정리하고 보고하는 회합이 열렸다. 참석자들은 성공적인 재가동을 축하하고 새로운 도전을 시작할 2010년을 기약했다.

대폭발에 가장 가까운 곳

LHC의 결과를 담은 첫 논문이 이탈리아의 국제 고등 연구소(SISSA)가 발행하는 《고에너지 물리학 학술지(Journal of High Energy Physics, JHEP)》 2010년 2월 10일자에 게재되었다. 이 논문은 2009년에 이루어진 2.36테라전자볼트의 충돌 실험에서 나온 데이터를 분석해 양성자가 충돌했을 때 만들어지는 전기를 띤 하드론을 연구한 것이었다. 2월 4일에 투고되었지만 유례없는 초고속 검토 및 심사 과정을 거쳐서 2월 7일에 게재가 수락되고 2월 10일에 게재되었다. (이와 같이 빠른 게재가 가능했던 것은 《고에너지 물리학 저널》이 게재를 바로바로 처리할 수 있는 웹 기반 학술지였기 때문이다.) 논문의 내용 자체는 중요한 것이 아니었지만, 정식으로 논문이 출판되었다는 사실은 LHC가 잘 작동하고 있으며, 이제 LHC 시대가 열렸음을 상징하고 있었다.

1월 25일부터 1월 29일까지 열린 2010년의 샤모니 워크샵에서 CERN은 다시금 LHC의 일정과 가동 계획을 조정했다. 이번 워크샵에서 결정된 특기할 사항은 2월에 빔을 다시 넣고 가동을 시작해서 3월경에 빔 에너지를 3.5테라전자볼트까지 올려서 7테라전자볼트에서의 충돌을 실현하고, 이후 7테라전자볼트 충돌 실험을 18~24개월간 계속한다는 것이었다. 이것은 지금까지 CERN 역사상 가장 긴 가속기 연속 가동 일정이었다. 그동안 CERN은 7~8개월간 가속기를 가동했다가 12월부터 3월까지 약 4개월간은 가동을 멈추고 가속기를 정비하는 식으로 1년을 주기로 운영해 왔기 때문이다.

2년에 걸쳐 계속 가동한다는 방침은 사실 LHC에 있어서는 불가피한 것에 가까우며, 향후 LHC를 개량하고 나도 이 방침은 비슷한 방식으로 유지될 가능성이 높다. 그것은 LHC가 초전도 자석을 이용하는 가속기이기 때문이다. LHC는 가속기 전체가 냉각된 상태로 가동되어야 하는데, 가속기를 가동 온도까지 냉각시키거나 일단 냉각된 가속기의 온도를 상온으로 올리는 데만 각각 한 달 정도의 시간이 소요된다. 따라서 냉각 전후에 소요되는 시간까지 고려하면 1년을 주기로 LHC를 운영하는 것은 매우 비효율적인 일이다. 또한 이번에 LHC를 오랫동안 가동하는 것은 LHC를 개량하는 데 필요한 준비를 할 시간을 넉넉히 확보한다는 부가적인 장점이 있으며, 연구 면에서는 7테라전자볼트 충돌 실험의 결과를 연구할 데이터를 충분히 확보할 수 있다.

현재 예정으로는 LHC는 2011년 말까지 중간의 짧은 휴식을 제외하면 계속 가동될 것이다.* 2011년까지 양성자와 납 이온 충돌 실험을 마치면 LHC는 가동을 멈추고 2012년부터 가속기를 개량하게 된다. 현재의 가속기 상태로는 원래 계획했던 14테라전자볼트 충돌 실험을 감행하는 것은 위험 부담이 있다고 CERN은 판단한 것이다. 그래서 14테라전자볼트 충돌 실험을 안정되게 수행할 수 있도록 LHC 가속기를 개량하기로 결정했다. 가속기를 개량하기 위해서는 1년에서 1년 6개월 정도가 소요될 것으로 예상된다. 2008년의 사고가 CERN을 매우

---

* 2010년 11월 4일, LHC는 양성자 가속을 중지하고 납 이온 가속을 시작해서 11월 8일 첫 충돌 실험에 성공했다.

신중하게 만든 것이다.

2010년부터 2011년까지의 첫 가동은 본격적인 실험을 준비하는 초기 단계 실험이다. 여기서 얻은 데이터를 가지고 과학자들은 우선 이미 알고 있는 표준 모형의 입자들을 '재발견'할 것이다. 그래서 손에 든 새로운 도구가 얼마나 믿을 만한지를 시험해 볼 것이다. 이것은 새로운 실험 장치를 가지고 미지의 세계, 새로운 물리학 법칙을 찾을 때 필수적인 선행 연구 과정이다. 이 과정을 통해 가속기와 검출기의 성능을 시험하고 작동을 잘 이해하게 될 것이며, 이것은 앞으로 LHC를 운용하는 데 좋은 연습이 될 것이다.

물론 여기서 나온 데이터 자체도 연구용으로 중요하다. 예비 단계라고는 하지만 7테라전자볼트의 충돌 에너지만 해도 테바트론이 낼 수 있는 3배 이상이므로, 완전히 미지의 영역의 실험이기 때문이다. 그러므로 지금까지 우리가 보지 못했던 새로운 현상을 발견할 가능성은 얼마든지 있다. 예를 들어, 일단 표준 모형의 입자를 성공적으로 확인하고 나면, LHC는 힉스 입자를 찾기 시작할 것이다. 이론가들의 계산에 따르면 힉스 입자의 질량이 $160\text{GeV}/c^2$ 정도일 경우에는 2010년과 2011년의 가동에서 얻을 것으로 예상되는 데이터만 가지고도 ATLAS와 CMS에서 바로 힉스 입자를 발견할 수도 있다!* 또한 운 좋게도 바로 이 에너지 영역에 해당하는 질량을 가진 입자가 존재한다면, 새로

---

* $160\text{GeV}/c^2$라는 숫자가 특별한 것은, 만약 힉스 입자의 질량이 이 값이면 힉스 입자가 주로 2개의 W 보손으로 붕괴하게 되는데, 그렇게 되면 검출기에서 찾아내기가 매우 쉽기 때문이다. 힉스 입자가 이것보다 가벼우면 2개의 W 보손으로 붕괴하지 못하고, 훨씬 더 무거울 경우에는 다른 방식으로 붕괴하는 양이 많아지기 때문에 이번 첫 가동에서는 힉스 입자를 보지 못할 것이다.

운 입자를 발견할 수도 있다.

예정보다 낮은 에너지의 실험이라고는 해도 새로운 도전이고 모험이기는 마찬가지다. 7테라전자볼트에서 양성자가 충돌한다는 것은 인간이 만든 현상 중 대폭발에 가장 근접한 것이다. 아직 인류가 처음 밟아 보는 세계인 것이다. 기술적으로도 7테라전자볼트에서의 충돌 실험은 미지의 세계이다. 빔이 3.5테라전자볼트까지 가속되면 초전도 전자석에 흐르는 전류는 6,000암페어에 이를 것이다. 이렇게 많은 전류가 흐를 때 2008년과 같은 사고가 일어나지 않도록 가속기 엔지니어들은 LHC의 여러 부분을 계속 주시하고 있다.

2010년 2월 말, LHC에 다시 스위치가 켜지고 빔이 주입되었다. 이제 LHC의 스태프들은 450기가전자볼트의 빔은 능숙하게 다룰 수 있는 수준에 도달했다. LHC의 조종 스태프들은 빔의 궤도를 최적화하고 조준을 정확히 맞췄다. 3월 12일 양쪽 방향의 빔이 모두 2009년에 도달했던 1.18테라전자볼트에 이르렀다. 모든 것이 순조로웠다. 마지막으로 빔이 없는 상태에서 LHC의 각 부분이 테스트되었다. 각 부분의 전문가들은 LHC 각 부분의 작동을 완전히 이해하기 위해서 전력을 기울였다. 2010년 3월 19일 새벽, 다시 빔이 들어오고 가속이 시작되었다. 5시 23분, 빔의 에너지가 마침내 목표 에너지인 3.5테라전자볼트에 도달했다. 다시금 LHC는 가속기의 기록을 갱신했다. 이제 마지막 목표만 남았다.

2010년 3월 30일, 제네바 시간으로 오후 1시 6분, 3.5테라전자볼트의 빔이 4개의 검출기 위치에서 서로 충돌했다. 수많은 입자들이 검출기를 수놓았고 모든 검출기들은 7테라전자볼트의 데이터를 기록하기 시작했다. LHC의 물리학 연구가 본격적으로 시작된 것이다! 지난

2008년의 첫 번째 빔의 날도, 2009년의 재가동 및 충돌 성공도 LHC의 기념비적인 시작이라고 할 수 있지만, 물리학자들에게는 연구를 위한 데이터가 처음으로 나오기 시작한 이날이야말로 LHC의 진정한 시작이라고 할 수 있다. 드디어 역사상 최대의 과학 실험이 시작되었다!

축하와 기대가 어우러진 LHC 연구 책임자들의 말을 들어보자.

> 오늘은 입자 물리학자에게 위대한 날입니다. 많은 사람들이 오랫동안 이 순간을 기다려 왔습니다. 마침내 그들의 인내와 헌신이 열매를 맺기 시작했습니다.
> ― CERN의 소장 롤프디터 호이어

> 오늘 저는 LHC를 건설하기 위해서 지난 15년간 애써 온 동료들이 정말 자랑스럽습니다. 많은 난관이 있었지만 우리는 모두 극복했습니다. 동료들과 함께 일했다는 것은 제게 명예로운 일입니다. 이제 LHC는 훌륭하게 완성되었습니다. 정확히 설계된 대로 작동하고 있습니다. 최고 에너지에 도달하려면 좀 더 보강을 해야 하지만, 이런 고도의 복잡한 기계에서 그 정도는 당연한 일입니다. 운영 팀 역시 매우 훌륭하고 정교하게 LHC를 가동하고 있습니다. 이제 실험 프로그램을 시작합시다. 그래서 자연이 새로운 에너지 영역에서 우리에게 알려주는 것을 보도록 합시다.
> ― 전 LHC 총책임자 린 에번스[*]

---

[*] 에번스는 2010년까지 CERN에서 LHC의 총책임자로 일했다. 그는 2010년 은퇴하면서 LHC 책임자 자리에서도 물러났다.

지금까지와는 비교할 수 없는 엄청난 충돌 에너지로 LHC 실험은 광대한 영역을 탐구할 것입니다. 이제 암흑 물질, 새로운 힘, 새로운 차원, 그리고 힉스 입자를 사냥하는 일이 시작되었습니다. 이미 작년에 가동했을 때의 데이터를 가지고 쓴 논문이 출판되었을 때 오늘의 성공을 예감했습니다.

— ATLAS 실험 그룹 대표 파비올라 지아노티(Fabiola Gianotti)

지금까지 LHC가 걸어 온 길을 생각할 때 우리는 깊은 감명을 받습니다. 그리고 전 세계를 아우른 우리 실험 팀이 데이터를 분석하면서 우리 검출기가 얼마나 잘 작동하는지를 확인하니 특별한 기쁨을 느낍니다. 우리는 이제 곧 질량의 근원, 힘의 대통일, 그리고 우주에 가득 차 있는 암흑 물질 등 현대 물리학의 주요 문제를 해명할 것입니다. 우리 앞에 펼쳐질 흥분되는 시간을 기대하고 있습니다.

— CMS 실험 그룹 대표 귀도 토넬리(Guido Tonelli)

우리가 기다려 왔고 준비해 왔던 바로 그 시간입니다. 현재의 양성자 충돌 실험의 결과와 함께, 앞으로 행해질 납 이온 충돌 실험의 결과가 나올 것을 기대합니다. 이 실험은 강한 상호 작용의 본질과 초기 우주에서 물질의 진화에 대한 새로운 통찰을 가져다줄 것입니다.

— ALICE 실험 그룹 대표 위르겐 슈크라프트(Jürgen Schukraft)

LHCb는 물리학 연구를 위한 준비를 마쳤습니다. LHCb는 앞으로 물질과 반물질의 대칭성의 본질에 관해 이전에 했던 어떤 실험보다도 더 깊이 있게 탐구할 훌륭한 연구 프로그램입니다.

— LHCb 실험 그룹 대표 안드레이 골루뱅(Andrei Golutvin)

이제 LHC가 가동되기 시작했다. 물질의 질량이라는 것이 무언가, 우주의 물질의 대부분을 차지하는 것은 무언가, 물리학 법칙의 궁극적인 대칭성은 무언가, 시공간은 과연 3차원의 공간과 1차원의 시간으로 되어 있는가 같은 물리학과 우주와 물질에 관한 심오한 질문들에 대한 대답이 가까이 다가오기를 바란다. 입자 물리학의 미래는 LHC에 달려 있다. 앞으로 LHC가 가동될 수십 년 동안은 LHC를 중심으로 입자 물리학의 모든 것이 돌아갈 수밖에 없다. LHC 이후의 가속기인 전자-양전자 선형 가속기 ILC만 해도 LHC에서 나오는 결과에 따라서 어느 영역을 중심으로 실험을 할지, 어떻게 설계해야 할지를 결정하게 될 것이다. LHC는 우주와 물질을 이해하는 데 있어서 지금 우리가 해결하지 못한 문제점들에 해답을 주고, 우리가 알지 못하는 세계를 보여 줄 것이다. 지금까지도 여러 우여곡절이 있었고, 아마도 앞으로도 또 있을 테지만 이는 인류가 신천지에 발을 디디는 데 따르는 당연한 진통일 따름이다. 인간은 자신의 지성으로 우주를 이해하는 일을 멈추지 않을 것이며 그 기나긴 과정에서 LHC는 커다란 약진, 하나의 이정표가 되어 줄 것이다. 이제 LHC의 시간이 시작되었다.

20장 | 처음 3년

예감

　CERN은 2011년 12월 13일 오후 2시에 2011년의 LHC 실험 결과를 공식적으로 발표하는 세미나를 연다고 발표했다. 흔치 않은 일이었다. 과학 관련 매체뿐만 아니라 전 세계의 미디어가 관심을 보이는 것이 당연했다. 그리고 모두 답을 예상하고 있었다. LHC의 첫 번째 목표가 무엇인지, 실험가들이 어디에 주력을 집중하고 있는지 모두가 알고 있었기 때문이다. 예상은 크게 어긋나지 않았다.
　세미나에서 LHC의 두 주요 검출기인 ATLAS와 CMS가 그동안 힉스 보손을 탐색한 결과를 발표했다. 먼저 ATLAS 검출기 실험의 대표인 파비올라 지아노티가 126기가전자볼트의 에너지에 해당하는 질량의 입자가 존재할 가능성이 오차 범위를 2.3배 벗어남을 가리키는 데이터를 얻었다고 발표했다. 다음으로 CMS 실험의 대표인 귀도 토넬리가 발표한 바에 따르면 에너지가 115~127기가전자볼트인 범위에서 얻은 데이터가 오차의 1.9배가량 더 많으며 특히 질량이 $124 \text{GeV}/c^2$인 신호가 힉스 입자와 매우 비슷했다. 아직 데이터가 충분히 모인 것도 아니고, 그나마 검출한 데이터를 모두 분석한 것도 아니었지만 놀랍게도 두 실험 그룹은 각각 126GeV/c^2와 124GeV/c^2에서 힉스 입자일 가능성이 있는 신호를 검출했다고 보고한 것이다.

입자 물리학의 가속기 실험은 인간이 수행하는 과학 실험 중에서도 가장 순수한 형태의 실험이다. 거시적인 물체는 대략 아보가드로수만큼의 원자, 혹은 분자로 이루어져 있다. 아보가드로수는 약 1조의 1조 배쯤 되는, 우리의 감각으로는 가늠하기조차 어려울 정도로 큰 수이다. 그러므로 우리가 관찰하는 현상에는 다른 원자들 사이의 상호 작용이 언제나 관여하고 있다고 생각해야 한다. 아무리 우리가 특정한 현상만을 관찰하려고 해도 항상 다른 효과가 관여할 가능성을 피할 수 없다는 뜻이다. 그러나 LHC에서 일어나는 현상은 순전히 두 양성자와 양성자가 충돌하면서 기본적인 상호 작용을 주고받는 일이다. 이것은 그 어떤 자연 현상보다도 순수하게 기본적인 현상이다. (전자와 전자가 높은 에너지에서 충돌하면 좀 더 순수한 기본적 상호 작용을 볼 수 있기는 하다.) LHC에서는 이런 충돌이 동시에 10여 번밖에 일어나지 않는다.

물론 실험하는 현상이 순수하다고 하더라도 우리가 이것을 관찰하기 위해서는 검출기를 구성하는 거시적인 물질을 통해 신호를 얻어야 한다. 그러면 실험 결과가 검출기 물질과 상호 작용하는 과정에서 실험 오차가 발생하게 된다. 그래서 사실 검출기가 처음 가동하는 실험 초기의 결과를 해석할 때에는 아주 조심해야 한다. LHC와 같은 과학 실험이란 세상에서 처음 실행하는 일이고, 실험하는 에너지 영역 자체가 한 번도 검증되지 않은 영역이기 때문이다. 실험 초기에는 검출기가 과연 우리가 원하는 대로 정확히 작동하고 있는지를 잘 이해하는 것이 가장 중요한 과제이다. 그러나 다른 한편, ATLAS와 CMS와 같은 검출기들은 엄청나게 거대하고 정교한 시스템이지만, 어떤 의미에서는 매우 간단한 장치이기도 하다. 무슨 말이냐 하면, 검출기가 그토록 거대하고, 전체가 정밀한 전자 장치로 가득 차 있지만, 검출기 구조의 기본 개념은 그림 9-3(276쪽 참조)에 보인 것이 사실 거의 전부라고 할 정도로 간단하다는 말이다. CMS 검출기의 구조를 나타낸 그림 17-5(483쪽 참조)를 보면 이것을 확인할 수 있다. 이 개념적인 단순함을 기반으로 실험가들은 예상하지 못한 요소를 최소로 줄이고, 생길 수 있는 오차를 최소한으로 줄여서 가능한 한 정밀한 결과를 얻으려고 한다.

양성자와 양성자 사이에서 일어나는 상호 작용은 순전히 양자 역학적인 과정이기 때문에, 그 결과는 확률적으로만 알 수 있다. 그러므로 어떤 현상을 관찰하기 위해서는 결과가 나올 확률을 고려해서 관찰하고자 하는 현상이 일어날 수 있을 만큼 충분히 많은 충돌 사건을 일으켜야 한다. 그리고 데이터를 해석할 때에도 분석 결과는 통계적으로만 이야기할 수 있다. 실험 오차는 실험 자체에서 오는 계통 오차(systematic error)와 데이터의 양에 상관하는 통계 오차(statistical error)라는 두 가지 요소를 가지고 있다. 계통 오차는 주로 검출기를 분석하고, 데이터의 분석 방법을 개선함으로써 줄일 수 있고, 통계 오차는 더 많은 데이터를 이용함으로써 줄일 수 있다.

앞에서 입자가 존재할 가능성이 오차를 2배가량 벗어났다는 말은 입자가 존재하지 않는 경우의 데이터에서 오차의 2배가량 벗어난 데이터를 얻었다는 뜻이다. 입자가 존재하지 않을 때 오차보다 2배 이상 벗어난 사건이 일어날 가능성은 약 5퍼센트에 불과하다. 물론 이 정도의 가능성을 가진 일은 일어날 수도 있다. 그래서 입자 물리학자들이 새로운 입자를 발견했다고 할 때에는, 입자가 존재하지 않을 때의 데이터에서 오차의 5배 이상 벗어난 결과를 요구한다. 그런 일이 일어날 확률은 100만분의 1도 되지 않기 때문이다.

2011년 12월 13일 발표된 결과는 무언가 새로운 입자가 있는 것 같다고 암시하기는 하지만 그 이상의 결론을 내리기는 어려운 단계이다. 다만, 오차의 상당 부분이 통계 오차이기 때문에, 실험이 계속 진행됨에 따라 데이터의 수가 늘어나고 오차가 상대적으로 줄어들 것이다. 만약 데이터의 분석이 올바르게 이루어지고 있어서 그때까지 여전히 그 위치에서 데이터가 많이 나오면, 새로운 입자가 존재한다는 것을 확인하게 될 수도 있다. ATLAS 그룹 대표인 파비올라는 오차를 5배 벗어나는 결과를 얻기 위해서 2011년에 얻은 데이터의 약 4배의 데이터가 필요할 것이라고 예상했다. 2012년 1년 동안 그만큼의 데이터를 얻을 수 있을지 확신하기는 어려웠다. 아무튼 2개의 다른 검출기가 거의 같은 질량에서 힉스 입자일 가능성이 있는 데이터를 보았다는 것은 아주 흥미롭고 시사적인 결과였다.

2012년 7월 4일

2012년 초 색다른 소문이 들리기 시작했다. LHC에서 에너지를 1테라전자볼트 올려서 8테라전자볼트에서 충돌을 시키겠다는 것이다. 지금 잘 가동되고 있는 기계에 변화를 주는 것은 어떤 의미에서든 모험을 시도하는 것이다. 그러므로 가속 에너지를 올리겠다는 말은 가속기를 운용하는 CERN의 자신감을 보여 주는 일이리고도 할 수 있다. 그러면 왜 에너지를 올리려고 하는 것일까?

지금 단계에서 LHC의 목표는 아주 분명하다. 2011년 12월 13일에 발표한 흔적이 표준 모형에서 말하는 힉스 보손임을 확인하는 일이다. 그렇게 함으로써 우리는 전자기-약 작용의 대칭성이 어떻게 깨지는지를 설명하고 표준 모형을 완전히 이해할 수 있다. 만약 이 흔적이 표준 모형의 힉스 보손과 다른 성질을 보인다면? 그거야말로 정말로 굉장한 일이다. 그렇다면 그 입자는 표준 모형의 범위를 넘어서는 존재이기 때문이다. 그것은 완전히 새로운 현상을 발견하는 일이며, 새로운 세계의 문을 여는 일이다! 여하튼 이것을 확인하기 위해서는 이 새로운 입자를 최대한 많이 만들어서 연구해야 한다. 이것이 2012년 LHC의 제일 중요한 과제다.

따라서 LHC가 에너지를 올리려는 이유는 이 입자가 표준 모형의 힉스 보손이라는 가정에서 입자를 최대한 많이 만들기 위해서이다. 에너지가 더 커지게 되면, 입자들 사이의 충돌 확률은 줄어든다. 그 대신 6장에서 소개했던 글루온의 파톤 분포 함수의 값이 커져서, 양성자 안에서 글루온을 발견할 확률은 더 커진다. 표준 모형의 힉스 보손이 만들어지는 가장 중요한 메커니즘은 글루온과 글루온이 충돌해서 힉스 보손이 되는 과정이므로 글루온의 파톤 분포 함수 값이 커지면 힉스 보손이 만들어질 확률이 더 커진다. 또한 에너지가 커진다는 말은 양성자의 속력이 더 빨라진다는 말이므로 충돌이 더 많이 일어나게 된다. 이런 효과를 모두 고려해서, 에너지를 올리는 것이 힉스 보손을 더 많이 만들어 내게 하는 것이다.

소문은 결국 사실로 판명되었고, 2012년에 LHC는 8테라전자볼트에서 충돌 실험을 수행했다. CERN의 자신감에 보답하듯 실험은 아무 문제도 없이 진행되었다. 에너지를 높인 데 더해서 CERN은 빔의 광도를 올리는 노력을 계속했다. 빔의 광도를 올리는 것은 빔 안의 뭉치의 개수를 늘리는 것을 말한다. 18장에서 빔 안에 양성자 뭉치가 최대 약 3,000개 있을 수 있다고 했는데, 2011년에는 그보다 훨씬 적은 수의 뭉치만을 넣고 가동했다. 뭉치의 수가 많아지면 당연히 양성자 충돌 사건이 더 많아질 것이다. 빔이 안정되자 계속해서 빔의 광도는 올라갔다.

이렇게 CERN이 데이터의 수를 최대한 늘리려고 노력하는 한편, 각 실험 팀은 데이터의 분석 방법을 개선하고 효율을 높이는 일에 여념이 없었다. 힉스 보손일 가능성이 있는 데이터를 어떻게 최대한 골라낼 것인가, 배경 과정을 어떻게 걸러내서 힉스 보손의 데이터만을 걸러낼 것인가, 힉스 보손이 붕괴하는 각각의 채널을 어떤 방법으로 확인할 것인가 등등. 데이터를 더 많이 얻기 위한 하드웨어적인 노력에, 실험 팀의 물리학자들은 소프트웨어적인 노력을 더하고 있었다. 이것은 LHC가 가동을 쉬고 있는 동안에도 계속되고 있었다.

6월 22일 CERN은 또다시 공개 세미나를 예고했다. 새로운 데이터를 포함해서 힉스 보손을 탐색해 온 결과를 발표한다는 것이었다. 날짜는 7월 4일로 예고되었다. 이날은 ICHEP이라는 약어로 불리는 국제 고에너지 물리학 컨퍼런스(International Conference on High Energy Physics)의 개막일이었다. ICHEP은 1950년에 시작되어 1960년 이후 2년마다 세계 각지를 돌며 열리고 있는 입자 물리학 분야의 가장 중요한 학회다. 첫 학회가 미국 로체스터에서 열렸기 때문에 예전에는 ICHEP을 '로체스터 학회'라고도 흔히 불렀다. 4장에서 겔만과 네만이 브룩헤이븐의 실험가 사미오스에게 새로운 입자인 오메가 입자를 찾아볼 것을 제안하는 장면이 벌어진 곳이 바로 로체스터 학회였다. ICHEP은 많은 사람이 모이는 가장 중요한 학회이므로 세계의 중요한 실험 팀들은 거의 모두 참가해서 그들의 결과를 발표한다. 2012년의 ICHEP는 오스트레일리아의 멜버른에서 열렸다.

분위기는 한껏 달아올랐다. 이번에야말로 힉스 보손을 발견했다고 발표하는 게 아니냐고 예측하는 사람도 많았다. 한편으로는 지난 발표에서 겨우 반년이 지났을 뿐이라서 데이터가 충분하지 못하다는 의견도 만만치 않았다. 그러나 ICHEP의 개막일에 맞춘 발표는 보통 일은 아닐 터였다. 열기는 CERN이 힉스 메커니즘의 창시자 다섯 사람을 모두 세미나에 초대했음이 알려지자 최고조에 이르렀다. 즉 입자에 자신의 이름을 남긴 피터 힉스를 비롯해서, 엥글레르, 그리고 역시 같은 해에 독립적으로 힉스 메커니즘에 해당하는 이론을 발표한 미국의 제럴드 구랄니크(Gerald Guralnik), 리처드 하겐(C. Richard Hagen), 톰 키블(Tom Kibble)이 제네바에 초청된 것이다. 앙글레르와 함께 논문을 발표했던 브라우트는 2011년 타계해서 자리를 같이 하지 못했다.[1]

유럽의 스위스 제네바에 위치한 CERN의 대강당에서 열린 공개 세미나는 인터넷을 통해 멀리 오스트레일리아 멜버른의 ICHEP 학회가 열리는 강당의 대형 스크린에 생중계되었다. 멜버른과의 시차를 고려해서 제네바 시간으로 오전 9시에 세미나가 열렸다. 멜버른에서는 오후 5시였다. 세미나를 향한 열기는 뜨거웠다. CERN의 강당 앞에는 세미나에 들어가기 위해 전날 밤부터 줄을 서는 진풍경이 벌어졌다고 한다. 미처 들어가지 못한 사람들은 바깥에 서서 모니터를 지켜보았다. 물론 세계 어디서나, 누구라도 CERN의 홈페이지에 접속해서 세미나 장면을 볼 수 있었다. 나도 연구실에서 컴퓨터의 모니터를 지켜보고 있었다. 세미나가 시작한 것은 한국 시간으로는 오후 4시였다.

이번에 먼저 발표한 쪽은 CMS 그룹이었다. 새로 대표가 된 조 인칸델러(Joe Incandela)가 2012년 상반기에 얻은 데이터를 분석한 결과를 발표했다. 9시 30분이 지날 무렵 조 인칸델러가 보여 준 슬라이드에는 광자 신호 2개와 렙톤 신호 4개를 합치면 새로운 입자가 존재할 가능성이 부분적으로 오차 범위의 5배가 넘는다는 것이 명시되어 있었다. 청중들 사이에서 탄성과 함께 박수가 터져 나왔다. 물리학 세미나에서 발표 중간에 박수가 나오는 것은 아주 드문 일이다. 내가 물리학을 전공하고 30년 넘게 여러 학회와 세미나를 참가했지만 이전에는 한 번도 본 기억이 없다.

오차 범위의 5배가 넘는다는 것은 이런 일이 우연히 일어날 가능성이 0.0001퍼센트보다 작다는 것을 의미한다. 결국 이것은 새로운 입자를 발견했다는 말이나 다름없었다. 엄밀한 정의는 아니지만 특히 입자물리학에서 새로운 입자를 찾을 때, 오차 범위의 3배가 넘는 신호가 나오면 입자를 **관찰**(observation)했다고 말하고, 5배가 넘는 신호가 나오면 비로소 **발견**(discovery)했다고 말한다. 따라서 CMS는 지금 새로운 입자를 발견했다고 선언한 셈이다. 조 인칸델러도 발표를 잠시 멈추고 만면에 환하게 웃음을 띠며 청중을 바라보았다. 누군가 조에게 악수를 청하는 모습도 보였다.

중계 화면은 발표 슬라이드를 보여 주는 틈틈이 제네바와 멜버른에서 스크린을 지켜보며 탄성을 올리는 많은 물리학자들의 모습도 비쳐 주었다. 피터 힉스의 모습은 특히 눈에 띄었다. CMS의 발표가 끝나고 ATLAS 팀이 결과를 발표했다. 작년 12월의 공개 세미나에서도 결과를 발표했던 파비올라 지아노티, ATLAS 팀 역시 광자 신호 2개와 렙톤 신호 4개를 모두 고려해서 오차의 5배가 넘는 신호를 보았음을 발표했을 때 청중이 더 큰 박수를 보내자 파비올라는 기쁨의 웃음을 참지 못했다. 이로써 두 검출기에서 각각 독립적으로 새로운 입자의 증거를 확인했다. 즉 새로운 입자를 발견했음을 교차 검증을 한 것이다. 화면에 피터 힉스가 비쳤다. 손수건을 꺼내며 안경을 벗고 있었다.

자연 과학의 실험은 원리적으로 재현이 가능해야 한다. 그러나 앞서 말했듯이 LHC와 똑같은 가속기를 다시 지어서 실험 결과를 검증하는 것은 불가능하다. 따라서 대형 가속기 실험에서는 독립적으로 2개 이상의 검출기 실험을 해서 서로의 결과를 상호 확인한다. 두 팀은 각자 검출기를 만들고 운영할 뿐만 아니라 데이터를 분석하면서도 그 결과에 대해 서로 논의하지 않는다. 이렇게 완전히 새로운 입자를 발견할 때에는 더욱 그렇다.

CMS는 새로운 입자의 질량을 $125.3 \pm 0.6 \text{GeV}/c^2$으로 측정되었다고 발표했고 ATLAS가 보여 준 값은 $126.5 \text{GeV}/c^2$였다. 이들이 발견한 것이 같은 입자임은 의심할 필요가 없었다. 두 팀의 세미나가 끝나자 CERN의 소장 롤프 호이어가 연단에 나와서 이 역사적인 세미나를 정리했다.

> 전 세계적인 노력의 결과로 우리는 총체적인 성공을 거두었습니다. 오늘의 결과는 가속기와 검출기 실험과 컴퓨터 그리드가 특별한 성취를 보였기 때문에 가능했습니다. 우리는 힉스 보손과 일치하는 새로운 입자를 **관찰**했습니다. 이것은 역사적인 이정표이며, 동시에 새로운 시작입니다.

청중들은 기립박수로 화답했다. 50년이 넘는 CERN의 역사에서, 아니 입자 물리학의 역사에서도 가장 특별한 장면 중 하나였다.

발표가 끝나자 롤프 호이어는 자리를 함께 한 힉스 메커니즘의 창시자들과도 축하 인사를 주고받았다. 감동의 여운이 남아 있는 표정의 피터 힉스는 앙글레르와 함께 롤프 호이어와 악수를 나누며 "내 인생에 이런 일이 일어났다는 것이 믿을 수 없을 정도이다."라고 말하며 웃음 지었다.

혹시 롤프 호이어의 선언에서 **관찰**이라는 말이 의아하게 여겨지는 독자도 있을지 모르겠다. 두 실험 팀 모두 오차의 5배가 넘는 결과를 발표했는데 왜 '발견'이라고 하지 않고 '관찰'이라고 했는가? 아까의 말과 다르지 않는가? 그 이유는 이렇다. 오차의 5배가 넘는다고 발표한 데이터는 두 팀 모두 힉스 보손이 광자 2개로 붕괴하는 경우와 렙톤 4개로 붕괴하는 경우의 데이터만 따로 분석했을 때의 결과였다. 이 두 과정이 힉스 보손을 찾기 가장 쉬운 과정들이다. 힉스 보손은 그 밖에도 여러 다른 방식으로 붕괴할 수 있는데, 다른 과정에서는 아직 그만큼 정확하게 힉스 보손의 존재를 확인할 수 없었고, 그래서 데이터 전체를 가지고 보면 새로운 입자를 의미하는 결과는 오차의 5배가 조금 못 미치게 된다. CMS 그룹의 경우 이날 발표한 값은 오차의 4.9배였다. 그래서 호이어는 '발견'이라는 말을 아낀 것이다. 너무 고지식하다고 생각할지 모르지만, 물리학자의 전형적인 행동 방식은 그렇다.

며칠 후 두 팀은 추가로 분석한 데이터를 포함한 결과를 내놓았다. CMS의 결과는 이제 오차의 5배를 확실히 넘었고 질량은 $125.3\pm0.4\text{(stat)}\pm0.5\text{(sys)}\text{GeV}/c^2$였다. ((star)는 통계 오차를 (sys)는 계통 오차를 나타낸다.) ATLAS가 내놓은 결과는 무려 오차의 5.9배에 달했다. 측정한 질량은 $126.0\pm0.4\text{(stat)}\pm0.4\text{(sys)}\text{GeV}/c^2$였다. 이 값으로 두 그룹은 논문을 발표했다. 논문은 9월에《피직스 레터스》에 발표되었다.[2]

574　4부 지금은 LHC의 시대

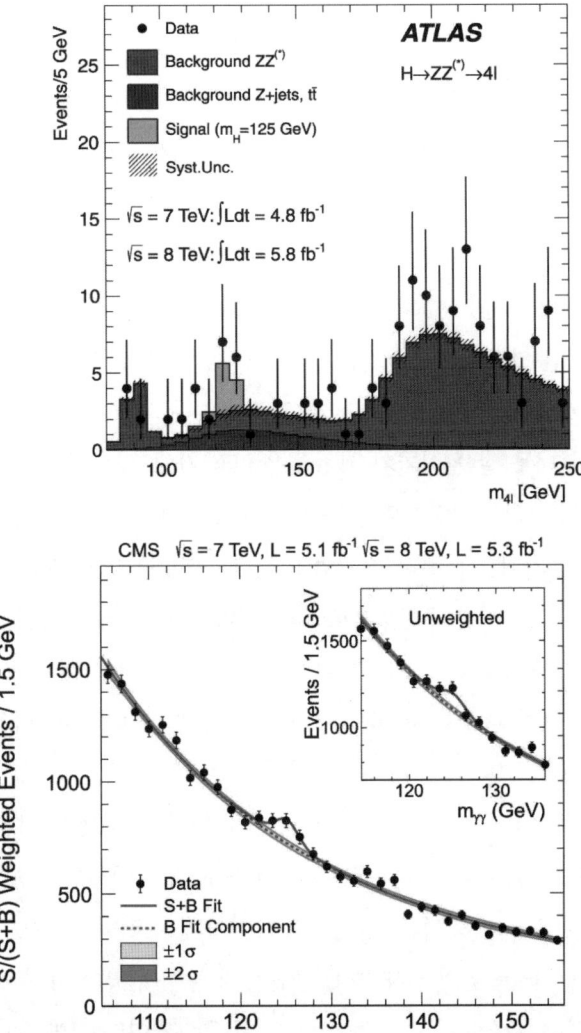

그림 20-1 ATLAS와 CMS의 실험 결과. 위의 것이 ATLAS의 실험 결과이고 아래의 것이 CMS의 실험 결과이다. 둘 다 힉스 보손이 2개의 Z 보손으로 붕괴한 한 후 각각 다시 2개의 렙톤으로 붕괴한 결과를 보여 준다.

제1막이 내리고

2012년 가을에 접어들면서 LHC는 거침이 없어졌다. 가속기 성능에 자신을 가진 CERN은 가속되는 양성자의 수를 더욱 늘렸다. 7월 4일에 발표한 데이터는 2011년의 데이터 전부와 2012년 데이터의 일부였는데, 분석에 사용된 2012년 데이터의 양은 2011년의 데이터 전체와 비슷했다. 그런데 지금 LHC는 한 달 만에 2011년 데이터 전부와 맞먹는 양의 데이터를 만들어 내고 있었다. 양성자 빔에 들어 있는 뭉치의 수가 거의 설계된 수치의 절반에 근접했을 정도였다.

가속기가 너무 잘 돌아가자 사람들은 LHC가 2012년까지만 가동된다는 것을 안타까워하기도 했다. LHC는 2013년부터 약 2년간 가동을 멈추고, 기계를 개선하는 작업을 한다. 그리고 2015년부터 원래 설계된 성능을 최대한 구현하기로 되어 있다. 그러나 지금 엄청난 양의 데이터가 쏟아져 나오고 있으니, 데이터를 분석하는 실험가들과 뭔가 새로운 것이 나오기를 기대하는 이론가들 입장에서는 아쉬울 수밖에 없었다.

2010년과 2011년에는 10월까지 양성자-양성자 충돌 실험을 하고 11월부터는 한 달간 중이온 충돌 실험을 했다. 앞에서 설명했듯이 LHC에서 사용하는 중이온은 납의 원자핵이다. 그러나 2012년에는 최대한의 데이터를 얻기 위해 12월 중순까지 양성자-양성자 충돌 실험을 계속했다. 평소보다 한 달 이상을 더 가동한 것이다. 그만큼 더 많은 데이터를 얻어서, 2012년에 얻은 데이터는 2011년의 4배에 달했다.

그리고 2013년 1월 20일부터는 납 이온을 가속했는데, 이번에는 특이하게도 한쪽 가속기는 납 이온을, 그리고 반대 방향의 가속기는 양

4부 지금은 LHC의 시대

성자를 가속시켜서 최초로 중이온-양성자 충돌 실험을 했다. 이 실험은 약 20일간 계속되었고, 2월 11일에 종결되었다. 이로서 마침내 첫 단계의 실험이 모두 끝났다. LHC의 제1막이 내린 것이다.

이제 LHC는 긴 휴지기에 들어갔다. 이 기간 동안 쌍극자 자석을 비롯한 가속기의 여러 부분을 개량해서, 원래 목표했던 에너지에 도달하는 것이 CERN의 계획이다. 휴지기는 약 2년을 예상하고 있으므로 다음에 LHC가 가동되는 것은 2015년이 될 것이다.

2013년 노벨 물리학상

해마다 10월이 되면 사람들의 이목은 스웨덴을 향한다. 노벨상 발표 탓이다. 2013년 10월에는 특히 물리학 분야에 대한 관심이 뜨거웠다. 미디어는 노골적으로 피터 힉스에게 노벨상이 주어질 것을 예상하기도 했다. ATLAS와 CMS는 새로운 입자의 스핀을 측정했더니 힉스 보손과 일치하는 값인 0이라는 결과를 내놓아서 이것을 뒷받침했다. 또한 두 그룹 모두 데이터 분석에 박차를 가해서, 가을에는 그동안 얻어진 거의 모든 데이터를 분석한 결과를 내놓았는데, 광자 신호 2개와 렙톤 신호 4개뿐만 아니라 다른 신호에서도 속속 힉스 보손과 일치하는 결과가 나왔다.

마침내 10월 8일, 왕립 스웨덴 과학 아카데미는 영국의 피터 힉스와 벨기에의 프랑수아 앙글레르를 올해의 노벨 물리학상 수상자로 선정했다고 발표했다. 수상 이유는 "아원자 입자의 질량의 근원을 인간이 이해하게 해 주고, 최근에 CERN의 LHC에서 ATLAS와 CMS 실험팀이 그들이 예측한 기본 입자를 발견함으로써 확인된 메커니즘을 이론적으로 발견한 공로"였다. 그들의 논문이 발표된 것이 1964년이었으니 무려 50년 만에 도달한 노벨상이었다.

앙글레르는 노벨상 수상 강연에서 "원자 이하의 세계를 발견하게 되자 거기에는 아주 짧은 거리에만 작용하는 근본적인 힘이 존재한다는 것이 밝혀졌다. 1960년대 초반에는 아무도 이 짧은 거리에만 작용하는 근본적인 힘을 이론적으로 설명할 수 없었다. 브라우트와 내가, 그리고 우리와 독립적으로 피터 힉스가 이 문제의 해답을 알아냈다."라고 서두를 열고, 이어서 대칭성이 깨진다는 것이 무엇이며 힉스 입자가 어떻게 나타나는 것인지를 간단하게 설명했다.[3] 그가 강연을 하며 보여 준 슬라이드는 낯익은 것이었다. 나도 참가했던 2012년 초에 열린 모리온드 학회에서 그가 강연했을 때 사용한 것이기 때문이다.

피터 힉스는 노벨 강연에서 자신이 그 논문을 썼던 때의 일을 자세히 소개했다.

대칭성이 자발적으로 깨진다는 난부 요이치로와 제프리 골드스톤의 아이디어에 대해 대부분의 이론 물리학자들은 별로 관심을 보이지 않았다. 양자 전기 역학이 크게 성공하긴 했지만, 양자장 이론은 유행이 지난 이론이었다. 강한 핵력과 약한 핵력은 설명하지 못했기 때문이다. …… 슈윙거는 1962년에 빛이 질량이 없는 이유는 게이지 불변성 때문이라는 통념을 뒤집는 논문을 쓴 적이 있다. 그 논문에서 그는 구체적인 동역학은 보여 주지 않고 게이지 이론에서 광자의 질량이 있는 경우, 이론의 몇 가지 특징에 대한 예를 보여 주었다. (1964년) 7월 18일과 19일의 주말 동안에, 슈윙거가 게이지 이론을 전개한 방식이 골드스톤 정리를 증명하는 데 사용된 공리의 토대를 흔들어 놓았다는 생각이 내게 떠올랐다. 따라서 게이지 이론은 난부의 프로그램을 되살릴 수 있게 된다. 그다음 주에 나는 이에 대해 짧은 논문을 하나 썼다. 이 논문은 7월 24일에 《피직스 레터스》에 투고되어 게재가 승인되었다. 그때부터 나는 상상할 수 있는 가장 간단한 모형에 대한 장 방정식을 썼다. 이것은 골드스톤의 스칼라 모형에 전자기 상호 작용을 도입하는 것이었다. 그랬더니 필립 워런 앤더슨이 제안한 대로, 골드스톤이 발견한 질량이 없는 모드가 광자의 진행 방향 상태 역할을 해서 광자가 질량이 있는 입자가 된다는 것이 분명해졌다. 이 모형을 간단히 설명하는 짧은 두 번째 논문을, 7월 31일에 역시 《피직스 레터스》에 투고했다. 이 논문은 게재를 거절당했다. CERN 소속의 편집자는 아이디어를 좀 더 발전시켜서 완전한 논문으로 만들어서 이탈리아 학술지인 《일 누오보 시멘토(Il Nuovo Cimento)》에 실어 보라고 권했다. 나는 화가 났다. 논문을 심사한 사람은 이 논문의 핵심을 못 알아본 것 같았다. (얼마 후 CERN을 한 달 동안 방문하고 돌아온 동료가, CERN의 이론 물리학자들은 이 논문이 입자 물리학과 관계가 없다고 생각한다고 전해 주었다.) 더 말이 안 되는 것은 앞서의 논문은 게재가 승인되었는데, 더 물리학적인 의미가 있는 후속편은 거절당했다는 사실이다. 나는 가능한 물리학적인 결과에 대해 몇 마디 더 언급하는 것으로 논문을 보충하기로 했다. 그리고는 개정된 논문을 대서양 너머 《피지컬 리뷰 레터스》에 투고했다.[4] 논문에 새로 덧붙인 내용 중에 이런 말이 있었다. "이런 형태의 이론이 보여 주는 핵심적인 특징은 스칼라와 벡터 보손의 불완전한 다중항이 예측된다는 점임을 눈여겨볼 가치가 있다."[5] 이 논문은 8월 31일에 편집자에게 도착했고, 곧 게재가 수락되었다. 심사 위원은 6월에 투고되어 바로 그날 출판된 앙글레르와 브라우트의 논문과의 관계에 대해서 언급하라고 제안했다. 그때까지 나는 앙글레르와 브라우트의 논문을 모르고 있었는데, 그 말을 듣고 곧 그들의 논문을 구해 읽고 각주를 달

왔다.

20년 후, 1984년에 어느 컨퍼런스에서 난부를 만났다. 그는 자신이 내 두 논문을 모두 심사했다고 밝혔다.

LHC 다음 단계, 그리고 그 너머

LHC는 2015년부터 다시 스위치를 올릴 예정이다. 이번에 가동되면 10테라전자볼트를 넘어서 원래 목표했던 14테라전자볼트에 도달하는 것이 목표다. 지난 3년 동안의 결과로 인해 CERN은 자신감을 가지게 되었지만, 또한 신중함도 역시 잃지 않을 것이다. 뭐니 뭐니 해도 모든 일이 전부 세상에서 처음 하는 일인 것이다.

앞에서 힉스 보손에 대한 이야기만 해서, 혹시 다른 실험은 전혀 하지 않았던 것으로 오해할지 모르겠다. 힉스 보손을 찾는 일이 가장 시급하고 중요한 일이기 때문에 ATLAS와 CMS가 거기에 가장 많은 공을 들인 것은 사실이지만, 3,000명이나 되는 과학자들이 힉스 보손만 바라보고 있는 것은 아니다. 힉스 보손을 찾는 일 외의 다른 수많은 연구도 동시에 진행되었고 지금도 진행 중이다.

18장에서 소개한 많은 주제들이 ATLAS와 CMS 그룹 아래 수많은 팀에 의해 연구되고 있다. 그러나 현재까지 LHC에서 새로운 입자를 발견하거나 그에 준하는 새로운 발견은 없다. 이중 힉스 보손 다음으로 많은 사람들이 연구하고 있는 초대칭성의 경우 초대칭 입자의 질량이 적어도 약 1테라전자볼트는 넘는 것으로 결론지어지고 있다. 그 밖에 여분 차원이나 대통일 이론의 흔적을 나타내는 새로운 현상 역시 전혀 보이지 않고 있다. 새로운 입자를 찾는 일은 무작정 이것저것 찔러 보는 게 아니라 일어날 수 있는 사건을 예측하고, 그 사건을 나타내는 지표가 되는 물리량을 주의 깊게 측정하는 일이다. 그러고 나면, 몇 가지 가정 아래서 "아무 새로운 신호를 보지 못했음."은 입자의 질량이나 상호 작용의 크기 등에 대한 한곗값으로 표현된다. 즉 입자가 너무 무거워서 실험에서 나타나지 않았거나, 상호 작용의 크기가 너무 작아서 사건이 일어나지 않았다고 해석되는 것이다.

그렇다고 해서 아무 성과도 없다고 말하는 것은 옳지 않다. 표준 모형에 관한 여러 물리량을 측정한 바에 따르면, 표준 모형이 예측하는 값들은 무서울 정도로 정확히 잘 맞는 것으로 드러나고 있다. 이는 ATLAS와 CMS 그룹뿐 아니라 보텀 쿼크를 집중적으로 연구하는 LHCb 실험에서도 역시 마찬가지다. 이로써 우리는 표준 모형에 대해 더욱 많은 것을 더욱 정확히 알게 되고 있다. 이것은 특히 강한 상호 작용 분야에서 더욱 그렇다. 결국 LHC는 양성자 충돌 장치이고, 양성자 충돌은 대부분 강한 상호 작용의 결과이기 때문이다.

그렇다고 해도 역시 새로운 현상을 발견하기를 많은 사람들은 고대하고 있으며, 그래서 2015년부터 시작될 2차 가동에 다시 많은 기대를 걸고 있다. 에너지를 높인다는 것은 새로운 영역을 탐험하는 일이므로 새로운 입자나 낯선 현상을 발견하게 될 가능성은 여전히 있기 때문이다. 또한 사람들은 힉스 보손에 대해서도 더 많은 것을 기대하고 있다. 많은 새로운 이론들은 힉스 보손을 통해서 새로운 현상이 나타날 것을 예측하고 있기 때문이다. 18장에서 언급했듯이, 전기를 가진 힉스 입자가 발견된다든가, 힉스 입자가 여러 개 존재한다든가 하는 일이 있을 수도 있고, 지금 발견된 힉스 보손에서 뭔가 새로운 것이 발견될 수도 있다. 현재까지 측정된 바로는 힉스 보손의 모든 성질이 표준 모형에서 예측되는 것과 잘 일치하는 것으로 보이지만, 세부적인 성질에서 차이를 보일 수도 있기 때문이다.

특히 힉스 보손의 세부적인 성질을 정밀하게 측정하기 위해서, LHC 이후의 가속기에 대한 논의가 표면으로 올라오고 있다. LHC의 역사에서 보았듯이 대형 가속기 사업은 수십 년을 미리 준비해야 하는 일이다. 그러므로 사실 LHC 다음의 가속기에 대해서는 이미 논의가 시작된 지 오래이고, 여러 구체적인 준비가 진행 중이다. LHC가 양성자 충돌 실험이었으므로 보다 더 효율적인 연구를 위해 다음 가속기는 전자-양전자 충돌 실험이 될 가능성이 높다. 전자-양전자 충돌 실험에서는 데이터를 훨씬 더 정밀하게 분석할 수 있으므로, 힉스 보손의 성질을 정밀하게 관찰하기 위해서는 새로운 전자-양전자 가속기가 꼭 필요하다.

앞에서 LEP 가속기를 소개할 때 언급했듯이, 전자를 가속할 때에는 전자가 회전할 때 내는 전자기 복사의 손실이 크기 때문에, 더 높은 에너지의 가속기를 지을 때에는 선형 가속기로 지을 가능성이 크다. 현재 선형 전자 가속기 건설 계획은 ILC(International Linear Collider)라는 이름으로 국제 공동 프로젝트로 추진 중이며, 지금으로서는 일본이 유치할 가능성이 높고, 일본은 이미 가속기 부지까지 선정해 놓고 정부의 승인을 기다리고 있는 중이다. 한편 CERN은 TLEP이라는 이름으로 새로운 거대 원형 가속기 건설 계획을 내놓고 있다. 이 가속기는 전자기 복사 손실을 감수하고, 새로운 거대한 원형 터널을 파서 가속기를 만들겠다는 계획이다. 터널의 총 길이는 80~100킬로미터에 이르고, 일부 구간은 레만 호 아래를 지나는 원대한 프로젝트이다.

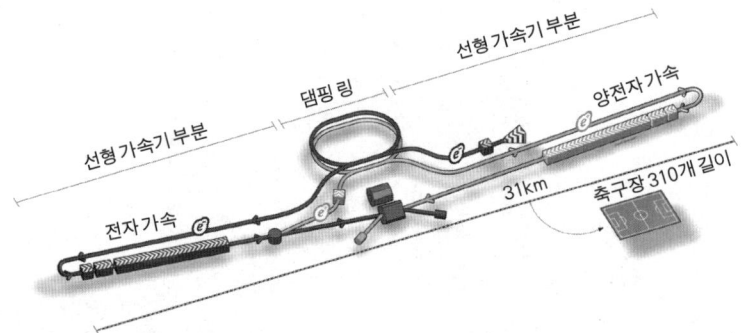

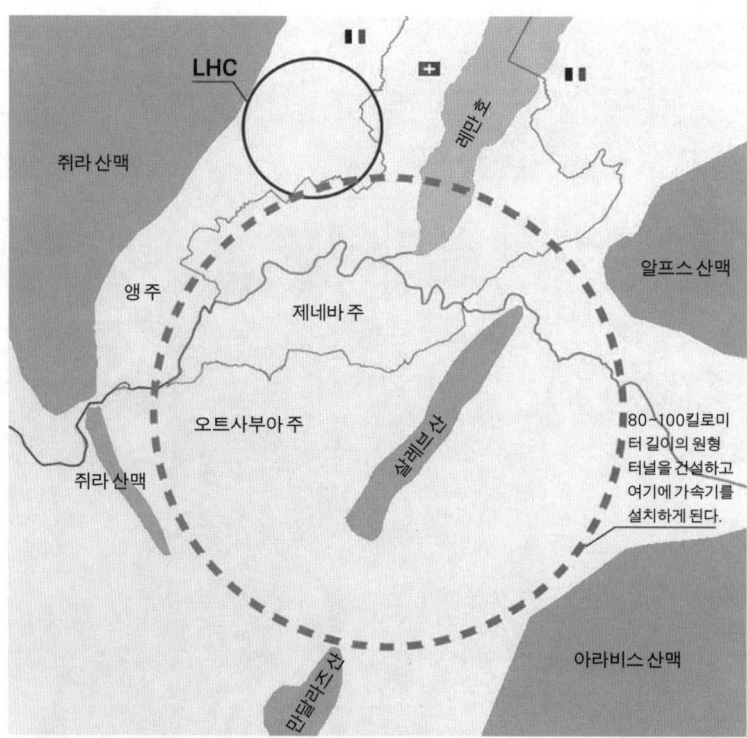

그림 20-2 위 그림은 일본이 계획 중인 선형 전자-양전자 충돌기인 ILC의 개략도이며, 아래 그림은 CERN이 연구 중인 초대형 원형 가속기 TLEP의 예상도이다. 레만 호 지하를 지나 제네바 주 전체를 둘러싸고 있다.

LHC의 한국 연구진

입자 물리학은 그 어느 분야보다도 범세계적인 학문이다. 그 이유는 무엇보다 학문 자체의 성격이 보편적인 때문이고, 한편으로는 당장의 사업적인 응용과 직접 관련이 없기 때문이다. 입자 물리학의 보편적이고 비영리적인 성격을 잘 보여 주는 것 중 하나로 미국 로스 앨러모스 국립 연구소의 웹 논문 데이터베이스(http://xxx.lanl.gov)를 들 수 있다. 웹이 탄생한 지 얼마 되지도 않은 1992년 처음 시작된 이 데이터베이스는 학술지와는 무관하게 학자들이 자발적으로 제공한 논문을 데이터로 보관하고, 누구나 접속해서 논문을 내려받아서 볼 수 있다. 신속성과 쉬운 접근성 덕분에 현재 입자 물리학 분야에서는 학술지를 상당 부분 대체하는 역할을 하고 있다. 입자 물리학에서 시작된 이 데이터베이스는 현재 물리학의 다른 분야와 수학과 컴퓨터 과학으로 차츰 영역을 넓혀 가고 있는데, 다른 분야에서는 입자 물리학에서만큼 중요한 구실을 하지는 않는 것 같다.

20세기를 거치면서 입자 물리학 실험 자체가 점점 대규모가 되어 갔고 일개의 연구소를 넘어서 일개 국가로서도 감당하기 어려울 정도가 되었으므로, 이제 하나의 실험에 여러 국가의 여러 연구소가 참여하는 것은 당연한 일이다. LHC에 이르러서는 전 세계 입자 물리학계가 함께하는 사업이 되었다. LHC의 다음 세대 가속기로서 LHC와 서로 보완적인 역할을 할 것으로 기대되는 국제 전자-양전자 선형 충돌기(International Linear Collider, ILC)의 경우에는 기획 단계부터 전 세계적인 공동 토의와 협의를 거쳐 주요 사항들이 결정되고 있다. 이런 대규모의 전 세계적인 공동 작업은 유례가 드문 일이다. (문제는 각국 연구진들의 협력에 비해 돈줄을 쥐고 있는 각국 정부들의 협력이 시원찮아서 아직 중요한 진전이 이루어지지 않고 있다는 점이다.)

이제 LHC는 CERN이나 유럽만의 프로젝트가 아니라 세계 입자 물리학계 전체의 일이며 진정으로 국제적인 사업이다. 주실험인 ATLAS와 CMS에는 40여 개 나라에서 온 수천 명의 연구자들이 참여하고 있으며, ALICE와 LHCb에도 30여 개 나라에서 온 1,000명 가까운 사람들이 참여하고 있다. 한국의 여러 입자 물리학자들도 이론 및 실험 분야에서 LHC와 관련된 연구를 하고 있는데, 특히 한국의 실험 팀이 공식적으로 참가하는 실험은 CMS와 ALICE다. 현재 한국 CMS 그룹은 13개 대학의 교수와 연구원, 학생, 그리고 기술 스태프를 포함해 60여 명의 연구자들이 참여하고 있다. ALICE에는 현재 강릉 대학교, 세종 대학교, 연세 대학교, 부산 대학교 등 4개 학교에서 20여 명의 연구진이 참여하고 있다.

한국 CMS 그룹이 결성된 것은 1994년에 강릉 대학교, 경북 대학교, 고려 대학교, 성균관 대학교가 LHC 실험에 관심을 가지고 당시 CMS 그룹의 책임자인 M. 델라 네그라(M. Della Negra)와 논의를 시작하면서부터다. 이후 고려 대학교 박성근 교수가 1997년에 검출기 제작을 위한 연구비를 과학 기술부로부터 지원받기 시작해 고려 대학교에 검출기 연구소를 설립했고, 고려 대학교와 경북 대학교가 CMS 그룹과 비저항판 검출기 제작을 위한 협약을 체결했다. 2000년에 과학 기술부의 지원을 받아 강원 대학교, 건국 대학교, 동신 대학교, 서남 대학교, 서울 대학교, 서울 교육 대학교, 성균관 대학교, 원광 대학교, 전남 대학교, 제주 대학교, 충북 대학교(가나다순) 등 모두 13개 대학이 CMS 실험에 가입했다. 이중 서울 교육 대학교가 해당 교수의 은퇴로 빠지고 서울 시립 대학교가 새로 참가해 현재 13개 대학이 유지되고 있다. 참가 인원은 2008년 현재, 각 대학의 교수와 박사 연구원, 그리고 그룹의 기술 스태프 4명과 20~30명의 석·박사 과정 학생을 포함해 총 60여 명이다.

앞에서도 설명했듯이 CMS 실험은 ATLAS 실험과 함께 LHC의 주 실험이다. 본질적으로 두 검출기는 동등하다. 즉 CMS가 할 수 있는 것은 ATLAS도 할 수 있고 그 반대도 마찬가지라는 뜻이다. 이것은 두 실험이 상호 검증을 해야 하므로 필수적인 일이다. 다만 부분적으로는 약간의 차이가 있다. 간단히 말하자면, ATLAS는 에너지를 측정하는 에너지 검출기에 더 중점을 두고 있고, CMS는 궤적 검출기에, 특히 이름에 드러나듯 뮤온의 검출에 좀 더 역점을 두고 있다. ATLAS는 LHC가 시작된 후 가장 먼저 기획되고 추진된 실험이고 CMS는 후발 주자이므로 좀 더 여러 나라에서, 그리고 좀 더 많은 연구소에서 참가하고 있으며 인원도 더 많다. 그래서 다소 늦게 LHC에 참여한 한국 연구진은 자연스럽게 CMS에 접촉하게 되었다. CMS 그룹에서 한국 그룹이 맡은 역할은 RPC라고 불리는 비저항 검출기를 제작하는 것이다. 이것은 CMS의 뮤온 비저항 검출기 중에서 빔이 진행하는 방향인 전방 영역에 설치되는 부분이다. 한국 연구진이 CMS 그룹에 합류한 것은 프로젝트가 어느 정도 진전된 후이기 때문에 사실 검출기의 하드웨어에 기여할 부분은 많지 않았다.

LHC 실험의 데이터는 그리드라고 부르는 컴퓨터의 연결망을 통해 저장되고 분석된다. 워낙 대규모의 데이터를 나두게 되기 때문에 그리드는 LHC 실험에서 검출기 못지않게 중요하다. 우리나라에서는 경북 대학교에 LCG(LHC Computing GRID)의 Tier 2 센터가 설치되어 LHC 실험 데이터 저장 및 관리를 일부 담당한다. Tier 1 센터는 CERN 외에 7개국에 설치되어 있고, Tier 2 센터는 우리나라를 비롯해 22개국 40개 기관에 구축되어 운영되고 있다. 한편 서울 시립 대학교에는 CMS의 충돌 실험을 연구하는 슈퍼 컴퓨터 센터가 설치되어 있다.

LHC 실험에서 한국 연구진은 과연 어떤 연구를 하게 될까? 이것을 이야기하기 위해서는 먼저 잠깐 현대의 입자 물리학 실험 분야의 연구 형태에 대해 설명할 필요가 있겠다. 현대의 가속기 실험은 다른 과학 분야에서는 찾아보기 어려운 특이한 형태로 이루어진다. LEP나 테바트론 실험에서 나온 논문을 보면 수백 명의 저자 이름이 몇 쪽에 걸쳐 있다. 정작 논문 본문은 몇 쪽 되지 않는다. 과연 이 많은 이들이 모두 논문에 관여했다고 볼 수 있을까?

검출기의 제작에는 엄청난 돈과 인력이 필요하므로 앞에서 이야기했듯이 수십 개국에서 수많은 사람들이 참여하게 된다. 실험 데이터는 연구 그룹 공동의 소유다. 즉 연구 그룹의 멤버라면 누구나 데이터에 접근해 이용할 수 있다. 한편 연구 그룹 내에서 물리학 연구는 본질적으로 개인의 자유다. CMS의 멤버라면 누구나 CMS의 데이터를 이용해 하고 싶은 연구를 할 수 있다. 물론 중요한 주제들은 CMS 그룹 차원에서 기획해 여러 사람들이 체계적으로 진행하지만, 모든 연구자는 자신의 아이디어에 따라 데이터를 가지고 독자적으로 연구할 수 있다. 연구 팀은 주제별로 여러 개의 그룹으로 나뉘어 있고, 다시 그 밑에 여러 소그룹이 있다. 개별 연구자는 그중 어느 하나, 혹은 몇 개의 그룹에 관여하게 된다. 하나의 작은 주제인 경우 직접 데이터를 분석하고 연구하는 사람은 두세 명에 불과하다. 이렇게 분석한 데이터는 정리되어 먼저 그룹 내부에서 내부 문서로 발표된다. 내부 문서는 우선 소그룹 내에서 검토와 수정 등을 거치며 차츰 발전해 나가서 최종적으로 주제별 연구 그룹에서 토의되어 공식적인 논문이 될 수도 있고, 학술 대회에서 발표될 수도 있으며, 내부 참고용 문서로만 남아 있을 수도 있다. 이렇게 실제로 데이터를 분석한 사람은 두세 명이라고 하더라도 논문으로 발전해 나가는 과정에서 여러 사람이 참여하게 된다. 한편 검출기를 제작하고 유지하고 보수하는 사람들도 그 데이터를 얻는 데 기여한 셈이며, 몬테카를로 시뮬레이션을 한다든지, 데이터를 분석하는 데 간접적으로 필요한 분석 등을 하는 사람들도 있다. 직접 그 데이터를 분석하지는 않더라도, 이런 식으로 연구 그룹의 모든 사람들이 데이터를 얻는 데, 또한 분석을 돕는 데 기여한 셈이기 때문에 연구 그룹의 모든 사람들이 논문의 저자가 되는 것이다.

 그렇다고 하더라도 어떤 일에 관해 가장 잘 알고 이해하는 사람은 역시 데이터를 실제로 분석한 사람이다. 학술지에 실린 논문에는 직접 그 연구를 한 사람이 누구인지 따로 표시되지 않는다. 학계 내에서는 내부 문서나 학회 발표를 보고 누가 그 일을 했는지 알 수 있지만, 입자 물리학 분야 밖의 사람이 내용을 정확히 판단하기는 어렵다. 한편, 데이터의 분석은 누구나 할 수 있는 평범한 내용이고, 결정적인 공헌은 실험을 수행하는 데 필요한 아이디어의 제시나 검출기의 개발에 있는 경우도 있다. 그러므로 실험 입자 물리학자를 단순히 논문만을 가지고 평가하는 것은 무리가 있으며 그룹 내부의 추천서 등이 중요하다. 또한 중요한 결과가 나왔을 때 저자에 한국 그룹이 포함되어 있다고 마치 한국의 연구 설과인 것처럼 보도하는 행태도 많은 문제를 내포하고 있다. 그것은 정작 한국에서 중요한 기여를 한 경우와 그저 실험팀의 일원인 경우를 뒤섞어 버린다.

아직 LHC에서 데이터가 나오지 않은 상태이므로, 한국 그룹이 데이터를 가지고 어떤 연구를 할지 다 알 수는 없다. 현재 한국 그룹에서 준비하고 있는 일은 무거운 W 보손의 검출, 여분 차원을 예언한 랜들-선드럼 모형의 무거운 중력자 및 스칼라 입자 검출 등이 있다.

그리드를 통해 전 세계에 데이터가 분산되어 있고, 전 세계의 컴퓨터를 이용해 연구를 한다고 하더라도, 막상 중요한 연구가 진행될 때에는 오프라인에서 직접 사람들과 접하는 것이 중요하다. 한참 가속기가 돌아가고 연구가 활발하게 진행될 때라면 회의, 토론 등이 수시로 열리게 되며, 다른 그룹과의 긴밀한 협조가 필요할 수도 있다. 그런 의미에서 아무래도 실시간으로 현장의 상황을 따라잡지는 못하기 때문에 CERN에서 멀리 떨어진 한국에서 연구를 진행하는 데에는 많은 어려움이 있다. 그런 어려움을 조금이라도 보충하기 위해 CERN 현지에도 한국 그룹의 연구진이 파견되어 있다. 현재 CERN에 5개의 연구실을 확보해 놓고 9명의 학생과 3명의 박사급 연구원 등 모두 12명이 CERN에 상주하고 있다. 한편 한국에 있는 학생들도 방학을 이용해 연 1, 2회 CERN을 방문해 보통 1, 2개월 정도 체류하면서 필요한 것을 배우고 연구에 참여하는 경험을 얻고 있다.

책을 마치며

> 참새 한 마리 떨어지는 데도
> 특별한 섭리가 있는 법.
> ―윌리엄 셰익스피어, 「햄릿」

수십 편의 논문을 써 보았지만 책을 쓴다는 것은 또 다른 경험이었다. 늘 익숙하게 사용하던, 그러나 과학을 전공하지 않는 사람들에게는 암호나 주문처럼 들릴 용어나 수식을 덮어 두고 누구에게나 통하는 말로 양성자와 가속기, 대칭성과 양자론의 세계를 이야기하는 것은 낯설고도 행복한 경험이었다. 글을 쓴다는 일을 영감 가득한 언어로 표현했던 애니 딜러드(Annie Dillard)의 『창조적 글쓰기(The Writing Life)』에 이런 구절이 있다.

작가가 초고를 쓰려면 보통의 삶에서는 끌어낼 수 없는 특별한 내적인 상태가 필요하다. 글 쓰는 이가 100명의 다른 전사들과 함께 두 시간 동안 창으로 방패를 두드리는 줄루 족 전사라면 그는 글을 쓸 준비를 갖출 수 있다. 만약 글 쓰는 이가 어느 특정한 날 아침 사제들에 의해 뜨거운 화산 속에 제물로 던져질 것을 몇 달 전에 미리 알게 된 아스텍 처녀라면, 만약 글

쓰는 이가 몇 달 동안 연속적인 정화 의식을 거치고 의심스러운 액체를 마신 사람이라면, 그는 때가 왔을 때 글 쓸 준비를 갖추고 있다 할 수 있다. 그러니 줄루 족 전사도, 아스텍 처녀도 아닌 상황에서 글 쓰는 이는 어떻게 일상적인 아침에 특별한 상태로 들어갈 채비를 혼자 갖출 수 있을까?

줄루 족 전사도, 아스텍 처녀도 아닌 나에게 이 책을 쓸 수 있게 해 준 것은 무엇일까?

감사의 말

책을 내는 데 많은 조언을 해 주고 ㈜사이언스북스를 소개해 준 이종필 박사에게 감사한다. 고려 대학교에서 늘 함께 물리학을 토론하며 여러 도움을 주었던 유채현 박사에게도 감사한다. 카이스트에서 입자 물리학 과목을 강의했던 것과, 지난 3년 동안 부산의 한국 과학 영재 학교의 학생들에게 입자 물리학과 LHC에 관해 소개하고 LHC에서 만들어지는 힉스 입자를 몬테카를로 시뮬레이션으로 재현하는 연구 및 교육 과제를 수행했던 것은 이 책의 밑바탕이 되었다. 과제를 함께 수행했던 과학 영재 학교의 학생들과 나의 입자 물리학 강의를 수강했던 카이스트의 학생들에게도 감사한다. 과학 영재 학교 학생들을 함께 지도했으며, 학생 시절부터 지금까지 좋은 동료인 김영균 박사에게 감사한다. 일본어 자료를 번역해 주었으며 이 책을 쓰기 시작하는 계기를 만들어 준 김정희에게 고마움을 표한다. 성균관 대학교의 최영일 교수는 한국 CMS 그룹에 관해 많은 이야기를 들려주셨으며, CERN

의 서현관 박사는 CERN의 한국 그룹 연구실 사진을 보내 주셨다. 모두 감사드린다. 이 원고를 기꺼이 받아 책으로 만들어 준 ㈜사이언스북스 편집부에도 감사를 드리고 싶다. 물론 이 책에서 발견되는 모든 오류와 실수는 다 나의 책임이다. 이 책은 한국간행물윤리위원회가 주관한 2009년 우수 저작 및 출판 지원 사업에 선정되었다. 이 자리를 통해 관계자 분들께 다시 한번 감사 말씀을 전한다.

증보판에 부쳐

많은 일이 있었다. 이 책에 감사하게도 큰 상이 주어졌고, 나는 새로운 직장으로 옮겨서 진주에 내려왔다. 대통령이 바뀌었고, 세월호가 침몰했다. LHC에도 많은 일이 있었다. 데이터가 성공적으로 나와서 실험가들은 데이터를 분석하느라 정신이 없었으며, 이론가들은 실험 결과를 해석하느라 바빴다. 놀랍게도 불과 2년 만에 CERN은 힉스 보손에 대한 결과를 공개적으로 발표했고, 반년 후에는 사실상 힉스 보손을 발견했다고 선언했다. 그리고 바로 다음 해, 프랑수아 앙글레르와 피터 힉스에게 노벨 물리학상이 수여되었다. 오랜 기다림을 벌충하기라도 하듯이 모든 일이 예상을 훨씬 뛰어넘어서 너무도 빠르게 일어났다.

LHC 데이터를 분석한 모든 결과는 표준 모형이 그야말로 정밀하게 잘 맞는다는 것을 보여 주었다. 기존의 입자뿐만 아니라 힉스 보손이 관련된 현상도 그랬고, 보텀 쿼크만을 따로 연구하는 LHCb 실험의 결과 역시 표준 모형의 결과와 정확히 맞아 들어갔다. 새로운 현상을 잔뜩 기대했던 이론가들은 성급하게 실망을 표시하기까지 했다. 그러나 어쨌든 가속기는 훌륭하게 작동했다. 60년 동안 축적된 CERN의 가속기 기술이 이 거대한 기계에 집적되었다. 중이온 충돌 실험도 문제없이 진행되었고, 마지막에는 데이터를 충분히 얻기 위해서 한 달 이상 가동을 연장하기까지 했다. 2년 동안 개조한 후 향상된 성능으로 재가동하게 될 LHC에 기대를 갖는 것은 그 때문이다.

이제 다시 기다림의 시간이 되었다. 우리는 앞으로 LHC에서 무엇을 보게 될까. 이 대답을 알 수 있으면 정말 좋으련만…….

2014년 7월
진주에서

용어 해설

ADD 모형 Arkani-Hamed-Dimopoulos-Dvali 모형의 약자. 3차원 공간 외에 최대 1밀리미터의 여러 공간 차원이 존재할 수 있다는 이론으로 우리 우주에서 중력이 약한 이유를 설명하는 이론이다. ADD는 이 이론을 기초한 세 물리학자의 이름인 아르카니아메드, 디모폴로스, 드발리의 머리글자를 딴 것이다.

AGS Alternating Gradient Synchrotron의 약자. 미국 브룩헤이븐 연구소에 건설된 30기가전자볼트 에너지의 양성자 가속기. 입자 물리학에 많은 업적을 남겼다.

ALICE A Large Ion Collider Experiment의 약자. LHC의 중이온 충돌 전용 검출기 및 실험을 지칭하는 말이다.

ATLAS A large Toroidal Lhc Apparatus의 약자. LHC의 양성자-양성자 충돌을 관찰하기 위한 다목적 주검출기다. ATLAS는 LHC의 검출기 중 가장 먼저 계획되고 완성되었다. ATLAS의 크기는 역사상 만들어진 어떤 검출기보다도 커서 지름이 25미터, 길이는 46미터에 달한다.

BCS 이론 Bardeen-Cooper-Schrieffer 이론의 약자. 미국 일리노이 대학교의 바딘, 쿠퍼, 슈리퍼가 발견한 초전도 현상의 이론. 발견자들의 이름을 딴 것이다.

Black Hole 블랙홀은 LHC에서 발견하려고 하는 대상 중 가장 매력적인 대상이다. 블랙홀이 만들어질 경우 지구가 위험하다고 엉뚱한 주장을 하는 사람들이 나타나서 한바탕 소동을 벌이기도 했지만, 많은 물리학자들은 여러 가지 이유로 눈꼽만큼도 걱정하고 있지 않으며 오히려 나타나 주기를 간절히 바라고 있다. 그러나 블랙홀이 실제로 LHC에서 만들어질 것을 확신하는 물리학자는 거의 없다.

BNL Brookhaven National Laboratory의 약자. 미국의 주요 물리 연구소 중 하나인

미국 브룩헤이븐 국립 연구소.

CERN Conseil Européen pour la Recherche Nucléaire의 약자. 유럽 입자 물리학 연구소. LHC를 건설·운용하는 기관.

CKM 행렬 Cabibbo-Kobayashi-Maskawa 행렬의 약자. 다른 종류의 쿼크들이 얼마나 섞여 있는가를 나타내는 행렬. 이 행렬의 발견자인 카비보, 고바야시, 마스카와의 이름에서 머리글자를 딴 것이다.

CMS Compact Muon Solenoid의 약자. ATLAS와 함께 양성자-양성자 충돌을 관찰하기 위한 LHC의 주검출기다. CMS는 이름 그대로(C는 compact를 의미한다.) ATLAS보다 크기는 작지만 거의 두 배 가까이 무겁다.

Dark matter 암흑 물질은 LHC에서 탐구하게 될 주제 중에서도 중요한 주제이며 그 중요도는 점점 더 커지고 있다. 최근 우주 배경 복사를 측정한 결과에 따르면 우리가 보고 있는 것은 우주의 약 4퍼센트에 지나지 않으며 약 우주 전체의 23퍼센트는 보이지 않는 암흑 물질로 되어 있다고 한다. 현재 이론적으로 암흑 물질일 것으로 예측되는 물질들은 LHC에서 만들어질 가능성이 높다. 암흑 물질을 연구하는 것은 입자 물리학을 통해 우리가 살고 있는 우주의 시작과 끝을 탐구하는 일이다.

DIS 심층 비탄성 산란을 뜻하는 Deep Inelastic Scattering의 약자. 매우 높은 에너지로 가속된 전자를 양성자에 충돌시켜 여러 입자를 만들어 내 양성자의 내부 구조를 탐구하는 실험을 가리킨다.

Extra dimension 여분 차원이 존재한다면 뉴턴 이래 우리가 가져 왔던 시공간과 우주에 대한 관점을 크게 바꾸어야 할 것이다. 그런 의미에서 여분 차원을 가지는 이론은 대단히 매력적인 존재다. 여분 차원 방향의 운동량이 우리가 사는 4차원 시공간에서 질량으로 나타나게 되므로, 여분 차원을 LHC에서 보는 방법은 그에 해당하는 무거운 입자를 발견하는 것이다.

First Beam Day 양성자 빔을 LHC에 처음 주입한 날로 2008년 9월 10일이다. 이날 처음으로 양성자 빔이 LHC에 들어와서 가속기를 한 바퀴 돌았다. 이로써 LHC가 성공적으로 건설되었으며 양성자 빔을 제어할 수 있다는 것을 확인했다. CERN은 '첫 번째 빔의 날'이라는 이름으로 대대적인 홍보와 행사를 가졌으며, 각국의 미디어가 LHC의 성공적인 시작을 보도했다.

Grid 그리드는 컴퓨터를 그물망처럼 엮어서, 연산과 데이터 처리 및 저장을 나누어서 하는 것이다. 모든 과학 분야에서 대규모의 계산은 점차 필수 품목이 되어 가고 있다. 입자 물리학은 그중에서도 가장 거대한 양의 계산을 필요로 하는 분야이다. LHC의 ATLAS나

CMS 실험의 경우 1년에 약 10페타바이트(10^{15}바이트)의 데이터가 나올 것으로 예상되므로 이것을 저장하고 분석하기 위해서 그리드 컴퓨팅은 필수적이다.

Heavy ion 중이온 충돌 실험은 양성자-양성자 충돌 실험과 함께 LHC에서 수행되는 실험이다. LHC는 납 이온을 1,150테라전자볼트까지 가속해 충돌시킴으로써 강한 상호 작용을 통해 무수한 쿼크와 글루온이 플라스마 상태를 이루는 쿼크-글루온 플라스마를 관찰한다. 현재 계획에 따르면 LHC는 1년 중 약 1개월간은 양성자 대신 납 이온을 가속해 충돌시키는 실험을 수행할 것이다. ALICE는 중이온 충돌 실험만을 관찰하기 위한 검출기이며 ATLAS와 CMS도 중이온 충돌을 관찰할 것이다.

Higgs boson 힉스 보손, 즉 힉스 입자는 전자기-약 작용의 게이지 대칭성이 자발적으로 깨어져서 우리가 보는 세상이 만들어지는 과정에서 나오는 입자다. 힉스 보손의 스핀은 0이고 전기적으로 중성이다. 표준 모형에서 나오는 힉스 입자의 경우 현재까지의 실험 결과에 따르면 질량은 $114 \text{GeV}/c^2$보다 크다. 현재 힉스 입자를 찾는 것이 LHC의 제일 중요한 사명이다.

ICTP International Centre for Theoretical Physics의 약자. 이탈리아 트리에스테 시에 위치한 국제 이론 물리학 연구소.

ISABELLE Intersecting Storage Accelerator+'belle'의 약자. 200기가전자볼트의 양성자 빔 2개를 반대 방향으로 가속해 충돌시키도록 설계된 미국 브룩헤이븐 국립 연구소(BNL)의 가속기. 이 가속기는 건설 도중, 완성되지 못하고 폐기되었다.

ISR Intersecting Storage Ring의 약자. CERN의 PS에서 나온 빔을 반대 방향으로 회전시켜서 충돌시키는 최초의 양성자 충돌 장치.

Jet 제트란 쿼크나 글루온이 나왔을 때 쿼크와 글루온이 강한 상호 작용을 통해 이루는 하드론의 집단을 의미한다. 우리가 검출기에서 보게 되는 쿼크나 글루온은 항상 하드론 제트의 형태로 나타난다. LHC와 같은 하드론 충돌기에서는 대부분의 신호가 제트다.

Kamiokande KAMIOKA Nucleon Decay Experiment의 약자. 일본 가미오카 현의 폐광에 설치된 중성미자 검출기.

KEK Kō Enerugī Kasokuki Kenkyū Kikō. 일본 쓰쿠바 시에 위치한 고에너지 물리학 가속기 연구소. 약어는 일본어를 영어로 표기하고 그 머리글자를 딴 것이다.

KK 들뜬 상태 칼루자-클라인 들뜬 상태. 여분 차원이 존재할 때 여분 차원 방향으로 운동량을 가진 입자는 우리가 살고 있는 4차원 시공간에서는 여분 차원의 운동량에 해당하는 질량을 가진 입자로 느끼게 되는데, 이것을 칼루자-클라인 들뜬 상태 또는 KK 입자라고 한다. 칼루자-클라인 들뜬 상태 또는 KK 입자를 관찰하는 것은 우리 시공간에서 여분 차원의 효과를 직접 보는 방법이다. 칼루자-클라인 들뜬 상태를 발견하는 것도 LHC의 중요한 과제 중 하나다.

LEP Large Electron Positron Collider의 약자. LEP는 LHC의 남매, 혹은 모태라고 할 수 있다. LHC가 사용하는 터널이 애초에 LEP가 설치되어 있던 터널이기 때문이다. LHC가 양성자를 가속해서 충돌시키는 장치인 데 비해 LEP는 전자와 양전자를 가속해서 약 90기가전자볼트에서 200기가전자볼트의 충돌 에너지로 충돌시키는 가속기였다. 해체되기 전까지 사상 최대의 전자-양전자 가속 충돌기였다.

LHCb LHC와 b를 합친 약자. LHC에서 보텀 쿼크를 집중적으로 연구하기 위한 검출기다. LHCb는 빔 파이프를 감싸는 원통형의 다른 검출기와는 달리, 보텀 쿼크만 보기 위해 충돌 지점의 접선 방향에 위치하며 한쪽에서 오는 신호만 검출하도록 되어 있다.

LHCf LHC forward의 약자. LHC 빔 모니터링을 위한 소형 검출기.

Muon 뮤온은 전자와 모든 것이 같고 질량만 200배 무거운 입자다. 뮤온은 LHC에서 새로운 입자를 찾는 데 가장 중요한 신호다. 그 이유는 뮤온은 검출기 바깥의 뮤온 체임버까지 도달하기 때문에 다른 입자들과 혼동되지 않고 분명하게 알아볼 수 있고, 에너지와 운동량을 정확하게 측정할 수 있기 때문이다.

MWPC Multi-Wire Proportional Chamber의 약자. CERN의 샤르파크가 개발한 입자 궤적 검출기.

NbTi 니오븀-티타늄 합금. 이 금속은 LHC 초전도 쌍극자 전자석에 사용되는 케이블의 재료다. 니오븀-티타늄은 10켈빈(섭씨 -263.2도)에서 초전도 상태가 되는데, LHC에서는 그보다 충분히 낮은 1.9켈빈(섭씨 -271.3도)에서 가동된다. 초전도 상태에서 쌍극자 전자석에 흐르는 전류는 1만 1700암페어에 달하며 그에 따라 약 8.3테슬라의 자기장이 생기게 된다.

Open days 2008년 4월 6일 완성된 LHC의 모습을 가동되기 전에 대중에게 LHC를 공개한 행사. 이날 CERN을 찾은 사람들은 지하 100미터의 터널로 내려가서 LHC와 검출기가 설치된 공동을 실제로 볼 수 있는 기회를 가졌다. 다만 안전상의 이유와 엘리베이터의 수송 한계 때문에 실제로 내려갈 수 있었던 인원은 제한되어 있었다. 지상에서도 많은 행사를 통해 물리학의 재미를 대중에게 알리는 노력을 펼쳤다. 이날 CERN을 방문한 사람은 총 7만 6000명에 달했다.

PDF 파톤 분포 함수를 뜻하는 Parton Distribution Function의 약자. 양성자의 구성 성분이 각각 어느 정도의 에너지를 가지고 있는가를 나타내는 함수이다.

Proton 양성자. 양성자와 양성자를 높은 에너지로 가속해서 충돌시키는 것이 바로 LHC

실험이다. 지상에서 안정된 상태인 입자는 전자와 양성자와 광자이므로 현실적으로 만들어지는 가속기는 이 입자들을 가속시키는 것이 대부분이다. LHC가 양성자를 이용하는 이유는 양성자를 가속시키는 것이 높은 에너지를 얻기에 가장 적합하기 때문이다.

QCD 양자 색역학을 뜻하는 Quantum Chromodynamics의 약자. 강한 상호 작용을 기술하는 양자 게이지장 이론이다.

QED 양자 전기 역학을 뜻하는 Quantum Electrodynamics의 약자. 전자기 상호 작용을 기술하는 양자 게이지장 이론이다.

Quark 쿼크는 강한 상호 작용을 하는 기본적인 물질이며 양성자와 중성자를 비롯한 하드론을 이룬다. 쿼크는 직접 관찰될 수 없다는 기묘한 성질 때문에 상당 기간 실재하는 입자인가 가상적인 개념인가가 논란이 되었으나, 현재 우리는 쿼크를 따로 떼어놓을 수는 없지만 분명한 실재라는 것을 알고 있으며, 실험적으로 쿼크를 확인할 수 있다.

RHIC Relativistic Heavy Ion Collider의 약자. 금 이온을 핵자당 100기가전자볼트까지 가속시켜 충돌시키는 미국 브룩헤이븐 국립 연구소의 중이온 가속 충돌기.

RS 모형 Randall-Sundrum 모형의 약자. 3차원 외에 비틀린 공간 차원이 존재해 중력이 약한 이유를 설명하는 이론. 발견자인 랜들과 선드럼 이름의 머리글자를 딴 것이다.

SC SynchroCyclotron의 약자. 1957년에 완성된 CERN 최초의 가속기. 양성자를 600메가전자볼트로 가속할 수 있었다.

SLAC Stanford Linear Accelerator Center의 약자. 스탠퍼드 선형 가속기 연구소를 가리킨다.

SLC Stanford Linear Collider의 약자. 전자와 양전자를 각각 45기가전자볼트로 가속해서 충돌시키는 스탠퍼드 선형 가속기 연구소(SLAC)의 선형 가속기.

SPEAR Stanford Positron Electron Accelerating Ring의 약자. 전자와 양전자를 일정한 속도로 돌아가도록 유지하는 SLAC의 원형 가속기. 1972년에 완성되어 참 쿼크와 타우 렙톤을 발견해 2개의 노벨상을 만들어 냈다.

SPS Super Proton Synchroton의 약자. 1976년 완성된 CERN의 양성자 가속기. 에너지는 400기가전자볼트에 달했다.

Sp$\bar{p}$S Super Proton-antiProton Synchroton의 약자. SPS를 개조해 만든 양성자-반양성자 충돌기. W와 Z 보손을 발견했다.

SSC Superconducting SuperCollider의 약자. 초전도 초대형 충돌기. 40테라전자볼트의 충돌 에너지를 가지도록 설계되어 미국 텍사스 주에 건설되었던 초대형 가속기. 그러나 완성되지 못하고 1993년 계획이 취소되었다.

Supersymmetry 초대칭성. 초대칭성 이론은 입자 물리학의 표준 모형보다 더 심오한 원리로서 가장 각광을 받는 이론이다. 초대칭성은 시공간에 존재하는 대칭성을 확장하는 새로운 대칭성으로서 양자장 이론에서 초대칭성은 보손과 페르미온 사이의 대칭성으로 나타난다. 초대칭성이 존재할 경우, 힉스 입자의 질량을 얻기 위해서는 전자기-약 작용의 에너지 척도와 중력을 대표하는 플랑크 척도 사이에서 극도의 미세 조정이 필요하다는 문제라든가, 대통일 이론에서 표준 모형의 게이지 상수가 한 점에서 만나는 문제 등이 이론적으로 자연스럽게 해결된다. 또한 초대칭성은 중력을 표준 모형에 통합하는 데 있어서 중요한 역할을 할 것으로 보인다. 초대칭성이 존재한다면 우리가 아는 입자들의 초대칭 짝에 해당하는 입자들이 존재해야 하는데, 이들은 LHC에서 대부분 발견될 수 있을 것으로 예측된다. 초대칭 입자를 찾는 것은 LHC의 가장 중요한 목표 중 하나다.

Top quark 톱 쿼크는 업 쿼크와 같은 성질을 갖지만 훨씬 무겁다. 현재까지 알려진 입자 중에서 가장 무거운 입자다. 톱 쿼크는 LHC에서 연구할 대상 중에 가장 중요한 입자 중 하나다. 그 이유는 첫째 톱 쿼크가 매우 많이 만들어지기 때문이고, 두 번째는 새로운 입자가 만들어지거나 새로운 과정이 일어날 때 톱 쿼크가 수반되는 일이 많기 때문이다. 톱 쿼크는 너무 질량이 크기 때문에 미처 하드론을 만들기도 전에 붕괴해 버린다.

TOTEM TOTal cross section, Elastic scattering and diffraction dissociation의 약자. LHC 빔 모니터링을 위한 소형 검출기의 이름.

WIMP Weakly Interacting Massive Particle의 약자. 윔프라고 읽는다. 무거우면서도 다른 물질과 아주 약하게 상호 작용을 해서 보이지 않는 암흑 물질의 한 종류이다.

WMAP Wilkinson Microwave Anisotropy Probe의 약자. 윌킨슨 마이크로파 비등방성 탐사 위성. 우주 마이크로파 배경 복사를 정확히 측정하기 위한 미국의 탐사 위성.

WWW World Wide Web의 약자. 인터넷을 통해 하이퍼텍스트 구조로 정보를 주고받는 시스템. 월드 와이드 웹은 CERN에서 나온 가장 유명한 결과물이다. CERN 컴퓨터 부서의 연구원이었던 팀 버너스리는 컴퓨터를 통한 정보의 자유로운 교환에 많은 관심을 가지고 1990년 월드 와이드 웹을 발명했다. 월드 와이드 웹은 인터넷을 누구나 쉽게 이용할 수 있게 해 오늘날의 정보화 사회가 이루어지는 데 결정적인 공헌을 했다.

YITP Yukawa Institute for Theoretical Physics의 약자. 유카와 이론 물리학 연구소. 일본의 첫 노벨상 수상자 유카와 히데키를 기념하기 위해 교토 대학교 내에 설립된 연구소.

Z boson Z 보손은 약한 상호 작용을 매개하는 게이지 입자다. Z 보손은 1983년 CERN의 실험에서 처음 발견되었고, 이후 LEP 실험에서 대량으로 만들어져서 극히 정밀하게 물리적 성질이 연구되었다. Z 보손이 2개의 전자나 뮤온으로 붕괴하면, 매우 찾기 쉽고 정

확하게 측정되기 때문에 수많은 하드론의 제트가 발생하는 LHC 실험에서 Z 보손은 여러 가지로 중요한 역할을 한다. 예를 들어서 힉스 입자를 찾기 가장 좋은 과정은 힉스 입자가 2개의 Z 보손으로 붕괴하는 경우다.

후주

참고 문헌 약자의 의미는 다음과 같다. *Ann. Phys.=Annals of Physics, C. R. Physique=Comptes Rendus Physique, Eur. Phys. J.=European Physical Journal, Int. J. Mod. Phys.=International Journal of Modern Physics, J. Phys. G: Nucl. Part. Phys.=Journal of Physics G: Nuclear and Particle Physics, Nucl. Phys.=Nuclear Physics, Phys. Lett.=Physics letters, Phys. Rept.=Physics Reports, Phys. Rev. Lett.=Physical Review Letters, Phys. Rev.=Physical Review, Phys. Today=Physics Today, Prog. Theor. Phys.=Progress of Theoretical Physics, Z. Physics=Zeitschrift fur Physik.*

2장 원자 속으로!

1) G. J. Stoney, "Of the "Electron", or Atom of Electricity", *Philosophical Magazine* **38** (5), 418 (1894).
2) J. L. 헤일브른, 고문주 옮김, 『핵물리학과 러더퍼드』(바다출판사, 2006).
3) W. A. Wierzewski, "Mazowieckie korzenie Marii", *Gwiazda Polarna*, a Polish-American biweekly, **13**, 21 June 2008, pp. 16?17. http://en.wikipedia.org/wiki/Marie_Curie 참조.
4) 윌리엄 크로퍼, 곽주영·김희봉 옮김, 『위대한 물리학자 5』(사이언스북스, 2007).
5) 앞의 책.
6) 윌리엄 크로퍼 지음, 김희봉 옮김, 『위대한 물리학자 4』(사이언스북스, 2007).
7) 구스타프 보른 외 편집, 박인순 옮김, 『아인슈타인 보른 서한집』(범양사, 2005)

3장 원자핵 속에도 세계가!

1) W. Prout, "On the relation between the specific gravities of bodies in their gaseous state and the weights of their atoms", *Annals of Philosophy*, **6**, 321 (1815); W. Prout, Correction of a mistake in the essay on the relation between the specific gravities of bodies in their gaseous state and the weights of their atoms", *Annals of Philosophy*, **7**, 111 (1816).
2) 윌리엄 크로퍼, 곽주영·김희봉 옮김,『위대한 물리학자 5』(사이언스북스, 2007).
3) E. 세그레 지음, 박병소 옮김,『X선에서 쿼크까지』(기린원, 1994).
4) *CERN Courier*, Summer 1998.

4장 무수한 입자들의 왕국

1) S. S. Schweber, *QED and the men who made it* (Princeton University Press, 1994).
2) C. D. Anderson, "The Positive Electron", *Phys. Rev.* **43**, 491 (1933).
3) C. D. Anderson, S. H. Neddermeyer, "Cloud Chamber Observations of Cosmic Rays at 4300 Meters Elevation and Near Sea-Level", *Phys. Rev.* **50**, 263 (1936).
4) 한홍구,『대한민국사』(한겨레신문사, 2003).
5) E. 세그레 지음, 박병소 옮김,『X선에서 쿼크까지』(기린원, 1994).
6) V. L. Telegdi, "Giuseppe Occhialini", *Proceedings of the American Philosophical Society*, **146**, 2: 218-222 (2002).
7) http://nobelprize.org/nobel_prizes/physics/laureates/1955/lamb-lecture.html 에서 램의 노벨상 수상 연설 전문을 찾아볼 수 있다.
8) 세스 로이드, 오상철 옮김,『프로그래밍 유니버스』(지호, 2007).
9) 조지 존슨, 고중숙 옮김,『스트레인지 뷰티』(승산, 2004).
10) Leon M. Lederman, *The God Particle* (Houghton Mifflin, 1993). 한국어판은『신의 입자』(김종오 옮김, 에드텍, 1996).
11) 조지 존슨, 고중숙 옮김,『스트레인지 뷰티』(승산, 2004).
12) M. Gell-Mann, "Model of the Strong Couplings", *Phys. Rev.* **106**, 1296-1300 (1957).
13) Y. Ne'eman, "Derivation of strong interactions from a gauge invariance", *Nucl.*

Phys. **26**, 222 (1961).

14) M. Gell-Mann, "Symmetries of baryons and mesons", *Phys. Rev.* **125**, 1067-1084 (1962).

15) V. E. Barnes et al., "Observation fo a hyperon with a strangeness minus three", *Phys. Rev. Lett.* **12**, 204 (1964).

16) 조지 존슨, 고중숙 옮김, 『스트레인지 뷰티』(승산, 2004).

17) "K for KLOE... ...and Z for Zweig", *CERN Courier*, 31 Aug 1999.

18) Z. Maki, M. Nakagawa, S. Sakada, "Remarks on the unified model of elementary particles", *Prog. Theo. Phys.* **28**, 870 (1962).

19) http://ja.wikipedia.org/wiki/坂田昌一 참조.

5장 입자 세계의 상식들

1) 「IT 한국-BT 스위스 과학 기술 협력 '시동'」, 《연합뉴스》, 2006년 3월 21일.

6장 입자 물리학의 근간, 게이지 이론

1) H. Weyl, *Symmetry* (Princeton University Press, 1952).

2) J. R. Oppenheimer, "Note on the Theory of the Interaction of Field and Matter", *Phys. Rev.* **35**, 461 (1930).

3) 제임스 글릭, 황혁기 옮김, 『천재』(승산, 2005)에 따르면 페르미는 자신과 베테만 이해했다고 여겼다. 그러나 다이슨은 『몽상의 물리학자 프리먼 다이슨 20세기를 말하다』(김희봉 옮김, 사이언스북스, 2008)에서 오펜하이머만이 제대로 이해했다고 회고했다.

4) 프리먼 다이슨은 도모나가 신이치로를 처음 만났을 때의 인상을 부모님께 보낸 편지에서 "그는 예외적으로 이타적인 사람입니다."라고 적으면서 또한 "그의 책상에는 물리학 학술지들이 널려 있었고, 그 사이에 신약 성서가 놓여 있었다."라고 기억했다. 『몽상의 물리학자 프리먼 다이슨 20세기를 말하다』(김희봉 옮김, 사이언스북스, 2008) 참조.

5) C. Amsler et al., "The Review of Particle Physics", *Phys. Lett.* **B667**, 1 (2008).

6) T. D. Lee and C. N. Yang, "Question of Parity Conservation in Weak Interactions", *Phys. Rev.* **104**, 254-258 (1956).

7) Leon M. Lederman, *The God Particle* (Houghton Mifflin, 1993).

8) C. S. Wu, E. Ambler, R. W. Hayward, D. D. Hoppes, R. P. Hudson, "Experimental Test Of Parity Conservation In Beta Decay", *Phys. Rev.* **105**, 1413-1414 (1957); R. L. Garwin, G. Gidal, L. M. Lederman, M. Weinrich, "Space Properties of the pi Meson", *Phys. Rev.* **108**, 1589-1593 (1957).

9) R. P. Feynman, M. Gell-Mann, "Theory of Fermi interaction", *Phys. Rev.* **109**, 193-198 (1958).

10) 조지 존슨, 고중숙 옮김, 『스트레인지 뷰티』(승산, 2004).

11) C. N. Yang and R. L. Mills, "Conservation of Isotopic Spin and Isotopic Gauge Invariance", *Phys. Rev.* **96**, 191-195 (1954).

12) 스티븐 와인버그, 이종필 옮김, 『최종 이론의 꿈』(사이언스북스, 2007).

13) P. Higgs, "Prehistory of the Higgs boson", *C. R. Physique* **8**, 970 (2007).

14) 스티븐 와인버그, 이종필 옮김, 『최종 이론의 꿈』(사이언스북스, 2007).

15) M. Y. Han, Y. Nambu, "Three Triplet Model with Double SU(3) Symmetry", *Phys. Rev.* **139**, B1006 (1965).

16) H. Fritzsch, M. Gell-Mann, H. Leutwyler, "Advantages of the Color Octet Gluon Picture", *Phys. Lett.* **B 47**, 365-368 (1973).

17) 조지 존슨, 고중숙 옮김, 『스트레인지 뷰티』(승산, 2004).

18) J. D. Bjorken, "Feynman and partons", *Physics Today*, Feb. 1989, 56.

19) H. 주커먼, 송인명 옮김, 『과학엘리트』(교학사, 1988).

20) 조지 존슨, 고중숙 옮김, 『스트레인지 뷰티』(승산, 2004).

21) L. 페르미, 양희선 옮김, 『원자가족』(전파과학사, 1977).

22) http://en.wikipedia.org/wiki/Jack_Aeby 참조.

23) http://en.wikipedia.org/wiki/Enrico_Fermi 참조.

8장 표준 모형

1) 피터 보이트, 박병철 옮김, 『초끈이론의 진실』(승산, 2008).

2) 스티븐 와인버그, 이종필 옮김, 『최종 이론의 꿈』(사이언스북스, 2007).

3) 강주상, 『이휘소 평전』(럭스미디어, 2006).

4) 레온 M. 레더만, 데이비드 N. 슈램, 이호연 옮김, 『쿼크에서 코스모스까지』(범양사출판부, 1990).

5) G. 'tHooft, *In Search of the Ultimate Building Blocks* (Cambridge University Press, 1996).

9장 가속기와 검출기의 짧은 역사

1) 어니스트 로런스와 사이클로트론에 대해서는 http://www.lbl.gov/Science-Articles/Archive/early-years.html와 http://en.wikipedia.org/wiki/Ernest_Lawrence 참조.
2) http://en.wikipedia.org/wiki/Bevatron 참조.
3) 스티븐 와인버그, 이종필 옮김,『최종 이론의 꿈』(사이언스북스, 2007).
4) M. Veltman, *Facts and Mysteries* (World Scientific, 2003).
5) Al Silverman, "The magician: Robert Rathbun Wilson 1914-2000", *CERN Courier*, March 2000.

11장 CERN의 역사

1) 댄 브라운, 양선아 옮김,『천사와 악마』(대교북스캔, 2004).
2) http://public.web.cern.ch/Public/en/About/History57-en.html 참조.
3) E. D. Courant and H. S. Snyder, "Theory of Alternating-Gradient Synchrotron" (1958), *Ann. Phys.* **281**, 360 (2000)에 재수록.
4) D. Haidt, "The discovery of the weak neutral currents", *CERN Courier*, May 2004; D. Haidt, "The road to unification", http://public.web.cern.ch/public/en/Research/Gargamelle-en.html.
5) V. Brisson, "The glimmer of a diamond", http://public.web.cern.ch/public/en/People/Brisson-en.html.
6) 스티븐 와인버그, 이종필 옮김,『최종 이론의 꿈』(사이언스북스, 2007).
7) http://public.web.cern.ch/public/en/Research/ISR-en.html 참조.
8) John Adams, "The 400 GeV Proton Synchrotron (SPS)", http://sl-div.web.cern.ch/sl-div/history/sps_doc.html; "SPS - the Super Proton Synchroton: The first lord of the rings", http://public.web.cern.ch/public/en/Research/SPS-en.html; "A Nobel discovery: Hunting the heavyweights with UA1 and UA2", http://public.web.cern.ch/public/en/Research/UA1_UA2-en.html; "The discovery

of 'heavy light'", http://cern-discoveries.web.cern.ch/CERN-Discoveries/Courier/HeavyLight/Heavylight.html; Ted Wilson, "Super Proton Synchrotron marks its 25th birthday", *CERN Courier*, July 2001; D. Denegri, "When CERN saw the end of the alphabet", *CERN Courier*, May 2003; "The discovery of the W and Z", *Phys. Rept.* **403-404**, 107 (2004); C. Rubbia, "The discovery of W and Z bosons", *Phys. Rept.* **239**, 241 (1994).

9) C. Rubbia, P. McIntyre, D. Cline, "Producing Massive Neutral Intermediate Vector Bosons with Existing Accelerators", *Proceedings of International Neutrino Conference 1976*. Aachen, Germany, 8-12 Jun 1976, pp. 683. 1976년 6월 8~12일, 독일 아헨에서 개최된 국제 중성미자 학회(International Neutrino Conference)에서 발행된 자료집에서 인용.

10) P. Darriulat, "The discovery of the W & Z, a personal recollection", 2003년 9월에 CERN에서 열린 심포지엄에서 발표된 강연. 이것은 "1973: neutral currents, 1983: W± and Z0 bosons. The anniversary of CERN's discoveries and a look into the future" *Eur. Phys. J.* **C 34**, 33 (2004)에 게재되었다.

11) 앞의 글.

12) M. Veltman, *Facts and Mysteries* (World Scientific, 2003).

13) Leon M. Lederman, *The God Particle* (Houghton Mifflin, 1993).

14) P. Darriulat, "1973: neutral currents, 1983: W± and Z0 bosons. The anniversary of CERN's discoveries and a look into the future." *Eur. Phys. J.* **C 34**, 33 (2004).

15) "The Z factory", http://public.web.cern.ch/public/en/Research/LEP-en.html; S. Myers, "The LEP Collider : from Design to Approval and Commissioning", 이것은 1990년 12월 26일, CERN에서 열린 존 애덤스 기념 강연에서 발표된 것이다. http://sl-div.web.cern.ch/sl-div/history/lep_doc.html 참조; W. Venus, "A LEP summary", 이것은 2001년 7월 12~18일, 헝가리 부다페스트에서 유럽 물리학 협의회가 개최한 국제 고에너지 물리학 학회에서 발표된 것이다. *Budapest 2001, High energy physics* hep 2001/284 참조.

16) B. Richter, "Very high energy electron-positron colliding beams for the study of the weak interaction", CERN/ISR-LTD/76-9, March 1976.

17) Louis de Broglie, *Comptes Rendus*, **177**, 507-510 (1923). http://www.davis-inc.com/physics/broglie/broglie.shtml에서 이 짧은 논문의 영어 번역을 볼 수 있다.

12장 웹이 태어난 곳

1) 팀 버너스리, 우종근 옮김, 『당신이 꿈꾸는 인터넷 세상 월드와이드웹』(한국경제신문, 2001).

13장 CERN과 노벨상

1) 반 데르 메르의 자서전인 http://nobelprize.org/nobel_prizes/physics/laureates/1984/meer-autobio.html 참조.
2) G. 'tHooft, *In search of the ultimate building blocks* (Cambridge University Press, 1996).

14장 LHC 연대기

1) "Large Hadron Collider in the LEP tunnel", *Proceedings of the ECFA-CERN Workshop, ECFA 84/85*, CERN, 84-10 (1984).
2) http://press.web.cern.ch/press/PressReleases/Releases1994/PR16.94E_LHC-Council.html에서 인용.
3) http://press.web.cern.ch/press/PressReleases/Releases2007/PR08.07E.html에서 인용.

15장 지상 최대의 기계

1) http://en.wikipedia.org/wiki/Ernest_Lawrence 참조.
2) "CERN faq, LHC the guide", *CERN-Brochure-2008-001-Eng* (2008).
3) 조금원, 이상동, 이지수, 「국내외 e-science 현황 및 동향」, 《물리학과 첨단기술》, 2005년 10월호.

16장 양성자 충돌의 순간

1) 로렌스 M. 크라우스, 곽영직·박병철 옮김, 『스타트렉의 물리학』(영림카디널, 1996).

2) 댄 브라운, 양선아 옮김, 『천사와 악마』(대교북스캔, 2004).

17장 LHC의 실험실들

1) http://atlas.ch/ 참조.
2) http://cms.cern.ch/ 참조.
3) http://aliceinfo.cern.ch/Public/Welcome.html 참조.
4) http://lhcb-public.web.cern.ch/lhcb-public/ 참조.
5) http://totem.web.cern.ch/Totem/과 http://public.web.cern.ch/public/en/LHC/LHCf-en.html 참조.

18장 LHC의 과제들

1) C. Giunti, C. W. Kim, U. W. Lee, "Running coupling constants and grand unification models", *Mod. Phys. Lett.* **A6**, 1745 (1991).

2) U. Amaldi, W. de Boer, H. Furstenau, "Comparison of grand unified theories with electroweak and strong coupling constants measured at LEP", *Phys. Lett.* **B260**, 447 (1991).

3) N. Arkani-Hamed, S. Dimopoulos, G. Dvali, "The Hierarchy problem and new dimensions at a millimeter", *Phys. Lett.* **B436** 263-272 (1998); I. Antoniadis, N. Arkani-Hamed, S. Dimopoulos, G. Dvali, "New dimensions at a millimeter to a Fermi and superstrings at a TeV", *Phys. Lett.* **B429** 257-263 (1998).

4) L. Randall and R. Sundrum, "An Alternative to Compactification", *Phys. Rev. Lett.* **83** 4690-4693 (1999). http://arxiv.org/abs/hep-th/9906064 참조; L. Randall and R. Sundrum, "A Large Mass Hierarchy from a Small Extra Dimension," *Phys. Rev. Lett.* **83** 3370-3373 (1999). http://arxiv.org/abs/hep-ph/9905221 참조.

5) C. D. Hoyle et al., "Submillimeter Test of the Gravitational Inverse-Square Law: A Search for "Large" Extra Dimensions," *Phys. Rev. Lett.* **86**, 1418 (2001).

6) 2002년 12월 5일, 존 휠러와의 인터뷰. 폴 핼펀, 곽영직 옮김, 『그레이트 비욘드』(지호, 2006)에서 인용.

7) 킵 S. 손, 박일호 옮김, 『블랙홀과 시간굴절』(이지북, 2005)에서 인용.

8) S. W. Hawking, "Black hole explosions?", *Nature* **248** (5443), 30 (1974).
9) G. 't Hooft, "The Scattering matrix approach for the quantum black hole: An Overview", *Int. J. Mod. Phys.* **A11**, 4623 (1996).
10) http://news.bbc.co.uk/today/hi/today/newsid_7598000/7598686.stm 등의 기사에서 확인할 수 있다.
11) S. B. Giddings, M. L. Mangano, "Astrophysical implications of hypothetical stable TeV-scale black holes", *Phys. Rev.* **D78**, 035009 (2008).
12) LHC Safety Assessment Group, "Review of the safety of LHC collisions", *J. Phys. G: Nucl. Part. Phys.* **35**, 115004 (2008).
13) http://www.cbc.ca/news/technology/story/2008/08/15/f-burgess-lhc.html 참조.
14) S. Dimopoulos, G. L. Landsberg, "Black holes at the LHC", *Phys. Rev. Lett.* **87**, 161602 (2001).

20장 처음 3년

1) 1936년생인 제럴드 스탠퍼드 구랄니크(Gerald Stanford Guralnik)도 2014년 4월 26일에 세상을 떠났다.
2) CMS Collaboration, Observation of a new boson at a mass of 125 GeV with the CMS experiment at CERN, *Phys. Lett.* 716, 30 (2012); ATLAS Collaboration, Observation of a new particle in the search for the Standard Model Higgs boson with the ATLAS detector at the LHC, *Phys. Lett.* 716, 1 (2012).
3) 힉스와 앙글레르의 2013년 노벨 물리학상 수상 강연은 다음 링크에서 확인할 수 있다. [http://www.nobelprize.org/nobel_prizes/physics/laureates/2013 그리고 한국과학기술한림원에서 운영하는 블로그에서 강연 동영상을 확인할 수 있다. 링크는 다음과 같다. http://kast.tistory.com/33.
4) 《피지컬 리뷰 레터스》는 미국 물리학회의 학회지다.
5) 이 말이 바로 힉스 보손이 나타난다는 것을 의미하는 말이다. 힉스 메커니즘을 제안한 세 논문 중에, 오직 피터 힉스의 논문에만 새로운 입자가 나타난다는 것이 언급되어 있다. 이것이 이 입자에 힉스라는 이름이 붙은 이유일 것이다.

더 읽을 책들

LHC는 과학사적으로 중요한 사건이다. 앞으로 수년 동안 LHC의 연구 결과들은 현대 물리학의 많은 것들을 바꾸게 될 것이다. LHC가 가져오고, 가져올 변화들을 좀 더 깊이 알고 싶어하는 독자들을 위해 더 읽을 책들을 골라 보았다.

LHC

최근 LHC가 가동되면서, 입자 물리학을 설명하고 LHC에 관해서 소개하는 책들이 국내외에서 발간되고 있다. 이 책과 겹치는 부분도 있고 어떤 부분은 보완하는 구실을 할 수 있을 것이다. 이중에서 흥미로운 책은 팝업북인 *Voyage to the Heart of Matter*이다. LHC에 대한 대중적인 관심도를 잘 보여 준다.

Gian Francesco Giudice, *A Zeptospace Odyssey: A Journey into the Physics of the LHC* (Oxford Univ. Press, 2010).
Paul Halpern, *Collider: The Search for the Worlds Smallest Particles* (John Wiley & Sons Inc., 2009).
Don Lincoln, *The Quantum Frontier: The Large Hadron Collider* (Johns Hopkins Univ. Press, 2009).
Anton Radevsky, Emma Sanders, *Voyage to the Heart of Matter* (Papadakis, 2010).
이종필, 『신의 입자를 찾아서: 양자역학과 상대성이론을 넘어』(마티, 2008).

입자 물리학 전반에 대해 소개하는 책은 무척 많다. 입자 물리학의 근본을 생각하게 해 주는 와인버그의 책, 입자 물리학의 지식을 실험을 통해 어떻게 얻는가를 알려주는 레더먼의 책, 입자 물리학의 생생한 사건들을 동시대에서 참여하고 지켜보았던 토프트, 펠트만, 난부의 책들, 매우 논쟁적인 주제를 다루고 있지만 입자 물리학의 역사에 관한 깊이 있는 서술이 돋보이는 보이트의 책, 그리고 입자 물리학과 초끈 이론의 기초를 소개하는 김제완 교수와 남순건 교수의 책을 골라 보았다. 톱 쿼크 연구에 직접 참가했던 김동희 교수와 LEP가 건설될 때 CERN의 소장이었던 쇼퍼의 책도 있다.

스티븐 와인버그, 이종필 옮김, 『최종 이론의 꿈: 자연의 최종 법칙을 찾아서』(사이언스북스, 2007).

레온 M. 레더만, 데이비드 N. 슈램, 이호연 옮김, 『쿼크에서 코스모스까지』(범양사, 1991).

Leon Lederman and Dick Teresi, *The God Particle: If the Universe Is the Answer, What Is the Question?*(Mariner Books, 2006).

Gerard 'tHooft, *In Search of the Ultimate Building Blocks*(Cambridge Univ. Press, 1996).

Martinus Veltman, *Facts and Mysteries in Elementary Particle Physics*(World Scientific, 2003).

난부 요이치로, 김정흠·손영수 옮김, 『쿼크』(전파과학사, 1983).

피터 보이트, 박병철 옮김, 『초끈이론의 진실: 이론 입자 물리학의 역사와 현주소』(승산, 2008).

김제완, 『겨우 존재하는 것들 2.0: 쿼크에서 블랙홀까지』(사이언스북스, 2009).

남순건, 『스트링 코스모스: 초끈 이론, M-이론, 그리고 우주의 궁극 이론을 찾아서』(지호, 2007).

김동희, 『톱쿼크 사냥』(민음사, 1996).

Herwig Schopper, *LEP: the Lord of the Collider Rings at CERN 1980-2000*(Springer Verlag, 2009).

최근 고차원 이론이 각광을 받으면서 이 분야를 자세히 소개하는 책이 많이 소개되고 있다. 이 분야의 주역 중 한 사람인 리사 랜들의 책과 생생한 서술이 돋보이는 폴 핼펀의 책 등이 있다.

리사 랜들, 김연중·이민재 옮김,『숨겨진 우주: 비틀린 5차원 시공간과 여분 차원의 비밀을 찾아서』(사이언스북스, 2008).

폴 핼펀, 곽영직 옮김,『그레이트 비욘드: 고차원, 평행우주 그리고 만물의 이론을 찾아서』(지호, 2006).

로렌스 M. 크라우스, 곽영직 옮김,『거울 속의 물리학: 플라톤에서 끈이론까지 고차원 세계의 찬란한 유혹』(영림카디널, 2007).

입자 물리학자의 전기로는, 쿼크를 발견한 겔만의 좋은 전기가 국내에 소개되었고, 파인만에 대해서는 거의 모든 책이 나오고 있다. 오펜하이머의 전기를 읽으면 20세기 중반의 물리학뿐 아니라 원자 폭탄과 관련된 세계사의 중요한 국면을 흥미롭게 들여다볼 수 있다.

조지 존슨, 고중숙 옮김,『스트레인지 뷰티: 머리 겔만과 20세기 물리학의 혁명』(승산, 2004).

리처드 파인만, 김희봉 옮김,『파인만 씨, 농담도 잘하시네!』(전2권, 사이언스북스, 2000).

제임스 글릭, 황혁기 옮김,『천재: 리처드 파인만의 삶과 과학』(승산, 2005).

메리 그리빈, 존 그리빈, 김희봉 옮김,『나는 물리학을 가지고 놀았다: 노벨상 수상자 리처드 파인만의 삶과 과학』(사이언스북스, 2004).

카이 버드, 마틴 셔윈, 최형섭 옮김,『아메리칸 프로메테우스: 로버트 오펜하이머 평전』(사이언스북스, 2010).

제레미 번스타인, 유인선 옮김,『오펜하이머: 베일 속의 사나이』(모티브북, 2005).

댄 쿠퍼, 승영조 옮김,『현대물리학과 페르미』, (바다출판사, 2002).

LHC에 대하여 정말 자세히 알고 싶은 사람들을 위해서는 이런 전문서들도 있다.

Lyn Evans ed., *The Large Hadron Collider* (CRC Press, 2009).

Dan Green, *At the Leading Edge: The Atlas and CMS LHC Experiments* (World Scientific, 2010).

그 밖에 입자 물리학은 아니지만 관련된 주제인 우주론, 블랙홀 등에 대한 책들도 많이 있다. 전부 적을 수는 없으니 대표적인 몇 권만 적는다. 특히 킵 손의 책은 블랙홀에 대해서 알고 싶은 사람에게는 최고의 책이다.

킵 S. 손, 박일호 옮김, 『블랙홀과 시간굴절』(이지북, 2005).
브라이언 그린, 박병철 옮김, 『엘러건트 유니버스』(승산, 2002).
브라이언 그린, 박병철 옮김, 『우주의 구조: 시간과 공간, 그 근원을 찾아서』(승산, 2005).
미치오 가쿠, 박병철 옮김, 『평행우주: 우리가 알고 싶은 우주에 대한 모든 것』(김영사, 2006).
사이먼 싱, 곽영직 옮김, 『빅뱅: 우주의 기원』(영림카디널, 2008).

연 표

연도	CERN/LHC	물리학	세계
BC 5		데모크리토스, 원자설 제창	
1687		뉴턴, 『프린키피아』 발간	
1808		돌턴, 현대적인 원자설 제창	
1811		아보가드로, 아보가드로의 법칙	
1873		맥스웰, 전자기장의 방정식 발표	
1885		헤르츠, 전자기장의 존재를 확인	
1887		마이컬슨과 몰리, 빛의 속도가 일정함을 실험적으로 확인	
1896		뢴트겐, 엑스선 발견	
		베크렐, 방사선 발견	
1897		톰슨, 전자의 존재를 확인	대한제국 수립
		퀴리 부부, 폴로늄과 라듐 발견	
1898		플랑크, 양자 가설로 흑체 복사를 설명	
1905		아인슈타인, 기적의 해	을사조약
1909		러더퍼드, 원자핵 발견	안중근 이토 히로부미 저격
		장 페랭, 콜로이드 입자 관찰	
1910		윌슨, 안개 상자 발명	일본 조선 병합
1911		오네스, 초전도 발견	중국 신해 혁명
		러더퍼드, 원자핵이 있는 원자 모형 제안	
1913		보어, 보어의 원자론 제안	
1914			제1차 세계 대전
1915		아인슈타인, 일반 상대성 이론 발표	
1917			러시아 혁명
1919		러더퍼드, 양성자의 존재 제창	3.1 운동
			대한민국 임시 정부 수립
1922		슈테른과 게를라흐, 스핀의 효과를 실험적으로 검증	
1925		하이젠베르크, 행렬 역학 발표	
		데이비슨과 저머, 전자의 파동성을 실험적으로 확인	
1926		슈뢰딩거 파동 방정식 발표	
1927		하이젠베르크, 불확정성 원리 제창	
1928		디랙, 양자 역학의 상대론적인 방정식 발표	
1929			대공황 시작
1930		파울리, 베타 붕괴를 설명하기 위해 중성미자 도입	

LHC, 현대 물리학의 최전선

연도	CERN/LHC	물리학	세계
1931		로런스, 최초의 사이클로트론 제작 미국 버클리에 방사선 연구소 설립	만주 사변
1932		채드윅, 중성자 발견 앤더슨, 양전자 발견	독일 나치스 총선 승리
1933		페르미, 약한 상호 작용을 설명하는 페르미 이론 발표 츠비키, 암흑 물질의 존재에 처음으로 주목	스페인 내전
1935		유가와, 중간자론 발표	
1936		앤더슨, 뮤온 발견, 메소트론이라고 부름	
1939			제2차 세계대전 발발
1943		도모나가, 양자 전기 역학 첫 논문 발표	
1945			원자 폭탄 개발 제2차 세계 대전 종전
1946		미국 브룩헤이븐 국립 연구소 설립	
1947		파웰과 오키알리니, 파이온 발견 로체스터와 버틀러, 케이온 발견 램과 러더퍼드, 수소 원자 스펙트럼의 미세 구조 측정	여운형 암살
1948		슈윙거, 양자 전기 역학 완성 파인만, 양자 전기 역학 완성	대한민국 정부 수립 조선민주주의인민공화국 수립
1949	드브로이 CERN 설립을 최 초로 제안	다이슨, 파인만과 슈윙거의 양자 전기 역학이 일치함을 확인	김구 암살 소련 원자 폭탄 개발
1950			한국 전쟁 발발
1951			미국 수소 폭탄 개발
1952		글레이셔 거품 상자 발명 가속기 빔의 강한 집중 기술 개발	
1953		브룩헤이븐 연구소의 코스모트론 가동	휴전 협정 조인 소련 수소 폭탄 개발
1954	CERN 창립	양과 밀스, 비가환 게이지 이론을 발표 로렌스 버클리 연구소의 베바트론 가동	
1955		세그레, 반양성자 발견	
1956		코원과 라이너스, 중성미자를 발견 리정다오와 양전닝, 약한 상호 작용에서 패리티가 깨져 있음을 주장	수에즈 동란

연도	CERN/LHC	물리학	세계
1957	CERN 최초의 가속기 SC 가동	우젠슝은 베타붕괴에서, 레이더먼은 파이온의 붕괴에서 패리티 깨짐을 확인 바딘, 쿠퍼, 슈리퍼, 초전도를 설명하는 BCS 이론 발표 겔만, 새로운 양자수인 기묘도를 제안 수다르샨과 마삭, 파인만과 겔만, 독립적으로 페르미 상호 작용의 형태가 V−A임을 제안	소련 스푸트니크 1호 발사 성공
1959	PS 가동		
1960		브룩헤이븐 AGS 가동	
1961		겔만과 네만, SU(3) 대칭성 발표 글래쇼, SU(2)×U(1) 게이지 이론을 발표하고 중성류의 존재를 예측 미국 스탠퍼드에 SLAC 설립	4.19 혁명 5.16 군사 정변 소련의 유리 가가린, 최초로 우주 비행에 성공
1962		레이더먼, 스타인버거, 슈워츠, 뮤온 중성미자의 존재를 확인	
1963		크로닌과 피치, K 메손에서 CP 대칭성 깨짐을 발견	케네디 대통령 암살
1964		앙글레르, 브라우트, 힉스, 힉스 메커니즘을 제안, 힉스 입자의 존재를 예측 겔만이 SU(3) 대칭성에 근거해 예언한 오메가 입자 브룩헤이븐에서 발견 겔만, 쿼크 모형 제안 펜지어스와 윌슨, 우주 배경 복사 관측	
1965	CERN 프랑스 국경을 넘어 확장 건설	한무영과 난부, 새로운 SU(3) 대칭성 제안	베트남전에 미국 참전 한일 국교 정상화
1967		와인버그, 「렙톤의 모형」 발표	
1968	샤르파크, 다중성 비례 검출기 발명	프리드만, 켄들, 테일러, 최초의 DIS 실험으로 쿼크의 존재를 발견	프라하의 봄과 소련의 프라하 침공 마틴 루서 킹 암살
1969			미국 아폴로 11호 발사, 달에 인간이 착륙
1970	가가멜 설치	글래쇼, 일리오풀러스, 마이아니, 네 번째 쿼크의 존재를 제안	
1971	ISR 가동, SPS 착공	토프트, 양−밀스 이론의 재규격화 가능을 증명	

620　LHC, 현대 물리학의 최전선

연도	CERN/LHC	물리학	세계
1972			유신 헌법 공포
1973	가가멜 중성류 발견	그로스, 윌첵, 폴리이처, 양-밀스 이론의 점근적 자유도를 증명	베트남 전쟁 종결
		겔만, 프리슈, 로이트바일러, QCD 완성, 색깔이라는 이름 사용	
1974		팅과 릭터, 독립적으로 J/ψ 입자 발견	워터게이트로 닉슨 사임
1975		펄, 타우 렙톤 발견	
1976	SPS 가동		
	루비아 양성자-반양성자 충돌기 제안		
1977		레이더먼, 보텀 쿼크 발견	
1979			박정희 사망
1980			5·18 광주 민주화 운동
1981	SpP̄S 가동		
	LEP 승인		
1983	루비아, W와 Z 보손 발견	페르미 연구소 테바트론 완성	
	LEP 착공		
1984	LHC 논의 시작		
1986	SPS에서 중이온 충돌 실험 시작		소련 체르노빌 원자로 사고
1987		가미오칸데 II, 초신성으로부터 중성미자 검출	6월 항쟁
1989	LEP 가동		베를린 장벽 붕괴
1990	WWW 탄생	SSC 건설 시작	독일 통일
1991			걸프전 발발
1992	LHC 공식적 시작		
1993		SSC 계획 전면 취소	유럽 통합
1994	LHC 승인		김일성 사망
1995	LEAR에서 반수소를 만드는 데 성공	페르미 연구소의 테바트론 가속기에서 톱 쿼크 발견	
1997	LEP 2 가동		한국, IMF에 구제금융 요청
1998		슈퍼가미오칸데, 대기 중에서 생성된 중성미자 검출	
		초신성으로부터 우주 가속 팽창 발견	
1999	LEP 최고 에너지 도달 (202GeV)		

연도	CERN/LHC	물리학	세계
2000	LEP 종료	페르미 연구소의 DONUT 실험에서 타우 중성미자 발견	김대중-김정일 첫 남북 정상 회담
2001			9·11 테러 발생
2003		WMAP 배경 복사 측정 결과 첫 발표	이라크 전쟁 발발
2004	CERN 50주년		
2005	LHC 토목 공사 완료		노무현-김정일 남북 정상 회담
2006. 3.	CERN 새 가속기 컨트롤 센터 가동		
2006. 10.	LHC 냉각 장치 완성		
2007. 5.	LHC 전자석 설치 완료		
2007. 11.	LHC 하드웨어 완성		
2008. 4.	LHC 냉각 시작		
2008. 9.10	LHC 첫 번째 빔		
2008. 9.20	LHC 고장 발생		
2008. 하반			세계 금융 위기 (2008. 9. 15. 미국 투자 은행 리먼 브라더스 파산. 세계 금융 위기 본격화)
2009. 2.	LHC 재가동 일정 확정		
2009. 5.			노무현 서거
2009. 8.			김대중 서거
2009. 11.	LHC 재가동		
	LHC 빔 충돌 성공		
	LHC 출력 1TeV 돌파		
2010. 2. 7	LHC 결과를 담은 첫 논문 발표		
2010. 2. 말	LHC 빔 재주입		
2010. 3.23	LHC 7TeV 충돌 실험 성공		
2010. 3.26			천안함 침몰
2011. 12.13	힉스 입자 탐색 결과 첫 번째 발표		
2012. 7. 4	힉스 입자 탐색 결과 두 번째 발표, 사실상 입자 발견을 공표.		
2012. 9	힉스입자탐색결과논문발표		

622 　LHC, 현대 물리학의 최전선

연도	CERN/LHC	물리학	세계
2013.12	프랑수아 앙글레르와 피터 힉스 노벨 물리학상 수상		
2014.3		BICEP2 실험에서 초기 우주 중력파에서 온 B-mode를 검출했다고 발표	
2014.4.16			세월호 침몰

찾아보기

가

가가멜 251, 329~338, 342, 365
가드너, 유진 126
가미오칸데 507~511
가속기 118, 126, 131, 273, 277~278, 417, 443, 469
가원, 리처드 195~196
가이거, 한스 65~66, 272
각운동량 보존 법칙 189
갈릴레이, 갈릴레오 35, 106
갈바니, 루이지 71
감광 유제 방법 121~123
감마선 94, 116, 123, 188
강력 237
강입자 30, 128, 158~159
강한 상호 작용 101~102, 131, 133~134, 190, 197, 211, 213~215, 237~243, 246~247, 275, 277, 340~341, 345, 467~468, 502, 505
강한 집중 326~327
거품 상자 121, 274, 331, 406, 447~448
검출기 11, 120, 271, 273, 449
  내부 구조 276~277
게이지 결합 상수 501, 515
게이지 대칭성 171~177, 183, 201~202, 207~208, 241~242, 248, 262, 345, 419, 502, 506, 508, 511, 513
  자발적 깨짐 242, 329, 341
게이지 계층성 문제 242, 268
게이지 변환 200
게이지 이론 155, 201, 203, 209, 245~246, 250, 260, 329, 493
게이지 입자 184~185, 202, 207, 260
게이지장 176, 200, 216
겔만, 머리 129~146, 197~198, 210~216, 232, 213~214, 341, 570
결합 상수 210
경입자 117, 128, 158~159

계통 오차 567~568
고든, 월터 111
고리 추측 532
고바야시 마코토 147, 257~259, 263, 488~489
고시바 마사토시 507~510, 527
고온 초전도 442~443
고전 역학 36~37, 91, 178
고정 표적 실험 338~339
골드버거, 마빈 레너드 232
골드버그, 헤임 140
골드스톤, 제프리 203, 578~579
골루뱅, 안드레이 562
골트슈타인, 오이겐 45
관찰과 발견 572~574
광양자 110
광역 변환 175
교대 경사 327
구두끈 모형 211~212
국제 이론 물리학 연구 센터(ICTP) 205~206
군론 135
궤적 검출기 272~277, 354, 475
그레고리, 베르나르 323
그로스, 데이비드 215~216, 225, 250, 263, 345
그리드 11, 451
그린, 마이클 513
글래쇼, 셸던 리 180, 201~202, 206~208, 246~249, 262, 329, 336, 341, 502~504
  글래쇼-일리오풀러스-마이아니 메커니즘(GIM) 248
글레이저, 아서 273~274
글루온 101, 156, 169~170, 185, 213, 216, 223, 225~226, 228, 260, 360, 463~467, 569
기노시타 S. 121
기딩스, 스티븐 538~539
기묘도 131~134, 137, 144
기묘 입자 134
기본 입자 50, 130, 155~159
긴츠톤, 에드워드 219

김정욱 515

나

나가오카 한타로 69, 100
나카가와 마사미 145
난부 요이치로 203~204, 212~213, 258, 263, 578~579
납 이온 충돌 실험 457, 473, 484~485
네더마이어, 세스 115~116
네만, 유발 137~139, 205, 210, 570
노이만, 존 폰 130, 181, 317
뇌터, 아멜리에 에미 174
뉴커먼, 토머스 37
뉴턴, 아이작 36~38, 106, 135, 163, 172, 177, 265, 501, 522
  뉴턴 역학 163~165, 218
뉴턴존, 올리비아 83
뉴트리노 128, 190
니시나 요시오 98, 100
니시지마 가즈히코 134
닐스 보어 연구소 100, 102

다

다리울라, 피에르 359
다운 쿼크 214, 226, 247, 253~254, 466, 506
다이슨, 프리먼 존 184
다중 상호 작용 466~467, 489
다중 시간 이론 187
다중선 비례 검출기 275, 406~407, 449
다차원 공간 517~519
대칭성 115, 135, 173~175, 192~194, 196, 200, 203~204, 210, 212, 267, 578
대통일 이론 210, 464, 500~512, 527
대폭발 11, 265, 485, 525
W 보손 207, 209, 242, 248~249, 253, 259, 263, 292, 329, 336~338, 341~342, 344~356, 361, 407, 417, 419, 464~465,

624 LHC, 현대 물리학의 최전선

469, 504, 512, 516
발견 259~260, 346~356
붕괴 351~352
질량 346
데르 메르, 시몬 반 259, 263, 338, 354, 401~404, 469
데모크리토스 23, 32~33, 35, 37, 40, 58~59, 79, 96, 127, 155~157
데이비스 주니어, 레이먼드 510
데이비슨, 클린턴 조지프 380
델타 바리온 212
도모나가 신이치로 98, 103, 146, 187
도트리, 라울 317
돌턴 37, 39~43, 58~59, 79, 156, 160
동위 원소 64, 89
드 브로이, 루이 78
드러난 쿼크 225, 463, 471
드리프트 체임버 275
드발리, 기아 517, 521~522, 533
등시성 사이클로트론 284
디랙, 폴 에이드리언 모리스 79, 100, 107~114, 118, 127, 178~179, 183
디랙 방정식 110~112, 179
디모폴로스, 사바스 517, 521~522, 533, 538

라

라가리그, 앙드레 331
라몽, 피에르 249
라부아지에, 앙투안로랑 37, 40
라비, 이시도어 아이작 117, 180, 183, 318
라세티, 프랑코 116
라이너스, 프레더릭 190~191, 263
란다우, 레프 다비도비치 531
람다 입자 126, 131, 137, 139
랑주뱅, 폴 58, 380
랜들, 리사 517, 523~524
랜즈버그, 그레그 538
램 주니어, 윌리스 유진 129
램 이동 179
러더퍼드, 어니스트 29, 47, 60~73, 72~73, 87~91, 94~95, 123, 188, 217~218, 229, 272, 338
러셀, 알렉산더 61

레게 이론 211
레우키포스 32
레이더먼, 리언 맥스 130, 195~196, 198~199, 230, 246, 254, 263, 291, 297, 356, 381, 408
레인워터, 레오 제임스 336
렙톤 68, 117, 128, 130, 155~159, 207, 246~248, 252~263, 276, 494~495, 505~506, 516, 572
로 입자 200
로런스, 어니스트 올랜도 120, 234, 278~284
로렌츠, 헨드리크 안톤 67, 440
로렌츠 대칭성 183
로렌츠 변환 441
로시, 브루노 116~117
로이드, 세스 129
로이트바일러, 하인리히 215
로젠펠트, 레온 128
로즈, 리처드 120
로지, 올리버 조지프 51
로체스터, 조지 딕슨 124
뢰슬러, 오토 534
뢴트겐, 빌헬름 콘라트 45, 52, 56, 58, 61
루비아, 카를로 259, 263, 323, 338, 346, 348, 370, 401
루세, 앙드레 331
르웰린스미스, 크리스토퍼 323, 421
리만, 게오르크 프리드리히 베른하르트 135
리빙스턴, 밀턴 스탠리 281, 327
리정다오 192~197, 232, 443
리처즈, 앤 294
릭터, 버튼 216~217, 262, 364, 365, 408

마

마샥, 로버트 유진 197~198
마스카와 도시히데 103, 147, 257~259, 263, 488~489
마스던, 어니스트 66
마오쩌둥 147
마요라나, 에토레 94, 104~106
마이아니, 루치아노 247, 323, 428
마이어스, 스티브 550, 555
마키 지로 146
마흐, 에른스트 42

맛 226
매개 입자 99, 336
매킨타이어, 피터 346
맥도널드, 윌리엄 62
맥스웰, 제임스 클러크 44, 46, 69, 71, 96, 172, 210, 501
맥스웰 방정식 44, 172~173, 177, 183
맨몰리량 182
맨해튼 계획 234, 282
메소트론 116~117, 124, 145
메손 100, 116~117, 126, 128, 130, 135, 143, 145, 156, 158~159, 214, 252, 501
멘델레예프, 드미트리 이바노비치 137
모텔손, 벤 로이 336
몬테카를로 시뮬레이션 479, 495
무세, 폴 331
무한 계층론 147
무한대 178~179, 182~183
물리량 160~161, 271
물리 상수 239
물질파 78, 318, 380
뮐러, 카를 알렉산더 442~443
뮤-메손 117
뮤온 101, 117, 124, 126~127, 191~192, 199, 253~255, 275~277, 334, 341, 352, 359, 482, 494, 501
뮤온 중성미자 253~255
미세 구조 상수 239~240, 501
미시 세계 물리학의 최후 539
미테랑, 프랑수아 365
밀리컨, 로버트 앤드루스 112~113, 181
밀스, 로버트 200

바

바딘, 존 202, 442
바리온 128, 130, 138, 143, 158~159, 212, 501, 506
바이스코프, 빅토르 프레데릭 142, 179, 323
바이츠재커, 카를 폰 239
바일, 헤르만 174
바커, 로버트 197
바케르, 코르넬리스 323

반감기 62
반물질 127, 266, 312, 315, 404, 471~472
　반물질 생산 비용 471~472
반뮤온 115
반세계 127
반수소 359
반스트레인지 쿼크 465~466
반양성자 115, 127, 285, 315, 338, 347, 351, 403~404, 465, 470~472
　구조 471
　발견 285
　생산 능력 470~472
반양성자 수집/집적 장치(AC/AA) 348
반입자 104, 114, 127, 256~257, 471
반전성 192
반전자 114
반중성미자 191
반참 쿼크 252
반쿼크 115, 141, 214, 226
반헬륨 359
발러슈테트, 카를 282
방사광 가속기 278
방사능 50, 55, 62, 70, 238
방사선 15, 57, 59, 62, 67, 93~94, 271, 407
　방사성 기체 62
　방사성 동위 원소 278
　방사성 붕괴 43
　방사성 원소 56, 62, 64
　방사성 원소의 붕괴 62
　방사성 원자핵 239
배수 비례의 법칙 41
베타 원리 92~93, 212, 501, 512
버너스리, 팀 314~315, 383~395
버제스, 클리프 538
베네치아노 모형 211
베드노르츠, 요하네스 게오르크 442~443
베르셀리우스, 야코브 88
베릴륨 93, 272
베바트론 127, 285~288
베크렐, 알렉상드르에드몽 53
베크렐, 앙투안 세사르 53
베크렐, 앙투안 앙리 51, 53, 55, 58, 61

베타 붕괴 89, 100, 102, 188~190, 194~197, 238~239, 329, 333, 501
베타선 61~62, 188
베테, 한스 알브레히트 179, 183, 239, 317
벡터 입자 93, 579
벡터 메손 288
보나우디, 프랑코 350
보르헤스, 호르헤 루이스 149
보른, 막스 70, 75, 77, 81~82
보른, 이레네 82
보손 93, 128, 135, 202, 512~514
　보손 전자 515
보스, 사티엔드라 나트 93
　보스 응축 202~203
보어, 닐스 헨리크 다비드 65, 68, 70~75, 109, 128, 181, 183, 188, 336, 345
　보어의 원자 모형 74
보어, 오게 닐스 336
보이치키, 스탠리 293
보이트, 피터 249
보존 법칙 133
보텀 쿼크 225, 254, 257~259, 297~298, 473, 488~489, 581
　질량 254
보테, 발터 빌헬름 게오르크 프란츠 93, 272
보편적 페르미 상호 작용(UFI) 192, 197
보형 변환 174
복합 입자 156, 170, 224
볼, 로버트 61
볼츠만, 루트비히 에두아르트 43, 77
뵈어, 빔 데 515
부스터 457
분광학 73
분산 관계 이론 211
분수 전하 140, 142~143, 211~213, 248
브라운, 토머스 203, 571, 578~579
브라운 운동 43
브라운, 댄 17, 312, 471
브라헤, 튀코 36
브로이, 루이 빅토르 피에르 레몽 드 318, 379~380
브룩헤이븐 국립 연구소(BNL)

138~139, 199, 255, 288~289, 325, 327, 357, 381, 507
브리스, 비올레타 333
블래킷, 패트릭 메이너드 스튜어트 114, 123
블랙홀 13, 265, 528~539
　블랙홀 소송 534~535
　블랙홀의 수명 535
블레이크, 윌리엄 9
블로흐, 펠릭스 323, 408
블록, 리처드 135
비냐, 에릭 393
비데로에, 롤프 279
비례 계수기 275
비에제프스키, 보이치아크 54
BSC 이론 442
비요르켄, 제임스 대니얼 220~223, 247, 249
　비요르켄 크기 불변 221
비탄성 산란 218

사

사미오스, 니콜라스 138~139
사원소설 34
사이클로트론 121, 126, 195, 278, 279~285
　사이클로트론 주파수 280
　작동 원리 279~280
사카다 쇼이치 139, 145~147
　사카다 모형 145
산란 실험 91, 218, 272, 338
　산란 단면적 345
살람, 압두스 137, 204~206, 209, 262, 329, 336
상대성 이론 78, 110, 163~164, 178, 192, 238, 252
　상대론적 양자 역학 110
상대론적 중이온 충돌기(RHIC) 357
상전이 485
상태 132~133
　상호 작용 172, 277
새턴 5호 9
색깔 213~216
생물 정보학 452
샤르파크, 조르주 275, 405~407, 449
새클턴, 어니스트 411
생크, 찰스 284

626　LHC, 현대 물리학의 최전선

서버, 로버트 140
섞임 행렬 146~147
선 검출기 274
선드럼, 라만 517, 523~524
선형 가속기 219~220, 224, 278, 369, 425, 457, 582~583
　　선형 전자 가속기 219
섬광 계수기 272
세그레, 에밀리오 지노 104, 122, 232, 285
세대(입자) 254
세르프, 빈트 315
CERN 17~18, 121, 138, 141~142, 157, 169, 224, 251, 259, 271, 292, 295, 310~409, 419, 421~422, 425, 427~429, 431, 443, 446~447, 451~452, 455~455, 472, 536, 541~571
　　가속기 복합 시스템 425, 455~458
　　가속기 컨트롤 센터(CCC) 427, 458
　　과제 321
　　교육 프로그램 322
　　이름 319
　　조직과 운영 322~324
　　최초의 가속기 325
　　탄생 317~319
　　평의회 322~323
섹터 439
셀렉트론 515
셀터 섬 회의 179
소디, 프레더릭 62, 64
소립자 50, 156~157
소형 블랙홀 13~14
속박 상태 224~225
손, 킵 532
솔레노이드 전자석 482
솔베이 회의 101
쇼도로, 마빈 219
쇼퍼, 헤르비히 323, 358
수다르샨, 엔나칼 찬디 조지 197~198
수성 근일점의 세차 운동 265
수소
　　스펙트럼 73
　　원자핵 86~89, 437
수직 윌슨 체임버 113

숨은 쿼크 226, 463, 471
슈뢰딩거 방정식 78, 111
슈뢰딩거, 에어빈 루돌프 요제프 알렉산더 70, 75~79, 110~111, 318
슈리퍼, 존 로버트 202, 442
슈바르츠실트, 카를 530
슈비터스, 로이 293~294
슈스터, 프란츠 아르투르 64~65
슈위츠, 멜빈 198~199, 246, 263, 381, 408
슈위츠, 존 513
슈윙거, 줄리언 시모어 98, 179~180, 182~184, 187, 201, 578~579
슈크라프트, 위르겐 562
슈퍼 가미오칸데 264, 510
슈퍼 양성자 싱크로트론(SPS) 343
스나이더, 하틀랜드 327, 531
스마이스, 헨리 드월프 235
스칼라 입자 93, 111, 185, 248, 513, 579
스클로도브스카, 마리아 53~55
스타인버거, 잭 198~199, 246, 263, 381, 408
스탠퍼드 선형 가속기 연구소(SLAC) 143
스터먼, 조지 252
스토니, 조지 존스턴 45, 49
스트럿, 존 윌리엄 46
스트레인지 쿼크 128, 214, 226, 228, 247, 253~254
스핀 90, 91~93, 99, 110~111, 132-133, 135~137, 138, 159, 200, 202~203, 212
슬론, 데이비드 281
시간 지연 효과1 92
시간 투영 체임버 275
시공간 11, 163, 266, 519
시그마 입자 137
시몬스, 제임스 142
신성 로마 제국 43
신앙 자유 선언 38
심층 비탄성 산란(DIS) 218, 220, 223~225, 262
싱크로사이클로트론(SC) 284, 325, 382
싱크로트론 284, 360~361, 369~370, 455, 457

쌍생성 123
CKM 행렬 257~258, 267
CMS 423~426, 446, 451, 473, 479~484, 494, 545, 562
CNGS 359, 456
COMPASS 359
CP 대칭성 255~257, 262, 381
　　CP 대칭성 깨짐 256~257, 267, 381

아

아낙시메네스 33
아널드, 매튜 34
아르카니아메드, 니마 517, 521~522, 533
아말디, 에도아르도 317, 323
아말디, 우고 515
아보가드로, 아메데오 42
　　아보가드로수 566
아이마, 로베르 323, 429~430, 544
아이소스핀 132~133, 200, 247
ILC 547, 563, 582
IMB 507~509
아인슈타인 43, 73~75, 93, 107, 110, 135, 163, 169, 178, 176~177, 192, 230, 265, 317, 380, 440~441, 501, 519~520, 529~530
　　아인슈타인 방정식 529~530
ATLAS 446, 450, 473~479, 494, 423~425, 562
안개 상자 112~116, 123~124, 272~274, 406
알파 입자 65~67, 93~94, 121, 272, 338
　　산란 실험 65~67
알파선 43, 61~62, 65, 188
암스트롱, 닐 올든 9~10
암흑 물질 266, 515~516, 525~528
암흑 에너지 526
애덤스, 존 323, 346~348, 357, 364~365, 382, 417
앤더슨, 칼 데이비드 101, 112~115, 118
앤더슨, 필립 워런 203, 579
앤드리센, 마크 393~394
앨버레즈, 루이스 월터 288
ALICE 423~424, 473, 484~488,

찾아보기 627

545, 562
약력 237
약한 상호 작용 131, 133, 184, 190,
    192~198, 201~209, 237~243,
    253, 277, 331, 333, 336, 341,
    419, 501, 504~505, 513
약한 집중 327
양-밀스 이론 143, 200~201, 206,
    209, 213, 215, 250, 262
    재규격화 209, 213, 215, 250,
    298, 333, 344
양성자 10~11, 16, 30, 68, 87~99,
    96, 111, 117, 126, 128, 130,
    133, 135, 139, 156, 159, 191,
    217~229, 246, 252, 278, 351,
    403, 437, 440, 445, 455, 465,
    485~486, 506
    내부 구조 217, 227~229, 341,
    359, 471
    수명 506~508
    양성자 분쇄기 30
    양성자 붕괴 506~507
    질량 116, 127, 169
양성자 빔 10~12, 437~438, 439,
    440, 458~463, 475
    수명 438
    에너지 462~463
양성자-반양성자 충돌 실험 340,
    347~348, 350~352, 355,
    359, 340, 424, 449, 460~470,
    475~476, 479, 485
양자 색역학 102, 143, 155,
    216~217, 223, 239, 253, 340,
    345, 375
양자 역학 70, 75~80, 91~93, 119,
    132, 163, 165~167, 178, 212,
    225, 230, 238, 266, 318, 535
양자수 92, 131~134, 159, 212, 246,
    247
양자장 이론 179, 245, 249, 265, 504
양자 전기 역학(QED) 98, 155,
    177~187, 199~200, 217, 245,
    253, 501
양전닝 192~197, 200, 232, 443
양전자 113~116, 118, 126, 182,
    191, 507
업 쿼크 212, 214, 225~226, 228,
    247, 253~254, 463~467, 506

에너지 검출기 272, 274~277
에너지 보존 법칙 39, 58~59,
    188~189
에렌페스트, 파울 73, 91~92, 440
에번스, 린 561
에비, 잭 234
SLAC 216, 219~221, 223~224,
    251, 253, 333, 364, 408
ADD 이론 5, 23, 533, 538
에이버스, 어니스트 250
에이스 모형 141~142, 144
AGS 138, 199, 289, 298, 325, 327,
    381
에커트, 칼 79
에타-전하 134, 144
엑스선 15, 51, 56, 59, 61, 70, 271
LHC 10~12, 204, 245, 259, 266,
    269, 271, 277, 285, 289, 293,
    295, 339~340, 357~358, 370,
    378, 394, 404, 409, 417~453,
    455~563, 541~571
    가동 스케줄 557~560
    가속기 복합 시스템 455~458
    기본 구조 423~425, 431~434
    냉각 시스템 427, 446
    명칭 30
    블랙홀 생성 534~539
    빔 파이프의 구조 434~438
    사고 및 수리 544~553
    안정성 536
    연구 데이터의 양 449~450
    예산 446~447
    재가동 12, 553~556
    조석의 영향 434
    첫 가동 542~544
    전자석 시스템 426~428,
    443~445
LHCb 259, 423~424, 446, 473,
    488~491, 562
LHCf 423, 492
LEP 157, 169, 224, 255, 259~260,
    292, 346~347, 360~378, 382,
    408, 417~420, 422~423, 434,
    445, 469, 474, 485, 497, 547, 555
    토목 공사 365~367, 417~418
    구조 368
    첫 가동 370~372
엠페도클레스 33~34

앙글레르, 프랑수아 203, 571, 574,
    577~579, 596, 613
여분 차원 516~524
역베타 반응 191, 199
예비 가속기 288
엔치케, 빌리발트 323
오가와 다쿠지 97~98
오네스, 하이케 카메를링 440~442,
    445
오메가 입자 138~139, 447
오베르, 피에르 365
오스트발트, 빌헬름 43
오언스, R. B. 62
오제, 피에르 317
오키알리니, 주세페 114, 122~123
오펜하이머, 존 로버트 78
오펜하이머, 줄리어스 로버트 111,
    178~181, 183, 184, 282, 187,
    531
올드린 주니어, 에드윈 9
올리펀트, 마크 91
와인버그, 스티븐 206~210,
    245~250, 262, 294, 329, 336,
    344
    와인버그 각 207~208, 336
    와인버그-살람 모형 208~210,
    217, 251
요르단, 파스쿠알 77, 81, 178
우젠슝 194~195
우주 배경 복사 525~526
우주 팽창 265
욱실 144
울렌벡, 게오르게 오이겐 92
워드, 존 클라이브 206
원격 작용의 문제 172
원자 모형 66~73, 158, 345
원자론 39~44
원형 가속기 121, 219, 360~361
월드 와이드 웹(WWW) 157, 315,
    383~395
월드, 조지 18, 80
위그너, 유진 폴 181, 317
위튼, 에드워드 513~514
윌리스, 브루스 34
윌슨, 로버트 레이스번 289~290,
    296~299
윌슨, 찰스 톰슨 리스 123, 272~273
윌첵, 프랭크 215~216, 225, 250,

628　LHC, 현대 물리학의 최전선

263, 345
윔프(WIMP) 526
유카와 히데키 97~103, 116, 124, 145, 159, 185
유효 이론 345
음극선 45~49, 188
이사이언스 452~453
이상성 247
이온 연구용 가속기 325
이용원 515
이중 메손 이론 145
이중 베타 붕괴 104
이직슨, 클라우드 249
이휘소 213, 250~251
일리오풀러스, 존 247
일반 상대성 이론 176, 265~266, 529
일정 성분비의 법칙 40~41
임계 온도 443

자

자발적 대칭성 깨짐 203~204
자유 전자 113
잡스, 스티븐 388
재규격화 143, 183, 201~202, 209, 250, 253, 262
저에너지 이온 링(LEIR) 457
전자 가속기 278, 360
전자 냉각 350
전자 중성미자 246, 253~254, 260
전자기 상호 작용 98, 133~134, 193, 196~197, 201, 208~209, 242, 262, 275, 331, 341, 365, 419, 464, 501, 505
전자기 에너지 검출기(E-CAL) 275~276, 475
전자기-약 작용 208, 210, 247~249, 336, 361, 365, 513, 516, 569
  대칭성 깨짐 493
  전자기-약 작용 척도 241~242
전자기파 44, 61, 71, 178, 218
전자-양전자 집적기(EPA) 369
전자-양전자 충돌 실험 361, 582
전자
  스핀 90~93, 110~111, 212~213
  질량 101, 116
  전하수 86~90, 93

접근적 자유도 209, 215~216, 225, 345
점전하 178~179
정량 과학 36
제만, 피테르 440~441
  제만 효과 67
Z 보손 207, 209, 242, 248~249, 253, 259, 263, 292, 329, 336~338, 341~342, 344~356, 361, 372~375, 407, 417, 419, 434, 469, 494, 504, 512, 516
  발견 259~260, 346~356
  질량 346, 372~375, 434
젤도비치, 야코프 보리소비치 531
조머펠트, 아르놀트 요하네스 빌헬름 74~75
조이스, 제임스 140
조자이, 하워드 메이슨 249, 502~504
존슨, 린드 289
졸리오퀴리, 이렌 55, 58, 94~95
졸리오퀴리, 장 프레데릭 58, 94~95
좌표계 164
주베, 장베르나르 249
주커먼, 해리엇 230, 233
줄, 제임스 39
중간자 100, 145, 158~159
중력 171~172, 190, 237~243, 264~268, 522
  중력 상수 239~241, 517, 522
  중력장 265
  중력파 265
중력류 202, 251, 329, 331, 333~336
중성미자 104, 116, 124, 126, 128, 146, 156~157, 190~191, 198~199, 207, 239, 242, 245~246, 260, 263~264, 331~335, 361, 365, 375, 403, 509~511, 527
  산란 실험 342
중성자 68, 89~99, 117, 126, 128, 130, 133, 135, 137, 139, 156, 189~191, 246, 334
중성자별 485
중이온 충돌 실험 424, 457, 484~485
중이온-양성자 충돌 실험 577

중입자 128, 158~159
지아노티, 파비올라 562, 565, 568, 572~573
지운티, 카를로 515
진공 기술 49, 437~438
질라드, 레오 181
질량 보존의 법칙 40~41
질량 부여 203, 242, 262
쪽입자 222

차

차원 518
찬드라세카르, 슈브라마니안 531
참 수 212~213
참 쿼크 225, 252~254, 257, 465~466
채드윅, 제임스 90~91, 93~95
첫 번째 빔의 날 13, 529, 542
체렌코프 복사 507, 509
체임벌린, 오언 127, 285
초기 상태 복사 466~467, 489
초끈 이론 243, 513~514
초대칭성 512~516, 580
초대칭 입자 580~581
초유동 165, 446
초전도 165, 202, 209, 290~291, 350, 438~445
초전도 초대형 충돌기(SSC) 289, 419
초전도 ISR(SCISR) 347
초중력 이론 243
초진공 434, 438
최종 상태 복사 466~467
추, 제프리 147, 174, 211~212, 513
츠바이그, 게오르게 141~142
츠비키, 프리츠 531
충자 147

카

카렐리, 안토니오 104
카비보, 니콜라 257
카요, 로베르 388, 390
칼루자, 테오도르 프란츠 에두아르트 519~520
캐번디시, 윌리엄 46
  캐번디시 연구소 46~47, 71, 123
컴퓨터 그리드 센터 451~453
케이온 124~126, 131, 137, 156,

찾아보기 629

194, 247, 255, 288, 381,
488~489
KK 들뜬 상태(입자) 524
케플러, 요하네스 35~36, 345
켄들, 헨리 웨이 219, 262
코넬 전자-양전자 저장 링(CESR)
296
코르비노, 오르소 마리오 104
코발스키, 요제프 53
코스모트론 288, 381
코와르스키, 루 317
코웬, 클라이드 190
코페르니쿠스, 니콜라우스 35
콘, 월터 181
콜먼, 시드니 215
콤프턴, 아서 홀리 181
　콤프턴 효과 94~95
쿠란트, 에르네스트 327
쿠퍼, 리언 닐 202, 209, 442
쿨롱의 법칙 179
쿼크 68, 101, 140~147, 155~159,
　169~170, 211~217, 223~224,
　227~229, 246~248, 252~263,
　345, 360, 463~468, 471, 494,
　505~506, 516
　가족 254
　세대 254
　존재 확인 252
쿼크-글루온 플라스마 485
퀴리, 마리 55~58
퀴리, 외젠 54
퀴리, 피에르 53~57, 406
크로니히, 랄프 92
크로닌, 제임스 왓슨 255, 257, 262,
　381
크룩스, 윌리엄 45
크시 입자 137
클라인, 데이비드 346
클라인, 오스카르 111, 520
클러크, 짐 394
클린턴, 빌 294
키블, 톰 571

타
타우 입자 253~255
타우 중성미자 255
타우-세타 문제 194
탄성 산란 218

탄성 충돌 185, 332, 365
탈레스 33, 107
탈륨 116
태비양, 로랑 541
태양 방출 중성미자 264
테바트론 169, 289~292, 341, 350,
　357, 443~445, 461, 469~470,
　497
테일러, 리처드 219, 262
텔레그디, 발렌타인 232
토넬리, 귀도 562, 565
토륨 62
토성형 원자 모형 69, 100
토프트, 헤라르뒤스 213, 215, 250,
　262, 268, 298, 333, 344, 356,
　404~405, 535
톰슨, 윌리엄(켈빈 경) 45, 172
톰슨, 조지프 존 45~49, 60~61, 72,
　158
톱 쿼크 169, 254~255, 263, 292,
　497
　질량 292
통계 역학 93
통계 오차 567~568
통일 이론 243
트리거링 450, 478
트리니티 테스트 234
특수 상대성 이론 163, 165, 245, 441
팅, 새뮤얼 216~217, 262, 381, 407

파
파노프스키, 볼프강 쿠르트 헤르만
　219
파동 방정식 78
파동 역학 380
파울러, 랠프 하워드 109
파울리, 볼프강 70, 92, 100, 109,
　111~112, 142, 178~179, 189,
　212, 500~501, 505
파웰, 프랭크 122~124
파이-메손 124
파이스, 에이브러햄 134
파이온 101, 122, 124~126,
　137, 145, 156, 191~196, 199,
　238~239, 246, 288, 341, 501,
　507
　붕괴 329, 341
파인만, 리처드 필립스 98, 134, 144,

179~187, 197~198, 222~227,
341
파인만 다이어그램 184~186
파커스 전파 망원경 9
파톤 222~229, 351, 360, 403,
　463~468, 492
　다중 상호 작용 466~467
　속박 상태 224~225
　파톤 분포 함수 227~229, 463,
　569
팔정도 136~139, 144, 214
패러데이, 마이클 44, 172
패리티 192~197, 253, 255
패스토어, 존 298~299
퍼셀, 에드워드 밀스 408
펄, 마틴 루이스 253
페랭, 장 밥티스트 43
페르미 102, 183, 189~190, 196,
　198, 209, 329, 345
페르미 국립 가속기 연구소
　(Fermilab) 169, 234, 254, 290,
　296~299, 333, 335, 341, 348,
　350, 357, 365, 408, 429, 443,
　470, 497
페르미, 라우라 카폰 106, 233
페르미, 엔리코 29, 106, 130, 181,
　230~235, 290
페르미 상수 192, 239~241
페르미온 93, 99 104, 128, 135, 141,
　184, 512~513
페리스, 티모시 14
페이겔스, 하인츠 루돌프 216
펠트만, 마르티뉴스 201, 262, 356
포괄적 과정 222
폴리처, 휴 데이비드 209, 216, 225,
　250, 263, 345
표준 모형 155, 207, 217, 242,
　245~269, 292, 345, 374,
　419~421, 464, 488~489, 493,
　496~499, 505~506, 510~513,
　515, 526~527, 532, 569, 581
　표준 모형의 한계 263~268
푸르스테나우, 헤르만 515
푸앵, 루이 315
프라우트, 윌리엄 88~89
프렌드, 리처드 47
프루스트, 조제프 루이 40
프리드먼, 제롬 219, 262

630　LHC, 현대 물리학의 최전선

프리슈, 하랄트 213, 215
프린스턴 고등 연구소 102, 179, 184
플라톤 34
플랑크, 막스 카를 에른스트 루트비
히 72~73, 75
　플랑크 척도 241~242, 267, 513,
　　517, 532
　플랑크 상수 166~169, 242, 517
플럼 푸딩 모형 67
플뤼커, 율리우스 45
피 뒤 미디 연구소 123
PS(양성자 싱크로트론) 325~329,
　339~340, 369~370, 381~382,
　409, 425, 457
피치, 밸 록스던 255, 257, 262, 381

하

하게, 리처드 571
하드론 128, 133, 135, 138~141,
　144, 146, 158~160, 191,
　210~212, 247, 253~254, 288,
　334, 403, 468, 485, 497
　공명 상태 253
　하드론 제트 252, 354, 492
하드론 에너지 검출기(H-CAL)
　275~277
하우스미트, 사무엘 아브라함
　91~92
하이젠베르크, 베르너 70, 75~77,
　79, 81, 100, 109~110, 133, 142,
　178~179, 212
하이트, 디터 335
하이퍼론 126, 128, 194
한무영 212~213
해석적 S-행렬 이론 143, 211
핵 민주주의 147, 211~212
핵력 98, 102, 116
핵자 68, 97, 98, 100~101, 116, 126,
　159, 527
행렬 역학 77, 81
HERA 444, 547
헤라클레이토스 33
헤르츠, 하인리히 루돌프 44
헨슨, 윌리엄 219
호건, 폴 144
호베, 레온 반 323
호이어, 롤프디터 323, 546~548,
　551~552, 554, 561, 573~574

호킹, 스티븐 181, 535
　호킹 복사 535
호프스태터, 로버트 219
확률적 냉각 259, 338, 350, 404, 469
휠덜린, 요한 크리스티안 프리드리히
　34
휠러, 존 아치볼드 181, 183,
　530~531
흑체 복사 72, 74
힉스 입자 204, 209~210, 248, 260,
　266, 419, 493~497, 505
　힉스 메커니즘 203~204, 206,
　　207, 248, 260, 262, 329, 341,
　　516
　질량 495~496
힉스, 피터 205, 341
힐베르트, 다비트 174
힘의 통일 505

도판 저작권

이 책에 사용된 도판들 중 일부는 CERN을 비롯한 여러 연구 기관의 허락을 받고 인용 및 사용한 것입니다. 저작권법에 의해 한국 내에서 보호를 받는 저작물이므로 무단 전재와 무단 복제를 금합니다.

ⓒ ANN RONAN PICTURE LIBRARY 48쪽. ⓒ CERN 6~7쪽, 24~25쪽, 26~27쪽, 121쪽, 150~151쪽, 152~153쪽, 173쪽, 206쪽, 208쪽, 213쪽, 302~303쪽, 304~305쪽, 310쪽, 320쪽, 326쪽, 328쪽, 330쪽, 334쪽, 339쪽, 342쪽, 349쪽. 353쪽, 355쪽, 364쪽, 367쪽, 368쪽, 370쪽, 371쪽, 373쪽, 376~377쪽, 385쪽, 389쪽, 390쪽, 402쪽, 407쪽, 412~413쪽, 414~415쪽, 423쪽, 424쪽, 426쪽, 429쪽, 432~433쪽, 435쪽, 436쪽, 444쪽, 448쪽, 452쪽, 458쪽, 475쪽, 476~477쪽, 479쪽, 480~481쪽, 483쪽, 486~487쪽, 490~491쪽, 498쪽, 499쪽, 509쪽, 514쪽, 523쪽, 534쪽, 543쪽, 546쪽, 551쪽, 554쪽, 575쪽, 584~585쪽. ⓒ FERMILAB 231쪽, 233쪽, 251쪽, 291쪽, 296쪽, 297쪽. ⓒ LBNL 274쪽, 279쪽, 283쪽, 286~287쪽. ⓒ LES HORRIBLES CERNETTES 397쪽. ⓒ MICHAEL GILBERT 68쪽. ⓒ SLAC 220~221쪽. ⓒ 筑波大学 朝永記念室 146쪽. ⓒ CORBIS 54쪽. ⓒ GEORGE DIXON ROCHESTER & CLIFFORD CHARLES BUTLER 125쪽. ⓒ GETTYIMAGES 99쪽. ⓒ LIFE 193쪽. ⓒ www.form-one.de 583쪽.

LHC, 현대 물리학의 최전선 증보판

1판 1쇄 펴냄 2011년 2월 20일
2판 1쇄 펴냄 2014년 7월 4일
2판 6쇄 펴냄 2023년 2월 28일

지은이 이강영
펴낸이 박상준
펴낸곳 (주)사이언스북스

출판등록 1997. 3. 24.(제16-1444호)
(우)06027 서울특별시 강남구 도산대로1길 62
대표전화 515-2000, 팩시밀리 515-2007
편집부 517-4263, 팩시밀리 514-2329
www.sciencebooks.co.kr

ⓒ이강영, 2011, 2014. Printed in Seoul, Korea.

ISBN 978-89-8371-960-7 03420

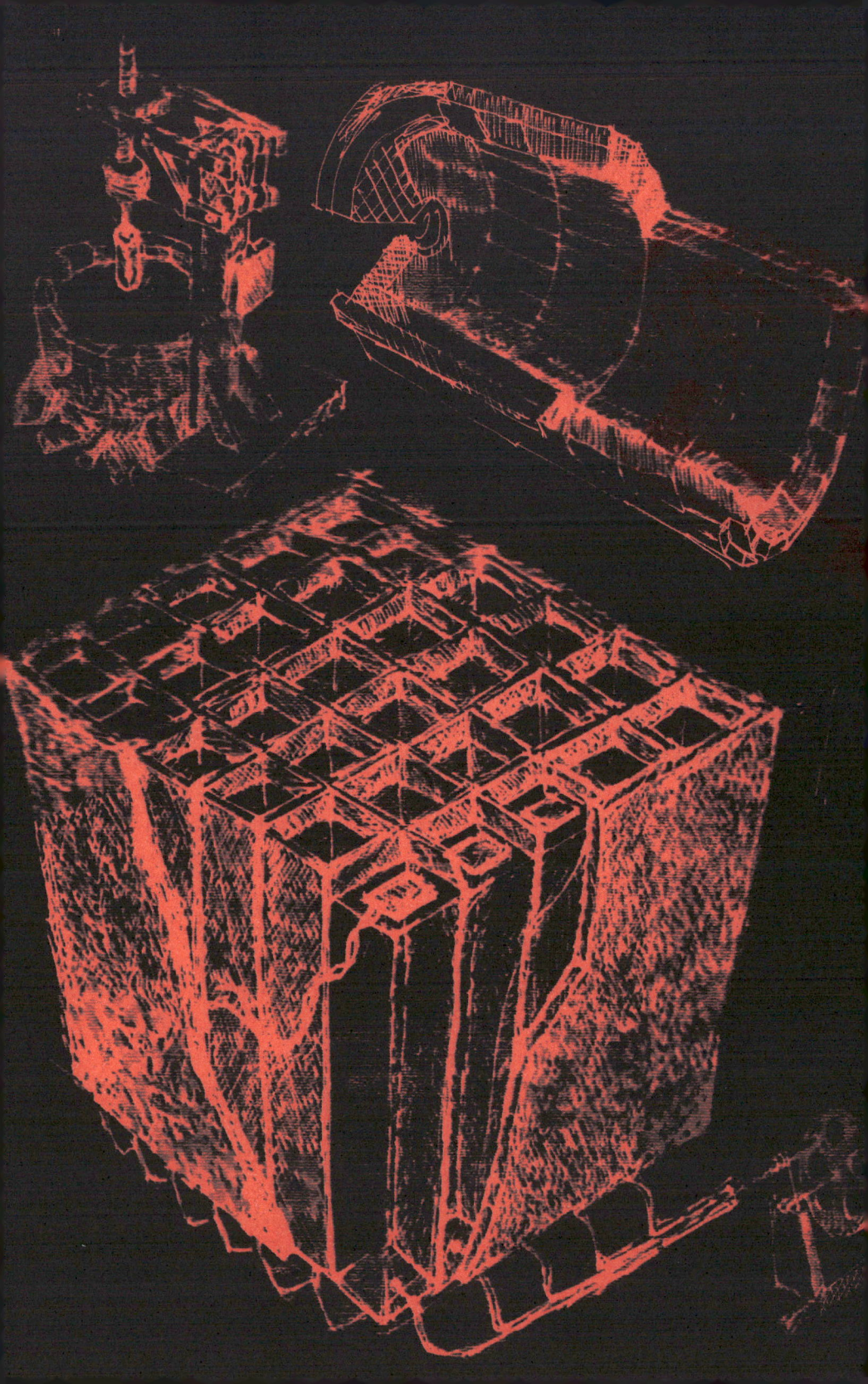

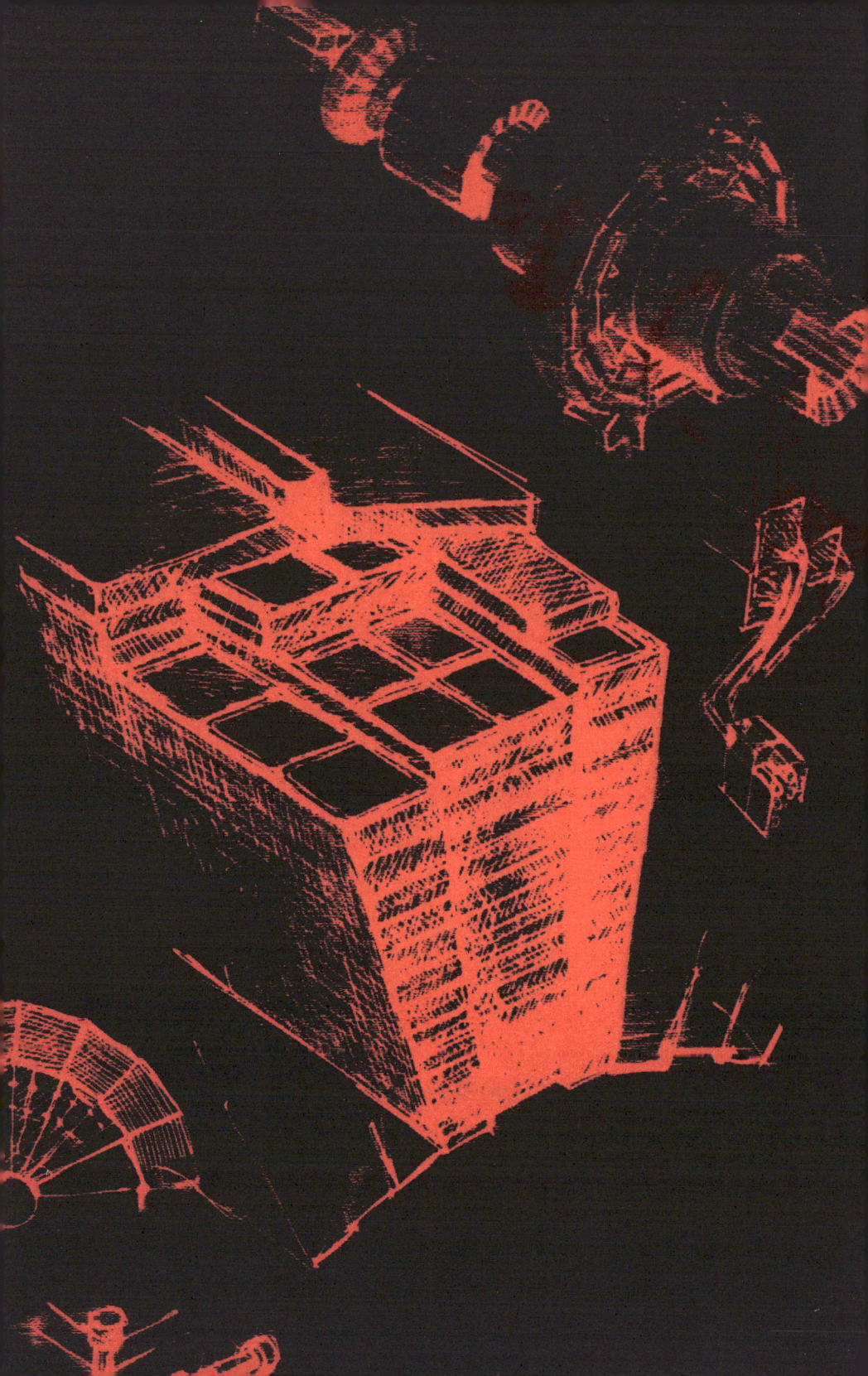